"十四五"时期国家重点出版物出版专项规划项目

现代数学基础丛书 209

Vlasov-Boltzmann 型方程的数学理论

李海梁 钟明溁 著

科学出版社

北 京

内 容 简 介

本书主要研究两类带外力场的 Boltzmann 方程，包括 Vlasov-Poisson-Boltzmann (VPB)方程和 Vlasov-Maxwell-Boltzmann(VMB)方程的谱分析与整体强解的渐近行为. 主要内容包括：第 1 章介绍经典 Boltzmann 方程的谱分析，并且利用谱分析建立 Boltzmann 方程整体强解的存在性和最优衰减速度估计；第 2 章介绍 VPB 方程的谱分析、能量估计和整体强解的存在性和最优衰减率；第 3 章至第 4 章基于谱分析研究 VPB 方程的格林函数和整体强解的时空点态估计，以及扩散极限的收敛性和收敛速度估计；第 5 章介绍 VMB 方程的谱分析、能量估计和整体强解的存在性和最优衰减率. 本书最突出的特点是建立了带外力场的 Boltzmann 方程的谱分析，并且把谱分析方法应用到研究带外力场的 Boltzmann 方程整体强解的渐近行为，包括解的最优时间衰减率、格林函数的点态估计和流体动力学极限.

本书作为偏微分方程方面的一本专著，适合偏微分方程、计算数学、数学物理等方向的研究生、教师以及科研人员阅读参考，也可作为数学系和工科相关专业高年级本科生以及研究生的教学参考书.

图书在版编目(CIP)数据

Vlasov-Boltzmann 型方程的数学理论 / 李海梁，钟明溁著. -- 北京：科学出版社，2025. 3. -- (现代数学基础丛书). -- ISBN 978-7-03-081583-5

Ⅰ. O53

中国国家版本馆 CIP 数据核字第 2025MH9651 号

责任编辑：李静科　贾晓瑞 / 责任校对：彭珍珍

责任印制：张　伟 / 封面设计：陈　敬

科学出版社出版

北京东黄城根北街 16 号

邮政编码：100717

http://www.sciencep.com

北京中石油彩色印刷有限责任公司印刷

科学出版社发行　各地新华书店经销

*

2025 年 3 月第　一　版　开本：720×1000　1/16

2025 年 3 月第一次印刷　印张：27 3/4

字数：549 000

定价：168.00 元

(如有印装质量问题，我社负责调换)

“现代数学基础丛书”序

在信息时代, 数学是社会发展的一块基石.

由于互联网, 现在人们获得数学知识和信息的途径之多和便捷性是以前难以想象的. 另一方面, 人们通过搜索在互联网获得的数学知识和信息很难做到系统深入, 也很难保证在互联网上阅读到的数学知识和信息的质量.

在这样的背景下, 高品质的数学书就变得益发重要.

科学出版社组织出版的“现代数学基础丛书”旨在对重要的数学分支和研究方向或专题作系统的介绍, 注重基础性和时代性. 丛书的目标读者主要是数学专业的高年级本科生、研究生以及数学教师和科研人员, 丛书的部分卷次对其他与数学联系紧密的学科的研究生和学者也是有参考价值的.

本丛书自 1981 年面世以来, 已出版 200 卷, 介绍的主题广泛, 内容精当, 在业内享有很高的声誉, 深受尊重, 对我国的数学人才培养和数学研究发挥了非常重要的作用.

这套丛书已有四十余年的历史, 一直得到数学界各方面的大力支持, 科学出版社也十分重视, 高专业标准编辑丛书的每一卷. 今天, 我国的数学水平不论是广度还是深度都已经远远高于四十年前, 同时, 世界数学的发展也更为迅速, 我们对跟上时代步伐的高品质数学书的需求从而更为迫切. 我们诚挚地希望, 在大家的支持下, 这套丛书能与时俱进, 越办越好, 为我国数学教育和数学研究的继续发展做出不负期望的重要贡献.

席南华

2024 年 1 月

前　　言

本书主要介绍两类带外力场的 Boltzmann 方程 (Vlasov-Boltzmann 型方程), 包括 Vlasov-Poisson-Boltzmann(VPB) 方程和 Vlasov-Maxwell-Boltzmann(VMB) 方程的定性理论, 重点讨论方程的谱分析和整体强解的渐近行为. 全书共五章. 在第 1 章中, 我们介绍经典 Boltzmann 方程的相关成果, 首先介绍线性和非线性 Boltzmann 算子的性质, 给出 Boltzmann 方程的谱分析, 即分析线性 Boltzmann 算子的谱集和生成半群的结构, 然后利用谱分析建立非线性方程解的存在性和最优衰减速度估计. 在第 2 章中, 我们给出单极、双极和修正 VPB 方程的谱分析、能量估计和解的最优衰减率. 首先, 为了克服自洽电场造成的线性 VPB 算子的奇性, 我们构造一个全新的加权内积研究线性 VPB 算子的谱分析, 接着介绍非线性 VPB 方程的能量估计, 进而结合谱分析和能量估计建立非线性方程解的存在性和最优衰减速度估计. 在第 3 章中, 我们给出单极 VPB 方程的格林函数和解的时空点态估计, 首先研究线性 VPB 算子的谱点和生成半群的解析性, 利用复分析技巧建立格林函数的时空点态估计, 然后结合格林函数的估计和能量估计建立非线性方程解的时空点态估计. 在第 4 章中, 我们介绍单极 VPB 方程的扩散极限的收敛性和收敛速度, 首先给出带参数的线性 VPB 算子的谱分析, 建立其生成半群关于参数的一阶和二阶的流体渐近极限, 然后证明非线性 VPB 方程的解收敛到不可压 Navier-Stokes-Poisson-Fourier 方程的解, 并给出收敛速度和初始层的估计. 在第 5 章中, 我们介绍单极和双极 VMB 方程的谱分析、能量估计和解的最优衰减率. 首先我们引入电磁场的散旋分解和新的加权内积研究线性 VMB 算子的谱分析, 然后给出非线性 VMB 方程的能量估计, 最后结合谱分析和能量估计建立非线性方程解的存在性和最优衰减速度估计. 在附录中, 我们给出本书中常用的记号、函数空间以及常用的不等式.

本书有几个特点. (1) 全书考虑的都是绕非零平衡态, 即全局麦克斯韦分布的扰动问题. (2) 谱分析方法是贯穿全书的主要研究方法. 谱分析方法是一类重要的偏微分方程的研究方法. 其基本思路是通过对偏微分方程做傅里叶变换, 将偏微分方程变换成常微分方程, 然后研究线性算子的谱和生成半群的结构, 进而利用 Duhamel 原理和线性方程解的估计, 建立非线性问题解的存在性和最优时间衰减率. 除了研究存在性和大时间行为, 谱分析方法还可以用来研究 Vlasov-Boltzmann 型方程的流体动力学极限和格林函数. (3) 除了谱分析方法外, 我们还介绍基于宏观–微观分解的非线性能量方法, 该方法用于研究 Boltzmann 方程近平衡态强解的整体存在唯一性, 是研究动理学方程强解的适定性的有效工具. 在本书中, 我们结合谱分析方法和非线性能量方法, 研究 Vlasov-Boltzmann 型方程的解的存在唯一性、最优衰减速度、格林函数和流体动力学极限等问题.

本书的第 2 章至第 5 章的内容主要来自作者和杨彤教授合作的论文, 在此衷心感谢杨彤教授. 此外, 作者感谢孙家伟博士、李彦超博士生、梁柏瑜硕士生、王光辉硕士生对本书的资料整理工作做出的贡献.

本书的出版得到了国家自然科学基金杰出青年科学基金项目 (项目号 11225102)、国家自然科学基金重点项目 (项目号 11931010)、北京学者计划项目、国家自然科学基金优秀青年科学基金项目 (项目号 11922107)、国家自然科学基金面上项目 (项目号 12171104) 的资助支持, 在此表示感谢.

本书作为偏微分方程方面的一本专著, 适合偏微分方程、计算数学、数学物理等方向的研究生、教师以及科研人员阅读参考, 也可作为数学系和工科相关专业高年级本科生以及研究生的教学参考书.

鉴于作者学识有限, 文中不妥、片面甚至疏漏之处在所难免, 敬请专家和读者批评指正.

作 者

2024 年 8 月

目　　录

第 1 章　Boltzmann 方程

在本章中, 我们首先介绍经典 Boltzmann 方程模型、线性 Boltzmann 算子谱集的分布和生成半群的性质, 其次给出非线性 Boltzmann 方程近平衡态强解的能量估计、存在唯一性和最优衰减速度估计.

1.1　Boltzmann 方程: 模型

根据动理学理论 (kinetic theory)[10,29], 稀薄气体的运动可视为大量的分子集合体在"相空间" (phase space) 中的运动, 相空间为三维的位置空间和三维的速度空间的笛卡儿积. 稀薄气体的状态可由"分布函数" (distribution function) $f = f(t,x,v)$ 描述, 它表示处于位置 $x \in \mathbb{R}^3$、速度 $v \in \mathbb{R}^3$ 和时间 $t > 0$ 的气体分子的密度. 这里 f 是一个非负函数, 且对于相空间 $\mathbb{R}^3 \times \mathbb{R}^3$ 中的任意区域 D, 积分

$$\iint_D f(t,x,v)dxdv$$

表示位于区域 D 和时间 t 的气体分子的总质量的期望值 (统计平均). 此外, f 也可视为粒子个数或者概率密度.

假设经典稀薄气体满足以下条件 [7]:

(1) 粒子之间的平均距离相对粒子相互作用的特征长度要大很多;

(2) 只发生两个粒子的碰撞, 没有三个及以上粒子的碰撞;

(3) 碰撞满足动量守恒和能量守恒.

我们考虑单原子气体 (monatomic gas), 其运动过程可由下述 Boltzmann 方程刻画:

$$\partial_t F + v \cdot \nabla_x F = Q(F,F), \tag{1.1.1}$$

其中粒子密度分布函数 $F = F(t,x,v)$ 表示在时间 $t > 0$ 时, 处于位置 $x = (x_1,x_2,x_3) \in \mathbb{R}^3$, 以速度 $v = (v_1,v_2,v_3) \in \mathbb{R}^3$ 运动的粒子个数. $Q(F,G)$ 为 Boltzmann **碰撞算子** (collision operator), 它描述了两个粒子之间的弹性碰撞, 定义如下

$$Q(F,G) = \int_{\mathbb{R}^3}\int_{\mathbb{S}^2} B(|v-v_*|,\omega)(F'G'_* - FG_*)dv_*d\omega, \tag{1.1.2}$$

$$F' = F(t,x,v'),\quad G'_* = G(t,x,v'_*),\quad G_* = G(t,x,v_*),$$

其中 v, v_* 是两个粒子碰撞前的速度, v', v'_* 是这两个粒子碰撞后的速度, 满足

$$v' = v - [(v-v_*)\cdot\omega]\omega,\quad v'_* = v_* + [(v-v_*)\cdot\omega]\omega,\quad \omega\in\mathbb{S}^2. \tag{1.1.3}$$

注意到两个粒子在碰撞过程中满足动量守恒定律和能量守恒定律, 即

$$\begin{aligned} v + v_* &= v' + v'_*, \\ |v|^2 + |v_*|^2 &= |v'|^2 + |v'_*|^2. \end{aligned} \tag{1.1.4}$$

事实上, 我们可以利用守恒方程组 (1.1.4) 推导出 (v', v'_*) 的表达式 (1.1.3). 对于 6 个未知量 (v', v'_*), 动量守恒和能量守恒方程组 (1.1.4) 给出了 4 个限制条件, 因此还有 2 个自由度. 假设

$$\begin{aligned} v'_* &= v_* + a(v,v_*,\omega)\omega, \\ v' &= v - a(v,v_*,\omega)\omega, \end{aligned} \tag{1.1.5}$$

其中 $a = a(v,v_*,\omega)$ 是一个标量函数且 $\omega\in\mathbb{S}^2$. 由 (1.1.5) 和 $(1.1.4)_2$ 可得

$$|v'|^2 + |v'_*|^2 = |v|^2 + |v_*|^2 + 2av_*\cdot\omega - 2av\cdot\omega + 2a^2 = |v|^2 + |v_*|^2.$$

因此

$$a^2 = a(v-v_*)\cdot\omega.$$

于是, 当 $a\neq 0$ 时, 我们有

$$a = (v-v_*)\cdot\omega.$$

函数 B 为**碰撞核** (collision kernel), 它描述了两个粒子碰撞的相互作用势 (interaction potential). 对于单原子气体, 其碰撞核 $B(|v-v_*|,\omega)$ 是以半球面 $\mathbb{S}^2_+ = \{\omega\in\mathbb{S}^2 \mid (v-v_*)\cdot\omega \geqslant 0\}$ 为支集, 只依赖于 $|v-v_*|$ 和 $|(v-v_*)\cdot\omega|$ 的非负函数:

$$B(|v-v_*|,\omega) = B(|v-v_*|,\cos\theta),\quad \cos\theta = \frac{(v-v_*)\cdot\omega}{|v-v_*|},\quad \theta\in\left[0,\frac{\pi}{2}\right]. \tag{1.1.6}$$

在本章中, 我们考虑**硬球模型**和具有角截断的**硬势模型**两种情况. 对于硬球模型, 其碰撞核表示为

$$B(|v-v_*|,\omega) = |(v-v_*)\cdot\omega| = |v-v_*|\cos\theta,\quad \theta\in\left[0,\frac{\pi}{2}\right], \tag{1.1.7}$$

对于满足角截断假设的硬势模型, 其碰撞核表示为

$$B(|v-v_*|,\omega)=b(\cos\theta)|v-v_*|^\gamma,\quad \theta\in\left[0,\frac{\pi}{2}\right],\ 0\leqslant\gamma<1, \tag{1.1.8}$$

为简单起见, 我们假设函数 $b(z)$ 满足

$$0\leqslant b(z)\leqslant C|z|. \tag{1.1.9}$$

关于 Boltzmann 方程的大初值问题弱解的存在性和渐近行为已经取得了许多重要的进展. 比如, DiPerna-Lions[15] 首次证明了全空间 Boltzmann 方程在一般大初值条件下的重整化弱解的整体存在性, 但是唯一性未知. 之后, 文献 [1, 41] 研究了有界区域 Boltzmann 方程在不同类型边界条件下的重整化弱解的整体存在性. 对于大初值弱解的大时间行为, 文献 [14] 首先证明了弱解以几乎指数速度收敛到全局麦克斯韦分布, 之后文献 [31] 证明了硬球情形下弱解以最优指数速度收敛到全局麦克斯韦分布.

对于 Boltzmann 方程的近平衡态问题经典解的存在性和渐近行为也取得了许多重要的进展. 比如, Ellis-Pinsky[28] 首次研究了线性 Boltzmann 方程的谱分析和流体极限. 基于 Boltzmann 方程的谱分析, Ukai[78] 证明了环面上硬球情形的 Boltzmann 方程近平衡态强解的整体存在唯一性, 并且得到了解的指数衰减率. 在文献 [79, 80] 中, Ukai-Yang 研究了全空间 Boltzmann 方程的谱分析, 并且利用谱分析得到了近平衡态强解的代数衰减率. Liu-Yu[62,63] 利用谱分析和加权能量估计研究了硬球情形的 Boltzmann 方程的格林函数和近平衡态强解的点态行为. Lin-Wang-Wu[57,58] 研究了硬势情形的线性 Boltzmann 方程解的点态行为. 此外, 文献 [29, 49] 利用补偿函数方法研究了 Boltzmann 方程的大时间衰减率, 文献 [89] 利用谱分析研究了 Boltzmann 方程的最优衰减率. 文献 [6, 29, 44] 证明了在真空附近 Boltzmann 方程经典解的整体存在唯一性. 另一方面, Guo[32] 和 Liu-Yang-Yu[61] 分别独立提出了基于宏观-微观分解的非线性能量方法, 用来研究 Boltzmann 方程的近平衡态强解的整体存在唯一性. 这是研究动理学方程的非常有效的工具, 可以推广到研究带外力场的动理学方程的近平衡态强解的适定性[17,33,36,73,85,86]. 文献 [26,38] 研究了有界区域 Boltzmann 方程近平衡态强解的整体存在唯一性.

Boltzmann 方程的流体动力学极限是一个经典的数学难题, 至今已经取得很多重要的成果. 例如, Bardos-Golse-Levermore 在 [3, 4] 中给出了关于重整化弱解流体极限的开创性工作, 之后在 [30] 中, Golse 等证明了重整化弱解的极限为 Navier-Stokes 方程的 Leray 解. 基于 Hilbert 展开和非线性能量方法, 文献 [8, 13, 37, 39, 40, 74, 75] 证明了近平衡态强解收敛到 Euler 方程的强解和 Navier-

Stokes 方程的强解. 基于 Boltzmann 方程的谱分析, 文献 [5, 50, 69] 证明了近平衡态强解收敛到 Euler 方程的强解和 Navier-Stokes 方程的强解.

由 Hilbert 展开可知, Boltzmann 方程的宏观方程为可压缩 Euler 方程. 众所周知, 可压缩 Euler 方程有三种基本波: 激波 (shock wave)、稀疏波 (rarefaction wave) 和接触间断波 (contact discontinuity). 因此, Boltzmann 方程具有与可压缩 Euler 方程相似的波现象. 关于 Boltzmann 方程的基本波的稳定性研究取得了很多重要成果, 见文献 [42, 43, 64, 65, 81, 88].

1.2　碰撞算子 Q 的性质

记

$$Q(f,f)=\int_{\mathbb{R}^3}\int_{\mathbb{S}^2}B(|v-v_*|,\omega)(f(v')f(v'_*)-f(v)f(v_*))dv_*d\omega.$$

定义与 Q 相关的二次型:

$$Q^*(f,g)=\frac{1}{2}\int_{\mathbb{R}^3}\int_{\mathbb{S}^2}B(f(v'_*)g(v')+f(v')g(v'_*)-f(v_*)g(v)-f(v)g(v_*))dv_*d\omega. \tag{1.2.1}$$

显然, Q^* 是对称的, 即 $Q^*(f,g)=Q^*(g,f)$, 且 $Q^*(f,f)=Q(f,f)$.

引理 1.1　变量替换 $(v,v_*)\to(v',v'_*)$ 的雅可比矩阵 J 满足以下性质:

$$\det J=\left|\frac{\partial(v',v'_*)}{\partial(v,v_*)}\right|=1. \tag{1.2.2}$$

证明　根据定义 (1.1.3),

$$v'=v-[(v-v_*)\cdot\omega]\omega,\quad v'_*=v_*+[(v-v_*)\cdot\omega]\omega,$$

J 可表示为下面的 2×2 的分块矩阵 (每一项是一个 3×3 矩阵):

$$J=\begin{pmatrix}\dfrac{\partial(v')_i}{\partial v_j} & \dfrac{\partial(v'_*)_i}{\partial v_j}\\ \dfrac{\partial(v')_i}{\partial(v_*)_j} & \dfrac{\partial(v'_*)_i}{\partial(v_*)_j}\end{pmatrix}=\begin{pmatrix}\delta_{ij}-\omega_i\omega_j & \omega_i\omega_j\\ \omega_i\omega_j & \delta_{ij}-\omega_i\omega_j\end{pmatrix},$$

其中 $i,j=1,2,3$. 将第 2 列加到第 1 列, 得到

$$\det J=\begin{vmatrix}\delta_{ij} & \omega_i\omega_j\\ \delta_{ij} & \delta_{ij}-\omega_i\omega_j\end{vmatrix}.$$

再将第 2 行减去第 1 行, 得到

$$\det J = \begin{vmatrix} \delta_{ij} & \omega_i\omega_j \\ 0 & \delta_{ij} - 2\omega_i\omega_j \end{vmatrix}.$$

因此

$$\begin{aligned}
\det J &= \det(\delta_{ij} - 2\omega_i\omega_j) \\
&= \begin{vmatrix} 1-2\omega_1^2 & -2\omega_1\omega_2 & -2\omega_1\omega_3 \\ -2\omega_1\omega_2 & 1-2\omega_2^2 & -2\omega_2\omega_3 \\ -2\omega_1\omega_3 & -2\omega_2\omega_3 & 1-2\omega_3^2 \end{vmatrix}. \\
&= (1-2\omega_1^2)[(1-2\omega_2^2)(1-2\omega_3^2) - 4\omega_2^2\omega_3^2] \\
&\quad + 2\omega_1\omega_2[-2\omega_1\omega_2(1-2\omega_3^2) - 4\omega_1\omega_2\omega_3^2] \\
&\quad + 2\omega_1\omega_3[4\omega_1\omega_2^2\omega_3 + 2\omega_1\omega_3(1-2\omega_2^2)].
\end{aligned}$$

经直接计算可得 $\det J = 1$. □

引理 1.2 对于任意的光滑函数 $f(v), g(v), \psi(v)$, 满足 $f(v), g(v), \psi(v) \to 0$, $|v| \to \infty$, 则以下等式成立:

$$\begin{aligned}
&\int_{\mathbb{R}^3} Q^*(f,g)\psi(v)dv \\
=&\frac{1}{2}\int_{\mathbb{R}^3}\int_{\mathbb{R}^3}\int_{\mathbb{S}^2} B(f(v'_*)g(v') + f(v')g(v'_*) - f(v_*)g(v) - f(v)g(v_*))\psi(v)dvdv_*d\omega \\
=&\frac{1}{2}\int_{\mathbb{R}^3}\int_{\mathbb{R}^3}\int_{\mathbb{S}^2} B(f(v'_*)g(v') + f(v')g(v'_*) - f(v_*)g(v) - f(v)g(v_*))\psi(v_*)dvdv_*d\omega \\
=&-\frac{1}{2}\int_{\mathbb{R}^3}\int_{\mathbb{R}^3}\int_{\mathbb{S}^2} B(f(v'_*)g(v') + f(v')g(v'_*) - f(v_*)g(v) - f(v)g(v_*))\psi(v')dvdv_*d\omega \\
=&-\frac{1}{2}\int_{\mathbb{R}^3}\int_{\mathbb{R}^3}\int_{\mathbb{S}^2} B(f(v'_*)g(v') + f(v')g(v'_*) - f(v_*)g(v) - f(v)g(v_*))\psi(v'_*)dvdv_*d\omega.
\end{aligned} \tag{1.2.3}$$

证明 第一个等号是积分的定义. 做变量替换 $(v, v_*) \to (v_*, v)$. 由于 $B = B(|v - v_*|, \omega)$, B 在变量替换后保持不变, 并有

$$v' = v - [(v - v_*)\cdot\omega]\omega \to v_* - [(v_* - v)\cdot\omega]\omega = v'_*,$$

$$v'_* = v_* + [(v - v_*)\cdot\omega]\omega \to v + [(v_* - v)\cdot\omega]\omega = v'.$$

因此, 第二个等号成立.

将积分改写为

$$
\begin{aligned}
&\int_{\mathbb{R}^3} Q^*(f,g)\psi(v)dv \\
=&\frac{1}{2}\int_{\mathbb{R}^3}\int_{\mathbb{R}^3}\int_{\mathbb{S}^2} B(|v-v_*|,\omega)\big\{f(v_*+[(v-v_*)\cdot\omega]\omega)g(v-[(v-v_*)\cdot\omega]\omega) \\
&+f(v-[(v-v_*)\cdot\omega]\omega)g(v_*+[(v-v_*)\cdot\omega]\omega) \\
&-f(v_*)g(v)-f(v)g(v_*)\big\}\psi(v)dvdv_*d\omega.
\end{aligned}
$$

对上式做变量替换 $(v,v_*)\to(v',v'_*)$, 可得

$$
\begin{aligned}
&\int_{\mathbb{R}^3} Q^*(f,g)\psi(v)dv \\
=&\frac{1}{2}\int_{\mathbb{R}^3}\int_{\mathbb{R}^3}\int_{\mathbb{S}^2} B(|v'-v'_*|,\omega)\big\{f(v'_*+[(v'-v'_*)\cdot\omega]\omega)g(v'-[(v'-v'_*)\cdot\omega]\omega) \\
&+f(v'-[(v'-v'_*)\cdot\omega]\omega)g(v'_*+[(v'-v'_*)\cdot\omega]\omega) \\
&-f(v'_*)g(v')-f(v')g(v'_*)\big\}\psi(v')dv'dv'_*d\omega.
\end{aligned}
\tag{1.2.4}
$$

这里我们利用了变量替换 $(v,v_*)\to(v',v'_*)$ 的雅可比行列式是 1 (见引理 1.1).

根据定义 (1.1.3), 可得 $v'-v'_*=v-v_*-2[(v-v_*)\cdot\omega]\omega$, 从而

$$
\begin{aligned}
|v'-v'_*|^2&=|v-v_*-2[(v-v_*)\cdot\omega]\omega|^2=|v-v_*|^2, \\
|(v'-v'_*)\cdot\omega|&=|(v-v_*)\cdot\omega-2(v-v_*)\cdot\omega|=|(v-v_*)\cdot\omega|.
\end{aligned}
$$

因此

$$
B(|v'-v'_*|,\omega)=B(|v-v_*|,\omega). \tag{1.2.5}
$$

此外, 由于

$$
(v'-v'_*)\cdot\omega=(v-v_*)\cdot\omega-2(v-v_*)\cdot\omega=-(v-v_*)\cdot\omega,
$$

我们得到

$$
\begin{aligned}
v&=v'+[(v-v_*)\cdot\omega]\omega=v'-[(v'-v'_*)\cdot\omega]\omega, \\
v_*&=v'_*-[(v-v_*)\cdot\omega]\omega=v'_*+[(v'-v'_*)\cdot\omega]\omega.
\end{aligned}
\tag{1.2.6}
$$

于是, 将 (1.2.5) 和 (1.2.6) 代入 (1.2.4) 可得

$$
\int_{\mathbb{R}^3} Q^*(f,g)\psi(v)dv
$$

$$=\frac{1}{2}\int_{\mathbb{R}^3}\int_{\mathbb{R}^3}\int_{\mathbb{S}^2}B(f(v_*)g(v)+f(v)g(v_*)-f(v'_*)g(v')-f(v')g(v'_*))\psi(v')dvdv_*d\omega.$$

这里我们利用了 $dvdv_*=dv'dv'_*$. 这就证明了第三个等号. 对第二个积分做变量替换 $(v,v_*)\to(v',v'_*)$, 可以证明第四个等号. □

根据引理 1.2, 我们有

$$\int_{\mathbb{R}^3}Q(f,f)\psi(v)dv=\frac{1}{4}\int_{\mathbb{R}^3}\int_{\mathbb{R}^3}\int_{\mathbb{S}^2}B(f'_*f'-f_*f)(\psi+\psi_*-\psi'-\psi'_*)dvdv_*d\omega.$$

因此, 如果函数 $\psi(v)$ 满足

$$\psi(v)+\psi(v_*)-\psi(v')-\psi(v'_*)=0, \tag{1.2.7}$$

那么

$$\int_{\mathbb{R}^3}Q(f,f)\psi(v)dv=0.$$

我们称满足 (1.2.7) 的函数 $\psi(v)$ 为**碰撞不变量**. 特别地, 我们可以取

$$\psi(v)=1,\quad \psi(v)=v_j,\quad j=1,2,3,\quad \psi(v)=|v|^2.$$

因此, 碰撞算子 Q 满足下面的性质.

推论 1.3 碰撞算子 $Q(f,f)$ 有 5 个碰撞不变量 $\psi_j=\psi_j(v)$, 即

$$\int_{\mathbb{R}^3}Q(f,f)\psi_j(v)dv=0,\quad j=0,1,2,3,4, \tag{1.2.8}$$

其中

$$\psi_0(v)=1,\quad \psi_j(v)=v_j,\quad j=1,2,3,\quad \psi_4(v)=|v|^2. \tag{1.2.9}$$

利用上述 5 个碰撞不变量可以推导出 Boltzmann 方程 (1.1.1) 的守恒律. 具体地说, 给定分布函数 f, 定义宏观量为

$$\begin{cases}\rho(t,x)=\displaystyle\int_{\mathbb{R}^3}f(t,x,v)\psi_0(v)dv,\\ (\rho u_j)(t,x)=\displaystyle\int_{\mathbb{R}^3}f(t,x,v)\psi_j(v)dv,\quad j=1,2,3,\\ (\rho E)(t,x)=\displaystyle\int_{\mathbb{R}^3}f(t,x,v)\psi_4(v)dv,\end{cases}$$

其中, $\rho \geqslant 0$ 为宏观质量, $u=(u_1,u_2,u_3)$ 为宏观速度, $E \geqslant 0$ 是宏观能量. 设 f 是 Boltzmann 方程 (1.1.1) 的一个光滑解, 并关于变量 (x,v) 衰减得足够快. 将 (1.1.1) 乘以 ψ_j, 并关于变量 (x,v) 积分, 得到如下的守恒律:

$$\frac{d}{dt}\int_{\mathbb{R}^3}\int_{\mathbb{R}^3} f(t,x,v)\psi_j(v)dvdx = 0, \quad j=0,1,2,3,4.$$

下面我们证明所有的碰撞不变量都由 (1.2.9) 给出, 证明过程见文献 [10, 29], 在此省略.

引理 1.4 设函数 $g(v)$ 连续且满足

$$g(v)+g(v_*)=g(v')+g(v'_*). \tag{1.2.10}$$

则存在常数 $a,c\in\mathbb{R}$ 和常向量 $b\in\mathbb{R}^3$ 使得

$$g(v)=a+b\cdot v+c|v|^2. \tag{1.2.11}$$

根据引理 1.2, 我们有

$$\begin{aligned}
&\int_{\mathbb{R}^3} Q(f,f)\log f dv\\
&=\frac{1}{4}\int_{\mathbb{R}^3}\int_{\mathbb{S}^2} B(|v-v_*|,\omega)(f'f'_*-ff_*)(\log f+\log f_*-\log f'-\log f'_*)dvdv_*d\omega\\
&=-\frac{1}{4}\int_{\mathbb{R}^3}\int_{\mathbb{S}^2} B(|v-v_*|,\omega)(f'f'_*-ff_*)\log\frac{f'f'_*}{ff_*}dvdv_*d\omega.
\end{aligned}$$

再利用以下不等式

$$(a-b)(\log a-\log b)\geqslant 0 \quad (a,b>0), \tag{1.2.12}$$

可知碰撞算子 Q 满足下面的性质.

推论 1.5 假设碰撞核 $B\geqslant 0$, 函数 $f\geqslant 0$, 则有

$$\int_{\mathbb{R}^3} Q(f,f)\log f dv \leqslant 0. \tag{1.2.13}$$

接下来, 我们研究方程 $Q(f,f)=0$ 的正解 f 的存在性, 即

$$Q(f,f)=\int_{\mathbb{R}^3}\int_{\mathbb{S}^2} B(|v-v_*|,\omega)(f'f'_*-ff_*)dv_*d\omega=0. \tag{1.2.14}$$

为此, 我们先考虑以下方程:

$$\int_{\mathbb{R}^3} Q(f,f)\log f dv = 0. \tag{1.2.15}$$

根据推论 1.5 可知, 对于函数 $f>0$, 有

$$\int_{\mathbb{R}^3} Q(f,f)\log f dv \leqslant 0.$$

注意到 (1.2.12) 等号成立当且仅当 $a=b$, 因此

$$\int_{\mathbb{R}^3} Q(f,f)\log f dv = 0 \Longleftrightarrow f'f'_* = ff_*.$$

则 $\log f$ 为碰撞不变量, 即存在常数 $a\in\mathbb{R}, c<0$ 和常向量 $b\in\mathbb{R}^3$ 使得

$$f = \exp(a + b\cdot v + c|v|^2). \tag{1.2.16}$$

我们称满足 (1.2.16) 的函数 f 为麦克斯韦分布 (Maxwellian).

现在我们求解方程 (1.2.14). 将方程 (1.2.14) 乘以 $\log f$ 得到方程 (1.2.15), 因此 f 是一个麦克斯韦分布. 另一方面, 如果 f 是一个麦克斯韦分布, 则有

$$f'f'_* = ff_*.$$

这说明 $Q(f,f)=0$. 因此, 碰撞算子 Q 满足下面的性质.

推论 1.6 假设函数 $f\geqslant 0$, 则有

$$Q(f,f)=0 \Longleftrightarrow \int_{\mathbb{R}^3} Q(f,f)\log f dv = 0 \Longleftrightarrow f = M(v), \tag{1.2.17}$$

其中

$$M(v) = M_{[\rho,u,\theta]}(v) = \frac{\rho}{(2\pi R\theta)^{\frac{3}{2}}}\exp\left(-\frac{|v-u|^2}{2R\theta}\right). \tag{1.2.18}$$

我们称由 (1.2.18) 定义的 $M(v)$ 为麦克斯韦分布, 它表示宏观质量为 $\rho\geqslant 0$、宏观速度为 $u=(u_1,u_2,u_3)\in\mathbb{R}^3$、宏观温度为 $\theta>0$ 的平衡态气体粒子的分布. 如果 (ρ,u,θ) 是常数, M 称为全局麦克斯韦分布, 如果 (ρ,u,θ) 是关于 (t,x) 的函数, 则称为局部麦克斯韦分布. 容易验证, 全局的麦克斯韦分布是 Boltzmann 方程 (1.1.1) 的稳态解.

引理 1.7 (熵不等式; H-定理) 设函数 $f \geqslant 0$ 为 Boltzmann 方程 (1.1.1) 的解, 则有

$$\frac{d}{dt}\int_{\mathbb{R}^3}\int_{\mathbb{R}^3} f\log f dxdv \leqslant 0.$$

证明 由于 $f \geqslant 0$, 我们可定义如下的 H-函数

$$H(t) = \int_{\mathbb{R}^3}\int_{\mathbb{R}^3} f\log f dxdv,$$

则 $-H$ 是气体的熵. 将 (1.1.1) 乘以 $1+\log f$, 并关于变量 (x,v) 积分得到

$$\frac{dH(t)}{dt} + \int_{\mathbb{R}^3} D(t,x)dx = 0,$$

其中, $D(t,x)$ 为熵耗散积分:

$$D(t,x) = -\int_{\mathbb{R}^3} Q(f,f)\log f dv \geqslant 0.$$

由此导出 H-定理:

$$\frac{dH(t)}{dt} \leqslant 0,$$

特别地, 当且仅当 f 为麦克斯韦分布 $M(v)$ 时, 等号成立. □

1.3 近平衡态的扰动

在本章中, 我们将研究 Boltzmann 方程的谱分析以及柯西问题整体经典解的存在性和最优衰减率. 注意到, Boltzmann 方程 (1.1.1) 存在一个稳态解 $F_* = M$, 其中 $M = M(v)$ 是归一化的全局麦克斯韦分布

$$M(v) = M_{[1,0,1]}(v) = \frac{1}{(2\pi)^{3/2}} e^{-\frac{|v|^2}{2}}. \tag{1.3.1}$$

定义 F 在 M 附近的扰动 $f(t,x,v)$ 为

$$F = M + \sqrt{M} f,$$

则扰动 f 满足

$$\partial_t f + v\cdot\nabla_x f - Lf = \Gamma(f,f), \tag{1.3.2}$$

其中线性碰撞算子 Lf 和非线性算子 $\Gamma(f,g)$ 定义为

$$Lf = \frac{1}{\sqrt{M}}[Q(M, \sqrt{M}f) + Q(\sqrt{M}f, M)], \tag{1.3.3}$$

$$\Gamma(f,g) = \frac{1}{\sqrt{M}}Q(\sqrt{M}f, \sqrt{M}g). \tag{1.3.4}$$

设 (1.3.2) 的初值条件为

$$f(0,x,v) = f_0(x,v). \tag{1.3.5}$$

线性碰撞算子 (linearized collision operator) L 可表示为[10, 29]

$$\begin{aligned}
(Lf)(v) &= -\nu(v)f(v) + (Kf)(v),\\
\nu(v) &= \int_{\mathbb{R}^3}\int_{\mathbb{S}^2} B(|v-v_*|,\omega)M_* d\omega dv_*,\\
(Kf)(v) &= \int_{\mathbb{R}^3}\int_{\mathbb{S}^2} B(|v-v_*|,\omega)(\sqrt{M_*'}f' + \sqrt{M'}f_*' - \sqrt{M}f_*)\sqrt{M_*}d\omega dv_*\\
&= \int_{\mathbb{R}^3} k(v,v_*)f(v_*)dv_*,
\end{aligned} \tag{1.3.6}$$

这里 $\nu(v)$ 称为碰撞频率 (collision frequency), 它是一个实函数, K 是一个积分算子, 并且具有实对称积分核 $k(v,v_*)$.

非线性算子 $\Gamma(f,g)$ 可表示为

$$\Gamma(f,g) = \int_{\mathbb{R}^3}\int_{\mathbb{S}^2} B(|v-v_*|,\omega)(f'g_*' - fg_*)\sqrt{M_*}d\omega dv_*. \tag{1.3.7}$$

1.4 线性算子 $\nu(v)$ 和 K 的性质

1.4.1 积分算子 K 的表达式

在本小节中, 我们计算积分算子 K 的表达式. 记

$$u = v_*, \quad u' = v_*'.$$

我们将 K 分解为[29]

$$
\begin{aligned}
Kf &= K_2 f - K_1 f, \\
K_1 f &= M^{\frac{1}{2}}(v) \int_{\mathbb{R}^3} \int_{\mathbb{S}^2} B(|v-u|, \omega) M^{\frac{1}{2}}(u) f(u) du d\omega \\
&= \int_{\mathbb{R}^3} k_1(v,u) f(u) du, \qquad (1.4.1)\\
K_2 f &= \int_{\mathbb{R}^3} \int_{\mathbb{S}^2} B(|v-u|, \omega) M^{\frac{1}{2}}(u) (M^{\frac{1}{2}}(u') f(v') + M^{\frac{1}{2}}(v') f(u')) du d\omega \\
&= \int_{\mathbb{R}^3} k_2(v,u) f(u) du.
\end{aligned}
$$

容易验证

$$
k_1(v,u) = M^{\frac{1}{2}}(v) M^{\frac{1}{2}}(u) \int_{\mathbb{S}^2} B(|v-u|, \omega) d\omega. \qquad (1.4.2)
$$

接下来, 我们计算 $k_2(v,u)$. 设

$$
V = u - v.
$$

半球面 $\mathbb{S}^2_+ = \{\omega \in \mathbb{S}^2 \mid -V\cdot\omega \geqslant 0\}$ 中的向量 ω 的球坐标可表示为

$$
\omega = (\sin\theta\cos\epsilon, \sin\theta\sin\epsilon, \cos\theta), \quad \cos\theta = -\frac{V\cdot\omega}{|V|}, \quad \theta \in \left[0, \frac{\pi}{2}\right], \quad \epsilon \in [0, 2\pi).
$$

于是, 根据 (1.1.6), 积分算子 K_2 可以改写为如下形式:

$$
K_2 f = \int_{\mathbb{R}^3} \int_0^{2\pi} \int_0^{\frac{\pi}{2}} M^{\frac{1}{2}}(u)(M^{\frac{1}{2}}(u') f(v') + M^{\frac{1}{2}}(v') f(u')) q(\theta, |V|) d\theta d\epsilon du, \quad (1.4.3)
$$

其中

$$
q(\theta, |V|) = B(|V|, \cos\theta)\sin\theta, \quad \theta \in \left[0, \frac{\pi}{2}\right].
$$

我们考虑两个典型的情况, 一个是**硬球模型**, 即 $q(\theta,|V|)$ 有如下表示形式

$$
q(\theta, |V|) = |V|\cos\theta\sin\theta, \quad \theta \in \left[0, \frac{\pi}{2}\right],
$$

另一个是具有角截断的**硬势模型**, 即 $q(\theta,|V|)$ 可以表示为

$$
q(\theta, |V|) = |V|^\gamma b(\cos\theta)\sin\theta, \quad \theta \in \left[0, \frac{\pi}{2}\right], \ 0 \leqslant \gamma < 1.
$$

将 V 进行正交分解

$$V=(V\cdot\omega)\omega+(V\cdot\omega_\perp)\omega_\perp\quad(\omega_\perp\perp\omega),\tag{1.4.4}$$

其中

$$\omega_\perp=\frac{V-(V\cdot\omega)\omega}{|V|}.$$

于是

$$\begin{aligned}u'&=u-(\omega\cdot V)\omega=u-v+v-(\omega\cdot V)\omega\\&=v+[V-(\omega\cdot V)\omega]=v+(\omega_\perp\cdot V)\omega_\perp.\end{aligned}$$

因此, 通过旋转变换 $\omega\to\omega_\perp$, 即

$$\theta\to\frac{\pi}{2}-\theta,\quad \epsilon\to\epsilon\pm\pi,\quad \theta\in\left(0,\frac{\pi}{2}\right),\tag{1.4.5}$$

可得 $u'\to v'$. 同样地, 也可以得出 $v'\to u'$. 于是, 根据旋转变换 (1.4.5) 得到

$$\begin{aligned}&\int_{\mathbb{R}^3}\int_0^{2\pi}\int_0^{\frac{\pi}{2}}M^{\frac12}(u)M^{\frac12}(v')f(u')q(\theta,|V|)d\theta d\epsilon du\\=&\int_{\mathbb{R}^3}\int_0^{2\pi}\int_0^{\frac{\pi}{2}}M^{\frac12}(u)M^{\frac12}(u')f(v')q\left(\frac{\pi}{2}-\theta,|V|\right)d\theta d\epsilon du.\end{aligned}\tag{1.4.6}$$

令

$$q^*(\theta,|V|)=\frac12\left[q(\theta,|V|)+q\left(\frac{\pi}{2}-\theta,|V|\right)\right],\quad \theta\in\left[0,\frac{\pi}{2}\right].\tag{1.4.7}$$

则由 (1.4.6) 可得

$$K_2f=2M^{\frac12}(v)\int_{\mathbb{R}^3}\int_0^{2\pi}\int_0^{\frac{\pi}{2}}M^{-\frac12}(v')M(u)f(v')q^*(\theta,|V|)d\theta d\epsilon du.$$

设

$$\tilde q(|V|\cos\theta,|V|\sin\theta)=\frac{1}{\sin\theta}q^*(\theta,|V|),\quad \theta\in\left[0,\frac{\pi}{2}\right].\tag{1.4.8}$$

于是, 通过变量替换 $u\to V=u-v$, 得到

$$K_2f=2M^{\frac12}(v)\int_{\mathbb{R}^3}\int_{\mathbb{S}^2}M^{-\frac12}(v')M(u)f(v')\tilde q(|V|\cos\theta,|V|\sin\theta)dVd\omega.\tag{1.4.9}$$

由 (1.4.4), V 可分解为

$$V=(V\cdot\omega)\omega+(V-(\omega\cdot V)\omega)=\xi+w, \tag{1.4.10}$$

其中

$$\xi=(V\cdot\omega)\omega,\quad w=(\omega\times(V\times\omega)). \tag{1.4.11}$$

于是有

$$\tilde{q}=\tilde{q}(|V|\cos\theta,|V|\sin\theta)=\tilde{q}(|\xi|,|w|). \tag{1.4.12}$$

令 dw 为平面 $\Omega=\{w\in\mathbb{R}^3\,|\,w\cdot\omega=0\}$ 的面积微元, 则由 (1.4.10) 以及 $-V\cdot\omega\geqslant 0$ 可知, 体积微元 dV 可表示为

$$dV=dwd|\xi|.$$

然后, 由于 ω 为 ξ 的方向, 即 $\xi=|\xi|\omega$, 因此 $d\xi=|\xi|^2d|\xi|d\omega$. 从而有

$$d\omega dV=dwd|\xi|d\omega=dw\frac{|\xi|^2d|\xi|d\omega}{|\xi|^2}=\frac{d\xi dw}{|\xi|^2}.$$

注意到

$$v'=v+(\omega\cdot V)\omega=v+\xi,$$

$$u=v+V=v+\xi+w,$$

于是 (1.4.9) 可以改写为

$$K_2f=2M^{\frac{1}{2}}(v)\int_{\mathbb{R}^3}\frac{d\xi}{|\xi|^2}\int_{w\cdot\xi=0}M^{-\frac{1}{2}}(v+\xi)M(v+\xi+w)f(v+\xi)\tilde{q}(|\xi|,|w|)dw. \tag{1.4.13}$$

再设

$$\eta=v+\xi,\quad \zeta=\frac{1}{2}(v+\eta),$$

则从 (1.4.13) 可得

$$K_2f=2M^{\frac{1}{2}}(v)\int_{\mathbb{R}^3}\frac{d\eta}{|\eta-v|^2}\int_{(\eta-v)\cdot w=0}M^{-\frac{1}{2}}(\eta)M(\eta+w)f(\eta)\tilde{q}(|\eta-v|,|w|)dw. \tag{1.4.14}$$

根据定义 (1.4.11) 有 $w\cdot\xi=0$, 因此

$$w\cdot\zeta=\frac{1}{2}w\cdot(v+\eta)=\frac{1}{2}w\cdot(2v+\xi)$$

$$= w\cdot v = w\cdot(v+\xi) = w\cdot\eta.$$

于是 (1.4.14) 中的函数

$$\begin{aligned}
&M^{\frac{1}{2}}(v)M^{-\frac{1}{2}}(\eta)M(\eta+w)\\
=&\frac{1}{(2\pi)^{\frac{3}{2}}}\exp\left\{-\frac{1}{4}|v|^2+\frac{1}{4}|\eta|^2-\frac{1}{2}|\eta+w|^2\right\}\\
=&\frac{1}{(2\pi)^{\frac{3}{2}}}\exp\left\{-\frac{1}{4}|v|^2-\eta\cdot w-\frac{1}{4}|\eta|^2-\frac{1}{2}|w|^2\right\}\\
=&\frac{1}{(2\pi)^{\frac{3}{2}}}\exp\left\{-\frac{1}{4}|v|^2-w\cdot\zeta-\frac{1}{4}|2\zeta-v|^2-\frac{1}{2}|w|^2\right\}\\
=&\frac{1}{(2\pi)^{\frac{3}{2}}}\exp\left\{-\frac{1}{4}|v|^2-w\cdot\zeta\quad|\zeta|^2-\zeta\cdot v-\frac{1}{2}|w|^2-\frac{1}{4}|v|^2\right\}\\
=&\frac{1}{(2\pi)^{\frac{3}{2}}}\exp\left\{-\frac{1}{2}|w+\zeta|^2-\frac{1}{2}|v|^2-\frac{1}{2}|\zeta|^2+\zeta\cdot v\right\}\\
=&\frac{1}{(2\pi)^{\frac{3}{2}}}\exp\left\{-\frac{1}{2}|w+\zeta|^2-\frac{1}{8}|v-\eta|^2\right\}.
\end{aligned}\tag{1.4.15}$$

因此, 将 (1.4.15) 代入 (1.4.14) 可得

$$K_2f=\frac{2}{(2\pi)^{\frac{3}{2}}}\int_{\mathbb{R}^3}\frac{d\eta}{|\eta-v|^2}\int_{(\eta-v)\cdot w=0}e^{-\frac{1}{8}|v-\eta|^2}e^{-\frac{1}{2}|w+\zeta|^2}f(\eta)\tilde{q}(|\eta-v|,|w|)dw.\tag{1.4.16}$$

从而

$$k_2(v,\eta)=\frac{2}{(2\pi)^{\frac{3}{2}}|\eta-v|^2}e^{-\frac{1}{8}|\eta-v|^2}\int_{(\eta-v)\cdot w=0}e^{-\frac{1}{2}|w+\zeta|^2}\tilde{q}(|\eta-v|,|w|)dw.\tag{1.4.17}$$

现在, 将 ζ 做以下分解

$$\zeta=(\zeta\cdot\omega)\omega+\zeta_2\equiv\zeta_1+\zeta_2,\quad \zeta_1\cdot\zeta_2=0.\tag{1.4.18}$$

于是有

$$\begin{aligned}
\zeta_1^2=\left(\frac{\xi}{|\xi|}\cdot\zeta\right)^2=\left(\frac{\xi}{2|\xi|}\cdot(v+\eta)\right)^2&=\left(\frac{(\eta-v)\cdot(\eta+v)}{2|\eta-v|}\right)^2\\
&=\frac{1}{4}\frac{(|\eta|^2-|v|^2)^2}{|\eta-v|^2}.
\end{aligned}$$

根据分解 (1.4.18), 我们可以得到

$$
\begin{aligned}
|w+\zeta|^2 &= |w+\zeta_1+\zeta_2|^2 \\
&= |\zeta_1|^2 + |w+\zeta_2|^2 + 2\zeta_1\cdot(w+\zeta_2).
\end{aligned}
$$

然而, 由定义 (1.4.18) 可知 $\zeta_1\cdot\zeta_2=0$, $\zeta_1\cdot w=0$, 这里 $\zeta_1\cdot w=0$ 是由于 ζ_1 与 ξ 平行, 并且 $\xi\cdot w=0$. 因此

$$
k_2(v,\eta)=\frac{2}{(2\pi)^{\frac{3}{2}}|v-\eta|^2}e^{-\frac{|\eta-v|^2}{8}-\frac{(|\eta|^2-|v|^2)^2}{8|\eta-v|^2}}\int_{(\eta-v)\cdot w=0} e^{-\frac{1}{2}|w+\zeta_2|^2}\tilde{q}(|\eta-v|,|w|)dw. \tag{1.4.19}
$$

1.4.2 算子 $\nu(v)$ 和 K 的估计

首先, 我们考虑硬球模型:

$$
q(\theta,|V|)=|V|\cos\theta\sin\theta,\quad \theta\in\left[0,\frac{\pi}{2}\right],
$$

从而

$$
q\left(\frac{\pi}{2}-\theta,|V|\right)=|V|\sin\theta\cos\theta=q(\theta,|V|).
$$

因此, 由 (1.4.7) 和 (1.4.8) 可得

$$
q^*(\theta,|V|)=q(\theta,|V|),
$$

以及

$$
\tilde{q}(|V|\cos\theta,|V|\sin\theta)=|V|\cos\theta,\quad 即\quad \tilde{q}(|\xi|,|w|)=|\xi|. \tag{1.4.20}
$$

由 (1.4.2) 和 (1.1.7), 得到

$$
\begin{aligned}
k_1(v,u) &= M^{\frac{1}{2}}(v)M^{\frac{1}{2}}(u)\int_{\mathbb{S}^2} B(|v-u|,\omega)d\omega \\
&= 2\pi M^{\frac{1}{2}}(u)M^{\frac{1}{2}}(v)\int_0^{\frac{\pi}{2}} |v-u|\cos\theta\sin\theta d\theta \\
&= \frac{1}{2\sqrt{2\pi}}|u-v|e^{-\frac{1}{4}(|u|^2+|v|^2)}.
\end{aligned}
$$

根据 (1.4.19), (1.4.20), 以及

$$
\int e^{-\frac{1}{2}|w+\zeta_2|^2}\tilde{q}(|\eta-v|,|w|)dw=|\eta-v|\int_{(\eta-v)\cdot w=0} e^{-\frac{1}{2}|w+\zeta_2|^2}dw
$$

$$
\begin{aligned}
&= |\eta - v| \int_{\mathbb{R}^2} e^{-\frac{1}{2}(x^2+y^2)} dxdy \\
&= 2\pi|\eta - v|,
\end{aligned}
$$

可以推出

$$
k_2(v,u) = \frac{2}{\sqrt{2\pi}|u-v|} e^{-\frac{|u-v|^2}{8} - \frac{(|u|^2-|v|^2)}{8|u-v|^2}}. \tag{1.4.21}
$$

从上式可以看出 $k_2(v,u)$ 关于 v,u 是**对称的**. 注意到 k_1 和 k_2 都不是卷积核.

同样地, 我们可以计算硬球情形下 $\nu(v)$ 的显式表达式, 即

$$
\begin{aligned}
\nu(v) &= \frac{1}{2\sqrt{2\pi}} \int_{\mathbb{R}^3} |v-u| e^{-\frac{1}{2}|u|^2} du \\
&= \frac{1}{2\sqrt{2\pi}} \int_{\mathbb{R}^3} |z| e^{-\frac{1}{2}|z|^2 - z\cdot v - \frac{1}{2}|v|^2} dz \\
&= \sqrt{\frac{\pi}{2}} e^{-\frac{1}{2}|v|^2} \int_0^\infty r^3 e^{-\frac{1}{2}r^2} \int_0^\pi e^{-r|v|\cos\theta} \sin\theta d\theta dr \\
&= \sqrt{\frac{\pi}{2}} \frac{e^{-\frac{1}{2}|v|^2}}{|v|} \int_0^\infty r^2 e^{-\frac{1}{2}r^2} [e^{r|v|} - e^{-r|v|}] dr \\
&= \sqrt{\frac{\pi}{2}} \frac{1}{|v|} \left[\int_0^\infty r^2 e^{-\frac{1}{2}(r-|v|)^2} dr - \int_0^\infty r^2 e^{-\frac{1}{2}(r+|v|)^2} dr \right] \\
&= \sqrt{\frac{\pi}{2}} \frac{1}{|v|} \left[\int_{-|v|}^\infty (z+|v|)^2 e^{-\frac{1}{2}z^2} dz - \int_{|v|}^\infty (z-|v|)^2 e^{-\frac{1}{2}z^2} dz \right] \\
&= \sqrt{\frac{\pi}{2}} \frac{1}{|v|} \left[\int_{-|v|}^{|v|} (z+|v|)^2 e^{-\frac{1}{2}z^2} dz + \int_{|v|}^\infty e^{-\frac{1}{2}z^2} [(z+|v|)^2 - (z-|v|)^2] dz \right] \\
&= \sqrt{\frac{\pi}{2}} \frac{1}{|v|} \left[2\int_0^{|v|} (|v|^2 + z^2) e^{-\frac{1}{2}z^2} dz + 4\int_{|v|}^\infty |v| z e^{-\frac{1}{2}z^2} dz \right] \\
&= \sqrt{2\pi} \left[\left(|v| + \frac{1}{|v|} \right) \int_0^{|v|} e^{-\frac{1}{2}z^2} dz + e^{-\frac{1}{2}|v|^2} \right].
\end{aligned}
$$

其次, 我们考虑**硬势**模型:

$$
q(\theta, |V|) = |V|^\gamma b(\cos\theta)\sin\theta, \quad \theta \in \left[0, \frac{\pi}{2}\right],\ 0 \leqslant \gamma < 1.
$$

于是, 由 (1.1.9) 和 (1.4.8) 可得

$$
\tilde{q}(|V|\cos\theta, |V|\sin\theta) \leqslant C|V|^\gamma \cos\theta, \quad \text{即} \quad \tilde{q}(|\xi|, |w|) \leqslant C|\xi + w|^{\gamma-1}|\xi|.
$$

由 (1.4.2) 和 (1.1.8), 得到

$$\begin{aligned}k_1(u,v) &= M^{\frac{1}{2}}(v)M^{\frac{1}{2}}(u)\int_{\mathbb{S}^2} B(|v-u|,\omega)d\omega \\ &= M^{\frac{1}{2}}(v)M^{\frac{1}{2}}(u)2\pi\int_0^{\frac{\pi}{2}} |u-v|^\gamma b(\cos\theta)\sin\theta d\theta \\ &= C|u-v|^\gamma e^{-\frac{1}{4}(|u|^2+|v|^2)}.\end{aligned}$$

对于 $k_2(v,u)$, 利用

$$\begin{aligned}&\int_{(\eta-v)\cdot w=0} e^{-\frac{1}{2}|w+\zeta_2|^2}\tilde{q}(|\eta-v|,|w|)dw \\ &\leqslant C\int_{(\eta-v)\cdot w=0} e^{-\frac{1}{2}|w+\zeta_2|^2}|\eta-v+w|^{\gamma-1}|\eta-v|dw \\ &= C|\eta-v|\int_{(\eta-v)\cdot w=0} e^{-\frac{1}{2}|w+\zeta_2|^2}(|\eta-v|^2+|w|^2)^{\frac{\gamma-1}{2}}dw \\ &\leqslant C|\eta-v|\int_{(\eta-v)\cdot w=0} e^{-\frac{1}{2}|w+\zeta_2|^2}|w|^{\gamma-1}dw \\ &\leqslant C|\eta-v|\left(\int_{|w|\leqslant 1}|w|^{\gamma-1}dw+\int_{|w|\geqslant 1}e^{-\frac{1}{2}|w+\zeta_2|^2}dw\right) \\ &\leqslant C|\eta-v|\left(\int_{x^2+y^2\leqslant 1}(x^2+y^2)^{\frac{\gamma-1}{2}}dxdy+\int_{\mathbb{R}^2}e^{-\frac{1}{2}(x^2+y^2)}dxdy\right) \\ &\leqslant C|\eta-v|,\end{aligned}$$

可得

$$k_2(v,u)\leqslant \frac{C}{|v-u|}e^{-\frac{|u-v|^2}{8}-\frac{(|u|^2-|v|^2)^2}{8|u-v|^2}}. \tag{1.4.22}$$

同样地,

$$\begin{aligned}\nu(v) &\leqslant C\int_{\mathbb{R}^3}|v-u|^\gamma e^{-\frac{1}{2}|u|^2}du \\ &\leqslant \frac{C}{|v|}\left[\int_0^\infty r^{\gamma+1}e^{-\frac{1}{2}(r-|v|)^2}dr-\int_0^\infty r^{\gamma+1}e^{-\frac{1}{2}(r+|v|)^2}dr\right] \\ &= \frac{C}{|v|}\left[\int_{-|v|}^\infty (z+|v|)^{\gamma+1}e^{-\frac{1}{2}z^2}dz-\int_{|v|}^\infty (z-|v|)^{\gamma+1}e^{-\frac{1}{2}z^2}dz\right] \\ &= \frac{C}{|v|}\left[\int_{-|v|}^{|v|}(z+|v|)^{\gamma+1}e^{-\frac{1}{2}z^2}dz-\int_{|v|}^\infty e^{-\frac{1}{2}z^2}[(z+|v|)^{\gamma+1}-(z-|v|)^{\gamma+1}]dz\right].\end{aligned}$$

由于

$$(z+|v|)^{\gamma+1}-(z-|v|)^{\gamma+1}\leqslant 2(\gamma+1)(z+|v|)^{\gamma}|v|,\quad \forall z>0,$$

我们有

$$\begin{aligned}\nu(v)&\leqslant \frac{C}{|v|}\left[|v|^{\gamma+1}\int_{-|v|}^{|v|}e^{-\frac{1}{2}z^2}dz+\int_{|v|}^{\infty}e^{-\frac{1}{2}z^2}(z+|v|)^{\gamma}|v|dz\right]\\&\leqslant C|v|^{\gamma}\int_0^{|v|}e^{-\frac{1}{2}z^2}dz+C\int_{|v|}^{\infty}e^{-\frac{1}{2}z^2}(z+|v|)^{\gamma}dz\\&\leqslant C|v|^{\gamma}\int_0^{|v|}e^{-\frac{1}{2}z^2}dz+C\int_{|v|}^{\infty}e^{-\frac{1}{2}z^2}z^{\gamma}dz.\end{aligned}$$

基于上面的计算, 对于硬球和硬势两种情况, 我们得到以下关于 $\nu(v)$ 和 K 的估计.

引理 1.8 假设碰撞核 B 满足 (1.1.7) 或 (1.1.8), 则以下结论成立:

(1) $\nu(v)$ 是一个关于 $|v|$ 的非负函数, 并满足

$$\nu_0(1+|v|)^{\gamma}\leqslant \nu(v)\leqslant \nu_1(1+|v|)^{\gamma}, \tag{1.4.23}$$

其中 $\nu_0,\nu_1>0$, $\gamma\in[0,1]$ 均为常数.

(2) K 是一个线性的积分算子

$$Kf(v)=\int_{\mathbb{R}^3}k(v,u)f(u)du,$$

其积分核 $k(v,u)=k(u,v)$ 满足下列不等式

(a) $\sup\limits_{v}\int_{\mathbb{R}^3}|k(v,u)|du\leqslant C$;

(b) $\sup\limits_{v}\int_{\mathbb{R}^3}|k(v,u)|^2du\leqslant C$;

(c) $\int_{\mathbb{R}^3}|k(v,u)|(1+|u|^2)^{-\frac{\alpha}{2}}du\leqslant C(1+|v|^2)^{-\frac{1}{2}(\alpha+1)}$, $\forall\alpha\geqslant 0$.

证明 首先, 我们证明性质 (1). 事实上, 对于任意 $v\in\mathbb{R}^3$, 有

$$\nu(v)\leqslant C\int_{\mathbb{R}^3}(|v|+|u|)^{\gamma}M(u)du\leqslant \nu_1(1+|v|)^{\gamma}.$$

当 $|v|>1$ 时,

$$\nu(v)\geqslant C\int_{\mathbb{R}^3}||v|-|u||^{\gamma}M(u)du$$

$$
\begin{aligned}
&\geqslant C\int_{|u|<\frac{1}{2}}||v|-|u||^{\gamma}M(u)du\\
&\geqslant C\int_{|u|<\frac{1}{2}}\left(|v|-\frac{1}{2}\right)^{\gamma}M(u)du\\
&\geqslant C(1+|v|)^{\gamma}.
\end{aligned}
$$

当 $|v|<1$ 时,

$$
\nu(v)\geqslant C\int_{|u|>2}||v|-|u||^{\gamma}M(u)du\geqslant C\int_{|u|>2}|u|^{\gamma}M(u)du>0.
$$

其次, 我们证明性质 (2). 注意到 $k=k_1+k_2$. 根据 (1.4.2) 和 (1.4.19), 容易验证 $k(v,u)=k(u,v)$. 由于

$$
k_1(v,u)\leqslant C|u-v|^{\gamma}e^{-\frac{1}{4}(|u|^2+|v|^2)}, \tag{1.4.24}
$$

我们有

$$
\begin{aligned}
\int k_1(v,u)du&\leqslant C\int_{\mathbb{R}^3}(|u|+|v|)^{\gamma}e^{-\frac{1}{4}(|u|^2+|v|^2)}du\\
&\leqslant C(1+|v|)^{\gamma}e^{-\frac{1}{4}|v|^2}\\
&\leqslant Ce^{-\frac{1}{8}|v|^2},
\end{aligned}
$$

以及

$$
\begin{aligned}
\int k_1^2(v,u)du&\leqslant C\int_{\mathbb{R}^3}(|u|+|v|)^{2\gamma}e^{-\frac{1}{2}(|u|^2+|v|^2)}du\\
&\leqslant C(1+|v|)^{2\gamma}e^{-\frac{1}{2}|v|^2}\\
&\leqslant Ce^{-\frac{1}{4}|v|^2}.
\end{aligned}
$$

因此,

$$
\sup_v\int_{\mathbb{R}^3}k_1(v,u)du<\infty,\quad \sup_v\int_{\mathbb{R}^3}k_1^2(v,u)du<\infty. \tag{1.4.25}
$$

由于

$$
k_2(v,u)\leqslant \frac{C}{|u-v|}e^{-\frac{1}{8}|u-v|^2}, \tag{1.4.26}
$$

我们有

$$
\sup_v\int_{\mathbb{R}^3}k_2(v,u)du<\infty,\quad \sup_v\int_{\mathbb{R}^3}k_2^2(v,u)du<\infty. \tag{1.4.27}
$$

这就证明了性质 (2) 中的 (a) 和 (b).

最后, 我们证明性质 (2) 中的 (c). 根据 (1.4.24), 有

$$\begin{aligned}
&\int_{\mathbb{R}^3} |k_1(v,u)|(1+|u|^2)^{-\frac{\alpha}{2}}du \\
&\leqslant C\int_{\mathbb{R}^3} |u-v|^\gamma e^{-\frac{1}{4}(|u|^2+|v|^2)}(1+|u|^2)^{-\frac{\alpha}{2}}du \\
&= C\left(\int_{|u|<\frac{|v|}{2}} + \int_{|u|>\frac{|v|}{2}}\right)|u-v|^\gamma e^{-\frac{1}{4}(|u|^2+|v|^2)}(1+|u|^2)^{-\frac{\alpha}{2}}du \\
&\leqslant C|v|^\gamma e^{-\frac{1}{4}|v|^2}\int_{\mathbb{R}^3} e^{-\frac{1}{4}|u|^2}(1+|u|^2)^{-\frac{\alpha}{2}}du + C(1+|v|^2)^{-\frac{\alpha}{2}}e^{-\frac{1}{4}|v|^2}\int_{\mathbb{R}^3}|u|^\gamma e^{-\frac{1}{4}|u|^2}du \\
&\leqslant Ce^{-\frac{1}{8}|v|^2}.
\end{aligned}$$

根据 (1.4.21) 和 (1.4.22), 可得

$$\begin{aligned}
\int_{\mathbb{R}^3} |k_2(v,u)|(1+|u|^2)^{-\frac{\alpha}{2}}du &\leqslant C\int_{\mathbb{R}^3} \frac{e^{-\frac{1}{8}\left(|u-v|^2+\frac{(|u|^2-|v|^2)^2}{|u-v|^2}\right)}}{|u-v|(1+|u|^2)^{\frac{\alpha}{2}}}du \\
&= \int_{|u-v|>\frac{|v|}{2}} + \int_{|u-v|<\frac{|v|}{2}} =: I_1 + I_2.
\end{aligned}$$

对于 I_1, 有

$$I_1 \leqslant C\int_{|u-v|>\frac{|v|}{2}} \frac{e^{-\frac{1}{16}|u-v|^2}\cdot e^{-\frac{|v|^2}{64}}}{|v|}du \leqslant C|v|^{-1}e^{-\frac{1}{64}|v|^2}.$$

为了估计 I_2, 令

$$r = |u-v|, \quad v\cdot(u-v) = r|v|\cos\theta.$$

则有

$$|u|^2-|v|^2 = |u-v|^2 + 2v\cdot(u-v) = r^2+2r|v|\cos\theta.$$

当 $|u-v| < \dfrac{|v|}{2}$ 时, 我们有 $|u| > |v|-|u-v| > \dfrac{|v|}{2}$. 因此,

$$\begin{aligned}
I_2 &\leqslant C(1+|v|^2)^{-\frac{\alpha}{2}}2\pi\int_0^\infty re^{-\frac{1}{8}r^2}dr\int_0^\pi e^{-\frac{1}{8}(r+2|v|\cos\theta)^2}\sin\theta d\theta \\
&\leqslant C(1+|v|^2)^{-\frac{\alpha}{2}}|v|^{-1}\int_0^\infty re^{-\frac{1}{8}r^2}dr\int_{\frac{r-2|v|}{2}}^{\frac{r+2|v|}{2}} e^{-\frac{1}{2}w^2}dw
\end{aligned}$$

$$\leqslant C(1+|v|^2)^{-\frac{\alpha}{2}}|v|^{-1}.$$

这就证明了, 当 $|v|>1$ 时, (c) 成立.

当 $|v|\leqslant 1$ 时, 我们有

$$\int_{\mathbb{R}^3}|k(v,u)|(1+|u|^2)^{-\frac{\alpha}{2}}du \leqslant \sup_v \int_{\mathbb{R}^3}|k(v,u)|du \leqslant C(1+|v|^2)^{-\frac{\alpha+1}{2}}.$$

因此 (c) 成立. □

引理 1.9 假设碰撞核 B 满足 (1.1.7) 或 (1.1.8), 则 K 是 $L^2(\mathbb{R}^3_v)$ 上的紧算子.

证明 注意到 $k=k_1+k_2$. 首先, 我们断言 K 是 L^2 中的有界算子. 事实上, 因为

$$\begin{aligned}|Kf(v)| &\leqslant \int_{\mathbb{R}^3} k^{\frac{1}{2}}(v,u)\cdot k^{\frac{1}{2}}(v,u)f(u)du\\ &\leqslant \left(\int_{\mathbb{R}^3}k(v,u)du\right)^{\frac{1}{2}}\left(\int_{\mathbb{R}^3}k(v,u)f^2(u)du\right)^{\frac{1}{2}},\end{aligned}$$

所以

$$\begin{aligned}\|Kf\|_2^2 &\leqslant \left[\sup_v\int_{\mathbb{R}^3}k(v,u)du\right]\cdot\int_{\mathbb{R}^3}\int_{\mathbb{R}^3}k(v,u)f^2(u)dudv\\ &\leqslant \left[\sup_v\int_{\mathbb{R}^3}k(v,u)du\right]\left[\sup_u\int_{\mathbb{R}^3}k(v,u)dv\right]\|f\|^2.\end{aligned}$$

另一方面

$$|Kf(v)|\leqslant\left(\int_{\mathbb{R}^3}k^2(v,u)du\right)^{\frac{1}{2}}\left(\int_{\mathbb{R}^3}f^2(u)du\right)^{\frac{1}{2}}\leqslant C\|f\|. \tag{1.4.28}$$

由于 $L^2(\mathbb{R}^3_v)$ 是自反空间, 我们只需要证 K 是全连续的, 即

$$f_n\rightharpoonup f \Longrightarrow Kf_n\to Kf,\quad n\to\infty.$$

由 (1.4.28) 可知, 对于任意固定的 $v\in\mathbb{R}^3$, K 为 $L^2(\mathbb{R}^3_v)$ 中的有界线性泛函, 因此

$$Kf_n(v)\to Kf(v),\quad \text{a.e.}\quad n\to\infty.$$

再由 (1.4.28) 可得 $|Kf_n(v)|\leqslant C\|f_n\|\leqslant C_1$, $|Kf(v)|\leqslant C\|f\|\leqslant C_2$, 因此由 Lebesgue 控制收敛定理, 对于任意固定的常数的 $N>0$, 有

$$\int_{|v|\leqslant N}|Kf_n(v)-Kf(v)|^2dv\to 0,\quad n\to\infty.$$

此外,

$$\begin{aligned}\int_{|v|\geqslant N}|Kf_n(v)-Kf(v)|^2dv &\leqslant \int_{|v|\geqslant N}\int_{\mathbb{R}^3}k(v,u)du\int_{\mathbb{R}^3}k(v,u)[f_n^2(u)+f^2(u)]dudv\\ &\leqslant \int_{|v|\geqslant N}(1+|v|)^{-1}\int_{\mathbb{R}^3}k(v,u)f^2(u)dudv\\ &\leqslant \frac{1}{N}\int_{\mathbb{R}^3}\int_{|v|\geqslant N}k(v,u)dv[f_n^2(u)+f^2(u)]du\\ &\leqslant \frac{1}{N}(\|f_n\|^2+\|f\|^2)\to 0,\quad N\to\infty.\end{aligned}$$

结合上面的估计, 可得

$$\int_{\mathbb{R}^3}|Kf_n(v)-Kf(v)|^2dv\to 0,\quad n\to\infty.$$

因此 K 是 $L^2(\mathbb{R}_v^3)$ 中的紧算子. □

1.5 线性碰撞算子 L 的性质

由 (1.3.6), 有

$$Lf=-\nu(v)f+Kf,\tag{1.5.1}$$

其中

$$Kf=\int_{\mathbb{R}^3}k(v,u)f(u)du.$$

由于 $k(v,u)=k(u,v)$, 容易验证算子 K 是对称的, 从而算子 L 是对称的, 即

$$\int_{\mathbb{R}^3}fLgdv=\int_{\mathbb{R}^3}gLfdv,\tag{1.5.2}$$

其中

$$f,g\in D(L)=\{f\in L^2(\mathbb{R}_v^3)|\nu(v)f\in L^2(\mathbb{R}_v^3)\}.\tag{1.5.3}$$

假设碰撞核 $B\geqslant 0$, 我们断言 L 是非正的, 即

$$\int_{\mathbb{R}^3}fLfdv\leqslant 0.\tag{1.5.4}$$

注意到 $Lf=2M^{-\frac{1}{2}}Q^*(M,M^{\frac{1}{2}}f)$, 根据引理 1.2, 我们有

$$\int_{\mathbb{R}^3}fLfdv=2\int_{\mathbb{R}^3}M^{-\frac{1}{2}}fQ^*(M,M^{\frac{1}{2}}f)dv$$

$$
\begin{aligned}
&= \frac{1}{4}\int_{\mathbb{R}^3}\int_{\mathbb{R}^3}\int_{\mathbb{S}^2} B[M(v')M^{\frac{1}{2}}(u')f(u') + M(u')M^{\frac{1}{2}}(v')f(v') \\
&\quad - M(v)M^{\frac{1}{2}}(u)f(u) - M(u)M^{\frac{1}{2}}(v)f(v)] \\
&\quad \times [M^{-\frac{1}{2}}(v)f(v) + M^{-\frac{1}{2}}(u)f(u) - M^{-\frac{1}{2}}(v')f(v') - M^{-\frac{1}{2}}(u')f(u')]d\omega dudv \\
&= \frac{1}{4}\int_{\mathbb{R}^3}\int_{\mathbb{R}^3}\int_{\mathbb{S}^2} BM(v')M(u')[M^{-\frac{1}{2}}(u')f(u') + M^{-\frac{1}{2}}(v')f(v') \\
&\quad - M^{-\frac{1}{2}}(v)f(v) - M^{-\frac{1}{2}}(u)f(u)] \\
&\quad \times [M^{-\frac{1}{2}}(v)f(v) + M^{-\frac{1}{2}}(u)f(u) - M^{-\frac{1}{2}}(v')f(v') - M^{-\frac{1}{2}}(u')f(u')]d\omega dudv \\
&= -\frac{1}{4}\int_{\mathbb{R}^3}\int_{\mathbb{R}^3}\int_{\mathbb{S}^2} BM(v')M(u')[M^{-\frac{1}{2}}(u')f(u') + M^{-\frac{1}{2}}(v')f(v') \\
&\quad - M^{-\frac{1}{2}}(v)f(v) - M^{-\frac{1}{2}}(u)f(u)]^2 d\omega dudv \\
&\leqslant 0.
\end{aligned}
$$

注意到

$$
\begin{aligned}
Lf &= \int_{\mathbb{R}^3}\int_{\mathbb{S}^2} M^{-\frac{1}{2}}(v)B[M(v')M^{\frac{1}{2}}(u')f(u') + M(u')M^{\frac{1}{2}}(v')f(v') \\
&\quad - M(v)M^{\frac{1}{2}}(u)f(u) - M(u)M^{\frac{1}{2}}(v)f(v)]d\omega du \\
&= \int_{\mathbb{R}^3}\int_{\mathbb{S}^2} B\frac{M(v')M(u')}{M^{\frac{1}{2}}(v)}[M^{-\frac{1}{2}}(u')f(u') + M^{-\frac{1}{2}}(v')f(v') \\
&\quad - M^{-\frac{1}{2}}(v)f(v) - M^{-\frac{1}{2}}(u)f(u)]d\omega du.
\end{aligned}
$$

因此, 令

$$
f(v) = \mathrm{span}\{M^{\frac{1}{2}}(v),\ v_iM^{\frac{1}{2}}(v),\ i = 1,2,3,\ |v|^2M^{\frac{1}{2}}(v)\},
$$

则有 $Lf = 0$. 特别地,

$$
\int_{\mathbb{R}^3} fLfdv = 0,
$$

当且仅当 f 为碰撞不变量的线性组合:

$$
f(v) = M^{\frac{1}{2}}(v)(a + b\cdot v + c|v|^2).
$$

定义 1.10 ([90]) 设 X 为复 Banach 空间, $A : D(A) \to X$ 为闭线性算子. 称集合

$$
\rho(A) = \{\lambda \in \mathbb{C}\,|\, \text{零空间 } N(\lambda - A) = 0,\ \text{且值域 } R(\lambda - A) = X\}
$$

为 A 的预解集, $\rho(A)$ 中的 λ 称为正则值. 称所有不属于 $\rho(A)$ 的 λ 为 A 的谱点, A 的谱点全体称为 A 的谱集, 记为 $\sigma(A)$.

谱集 $\sigma(A)$ 可以分解为

$$\sigma_p(A) = \{\lambda \in \mathbb{C} \mid N(\lambda - A) \neq 0,\ \text{即}\ \lambda\ \text{为}\ A\ \text{的特征值}\},$$

$$\sigma_c(A) = \{\lambda \in \mathbb{C} \mid N(\lambda - A) = 0,\ R(\lambda - A) \neq X,\ \text{但}\ \overline{R(\lambda - A)} = X\},$$

$$\sigma_r(A) = \{\lambda \in \mathbb{C} \mid N(\lambda - A) = 0,\ \text{且}\ \overline{R(\lambda - A)} \neq X\}.$$

我们称 $\sigma_p(A)$ 为 A 的点谱, $\sigma_c(A)$ 为 A 的连续谱, $\sigma_r(A)$ 为 A 的剩余谱. 因此,

$$\sigma(A) = \sigma_p(A) \cup \sigma_c(A) \cup \sigma_r(A).$$

设 H 为 Hilbert 空间, $A: D(A) \to H$ 为稠定算子. 令

$$D(A^*) = \{y^* \in H \mid \exists y^* \in H,\ \text{使得}\ \forall x \in D(A),\ (Ax, y) = (x, y^*)\},$$

以及

$$A^*: y \to y^*, \quad \forall y \in D(A^*),$$

则称算子 A^* 是 A 的**共轭算子**, $D(A^*)$ 为 A^* 的定义域. A 是**对称**的, 当且仅当

$$(Ax, y) = (x, Ay), \quad x, y \in D(A).$$

A 是**自伴**的, 当且仅当 A 是对称的且 $D(A) = D(A^*)$.

定义 1.11 ([91]) 设 A 是 Hilbert 空间 H 上的自伴算子, 令

$$\sigma_{\text{ess}}(A) = \{\lambda \in \sigma(A) \mid \lambda \in \sigma_c(A)\ \text{或者}\ \lambda \in \sigma_p(A),\ \text{但是}\ \dim N(\lambda - A) = \infty\},$$

$$\sigma_d(A) = \{\lambda \in \sigma_p(A) \mid 0 < \dim N(\lambda - A) < \infty\}.$$

它们分别为 A 的本质谱和离散谱.

显然, $\sigma_{\text{ess}}(A) =$ 谱的聚点 + 全体无穷重数的特征值, $\sigma_d(A) = \sigma(A) \backslash \sigma_{\text{ess}}(A) =$ 有限重数的特征值.

引理 1.12 (Weyl) 设 A 是 Hilbert 空间 H 上的自伴算子, B 是 H 上的对称算子, 若 B 是 A 紧算子, 则

$$\sigma_{\text{ess}}(A + B) = \sigma_{\text{ess}}(A).$$

下面我们利用自伴算子的谱理论证明 L 具有局部强制性.

引理 1.13 假设

$$\int_{\mathbb{R}^3} M^{\frac{1}{2}} f dv = \int_{\mathbb{R}^3} M^{\frac{1}{2}} f v_i dv = \int_{\mathbb{R}^3} M^{\frac{1}{2}} f |v|^2 dv = 0, \quad i = 1, 2, 3.$$

则存在常数 $\mu > 0$ 使得

$$\int_{\mathbb{R}^3} f L f dv \leqslant -\mu \int_{\mathbb{R}^3} f^2 dv, \quad f \in N_0^{\perp} \cap D(L).$$

证明 显然 $-\nu(v)$ 是自伴算子, 它的谱都是本质谱, 且

$$\sigma_{\text{ess}}(-\nu(v)) = R(-\nu(v)) = (-\infty, -\nu_0].$$

由于 K 是 $L^2(\mathbb{R}_v^3)$ 上的自伴紧算子, 因此 $L = -\nu(v) + K$ 是 $-\nu(v)$ 的紧扰动. 由 Weyl 引理 (引理 1.12), L 和 $-\nu(v)$ 有相同的本质谱, 即

$$\sigma_{\text{ess}}(L) = \sigma_{\text{ess}}(-\nu(v)) = (-\infty, -\nu_0].$$

由于 L 是非正的自伴算子, 则它的谱必须是非正的实数, 即 $\sigma(L) \subset (-\infty, 0]$. 因此, $\sigma(L) \cap (-\nu_0, 0]$ 只包含离散的谱点 (有限重数的特征值). 特别地, $\lambda = 0$ 是 L 的一个离散特征值, 对应的特征子空间由下面 5 个线性无关的函数张成:

$$M^{\frac{1}{2}}(v), \quad v_i M^{\frac{1}{2}}(v), \quad i = 1, 2, 3, \quad |v|^2 M^{\frac{1}{2}}(v).$$

如果 L 在 $(-\nu_0, 0)$ 之间还有其他特征值, 我们取 $-\mu$ 为最大的特征值; 否则我们取 $\mu = \nu_0$. □

结合 1.4 节和 1.5 节的讨论, 我们得到以下关于算子 L 的性质.

引理 1.14 在假设 (1.1.7) 和 (1.1.8) 下, 以下结果成立.

(1) L 有如下的分解:

$$Lf = -\nu(v) f + Kf,$$

这里 $\nu(v)$ 是只依赖于 $|v|$ 的非负函数, 满足

$$\nu_0 (1 + |v|)^{\gamma} \leqslant \nu(v) \leqslant \nu_1 (1 + |v|)^{\gamma},$$

其中 $\nu_0, \nu_1 > 0$, $\gamma \in [0, 1]$ 均为常数. K 是一个积分算子, 即

$$Kf(v) = \int_{\mathbb{R}^3} k(v, u) f(u) du,$$

其积分核 $k(v, u) = k(u, v)$ 满足下列不等式

(a) $\sup\limits_{v}\int_{\mathbb{R}^3}|k(v,u)|du\leqslant C$;

(b) $\sup\limits_{v}\int_{\mathbb{R}^3}|k(v,u)|^2du\leqslant C$;

(c) $\int_{\mathbb{R}^3}|k(v,u)|(1+|u|^2)^{-\frac{\alpha}{2}}du\leqslant C(1+|v|^2)^{-\frac{1}{2}(\alpha+1)},\ \forall\alpha\geqslant 0$.

此外, K 是 $L^2(\mathbb{R}^3)$ 中的自伴紧算子.

(2) L 是一个自伴算子, 它的零空间, 记为 N_0, 是由五个标准正交基 $\{\chi_j|j=0,1,\cdots,4\}$ 所张成的子空间, 其中

$$\chi_0=\sqrt{M},\quad \chi_j=v_j\sqrt{M}\quad (j=1,2,3),\quad \chi_4=\frac{(|v|^2-3)\sqrt{M}}{\sqrt{6}}.$$

(3) L 为非正的, 而且 L 是局部强制的, 即存在一个常数 $\mu>0$ 使得

$$\int_{\mathbb{R}^3}fLfdv\leqslant-\mu\int_{\mathbb{R}^3}f^2dv,\quad f\in N_0^{\perp}\cap D(L),$$

其中 $D(L)$ 为 L 的定义域:

$$D(L)=\left\{f\in L^2(\mathbb{R}^3)\,|\,\nu(v)f\in L^2(\mathbb{R}^3)\right\}.$$

1.6 线性 Boltzmann 算子的谱分析

为了得到非线性 Boltzmann 方程柯西问题的解的存在性和最优衰减率, 我们先考虑下面的线性 Boltzmann 方程的初值问题:

$$\begin{cases}\partial_t f=Bf,\quad t>0,\\ f(0,x,v)=f_0(x,v),\end{cases}\tag{1.6.1}$$

其中 B 为线性 Boltzmann 算子 (linearized Boltzmann operator), 定义为

$$B=L-v\cdot\nabla_x.\tag{1.6.2}$$

由 L 的定义 (1.3.6), 可将算子 B 分解为

$$B=\mathrm{c}+K,\quad \mathrm{c}=-\nu(v)-v\cdot\nabla_x.$$

定义函数 $h=h(x)$ 的傅里叶 (Fourier) 变换为

$$\hat{h}(\xi)=\mathcal{F}h(x)=\frac{1}{(2\pi)^{3/2}}\int_{\mathbb{R}^3}h(x)e^{-\mathrm{i}x\cdot\xi}dx,\quad \mathrm{i}=\sqrt{-1}.$$

对 (1.6.1) 关于变量 x 做傅里叶变换, 得到

$$
\begin{cases}\partial_t\hat{f}=B(\xi)\hat{f}, & t>0,\\ \hat{f}(0,\xi,v)=\hat{f}_0(\xi,v),\end{cases} \tag{1.6.3}
$$

其中算子 $B(\xi)$ 定义为

$$
B(\xi)=L-\mathrm{i}(v\cdot\xi). \tag{1.6.4}
$$

令 $L^2(\mathbb{R}^3)$ 为关于复值函数 $f(v)(v\in\mathbb{R}^3)$ 的 Hilbert 空间, 其内积和范数定义为

$$
(f,g)=\int_{\mathbb{R}^3}f(v)\overline{g(v)}dv,\quad \|f\|=\left(\int_{\mathbb{R}^3}|f(v)|^2dv\right)^{1/2}.
$$

定义从 $L^2(\mathbb{R}^3_v)$ 到 L 的零空间 N_0 的投影算子 P_0 为

$$
P_0f=\sum_{j=0}^{4}(f,\chi_j)\chi_j,\quad P_1=I-P_0.
$$

由定理 1.14 可知, 线性碰撞算子 L 为非正的, 而且 L 是局部强制的, 即存在一个常数 $\mu>0$ 使得

$$
(Lf,f)\leqslant-\mu(P_1f,P_1f),\quad f\in D(L), \tag{1.6.5}
$$

其中, $D(L)$ 为 L 的定义域:

$$
D(L)=\left\{f\in L^2(\mathbb{R}^3)\,|\,\nu(v)f\in L^2(\mathbb{R}^3)\right\}.
$$

另外, $\nu(v)$ 满足

$$
\nu_0(1+|v|)^\gamma\leqslant\nu(v)\leqslant\nu_1(1+|v|)^\gamma,\quad 0\leqslant\gamma\leqslant1. \tag{1.6.6}
$$

不失一般性, 全书假设

$$
\nu(0)\geqslant\nu_0\geqslant\mu>0.
$$

设 f 为 Boltzmann 方程的解. 则 f 可以分解为宏观部分和微观部分:

$$
\begin{cases}f=P_0f+P_1f,\\ P_0f=n\chi_0+\displaystyle\sum_{j=1}^{3}m_j\chi_j+q\chi_4,\end{cases} \tag{1.6.7}
$$

其中 n 为密度, $m=(m_1,m_2,m_3)$ 为动量, q 为能量, 它们可表示为

$$
(f,\chi_0)=n,\quad (f,\chi_j)=m_j,\quad (f,\chi_4)=q.
$$

1.6.1 算子 $B(\xi)$ 的谱结构

下面我们列出一些关于半群理论和算子的谱理论的结果 (参考 [47, 71]), 供读者参考. 设 H 为 Hilbert 空间, 其内积表示为 $(\cdot,\cdot)$.

定义 1.15 设 A 是 H 中的线性算子. 如果对任意的 $f\in D(A)\subset H$ 都有 $\mathrm{Re}(Af,f)\leqslant 0$, 则称算子 A 是耗散的.

引理 1.16 设 A 是 H 中的闭稠定的线性算子. 如果算子 A 及其共轭算子 A^* 都是耗散的, 那么, A 是空间 H 上一个 C_0-压缩半群 $T(t)$ (即 $T(t)$ 为 C_0-半群且满足 $\|T(t)\|\leqslant 1$) 的无穷小生成元.

引理 1.17 (Stone) 算子 A 是 Hilbert 空间 H 中连续酉群的无穷小生成元, 当且仅当算子 $\mathrm{i}A$ 是自伴的.

引理 1.18 设 A 是一个 C_0-半群 $T(t)$ 的无穷小生成元, 且满足 $\|T(t)\|\leqslant Me^{\kappa t}$. 那么, 对于 $f\in D(A^2)$ 和 $\sigma>\max(0,\kappa)$, 有

$$T(t)f=\frac{1}{2\pi\mathrm{i}}\int_{\sigma-\mathrm{i}\infty}^{\sigma+\mathrm{i}\infty}e^{\lambda t}(\lambda-A)^{-1}fd\lambda.$$

引理 1.19 设 A 是一个 C_0-半群 $T(t)$ 的无穷小生成元, 且满足 $\|T(t)\|\leqslant Me^{\kappa t}$, 则 $\{\lambda\in\mathbb{C}\,|\,\mathrm{Re}\lambda>\kappa\}\subset\rho(A)$, 并且当 $\mathrm{Re}\lambda>\kappa$ 时,

$$(\lambda-A)^{-1}=\int_0^\infty e^{-\lambda t}T(t)dt.$$

引理 1.20 设 A 是一个 C_0-半群 $T(t)$ 的无穷小生成元. 如果 $D(A^n)$ 是 A^n 的定义域, 那么 $\bigcap_{n=1}^\infty D(A^n)$ 在 X 中是稠密的.

定义 1.21 设 A 是 Banach 空间 X 上的闭算子, 如果 $R(A)$ 是闭的, $\dim N(A)<\infty$ 且 $\mathrm{codim}R(A)<\infty$, 则称 A 为 Fredholm 算子. A 的 Fredholm 集定义为

$$\Delta(A)=\{\lambda\in\mathbb{C}\,|\,\lambda-A\ \text{是 Fredholm 算子}\}.$$

A 的本质谱 $\sigma_{\mathrm{ess}}(A)$ 为 Fredholm 集 $\Delta(A)$ 的余集, A 的离散谱 $\sigma_d(A)=\sigma(A)\setminus\sigma_{\mathrm{ess}}(A)$.

引理 1.22 闭算子 A 的 Fredholm 集 $\Delta(A)$ 满足以下性质:

(1) $\Delta(A)$ 是开集, 可由至多可数个连通开集 Δ_n 组成.

(2) 在每个 Δ_n 中, $\mathrm{ind}(A)=\dim N(A)-\mathrm{codim}R(A)$ 为常数.

(3) 在每个 Δ_n 中, 除了离散孤立点集之外, $\dim N(A)$ 和 $\mathrm{codim}R(A)$ 为常数. 特别地, 若 Δ_n 中包含正则值, 则 Δ_n 中只有正则值和离散特征值.

引理 1.23 (Kato)　设 A 是 Banach 空间 X 上的闭算子, B 是 A 紧算子, 则 A 和 $A+B$ 有相同的本质谱 (等价于 A 和 $A+B$ 有相同的 Fredholm 集).

接下来的部分我们将利用上述经典的算子谱理论研究由 (1.6.4) 定义的算子 $B(\xi)$ 的谱结构.

引理 1.24　算子 $B(\xi)$ 在 $L^2(\mathbb{R}^3_v)$ 上生成了一个强连续压缩半群, 满足

$$\|e^{tB(\xi)}f\| \leqslant \|f\|, \quad \forall t>0,\ f\in L^2(\mathbb{R}^3_v).$$

此外, $\rho(B(\xi)) \supset \{\lambda\in\mathbb{C}\,|\,\mathrm{Re}\lambda>0\}$.

证明　首先, 我们证明算子 $B(\xi)$ 及其共轭算子 $B(\xi)^*$ 在 $L^2_\xi(\mathbb{R}^3_v)$ 上是耗散的. 事实上, 对于任意的 $f,g\in L^2_\xi(\mathbb{R}^3_v)\cap D(B(\xi))$, 有

$$(B(\xi)f,g) = (f,(L+\mathrm{i}(v\cdot\xi))g) = (f,B(\xi)^*g), \tag{1.6.8}$$

其中 $B(\xi)$ 的共轭算子 $B(\xi)^*$ 为

$$B(\xi)^* = B(-\xi) = L+\mathrm{i}(v\cdot\xi).$$

由于

$$\mathrm{Re}(B(\xi)f,f) = \mathrm{Re}(B(\xi)^*f,f) = (Lf,f)\leqslant 0,$$

因此算子 $B(\xi)$ 和 $B(\xi)^*$ 都是耗散的.

其次, 注意到 $D(B(\xi)) = D(L)$ 是 $L^2(\mathbb{R}^3)$ 中的稠集, 即 $B(\xi)$ 是稠定算子. 然后, 我们证明 $B(\xi)$ 是一个闭算子, 即对任意 $f_n\in D(B(\xi))$ 满足 $f_n\to g$ 以及 $B(\xi)f_n = h_n\to h$ $(n\to\infty)$, 都有 $B(\xi)g=h$. 事实上, 由 $B(\xi)f_n = h_n$ 可得

$$(\nu(v)+\mathrm{i}(v\cdot\xi))f_n = Kf_n - h_n,$$

即

$$f_n = \frac{Kf_n}{\nu(v)+\mathrm{i}(v\cdot\xi)} - \frac{h_n}{\nu(v)+\mathrm{i}(v\cdot\xi)}.$$

于是, 令 $n\to\infty$, 有

$$g = \frac{Kg}{\nu(v)+\mathrm{i}(v\cdot\xi)} - \frac{h}{\nu(v)+\mathrm{i}(v\cdot\xi)},$$

由此可得 $B(\xi)g=h$, 因此 $B(\xi)$ 是一个闭稠定算子. 根据引理 1.16, 算子 $B(\xi)$ 在 $L^2_\xi(\mathbb{R}^3_v)$ 上生成一个 C_0-压缩半群, 并且满足 $\rho(B(\xi))\supset\{\lambda\in\mathbb{C}\,|\,\mathrm{Re}\lambda>0\}$.　□

引理 1.25 对于任意的 $\xi \in \mathbb{R}^3$, 以下结论成立.

(1) $\sigma_{\text{ess}}(B(\xi)) \subset \{\lambda \in \mathbb{C} \,|\, \text{Re}\lambda \leqslant -\nu_0\}$ 且 $\sigma(B(\xi)) \cap \{\lambda \in \mathbb{C} \,|\, -\nu_0 < \text{Re}\lambda \leqslant 0\} \subset \sigma_d(B(\xi))$.

(2) 如果 $\lambda(\xi)$ 是 $B(\xi)$ 的特征值, 那么, 对于任意的 $\xi \neq 0$ 都有 $\text{Re}\lambda(\xi) < 0$, 并且 $\lambda(\xi) = 0$ 当且仅当 $\xi = 0$.

证明 定义

$$c(\xi) = -\nu(v) - \text{i}(v \cdot \xi). \tag{1.6.9}$$

显然, 当 $\lambda \in R(c(\xi))^c$ 时, 算子 $\lambda - c(\xi)$ 是 Fredholm 算子, 即 $\sigma_{\text{ess}}(c(\xi)) = R(c(\xi))$. 由于算子 K 是 $L^2(\mathbb{R}^3_v)$ 上的紧算子, 因此 $B(\xi) = c(\xi) + K$ 是 $c(\xi)$ 的紧扰动. 根据引理 1.23, $B(\xi)$ 和 $c(\xi)$ 有相同的本质谱, 即

$$\sigma_{\text{ess}}(B(\xi)) = \sigma_{\text{ess}}(c(\xi)) \subset \{\lambda \in \mathbb{C} \,|\, \text{Re}\lambda \leqslant -\nu_0\}.$$

于是, $\{\lambda \in \mathbb{C} \,|\, \text{Re}\lambda > -\nu_0\}$ 为 $B(\xi)$ 的 Fredholm 集的一个连通开子集. 注意到, 对于 Fredholm 集的任意连通开子集, 除了离散孤立点集之外, $\dim N(\lambda - B(\xi))$ 和 $\text{codim} R(\lambda - B(\xi))$ 为常数, 且当 $\text{Re}\lambda > 0$ 时, λ 为 $B(\xi)$ 的正则值, 即 $\dim N(\lambda - B(\xi)) = \text{codim} R(\lambda - B(\xi)) = 0$. 因此, $B(\xi)$ 在区域 $\text{Re}\lambda > -\nu_0$ 上只有正则值和离散的特征值. 这就证明了结论 (1).

接下来, 我们证明结论 (2). 设 $\xi = s\omega$, 其中 $s = |\xi|$, $\omega = \xi/|\xi|$, 并设 (λ, h) 为 $B(\xi)$ 的特征值和特征函数. 则

$$\lambda h = Lh - \text{i}s(v \cdot \omega)h. \tag{1.6.10}$$

将 (1.6.10) 与 h 做 L^2_v 内积并取其实部, 得到

$$(Lh, h) = \text{Re}\lambda \|h\|^2 \leqslant 0, \tag{1.6.11}$$

因此, 对于任意的 $\xi \in \mathbb{R}^3$ 都有 $\text{Re}\lambda \leqslant 0$.

此外, 如果存在一个的特征值 λ 满足 $\text{Re}\lambda = 0$, 那么由 (1.6.11) 得到 $(Lh, h) = 0$, 因此 h 属于算子 L 的零空间, 也就是说 $h \in N_0$, 并且满足

$$-\text{i}s(v \cdot \omega)h = \lambda h.$$

将上式分别投影到零空间 N_0 以及零空间的正交补 $N_0^{\perp}$, 得到

$$P_0(v \cdot \omega)sh = \text{i}\lambda h, \tag{1.6.12}$$

$$P_1(v \cdot \omega)h = 0. \tag{1.6.13}$$

另一方面, 函数 $h \in N_0$ 可以用 N_0 中的标准正交基表示为

$$h = C_0\sqrt{M} + \sum_{j=1}^{3} C_j v_j \sqrt{M} + C_4 \frac{(|v|^2 - 3)}{\sqrt{6}}\sqrt{M}.$$

通过直接计算, 可得

$$P_0(v\cdot\omega)h = \left(C_0 + \sqrt{\frac{2}{3}}C_4\right)(v\cdot\omega)\sqrt{M} + \frac{1}{3}\sum_{j=1}^{3} C_j\omega_j|v|^2\sqrt{M}, \tag{1.6.14}$$

$$P_1(v\cdot\omega)h = \sum_{i,j=1}^{3} C_i\omega_j\left(v_iv_j - \delta_{ij}\frac{|v|^2}{3}\right)\sqrt{M} + C_4(v\cdot\omega)\left(\frac{|v|^2-3}{\sqrt{6}} - \sqrt{\frac{2}{3}}\right)\sqrt{M}. \tag{1.6.15}$$

由 (1.6.15) 与 (1.6.13) 可得 $C_i = 0, i = 1,2,3,4$, 即 $h = C_0\sqrt{M}$. 将 $h = C_0\sqrt{M}$ 代入 (1.6.12), 可得

$$s(v\cdot\omega)C_0\sqrt{M} = \mathrm{i}\lambda C_0\sqrt{M},$$

即, 对任意 $s \neq 0$ 都有 $C_0 = 0$, 且 $C_0 \neq 0$ 除非 $s = 0$. 这就证明了 (2). □

对于 $\mathrm{Re}\lambda > -\nu_0$, 将算子 $\lambda - B(\xi)$ 做如下分解

$$\begin{aligned}\lambda - B(\xi) &= \lambda - \mathrm{c}(\xi) - K\\ &= (I - K(\lambda - \mathrm{c}(\xi))^{-1})(\lambda - \mathrm{c}(\xi)),\end{aligned} \tag{1.6.16}$$

并对 (1.6.16) 中的算子 $K(\lambda - \mathrm{c}(\xi))^{-1}$ 做如下估计.

引理 1.26 设 $\lambda = x + \mathrm{i}y$, 其中 $(x,y) \in \mathbb{R}\times\mathbb{R}$. 那么, 存在常数 $C > 0$, 使得下列估计成立.

(1) 对任意的 $\delta > 0$, 有

$$\sup_{x\geqslant -\nu_0+\delta, y\in\mathbb{R}} \|K(\lambda - \mathrm{c}(\xi))^{-1}\| \leqslant C\delta^{-\frac{1}{2}}(1+|\xi|)^{-\frac{1}{2}}. \tag{1.6.17}$$

(2) 对任意的 $\delta > 0$, $\tau_0 > 0$, 有

$$\sup_{x\geqslant -\nu_0+\delta, |\xi|\leqslant\tau_0} \|K(\lambda - \mathrm{c}(\xi))^{-1}\| \leqslant C\delta^{-1}(1+\tau_0)^{\frac{1}{2}}(1+|y|)^{-\frac{1}{2}}. \tag{1.6.18}$$

证明 对于任意 $f \in L^2(\mathbb{R}^3_v)$, 有

$$\|K(\lambda - \mathrm{c}(\xi))^{-1}f\|^2$$

$$
\begin{aligned}
&= \int_{\mathbb{R}^3} \left| \int_{\mathbb{R}^3} k(v,u)(\nu(u)+\lambda+\mathrm{i}u\cdot\xi)^{-1} f(u)du \right|^2 dv \\
&\leqslant \int_{\mathbb{R}^3} \left(\int_{\mathbb{R}^3} k(v,u)|\nu(u)+\lambda+\mathrm{i}u\cdot\xi|^{-2} du \right) \left(\int_{\mathbb{R}^3} k(v,u)|f(u)|^2 du \right) dv \\
&\leqslant C \sup_{v\in\mathbb{R}^3} \int_{\mathbb{R}^3} k(v,u) \frac{1}{(\nu(u)+x)^2+(y+u\cdot\xi)^2} du \|f\|^2.
\end{aligned} \tag{1.6.19}
$$

根据 (1.4.24) 和 (1.4.26), 可得

$$
|k(v,u)| \leqslant C \frac{1}{|\bar{v}-\bar{u}|} e^{-\frac{|v-u|^2}{8}}, \quad \bar{u}=(u_2,u_3). \tag{1.6.20}
$$

令 $\mathbb{O}$ 是 $\mathbb{R}^3$ 中的正交矩阵满足 $\mathbb{O}^{\mathrm{T}}\xi=(|\xi|,0,0)$. 通过变量替换 $v\to\mathbb{O}v$, $u\to\mathbb{O}u$, 并利用 (1.6.20) 可以得出, 当 $x\geqslant-\nu_0+\delta$ 时, 有

$$
\begin{aligned}
&\|K(\lambda-\mathrm{c}(\xi))^{-1}f\|^2 \\
&\leqslant C \sup_{v\in\mathbb{R}^3} \int_{\mathbb{R}^3} k(v,u) \frac{1}{(\nu_0+x)^2+(y+u_1|\xi|)^2} du \|f\|^2 \\
&\leqslant C \sup_{v\in\mathbb{R}^3} \int_{\mathbb{R}} \frac{1}{(\nu_0+x)^2+(y+u_1|\xi|)^2} du_1 \int_{\mathbb{R}^2} |k(v,u)| d\bar{u} \|f\|^2 \\
&\leqslant C \frac{1}{|\xi|} \int_{\mathbb{R}} \frac{1}{(x+\nu_0)^2+u_1^2} du_1 \|f\|^2 \leqslant C\delta^{-1}|\xi|^{-1}\|f\|^2.
\end{aligned} \tag{1.6.21}
$$

这就证明了 (1.6.17).

其次, 我们证明 (1.6.18). 对于任意 $f\in L^2(\mathbb{R}^3_v)$, 有

$$
\begin{aligned}
\|K(\lambda-\mathrm{c}(\xi))^{-1}f\|^2 &\leqslant 2\int_{\mathbb{R}^3} \left(\int_{|u|\leqslant R} k(v,u)(\nu(u)+\lambda+\mathrm{i}u\cdot\xi)^{-1} f(u)du \right)^2 dv \\
&\quad + 2\int_{\mathbb{R}^3} \left(\int_{|u|\geqslant R} k(v,u)(\nu(u)+\lambda+\mathrm{i}u\cdot\xi)^{-1} f(u)du \right)^2 dv \\
&=: I_1+I_2,
\end{aligned}
$$

其中 $R>0$ 为待定常数. 对于 I_1,

$$
\begin{aligned}
I_1 &\leqslant \int_{\mathbb{R}^3} \left(\int_{|u|\leqslant R} k(v,u)|\nu(u)+\lambda+\mathrm{i}u\cdot\xi|^{-2} du \right) \left(\int_{|u|\leqslant R} k(v,u)|f(u)|^2 du \right) dv \\
&\leqslant C \sup_{v\in\mathbb{R}^3} \int_{|u|\leqslant R} k(v,u) \frac{1}{(\nu(u)+x)^2+(y+u_1|\xi|)^2} du \|f\|^2
\end{aligned}
$$

$$
\begin{aligned}
&\leqslant C\sup_{v\in\mathbb{R}^3}\int_{-R}^{R}\frac{1}{(\nu_0+x)^2+(y+u_1|\xi|)^2}du_1\int_{-R}^{R}\int_{-R}^{R}|k(v,u)|d\bar{u}\|f\|^2\\
&\leqslant C\int_{-R}^{R}\frac{1}{(\nu_0+x)^2+(y+u_1|\xi|)^2}du_1\|f\|^2. \qquad (1.6.22)
\end{aligned}
$$

当 $|\xi|\leqslant\tau_0$, $|u|\leqslant R$ 且 $|y|\geqslant 2\tau_0 R$ 时, 有

$$
|y+u_1|\xi||\geqslant|y|-\tau_0R\geqslant\frac{|y|}{2}.
$$

因此, 由 (1.6.22) 可得

$$
I_1\leqslant C\int_{|u_1|\leqslant R}\frac{1}{\delta^2+y^2}du_1\|f\|^2=C\frac{1}{\delta^2+y^2}R\|f\|^2.
$$

对于 I_2, 根据引理 1.8 可知

$$
\begin{aligned}
I_2&\leqslant\int_{\mathbb{R}^3}\left(\int_{|u|\geqslant R}k(v,u)\delta^{-2}du\right)\left(\int_{|u|\geqslant R}k(v,u)|f(u)|^2du\right)dv\\
&\leqslant C\delta^{-2}\int_{|u|\geqslant R}\left(\int_{\mathbb{R}^3}k(v,u)dv\right)|f(u)|^2du\\
&\leqslant C\delta^{-2}\int_{|u|\geqslant R}(1+|u|)^{-1}|f(u)|^2du\leqslant C\delta^{-2}R^{-1}\|f\|^2.
\end{aligned}
$$

取 $R=|y|/\max\{2,2\tau_0\}$, 我们可以得到 (1.6.18). □

利用引理 1.26, 我们得到算子 $B(\xi)$ 的谱集和预解集的结构, 具体如下:

引理 1.27 以下结论成立.

(1) 对任意的 $\delta\in(0,\nu_0)$ 和 $\xi\in\mathbb{R}^3$, 存在常数 $y_1=y_1(\delta)>0$, 使得

$$
\rho(B(\xi))\supset\{\lambda\in\mathbb{C}\,|\,\mathrm{Re}\lambda\geqslant-\nu_0+\delta,\,|\mathrm{Im}\lambda|\geqslant y_1\}\cup\{\lambda\in\mathbb{C}\,|\,\mathrm{Re}\lambda>0\}. \qquad (1.6.23)
$$

(2) 对任意的 $r_0>0$, 存在常数 $\eta=\eta(r_0)>0$, 使得当 $|\xi|\geqslant r_0$ 时,

$$
\sigma(B(\xi))\subset\{\lambda\in\mathbb{C}\,|\,\mathrm{Re}\lambda<-\eta\}. \qquad (1.6.24)
$$

(3) 对任意的 $\delta\in(0,\nu_0/2]$, 存在常数 $r_1=r_1(\delta)>0$, 使得当 $|\xi|\leqslant r_1$ 时,

$$
\sigma(B(\xi))\cap\{\lambda\in\mathbb{C}\,|\,\mathrm{Re}\lambda\geqslant-\nu_0/2\}\subset\{\lambda\in\mathbb{C}\,|\,|\lambda|<\delta\}. \qquad (1.6.25)
$$

证明 设 $\lambda(\xi)\in\sigma(B(\xi))\cap\{\lambda\in\mathbb{C}\,|\,\mathrm{Re}\lambda\geqslant-\nu_0+\delta\}$, 其中 $\delta\in(0,\nu_0)$ 为常数. 首先, 我们断言 $\sup\limits_{\xi\in\mathbb{R}^3}|\mathrm{Im}\lambda(\xi)|<+\infty$. 事实上, 由 (1.6.17) 可知, 存在充分大的 $r_1=r_1(\delta)>0$, 使得当 $\mathrm{Re}\lambda\geqslant-\nu_0+\delta$ 和 $|\xi|\geqslant r_1$ 时, 有

$$\|K(\lambda-\mathrm{c}(\xi))^{-1}\|\leqslant\frac{1}{2}. \tag{1.6.26}$$

由此可知, 算子 $I-K(\lambda-\mathrm{c}(\xi))^{-1}$ 在 $L^2(\mathbb{R}^3_v)$ 中是可逆的. 从而, 由 (1.6.16) 得到, 对于 $\mathrm{Re}\lambda\geqslant-\nu_0+\delta$ 和 $|\xi|\geqslant r_1$, 算子 $\lambda-B(\xi)$ 在 $L^2(\mathbb{R}^3_v)$ 中也是可逆的, 并且满足

$$(\lambda-B(\xi))^{-1}=(\lambda-\mathrm{c}(\xi))^{-1}(I-K(\lambda-\mathrm{c}(\xi))^{-1})^{-1}, \tag{1.6.27}$$

因此, 对于 $|\xi|\geqslant r_1$,

$$\rho(B(\xi))\supset\{\lambda\in\mathbb{C}\,|\,\mathrm{Re}\lambda\geqslant-\nu_0+\delta\}. \tag{1.6.28}$$

当 $|\xi|\leqslant r_1$ 时, 由 (1.6.18) 可知, 存在充分大的常数 $\zeta=\zeta(\delta)>0$, 使得对于 $|\mathrm{Im}\lambda|>\zeta$, (1.6.26) 仍然成立. 由此可知 $\lambda-B(\xi)$ 在 $L^2(\mathbb{R}^3_v)$ 上是可逆的, 即对于 $|\xi|\leqslant r_1$,

$$\rho(B(\xi))\supset\{\lambda\in\mathbb{C}\,|\,\mathrm{Re}\lambda\geqslant-\nu_0+\delta,\ |\mathrm{Im}\lambda|>\zeta\}. \tag{1.6.29}$$

根据引理 1.24, (1.6.28) 和 (1.6.29), 我们得到 (1.6.23). 因此, 对于所有的 $\xi\in\mathbb{R}^3$, 都有

$$\sigma(B(\xi))\cap\{\lambda\in\mathbb{C}\,|\,\mathrm{Re}\lambda\geqslant-\nu_0+\delta\}\subset\{\lambda\in\mathbb{C}\,|\,\mathrm{Re}\lambda\geqslant-\nu_0+\delta,\ |\mathrm{Im}\lambda|\leqslant\zeta\}. \tag{1.6.30}$$

其次, 我们证明 (1.6.24), 等价于证明 $\sup\limits_{|\xi|\geqslant r_0}\mathrm{Re}\lambda(\xi)<0$. 事实上, 根据 (1.6.28), 我们只需证明

$$\sup_{r_0\leqslant|\xi|\leqslant r_1}\mathrm{Re}\lambda(\xi)<0. \tag{1.6.31}$$

我们使用反证法. 假设 (1.6.31) 不成立, 则存在 $r_0>0$, 存在序列 $\{(\xi_n,\lambda_n,f_n)\}$ 满足 $|\xi_n|\in[r_0,r_1]$, $f_n\in L^2(\mathbb{R}^3)$, $\|f_n\|=1$, 以及

$$Lf_n-\mathrm{i}(v\cdot\xi_n)f_n=\lambda_nf_n,\quad \mathrm{Re}\lambda_n\to0,\quad n\to\infty. \tag{1.6.32}$$

将 (1.6.32) 改写为

$$(\lambda_n+\nu+\mathrm{i}(v\cdot\xi_n))f_n=Kf_n. \tag{1.6.33}$$

由于 K 是 $L^2(\mathbb{R}^3)$ 上的紧算子, 故存在 $\{f_n\}$ 的一个子序列 $\{f_{n_j}\}$ 以及 $g\in L^2(\mathbb{R}^3)$, 使得

$$Kf_{n_j}\to g,\quad j\to\infty.$$

由于 $|\mathrm{Im}\lambda_n|\leqslant\zeta$, $\mathrm{Re}\lambda_n\to 0$ 以及 $|\xi_n|\in[r_0,r_1]$, 存在子序列 (仍然表示为)$\{(\lambda_{n_j},\xi_{n_j})\}$ 使得 $(\lambda_{n_j},\xi_{n_j})\to(\lambda_0,\xi_0)$ $(j\to\infty)$, 且满足 $\mathrm{Re}\lambda_0=0$, $|\xi_0|\in[r_0,r_1]$. 注意到 $|\lambda_n+\nu+\mathrm{i}(v\cdot\xi_n)|\geqslant\nu_0/2$, 则由 (1.6.33) 得到

$$f_{n_j}=\frac{Kf_{n_j}}{\lambda_{n_j}+\nu+\mathrm{i}(v\cdot\xi_{n_j})}\to\frac{g}{\lambda_0+\nu+\mathrm{i}(v\cdot\xi_0)}:=f_0,\quad j\to\infty,$$

由此可知 $Kf_0=g$, 从而

$$Kf_0=(\lambda_0+\nu+\mathrm{i}(v\cdot\xi_0))f_0,$$

这意味着 $B(\xi_0)f_0=\lambda_0f_0$, 即 λ_0 是 $B(\xi_0)$ 的一个特征值, 且满足 $\mathrm{Re}\lambda_0=0$. 这与引理 1.25 中的结论: 对于任意的 $\xi\neq0$, $\mathrm{Re}\lambda(\xi)<0$ 产生矛盾. 因此 (1.6.31) 成立.

最后, 我们用反证法证明 (1.6.25). 假设 (1.6.25) 不成立, 则存在 $\delta>0$, 以及存在序列 $\{(\xi_n,\lambda_n,f_n)\}$ 满足 $\xi_n\to0$ $(n\to\infty)$, $f_n\in L^2(\mathbb{R}^3)$, $\|f_n\|=1$, $\lambda_n\in\sigma(B(\xi_n))$, 使得

$$Lf_n-\mathrm{i}(v\cdot\xi_n)f_n=\lambda_nf_n,\quad -\frac{\nu_0}{2}\leqslant\mathrm{Re}\lambda_n\leqslant-\delta.$$

由于 $|\mathrm{Im}\lambda_n|\leqslant\zeta$, 因此存在子序列 (仍然表示为) λ_{n_j}, 使得 $\lambda_{n_j}\to\gamma_0$, 其中 $-\dfrac{\nu_0}{2}\leqslant\mathrm{Re}\gamma_0\leqslant-\delta$. 通过与证明 (2) 类似的讨论, 可知存在 $g_1\neq0$, 使得 $B(0)g_1=\gamma_0g_1$, 即 γ_0 是 $B(0)$ 的一个特征值, 且满足 $-\dfrac{\nu_0}{2}\leqslant\mathrm{Re}\gamma_0\leqslant-\delta$, 这与引理 1.25 中的结论: $\lambda(0)=0$ 产生矛盾. 因此 (1.6.25) 成立. □

1.6.2 低频特征值的渐近展开

在本小节中, 我们研究当 $|\xi|$ 充分小时算子 $B(\xi)$ 的特征值与特征函数的存在性和渐近展开. 根据 (1.6.4), 特征值问题 $B(\xi)f=\lambda f$ 可以表示为

$$\lambda f=Lf-\mathrm{i}(v\cdot\xi)f.\tag{1.6.34}$$

我们有以下关于 $B(\xi)$ 的低频特征值和特征函数的存在性和渐近展开的结论.

定理 1.28 存在常数 $r_0>0$, 使得当 $s=|\xi|\leqslant r_0$ 时,

$$\sigma(B(\xi))\cap\{\lambda\in\mathbb{C}\,|\,\mathrm{Re}\lambda\geqslant-\mu/2\}=\{\lambda_j(s),\ j=-1,0,1,2,3\}.$$

当 $s \leqslant r_0$ 时，特征值 $\lambda_j(s)$ 和对应的特征函数 $\psi_j(\xi) = \psi_j(s,\omega)$, $\omega = \xi/|\xi|$ 都是关于变量 s 的 C^∞ 函数，并且特征值 $\lambda_j(s)$ 满足以下的渐近展开:

$$\begin{cases} \lambda_{\pm 1}(s) = \pm \mathrm{i}\sqrt{\dfrac{5}{3}}s - a_{\pm 1}s^2 + O(s^3), \quad \overline{\lambda_1(s)} = \lambda_{-1}(s), \\ \lambda_0(s) = -a_0 s^2 + O(s^3), \\ \lambda_2(s) = \lambda_3(s) = -a_2 s^2 + O(s^3), \end{cases} \tag{1.6.35}$$

其中常数 $a_j > 0$, $j = -1, 0, 1, 2$ 定义为

$$\begin{cases} a_j = -(L^{-1}P_1(v\cdot\omega)E_j, (v\cdot\omega)E_j) > 0, \\ E_{\pm 1}(\omega) = \sqrt{\dfrac{3}{10}}\chi_0 \mp \dfrac{\sqrt{2}}{2}(v\cdot\omega)\sqrt{M} + \sqrt{\dfrac{1}{5}}\chi_4, \\ E_0(\omega) = \sqrt{\dfrac{2}{5}}\chi_0 - \sqrt{\dfrac{3}{5}}\chi_4, \\ E_k(\omega) = (v\cdot W^k)\sqrt{M}, \quad k = 2, 3, \end{cases} \tag{1.6.36}$$

并且 W^k, $k = 2, 3$ 是满足 $W^k \cdot \omega = 0$ 的单位正交向量组.

特征函数 $\psi_j(\xi) = \psi_j(s,\omega)$, $j = -1, 0, 1, 2, 3$ 相互正交，并且满足

$$\begin{cases} (\psi_j(s,\omega), \overline{\psi_k(s,\omega)}) = \delta_{jk}, \quad j,k = -1,0,1,2,3, \\ \psi_j(s,\omega) = \psi_{j,0}(\omega) + \psi_{j,1}(\omega)s + O(s^2), \quad |s| \leqslant r_0, \end{cases} \tag{1.6.37}$$

其中系数 $\psi_{j,n}$ 定义为

$$\begin{cases} \psi_{j,0} = E_j(\omega), \quad j = -1,0,1,2,3, \\ \psi_{l,1} = \displaystyle\sum_{k=-1}^{1} b_k^l E_k + \mathrm{i}L^{-1}P_1(v\cdot\omega)E_l, \quad l = -1,0,1, \\ \psi_{k,1} = \mathrm{i}L^{-1}P_1(v\cdot\omega)E_k, \quad k = 2,3, \end{cases} \tag{1.6.38}$$

并且 b_k^j, j, $k = -1, 0, 1$ 定义为

$$\begin{cases} b_j^j = 0, \quad b_k^j = \dfrac{(L^{-1}P_1(v\cdot\omega)E_j, (v\cdot\omega)E_k)}{\mathrm{i}(u_k - u_j)}, \quad j \neq k, \\ u_{\pm 1} = \mp\sqrt{\dfrac{5}{3}}, \quad u_0 = 0. \end{cases}$$

证明 因为 L 关于 $v\in\mathbb{R}^3$ 的任意旋转变换 $\mathbb{O}$ 是不变的, 即 $\mathbb{O}^{-1}L\mathbb{O}=L$, 由此可得 $\mathbb{O}^{-1}B(\xi)\mathbb{O}=B(\mathbb{O}\xi)$, 这说明 $B(\xi)$ 的特征值 λ 仅依赖于 $s=|\xi|$. 因此, 我们考虑如下的特征值问题

$$B(\xi)\psi=s\beta\psi, \tag{1.6.39}$$

即

$$(L-\mathrm{i}s(v\cdot\omega))\psi=s\beta\psi. \tag{1.6.40}$$

通过宏观–微观分解 (1.6.7), 特征函数 ψ 可以分解为

$$\psi=P_0\psi+P_1\psi=\psi_0+\psi_1.$$

因此, 将投影算子 P_0 和 P_1 分别作用到 (1.6.40), 我们得到

$$\beta\psi_0=-\,P_0[\mathrm{i}(v\cdot\omega)(\psi_0+\psi_1)], \tag{1.6.41}$$

$$s\beta\psi_1=L\psi_1-sP_1[\mathrm{i}(v\cdot\omega)(\psi_0+\psi_1)]. \tag{1.6.42}$$

容易验证, 当 $\mathrm{Re}(s\beta)>-\mu$ 时算子 $(L-\mathrm{i}sP_1(v\cdot\omega)-s\beta)$ 在 $N_0^\perp$ 上可逆. 于是, 根据 (1.6.42), ψ_1 可表示为

$$\psi_1=\mathrm{i}s(L-\mathrm{i}sP_1(v\cdot\omega)-s\beta)^{-1}P_1(v\cdot\omega)\psi_0. \tag{1.6.43}$$

将 (1.6.43) 代入到 (1.6.41), 可以得到

$$\beta\psi_0=-\mathrm{i}P_0(v\cdot\omega)\psi_0+sP_0(v\cdot\omega)(L-\mathrm{i}sP_1(v\cdot\omega)-s\beta)^{-1}P_1(v\cdot\omega)\psi_0. \tag{1.6.44}$$

定义算子

$$A(\omega)=P_0(v\cdot\omega)P_0:N_0\to N_0.$$

则算子 A 可表示为下面的 5×5 矩阵

$$\begin{pmatrix} 0 & \omega & 0 \\ \omega^{\mathrm{T}} & 0 & \sqrt{\dfrac{2}{3}}\omega^{\mathrm{T}} \\ 0 & \sqrt{\dfrac{2}{3}}\omega & 0 \end{pmatrix}.$$

经直接计算, 算子 $A(\omega)$ 的特征值 u_i 和特征函数 $E_i(i=-1,0,1,2,3)$ 为

$$\begin{cases} u_{\pm 1} = \mp\sqrt{\dfrac{5}{3}}, \quad u_j = 0, \quad j=0,2,3, \\ E_{\pm 1}(\omega) = \sqrt{\dfrac{3}{10}}\chi_0 \mp \dfrac{\sqrt{2}}{2}(v\cdot\omega)\chi_0 + \sqrt{\dfrac{1}{5}}\chi_4, \\ E_0(\omega) = \sqrt{\dfrac{2}{5}}\chi_0 - \sqrt{\dfrac{3}{5}}\chi_4, \\ E_k(\omega) = (v\cdot W^k)\sqrt{M}, \quad k=2,3, \\ (E_i, E_j) = \delta_{ij}, \quad -1 \leqslant i,j \leqslant 3, \end{cases} \tag{1.6.45}$$

其中 W^k, $k=2,3$ 都是三维的单位向量, 并且满足

$$W^2(\omega)\cdot W^3(\omega) = 0, \quad W^2(\omega)\cdot\omega = W^3(\omega)\cdot\omega = 0.$$

由于 E_j 为 N_0 的一组正交基, 故 $\psi_0 \in N_0$ 可表示为

$$\psi_0 = \sum_{j=0}^{4} C_j E_{j-1}, \quad \text{其中} \quad C_j = (\psi_0, E_{j-1}), \ j=0,1,2,3,4. \tag{1.6.46}$$

于是, 将 (1.6.44) 和 $E_j, j=-1,0,1,2,3$ 作内积, 关于 (β,ψ_0) 的特征值问题 (1.6.44) 可转化成关于 β 和 C_j, $j=0,1,2,3,4$ 的方程:

$$\beta C_j = -\mathrm{i}u_{j-1}C_j + s\sum_{i=0}^{4} C_i D_{ij}(\beta,s,\omega), \quad \mathrm{Re}(s\beta) > -\mu, \tag{1.6.47}$$

其中

$$D_{ij}(\beta,s,\omega) = ((L - \mathrm{i}sP_1(v\cdot\omega) - s\beta)^{-1}P_1(v\cdot\omega)E_{i-1}, (v\cdot\omega)E_{j-1}).$$

令 $\mathbb{O}$ 是 $\mathbb{R}^3$ 上的旋转变换, 满足

$$\mathbb{O}^{\mathrm{T}}\omega = (1,0,0), \quad \mathbb{O}^{\mathrm{T}}W_2 = (0,1,0), \quad \mathbb{O}^{\mathrm{T}}W_3 = (0,0,1). \tag{1.6.48}$$

通过变量替换 $v \to \mathbb{O}v$, 得到

$$D_{ij}(\beta,s,\omega) = ((L - \mathrm{i}sP_1v_1 - s\beta)^{-1}P_1(v_1F_{i-1}), v_1F_{j-1}) =: R_{ij}(\beta,s), \tag{1.6.49}$$

其中

$$\begin{cases} F_{\pm 1} = \sqrt{\frac{3}{10}}\chi_0 \mp \frac{\sqrt{2}}{2} v_1 \sqrt{M} + \sqrt{\frac{1}{5}}\chi_4, \\ F_0 = \sqrt{\frac{2}{5}}\chi_0 - \sqrt{\frac{3}{5}}\chi_4, \\ F_j = v_j\sqrt{M}, \quad j = 2, 3, \\ (F_i, F_j) = \delta_{ij}, \quad -1 \leqslant i, j \leqslant 3. \end{cases} \tag{1.6.50}$$

容易验证, $R_{ij}(\beta, s), i, j = 0, 1, 2, 3, 4$ 满足

$$\begin{cases} R_{ij}(\beta, s) = R_{ji}(\beta, s) = 0, \quad i = 0, 1, 2,\ j = 3, 4, \\ R_{34}(\beta, s) = R_{43}(\beta, s) = 0, \\ R_{33}(\beta, s) = R_{44}(\beta, s). \end{cases} \tag{1.6.51}$$

将 (1.6.49) 与 (1.6.51) 代入 (1.6.47), 我们把 5 维方程组 (1.6.47) 分解成以下的 3 维方程组和 2 维方程:

$$\beta C_j = -\mathrm{i}u_{j-1}C_j + s\sum_{i=0}^{2} C_i R_{ij}(\beta, s), \quad j = 0, 1, 2, \tag{1.6.52}$$

$$\beta C_k = sC_k R_{33}(\beta, s), \quad k = 3, 4. \tag{1.6.53}$$

对于 $\mathrm{Re}(s\beta) > -\mu$, 定义

$$D_0(\beta, s) = \beta - sR_{33}(\beta, s), \tag{1.6.54}$$

$$D_1(\beta, s) = \det\begin{pmatrix} \beta + \mathrm{i}u_{-1} - sR_{00} & -sR_{10} & -sR_{20} \\ -sR_{01} & \beta + \mathrm{i}u_0 - sR_{11} & -sR_{21} \\ -sR_{02} & -sR_{12} & \beta + \mathrm{i}u_1 - sR_{22} \end{pmatrix}. \tag{1.6.55}$$

显然, 特征值 β 可以由方程 $D_0(\beta, s) = 0$ 和 $D_1(\beta, s) = 0$ 解出. 对于任意的 $r > 0$, $a \in \mathbb{C}$, 定义

$$B_r(a) = \{\beta \in \mathbb{C} \,|\, |\beta - a| \leqslant r\}.$$

利用隐函数定理, 可以证明

引理 1.29 存在两个小的常数 $r_0, r_1 > 0$, 使得当 $s \in [-r_0, r_0]$ 时, 方程 $D_0(\beta, s) = 0$ 存在唯一的 C^∞ 解 $\beta = \beta(s)$, 满足 $(s, \beta) \in [-r_0, r_0] \times B_{r_1}(0)$, 且

$$\beta(0) = 0, \quad \beta'(0) = (L^{-1}P_1(v_1F_2), v_1F_2),$$

其中 F_2 是由 (1.6.50) 定义的函数.

对于方程 $D_1(\beta,s)=0$ 的解, 我们有以下结果.

引理 1.30 存在两个小的常数 $r_0>0$ 和 $r_1>0$, 使得当 $s\in[-r_0,r_0]$ 时, 方程 $D_1(\beta,s)=0$ 存在三个 C^∞ 解 $\beta_j=\beta_j(s)$ $(j=-1,0,1)$, 满足 $(s,\beta_j)\in[-r_0,r_0]\times B_{r_1}(-\mathrm{i}u_j)$, 且 $\beta_j(s)$ 满足

$$\beta_j(0)=-\mathrm{i}u_j,\quad \beta_j'(0)=(L^{-1}P_1(v_1F_j),v_1F_j), \tag{1.6.56}$$

其中 F_j, $j=-1,0,1$ 是由 (1.6.50) 定义的函数. 特别地,

$$-\beta_j(-s)=\overline{\beta_j(s)}=\beta_{-j}(s),\quad j=-1,0,1. \tag{1.6.57}$$

证明 由 (1.6.55) 可得

$$\begin{aligned} D_1(\beta,0)=&\begin{vmatrix} \beta+\mathrm{i}u_{-1} & 0 & 0\\ 0 & \beta+\mathrm{i}u_0 & 0\\ 0 & 0 & \beta+\mathrm{i}u_1 \end{vmatrix}\\ =&(\beta+\mathrm{i}u_{-1})(\beta+\mathrm{i}u_0)(\beta+\mathrm{i}u_1). \end{aligned}$$

由此推出, 方程 $D_1(\beta,0)=0$ 有三个根 $\beta_j=-\mathrm{i}u_j$, $j=-1,0,1$. 经直接计算, 我们得到

$$\begin{aligned} \partial_sD_1(\beta,0)=&-A_{-1}(\beta+\mathrm{i}u_0)(\beta+\mathrm{i}u_1)-A_0(\beta+\mathrm{i}u_{-1})(\beta+\mathrm{i}u_1)\\ &-A_1(\beta+\mathrm{i}u_{-1})(\beta+\mathrm{i}u_0),\\ \partial_\beta D_1(\beta,0)=&(\beta+\mathrm{i}u_{-1})(\beta+\mathrm{i}u_0)+(\beta+\mathrm{i}u_{-1})(\beta+\mathrm{i}u_1)\\ &+(\beta+\mathrm{i}u_0)(\beta+\mathrm{i}u_1), \end{aligned}$$

其中

$$A_j=(L^{-1}P_1(v_1F_j),v_1F_j)=-a_j,\quad j=-1,0,1.$$

因此

$$\partial_\beta D_1(-\mathrm{i}u_j,0)\neq 0.$$

根据隐函数定理, 存在两个小的常数 $r_0,r_1>0$ 以及唯一的 C^∞ 函数 $\beta_j(s)$: $[-r_0,r_0]\to B_{r_1}(-\mathrm{i}u_j)$, 使得当 $s\in[-r_0,r_0]$ 时, $D_1(\beta_j(s),s)=0$ 成立. 特别地,

$$\beta_j(0)=-\mathrm{i}u_j,\quad \beta_j'(0)=-\frac{\partial_sD_1(-\mathrm{i}u_j,0)}{\partial_\beta D_1(-\mathrm{i}u_j,0)}=A_j,\quad j=-1,0,1.$$

这就证明了 (1.6.56).

通过变量替换 $v_1 \to -v_1$, 可以推出

$$
\begin{aligned}
R_{10}(-\beta,-s) &= ((L-s\beta+\mathrm{i}sP_1v_1)^{-1}P_1(v_1F_0),v_1F_{-1}) \\
&= ((L-s\beta-\mathrm{i}sP_1v_1)^{-1}P_1(v_1F_0),v_1F_1) = R_{12}(\beta,s).
\end{aligned} \tag{1.6.58}
$$

同理可证

$$
R_{01}(-\beta,-s)=R_{21}(\beta,s),\quad R_{11}(-\beta,-s)=R_{11}(\beta,s),\quad R_{00}(-\beta,-s)=R_{22}(\beta,s). \tag{1.6.59}
$$

此外, 对于 $i,j=0,1,2$, 有

$$
\overline{R_{ij}(-\beta,s)} = ((L+s\bar{\beta}+\mathrm{i}sP_1v_1)^{-1}P_1(v_1F_{i-1}),v_1F_{j-1}) = R_{ij}(\overline{\beta},-s). \tag{1.6.60}
$$

将 (1.6.58)—(1.6.60) 代入到 (1.6.55) 可以推出 $D_1(-\beta,-s)=D_1(\beta,s)$ 以及 $\overline{D_1(-\beta,s)}=-D_1(\overline{\beta},-s)$. 结合这两个等式以及 $\beta_j(s)=-\mathrm{i}u_j+O(s)$, $j=-1,0,1$, 我们可以证明 (1.6.57). □

接下来, 我们构造 $B(\xi)$ 的特征值 $\lambda_j(s)$ 与特征函数 $\psi_j(s,\omega)$, $j=-1,0,1,2,3$ 如下. 对于 $j=2,3$, 取 $\lambda_j=s\beta(s)$, 其中 $\beta(s)$ 为引理 1.29 中方程 $D_0(\beta,s)=0$ 的解, 并在方程 (1.6.52)–(1.6.53) 中取 $C_i=0$, $i\neq j+1$. 因此, 特征函数 $\psi_j(s,\omega)$, $j=2,3$ 可构造为

$$
\psi_j(s,\omega)=b_j(s)E_j(\omega)+\mathrm{i}b_j(s)s[L-\lambda_j-\mathrm{i}sP_1(v\cdot\omega)]^{-1}P_1(v\cdot\omega)E_j(\omega). \tag{1.6.61}
$$

容易验证, 它们是相互正交的, 即 $(\psi_2(s,\omega),\overline{\psi_3(s,\omega)})=0$.

对于 $j=-1,0,1$, 取 $\lambda_j=s\beta_j(s)$, 其中 $\beta_j(s)$ 为在引理 1.30 中方程 $D_1(\beta,s)=0$ 的解, 并在方程 (1.6.53) 中取 $C_i=0$, $i=3,4$. 设 $\{C_0^j,C_1^j,C_2^j\}$ 为方程 (1.6.52) 对应 $\beta=\beta_j(s)$ 的解. 那么, 特征函数 $\psi_j(s,\omega)$, $j=-1,0,1$ 可构造为

$$
\begin{cases}
\psi_j(s,\omega)=P_0\psi_j(s,\omega)+P_1\psi_j(s,\omega),\\
P_0\psi_j(s,\omega)=C_0^j(s)E_{-1}(\omega)+C_1^j(s)E_0(\omega)+C_2^j(s)E_1(\omega),\\
P_1\psi_j(s,\omega)=\mathrm{i}s[L-\lambda_j-\mathrm{i}sP_1(v\cdot\omega)]^{-1}P_1[(v\cdot\omega)P_0\psi_j(s,\omega)].
\end{cases} \tag{1.6.62}
$$

注意到

$$
(L-\mathrm{i}s(v\cdot\omega))\psi_j(s,\omega)=\lambda_j(s)\psi_j(s,\omega),\quad -1\leqslant j\leqslant 3.
$$

将上式与 $\overline{\psi_j(s,\omega)}$ 作内积, 并利用以下事实

$$(B(\xi)f,g)=(f,B(-\xi)g),\quad f,g\in D(B(\xi)),$$
$$B(-\xi)\overline{\psi_j(s,\omega)}=\overline{\lambda_j(s)}\cdot\overline{\psi_j(s,\omega)},$$

可以得出

$$(\lambda_j(s)-\lambda_k(s))(\psi_j(s,\omega),\overline{\psi_k(s,\omega)})=0,\quad -1\leqslant j,k\leqslant 3.$$

对于充分小的 $s\neq 0$, 有 $\lambda_j(s)\neq\lambda_k(s)$, $-1\leqslant j\neq k\leqslant 2$, 于是

$$(\psi_j(s,\omega),\overline{\psi_k(s,\omega)})=0,\quad -1\leqslant j\neq k\leqslant 3.$$

将特征函数归一化:

$$(\psi_j(s,\omega),\overline{\psi_j(s,\omega)})=1,\quad -1\leqslant j\leqslant 3.\tag{1.6.63}$$

由归一化条件 (1.6.63), 在 (1.6.61) 中的系数 $b_j(s)$, $j=2,3$ 满足

$$b_j(s)^2\left(1-s^2D_j(s)\right)=1,\tag{1.6.64}$$

其中

$$D_j(s)=((L-\mathrm{i}sP_1v_1-\lambda_j)^{-1}P_1v_1F_j,(L+\mathrm{i}sP_1v_1-\overline{\lambda_j})^{-1}P_1v_1F_j).$$

将 (1.6.35) 代入到 (1.6.64) 中, 得到

$$b_j(s)=1+\frac{1}{2}s^2\|L^{-1}P_1v_1F_j\|^2+O(s^3).$$

根据上式和 (1.6.61), 我们得到 (1.6.38) 中的 $\psi_j(s,\omega)$ $(j=2,3)$ 的展开.

最后, 我们计算 (1.6.62) 中的 $\psi_j(s,\omega)$ $(j=-1,0,1)$ 的展开. 根据 (1.6.52), 宏观部分 $P_0\psi_j(s,\omega)$ 中的系数 $\{C_0^j(s),\ C_1^j(s),\ C_2^j(s)\}$ 满足下面的方程

$$\beta_j(s)C_k^j(s)=-\mathrm{i}u_{k-1}C_k^j(s)+s\sum_{l=0}^{2}C_l^j(s)R_{lk}(\beta_j,s),\quad k=0,1,2.\tag{1.6.65}$$

此外, 由归一化条件 (1.6.63) 得到

$$1\equiv(\psi_j(s,\omega),\overline{\psi_j(s,\omega)})=C_0^j(s)^2+C_1^j(s)^2+C_2^j(s)^2+O(s^2),\quad |s|\leqslant r_0.\tag{1.6.66}$$

将系数 $C_k^j(s)$ 做如下的泰勒展开:

$$C_k^j(s)=\sum_{n=0}^{1}C_{k,n}^j s^n+O(s^2),\quad j=-1,0,1,\ k=0,1,2. \tag{1.6.67}$$

于是, 将展开式 (1.6.67) 和 (1.6.35) 代入到 (1.6.65) 和 (1.6.66) 中, 可以得到

$$O(1)\qquad \begin{cases}-\mathrm{i}u_jC_{k+1,0}^j=-\mathrm{i}u_kC_{k+1,0}^j,\\ (C_{0,0}^j)^2+(C_{1,0}^j)^2+(C_{2,0}^j)^2=1,\end{cases} \tag{1.6.68}$$

$$O(s)\qquad \begin{cases}-\mathrm{i}u_jC_{k+1,1}^j+a_jC_{k+1,0}^j=-\mathrm{i}u_kC_{k+1,1}^j+\sum_{l=-1}^{1}C_{l+1,0}^jA_{l,k},\\ C_{0,0}^jC_{0,1}^j+C_{1,0}^jC_{1,1}^j+C_{2,0}^jC_{2,1}^j=0,\end{cases} \tag{1.6.69}$$

其中 $j,k=-1,0,1$, 且

$$A_{l,k}=(L^{-1}P_1(v_1F_l),v_1F_k),\quad l=-1,0,1.$$

直接求解 (1.6.68)-(1.6.69), 得到

$$\begin{cases}C_{j+1,0}^j=1,\quad C_{k+1,0}^j=1,\quad k\neq j,\\ C_{j+1,1}^j=0,\quad C_{k+1,1}^j=\dfrac{A_{j,k}}{\mathrm{i}(u_k-u_j)},\quad k\neq j.\end{cases} \tag{1.6.70}$$

根据 (1.6.62) 和 (1.6.70), 我们得到 (1.6.38) 中的 $\psi_j(s,\omega)$ $(j=-1,0,1)$ 的展开. □

1.7 线性 Boltzmann 方程的最优衰减估计

基于 1.6 节中关于 $B(\xi)$ 的谱集和预解集的分析, 我们在本节中研究算子 $B(\xi)$ 生成的半群 $e^{tB(\xi)}$ 的性质, 并且建立线性 Boltzmann 方程的解的最优衰减速度估计.

1.7.1 半群 $e^{tB(\xi)}$ 的性质

引理 1.31 *算子 $\mathrm{c}(\xi)=-\nu(v)-\mathrm{i}v\cdot\xi$ 在 $L^2(\mathbb{R}^3)$ 上生成一个强连续压缩半群, 满足*

$$\|e^{t\mathrm{c}(\xi)}f\|\leqslant e^{-\nu_0t}\|f\|,\quad \forall t>0,\ f\in L^2(\mathbb{R}^3), \tag{1.7.1}$$

其中 ν_0 是由 (1.4.23) 定义的正常数. 此外, 对于任意的 $f\in L^2(\mathbb{R}^3)$ 和 $x>-\nu_0$, 有

$$\int_{-\infty}^{\infty}\|(x+\mathrm{i}y-\mathrm{c}(\xi))^{-1}f\|^2dy\leqslant\pi(x+\nu_0)^{-1}\|f\|^2. \tag{1.7.2}$$

证明 显然, 由 (1.6.9) 和 (1.6.6) 可得

$$\|e^{tc(\xi)}f\| \leqslant e^{-\nu_0 t}\|f\|, \quad \forall f \in L^2(\mathbb{R}^3_v).$$

根据引理 1.19, 预解式 $(\lambda - \mathrm{c}(\xi))^{-1}$ 可以表示为

$$(\lambda - \mathrm{c}(\xi))^{-1} = \int_0^{\infty} e^{-\lambda t}e^{tc(\xi)}dt, \quad \mathrm{Re}\lambda > -\nu_0,$$

由此得到

$$[(x+\mathrm{i}y) - \mathrm{c}(\xi)]^{-1} = \frac{1}{\sqrt{2\pi}}\int_{-\infty}^{+\infty} e^{-\mathrm{i}yt}\left[\sqrt{2\pi}1_{\{t\geqslant 0\}}e^{-xt}e^{tc(\xi)}\right]dt,$$

其中, 等号右边是函数 $\sqrt{2\pi}1_{\{t\geqslant 0\}}e^{-xt}e^{tc(\xi)}$ 关于变量 t 的傅里叶变换. 根据普朗歇尔 (Plancherel) 等式, 对任意的 $f \in L^2_v$, 下式成立:

$$\int_{-\infty}^{+\infty}\|[(x+\mathrm{i}y) - \mathrm{c}(\xi)]^{-1}f\|^2dy = \int_{-\infty}^{+\infty}\|(2\pi)^{\frac{1}{2}}1_{\{t\geqslant 0\}}e^{-xt}e^{tc(\xi)}f\|^2dt$$

$$= 2\pi\int_0^{\infty} e^{-2xt}\|e^{tc(\xi)}f\|^2dt \leqslant 2\pi\int_0^{\infty} e^{-2(x+\nu_0)t}dt\|f\|^2.$$

于是, (1.7.2) 得证. □

令 $r_0 > 0$ 为由定理 1.28 给出的常数, 定义

$$\eta_1 = \sup_{-1\leqslant j\leqslant 3, |\xi|\leqslant r_0} -\mathrm{Re}\lambda_j(|\xi|) > 0.$$

于是, 我们有下面的结论.

引理 1.32 设 $-\mu/2 \leqslant x_0 < -\eta_1$, $x_1 \geqslant -\eta(r_0)$, 其中 $\eta(r_0) > 0$ 是由引理 1.27 给出的常数. 那么, 存在常数 $C > 0$ 使得

$$\sup_{\xi\in\mathbb{R}^3, y\in\mathbb{R}}\|[I - K(\lambda - \mathrm{c}(\xi))^{-1}]^{-1}\| \leqslant C, \tag{1.7.3}$$

其中

$$\lambda = \begin{cases} x_0 + \mathrm{i}y, & |\xi| < r_0, \\ x_1 + \mathrm{i}y, & |\xi| \geqslant r_0. \end{cases}$$

证明 设 $\lambda = z + \mathrm{i}y$, $(z, y) \in \mathbb{R} \times \mathbb{R}$ 满足

$$z \in [-\mu/2, -\eta_1), \quad |\xi| < r_0; \quad z \geqslant -\eta(r_0), \quad |\xi| \geqslant r_0.$$

根据引理 1.27 和定理 1.28, $\lambda \in \rho(B(\xi))$, 即 $\lambda - B(\xi)$ 是可逆的, 因此算子

$$I - K(\lambda - \mathrm{c}(\xi))^{-1} = (\lambda - B(\xi))(\lambda - \mathrm{c}(\xi))^{-1}$$

也是可逆的. 根据引理 1.26, 存在充分大的常数 $R_0, R_1 > 0$, 使得当 $|\xi| \geqslant R_0$, 或 $|\xi| \leqslant R_0$ 且 $|y| \geqslant R_1$ 时, 有

$$\|K(\lambda - \mathrm{c}(\xi))^{-1}\| \leqslant \frac{1}{2},$$

从而

$$\|(I - K(\lambda - \mathrm{c}(\xi))^{-1})^{-1}\| \leqslant 2.$$

因此, 我们只需要证明

$$\sup_{|\xi| \leqslant R_0, |y| \leqslant R_1} \|[I - K(\lambda - \mathrm{c}(\xi))^{-1}]^{-1}\| \leqslant C. \tag{1.7.4}$$

我们用反证法. 假设 (1.7.4) 不成立, 那么存在序列 $\{\xi_n, \lambda_n = z + \mathrm{i}y_n\}$ 与 $\{f_n, g_n\}$, 满足 $|\xi_n| \leqslant R_0$, $|y_n| \leqslant R_1$, $\|g_n\| = 1$, $\|f_n\| \to 0$ $(n \to \infty)$, 以及

$$g_n = (I - K(\lambda_n - \mathrm{c}(\xi_n))^{-1})^{-1} f_n. \tag{1.7.5}$$

由此得到

$$g_n - K(\lambda_n - \mathrm{c}(\xi_n))^{-1} g_n = f_n. \tag{1.7.6}$$

令

$$w_n = (\lambda_n - \mathrm{c}(\xi_n))^{-1} g_n.$$

则 (1.7.6) 可以改写为

$$(\lambda_n - \mathrm{c}(\xi_n)) w_n - K w_n = f_n. \tag{1.7.7}$$

由于

$$\|w_n\| \leqslant \|(\lambda_n - \mathrm{c}(\xi_n))^{-1}\| \|g_n\| \leqslant C,$$

并且 K 是 $L^2(\mathbb{R}^3)$ 上的紧算子, 因此存在 $\{w_n\}$ 的子序列 $\{w_{n_j}\}$ 以及函数 $h_0 \in L^2(\mathbb{R}^3)$, 使得

$$K w_{n_j} \to h_0, \quad j \to \infty. \tag{1.7.8}$$

由于 $|\xi_n| \leqslant R_0$, $|y_n| \leqslant R_1$, 那么存在 $\{\lambda_{n_j}, \xi_{n_j}\}$ 的一个子列 (仍记为)$\{\lambda_{n_j}, \xi_{n_j}\}$ 与 $(\lambda_0 = z + \mathrm{i}y_0, \xi_0)$, 满足 $|y_0| \leqslant R_1$, $|\xi_0| \leqslant R_0$, 以及

$$\lambda_{n_j} \to \lambda_0, \quad \xi_{n_j} \to \xi_0, \quad j \to \infty.$$

注意到 $\lim\limits_{n\to\infty}\|f_n\|=0$, 由 (1.7.7) 和 (1.7.8) 得到

$$w_{n_j}=\frac{Kw_{n_j}+f_{n_j}}{\lambda_{n_j}+\nu(v)+\mathrm{i}(v\cdot\xi_{n_j})}\to\frac{h_0}{\lambda_0+\nu(v)+\mathrm{i}(v\cdot\xi_0)}=:w_0,\quad j\to\infty.$$

由此可知 $Kw_0=h_0$, 并且

$$Kw_0=(\lambda_0+\nu(v)+\mathrm{i}(v\cdot\xi_0))w_0.$$

因此 $\lambda_0 w_0=B(\xi_0)w_0$, 即 λ_0 是 $B(\xi_0)$ 的特征值, 且满足 $\mathrm{Re}\lambda_0=z$. 但是, 我们已证明了对于任意 $\lambda(\xi)\in\sigma(B(\xi))\cap\{\mathrm{Re}\lambda\geqslant-\mu/2\}$, 满足当 $|\xi|\leqslant r_0$ 时 $\mathrm{Re}\lambda(\xi)\in[-\alpha_1,0]$, 当 $|\xi|\geqslant r_0$ 时 $\mathrm{Re}\lambda(\xi)<-\eta(r_0)$. 这与 $\mathrm{Re}\lambda(\xi_0)=z$ 产生矛盾. 因此, (1.7.3) 得证. □

基于引理 1.31 和引理 1.32, 我们得到以下关于 $B(\xi)$ 生成的半群 $S(t,\xi)=e^{tB(\xi)}$ 的分解.

定理 1.33 对任意的 $\xi\in\mathbb{R}^3$, 半群 $S(t,\xi)=e^{tB(\xi)}$ 具有以下分解:

$$S(t,\xi)f=S_1(t,\xi)f+S_2(t,\xi)f,\quad f\in L^2(\mathbb{R}^3_v),\quad t>0,\tag{1.7.9}$$

这里

$$S_1(t,\xi)f=\sum_{j=-1}^{3}e^{\lambda_j(|\xi|)t}\big(f,\overline{\psi_j(\xi)}\big)\psi_j(\xi)1_{\{|\xi|\leqslant r_0\}},\tag{1.7.10}$$

其中 $\lambda_j(|\xi|)$ 和 $\psi_j(\xi)$ 是算子 $B(\xi)$ 在 $|\xi|\leqslant r_0$ 时的特征值和特征函数 (定义在定理 1.28 中给出), 并且 $S_2(t,\xi)f=:S(t,\xi)f-S_1(t,\xi)f$ 满足

$$\|S_2(t,\xi)f\|\leqslant Ce^{-\eta_0 t}\|f\|,\quad t>0,\tag{1.7.11}$$

其中 $\eta_0>0$ 和 $C>0$ 为不依赖于 ξ 的常数.

证明 根据引理 1.20, $D(B(\xi)^2)=\{f\in L^2(\mathbb{R}^3)\,|\,\nu(v)^2f\in L^2(\mathbb{R}^3)\}$ 在 $L^2_\xi(\mathbb{R}^3_v)$ 中是稠密的, 因此只要证明 (1.7.9) 对于 $f\in D(B(\xi)^2)$ 成立即可. 由引理 1.18 可知, 半群 $e^{tB(\xi)}$ 可以表示为

$$e^{tB(\xi)}f=\frac{1}{2\pi\mathrm{i}}\int_{\kappa-\mathrm{i}\infty}^{\kappa+\mathrm{i}\infty}e^{\lambda t}(\lambda-B(\xi))^{-1}fd\lambda,\quad f\in D(B(\xi)^2),\ \kappa>0.\tag{1.7.12}$$

为了计算 (1.7.12) 右端的积分, 我们需要对算子 $(\lambda-B(\xi))^{-1}$ 进行如下的分解. 事实上, 根据 (1.6.27), 对任意 $\lambda\in\rho(B(\xi))\cap\rho(\mathrm{c}(\xi))$, 有

$$(\lambda-B(\xi))^{-1}=(\lambda-\mathrm{c}(\xi))^{-1}+Z(\lambda,\xi),\tag{1.7.13}$$

其中

$$Z(\lambda,\xi)=(\lambda-\mathrm{c}(\xi))^{-1}[I-Y(\lambda,\xi)]^{-1}Y(\lambda,\xi), \tag{1.7.14}$$

$$Y(\lambda,\xi)=K(\lambda-\mathrm{c}(\xi))^{-1}. \tag{1.7.15}$$

将 (1.7.13) 代入到 (1.7.12) 中, 我们可以把半群 $e^{tB(\xi)}$ 表示为

$$e^{tB(\xi)}f=e^{t\mathrm{c}(\xi)}f+\frac{1}{2\pi\mathrm{i}}\int_{\kappa-\mathrm{i}\infty}^{\kappa+\mathrm{i}\infty}e^{\lambda t}Z(\lambda,\xi)fd\lambda. \tag{1.7.16}$$

为了估计 (1.7.16) 等号右边的第二项, 记

$$U_{\kappa,N}f=\frac{1}{2\pi\mathrm{i}}\int_{-N}^{N}e^{(\kappa+\mathrm{i}y)t}Z(\kappa+iy,\xi)fdy, \tag{1.7.17}$$

这里我们取常数 $N>y_1$, 其中 $y_1>0$ 由引理 1.27 给出. 定义

$$\eta=\frac{\mu}{2},\ |\xi|<r_0;\quad \eta=\eta(r_0),\ |\xi|\geqslant r_0,$$

其中 $\eta(r_0)>0$ 由引理 1.27 给出. 由于对任意固定的 $\xi\in\mathbb{R}^3$, 算子 $Z(\lambda,\xi)$ 在区域 $\{\mathrm{Re}\lambda>-\eta\}$ 中除了 $\lambda=\lambda_j(|\xi|)\in\sigma(B(\xi))$, $j=-1,0,1,2,3$ 这五个奇点之外是解析的, 我们可以将积分 (1.7.17) 从直线 $\mathrm{Re}\lambda=\kappa>0$ 平移到直线 $\mathrm{Re}\lambda=-\eta$, 并根据留数定理, 得到

$$U_{\kappa,N}f=\sum_{j=-1}^{3}\mathrm{Res}\left\{e^{\lambda t}Z(\lambda,\xi)f;\lambda_j(|\xi|)\right\}+U_{-\eta,N}f+H_Nf, \tag{1.7.18}$$

其中 $\mathrm{Res}\{f(\lambda);\lambda_j\}$ 表示函数 $f(\lambda)$ 在 $\lambda=\lambda_j$ 的留数, 并且

$$H_Nf=\frac{1}{2\pi\mathrm{i}}\left(\int_{-\eta+\mathrm{i}N}^{\kappa+\mathrm{i}N}-\int_{-\eta-\mathrm{i}N}^{\kappa-\mathrm{i}N}\right)e^{\lambda t}Z(\lambda,\xi)fd\lambda.$$

下面我们给出 (1.7.18) 中等号右边各项的估计. 根据引理 1.26, 对于任意固定的 $\xi\in\mathbb{R}^3$, 有

$$\begin{aligned}\|H_Nf\|&\leqslant C\int_{-\eta}^{\kappa}e^{xt}\|K(x+\mathrm{i}N-\mathrm{c}(\xi))^{-1}f\|dx\\&\leqslant Ce^{\kappa t}(1+|\xi|)^{\frac{1}{2}}(1+N)^{-\frac{1}{2}}\|f\|\to 0,\quad N\to\infty.\end{aligned} \tag{1.7.19}$$

由于 $\lambda_j(|\xi|) \in \rho(\mathrm{c}(\xi))$ 以及

$$Z(\lambda,\xi) = (\lambda - B(\xi))^{-1} - (\lambda - \mathrm{c}(\xi))^{-1},$$

我们可以证明 [27]

$$\begin{aligned}\mathrm{Res}\{e^{\lambda t}Z(\lambda,\xi)f;\lambda_j(|\xi|)\} &= \mathrm{Res}\{e^{\lambda t}(\lambda - B(\xi))^{-1}f;\lambda_j(|\xi|)\} \\ &= e^{\lambda_j(|\xi|)t}\big(f,\overline{\psi_j(\xi)}\big)_\xi \psi_j(\xi)1_{\{|\xi|\leqslant r_0\}}.\end{aligned} \tag{1.7.20}$$

令

$$U_{-\eta,\infty}(t)f =: \lim_{N\to\infty} U_{-\eta,N}(t)f = \int_{-\eta-\mathrm{i}\infty}^{-\eta+\mathrm{i}\infty} e^{\lambda t}Z(\lambda,\xi)fd\lambda. \tag{1.7.21}$$

根据引理 1.32, 对任意的 $y \in \mathbb{R}$ 与 $\xi \in \mathbb{R}^3$, 算子 $I - Y(-\eta+\mathrm{i}y,\xi)$ 在 $L^2(\mathbb{R}^3_v)$ 上是可逆的, 并且满足

$$\sup_{\xi\in\mathbb{R}^3, y\in\mathbb{R}} \|[I - Y(-\eta+\mathrm{i}y,\xi)]^{-1}\| \leqslant C.$$

因此, 根据上式与引理 1.31, 对任意的 $f,g \in L^2_\xi(\mathbb{R}^3_v)$, 有

$$\begin{aligned}&|(U_{-\eta,\infty}(t)f,g)| \leqslant e^{-\eta t}\int_{-\infty}^{+\infty} |(Z(-\eta+\mathrm{i}y,\xi)f,g)|dy \\ &\leqslant C\|K\|e^{-\eta t}\int_{-\infty}^{+\infty} \|(-\eta+\mathrm{i}y-\mathrm{c}(\xi))^{-1}f\|\|(-\eta-\mathrm{i}y-\mathrm{c}(-\xi))^{-1}g\|dy \\ &\leqslant C\|K\|e^{-\eta t}(\nu_0-\eta)^{-1}\|f\|\|g\|,\end{aligned} \tag{1.7.22}$$

从而

$$\|U_{-\eta,\infty}(t)\| \leqslant C(\nu_0-\eta)^{-1}e^{-\eta t}. \tag{1.7.23}$$

因此, 根据 (1.7.16), (1.7.18), (1.7.19) 和 (1.7.20) 得到

$$e^{tB(\xi)}f = e^{t\mathrm{c}(\xi)}f + U_{-\eta,\infty}(t)f + \sum_{j=-1}^{3} e^{\lambda_j(|\xi|)t}\big(f,\overline{\psi_j(\xi)}\big)\psi_j(\xi)1_{\{|\xi|\leqslant r_0\}}. \tag{1.7.24}$$

于是, 我们证明了 (1.7.9), 其中 $S_1(t,\xi)f$ 和 $S_2(t,\xi)f$ 定义为

$$S_1(t,\xi)f = \sum_{j=-1}^{3} e^{\lambda_j(|\xi|)t}\big(f,\overline{\psi_j(\xi)}\big)\psi_j(\xi)1_{\{|\xi|\leqslant r_0\}},$$

$$S_2(t,\xi)f = e^{t\mathrm{c}(\xi)}f + U_{-\eta,\infty}(t)f.$$

特别地, 根据 (1.7.23) 和 (1.7.1), 可知 $S_2(t,\xi)f$ 满足 (1.7.11). □

1.7.2 最优衰减率

定义关于函数 $u=u(x,v)$ 的 Sobolev 空间为

$$H^l=L^2(\mathbb{R}^3_v,H^l(\mathbb{R}^3_x)),\quad l\geqslant 0,$$

其范数定义为

$$\|u\|^2_{H^l}=\int_{\mathbb{R}^3}\|u(\cdot,v)\|^2_{H^l_x}dv=\int_{\mathbb{R}^3}\int_{\mathbb{R}^3}(1+|\xi|^2)^l|\hat{u}(\xi,v)|^2d\xi dv.$$

对于任意的 $f_0\in H^l$, 定义半群 $e^{tB}f_0$ 为

$$e^{tB}f_0=(\mathcal{F}^{-1}e^{tB(\xi)}\mathcal{F})f_0.$$

根据引理 1.24, 有

$$\|e^{tB}f_0\|^2_{H^l}=\int_{\mathbb{R}^3}(1+|\xi|^2)^l\|e^{tB(\xi)}\hat{f}_0\|^2_{L^2_v}d\xi\leqslant\int_{\mathbb{R}^3}(1+|\xi|^2)^l\|\hat{f}_0\|^2_{L^2_v}d\xi=\|f_0\|^2_{H^l}.$$

这说明线性算子 B 在 H^l 中生成了一个强连续压缩半群 e^{tB}, 因此对任意的 $f_0\in H^l$, $f(t,x,v)=e^{tB}f_0$ 为线性 Boltzmann 方程柯西问题 (1.6.1) 的整体解.

令 $\alpha=(\alpha_1,\alpha_2,\alpha_3)\in\mathbb{N}^3$, $|\alpha|=|\alpha_1|+|\alpha_2|+|\alpha_3|$, 定义 ∂^α_x 为

$$\partial^\alpha_x=\partial^{\alpha_1}_{x_1}\partial^{\alpha_2}_{x_2}\partial^{\alpha_3}_{x_3}.$$

设 $q\geqslant 1$, 定义 Banach 空间 $L^{2,q}$ ($L^2=L^{2,2}$) 为

$$L^{2,q}=L^2(\mathbb{R}^3_v,L^q(\mathbb{R}^3_x)),\quad \|u\|_{L^{2,q}}=\left(\int_{\mathbb{R}^3}\left(\int_{\mathbb{R}^3}|u(x,v)|^qdx\right)^{2/q}dv\right)^{1/2}.$$

首先, 我们得到线性 Boltzmann 方程柯西问题 (1.6.1) 整体解的时间衰减率的上界估计.

定理 1.34 对任意的 $q\in[1,2]$ 以及 $\alpha,\alpha'\in\mathbb{N}^3$, 其中 $\alpha'\leqslant\alpha$, 线性 Boltzmann 方程柯西问题 (1.6.1) 的整体解 $f=e^{tB}f_0$ 满足

$$\|(\partial^\alpha_x e^{tB}f_0,\chi_j)\|_{L^2_x}\leqslant C(1+t)^{-\sigma_{q,k}}(\|\partial^\alpha_x f_0\|_{L^2}+\|\partial^{\alpha'}_x f_0\|_{L^{2,q}}),\tag{1.7.25}$$

$$\|P_1(\partial^\alpha_x e^{tB}f_0)\|_{L^2}\leqslant C(1+t)^{-\sigma_{q,k+1}}(\|\partial^\alpha_x f_0\|_{L^2}+\|\partial^{\alpha'}_x f_0\|_{L^{2,q}}),\tag{1.7.26}$$

其中 $k=|\alpha-\alpha'|$, $j=0,1,2,3,4$, 以及

$$\sigma_{q,k}=\frac{n}{2}\left(\frac{1}{q}-\frac{1}{2}\right)+\frac{k}{2}.\tag{1.7.27}$$

若初值还满足 $P_0 f_0 = 0$, 那么

$$\|(\partial_x^\alpha e^{tB} f_0, \chi_j)\|_{L_x^2} \leqslant C(1+t)^{-\sigma_{q,k+1}}(\|\partial_x^\alpha f_0\|_{L^2} + \|\partial_x^{\alpha'} f_0\|_{L^{2,q}}), \tag{1.7.28}$$

$$\|P_1(\partial_x^\alpha e^{tB} f_0)\|_{L^2} \leqslant C(1+t)^{-\sigma_{q,k+2}}(\|\partial_x^\alpha f_0\|_{L^2} + \|\partial_x^{\alpha'} f_0\|_{L^{2,q}}), \tag{1.7.29}$$

其中 $k = |\alpha - \alpha'|$ 及 $j = 0,1,2,3,4$.

证明 首先, 我们证明 (1.7.25) 和 (1.7.26). 对于任意 $\xi = (\xi_1, \xi_2, \xi_3) \in \mathbb{R}^3$, 记 $\xi^\alpha = \xi_1^{\alpha_1}\xi_2^{\alpha_2}\xi_3^{\alpha_3}$. 根据定理 1.33 以及 Plancherel 恒等式, 得到

$$\begin{aligned}
\|(\partial_x^\alpha e^{tB} f_0, \chi_j)\|_{L_x^2} &\leqslant \|\xi^\alpha (S_1(t,\xi)\hat{f}_0, \chi_j)\|_{L_\xi^2} + \|\xi^\alpha (S_2(t,\xi)\hat{f}_0, \chi_j)\|_{L_\xi^2} \\
&\leqslant \|\xi^\alpha (S_1(t,\xi)\hat{f}_0, \chi_j)\|_{L_\xi^2} + \|\xi^\alpha S_2(t,\xi)\hat{f}_0\|_{L^2},
\end{aligned} \tag{1.7.30}$$

$$\|P_1(\partial_x^\alpha e^{tB} f_0)\|_{L^2} \leqslant \|\xi^\alpha P_1 S_1(t,\xi)\hat{f}_0\|_{L^2} + \|\xi^\alpha S_2(t,\xi)\hat{f}_0\|_{L^2}.$$

根据 (1.7.11), 可得

$$\int_{\mathbb{R}^3} (\xi^\alpha)^2 \|S_2(t,\xi)\hat{f}_0\|_{L_v^2}^2 d\xi \leqslant C\int_{\mathbb{R}^3} e^{-2\eta_0 t}(\xi^\alpha)^2 \|\hat{f}_0\|_{L_v^2}^2 d\xi \leqslant Ce^{-2\eta_0 t}\|\partial_x^\alpha f\|_{L^2}^2. \tag{1.7.31}$$

根据 (1.6.37) 与 (1.7.10), 对于 $|\xi| \leqslant r_0$, 有

$$S_1(t,\xi)\hat{f}_0 = \sum_{j=-1}^{3} e^{\lambda_j(|\xi|)t}\left[(\hat{f}_0, \psi_{j,0})\psi_{j,0} + |\xi| T_j(\xi)\hat{f}_0\right],$$

其中 $T_j(\xi)$, $-1 \leqslant j \leqslant 3$ 为线性算子, 并且 $\|T_j(\xi)\|$ 在 $|\xi| \leqslant r_0$ 上一致有界. 于是, 通过直接计算可得

$$\begin{aligned}
(S_1(t,\xi)\hat{f}_0, \chi_0) =& \sqrt{\frac{3}{10}} \sum_{j=\pm 1} e^{\lambda_j(|\xi|)t}\left[\sqrt{\frac{3}{10}}\hat{n}_0 - j\frac{\sqrt{2}}{2}(\hat{m}_0\cdot\omega) + \sqrt{\frac{1}{5}}\hat{q}_0\right] \\
&+ \sqrt{\frac{2}{5}} e^{\lambda_0(|\xi|)t}\left(\sqrt{\frac{2}{5}}\hat{n}_0 - \sqrt{\frac{3}{5}}\hat{q}_0\right) + |\xi| \sum_{j=-1}^{3} e^{\lambda_j(|\xi|)t}(T_j(\xi)\hat{f}_0, \chi_0),
\end{aligned} \tag{1.7.32}$$

$$(S_1(t,\xi)\hat{f}_0, v\chi_0) = -\frac{\sqrt{2}}{2}\sum_{j=\pm 1} e^{\lambda_j(|\xi|)t} j\left[\sqrt{\frac{3}{10}}\hat{n}_0 - j\frac{\sqrt{2}}{2}(\hat{m}_0\cdot\omega) + \sqrt{\frac{1}{5}}\hat{q}_0\right]\omega$$

$$+\sum_{j=2,3} e^{\lambda_j(|\xi|)t}(\hat{m}_0\cdot W^j)W^j+|\xi|\sum_{j=-1}^{3} e^{\lambda_j(|\xi|)t}(T_j(\xi)\hat{f}_0, v\chi_0), \tag{1.7.33}$$

$$(S_1(t,\xi)\hat{f}_0,\chi_4)=\sqrt{\frac{1}{5}}\sum_{j=\pm1} e^{\lambda_j(|\xi|)t}\left[\sqrt{\frac{3}{10}}\hat{n}_0-j\frac{\sqrt{2}}{2}(\hat{m}_0\cdot\omega)+\sqrt{\frac{1}{5}}\hat{q}_0\right]$$
$$-\sqrt{\frac{3}{5}}e^{\lambda_0(|\xi|)t}\left(\sqrt{\frac{2}{5}}\hat{n}_0-\sqrt{\frac{3}{5}}\hat{q}_0\right)+|\xi|\sum_{j=-1}^{3} e^{\lambda_j(|\xi|)t}(T_j(\xi)\hat{f}_0,\chi_4), \tag{1.7.34}$$

这里 W^j, $j=2,3$ 是满足 $W^j\cdot\omega=0$ 的单位正交向量组, $(\hat{n}_0,\hat{m}_0,\hat{q}_0)=((\hat{f}_0,\chi_0),(\hat{f}_0,v\chi_0),(\hat{f}_0,\chi_4))$ 是初值 f_0 的宏观密度、动量以及能量的傅里叶变换, 并且

$$P_1(S_1(t,\xi)\hat{f}_0)=|\xi|\sum_{j=-1}^{3} e^{\lambda_j(|\xi|)t}P_1(T_j(\xi)\hat{f}_0). \tag{1.7.35}$$

注意到

$$\mathrm{Re}\lambda_j(|\xi|)=-a_j|\xi|^2(1+O(|\xi|))\leqslant-\beta|\xi|^2,\quad |\xi|\leqslant r_0, \tag{1.7.36}$$

其中 $\beta>0$ 为常数, 我们将 (1.7.36) 代入到 (1.7.32)—(1.7.35) 得到

$$|(S_1(t,\xi)\hat{f}_0,\chi_j)|^2\leqslant Ce^{-2\beta|\xi|^2t}(\|P_0\hat{f}_0\|_{L^2_v}^2+|\xi|^2\|\hat{f}_0\|_{L^2_v}^2),\quad j=0,1,2,3,4, \tag{1.7.37}$$

$$\|P_1(S_1(t,\xi)\hat{f}_0)\|_{L^2_v}^2\leqslant C|\xi|^2e^{-2\beta|\xi|^2t}\|\hat{f}_0\|_{L^2_v}^2. \tag{1.7.38}$$

因此, 由 (1.7.37) 可得

$$\|\xi^\alpha(S_1(t,\xi)\hat{f}_0,\chi_j)\|_{L^2_\xi}^2\leqslant C\int_{|\xi|\leqslant r_0}(\xi^\alpha)^2e^{-2\beta|\xi|^2t}\|\hat{f}_0\|_{L^2_v}^2d\xi$$
$$\leqslant C\left(\int_{|\xi|\leqslant r_0}|\xi|^{2p'k}e^{-2p'\beta|\xi|^2t}d\xi\right)^{1/p'}\left(\int_{|\xi|\leqslant r_0}\|\xi^{\alpha'}\hat{f}_0\|_{L^2_v}^{2q'}d\xi\right)^{1/q'}, \tag{1.7.39}$$

其中 $1/p'+1/q'=1$. 注意到

$$\int_{|\xi|\leqslant r_0}|\xi|^{2p'k}e^{-2p'\beta|\xi|^2t}d\xi\leqslant C(1+t)^{-3/2-p'k}.$$

根据 Minkowski 不等式以及 Hausdorff-Young 不等式 (见附录 A.3 (ii), A.4 (v)), 得到

$$\left(\int_{|\xi|\leqslant r_0}\|\xi^{\alpha'}\hat{f}_0\|_{L_v^2}^{2q'}d\xi\right)^{1/q'}\leqslant\int_{\mathbb{R}^3}\left(\int_{|\xi|\leqslant r_0}|\xi^{\alpha'}\hat{f}_0|^{2q'}d\xi\right)^{1/q'}dv\leqslant C\|\partial_x^{\alpha'}f_0\|_{L^{2,q}}^2,\tag{1.7.40}$$

其中 $1/(2q')+1/q=1$. 因此, 结合 (1.7.30), (1.7.31), (1.7.39), (1.7.40) 可以推出 (1.7.25). 同理, 利用 (1.7.38) 可以推出 (1.7.26).

其次, 我们证明当 $P_0f_0=0$ 时, 估计 (1.7.28) 与 (1.7.29) 成立. 事实上, 当 $P_0f_0=0$ 时, 有

$$S_1(t,\xi)\hat{f}_0=|\xi|\sum_{j=-1}^{3}e^{\lambda_j(|\xi|)t}(\hat{f}_0,P_1(\overline{\psi_{j,1}}))\psi_{j,0}+|\xi|^2T_4(t,\xi)\hat{f}_0,$$

其中 $T_4(t,\xi)\hat{f}_0$ 是剩余项, 满足 $\|T_4(t,\xi)\hat{f}_0\|_{L_v^2}\leqslant Ce^{-\beta|\xi|^2t}\|\hat{f}_0\|_{L_v^2}$. 于是, 经直接计算可得

$$\begin{aligned}(S_1(t,\xi)\hat{f}_0,\chi_0)=&\,\mathrm{i}\sqrt{\frac{3}{10}}|\xi|\sum_{j=\pm1}e^{\lambda_j(|\xi|)t}\left(-j\frac{\sqrt{2}}{2}a+\sqrt{\frac{1}{5}}b\right)-\mathrm{i}\frac{\sqrt{6}}{5}e^{\lambda_0(|\xi|)t}b\\&+|\xi|^2(T_4(t,\xi)\hat{f}_0,\chi_0),\end{aligned}\tag{1.7.41}$$

$$\begin{aligned}(S_1(t,\xi)\hat{f}_0,v\chi_0)=&-\mathrm{i}\frac{\sqrt{2}}{2}|\xi|\sum_{j=\pm1}e^{\lambda_j(|\xi|)t}\left(-\frac{\sqrt{2}}{2}a+j\sqrt{\frac{1}{5}}b\right)\omega+\mathrm{i}\sum_{j=2,3}e^{\lambda_j(|\xi|)t}c_jW^j\\&+|\xi|^2(T_4(t,\xi)\hat{f}_0,v\chi_0),\end{aligned}\tag{1.7.42}$$

$$\begin{aligned}(S_1(t,\xi)\hat{f}_0,\chi_4)=&\,\mathrm{i}\sqrt{\frac{1}{5}}|\xi|\sum_{j=\pm1}e^{\lambda_j(|\xi|)t}\left(-j\frac{\sqrt{2}}{2}a+\sqrt{\frac{1}{5}}b\right)+\mathrm{i}\frac{3}{5}e^{\lambda_0(|\xi|)t}b\\&+|\xi|^2(T_4(t,\xi)\hat{f}_0,\chi_4),\end{aligned}\tag{1.7.43}$$

其中 a,b 与 c_j, $j=2,3$ 定义为

$$\begin{aligned}&a=(\hat{f}_0,L^{-1}P_1(v\cdot\omega)^2\chi_0),\quad b=(\hat{f}_0,L^{-1}P_1(v\cdot\omega)\chi_4),\\&c_j=(\hat{f}_0,L^{-1}P_1(v\cdot\omega)(v\cdot W^j)\chi_0),\quad j=2,3,\end{aligned}\tag{1.7.44}$$

以及

$$P_1(S_1(t,\xi)\hat{f}_0)=|\xi|^2P_1(T_4(t,\xi)\hat{f}_0).\tag{1.7.45}$$

重复与 (1.7.37)—(1.7.40) 类似的讨论, 我们可以从 (1.7.41)—(1.7.45) 推出 (1.7.28) 与 (1.7.29). □

接下来, 我们还可以证明定理 1.34 中的时间衰减率是最优的.

定理 1.35 假设初值 $f_0\in L^2\cap L^{2,1}$, 并且存在常数 $d_0,d_1>0$ 和 $r_0>0$, 使得 f_0 的傅里叶变换 $\hat{f}_0$ 满足

$$\inf_{|\xi|\leqslant r_0}|(\hat{f}_0,\chi_0)|\geqslant d_0,\quad \sup_{|\xi|\leqslant r_0}(\hat{f}_0,v\chi_0)=0,\quad \inf_{|\xi|\leqslant r_0}|(\hat{f}_0,\chi_4)|\geqslant d_1\sup_{|\xi|\leqslant r_0}|(\hat{f}_0,\chi_0)|.$$

那么, 存在两个常数 $C_2\geqslant C_1>0$, 使得当 $t>0$ 很大时, 线性 Boltzmann 方程柯西问题 (1.6.1) 的整体解 $f=e^{tB}f_0$ 满足

$$C_1(1+t)^{-\frac{3}{4}}\leqslant\|(e^{tB}f_0,\chi_j)\|_{L^2_x}\leqslant C_2(1+t)^{-\frac{3}{4}},\quad j=0,4,\tag{1.7.46}$$

$$C_1(1+t)^{-\frac{3}{4}}\leqslant\|(e^{tB}f_0,v\chi_0)\|_{L^2_x}\leqslant C_2(1+t)^{-\frac{3}{4}},\tag{1.7.47}$$

$$C_1(1+t)^{-\frac{5}{4}}\leqslant\|P_1(e^{tB}f_0)\|_{L^2}\leqslant C_2(1+t)^{-\frac{5}{4}},\tag{1.7.48}$$

$$C_1(1+t)^{-\frac{3}{4}}\leqslant\|e^{tB}f_0\|_{H^l}\leqslant C_2(1+t)^{-\frac{3}{4}}.\tag{1.7.49}$$

此外, 假设 $P_0f_0=0$, 以及

$$\inf_{|\xi|\leqslant r_0}|(\hat{f}_0,L^{-1}P_1(v\cdot\omega)^2\chi_0)|\geqslant d_0,\quad \sup_{|\xi|\leqslant r_0}|(\hat{f}_0,L^{-1}P_1(v\cdot\omega)\chi_4)|=0,$$

其中 $\omega=\xi/|\xi|$. 那么, 存在两个常数 $C_4\geqslant C_3>0$, 使得当 $t>0$ 很大时,

$$C_3(1+t)^{-\frac{5}{4}}\leqslant\|(e^{tB}f_0,\chi_j)\|_{L^2_x}\leqslant C_4(1+t)^{-\frac{5}{4}},\quad j=0,4,\tag{1.7.50}$$

$$C_3(1+t)^{-\frac{5}{4}}\leqslant\|(e^{tB}f_0,v\chi_0)\|_{L^2_x}\leqslant C_4(1+t)^{-\frac{5}{4}},\tag{1.7.51}$$

$$C_3(1+t)^{-\frac{7}{4}}\leqslant\|P_1(e^{tB}f_0)\|_{L^2}\leqslant C_4(1+t)^{-\frac{7}{4}},\tag{1.7.52}$$

$$C_3(1+t)^{-\frac{5}{4}}\leqslant\|e^{tB}f_0\|_{H^l}\leqslant C_4(1+t)^{-\frac{5}{4}}.\tag{1.7.53}$$

证明 根据定理 1.34, 我们只需要证明整体解 $f=e^{tB}f_0$ 的时间衰减率的下界估计. 首先, 我们证明 (1.7.46)—(1.7.49). 注意到

$$\begin{aligned}\|(e^{tB}f_0,\chi_j)\|_{L^2_x}&\geqslant\|(S_1(t,\xi)\hat{f}_0,\chi_j)\|_{L^2_\xi}-\|S_2(t,\xi)\hat{f}_0\|_{L^2}\\&\geqslant\|(S_1(t,\xi)\hat{f}_0,\chi_j)\|_{L^2_\xi}-Ce^{-\eta_0t}\|f_0\|_{L^2},\end{aligned}\tag{1.7.54}$$

$$\begin{aligned}\|P_1(e^{tB}f_0)\|_{L^2}&\geqslant\|P_1(S_1(t,\xi)\hat{f}_0)\|_{L^2}-\|S_2(t,\xi)\hat{f}_0\|_{L^2}\\&\geqslant\|P_1(S_1(t,\xi)\hat{f}_0)\|_{L^2}-Ce^{-\eta_0t}\|f_0\|_{L^2}.\end{aligned}\tag{1.7.55}$$

这里我们用到了 (1.7.11), 即

$$\int_{\mathbb{R}^3} \|S_2(t,\xi)\hat{f}_0\|_{L_v^2}^2 d\xi \leqslant Ce^{-\eta_0 t}\|f_0\|_{L^2}^2.$$

根据 (1.7.32), 可得

$$\begin{aligned}
|(S_1(t,\xi)\hat{f}_0,\chi_0)|^2 =& \bigg|\frac{1}{5}\hat{n}_0\left(3e^{\mathrm{Re}\lambda_1(|\xi|)t}\cos(\mathrm{Im}\lambda_1(|\xi|)t)+2e^{\lambda_0(|\xi|)t}\right)\\
&+\frac{\sqrt{6}}{5}\hat{q}_0\left(e^{\mathrm{Re}\lambda_1(|\xi|)t}\cos(\mathrm{Im}\lambda_1(|\xi|)t)-e^{\lambda_0(|\xi|)t}\right)\\
&+|\xi|\sum_{j=-1}^{3}e^{\lambda_j(|\xi|)t}(T_j(\xi)\hat{f}_0,\chi_0)\bigg|^2\\
\geqslant& \frac{3}{25}|\hat{q}_0|^2\left|e^{\mathrm{Re}\lambda_1(|\xi|)t}\cos(\mathrm{Im}\lambda_1(|\xi|)t)-e^{\lambda_0(|\xi|)t}\right|^2\\
&-e^{-2\beta|\xi|^2t}(|\hat{n}_0|^2+C|\xi|^2\|\hat{f}_0\|_{L_v^2}^2),
\end{aligned}$$

其中 $\beta>0$ 是由 (1.7.36) 定义的常数. 由于

$$\cos(\mathrm{Im}\lambda_1(|\xi|)t)=\cos\left(\sqrt{\frac{5}{3}}|\xi|t\right)+O(|\xi|^3t),$$

那么

$$\begin{aligned}
\|(S_1(t,\xi)\hat{f}_0,\chi_0)\|_{L_\xi^2}^2 \geqslant& \frac{1}{10}\inf_{|\xi|\leqslant r_0}|\hat{q}_0|^2\int_{|\xi|\leqslant r_0}\left|e^{\mathrm{Re}\lambda_1(|\xi|)t}\cos\left(\sqrt{\frac{5}{3}}|\xi|t\right)-e^{\lambda_0(|\xi|)t}\right|^2 d\xi\\
&-C\int_{|\xi|\leqslant r_0}e^{-2\beta|\xi|^2t}(|\hat{n}_0|^2+|\xi|^6t^2|\hat{q}_0|^2+|\xi|^2\|\hat{f}_0\|_{L_v^2}^2)d\xi\\
=:& \frac{1}{10}\inf_{|\xi|\leqslant r_0}|\hat{q}_0|^2 I_1 - C_3\sup_{|\xi|\leqslant r_0}|\hat{n}_0|^2(1+t)^{-3/2}-C(1+t)^{-5/2}.
\end{aligned} \tag{1.7.56}$$

由于

$$\mathrm{Re}\lambda_j(|\xi|)=-a_j|\xi|^2(1+O(|\xi|))\geqslant-\eta|\xi|^2,\quad |\xi|\leqslant r_0, \tag{1.7.57}$$

于是, 当 $t\geqslant t_0=:\frac{1}{r_0^2}$ 时, I_1 满足

$$I_1=4\pi\int_0^{r_0}\left|e^{\mathrm{Re}\lambda_1(r)t}\cos\left(\sqrt{\frac{5}{3}}rt\right)-e^{\lambda_0(r)t}\right|^2 r^2dr$$

$$
\begin{aligned}
&\geqslant 4\pi t^{-3/2}\int_0^1\left|e^{\mathrm{Re}\lambda_1(\frac{z}{\sqrt{t}})t}\cos\left(\sqrt{\frac{5}{3}}z\sqrt{t}\right)-e^{\lambda_0(\frac{z}{\sqrt{t}})t}\right|^2 z^2dz\\
&\geqslant 4\pi t^{-3/2}\sum_{k=0}^{\sqrt{\frac{5t}{3}}/(2\pi)-1}\int_{(2k\pi+\frac{1}{2}\pi)/\sqrt{\frac{5t}{3}}}^{(2k\pi+\frac{3}{2}\pi)/\sqrt{\frac{5t}{3}}}\left|e^{\mathrm{Re}\lambda_1(\frac{z}{\sqrt{t}})t}\cos\left(\sqrt{\frac{5}{3}}z\sqrt{t}\right)-e^{\lambda_0(\frac{z}{\sqrt{t}})t}\right|^2 z^2dz\\
&\geqslant 4\pi t^{-3/2}\sum_{k=0}^{\sqrt{\frac{5t}{3}}/(2\pi)-1}\int_{(2k\pi+\frac{1}{2}\pi)/\sqrt{\frac{5t}{3}}}^{(2k\pi+\frac{3}{2}\pi)/\sqrt{\frac{5t}{3}}} e^{-2\eta z^2}z^2dz\\
&\geqslant 4\pi t^{-3/2}\sum_{k=\sqrt{\frac{5t}{3}}/(4\pi)}^{\sqrt{\frac{5t}{3}}/(2\pi)-1}\int_{(2k\pi+\frac{1}{2}\pi)/\sqrt{\frac{5t}{3}}}^{(2k\pi+\frac{3}{2}\pi)/\sqrt{\frac{5t}{3}}} e^{-2\eta z^2}z^2dz\\
&\geqslant \pi t^{-3/2}e^{-2\eta}\sum_{k=\sqrt{\frac{5t}{3}}/(4\pi)}^{\sqrt{\frac{5t}{3}}/(2\pi)-1}\frac{\pi}{\sqrt{\frac{5t}{3}}}\geqslant \frac{1}{8}\pi e^{-2\eta}(1+t)^{-3/2},
\end{aligned}
\tag{1.7.58}
$$

根据 (1.7.56) 和 (1.7.58), 可得

$$
\|(S_1(t,\xi)\hat{f}_0,\chi_0)\|_{L^2_\xi}^2\geqslant\left(C_4\inf_{|\xi|\leqslant r_0}|\hat{q}_0|^2-C_3\sup_{|\xi|\leqslant r_0}|\hat{n}_0|^2\right)(1+t)^{-3/2}-C(1+t)^{-5/2}.
\tag{1.7.59}
$$

通过上式与 (1.7.54) 可以推出, 当 $d_1>\sqrt{\dfrac{C_3}{C_4}}>0$ 且 $t>0$ 充分大时, (1.7.46) 对于 $j=0$ 的情形成立.

根据 (1.7.34), 可得

$$
\begin{aligned}
|(S_1(t,\xi)\hat{f}_0,\chi_4)|^2=&\left|\frac{\sqrt{6}}{5}\hat{n}_0\left(e^{\mathrm{Re}\lambda_1(|\xi|)t}\cos(\mathrm{Im}\lambda_1(|\xi|)t)-e^{\lambda_0(|\xi|)t}\right)\right.\\
&+\frac{1}{5}\hat{q}_0\left(2e^{\mathrm{Re}\lambda_1(|\xi|)t}\cos(\mathrm{Im}\lambda_1(|\xi|)t)+3e^{\lambda_0(|\xi|)t}\right)\\
&\left.+|\xi|\sum_{j=-1}^{3}e^{\lambda_j(|\xi|)t}(T_j(\xi)\hat{f}_0,\chi_4)\right|^2\\
\geqslant&\frac{1}{50}|\hat{q}_0|^2\left|2e^{\mathrm{Re}\lambda_1(|\xi|)t}\cos(\mathrm{Im}\lambda_1(|\xi|)t)+3e^{\lambda_0(|\xi|)t}\right|^2\\
&-e^{-2\beta|\xi|^2t}|\hat{n}_0|^2-C|\xi|^2e^{-2\beta|\xi|^2t}\|\hat{f}_0\|_{L^2_v}^2.
\end{aligned}
$$

通过与证明 (1.7.59) 相似的讨论得到

$$\|(S_1(t,\xi)\hat{f}_0,\chi_4)\|_{L^2_\xi}^2 \geqslant \left(C_4\inf_{|\xi|\leqslant r_0}|q_0|^2 - C_3\sup_{|\xi|\leqslant r_0}|\hat{n}_0|^2\right)(1+t)^{-3/2} - C(1+t)^{-5/2},$$

我们结合上式与 (1.7.54) 可以推出, 当 $t>0$ 充分大时, (1.7.46) 对于 $j=4$ 的情形成立.

根据 (1.7.33), 可得

$$\begin{aligned}
&|(S_1(t,\xi)\hat{f}_0,v\chi_0)|^2\\
=&\left|-\mathrm{i}\sqrt{2}e^{\mathrm{Re}\lambda_1(|\xi|)t}\sin(\mathrm{Im}\lambda_1(|\xi|)t)\left(\sqrt{\frac{3}{10}}\hat{n}_0+\sqrt{\frac{1}{5}}\hat{q}_0\right)\omega\right.\\
&\left.+|\xi|\sum_{j=-1}^{3}e^{\lambda_j(|\xi|)t}(T_j(\xi)\hat{f}_0,v\chi_0)\right|^2\\
\geqslant&\frac{2}{5}e^{2\mathrm{Re}\lambda_1(|\xi|)t}\sin^2(\mathrm{Im}\lambda_1(|\xi|)t)\left(|\hat{q}_0|-\sqrt{\frac{3}{2}}|\hat{n}_0|\right)^2 - C|\xi|^2e^{-2\beta|\xi|^2t}\|\hat{f}_0\|_{L^2_v}^2.
\end{aligned}\tag{1.7.60}$$

由于

$$\sin^2(\mathrm{Im}\lambda_1(|\xi|)t)\geqslant\frac{1}{2}\sin^2\left(\sqrt{\frac{5}{3}}|\xi|t\right)-O([|\xi|^3t]^2),$$

通过 (1.7.57) 和 (1.7.60), 可得

$$\begin{aligned}
&\|(S_1(t,\xi)\hat{f}_0,v\chi_0)\|_{L^2_\xi}^2\\
\geqslant&\frac{1}{5}\left(\inf_{|\xi|\leqslant r_0}|\hat{q}_0|-\sqrt{\frac{3}{2}}\sup_{|\xi|\leqslant r_0}|\hat{n}_0|\right)^2\int_{|\xi|\leqslant r_0}e^{-2\eta|\xi|^2t}\sin^2\left(\sqrt{\frac{5}{3}}|\xi|t\right)d\xi\\
&-C\int_{|\xi|\leqslant r_0}e^{-2\beta|\xi|^2t}(|\xi|^6t^2|\hat{q}_0|^2+|\xi|^2\|\hat{f}_0\|_{L^2_v}^2)d\xi\\
\geqslant&\frac{1}{5}\left(d_1-\sqrt{\frac{3}{2}}\right)^2d_0^2\int_{|\xi|\leqslant r_0}e^{-2\eta|\xi|^2t}\sin^2\left(\sqrt{\frac{5}{3}}|\xi|t\right)d\xi\\
&-C(\|q_0\|_{L^1_x}^2+\|f_0\|_{L^{2,1}}^2)(1+t)^{-5/2}\\
=:&\frac{1}{5}\left(d_1-\sqrt{\frac{3}{2}}\right)^2d_0^2I_2-C(1+t)^{-5/2}.
\end{aligned}\tag{1.7.61}$$

取常数 $N > 4\pi$, 当 $t \geqslant t_1 =: \dfrac{N^2}{r_0^2}$ 时, 有

$$
\begin{aligned}
I_2 &= \int_{|\xi|\leqslant r_0} e^{-2\eta|\xi|^2 t}\sin^2\left(\sqrt{\frac{5}{3}}|\xi|t\right)d\xi \\
&= t^{-3/2}\int_{|\zeta|\leqslant r_0\sqrt{t}} e^{-2\eta|\zeta|^2}\sin^2\left(\sqrt{\frac{5}{3}}|\zeta|\sqrt{t}\right)d\xi \\
&\geqslant 4\pi(1+t)^{-3/2}\int_0^N r^2 e^{-2\eta r^2}\sin^2\left(\sqrt{\frac{5}{3}}r\sqrt{t}\right)dr \\
&\geqslant \pi(1+t)^{-3/2}N^2 e^{-2\eta N^2}\int_{N/2}^N \sin^2\left(\sqrt{\frac{5}{3}}r\sqrt{t}\right)dr \\
&\geqslant \pi(1+t)^{-3/2}N^2 e^{-2\eta N^2}\int_0^\pi \sin^2 y dy > C_3(1+t)^{-3/2},
\end{aligned} \tag{1.7.62}
$$

我们结合(1.7.62), (1.7.61) 和 (1.7.54) 可以推出当 $t > 0$ 充分大时, (1.7.47) 成立.

根据 (1.7.35) 和 (1.6.38), 可得

$$
\begin{aligned}
P_1(S_1(t,\xi)\hat{f}_0) &= |\xi|\sum_{j=-1}^{3} e^{\lambda_j(|\xi|)t}(\hat{f}_0,\psi_{j,0})P_1(\psi_{j,1}) + |\xi|^2 T_5(t,\xi)\hat{f}_0 \\
&= \mathrm{i}|\xi|\sum_{j=\pm1} e^{\lambda_j(|\xi|)t}\left(\sqrt{\frac{3}{10}}\hat{n}_0 + \sqrt{\frac{1}{5}}\hat{q}_0\right)\left(\sqrt{\frac{1}{5}}h_1 - j\frac{\sqrt{2}}{2}h_2\right) \\
&\quad - \mathrm{i}\sqrt{\frac{3}{5}}|\xi|e^{\lambda_0(|\xi|)t}\left(\sqrt{\frac{2}{5}}\hat{n}_0 - \sqrt{\frac{3}{5}}\hat{q}_0\right)h_1 + |\xi|^2 T_5(t,\xi)\hat{f}_0,
\end{aligned}
$$

其中 $h_1 = L^{-1}P_1(v\cdot\omega)\chi_4$, $h_2 = L^{-1}P_1(v\cdot\omega)^2\sqrt{M}$, 且 $T_5(t,\xi)\hat{f}_0$ 是剩余项, 满足

$$
\|T_5(t,\xi)\hat{f}_0\|_{L_v^2}^2 \leqslant Ce^{-2\beta|\xi|^2 t}\|\hat{f}_0\|_{L_v^2}^2.
$$

注意到 $L^{-1}P_1(v\cdot\omega)\chi_4$ 和 $L^{-1}P_1(v\cdot\omega)^2\sqrt{M}$ 是相互正交的, 我们有

$$
\begin{aligned}
&\|P_1(S_1(t,\xi)\hat{f}_0)\|_{L_v^2}^2 \\
\geqslant\ & |\xi|^2 e^{2\mathrm{Re}\lambda_1(|\xi|)t}\sin^2(\mathrm{Im}\lambda_1(|\xi|)t)\left\|\left(\sqrt{\frac{3}{10}}\hat{n}_0 + \sqrt{\frac{1}{5}}\hat{q}_0\right)h_2\right\|_{L_v^2}^2 \\
&- C|\xi|^4 e^{-2\beta|\xi|^2 t}\|\hat{f}_0\|_{L_v^2}^2 \\
\geqslant\ & \frac{1}{5}\|L^{-1}P_1(v_1\chi_1)\|_{L_v^2}^2|\xi|^2 e^{2\mathrm{Re}\lambda_1(|\xi|)t}
\end{aligned}
$$

$$
\times \sin^2(\mathrm{Im}\lambda_1(|\xi|)t)\left(|\hat{q}_0| - \sqrt{\frac{3}{2}}|\hat{n}_0|\right)^2
$$
$$
- C|\xi|^4 e^{-2\beta|\xi|^2 t}\|\hat{f}_0\|_{L_v^2}^2,
$$

由上式与 (1.7.62), 可以得到

$$
\begin{aligned}
&\|P_1(S_1(t,\xi)\hat{f}_0)\|_{L^2}^2 \\
&\geqslant \frac{1}{10}\left(d_1 - \sqrt{\frac{3}{2}}\right)^2 d_0^2 \|L^{-1}P_1(v_1\chi_1)\|_{L_v^2}^2 \int_{|\xi|\leqslant r_0} |\xi|^2 e^{-2\eta|\xi|^2 t}\sin^2\left(\sqrt{\frac{5}{3}}|\xi|t\right)d\xi \\
&\quad - C\int_{|\xi|\leqslant r_0} e^{-2\eta|\xi|^2 t}(|\xi|^4 t)^2|\hat{q}_0|^2 d\xi - C\int_{|\xi|\leqslant r_0} |\xi|^4 e^{-2\beta|\xi|^2 t}\|\hat{f}_0\|_{L_v^2}^2 d\xi \\
&\geqslant C_4(1+t)^{-5/2} - C(1+t)^{-7/2},
\end{aligned}
$$

我们结合上式与 (1.7.55) 可以推出当 $t>0$ 充分大时, (1.7.48) 成立.

根据 (1.7.46) 和定理 1.34, 当 $t>0$ 充分大时, 有

$$
\begin{aligned}
\|e^{tB}f_0\|_{H^N} &\geqslant \|P_0(e^{tB}f_0)\|_{L^2} - \|P_1(e^{tB}f_0)\|_{L^2} - C\sum_{1\leqslant|\alpha|\leqslant N}\|\partial_x^\alpha e^{tB}f_0\|_{L^2} \\
&\geqslant C_5(1+t)^{-\frac{3}{4}} - C(1+t)^{-\frac{5}{4}},
\end{aligned}
$$

因此, 当 $t>0$ 充分大时, (1.7.49) 成立.

接下来, 我们证明当 $P_0\hat{f}_0 = 0$ 时, (1.7.50) 与 (1.7.52) 成立. 事实上, 由 (1.7.41)—(1.7.43) 得到

$$
|(S_1(t,\xi)f_0,\chi_0)|^2 \geqslant \frac{3}{10}|\xi|^2 e^{2\mathrm{Re}\lambda_1(|\xi|t)}\sin^2(\mathrm{Im}\lambda_1(|\xi|)t)|a|^2 - C|\xi|^4 e^{-2\beta|\xi|^2 t}\|\hat{f}_0\|_{L_v^2}^2, \tag{1.7.63}
$$

$$
|(S_1(t,\xi)f_0,v\chi_0)|^2 \geqslant \frac{1}{2}|\xi|^2 e^{2\mathrm{Re}\lambda_1(|\xi|t)}\cos^2(\mathrm{Im}\lambda_1(|\xi|)t)|a|^2 - C|\xi|^4 e^{-2\beta|\xi|^2 t}\|\hat{f}_0\|_{L_v^2}^2,
$$
$$
|(S_1(t,\xi)f_0,\chi_4)|^2 \geqslant \frac{1}{5}|\xi|^2 e^{2\mathrm{Re}\lambda_1(|\xi|t)}\sin^2(\mathrm{Im}\lambda_1(|\xi|)t)|a|^2 - C|\xi|^4 e^{-2\beta|\xi|^2 t}\|\hat{f}_0\|_{L_v^2}^2,
$$

其中 $a = (\hat{f}_0, L^{-1}P_1(v\cdot\omega)^2\sqrt{M})$. 由于

$$
\begin{aligned}
P_1(S_1(t,\xi)\hat{f}_0) &= |\xi|^2\sum_{j=-1}^{3} e^{\lambda_j(|\xi|)t}(\hat{f}_0, P_1(\overline{\psi_{j,1}}))P_1(\psi_{j,1}) + |\xi|^3 T_6(t,\xi)\hat{f}_0 \\
&= -\frac{1}{2}|\xi|^2\sum_{j=\pm1} e^{\lambda_j(|\xi|)t}ah_2 + \sqrt{\frac{1}{10}}|\xi|^2\sum_{j=\pm1} e^{\lambda_j(|\xi|)t}jah_1
\end{aligned}
$$

$$-|\xi|^2\sum_{j=2,3}e^{\lambda_j(|\xi|)t}c_jL^{-1}P_1(v\cdot\omega)(v\cdot W^j)\sqrt{M}+|\xi|^2T_6(t,\xi)\hat{f}_0,$$

其中 $T_6(t,\xi)\hat{f}_0$ 是剩余项, 并且满足

$$\|T_6(t,\xi)\hat{f}_0\|_{L_v^2}^2\leqslant Ce^{-2\beta|\xi|^2t}\|\hat{f}_0\|_{L_v^2}^2,$$

于是

$$\begin{aligned}\|P_1(S_1(t,\xi)f_0)\|_{L_v^2}^2\geqslant&\frac{1}{2}\|L^{-1}P_1(v_1\chi_1)\|_{L_v^2}^2|\xi|^4e^{2\mathrm{Re}\lambda_1(|\xi|t)}\cos^2(\mathrm{Im}\lambda_1(|\xi|)t)|a|^2\\&-C|\xi|^6e^{-2\beta|\xi|^2t}\|\hat{f}_0\|_{L_v^2}^2.\end{aligned}\tag{1.7.64}$$

由 (1.7.62) 和 (1.7.63)–(1.7.64), 可得

$$\begin{aligned}\|(S_1(t,\xi)f_0,\chi_j)\|_{L_\xi^2}^2&\geqslant C_6(1+t)^{-5/2},\quad j=0,4,\\\|(S_1(t,\xi)f_0,v\chi_0)\|_{L_\xi^2}^2&\geqslant C_6(1+t)^{-5/2},\\\|P_1(S_1(t,\xi)f_0)\|_{L^2}^2&\geqslant C_6(1+t)^{-7/2},\end{aligned}$$

上式结合 (1.7.54) 与 (1.7.55) 可以推出 (1.7.50)—(1.7.53). □

备注 1.36 如果把定理 1.35 中的第一个假设改为: 存在常数 $d_0>0$ 与 $r_0>0$, 使得初值 $f_0(x,v)$ 的傅里叶变换 $\hat{f}_0(\xi,v)$ 满足

$$\inf_{|\xi|\leqslant r_0}|(\hat{f}_0,(v\cdot\omega)\sqrt{M})|\geqslant d_0,\quad\sup_{|\xi|\leqslant r_0}|(\hat{f}_0,\chi_0)|=\sup_{|\xi|\leqslant r_0}|(\hat{f}_0,\chi_4)|=0,$$

那么定理 1.35 的结论仍然成立, 并且它的证明更简单.

1.8 非线性 Boltzmann 方程的最优衰减率

利用 1.7 节中建立的线性 Boltzmann 方程柯西问题整体解的时间衰减速度估计, 我们在本节中研究非线性 Boltzmann 方程柯西问题整体强解的大时间衰减率. 首先, 我们给出非线性项 $\Gamma(f,g)$ 的估计.

记 $\langle v\rangle=\sqrt{1+|v|^2}$. 设 $\beta\geqslant0$, 定义关于函数 $u=u(v)$ 的 Banach 空间:

$$L_{v,\beta}^\infty(\mathbb{R}_v^3)=\Big\{u\in L^\infty(\mathbb{R}_v^3)\,\Big|\,\|u\|_{L_{v,\beta}^\infty}=\sup_{v\in\mathbb{R}^3}\langle v\rangle^\beta|u(v)|<\infty\Big\},\tag{1.8.1}$$

以及关于函数 $u=u(x,v)$ 的 Banach 空间:

$$L_{v,\beta}^\infty(L_x^q)=L_{v,\beta}^\infty(\mathbb{R}_v^3,L^q(\mathbb{R}_x^3)),\quad\|u\|_{L_{v,\beta}^\infty(L_x^q)}=\sup_{v\in\mathbb{R}^3}\langle v\rangle^\beta\|u(\cdot,v)\|_{L_x^q},$$

$$L^{\infty}_{v,\beta}(H^l_x) = L^{\infty}_{v,\beta}(\mathbb{R}^3_v, H^l(\mathbb{R}^3_x)), \quad \|u\|_{L^{\infty}_{v,\beta}(H^l_x)} = \sup_{v\in\mathbb{R}^3} \langle v\rangle^{\beta} \|u(\cdot,v)\|_{H^l_x}.$$

对于硬球模型 (1.1.7) 和硬势模型 (1.1.8), 非线性项 $\Gamma(f,g)$ 满足以下估计.

引理 1.37 对任意的 $p\in[1,\infty]$ 与 $\alpha\leqslant 1$, 存在常数 $C>0$, 使得

$$\|\nu^{-\alpha}\Gamma(f,g)\|_{L^{2,p}} \leqslant C(\|\nu^{1-\alpha}f\|_{L^{2,r}}\|g\|_{L^{2,s}} + \|f\|_{L^{2,r}}\|\nu^{1-\alpha}g\|_{L^{2,s}}), \tag{1.8.2}$$

其中 $r>0, s>0$, 满足 $1/r+1/s=1/p$.

证明 根据 (1.3.7), 将 Γ 分解为

$$\Gamma(f,g) = \Gamma_1(f,g) - \Gamma_2(f,g), \tag{1.8.3}$$

其中

$$\Gamma_1(f,g) = \int_{\mathbb{R}^3}\int_{\mathbb{S}^2} B(|v-v_*|,\omega)M(v_*)^{\frac{1}{2}} f(v')g(v'_*)dv_*d\omega, \tag{1.8.4}$$

$$\Gamma_2(f,g) = \int_{\mathbb{R}^3}\int_{\mathbb{S}^2} B(|v-v_*|,\omega)M(v_*)^{\frac{1}{2}} f(v)g(v_*)dv_*d\omega. \tag{1.8.5}$$

首先, 我们估计 Γ_1.

$$\begin{aligned}
&\left(\int_{\mathbb{R}^3} |\Gamma_1(f,g)(x,v)|^p dx\right)^{\frac{1}{p}} \\
&= \left(\int_{\mathbb{R}^3}\left(\int_{\mathbb{R}^3}\int_{\mathbb{S}^2} B(|v-v_*|,\omega)M(v_*)^{\frac{1}{2}}|f(v')||g(v'_*)|dv_*d\omega\right)^p dx\right)^{\frac{1}{p}} \\
&\leqslant \int_{\mathbb{R}^3}\int_{\mathbb{S}^2} B(|v-v_*|,\omega)M(v_*)^{\frac{1}{2}}\left(\int_{\mathbb{R}^3}|f(v')|^p|g(v'_*)|^p dx\right)^{\frac{1}{p}} dv_*d\omega \\
&\leqslant \left(\int_{\mathbb{R}^3}\int_{\mathbb{S}^2} B(|v-v_*|,\omega)^2 M(v_*)dv_*d\omega\right)^{\frac{1}{2}}\left(\int_{\mathbb{R}^3}\int_{\mathbb{S}^2}\|f(v')g(v'_*)\|^2_{L^p_x}dv_*d\omega\right)^{\frac{1}{2}} \\
&\leqslant C\nu(v)\left(\int_{\mathbb{R}^3}\int_{\mathbb{S}^2}\|f(v')g(v'_*)\|^2_{L^p_x}dv_*d\omega\right)^{\frac{1}{2}},
\end{aligned} \tag{1.8.6}$$

其中 $p\in[1,\infty)$, 并且我们用到了

$$\int_{\mathbb{R}^3}\int_{\mathbb{S}^2} B(|v-v_*|,\omega)^2 M(v_*)dv_*d\omega \leqslant C(1+|v|)^{2\gamma} \leqslant C\nu(v)^2.$$

因此, 对于 $p\in[1,\infty), 1/r+1/s=1/p$, 有

$$\int_{\mathbb{R}^3}\nu(v)^{-2\alpha}\left(\int_{\mathbb{R}^3}|\Gamma_1(f,g)(x,v)|^p dx\right)^{\frac{2}{p}} dv$$

$$\leqslant C\int_{\mathbb{R}^3}\nu(v)^{2(1-\alpha)}\int_{\mathbb{R}^3}\int_{\mathbb{S}^2}\|f(v')\|_{L_x^r}^2\|g(v'_*)\|_{L_x^s}^2 dv_*d\omega dv.$$

由于

$$\begin{aligned}\nu(v)&\leqslant\nu_1(1+|v|)^\gamma=\nu_1(1+|v'-(v'-v'_*)\cdot\omega|)^\gamma\\&\leqslant C(2+|v'|+|v'_*|)^\gamma\leqslant C(\nu(v')+\nu(v'_*)),\end{aligned}$$

并注意到变量替换 $(v,v_*)\longleftrightarrow(v',v'_*)$ 的雅可比行列式等于 1, 我们有

$$\begin{aligned}&\int_{\mathbb{R}^3}\nu(v)^{-2\alpha}\left(\int_{\mathbb{R}^3}|\Gamma_1(f,g)(x,v)|^p dx\right)^{\frac{2}{p}}dv\\&\leqslant C\int_{\mathbb{R}^3}\int_{\mathbb{R}^3}\int_{\mathbb{S}^2}\left(\nu(v')^{2(1-\alpha)}+\nu(v'_*)^{2(1-\alpha)}\right)\|f(v')\|_{L_x^r}^2\|g(v'_*)\|_{L_x^s}^2 dv'dv'_*d\omega\\&\leqslant C(\|\nu^{1-\alpha}f\|_{L^{2,r}}^2\|g\|_{L^{2,s}}^2+\|f\|_{L^{2,r}}^2\|\nu^{1-\alpha}g\|_{L^{2,s}}^2).\end{aligned}$$

因此, 对于 $p\in[1,\infty)$, Γ_1 满足 (1.8.2), 对于 $p=\infty$, 我们可以用同样的方法证明 Γ_1 满足 (1.8.2). 同理, 可证 Γ_2 满足 (1.8.2). □

引理 1.38 对任意的 $p\in[1,\infty]$ 与 $\beta\geqslant 0$, 存在常数 $C>0$, 使得

$$\|\nu^{-1}\Gamma(f,g)\|_{L^\infty_{v,\beta}(L^p_x)}\leqslant C\|f\|_{L^\infty_{v,\beta}(L^r_x)}\|g\|_{L^\infty_{v,\beta}(L^s_x)},\tag{1.8.7}$$

其中 $r>0,s>0$ 满足 $1/r+1/s=1/p$.

证明 将 Γ 做与 (1.8.3) 一样的分解. 首先, 我们估计 Γ_1. 根据 (1.8.4), 得到

$$\begin{aligned}\|\Gamma_1(f,g)\|_{L_x^p}&\leqslant\int_{\mathbb{R}^3}\int_{\mathbb{S}^2}B(|v-v_*|,\omega)M(v_*)^{\frac{1}{2}}\|f(v')g(v'_*)\|_{L_x^p}dv_*d\omega\\&\leqslant\int_{\mathbb{R}^3}\int_{\mathbb{S}^2}B(|v-v_*|,\omega)M(v_*)^{\frac{1}{2}}\|f(v')\|_{L_x^r}\|g(v'_*)\|_{L_x^s}dv_*d\omega\\&\leqslant\int_{\mathbb{R}^3}\int_{\mathbb{S}^2}B(|v-v_*|,\omega)M(v_*)^{\frac{1}{2}}\langle v'\rangle^{-\beta}\langle v'_*\rangle^{-\beta}dv_*d\omega\\&\quad\times\|f\|_{L^\infty_{v,\beta}(L^r_x)}\|g\|_{L^\infty_{v,\beta}(L^s_x)}.\end{aligned}\tag{1.8.8}$$

将下面的不等式

$$\begin{aligned}\langle v'\rangle^2\langle v'_*\rangle^2&=(1+|v'|^2)(1+|v'_*|^2)\\&=1+|v'|^2+|v'_*|^2\geqslant 1+|v|^2=\langle v\rangle^2,\end{aligned}$$

代入到 (1.8.8) 得到

$$
\begin{aligned}
\|\Gamma_1(f,g)\|_{L^p_x} &\leqslant C\int_{\mathbb{R}^3}(|v|+|v_*|)^\gamma M(v_*)^{\frac{1}{2}}\langle v\rangle^{-\beta}dv_*\|f\|_{L^\infty_{v,\beta}(L^s_x)}\|g\|_{L^\infty_{v,\beta}(L^s_x)}\\
&\leqslant C\langle v\rangle^{-\beta}\nu(v)\|f\|_{L^\infty_{v,\beta}(L^r_x)}\|g\|_{L^\infty_{v,\beta}(L^s_x)}.
\end{aligned}
$$

因此, 对于 $p\in[1,\infty)$, Γ_1 满足 (1.8.7). 对于 $p=\infty$, 我们可以用同样的方法证明 Γ_1 满足 (1.8.7). 同理, 可证 Γ_2 满足 (1.8.7). □

1.8.1 存在性与最优衰减率

在本小节中, 我们利用半群 e^{tB} 的衰减速度估计, 证明非线性 Boltzmann 方程 (1.3.2) 和 (1.3.5) 整体解的存在性, 并且建立整体解的最优衰减速度估计.

引理 1.39 令 $\mathrm{c}=-\nu(v)-v\cdot\nabla_x$. 对任意的 $p\in[1,\infty]$ 与 $\beta\geqslant 0$, 存在常数 $C>0$, 使得

$$
\|e^{t\mathrm{c}}f_0\|_{L^\infty_{v,\beta}(L^p_x)}\leqslant Ce^{-\nu_0 t}\|f_0\|_{L^\infty_{v,\beta}(L^p_x)}. \tag{1.8.9}
$$

此外, 如果函数 $F=F(t,x,v)$ 满足

$$
\|\nu^{-1}F(t,x,v)\|_{L^\infty_{v,\beta}(L^p_x)}\leqslant C(1+t)^{-k},\quad \forall k>0,
$$

则有

$$
\left\|\int_0^t e^{(t-s)\mathrm{c}}F(s)ds\right\|_{L^\infty_{v,\beta}(L^p_x)}\leqslant C(1+t)^{-k}. \tag{1.8.10}
$$

证明 利用下面的表示

$$
e^{t\mathrm{c}}f_0=e^{-\nu(v)t}f_0(x-vt,v),
$$

我们可以推出 (1.8.9).

由于

$$
\int_0^t e^{(t-s)\mathrm{c}}F(s)ds=\int_0^t e^{-\nu(v)(t-s)}F(x-v(t-s),v,s)ds,
$$

于是

$$
\begin{aligned}
\left\|\int_0^t e^{(t-s)\mathrm{c}}F(s)ds\right\|_{L^p_x} &\leqslant \int_0^t e^{-\nu(v)(t-s)}\langle v\rangle^{-\beta}\nu(v)\|\nu^{-1}F(s)\|_{L^\infty_{v,\beta}(L^p_x)}ds\\
&\leqslant C\langle v\rangle^{-\beta}\int_0^t e^{-\nu(v)(t-s)}\nu(v)(1+s)^{-k}ds
\end{aligned}
$$

$$=: C\langle v\rangle^{-\beta} I_1. \tag{1.8.11}$$

经直接计算, I_1 满足

$$\begin{aligned}
I_1 &= \int_0^t \frac{d}{ds} e^{-\nu(v)(t-s)}(1+s)^{-k} ds \\
&\leqslant e^{-\nu(v)(t-s)}(1+s)^{-k}\Big|_0^t + k\int_0^t e^{-\nu(v)(t-s)}(1+s)^{-k-1} ds \\
&\leqslant C(1+t)^{-k}.
\end{aligned}$$

将上式代入 (1.8.11), 可以推出 (1.8.10). □

接下来, 我们给出 Boltzmann 方程柯西问题 (1.3.2) 和 (1.3.5) 整体强解的大时间衰减速度估计如下.

定理 1.40　*设初值 $f_0 \in L^\infty_{v,3}(H^2_x) \cap L^{2,1}$, 并且存在一个小的常数 $\delta_0 > 0$, 使得*

$$\|f_0\|_{L^\infty_{v,3}(H^2_x)} + \|f_0\|_{L^{2,1}} \leqslant \delta_0. \tag{1.8.12}$$

那么, Boltzmann 方程的柯西问题 (1.3.2) 和 (1.3.5) 存在唯一的整体解 $f = f(t,x,v)$, 满足

$$\begin{cases}
\|\partial_x^\alpha (f(t),\chi_j)\|_{L^2_x} \leqslant C\delta_0(1+t)^{-\frac{3}{4}-\frac{|\alpha|}{2}}, \quad j=0,1,2,3,4, \\
\|\partial_x^\alpha P_1 f(t)\|_{L^2} \leqslant C\delta_0(1+t)^{-\frac{5}{4}-\frac{|\alpha|}{2}}, \\
\|\partial_x^\alpha f(t)\|_{L^\infty_{v,3}(L^2_x)} \leqslant C\delta_0(1+t)^{-\frac{3}{4}-\frac{|\alpha|}{2}},
\end{cases} \tag{1.8.13}$$

其中 $|\alpha| = 0,1,2$, 且 $C > 0$ 为常数. 如果初值还满足 $P_0 f_0 = 0$, 那么

$$\begin{cases}
\|\partial_x^\alpha (f(t),\chi_j)\|_{L^2_x} \leqslant C\delta_0(1+t)^{-\frac{5}{4}-\frac{|\alpha|}{2}}, \quad j=0,1,2,3,4, \\
\|\partial_x^\alpha P_1 f(t)\|_{L^2} \leqslant C\delta_0(1+t)^{-\frac{7}{4}-\frac{|\alpha|}{2}}, \\
\|\partial_x^\alpha f(t)\|_{L^\infty_{v,3}(L^2_x)} \leqslant C\delta_0(1+t)^{-\frac{5}{4}-\frac{|\alpha|}{2}},
\end{cases} \tag{1.8.14}$$

其中 $|\alpha| = 0,1,2$, 且 $C > 0$ 为常数.

证明　设 f 是 Boltzmann 方程柯西问题 (1.3.2) 和 (1.3.5) 的解. 我们先建立解的时间衰减率, 然后利用这些时间衰减率估计证明解的整体存在性. 事实上, 根据 Duhamel 原理, f 可以用半群 e^{tB} 表示为

$$f(t) = e^{tB} f_0 + \int_0^t e^{(t-s)B}\Gamma(f,f) ds. \tag{1.8.15}$$

对于解 f, 定义两个泛函 $Q_1(t)$, $Q_2(t)$ 为

$$Q_1(t)=\sup_{0\leqslant s\leqslant t}\sum_{|\alpha|=0}^{2}\Big\{(1+s)^{\frac34+\frac{|\alpha|}{2}}\sum_{j=0}^{4}\|\partial_x^\alpha(f(s),\chi_j)\|_{L_x^2}+(1+s)^{\frac54+\frac{|\alpha|}{2}}\|\partial_x^\alpha P_1 f(s)\|_{L^2}$$
$$+(1+s)^{\frac34+\frac{|\alpha|}{2}}\|\partial_x^\alpha f(s)\|_{L^\infty_{v,3}(L_x^2)}\Big\},$$

以及

$$Q_2(t)=\sup_{0\leqslant s\leqslant t}\sum_{|\alpha|=0}^{2}\Big\{(1+s)^{\frac54+\frac{|\alpha|}{2}}\sum_{j=0}^{4}\|\partial_x^\alpha(f(s),\chi_j)\|_{L_x^2}+(1+s)^{\frac74+\frac{|\alpha|}{2}}\|\partial_x^\alpha P_1 f(s)\|_{L^2}$$
$$+(1+s)^{\frac54+\frac{|\alpha|}{2}}\|\partial_x^\alpha f(s)\|_{L^\infty_{v,3}(L_x^2)}\Big\}.$$

我们断言, 在定理 1.40 的假设下, 有

$$Q_1(t)\leqslant C\delta_0, \tag{1.8.16}$$

并且, 如果初值还满足 $P_0 f_0=0$, 那么有

$$Q_2(t)\leqslant C\delta_0. \tag{1.8.17}$$

容易验证 (1.8.13) 和 (1.8.14) 分别是 (1.8.16) 和 (1.8.17) 的直接推论.

首先, 我们证明估计 (1.8.16) 成立. 根据引理 1.38 和 Sobolev 嵌入不等式 (见附录 A.3 (v)), 对任意的 $0\leqslant s\leqslant t$ 以及 $|\alpha|=0,1$, 有

$$\begin{aligned}\|\nu^{-1}\partial_x^\alpha\Gamma(f,f)(s)\|_{L^\infty_{v,3}(L_x^2)}&\leqslant C\sum_{\alpha'\leqslant\alpha}\|\partial_x^{\alpha'}f\|_{L^\infty_{v,3}(L_x^3)}\|\partial_x^{\alpha-\alpha'}f\|_{L^\infty_{v,3}(L_x^6)}\\&\leqslant C(1+s)^{-2-\frac{|\alpha|}{2}}Q_1^2(t),\end{aligned}\tag{1.8.18}$$

$$\begin{aligned}\|\partial_x^\alpha\Gamma(f,f)(s)\|_{L^{2,1}}&\leqslant C\sum_{\alpha'\leqslant\alpha}\|\partial_x^{\alpha'}f\|_{L^2}\|\nu\partial_x^{\alpha-\alpha'}f\|_{L^2}\\&\leqslant C(1+s)^{-\frac32-\frac{|\alpha|}{2}}Q_1^2(t),\end{aligned}\tag{1.8.19}$$

并且对任意的 $0\leqslant s\leqslant t$ 以及 $|\alpha|=2$, 有

$$\begin{aligned}\|\nu^{-1}\partial_x^\alpha\Gamma(f,f)(s)\|_{L^\infty_{v,3}(L_x^2)}&\leqslant C\|f\|_{L^\infty_{v,3}(L_x^\infty)}\|\partial_x^\alpha f\|_{L^\infty_{v,3}(L_x^2)}\\&\quad+C\|\nabla_x f\|_{L^\infty_{v,3}(L_x^3)}\|\nabla_x f\|_{L^\infty_{v,3}(L_x^6)}\\&\leqslant C(1+s)^{-3}Q_1^2(t),\end{aligned}\tag{1.8.20}$$

$$
\begin{aligned}
\|\partial_x^\alpha \Gamma(f,f)(s)\|_{L^{2,1}} &\leqslant C\sum_{\alpha'\leqslant\alpha}\|\partial_x^{\alpha'}f\|_{L^2}\|\nu\partial_x^{\alpha-\alpha'}f\|_{L^2}\\
&\leqslant C(1+s)^{-\frac{5}{2}}Q_1^2(t).
\end{aligned}\tag{1.8.21}
$$

注意到非线性项 $\Gamma(f,f)$ 满足 $P_0\Gamma(f,f)=0$ 以及

$$
\|\Gamma(f,f)\|_{L^2}\leqslant C\|\Gamma(f,f)\|_{L^\infty_{v,2}(L^2_x)}\leqslant C\|\nu^{-1}\Gamma(f,f)\|_{L^\infty_{v,3}(L^2_x)}.\tag{1.8.22}
$$

于是, 根据 (1.7.25), (1.7.28) 及 (1.8.18)—(1.8.22), 解的宏观部分的时间衰减率为

$$
\begin{aligned}
\|\partial_x^\alpha(f(t),\chi_j)\|_{L^2_x} \leqslant{}& C(1+t)^{-\frac{3}{4}-\frac{|\alpha|}{2}}(\|\partial_x^\alpha f_0\|_{L^2}+\|f_0\|_{L^{2,1}})\\
&+C\int_0^{t/2}(1+t-s)^{-\frac{5}{4}-\frac{|\alpha|}{2}}(\|\partial_x^\alpha\Gamma(f,f)\|_{L^2}+\|\Gamma(f,f)\|_{L^{2,1}})ds\\
&+C\int_{t/2}^{t}(1+t-s)^{-\frac{5}{4}}(\|\partial_x^\alpha\Gamma(f,f)\|_{L^2}+\|\partial_x^\alpha\Gamma(f,f)\|_{L^{2,1}})ds\\
\leqslant{}& C\delta_0(1+t)^{-\frac{3}{4}-\frac{|\alpha|}{2}}+C\int_0^{t/2}(1+t-s)^{-\frac{5}{4}-\frac{|\alpha|}{2}}(1+s)^{-\frac{3}{2}}Q_1(t)^2ds\\
&+\int_{t/2}^{t}(1+t-s)^{-\frac{5}{4}}(1+s)^{-\frac{3}{2}-\frac{|\alpha|}{2}}Q_1(t)^2ds\\
\leqslant{}& C\delta_0(1+t)^{-\frac{3}{4}-\frac{|\alpha|}{2}}+C(1+t)^{-\frac{5}{4}-\frac{|\alpha|}{2}}Q_1(t)^2,\quad j=0,1,2,3,4.
\end{aligned}\tag{1.8.23}
$$

根据 (1.7.26), (1.7.29) 及 (1.8.18)—(1.8.22), 解的微观部分的时间衰减率为

$$
\begin{aligned}
\|\partial_x^\alpha P_1 f(t)\|_{L^2} \leqslant{}& C(1+t)^{-\frac{5}{4}-\frac{|\alpha|}{2}}(\|\partial_x^\alpha f_0\|_{L^2}+\|f_0\|_{L^{2,1}})\\
&+C\int_0^{t/2}(1+t-s)^{-\frac{7}{4}-\frac{|\alpha|}{2}}(\|\partial_x^\alpha\Gamma(f,f)\|_{L^2}+\|\Gamma(f,f)\|_{L^{2,1}})ds\\
&+C\int_{t/2}^{t}(1+t-s)^{-\frac{7}{4}}(\|\partial_x^\alpha\Gamma(f,f)\|_{L^2}+\|\partial_x^\alpha\Gamma(f,f)\|_{L^{2,1}})ds\\
\leqslant{}& C\delta_0(1+t)^{-\frac{5}{4}-\frac{|\alpha|}{2}}+C\int_0^{t/2}(1+t-s)^{-\frac{7}{4}-\frac{|\alpha|}{2}}(1+s)^{-\frac{3}{2}}Q_1(t)^2ds\\
&+\int_{t/2}^{t}(1+t-s)^{-\frac{7}{4}}(1+s)^{-\frac{3}{2}-\frac{|\alpha|}{2}}Q_1(t)^2ds\\
\leqslant{}& C\delta_0(1+t)^{-\frac{5}{4}-\frac{|\alpha|}{2}}+C(1+t)^{-\frac{5}{4}-\frac{|\alpha|}{2}}Q_1(t)^2.
\end{aligned}\tag{1.8.24}
$$

根据 (1.3.6), 可将 f 的方程 (1.3.2) 改写为

$$\partial_t f + v \cdot \nabla_x f + \nu(v) f = Kf + \Gamma(f, f).$$

因此, $\partial_x^\alpha f$ 可表示为

$$\partial_x^\alpha f(t,x,v) = e^{tc}\partial_x^\alpha f_0 + \int_0^t e^{(t-s)c}\partial_x^\alpha (Kf + \Gamma(f,f))ds, \tag{1.8.25}$$

其中 $c = -\nu(v) - v \cdot \nabla_x$. 根据引理 1.39, 有

$$\|e^{tc}\partial_x^\alpha f_0\|_{L^\infty_{v,3}(L^2_x)} \leqslant C\delta_0 e^{-\nu_0 t}. \tag{1.8.26}$$

根据引理 1.8 以及 (1.8.23)—(1.8.24), 有

$$\|\partial_x^\alpha Kf\|_{L^\infty_{v,0}(L^2_x)} \leqslant C\|\partial_x^\alpha f\|_{L^2} \leqslant C(\delta_0 + Q_1(t)^2)(1+t)^{-\frac{3}{4}-\frac{|\alpha|}{2}},$$

通过上式与 (1.8.10), 我们可以推出

$$\left\| \int_0^t e^{(t-s)c}\partial_x^\alpha (Kf + \Gamma(f,f))ds \right\|_{L^\infty_{v,0}(L^2_x)} \leqslant C(\delta_0 + Q_1(t)^2)(1+t)^{-\frac{3}{4}-\frac{|\alpha|}{2}}. \tag{1.8.27}$$

由 (1.8.25)—(1.8.27), 得到

$$\|\partial_x^\alpha f(t)\|_{L^\infty_{v,0}(L^2_x)} \leqslant C(\delta_0 + Q_1(t)^2)(1+t)^{-\frac{3}{4}-\frac{|\alpha|}{2}}.$$

于是, 由归纳法以及

$$\|\partial_x^\alpha Kf\|_{L^\infty_{v,k}(L^2_x)} \leqslant C\|\partial_x^\alpha f\|_{L^\infty_{v,k-1}(L^2_x)}, \quad k \geqslant 1,$$

得到

$$\|\partial_x^\alpha f(t)\|_{L^\infty_{v,3}(L^2_x)} \leqslant C(\delta_0 + Q_1(t)^2)(1+t)^{-\frac{3}{4}-\frac{|\alpha|}{2}}. \tag{1.8.28}$$

综合 (1.8.23)–(1.8.24) 以及 (1.8.28), 我们可以得到

$$Q_1(t) \leqslant C\delta_0 + CQ_1(t)^2,$$

由此可知, 当 $\delta_0 > 0$ 充分小时, 估计 (1.8.16) 成立.

接下来, 我们证明当 $P_0 f_0 = 0$ 时, 估计 (1.8.17) 成立. 事实上, 根据 (1.8.15) 和 (1.7.28) 可知, 当 $P_0 f_0 = 0$ 时, 解的宏观部分的时间衰减率为

$$\|\partial_x^\alpha (f(t), \chi_j)\|_{L^2_x} \leqslant C(1+t)^{-\frac{5}{4}-\frac{|\alpha|}{2}}(\|\partial_x^\alpha f_0\|_{L^2} + \|f_0\|_{L^{2,1}})$$

$$
\begin{aligned}
&+C\int_0^{t/2}(1+t-s)^{-\frac{5}{4}-\frac{|\alpha|}{2}}(\|\partial_x^\alpha\Gamma(f,f)\|_{L^2}+\|\Gamma(f,f)\|_{L^{2,1}})ds\\
&+C\int_{t/2}^{t}(1+t-s)^{-\frac{5}{4}}(\|\partial_x^\alpha\Gamma(f,f)\|_{L^2}+\|\partial_x^\alpha\Gamma(f,f)\|_{L^{2,1}})ds\\
\leqslant\ & C\delta_0(1+t)^{-\frac{5}{4}-\frac{|\alpha|}{2}}+C\int_0^{t/2}(1+t-s)^{-\frac{5}{4}-\frac{|\alpha|}{2}}(1+s)^{-\frac{5}{2}}Q_2(t)^2ds\\
&+\int_{t/2}^{t}(1+t-s)^{-\frac{5}{4}}(1+s)^{-\frac{5}{2}-\frac{|\alpha|}{2}}Q_2(t)^2ds\\
\leqslant\ & C\delta_0(1+t)^{-\frac{5}{4}-\frac{|\alpha|}{2}}+C(1+t)^{-\frac{5}{4}-\frac{|\alpha|}{2}}Q_2(t)^2,\quad j=0,1,2,3,4,
\end{aligned}
\tag{1.8.29}
$$

这里我们用到了以下估计:

$$
\|\nu^{-1}\partial_x^\alpha\Gamma(f,f)\|_{L^\infty_{v,3}(L^2_x)}+\|\partial_x^\alpha\Gamma(f,f)\|_{L^{2,1}}\leqslant C(1+s)^{-\frac{5}{2}-\frac{|\alpha|}{2}}Q_2(t)^2. \tag{1.8.30}
$$

根据 (1.7.29) 和 (1.8.30), 解的微观部分的时间衰减率为

$$
\begin{aligned}
\|\partial_x^\alpha P_1f(t)\|_{L^2}\leqslant\ & C(1+t)^{-\frac{7}{4}-\frac{|\alpha|}{2}}(\|\partial_x^\alpha f_0\|_{L^2}+\|f_0\|_{L^{2,1}})\\
&+C\int_0^{t/2}(1+t-s)^{-\frac{7}{4}-\frac{|\alpha|}{2}}(\|\partial_x^\alpha\Gamma(f,f)\|_{L^2}+\|\Gamma(f,f)\|_{L^{2,1}})ds\\
&+C\int_{t/2}^{t}(1+t-s)^{-\frac{7}{4}}(\|\partial_x^\alpha\Gamma(f,f)\|_{L^2}+\|\partial_x^\alpha\Gamma(f,f)\|_{L^{2,1}})ds\\
\leqslant\ & C\delta_0(1+t)^{-\frac{7}{4}-\frac{|\alpha|}{2}}+C\int_0^{t/2}(1+t-s)^{-\frac{7}{4}-\frac{|\alpha|}{2}}(1+s)^{-\frac{5}{2}}Q_2(t)^2ds\\
&+\int_{t/2}^{t}(1+t-s)^{-\frac{7}{4}}(1+s)^{-\frac{5}{2}-\frac{|\alpha|}{2}}Q_2(t)^2ds\\
\leqslant\ & C\delta_0(1+t)^{-\frac{7}{4}-\frac{|\alpha|}{2}}+C(1+t)^{-\frac{7}{4}-\frac{|\alpha|}{2}}Q_2(t)^2,
\end{aligned}
\tag{1.8.31}
$$

通过与 (1.8.28) 相同的论证, 我们可以得到

$$
\|\partial_x^\alpha f(t)\|_{L^\infty_{v,3}(L^2_x)}\leqslant C(\delta_0+Q_2(t)^2)(1+t)^{-\frac{5}{4}-\frac{|\alpha|}{2}}. \tag{1.8.32}
$$

综合 (1.8.29)—(1.8.31) 及 (1.8.32), 得到

$$
Q_2(t)\leqslant C\delta_0+CQ_2(t)^2,
$$

由此可知, 当 $P_0f_0=0$ 且 $\delta_0>0$ 充分小时, 估计 (1.8.17) 成立.

最后, 我们利用压缩映射定理证明柯西问题 (1.3.2) 和 (1.3.5) 的整体解的存在唯一性. 为此, 定义映射 T 为

$$T(f)=e^{tB}f_0+\int_0^t e^{(t-s)B}\Gamma(f,f)ds. \tag{1.8.33}$$

令 $\delta>0$, 定义解空间 Y 为

$$Y=\{f\in L^\infty((0,\infty),H^2)\,|\,\|f(t)\|_Y=\sup_{0\leqslant s\leqslant t}(1+s)^{\frac34}\|f(s)\|_{L^\infty_{v,3}(H^2_x)}\leqslant\delta\}. \tag{1.8.34}$$

首先, 我们证明当 $\delta_0>0$ 充分小时, T 是 $Y\to Y$ 的映射. 根据 (1.8.18)—(1.8.21), 对任意的 $0\leqslant s\leqslant t$ 有

$$\|\nu^{-1}\Gamma(f,g)(s)\|_{L^\infty_{v,3}(H^2_x)}+\|\Gamma(f,g)(s)\|_{L^{2,1}}\leqslant C(1+s)^{-\frac32}\|f(t)\|_Y\|g(t)\|_Y,$$

于是

$$\begin{aligned}\|T(f)\|_{H^2}\leqslant{}&C(1+t)^{-\frac34}(\|f_0\|_{H^2}+\|f_0\|_{L^{2,1}})\\&+C\int_0^t(1+t-s)^{-\frac54}(1+s)^{-\frac32}ds\|f(t)\|_Y^2\\\leqslant{}&C(1+t)^{-\frac34}(\|f_0\|_{H^2}+\|f_0\|_{L^{2,1}})+C(1+t)^{-\frac54}\|f(t)\|_Y^2.\end{aligned} \tag{1.8.35}$$

注意到 $T(f)$ 可以表示为

$$T(f)=e^{tc}f_0+\int_0^t e^{(t-s)c}[KT(f)+\Gamma(f,f)]ds.$$

于是, 通过与 (1.8.28) 相同的讨论, 可得

$$\begin{aligned}\|T(f)\|_{L^\infty_{v,3}(H^2_x)}\leqslant{}&C_0(1+t)^{-\frac34}(\|f_0\|_{L^\infty_{v,3}(H^2_x)}+\|f_0\|_{L^{2,1}})\\&+C_1(1+t)^{-\frac54}\|f(t)\|_Y^2,\end{aligned}$$

其中 $C_0,C_1>0$ 为常数. 因此

$$\|T(f(t))\|_Y\leqslant C_0(\|f_0\|_{L^\infty_{v,3}(H^2_x)}+\|f_0\|_{L^{2,1}})+C_1\|f(t)\|_Y^2. \tag{1.8.36}$$

取 $\delta_0>0$ 充分小, 使得

$$\|f_0\|_{L^\infty_{v,3}(H^2_x)}+\|f_0\|_{L^{2,1}}\leqslant\delta_0\leqslant\frac{\delta}{2C_0}.$$

于是, 当 $f \in Y$ 时, 由 (1.8.36) 可得

$$\|T(f)\|_Y \leqslant \frac{\delta}{2} + C_1\delta^2.$$

我们取 $\delta \leqslant \dfrac{1}{2C_1}$ 可得

$$\|T(f)\|_Y \leqslant \frac{\delta}{2} + \frac{\delta}{2} = \delta.$$

因此, 当 $\delta_0 > 0$ 充分小时, T 是 $Y \to Y$ 的映射.

其次, 我们证明 T 是压缩的, 注意到对任意的 $f_1, f_2 \in Y$ 有

$$\Gamma(f_2, f_2) - \Gamma(f_1, f_1) = \Gamma(f_2 - f_1, f_2) + \Gamma(f_1, f_2 - f_1),$$

于是

$$\begin{aligned}
\|T(f_2) - T(f_1)\|_{L^\infty_{v,3}(H^2_x)} &= \left\| \int_0^t e^{(t-s)B}[\Gamma(f_2 - f_1, f_2) + \Gamma(f_1, f_2 - f_1)]ds \right\|_{L^\infty_{v,3}(H^2_x)} \\
&\leqslant C(1+t)^{-\frac{3}{4}}(\|f_1\|_Y + \|f_2\|_Y)\|f_1 - f_2\|_Y \\
&\leqslant 2C\delta(1+t)^{-\frac{3}{4}}\|f_1 - f_2\|_Y.
\end{aligned}$$

因此, T 是 $Y \to Y$ 的压缩映射. 根据压缩映射定理, 存在唯一的 $f \in Y$ 使得 $Tf = f$, 即 f 是 Boltzmann 方程 (1.3.2) 和 (1.3.5) 的唯一整体解. □

最后, 我们建立整体强解的最优时间衰减率如下.

定理 1.41 设初值 f_0 满足 (1.8.12), 并且存在常数 $d_0, d_1 > 0$ 及 $r_0 > 0$, 使得初值 $f_0(x, v)$ 的傅里叶变换 $\hat{f}_0(\xi, v)$ 满足

$$\inf_{|\xi|\leqslant r_0} |(\hat{f}_0, \chi_0)| \geqslant d_0, \quad \sup_{|\xi|\leqslant r_0} (\hat{f}_0, v\chi_0) = 0, \quad \inf_{|\xi|\leqslant r_0} |(\hat{f}_0, \chi_4)| \geqslant d_1 \sup_{|\xi|\leqslant r_0} |(\hat{f}_0, \chi_0)|,$$

那么当 $t > 0$ 充分大时, Boltzmann 方程柯西问题 (1.3.2) 和 (1.3.5) 的整体解 $f = f(t, x, v)$ 满足

$$C_1 d_0(1+t)^{-\frac{3}{4}} \leqslant \|(f(t), \chi_j)\|_{L^2_x} \leqslant C_2\delta_0(1+t)^{-\frac{3}{4}}, \quad j = 0, 4, \tag{1.8.37}$$

$$C_1 d_0(1+t)^{-\frac{3}{4}} \leqslant \|(f(t), v\chi_0)\|_{L^2_x} \leqslant C_2\delta_0(1+t)^{-\frac{3}{4}}, \tag{1.8.38}$$

$$C_1 d_0(1+t)^{-\frac{5}{4}} \leqslant \|P_1 f(t)\|_{L^2} \leqslant C_2\delta_0(1+t)^{-\frac{5}{4}}, \tag{1.8.39}$$

$$C_1 d_0(1+t)^{-\frac{3}{4}} \leqslant \|f(t)\|_{L^\infty_{v,3}(H^2_x)} \leqslant C_2\delta_0(1+t)^{-\frac{3}{4}}, \tag{1.8.40}$$

其中 $C_2 > C_1 > 0$ 为两个常数.

此外, 如果 $P_0f_0 = 0$, 且 $\hat{f}_0$ 满足

$$\inf_{|\xi|\leqslant r_0} |(\hat{f}_0, L^{-1}P_1(v\cdot\omega)^2\chi_0)| \geqslant d_0, \quad \sup_{|\xi|\leqslant r_0} |(\hat{f}_0, L^{-1}P_1(v\cdot\omega)\chi_4)| = 0,$$

其中 $\omega = \xi/|\xi|$, 那么当 $t > 0$ 充分大时, 有

$$C_1d_0(1+t)^{-\frac{5}{4}} \leqslant \|(f(t),\chi_j)\|_{L^2_x} \leqslant C_2\delta_0(1+t)^{-\frac{5}{4}}, \quad j=0,4, \tag{1.8.41}$$

$$C_1d_0(1+t)^{-\frac{5}{4}} \leqslant \|(f(t),v\chi_0)\|_{L^2_x} \leqslant C_2\delta_0(1+t)^{-\frac{5}{4}}, \tag{1.8.42}$$

$$C_1d_0(1+t)^{-\frac{7}{4}} \leqslant \|P_1f(t)\|_{L^2} \leqslant C_2\delta_0(1+t)^{-\frac{7}{4}}, \tag{1.8.43}$$

$$C_1d_0(1+t)^{-\frac{5}{4}} \leqslant \|f(t)\|_{L^\infty_{v,3}(H^2_x)} \leqslant C_2\delta_0(1+t)^{-\frac{5}{4}}. \tag{1.8.44}$$

证明 根据定理 1.40, 我们只需要证明整体解 f 的时间衰减率的下界估计. 事实上, 根据 (1.8.15)、定理 1.35 及定理 1.40, 整体解 f 的宏观部分和微观部分的时间衰减率的下界为

$$\begin{aligned}\|(f(t),\chi_j)\|_{L^2_x} &\geqslant \|(e^{tB}f_0,\chi_j)\|_{L^2_x} - \int_0^t \|(e^{(t-s)B}\Gamma(f,f),\chi_j)\|_{L^2_x}ds \\ &\geqslant C_1d_0(1+t)^{-3/4} - C_2\delta_0^2(1+t)^{-5/4}, \quad j=0,1,2,3,4,\end{aligned}$$

$$\begin{aligned}\|P_1f(t)\|_{L^2} &\geqslant \|P_1(e^{tB}f_0)\|_{L^2} - \int_0^t \|P_1(e^{(t-s)B}\Gamma(f,f))\|_{L^2}ds \\ &\geqslant C_1d_0(1+t)^{-5/4} - C_2\delta_0^2(1+t)^{-3/2}.\end{aligned}$$

由上式和定理 1.40 可以推出

$$\begin{aligned}\|f(t)\|_{L^\infty_{v,3}(H^2_x)} &\geqslant C\|P_0f(t)\|_{L^2} - \|P_1f(t)\|_{L^\infty_{v,3}(H^2_x)} - \sum_{1\leqslant|\alpha|\leqslant N}\|\partial_x^\alpha f(t)\|_{L^\infty_{v,3}(H^2_x)} \\ &\geqslant 5C_1d_0(1+t)^{-3/4} - 5C_2\delta_0^2(1+t)^{-5/4} - C\delta_0(1+t)^{-5/4}.\end{aligned}$$

因此, 当 $t > 0$ 充分大以及 $\delta_0 > 0$ 充分小时, (1.8.37)—(1.8.40) 成立. 同理可证 (1.8.41)—(1.8.44). □

备注 1.42 下面我们给出一个满足定理 1.41 中假设条件的初值函数 f_0 的例子. 对于两个正常数 d_0, d_1, 令 $f_0(x,v)$ 为

$$f_0(x,v) = d_0e^{\frac{r_0^2}{2}}e^{-\frac{|x|^2}{2}}\chi_0(v) + d_1d_0e^{r_0^2}e^{-\frac{|x|^2}{2}}\chi_4(v).$$

容易验证, $\hat{f}_0$ 满足

$$\hat{f}_0 = d_0 e^{\frac{r_0^2}{2}} e^{-\frac{|\xi|^2}{2}} \chi_0(v) + d_1 d_0 e^{r_0^2} e^{-\frac{|\xi|^2}{2}} \chi_4(v),$$

$$\inf_{|\xi|\leqslant r_0} |(\hat{f}_0, \chi_0)| = d_0, \quad \sup_{|\xi|\leqslant r_0} |(\hat{f}_0, \chi_0)| = d_0 e^{\frac{r_0^2}{2}}, \quad \inf_{|\xi|\leqslant r_0} |(\hat{f}_0, \chi_4)| = d_0 d_1 e^{\frac{r_0^2}{2}},$$

因此, 只要 $d_0 > 0$ 充分小, f_0 满足定理 1.41 中的第一个假设. 另外, 令 $f_0(x, v)$ 为

$$f_0(x, v) = d_0 K_0 e^{\frac{r_0^2}{2}} \sum_{1\leqslant i,j\leqslant 3} a_{ij}(x) L^{-1} P_1(v_i v_j \sqrt{M}),$$

其中 $a_{ij}(x) = \int_{\mathbb{R}^3} \frac{\xi_i \xi_j}{|\xi|^2} e^{-\frac{|\xi|^2}{2}} e^{\mathrm{i}x\cdot\xi} d\xi$, $K_0 = \|L^{-1} P_1(v_1 \chi_1)\|_{L_v^2}^{-2}$ 并且 $d_0 > 0$ 充分小. 容易验证 $P_0 f_0 = 0$, 且

$$\hat{f}_0 = d_0 K_0 e^{\frac{r_0^2}{2}} e^{-\frac{|\xi|^2}{2}} L^{-1} P_1(v\cdot\omega)^2 \sqrt{M}, \quad (\hat{f}_0, L^{-1} P_1(v\cdot\omega)\chi_4) = 0,$$

$$\inf_{|\xi|\leqslant r_0} |(\hat{f}_0, L^{-1} P_1(v\cdot\omega)^2 \sqrt{M})| = d_0,$$

因此 f_0 满足定理 1.41 的第二个假设.

1.8.2 能量方法

在本小节中, 我们通过基于宏观-微观分解的能量方法, 建立关于硬球和硬势情形的非线性 Boltzmann 方程解的能量估计, 并结合能量估计和线性方程解的衰减速度估计, 建立非线性问题近平衡态整体强解的最优衰减速度估计.

设 $l \geqslant 0$ 为整数以及 $k \geqslant 0$. 定义 Sobolev 空间 $H_k^l (H^l = H_0^l)$ 为

$$H_k^l = \{ f \in L^2(\mathbb{R}_x^3 \times \mathbb{R}_v^3) \,|\, \|f\|_{H_k^l} < \infty \}, \tag{1.8.45}$$

它的范数为

$$\|f\|_{H_k^l} = \left(\sum_{|\alpha|\leqslant l} \|\nu^k \partial_x^\alpha f\|_{L^2}^2 \right)^{1/2}.$$

设 $N \geqslant 1$ 为整数以及 $k \geqslant 0$, 定义

$$\begin{aligned} E_{N,k}(f) &= \sum_{|\alpha|\leqslant N} \|\nu^k \partial_x^\alpha f\|_{L^2}^2, \\ H_{N,k}(f) &= \sum_{|\alpha|\leqslant N} \|\nu^k \partial_x^\alpha P_1 f\|_{L^2}^2 + \sum_{|\alpha|\leqslant N-1} \|\partial_x^\alpha \nabla_x P_0 f\|_{L^2}^2, \\ D_{N,k}(f) &= \sum_{|\alpha|\leqslant N} \|\nu^{k+\frac{1}{2}} \partial_x^\alpha P_1 f\|_{L^2}^2 + \sum_{|\alpha|\leqslant N-1} \|\partial_x^\alpha \nabla_x P_0 f\|_{L^2}^2. \end{aligned} \tag{1.8.46}$$

简便起见, 对于 $k=0$, 记 $E_N(f)=E_{N,0}(f)$, $H_N(f)=H_{N,0}(f)$, $D_N(f)=D_{N,0}(f)$.

首先, 取 $\{\chi_0, v\chi_0, \chi_4\}$ 与 (1.3.2) 的内积, 我们得到下面的可压 Euler 方程:

$$\partial_t n+\operatorname{div}_x m=0, \tag{1.8.47}$$

$$\partial_t m+\nabla_x n+\sqrt{\frac{2}{3}}\nabla_x q=-\int_{\mathbb{R}^3} v\cdot\nabla_x(P_1 f)v\chi_0 dv, \tag{1.8.48}$$

$$\partial_t q+\sqrt{\frac{2}{3}}\operatorname{div}_x m=-\int_{\mathbb{R}^3} v\cdot\nabla_x(P_1 f)\chi_4 dv, \tag{1.8.49}$$

其中

$$(n,m,q)=((f,\chi_0),(f,v\chi_0),(f,\chi_4)).$$

将微观投影算子 P_1 作用到 (1.3.2) 上, 得到

$$\partial_t(P_1 f)+P_1(v\cdot\nabla_x P_1 f)-L(P_1 f)=-P_1(v\cdot\nabla_x P_0 f)+\Gamma(f,f). \tag{1.8.50}$$

根据 (1.8.50), 微观部分 $P_1 f$ 可表示为

$$P_1 f=L^{-1}[\partial_t(P_1 f)+P_1(v\cdot\nabla_x P_1 f)-\Gamma(f,f)]+L^{-1}P_1(v\cdot\nabla_x P_0 f). \tag{1.8.51}$$

将 (1.8.51) 代入到 (1.8.48)–(1.8.49), 我们得到下面的可压 Navier-Stokes 方程:

$$\partial_t n+\operatorname{div}_x m=0, \tag{1.8.52}$$

$$\partial_t m+\partial_t R_1+\nabla_x n+\sqrt{\frac{2}{3}}\nabla_x q=\kappa_1\left(\Delta_x m+\frac{1}{3}\nabla_x\operatorname{div}_x m\right)+R_2, \tag{1.8.53}$$

$$\partial_t q+\partial_t R_3+\sqrt{\frac{2}{3}}\operatorname{div}_x m=\kappa_2\Delta_x q+R_4, \tag{1.8.54}$$

其中 $\kappa_1>0$ 为粘性系数, $\kappa_2>0$ 为导热系数, R_j $(j=1,2,3,4)$ 为剩余项, 它们分别定义为

$$\kappa_1=-(L^{-1}P_1(v_1\chi_2),v_1\chi_2),\quad \kappa_2=-(L^{-1}P_1(v_1\chi_4),v_1\chi_4),$$

$$R_1=(v\cdot\nabla_x L^{-1}P_1 f,v\chi_0),\quad R_2=-(v\cdot\nabla_x L^{-1}(P_1(v\cdot\nabla_x P_1 f)-\Gamma),v\chi_0),$$

$$R_3=(v\cdot\nabla_x L^{-1}P_1 f,\chi_4),\quad R_4=-(v\cdot\nabla_x L^{-1}(P_1(v\cdot\nabla_x P_1 f)-\Gamma),\chi_4).$$

在 (1.8.53) 和 (1.8.54) 的推导中, 我们利用了下面的引理.

引理 1.43 对于 $j=1,2,3$, 有

$$\begin{cases}(v\cdot\nabla_x L^{-1}P_1(v\cdot\nabla_x P_0 f),\chi_j)=-\kappa_1(\Delta_x m_j+\partial_j \mathrm{div}_x m),\\ (v\cdot\nabla_x L^{-1}P_1(v\cdot\nabla_x P_0 f),\chi_4)=-\kappa_2\Delta_x q.\end{cases}$$

证明 经直接计算, 得到

$$\begin{aligned}&(v\cdot\nabla_x L^{-1}P_1(v\cdot\nabla_x P_0 f),\chi_j)\\ =&\sum_{i,k,l=1}^{3}\partial_{ik}m_l(L^{-1}P_1(v_k\chi_l),v_i\chi_j)+\sum_{i,k=1}^{3}\partial_{ik}q(L^{-1}P_1(v_k\chi_4),v_i\chi_j),\quad j=1,2,3,\\ &(v\cdot\nabla_x L^{-1}P_1(v\cdot\nabla_x P_0 f),\chi_4)\\ =&\sum_{i,k,l=1}^{3}\partial_{ik}m_l(L^{-1}P_1(v_k\chi_l),v_i\chi_4)+\sum_{i,k=1}^{3}\partial_{ik}q(L^{-1}P_1(v_k\chi_4),v_i\chi_4).\end{aligned}$$

显然

$$(L^{-1}P_1(v_k\chi_4),v_i\chi_j)=(L^{-1}P_1(v_i\chi_j),v_k\chi_4)=0,\quad i,j,k=1,2,3, \tag{1.8.55}$$

$$(L^{-1}P_1(v_k\chi_4),v_i\chi_4)=0,\quad 1\leqslant i\neq k\leqslant 3. \tag{1.8.56}$$

令

$$\eta_{ijkl}=(L^{-1}P_1(v_i\chi_j),v_k\chi_l),\quad i,j,k,l=1,2,3.$$

对于系数 η_{ijkl}, 我们有以下的对称性质 (参考 [28]):

$$\begin{cases}\eta_{jkjk}=\eta_{jkkj}=-\kappa_1, & 1\leqslant j\neq k\leqslant 3,\\ \eta_{jjkk}=\eta_{1122}=\dfrac{2}{3}\kappa_1, & 1\leqslant j\neq k\leqslant 3,\\ \eta_{jjjj}=\eta_{1111}=-\dfrac{4}{3}\kappa_1, & 1\leqslant j\leqslant 3,\\ \eta_{ijkl}=0, & \text{其他}.\end{cases} \tag{1.8.57}$$

于是, 由 (1.8.55)—(1.8.57) 得到

$$\begin{aligned}&(v\cdot\nabla_x L^{-1}P_1(v\cdot\nabla_x P_0 f),\chi_j)\\ =&\sum_{i\neq j}^{3}[\partial_{ii}m_j\eta_{ijij}+\partial_{ji}m_i(\eta_{jiij}+\eta_{iijj})]+\partial_{jj}m_j\eta_{jjjj}\\ =&-\kappa_1\Delta_x m_j-\frac{1}{3}\kappa_1\partial_j\mathrm{div}_x m,\end{aligned}$$

$$(v\cdot\nabla_x L^{-1}P_1(v\cdot\nabla_x P_0 f),\chi_4)=-\kappa_2\Delta_x q.$$

引理得证. □

引理 1.44 对于任意 $f\in N_0^{\perp}$, 存在常数 $0<\mu_0<1$, 使得

$$(Lf,f)\leqslant-\mu_0(\nu(v)f,f). \tag{1.8.58}$$

证明 由于

$$L=-\nu(v)+K,$$

于是, 对于任意 $f\in N_0^{\perp}$, 有

$$\begin{aligned}(Lf,f)&=\delta(Lf,f)+(1-\delta)(Lf,f)\\&=-\delta(\nu(v)f,f)+\delta(Kf,f)+(1-\delta)(Lf,f)\\&\leqslant-\delta(\nu(v)f,f)+\|K\|\delta(f,f)-\mu(1-\delta)(f,f).\end{aligned}$$

取 $0<\delta<1$ 使得 $\|K\|\delta\leqslant\mu(1-\delta)$, 则有

$$(Lf,f)\leqslant-\delta(\nu(v)f,f).$$

这就证明了 (1.8.58). □

下面我们给出 Boltzmann 方程 (1.3.2) 强解的宏观部分的能量估计.

引理 1.45 (宏观耗散) 令 $N\geqslant 2$. 设 (n,m,q) 为方程 (1.8.52)—(1.8.54) 的强解. 那么存在常数 $p_0>0$ 和 $C>0$, 使得对任意的 $t>0$, 有

$$\begin{aligned}&\frac{d}{dt}\sum_{|\alpha|\leqslant N-1}p_0\left(\|\partial_x^\alpha(n,m,q)\|_{L_x^2}^2+2\int_{\mathbb{R}^3}(\partial_x^\alpha R_1\partial_x^\alpha m+\partial_x^\alpha R_3\partial_x^\alpha q)dx\right)\\&\quad+4\frac{d}{dt}\sum_{|\alpha|\leqslant N-1}\int_{\mathbb{R}^3}\partial_x^\alpha m\partial_x^\alpha\nabla_x n dx+\frac{3}{2}\sum_{|\alpha|\leqslant N-1}\|\partial_x^\alpha\nabla_x(n,m,q)\|_{L_x^2}^2\\&\leqslant C\sqrt{E_N(f)}D_N(f)+C\sum_{|\alpha|\leqslant N}\|\partial_x^\alpha P_1 f\|_{L^2}^2,\end{aligned} \tag{1.8.59}$$

其中 $E_N(f),D_N(f)$ 由 (1.8.46) 定义.

证明 令 $|\alpha|\leqslant N-1$, 取 $\partial_x^\alpha m$ 与 ∂_x^α(1.8.53) 的 L_x^2 内积, 可得

$$\begin{aligned}&\frac{1}{2}\frac{d}{dt}\left(\|\partial_x^\alpha m\|_{L_x^2}^2+\|\partial_x^\alpha n\|_{L_x^2}^2\right)+\frac{d}{dt}\int_{\mathbb{R}^3}\partial_x^\alpha R_1\partial_x^\alpha m dx\\&\quad+\sqrt{\frac{2}{3}}\int_{\mathbb{R}^3}\partial_x^\alpha\nabla_x q\partial_x^\alpha m dx+\kappa_1\left(\|\partial_x^\alpha\nabla_x m\|_{L_x^2}^2+\frac{1}{3}\|\partial_x^\alpha \mathrm{div}_x m\|_{L_x^2}^2\right)\end{aligned}$$

$$= \int_{\mathbb{R}^3} \partial_x^\alpha R_2 \partial_x^\alpha m dx + \int_{\mathbb{R}^3} \partial_x^\alpha R_1 \partial_x^\alpha \partial_t m dx =: I_1 + I_2. \tag{1.8.60}$$

下面, 我们对 I_1 和 I_2 进行估计. 首先, 根据引理 1.37 和 Sobolev 不等式, 可得

$$\begin{aligned}\|\nu^{-\frac{1}{2}}\partial_x^\alpha\Gamma(f,f)\|_{L^2} &\leqslant C\sum_{\alpha'\leqslant\alpha}\|\nu^{\frac{1}{2}}\partial_x^{\alpha-\alpha'}f\|_{L_v^2(L_x^6)}\|\partial_x^{\alpha'}f\|_{L_v^2(L_x^3)}\\ &\leqslant C\sqrt{E_N(f)D_N(f)},\quad |\alpha|\leqslant N-1,\end{aligned} \tag{1.8.61}$$

$$\begin{aligned}\|\nu^{-\frac{1}{2}}\partial_x^\alpha\Gamma(f,f)\|_{L^2} &\leqslant C\sum_{1\leqslant\alpha'\leqslant\alpha-1}\|\nu^{\frac{1}{2}}\partial_x^{\alpha-\alpha'}f\|_{L_v^2(L_x^6)}\|\partial_x^{\alpha'}f\|_{L_v^2(L_x^3)}\\ &\quad+\|\nu^{\frac{1}{2}}\partial_x^\alpha f\|_{L_v^2(L_x^2)}\|f\|_{L_v^2(L_x^\infty)}+\|\partial_x^\alpha f\|_{L_v^2(L_x^2)}\|\nu^{\frac{1}{2}}f\|_{L_v^2(L_x^\infty)}\\ &\leqslant C\sqrt{E_N(f)D_N(f)},\quad |\alpha|=N.\end{aligned} \tag{1.8.62}$$

因此

$$\begin{aligned}I_1 &\leqslant C(\|\partial_x^\alpha\nabla_x P_1 f\|_{L^2}+C\|\nu^{-\frac{1}{2}}\partial_x^\alpha\Gamma(f,f)\|_{L^2})\|\partial_x^\alpha\nabla_x m\|_{L_x^2}\\ &\leqslant \frac{\kappa_1}{2}\|\partial_x^\alpha\nabla_x m\|_{L_x^2}^2+C\|\partial_x^\alpha\nabla_x P_1 f\|_{L^2}^2+C\sqrt{E_N(f)}D_N(f).\end{aligned} \tag{1.8.63}$$

根据 (1.8.48) 与柯西不等式, 有

$$\begin{aligned}I_2 &= \int_{\mathbb{R}^3}\partial_x^\alpha R_1\partial_x^\alpha\left[-\nabla_x n-\sqrt{\frac{2}{3}}\nabla_x q-(v\cdot\nabla_x P_1 f, v\chi_0)\right]dx\\ &\leqslant \frac{C}{\epsilon}\|\partial_x^\alpha\nabla_x P_1 f\|_{L^2}^2+\epsilon\Big(\|\partial_x^\alpha\nabla_x n\|_{L_x^2}^2+\|\partial_x^\alpha\nabla_x q\|_{L_x^2}^2\Big),\end{aligned} \tag{1.8.64}$$

其中 $\epsilon>0$ 为充分小的常数.

因此, 我们结合 (1.8.60)—(1.8.64) 得到

$$\begin{aligned}&\frac{1}{2}\frac{d}{dt}\Big(\|\partial_x^\alpha m\|_{L_x^2}^2+\|\partial_x^\alpha n\|_{L_x^2}^2\Big)+\frac{d}{dt}\int_{\mathbb{R}^3}\partial_x^\alpha R_1\partial_x^\alpha m dx\\ &+\sqrt{\frac{2}{3}}\int_{\mathbb{R}^3}\partial_x^\alpha\nabla_x q\partial_x^\alpha m dx+\frac{\kappa_1}{2}\left(\|\partial_x^\alpha\nabla_x m\|_{L_x^2}^2+\frac{1}{3}\|\partial_x^\alpha \mathrm{div}_x m\|_{L_x^2}^2\right)\\ \leqslant\, & C\sqrt{E_N(f)}D_N(f)+\frac{C}{\epsilon}\|\partial_x^\alpha\nabla_x P_1 f\|_{L^2}^2+\epsilon\Big(\|\partial_x^\alpha\nabla_x n\|_{L_x^2}^2+\|\partial_x^\alpha\nabla_x q\|_{L_x^2}^2\Big).\end{aligned} \tag{1.8.65}$$

令 $|\alpha|\leqslant N-1$, 取 $\partial_x^\alpha q$ 与 ∂_x^α(1.8.54) 的 L_x^2 内积, 可得

$$\frac{1}{2}\frac{d}{dt}\|\partial_x^\alpha q\|_{L_x^2}^2+\frac{d}{dt}\int_{\mathbb{R}^3}\partial_x^\alpha R_3\partial_x^\alpha q dx+\sqrt{\frac{2}{3}}\int_{\mathbb{R}^3}\partial_x^\alpha \mathrm{div}_x m\partial_x^\alpha q dx+\kappa_2\|\partial_x^\alpha\nabla_x q\|_{L_x^2}^2$$

$$= \int_{\mathbb{R}^3} \partial_x^\alpha R_4 \partial_x^\alpha q dx + \int_{\mathbb{R}^3} \partial_x^\alpha R_3 \partial_x^\alpha \partial_t q dx =: I_3 + I_4. \tag{1.8.66}$$

根据 (1.8.61)–(1.8.62) 与柯西不等式, 可得

$$I_3 \leqslant \frac{\kappa_2}{2}\|\partial_x^\alpha \nabla_x q\|_{L_x^2}^2 + C\|\partial_x^\alpha \nabla_x P_1 f\|_{L^2}^2 + C\sqrt{E_N(f)}D_N(f), \tag{1.8.67}$$

根据 (1.8.49) 与柯西不等式, 有

$$\begin{aligned} I_4 &= \int_{\mathbb{R}^3} \partial_x^\alpha R_3 \partial_x^\alpha \left[-\sqrt{\frac{2}{3}}\mathrm{div}_x m - (v\cdot\nabla_x P_1 f, \chi_4)\right] dx \\ &\leqslant \frac{C}{\epsilon}\|\partial_x^\alpha \nabla_x P_1 f\|_{L^2}^2 + \epsilon\|\partial_x^\alpha \nabla_x m\|_{L_x^2}^2. \end{aligned} \tag{1.8.68}$$

因此, 由 (1.8.66)—(1.8.68) 可以推出

$$\begin{aligned} &\frac{1}{2}\frac{d}{dt}\|\partial_x^\alpha q\|_{L_x^2}^2 + \frac{d}{dt}\int_{\mathbb{R}^3} \partial_x^\alpha R_3 \partial_x^\alpha q dx + \sqrt{\frac{2}{3}}\int_{\mathbb{R}^3} \partial_x^\alpha \mathrm{div}_x m \partial_x^\alpha q dx + \frac{\kappa_2}{2}\|\partial_x^\alpha \nabla_x q\|_{L_x^2}^2 \\ \leqslant{}& C\sqrt{E_N(f)}D_N(f) + \frac{C}{\epsilon}\|\partial_x^\alpha \nabla_x P_1 f\|_{L^2}^2 + \epsilon\|\partial_x^\alpha \nabla_x m\|_{L_x^2}^2. \end{aligned} \tag{1.8.69}$$

为了得到密度 n 的耗散, 取 $\partial_x^\alpha \nabla_x n$ 与 ∂_x^α(1.8.48) 的 L_x^2 内积, 其中 $|\alpha| \leqslant N-1$, 可得

$$\begin{aligned} &\frac{d}{dt}\int_{\mathbb{R}^3} \partial_x^\alpha m \partial_x^\alpha \nabla_x n dx + \|\partial_x^\alpha \nabla_x n\|_{L_x^2}^2 \\ ={}& \int_{\mathbb{R}^3} \partial_x^\alpha m \partial_t \partial_x^\alpha \nabla_x n dx - \int_{\mathbb{R}^3} \left[\sqrt{\frac{2}{3}}\partial_x^\alpha \nabla_x q + (v\cdot\nabla_x(P_1 f), v\chi_0)\right]\partial_x^\alpha \nabla_x n dx. \end{aligned}$$

由上式和柯西不等式, 可以推出

$$\begin{aligned} &\frac{d}{dt}\int_{\mathbb{R}^3} \partial_x^\alpha m \partial_x^\alpha \nabla_x n dx + \frac{1}{2}\|\partial_x^\alpha \nabla_x n\|_{L_x^2}^2 \\ \leqslant{}& \|\partial_x^\alpha \mathrm{div}_x m\|_{L_x^2}^2 + C\Big(\|\partial_x^\alpha \nabla_x q\|_{L_x^2}^2 + \|\partial_x^\alpha \nabla_x P_1 f\|_{L^2}^2\Big). \end{aligned} \tag{1.8.70}$$

通过求和 $2p_0[(1.8.65)+(1.8.69)]+4(1.8.70)$, 其中常数 $p_0>0$ 充分大, 并且 $\epsilon>0$ 充分小, 可得

$$p_0\frac{d}{dt}\left(\|\partial_x^\alpha(n,m,q)\|_{L_x^2}^2 + 2\int_{\mathbb{R}^3}(\partial_x^\alpha R_1 \partial_x^\alpha m + \partial_x^\alpha R_3 \partial_x^\alpha q)\, dx\right)$$

$$
\begin{aligned}
&+4\frac{d}{dt}\int_{\mathbb{R}^3}\partial_x^\alpha m\partial_x^\alpha\nabla_x n dx+\frac{3}{2}\left\|\partial_x^\alpha\nabla_x(n,m,q)\right\|_{L_x^2}^2\\
\leqslant& C\sqrt{E_N(f)}D_N(f)+C\left\|\partial_x^\alpha\nabla_x P_1 f\right\|_{L^2}^2. \qquad (1.8.71)
\end{aligned}
$$

最后, 将 (1.8.71) 在 $|\alpha|\leqslant N-1$ 上求和, 我们可以证明 (1.8.59). □

接下来, 我们给出 Boltzmann 方程 (1.3.2) 强解的微观部分的能量估计.

引理 1.46 (微观耗散) 令 $N\geqslant 2$. 设 f 为 Boltzmann 方程 (1.3.2) 的强解. 那么, 存在常数 $C>0$, 使得对任意的 $t>0$, 有

$$
\frac{1}{2}\frac{d}{dt}\sum_{|\alpha|\leqslant N}\|\partial_x^\alpha f\|_{L^2}^2+\mu_0\sum_{|\alpha|\leqslant N}\|\nu^{\frac{1}{2}}\partial_x^\alpha P_1 f\|_{L^2}^2\leqslant C\sqrt{E_N(f)}D_N(f), \qquad (1.8.72)
$$

$$
\frac{d}{dt}\|P_1 f\|_{L^2}^2+\mu_0\|\nu^{\frac{1}{2}}P_1 f\|_{L^2}^2\leqslant C\|\nabla_x P_0 f\|_{L^2}^2+C\sqrt{E_N(f)}D_N(f), \qquad (1.8.73)
$$

其中 $E_N(f), D_N(f)$ 由 (1.8.46) 定义, 且 $\mu_0>0$ 是由 (1.8.58) 定义的常数.

证明 令 $|\alpha|\leqslant N$, 取 $\partial_x^\alpha f$ 与 ∂_x^α(1.3.2) 的 L^2 内积, 有

$$
\frac{1}{2}\frac{d}{dt}\|\partial_x^\alpha f\|_{L^2}^2-\int_{\mathbb{R}^3}\int_{\mathbb{R}^3}(L\partial_x^\alpha f)\partial_x^\alpha f dxdv=\int_{\mathbb{R}^3}\int_{\mathbb{R}^3}\partial_x^\alpha\Gamma(f,f)\partial_x^\alpha f dxdv=:I_1. \qquad (1.8.74)
$$

根据 (1.8.61)–(1.8.62), 可得

$$
\begin{aligned}
I_1=&\int_{\mathbb{R}^3}\int_{\mathbb{R}^3}\partial_x^\alpha\Gamma(f,f)\partial_x^\alpha P_1 f dxdv\\
\leqslant&\|\nu^{-\frac{1}{2}}\partial_x^\alpha\Gamma(f,f)\|_{L^2}\|\nu^{\frac{1}{2}}\partial_x^\alpha P_1 f\|_{L^2}\leqslant C\sqrt{E_N(f)}D_N(f). \qquad (1.8.75)
\end{aligned}
$$

因此, 由 (1.8.74)–(1.8.75) 以及引理 1.44, 可以推出

$$
\frac{1}{2}\frac{d}{dt}\|\partial_x^\alpha f\|_{L^2}^2+\mu_0\|\nu^{\frac{1}{2}}\partial_x^\alpha P_1 f\|_{L^2}^2\leqslant C\sqrt{E_N(f)}D_N(f). \qquad (1.8.76)
$$

将(1.8.76)在 $|\alpha|\leqslant N$ 上求和, 可以证明 (1.8.72).

接下来, 我们估计微观部分 $P_1 f$. 为此, 将 (1.8.50) 重新写为

$$
\begin{aligned}
&\partial_t(P_1 f)+v\cdot\nabla_x P_1 f-L(P_1 f)\\
=&\Gamma(f,f)-P_1(v\cdot\nabla_x P_0 f)+P_0(v\cdot\nabla_x P_1 f). \qquad (1.8.77)
\end{aligned}
$$

取 (1.8.77) 与 $P_1 f$ 的 L^2 内积, 可得

$$
\frac{1}{2}\frac{d}{dt}\|P_1 f\|_{L^2}^2-\int_{\mathbb{R}^3}\int_{\mathbb{R}^3}(LP_1 f)P_1 f dxdv
$$

$$
\begin{aligned}
&= \int_{\mathbb{R}^3}\int_{\mathbb{R}^3} \Gamma(f,f)P_1 f dxdv - \int_{\mathbb{R}^3}\int_{\mathbb{R}^3} (v\cdot\nabla_x P_0 f)P_1 f dxdv \\
&\leqslant C\|\nabla_x P_0 f\|_{L^2}\|P_1 f\|_{L^2} + C\sqrt{E_N(f)}D_N(f),
\end{aligned}
$$

进而可以推出 (1.8.73). □

引理 1.47 (局部存在性) 设 $N \geqslant 2$. 存在充分小的常数 $M_0 > 0$ 和 $T^* > 0$ 使得, 当 $T^* = M_0, t \in [0, T^*]$ 以及 $\|f_0\|_{H^N}^2 \leqslant M_0$ 时, Boltzmann 方程的柯西问题 (1.3.2) 和 (1.3.5) 存在唯一的局部解 $f(t,x,v)$ 满足

$$
\sup_{0\leqslant t\leqslant T^*} \|f(t)\|_{H^N}^2 \leqslant 2M_0. \tag{1.8.78}
$$

证明 构造逼近解序列 g_n, $n \geqslant 0$ 如下: $g_0 = 0$,

$$
g_n(t) = e^{tc} f_0 + \int_0^t e^{(t-s)c}(Kg_{n-1} + \Gamma(g_{n-1}, g_{n-1}))ds, \quad n \geqslant 1.
$$

显然, 逼近解 g_n, $n \geqslant 1$ 满足

$$
\partial_t g_1 + v\cdot\nabla_x g_1 + \nu(v) g_1 = 0, \tag{1.8.79}
$$

$$
\partial_t g_{n+1} + v\cdot\nabla_x g_{n+1} + \nu(v) g_{n+1} = Kg_n + \Gamma(g_n, g_n), \tag{1.8.80}
$$

其初值为

$$
g_1(0,x,v) = g_{n+1}(0,x,v) = f_0(x,v).
$$

首先, 我们断言对于 $0 \leqslant t \leqslant T^*$, 序列 g_n, $n \geqslant 1$ 满足以下一致能量估计:

$$
\|g_n(t)\|_{H^N}^2 + \int_0^t \|\nu^{\frac{1}{2}} g_n(s)\|_{H^N}^2 ds \leqslant 2M_0. \tag{1.8.81}
$$

我们用归纳法证明. 当 $n = 1$ 时, 取 g_1 和 (1.8.79) 的内积, 并关于时间在 $[0,t]$ 上积分, 可得

$$
\frac{1}{2}\|g_1(t)\|_{H^N}^2 + \int_0^t \|\nu^{\frac{1}{2}} g_1(s)\|_{H^N}^2 ds \leqslant \frac{1}{2}\|f_0\|_{H^N}^2 \leqslant \frac{1}{2}M_0. \tag{1.8.82}
$$

假设 (1.8.81) 对于 $k \leqslant n$ 成立. 取 g_{n+1} 和 (1.8.80) 的内积, 并关于时间在 $[0,t]$ 上积分, 我们可以推出

$$
\frac{1}{2}\|g_{n+1}(t)\|_{H^N}^2 + \frac{1}{2}\int_0^t \|\nu^{\frac{1}{2}} g_{n+1}(s)\|_{H^N}^2 ds
$$

$$\leqslant \frac{1}{2}\|f_0\|_{H^N}^2 + \int_0^t \|Kg_n\|_{H^N}^2 ds + \int_0^t \|\nu^{-\frac{1}{2}}\Gamma(g_n, g_n)\|_{H^N}^2 ds$$

$$\leqslant \frac{1}{2}\|f_0\|_{H^N}^2 + C_0 T^* \sup_{0\leqslant s\leqslant T^*} \|g_n\|_{H^N}^2 + C_1 \sup_{0\leqslant s\leqslant T^*} \|g_n\|_{H^N}^2 \int_0^t \|\nu^{\frac{1}{2}} g_n\|_{H^N}^2 ds$$

$$\leqslant \frac{1}{2}M_0 + 2C_0T^*M_0 + 4C_1M_0^2,$$

其中 $C_0, C_1 > 0$ 为不依赖于 n 的常数. 取充分小的常数 $M_0, T^* > 0$ 使得 $2C_0T^* + 4C_1M_0 \leqslant \frac{1}{2}$, 则有

$$\|g_{n+1}(t)\|_{H^N}^2 + \int_0^t \|\nu^{\frac{1}{2}} g_{n+1}(s)\|_{H^N}^2 ds \leqslant 2M_0.$$

这就证明了 (1.8.81).

其次, 我们证明序列 g_n 是 $X = \{f \in L^\infty([0, T^*], H^N) \mid \sup_{0\leqslant s\leqslant T^*} \|f(s)\|_{H^N}^2 \leqslant 2M_0\}$ 中的柯西序列. 令

$$h_1 = g_1, \quad h_{n+1} = g_{n+1} - g_n, \quad n \geqslant 1.$$

则 $h_{n+1}(n \geqslant 1)$ 满足

$$\partial_t h_{n+1} + v\cdot\nabla_x h_{n+1} + \nu(v)h_{n+1} = Kh_n + \Gamma(h_n, g_n) + \Gamma(g_{n-1}, h_n), \tag{1.8.83}$$

$$h_n(0, x, v) = 0.$$

我们断言对于 $0 \leqslant t \leqslant T^*$, 序列 $h_n(n \geqslant 1)$ 满足以下一致能量估计:

$$\|h_n(t)\|_{H^N}^2 + \int_0^t \|\nu^{\frac{1}{2}} h_n(s)\|_{H^N}^2 ds \leqslant (C_2M_0)^n, \tag{1.8.84}$$

其中 $C_2 > 1$ 是一个与 n, T^* 和 M_0 无关的常数.

我们用归纳法证明. 当 $n = 1$ 时, 由 (1.8.82) 可得

$$\|h_1(t)\|_{H^N}^2 + \int_0^t \|\nu^{\frac{1}{2}} h_1(s)\|_{H^N}^2 ds \leqslant M_0.$$

假设 (1.8.84) 对于 $k \leqslant n$ 成立. 取 h_{n+1} 和 (1.8.83) 的内积, 并关于时间在 $[0, t]$ 上积分, 我们可以推出

$$\frac{1}{2}\|h_{n+1}(t)\|_{H^N}^2 + \frac{1}{2}\int_0^t \|\nu^{\frac{1}{2}} h_{n+1}(s)\|_{H^N}^2 ds$$

$$\leqslant \int_0^t \|Kh_n\|_{H^N}^2 ds + 2\int_0^t \|\nu^{-\frac{1}{2}}\Gamma(h_n, g_n)\|_{H^N}^2 + \|\nu^{-\frac{1}{2}}\Gamma(g_{n-1}, h_n)\|_{H^N}^2 ds$$

$$
\begin{aligned}
&\leqslant C_0T^*\sup_{0\leqslant s\leqslant T^*}\|h_n\|_{H^N}^2+2C_1\sup_{0\leqslant s\leqslant T^*}\|g_n\|_{H^N}^2\int_0^t\|\nu^{\frac{1}{2}}h_n\|_{H^N}^2ds\\
&\quad+2C_1\sup_{0\leqslant s\leqslant T^*}\|h_n\|_{H^N}^2\int_0^t\|\nu^{\frac{1}{2}}g_{n-1}\|_{H^N}^2ds\\
&\leqslant C_0T^*(C_2M_0)^n+4C_1M_0(C_2M_0)^n.
\end{aligned}
$$

取 $T^*=M_0$ 以及 $C_2=2(C_0+4C_1)$, 可得

$$
\|h_{n+1}(t)\|_{H^N}^2+\int_0^t\|\nu^{\frac{1}{2}}h_{n+1}(s)\|_{H^N}^2ds\leqslant(C_2M_0)^{n+1}.
$$

这就证明了 (1.8.84). 取 $C_2M_0<1$, 则序列 g_n 是 X 中的柯西序列. 因此, 存在唯一的函数 $f\in X$ 使得 g_n 在 X 中收敛到 f, 且 f 满足

$$
f(t)=e^{tc}f_0+\int_0^te^{(t-s)c}(Kf+\Gamma(f,f))ds.
$$

因此 f 为 Boltzmann 方程 (1.3.2) 和 (1.3.5) 的局部解, 且满足能量不等式 (1.8.78). □

根据引理 1.45—引理 1.47, 我们得到 Boltzmann 方程强解的整体存在唯一性和能量估计.

定理 1.48 (整体存在性) 设 $N\geqslant 2$. 存在两个等价能量泛函 $\mathcal{E}_N(\cdot)\sim E_N(\cdot)$, $\mathcal{H}_N(\cdot)\sim H_N(\cdot)$, 以及充分小的常数 $\delta_0>0$ 使得, 如果初值 f_0 满足 $E_N(f_0)\leqslant\delta_0$, 那么 Boltzmann 方程的柯西问题 (1.3.2) 和 (1.3.5) 存在唯一整体解 $f=f(t,x,v)$, 并且满足下面的能量不等式:

$$
\frac{d}{dt}\mathcal{E}_N(f(t))+D_N(f(t))\leqslant 0, \tag{1.8.85}
$$

$$
\frac{d}{dt}\mathcal{H}_N(f(t))+D_N(f(t))\leqslant C\|\nabla_x(n,m,q)\|_{L_x^2}^2. \tag{1.8.86}
$$

证明 通过求和 (1.8.59) + A_1(1.8.72), 其中常数 $A_1>0$ 充分大, 我们得到

$$
\begin{aligned}
&p_0\frac{d}{dt}\sum_{|\alpha|\leqslant N-1}\left(\|\partial_x^\alpha(n,m,q)\|_{L_x^2}^2+2\int_{\mathbb{R}^3}(\partial_x^\alpha R_1\partial_x^\alpha m+\partial_x^\alpha R_3\partial_x^\alpha q)dx\right)\\
&+4\frac{d}{dt}\sum_{|\alpha|\leqslant N-1}\int_{\mathbb{R}^3}\partial_x^\alpha m\partial_x^\alpha\nabla_x ndx+A_1\frac{d}{dt}\sum_{|\alpha|\leqslant N}\|\partial_x^\alpha f\|_{L^2}^2\\
&+\frac{3}{2}\sum_{|\alpha|\leqslant N-1}\|\partial_x^\alpha\nabla_x(n,m,q)\|_{L_x^2}^2+\mu_0A_1\sum_{|\alpha|\leqslant N}\|\nu^{\frac{1}{2}}\partial_x^\alpha P_1f\|_{L^2}^2
\end{aligned}
$$

$$\leqslant C_1\sqrt{E_N(f)}D_N(f),$$

即

$$\frac{d}{dt}\mathcal{E}_N(f(t))+\frac{3}{2}D_N(f(t))\leqslant C_1\sqrt{E_N(f)}D_N(f),$$

其中

$$\begin{aligned}\mathcal{E}_N(f)=&p_0\sum_{|\alpha|\leqslant N-1}\left(\|\partial_x^\alpha(n,m,q)\|_{L_x^2}^2+2\int_{\mathbb{R}^3}(\partial_x^\alpha R_1\partial_x^\alpha m+\partial_x^\alpha R_3\partial_x^\alpha q)dx\right)\\&+4\sum_{|\alpha|\leqslant N-1}\int_{\mathbb{R}^3}\partial_x^\alpha m\partial_x^\alpha\nabla_x ndx+A_1\sum_{|\alpha|\leqslant N}\|\partial_x^\alpha f\|_{L^2}^2.\end{aligned}\tag{1.8.87}$$

显然, 当 $A_1>0$ 充分大时, 有 $\frac{1}{2}E_N(f)\leqslant\mathcal{E}_N(f)\leqslant 2A_1E_N(f)$. 取 $\delta_0=\min\left\{\frac{1}{8C_1^2},M_0\right\}$, 并假设初值 f_0 满足

$$\mathcal{E}_N(f_0)\leqslant\frac{\delta_0}{2}\Longrightarrow E_N(f_0)\leqslant\delta_0.$$

令

$$T_*=\sup\{t\,|\,E_N(f(t))\leqslant 2\delta_0\}.$$

由引理 1.47, 有 $T_*>0$. 因此, 当 $t\in[0,T_*]$ 时, 局部解 f 满足

$$\frac{d}{dt}\mathcal{E}_N(f(t))+\frac{3}{2}D_N(f(t))\leqslant C_1\sqrt{2\delta_0}D_N(f(t)).$$

由于 $C_1\sqrt{2\delta_0}\leqslant\frac{1}{2}$, 我们有

$$\mathcal{E}_N(f(t))+\int_0^t D_N(f(s))ds\leqslant\mathcal{E}_N(f_0)\leqslant\frac{\delta_0}{2}.$$

以 $\mathcal{E}_N(f(T_*))$ 为新的初值, 同理可证 $\mathcal{E}_N(f(2T_*))\leqslant\frac{\delta_0}{2}$, 因此 $T_*=\infty$, 这说明局部解 f 可延拓成整体解, 且满足能量估计 (1.8.85).

通过求和

$$p_0\sum_{1\leqslant|\alpha|\leqslant N-1}(1.8.71)+A_2\sum_{1\leqslant|\alpha|\leqslant N}(1.8.76)+A_2(1.8.73),$$

其中常数 $A_2>0$ 充分大, 可得

$$p_0\frac{d}{dt}\sum_{1\leqslant|\alpha|\leqslant N-1}\left(\|\partial_x^\alpha(n,m,q)\|_{L_x^2}^2+2\int_{\mathbb{R}^3}(\partial_x^\alpha R_1\partial_x^\alpha m+\partial_x^\alpha R_3\partial_x^\alpha q)dx\right)$$

$$
\begin{aligned}
&+4\frac{d}{dt}\sum_{1\leqslant|\alpha|\leqslant N-1}\int_{\mathbb{R}^3}\partial_x^\alpha m\partial_x^\alpha\nabla_x n dx+A_2\frac{d}{dt}\left(\|P_1 f\|_{L^2}^2+\sum_{1\leqslant|\alpha|\leqslant N}\|\partial_x^\alpha f\|_{L^2}^2\right)\\
&+\frac{3}{2}\sum_{|\alpha|\leqslant N-1}\|\partial_x^\alpha\nabla_x(n,m,q)\|_{L_x^2}^2+A_2\mu_0\sum_{|\alpha|\leqslant N}\|\nu^{\frac{1}{2}}\partial_x^\alpha P_1 f\|_{L^2}^2\\
\leqslant{}& C\|\nabla_x(n,m,q)\|_{L_x^2}^2+C\sqrt{E_N(f)}D_N(f),
\end{aligned}
$$

这就证明了 (1.8.86), 其中

$$
\begin{aligned}
\mathcal{H}_N(f)={}&p_0\sum_{1\leqslant|\alpha|\leqslant N-1}\left(\|\partial_x^\alpha(n,m,q)\|_{L_x^2}^2+2\int_{\mathbb{R}^3}(\partial_x^\alpha R_1\partial_x^\alpha m+\partial_x^\alpha R_3\partial_x^\alpha q)dx\right)\\
&+4\sum_{1\leqslant|\alpha|\leqslant N-1}\int_{\mathbb{R}^3}\partial_x^\alpha m\partial_x^\alpha\nabla_x n dx+A_2\left(\|P_1 f\|_{L^2}^2+\sum_{1\leqslant|\alpha|\leqslant N}\|\partial_x^\alpha f\|_{L^2}^2\right).
\end{aligned}
\tag{1.8.88}
$$

定理得证. □

利用引理 1.48, 我们可以得到下面的加权能量估计.

引理 1.49 设 $N\geqslant 2$. 存在两个等价能量泛函 $\mathcal{E}_{N,1}(\cdot)\sim E_{N,1}(\cdot)$, $\mathcal{H}_{N,1}(\cdot)\sim H_{N,1}(\cdot)$, 使得如果 $E_{N,1}(f_0)$ 充分小, 那么 Boltzmann 方程柯西问题 (1.3.2) 和 (1.3.5) 的整体解 $f=f(t,x,v)$ 满足

$$
\frac{d}{dt}\mathcal{E}_{N,1}(f(t))+D_{N,1}(f(t))\leqslant 0,
\tag{1.8.89}
$$

$$
\frac{d}{dt}\mathcal{H}_{N,1}(f(t))+D_{N,1}(f(t))\leqslant C\|\nabla_x(n,m,q)\|_{L_x^2}^2.
\tag{1.8.90}
$$

证明 为了得到解 f 的加权估计, 将 (1.3.2) 改写为

$$
\partial_t f+v\cdot\nabla_x f+\nu(v)f=Kf+\Gamma(f,f).
\tag{1.8.91}
$$

对于 $|\alpha|\geqslant 1$, 取 $\partial_x^\alpha(1.8.91)$ 与 $\nu^2\partial_x^\alpha f$ 的 L^2 内积, 得到

$$
\begin{aligned}
&\frac{1}{2}\frac{d}{dt}\|\nu\partial_x^\alpha f\|_{L^2}^2+\|\nu^{3/2}\partial_x^\alpha f\|_{L^2}^2\\
={}&\int_{\mathbb{R}^3}\int_{\mathbb{R}^3}K\partial_x^\alpha f(\nu^2\partial_x^\alpha f)dxdv+\int_{\mathbb{R}^3}\int_{\mathbb{R}^3}\partial_x^\alpha\Gamma(f,f)(\nu^2\partial_x^\alpha f)dxdv.
\end{aligned}
\tag{1.8.92}
$$

根据引理 1.8, 得到

$$
\int_{\mathbb{R}^3}\nu(v)(Kg)^2dv=\int_{\mathbb{R}^3}\nu(v)\left(\int_{\mathbb{R}^3}k(v,u)g^2(u)du\right)^2dv
$$

$$
\begin{aligned}
&\leqslant \int_{\mathbb{R}^3} \nu(v) \int_{\mathbb{R}^3} k(v,u)du \int_{\mathbb{R}^3} k(v,u)g^2(u)dudv \\
&\leqslant \int_{\mathbb{R}^3} \int_{\mathbb{R}^3} k(v,u)dvg^2(u)du \leqslant C\|\nu^{-1/2}g\|^2.
\end{aligned}
$$

于是

$$
\begin{aligned}
\int_{\mathbb{R}^3} \int_{\mathbb{R}^3} K\partial_x^\alpha f(\nu^2 \partial_x^\alpha f)dxdv &\leqslant \frac{1}{2}\|\nu^{3/2}\partial_x^\alpha f\|_{L^2}^2 + \frac{1}{2}\|\nu^{1/2}K\partial_x^\alpha f\|_{L^2}^2 \\
&\leqslant \frac{1}{2}\|\nu^{3/2}\partial_x^\alpha f\|_{L^2}^2 + C\|\nu^{-1/2}\partial_x^\alpha f\|_{L^2}^2. \qquad (1.8.93)
\end{aligned}
$$

根据引理 1.37, 可得

$$
\begin{aligned}
\int_{\mathbb{R}^3} \int_{\mathbb{R}^3} \partial_x^\alpha \Gamma(f,f)(\nu^2 \partial_x^\alpha f)dxdv &\leqslant C\|\nu^{1/2}\partial_x^\alpha \Gamma(f,f)\|_{L^2}\|\nu^{3/2}\partial_x^\alpha f\|_{L^2} \\
&\leqslant C\sqrt{E_{N,1}(f)}D_{N,1}(f). \qquad (1.8.94)
\end{aligned}
$$

因此, 我们结合 (1.8.92)—(1.8.94) 推导出

$$
\begin{aligned}
&\frac{d}{dt}\sum_{1\leqslant|\alpha|\leqslant N}\|\nu\partial_x^\alpha f\|_{L^2}^2 + \sum_{1\leqslant|\alpha|\leqslant N}\|\nu^{3/2}\partial_x^\alpha f\|_{L^2}^2 \\
\leqslant{}& C\sum_{1\leqslant|\alpha|\leqslant N}\|\nu^{-1/2}\partial_x^\alpha f\|_{L^2}^2 + C\sqrt{E_{N,1}(f)}D_{N,1}(f). \qquad (1.8.95)
\end{aligned}
$$

接下来, 我们建立 f 的零阶加权能量估计. 为此, 将 (1.8.77) 改写为

$$
\begin{aligned}
&\partial_t P_1 f + v\cdot\nabla_x P_1 f + \nu(v)P_1 f \\
={}& KP_1 f + \Gamma(f,f) - P_1(v\cdot\nabla_x P_0 f) + P_0(v\cdot\nabla_x P_1 f). \qquad (1.8.96)
\end{aligned}
$$

取 (1.8.96) 与 $\nu^2 P_1 f$ 的 L^2 内积, 得到

$$
\begin{aligned}
&\frac{1}{2}\frac{d}{dt}\|\nu P_1 f\|_{L^2}^2 + \|\nu^{3/2}P_1 f\|_{L^2}^2 \\
={}& \int_{\mathbb{R}^3}\int_{\mathbb{R}^3} KP_1 f(\nu^2 P_1 f)dxdv + \int_{\mathbb{R}^3}\int_{\mathbb{R}^3}\Gamma(f,f)(\nu^2 P_1 f)dxdv \\
&+ \int_{\mathbb{R}^3}\int_{\mathbb{R}^3}[-P_1(v\cdot\nabla_x P_0 f) + P_0(v\cdot\nabla_x P_1 f)]\nu^2 P_1 f dxdv.
\end{aligned}
$$

通过与 (1.8.95) 类似的讨论, 可以得到

$$\frac{d}{dt}\|\nu P_1 f\|_{L^2}^2+\|\nu^{3/2}P_1 f\|_{L^2}^2$$
$$\leqslant C\|\nabla_x f\|_{L^2}^2+\|\nu^{-1/2}P_1 f\|_{L^2}^2+C\sqrt{E_{N,1}(f)}D_{N,1}(f). \tag{1.8.97}$$

假设

$$E_{N,1}(f(t))\leqslant CE_{N,1}(f_0). \tag{1.8.98}$$

取 $A_3>0$ 充分大, 通过求和 $A_3(1.8.85)+2(1.8.97)+2(1.8.95)$, 我们得到

$$\frac{d}{dt}\left(A_3\mathcal{E}_N(f)+2\|\nu P_1 f\|_{L^2}^2\right)+2\frac{d}{dt}\sum_{1\leqslant|\alpha|\leqslant N}\|\nu\partial_x^\alpha f\|_{L^2}^2$$
$$+A_3D_N(f)+\|\nu^{3/2}P_1 f\|_{L^2}^2+\sum_{1\leqslant|\alpha|\leqslant N}\|\nu^{3/2}\partial_x^\alpha f\|_{L^2}^2\leqslant 0,$$

其中 $\mathcal{E}_N(f)$ 是由 (1.8.87) 定义的能量泛函. 将上式关于时间 t 积分, 可得

$$\mathcal{E}_{N,1}(f(t))+\int_0^t D_{N,1}(f(s))ds\leqslant\mathcal{E}_{N,1}(f_0),$$

其中

$$\mathcal{E}_{N,1}(f)=A_3\mathcal{E}_N(f)+2\|\nu P_1 f\|_{L^2}^2+2\sum_{1\leqslant|\alpha|\leqslant N}\|\nu\partial_x^\alpha f\|_{L^2}^2\sim E_{N,1}(f).$$

因此 (1.8.98) 成立, 这就证明了 (1.8.89).

取 $A_4>0$ 充分大, 通过求和 $A_4(1.8.86)+2(1.8.97)+2(1.8.95)$, 我们得到

$$\frac{d}{dt}\left(A_4\mathcal{H}_N(f)+2\|\nu P_1 f\|_{L^2}^2\right)+2\frac{d}{dt}\sum_{1\leqslant|\alpha|\leqslant N}\|\nu\partial_x^\alpha f\|_{L^2}^2$$
$$+A_4D_N(f)+\|\nu^{3/2}P_1 f\|_{L^2}^2+\sum_{1\leqslant|\alpha|\leqslant N}\|\nu^{3/2}\partial_x^\alpha f\|_{L^2}^2\leqslant C\|\nabla_x(n,m,q)\|_{L_x^2}^2,$$

其中 $\mathcal{H}_N(f)$ 是由 (1.8.88) 定义的能量泛函. 这就证明了 (1.8.90). □

下面我们给出另一种研究 Boltzmann 方程解的大时间行为的方法, 即通过结合非线性方程解的能量估计和线性方程解的衰减速度估计, 我们也可以建立非线性 Boltzmann 方程整体解的最优衰减速度估计. 这种方法得到的衰减速度估计与定理 1.40 相同, 但是需要的条件和解的衰减率的范数有些不同, 具体结论如下:

定理 1.50 设初值 $f_0 \in H_1^2 \cap L^{2,1}$, 并且存在充分小的常数 $\delta_0 > 0$, 使得

$$\|f_0\|_{H_1^2} + \|f_0\|_{L^{2,1}} \leqslant \delta_0. \tag{1.8.99}$$

那么 Boltzmann 方程柯西问题 (1.3.2) 和 (1.3.5) 存在唯一整体解 $f = f(t,x,v)$ 满足

$$\begin{cases} \|\partial_x^\alpha (f(t), \chi_j)\|_{L_x^2} \leqslant C\delta_0 (1+t)^{-\frac{3}{4}-\frac{|\alpha|}{2}}, \quad j = 0,1,2,3,4, \\ \|\partial_x^\alpha P_1 f(t)\|_{L^2} \leqslant C\delta_0 (1+t)^{-\frac{5}{4}-\frac{|\alpha|}{2}}, \\ \|\nu P_1 f\|_{H^2} + \|\nabla_x P_0 f\|_{H^1} \leqslant C\delta_0 (1+t)^{-\frac{5}{4}}, \end{cases} \tag{1.8.100}$$

其中 $|\alpha| = 0, 1$. 如果初值还满足 $P_0 f_0 = 0$, 那么

$$\begin{cases} \|\partial_x^\alpha (f(t), \chi_j)\|_{L_x^2} \leqslant C\delta_0 (1+t)^{-\frac{5}{4}-\frac{|\alpha|}{2}}, \quad j = 0,1,2,3,4, \\ \|\partial_x^\alpha P_1 f(t)\|_{L^2} \leqslant C\delta_0 (1+t)^{-\frac{7}{4}-\frac{|\alpha|}{2}}, \\ \|\nu P_1 f\|_{H^2} + \|\nabla_x P_0 f\|_{H^1} \leqslant C\delta_0 (1+t)^{-\frac{7}{4}}, \end{cases} \tag{1.8.101}$$

其中 $|\alpha| = 0, 1$.

证明 首先, 我们证明 (1.8.100). 事实上, 根据引理 1.48 可知, 当 $E_2(f_0) \leqslant \|f_0\|_{H_1^2}^2 \leqslant \delta_0^2$ 时, 柯西问题 (1.3.2) 和 (1.3.5) 存在唯一的整体解 $f = f(t,x,v)$. 根据 Duhamel 原理, 整体解 f 可以用半群 e^{tB} 表示为

$$f(t) = e^{tB} f_0 + \int_0^t e^{(t-s)B} \Gamma(f,f) ds.$$

对于整体解 f 及任意的 $t > 0$, 定义泛函 $Q_3(t)$ 为

$$\begin{aligned} Q_3(t) = \sup_{0 \leqslant s \leqslant t} \sum_{|\alpha|=0,1} \Bigg\{ & (1+s)^{\frac{3}{4}+\frac{|\alpha|}{2}} \sum_{j=0}^4 \|\partial_x^\alpha (f(s), \chi_j)\|_{L_x^2} + (1+s)^{\frac{5}{4}+\frac{|\alpha|}{2}} \|\partial_x^\alpha P_1 f(s)\|_{L^2} \\ & + (1+s)^{\frac{5}{4}} (\|\nu P_1 f(s)\|_{H^2} + \|\nabla_x P_0 f(s)\|_{H^1}) \Bigg\}. \end{aligned}$$

我们断言, 在定理 1.50 的假设下, 有

$$Q_3(t) \leqslant C\delta_0. \tag{1.8.102}$$

容易验证, (1.8.13) 是 (1.8.102) 的直接推论. 根据引理 1.37, 对任意的 $0 \leqslant s \leqslant t$ 以及 $|\alpha| = 0, 1$, 有

$$\begin{aligned}\|\partial_x^\alpha \Gamma(f,f)(s)\|_{L^2} &\leqslant C \sum_{\alpha' \leqslant \alpha} \|\partial_x^{\alpha'} f\|_{L^2_v(L^3_x)} \|\nu \partial_x^{\alpha-\alpha'} f\|_{L^2_v(L^6_x)} \\ &\leqslant C(1+s)^{-2-\frac{|\alpha|}{2}} Q_3(t)^2,\end{aligned} \tag{1.8.103}$$

$$\begin{aligned}\|\partial_x^\alpha \Gamma(f,f)(s)\|_{L^{2,1}} &\leqslant C \sum_{\alpha' \leqslant \alpha} \|\partial_x^{\alpha'} f\|_{L^2} \|\nu \partial_x^{\alpha-\alpha'} f\|_{L^2} \\ &\leqslant C(1+s)^{-\frac{3}{2}-\frac{|\alpha|}{2}} Q_3(t)^2.\end{aligned} \tag{1.8.104}$$

注意到非线性项 $\Gamma(f,f)$ 满足 $P_0\Gamma(f,f) = 0$, 根据 (1.7.25), (1.7.28), (1.8.103) 及 (1.8.104), 解的宏观部分 $(f(t), \chi_j)$, $j = 0, 1, 2, 3, 4$ 的时间衰减率为

$$\begin{aligned}\|(f(t), \chi_j)\|_{L^2_x} \leqslant{}& C(1+t)^{-\frac{3}{4}} (\|f_0\|_{L^2} + \|f_0\|_{L^{2,1}}) \\ &+ C\int_0^t (1+t-s)^{-\frac{5}{4}} (\|\Gamma(f,f)\|_{L^2} + \|\Gamma(f,f)\|_{L^{2,1}}) ds \\ \leqslant{}& C\delta_0(1+t)^{-\frac{3}{4}} + C(1+t)^{-\frac{5}{4}} Q_3(t)^2,\end{aligned} \tag{1.8.105}$$

以及

$$\begin{aligned}\|\nabla_x (f(t), \chi_j)\|_{L^2_x} \leqslant{}& C(1+t)^{-\frac{5}{4}} (\|\nabla_x f_0\|_{L^2} + \|f_0\|_{L^{2,1}}) \\ &+ C\int_0^t (1+t-s)^{-\frac{7}{4}} (\|\nabla_x \Gamma(f,f)\|_{L^2} + \|\Gamma(f,f)\|_{L^{2,1}}) ds \\ \leqslant{}& C\delta_0(1+t)^{-\frac{5}{4}} + C(1+t)^{-\frac{3}{2}} Q_3(t)^2.\end{aligned} \tag{1.8.106}$$

根据 (1.7.26), (1.7.29), (1.8.103) 及 (1.8.104), 微观部分 $P_1 f(t)$ 的时间衰减率为

$$\begin{aligned}\|P_1 f(t)\|_{L^2} \leqslant{}& C(1+t)^{-\frac{5}{4}} (\|f_0\|_{L^2} + \|f_0\|_{L^{2,1}}) \\ &+ C\int_0^t (1+t-s)^{-\frac{7}{4}} (\|\Gamma(f,f)\|_{L^2} + \|\Gamma(f,f)\|_{L^{2,1}}) ds \\ \leqslant{}& C\delta_0(1+t)^{-\frac{5}{4}} + C(1+t)^{-\frac{3}{2}} Q_3(t)^2,\end{aligned} \tag{1.8.107}$$

以及

$$\|\nabla_x P_1 f(t)\|_{L^2} \leqslant C(1+t)^{-\frac{7}{4}} (\|\nabla_x f_0\|_{L^2} + \|f_0\|_{L^{2,1}})$$

$$
\begin{aligned}
&+C\int_0^{t/2}(1+t-s)^{-\frac{9}{4}}(\|\nabla_x\Gamma(f,f)\|_{L^2}+\|\Gamma(f,f)\|_{L^{2,1}})ds\\
&+C\int_{t/2}^{t}(1+t-s)^{-\frac{7}{4}}(\|\nabla_x\Gamma(f,f)\|_{L^2}+\|\nabla_x\Gamma(f,f)\|_{L^{2,1}})ds\\
\leqslant\,& C\delta_0(1+t)^{-\frac{7}{4}}+C(1+t)^{-2}Q_3(t)^2,
\end{aligned}
\tag{1.8.108}
$$

利用估计 (1.8.105)—(1.8.108), 我们可以建立高阶能量 $H_{2,1}(f)=\|\nu P_1 f\|_{H^2}^2+\|\nabla_x P_0 f\|_{H^1}^2$ 的衰减率, 进而证明 (1.8.102) 成立. 事实上, 根据引理 1.49, 有

$$
\frac{d}{dt}\mathcal{H}_{2,1}(f(t))+D_{2,1}(f(t))\leqslant C\|\nabla_x P_0 f(t)\|_{L^2}^2. \tag{1.8.109}
$$

注意到存在常数 $c_1>0$ 使得 $c_1\mathcal{H}_{2,1}(f)\leqslant D_{2,1}(f)$, 于是, 将 (1.8.106) 代入 (1.8.109), 并利用 Gronwall 不等式, 可以推出

$$
\begin{aligned}
H_{2,1}(f(t))&\leqslant Ce^{-c_1t}\mathcal{H}_{2,1}(f_0)+C\int_0^t e^{-c_1(t-s)}\|\nabla_x P_0 f(s)\|_{L^2}^2ds\\
&\leqslant C\delta_0^2e^{-c_1t}+C\int_0^t e^{-c_1(t-s)}(1+s)^{-\frac{5}{2}}(\delta_0+Q_3(t)^2)^2ds\\
&\leqslant C(1+t)^{-\frac{5}{2}}(\delta_0+Q_3(t)^2)^2.
\end{aligned}
\tag{1.8.110}
$$

综合 (1.8.105)—(1.8.108) 及 (1.8.110), 得到

$$
Q_3(t)\leqslant C\delta_0+CQ_3(t)^2,
$$

因此, 当 $\delta_0>0$ 充分小时, (1.8.102) 成立. 同理可证, 当 $P_0f_0=0$ 时, (1.8.101) 成立. □

最后, 我们可以建立整体解的最优时间衰减率如下.

定理 1.51 *设初值 f_0 满足 (1.8.99), 并且存在常数 $d_0,d_1>0$ 与 $r_0>0$, 使得初值 $f_0(x,v)$ 的傅里叶变换 $\hat{f}_0(\xi,v)$ 满足*

$$
\inf_{|\xi|\leqslant r_0}|(\hat{f}_0,\chi_0)|\geqslant d_0,\quad \sup_{|\xi|\leqslant r_0}(\hat{f}_0,v\chi_0)=0,\quad \inf_{|\xi|\leqslant r_0}|(\hat{f}_0,\chi_4)|\geqslant d_1\sup_{|\xi|\leqslant r_0}|(\hat{f}_0,\chi_0)|,
$$

那么当 $t>0$ 充分大时, Boltzmann 方程柯西问题 (1.3.2) 和 (1.3.5) 的整体解 f 满足

$$
\begin{aligned}
&C_1d_0(1+t)^{-\frac{3}{4}}\leqslant\|(f(t),\chi_j)\|_{L_x^2}\leqslant C_2\delta_0(1+t)^{-\frac{3}{4}},\quad j=0,4,\\
&C_1d_0(1+t)^{-\frac{3}{4}}\leqslant\|(f(t),v\chi_0)\|_{L_x^2}\leqslant C_2\delta_0(1+t)^{-\frac{3}{4}},
\end{aligned}
$$

$$C_1d_0(1+t)^{-\frac{5}{4}} \leqslant \|P_1f(t)\|_{L^2} \leqslant C_2\delta_0(1+t)^{-\frac{5}{4}},$$

$$C_1d_0(1+t)^{-\frac{3}{4}} \leqslant \|f(t)\|_{H_1^2} \leqslant C_2\delta_0(1+t)^{-\frac{3}{4}},$$

其中 $C_2 > C_1 > 0$ 为两个正常数.

如果 $P_0f_0 = 0$, 且 $\hat{f}_0$ 满足

$$\inf_{|\xi|\leqslant r_0} |(\hat{f}_0, L^{-1}P_1(v\cdot\omega)^2\chi_0)| \geqslant d_0, \quad \sup_{|\xi|\leqslant r_0} |(\hat{f}_0, L^{-1}P_1(v\cdot\omega)\chi_4)| = 0,$$

其中 $\omega = \xi/|\xi|$, 那么当 $t > 0$ 充分大时, 有

$$C_1d_0(1+t)^{-\frac{5}{4}} \leqslant \|(f(t),\chi_j)\|_{L_x^2} \leqslant C_2\delta_0(1+t)^{-\frac{5}{4}}, \quad j = 0, 4,$$

$$C_1d_0(1+t)^{-\frac{5}{4}} \leqslant \|(f(t),v\chi_0)\|_{L_x^2} \leqslant C_2\delta_0(1+t)^{-\frac{5}{4}},$$

$$C_1d_0(1+t)^{-\frac{7}{4}} \leqslant \|P_1f(t)\|_{L^2} \leqslant C_2\delta_0(1+t)^{-\frac{7}{4}},$$

$$C_1d_0(1+t)^{-\frac{5}{4}} \leqslant \|f(t)\|_{H_1^2} \leqslant C_2\delta_0(1+t)^{-\frac{5}{4}}.$$

第 2 章 Vlasov-Poisson-Boltzmann 方程 I: 谱分析及其最优衰减率

在本章中, 我们首先介绍单极、双极和修正 Vlasov-Poisson-Boltzmann 方程的模型, 以及这三个方程的线性算子的谱分析和生成半群的性质, 然后给出非线性方程的近平衡态强解的能量估计、存在唯一性和最优衰减速度估计.

2.1 Vlasov-Poisson-Boltzmann 方程: 模型

Vlasov-Poisson-Boltzmann (VPB) 方程可用于描述等离子体或半导体器件中稀薄带电粒子在自洽电场作用下的运动过程[66]. 首先, 考虑由单个带电粒子 (比如, 电子) 组成的稀薄气体, 其运动过程可由单极 VPB 方程刻画:

$$\partial_t F + v \cdot \nabla_x F + \nabla_x \Phi \cdot \nabla_v F = Q(F, F), \tag{2.1.1}$$

$$\Delta_x \Phi = \int_{\mathbb{R}^3} F dv - \bar{\rho}, \tag{2.1.2}$$

其中 $F = F(t, x, v)$, $(t, x, v) \in \mathbb{R}_+ \times \mathbb{R}^3 \times \mathbb{R}^3$ 是电子的密度分布函数, $\Phi(t, x)$ 为电势. $\bar{\rho} > 0$ 是背景密度并假设是一个常数. 碰撞算子 $Q(F, G)$ 由 (1.1.2) 定义.

其次, 考虑由两种带电粒子 (比如, 电子和离子) 组成的稀薄气体, 其运动过程可由双极 Vlasov-Poisson-Boltzmann (bVPB) 方程刻画:

$$\partial_t F_+ + v \cdot \nabla_x F_+ + \nabla_x \Phi \cdot \nabla_v F_+ = Q(F_+, F_+) + Q(F_+, F_-), \tag{2.1.3}$$

$$\partial_t F_- + v \cdot \nabla_x F_- - \nabla_x \Phi \cdot \nabla_v F_- = Q(F_-, F_-) + Q(F_-, F_+), \tag{2.1.4}$$

$$\Delta_x \Phi = \int_{\mathbb{R}^3} (F_+ - F_-) dv, \tag{2.1.5}$$

其中 $F_+ = F_+(t, x, v)$, $F_- = F_-(t, x, v)$, $(t, x, v) \in \mathbb{R}_+ \times \mathbb{R}^3 \times \mathbb{R}^3$ 分别为离子与电子的密度分布函数, 并且 $\Phi(t, x)$ 为电势.

假设电子的分布非常稀薄, 达到局部的平衡态, 并且电子的质量与离子的质量相比较小, 电子与离子的碰撞积分 $Q(F_+, F_-)$ 可以忽略不计. 那么方程 (2.1.4) 可简化为

$$v \cdot \nabla_x F_- - \nabla_x \Phi \cdot \nabla_v F_- = 0.$$

于是, 可以推出电子的密度满足以下的局部麦克斯韦分布:

$$F_- = \rho_-(x)M(v) = \frac{1}{(2\pi)^{\frac{3}{2}}}e^{-\Phi}e^{-\frac{|v|^2}{2}}.$$

通过上面的推导, 从 bVPB 方程 (2.1.3)—(2.1.5) 可以得到修正 Vlasov-Poisson-Boltzmann (mVPB) 方程:

$$\partial_t F + v\cdot\nabla_x F + \nabla_x\Phi\cdot\nabla_v F = Q(F,F), \tag{2.1.6}$$

$$\Delta_x\Phi = \int_{\mathbb{R}^3} F dv - e^{-\Phi}, \tag{2.1.7}$$

其中 $F = F(t,x,v)$, $(t,x,v)\in\mathbb{R}_+\times\mathbb{R}^3\times\mathbb{R}^3$ 为离子的密度分布函数, $\Phi(t,x)$ 为电势. 对于修正模型的详细推导过程, 读者可参看 [12]. 在本章中, 我们考虑**硬球模型** (1.1.7) 和具有角截断的**硬势模型** (1.1.8) 两种情况.

关于 VPB 方程解的存在性和渐近行为已有大量研究. 文献 [59, 60, 67] 证明了 VPB 方程大初值重整化解的整体存在性, 但是唯一性未知. 当初值接近全局麦克斯韦分布时, 文献 [33] 首次证明了环面 $\mathbb{T}^3$ 上整体强解的存在唯一性, 文献 [17, 19, 20, 72, 85, 86] 给出了全空间 $\mathbb{R}^3$ 中整体强解的存在唯一性. 当初值接近真空时, 文献 [18, 34] 证明了整体强解的存在唯一性. 另一方面, 文献 [16, 52] 证明了单极 VPB 方程整体解在 L^2 范数下的衰减速度为 $(1+t)^{-\frac{1}{4}}$, 文献 [53, 83, 87] 证明了双极 VPB 方程整体解的衰减速度为 $(1+t)^{-\frac{3}{4}}$. 对于初值在全局麦克斯韦分布附近的 VPB 方程的整体强解的流体动力学极限的研究可参见 [35, 84]. 具体地说, 在 [35] 中, Guo 等证明了单极 VPB 方程的整体强解收敛到可压缩 Euler-Poisson 方程的强解; 在 [84] 中, Wang 证明了双极 VPB 方程整体强解收敛不可压 Vlasov-Navier-Stokes-Fourier 方程的强解. 此外, 一维双极 VPB 方程可观察到与 Boltzmann 方程有相似的波现象[21, 54, 55], 比如激波 (shock profile)、稀疏波 (rarefaction wave) 以及粘性接触波 (viscous contact wave).

然而, 与 Boltzmann 方程[27, 62, 78–80] 的工作相比, 尽管 VPB 方程的谱分析非常重要, 但是至今还没有结果. 本章的主要目的就是填补这一空白.

在本章中, 我们研究以上三类 VPB 方程的谱分析和近平衡态整体解的最优衰减率. 首先, 我们考虑单极 VPB 方程 (2.1.1)–(2.1.2). 为了简单起见, 设 $\bar\rho = 1$. 注意到单极 VPB 方程 (2.1.1) 存在一个稳态解 $(F_*,\Phi_*) = (M(v),0)$, 其中 $M(v)$ 为归一化的全局麦克斯韦分布 (1.3.1). 定义 $F(t,x,v)$ 在 M 附近的扰动 $f(t,x,v)$ 为

$$F = M + \sqrt{M}f,$$

则关于 f 的 VPB 方程的柯西问题表示为

$$\partial_t f+v\cdot\nabla_x f-Lf-v\sqrt{M}\cdot\nabla_x\Phi=\frac{1}{2}(v\cdot\nabla_x\Phi)f-\nabla_x\Phi\cdot\nabla_v f+\Gamma(f,f), \tag{2.1.8}$$

$$\Delta_x\Phi=\int_{\mathbb{R}^3}f\sqrt{M}dv, \tag{2.1.9}$$

$$f(0,x,v)=f_0(x,v), \tag{2.1.10}$$

其中线性碰撞算子 Lf 与非线性项 $\Gamma(f,g)$ 定义为

$$Lf=\frac{1}{\sqrt{M}}[Q(M,\sqrt{M}f)+Q(\sqrt{M}f,M)], \tag{2.1.11}$$

$$\Gamma(f,g)=\frac{1}{\sqrt{M}}Q(\sqrt{M}f,\sqrt{M}g). \tag{2.1.12}$$

其次, 我们考虑 bVPB 方程 (2.1.3)—(2.1.5). 令

$$F_1=:F_++F_-,\quad F_2=:F_+-F_-.$$

那么关于 F_1,F_2 的 bVPB 方程 (2.1.3)—(2.1.5) 可以表示为

$$\partial_t F_1+v\cdot\nabla_x F_1+\nabla_x\Phi\cdot\nabla_v F_2=Q(F_1,F_1), \tag{2.1.13}$$

$$\partial_t F_2+v\cdot\nabla_x F_2+\nabla_x\Phi\cdot\nabla_v F_1=Q(F_2,F_1), \tag{2.1.14}$$

$$\Delta_x\Phi=\int_{\mathbb{R}^3}F_2dv, \tag{2.1.15}$$

注意到 bVPB 方程 (2.1.13)—(2.1.15) 存在一个稳态解 $(F_1^*,F_2^*,\Phi^*)=(M(v),0,0)$. 定义关于 F_1,F_2 的扰动 $f_1(t,x,v)$, $f_2(t,x,v)$ 为

$$F_1=M+\sqrt{M}f_1,\quad F_2=\sqrt{M}f_2.$$

那么, 关于 f_1, f_2 的 bVPB 方程的柯西问题可表示为

$$\partial_t f_1+v\cdot\nabla_x f_1-Lf_1=\frac{1}{2}(v\cdot\nabla_x\Phi)f_2-\nabla_x\Phi\cdot\nabla_v f_2+\Gamma(f_1,f_1), \tag{2.1.16}$$

$$\partial_t f_2+v\cdot\nabla_x f_2-v\sqrt{M}\cdot\nabla_x\Phi-L_1f_2=\frac{1}{2}(v\cdot\nabla_x\Phi)f_1-\nabla_x\Phi\cdot\nabla_v f_1+\Gamma(f_2,f_1), \tag{2.1.17}$$

$$\Delta_x\Phi=\int_{\mathbb{R}^3}f_2\sqrt{M}dv, \tag{2.1.18}$$

$$f_1(0,x,v)=f_{1,0}(x,v),\quad f_2(0,x,v)=f_{2,0}(x,v),\tag{2.1.19}$$

其中线性算子 Lf 和非线性项 $\Gamma(f,g)$ 分别由 (2.1.11), (2.1.12) 给出, 且线性算子 L_1f 定义为

$$L_1f=\frac{1}{\sqrt{M}}Q(\sqrt{M}f,M).\tag{2.1.20}$$

最后, 我们考虑 mVPB 方程 (2.1.6)–(2.1.7). 注意到 mVPB 方程存在一个稳态解 $(F_*,\Phi_*)=(M(v),0)$. 定义 F 在 M 附近的扰动 $f(t,x,v)$ 为

$$F=M+\sqrt{M}f,$$

那么, 关于 f 的 mVPB 方程的柯西问题可表示为

$$\partial_tf+v\cdot\nabla_xf-v\sqrt{M}\cdot\nabla_x\Phi-Lf=\frac{1}{2}(v\cdot\nabla_x\Phi)f-\nabla_x\Phi\cdot\nabla_vf+\Gamma(f,f),\tag{2.1.21}$$

$$(I-\Delta_x)\Phi=-\int_{\mathbb{R}^3}f\sqrt{M}dv+(e^{-\Phi}-1+\Phi),\tag{2.1.22}$$

$$f(0,x,v)=f_0(x,v).\tag{2.1.23}$$

算子 L 满足引理 1.14. 经直接计算, 算子 L_1 可分解为

$$\begin{cases}L_1f=-\nu(v)f+K_bf,\\ \nu(v)=\displaystyle\int_{\mathbb{R}^3}\int_{\mathbb{S}^2}B(|v-v_*|,\omega)M_*d\omega dv_*,\\ K_bf=\displaystyle\int_{\mathbb{R}^3}\int_{\mathbb{S}^2}B(|v-v_*|,\omega)f(v')\sqrt{M(v_*)M(v'_*)}d\omega dv_*.\end{cases}\tag{2.1.24}$$

容易验证, 对于硬球模型, 有 $K_b=\dfrac{1}{2}K_2$, 其中 K_2 由 (1.4.1) 给出. 算子 L_1 满足以下的引理.

引理 2.1 ([76]) *对于硬球模型 (1.1.7) 和硬势模型 (1.1.8), 以下结果成立.*

(1) L_1 有如下的分解:

$$L_1f=-\nu(v)f+K_bf,$$

这里 $\nu(v)$ 是只依赖于 $|v|$ 的非负函数, 满足

$$\nu_0(1+|v|)^\gamma\leqslant\nu(v)\leqslant\nu_1(1+|v|)^\gamma,$$

其中 $\nu_0, \nu_1 > 0$, $\gamma \in [0,1]$ 均为常数. K_b 是积分算子, 即

$$K_b f(v) = \int_{\mathbb{R}^3} k_b(v,u) f(u) du,$$

其积分核 $k_b(v,u) = k_b(u,v)$ 满足下列不等式:

(a) $k_b(v,u) \leqslant \dfrac{C}{|v-u|} e^{-\frac{|u-v|^2}{8} - \frac{(|u|^2-|v|^2)^2}{8|u-v|^2}}$,

(b) $\sup_v \int_{\mathbb{R}^3} |k_b(v,u)| du \leqslant C$, $\sup_v \int_{\mathbb{R}^3} |k_b(v,u)|^2 du \leqslant C$,

(c) $\int_{\mathbb{R}^3} |k_b(v,u)|(1+|u|^2)^{-\frac{\alpha}{2}} du \leqslant C(1+|v|^2)^{-\frac{1}{2}(\alpha+1)}$, $\forall \alpha \geqslant 0$.

此外, K_b 是 $L^2(\mathbb{R}^3)$ 中的自伴紧算子.

(2) L_1 是一个非正的自伴算子, 它的零空间, 记为 N_1, 是由 $\sqrt{M}$ 张成的子空间.

(3) 定义 P_d, P_r 分别为 $L^2(\mathbb{R}^3_v)$ 到 $N_1, N_1^{\perp}$ 的投影算子:

$$P_d f = (f, \sqrt{M})\sqrt{M}, \quad P_r = I - P_d. \tag{2.1.25}$$

L_1 为非正且局部强制的, 即存在一个常数 $\mu > 0$ 使得

$$(L_1 f, f) \leqslant -\mu(P_r f, P_r f), \quad f \in D(L_1), \tag{2.1.26}$$

其中 $D(L_1)$ 为 L_1 的定义域:

$$D(L_1) = \left\{ f \in L^2(\mathbb{R}^3) \,|\, \nu(v) f \in L^2(\mathbb{R}^3) \right\}.$$

2.2 线性单极 VPB 方程的谱分析

在本节中, 我们研究线性单极 VPB 算子的谱集和预解集. 为此, 考虑下面的线性单极 VPB 方程

$$\begin{cases} \partial_t f = B_1 f, & t > 0, \\ f(0,x,v) = f_0(x,v), & (x,v) \in \mathbb{R}^3_x \times \mathbb{R}^3_v, \end{cases} \tag{2.2.1}$$

其中 B_1 为线性 VPB 算子, 定义为

$$B_1 = L - v \cdot \nabla_x - v \cdot \nabla_x (-\Delta_x)^{-1} P_d, \tag{2.2.2}$$

并且

$$P_d f = \sqrt{M} \int_{\mathbb{R}^3} f \sqrt{M} dv, \quad f \in L^2(\mathbb{R}^3). \tag{2.2.3}$$

对 (2.2.1) 关于变量 x 做傅里叶变换, 得到

$$\begin{cases}\partial_t \hat{f} = B_1(\xi)\hat{f}, \quad t>0,\\ \hat{f}(0,\xi,v)=\hat{f}_0(\xi,v), \quad (\xi,v)\in\mathbb{R}^3_\xi\times\mathbb{R}^3_v,\end{cases} \tag{2.2.4}$$

其中算子 $B_1(\xi)$ 定义为

$$B_1(\xi)=L-\mathrm{i}(v\cdot\xi)-\mathrm{i}\frac{v\cdot\xi}{|\xi|^2}P_d, \quad \xi\neq 0. \tag{2.2.5}$$

2.2.1 算子 $B_1(\xi)$ 的谱结构

令 $\xi\neq 0$, 引入加权 Hilbert 空间 $L^2_\xi(\mathbb{R}^3_v)$:

$$L^2_\xi(\mathbb{R}^3)=\left\{f\in L^2(\mathbb{R}^3_v)\,|\,\|f\|_\xi=\sqrt{(f,f)_\xi}<\infty\right\},$$

其内积定义为

$$(f,g)_\xi=(f,g)+\frac{1}{|\xi|^2}(P_df,P_dg).$$

由于 P_d 是自共轭算子, 满足 $(P_df,P_dg)=(P_df,g)=(f,P_dg)$, 因此

$$(f,g)_\xi=\left(f,g+\frac{1}{|\xi|^2}P_dg\right)=\left(f+\frac{1}{|\xi|^2}P_df,g\right). \tag{2.2.6}$$

由于

$$\|f\|^2\leqslant\|f\|^2_\xi\leqslant(1+|\xi|^{-2})\|f\|^2, \quad \xi\neq 0,$$

则对任意固定的 $\xi\neq 0$, $B_1(\xi)$ 是一个从 $L^2_\xi(\mathbb{R}^3)$ 映到 $L^2_\xi(\mathbb{R}^3)$ 的线性算子.

引理 2.2 对任意固定的 $\xi\neq 0$, 算子 $B_1(\xi)$ 在 $L^2_\xi(\mathbb{R}^3_v)$ 上生成一个强连续压缩半群, 满足

$$\|e^{tB_1(\xi)}f\|_\xi\leqslant\|f\|_\xi, \quad \forall t>0, \quad f\in L^2_\xi(\mathbb{R}^3_v).$$

此外, $\rho(B_1(\xi))\supset\{\lambda\in\mathbb{C}\,|\,\mathrm{Re}\lambda>0\}$.

证明 首先, 我们证明算子 $B_1(\xi)$ 及其共轭算子 $B_1(\xi)^*$ 在 $L^2_\xi(\mathbb{R}^3_v)$ 上是耗散的. 根据 (2.2.6), 对任意的 $f,g\in L^2_\xi(\mathbb{R}^3_v)\cap D(B_1(\xi))$, 有

$$\begin{aligned}(B_1(\xi)f,g)_\xi&=\left(B_1(\xi)f,g+\frac{1}{|\xi|^2}P_dg\right)\\&=\left(f,\left(L+\mathrm{i}(v\cdot\xi)+\mathrm{i}\frac{v\cdot\xi}{|\xi|^2}P_d\right)g\right)_\xi=(f,B_1(\xi)^*g)_\xi,\end{aligned} \tag{2.2.7}$$

其中 $B_1(\xi)$ 的共轭算子 $B_1(\xi)^*$ 为

$$B_1(\xi)^* = B_1(-\xi) = L + \mathrm{i}(v\cdot\xi) + \mathrm{i}\frac{v\cdot\xi}{|\xi|^2}P_d.$$

于是

$$\mathrm{Re}(B_1(\xi)f, f)_\xi = \mathrm{Re}(B_1(\xi)^* f, f)_\xi = (Lf, f) \leqslant 0,$$

即算子 $B_1(\xi)$ 与 $B_1(\xi)^*$ 都是耗散的.

其次, 注意到 $D(B_1(\xi)) = D(L)$ 是 $L^2(\mathbb{R}^3)$ 中的稠集, 并且对任意 $f_n \in D(B_1(\xi))$ 满足 $f_n \to g$ 以及 $B_1(\xi)f_n = h_n \to h$ $(n\to\infty)$, 有

$$(\nu(v) + \mathrm{i}(v\cdot\xi))f_n = Kf_n - \mathrm{i}\frac{v\cdot\xi}{|\xi|^2}P_d f_n - h_n,$$

其中 $\nu(v)$ 和 K 由 (1.3.6) 给出, 即

$$f_n = \frac{Kf_n - \mathrm{i}(v\cdot\xi)|\xi|^{-2}P_d f_n}{\nu(v) + \mathrm{i}(v\cdot\xi)} - \frac{h_n}{\nu(v) + \mathrm{i}(v\cdot\xi)}.$$

于是, 取 $n\to\infty$, 有

$$g = \frac{Kg - \mathrm{i}(v\cdot\xi)|\xi|^{-2}P_d g}{\nu(v) + \mathrm{i}(v\cdot\xi)} - \frac{h}{\nu(v) + \mathrm{i}(v\cdot\xi)},$$

由此推导出 $B_1(\xi)g = h$, 因此 $B_1(\xi)$ 是一个闭稠定算子. 根据引理 1.16, 算子 $B_1(\xi)$ 在 $L^2_\xi(\mathbb{R}^3_v)$ 上生成了一个 C_0-压缩半群, 并且满足 $\rho(B_1(\xi)) \supset \{\lambda \in \mathbb{C}\,|\,\mathrm{Re}\lambda > 0\}$. □

引理 2.3 对于任意的 $\xi \neq 0$, 以下结论成立.

(1) $\sigma_{\mathrm{ess}}(B_1(\xi)) \subset \{\lambda\in\mathbb{C}\,|\,\mathrm{Re}\lambda \leqslant -\nu_0\}$, 并且 $\sigma(B_1(\xi)) \cap \{\lambda\in\mathbb{C}\,|\,-\nu_0 < \mathrm{Re}\lambda \leqslant 0\} \subset \sigma_d(B_1(\xi))$.

(2) 如果 $\lambda(\xi)$ 是 $B_1(\xi)$ 的一个特征值, 那么对任意的 $\xi\neq 0$, 都有 $\mathrm{Re}\lambda(\xi) < 0$.

证明 令

$$\mathrm{c}(\xi) = -\nu(v) - \mathrm{i}(v\cdot\xi). \tag{2.2.8}$$

显然, 当 $\lambda \in R(\mathrm{c}(\xi))^c$ 时, 算子 $\lambda - \mathrm{c}(\xi)$ 是可逆, 并且 $\sigma_{\mathrm{ess}}(\mathrm{c}(\xi)) = R(\mathrm{c}(\xi))$. 由于对任意固定的 $\xi\neq 0$, K 与 $\mathrm{i}\frac{v\cdot\xi}{|\xi|^2}P_d$ 都是 $L^2_\xi(\mathbb{R}^3_v)$ 上的紧算子, 于是 $B_1(\xi) = \mathrm{c}(\xi) - K - \mathrm{i}\frac{v\cdot\xi}{|\xi|^2}P_d$ 为 $\mathrm{c}(\xi)$ 的紧扰动. 根据引理 1.23, $B_1(\xi)$ 与 $\mathrm{c}(\xi)$ 有相同的本质谱, 即

$$\sigma_{\mathrm{ess}}(B_1(\xi)) = \sigma_{\mathrm{ess}}(\mathrm{c}(\xi)) \subset \{\lambda\in\mathbb{C}\,|\,\mathrm{Re}\lambda \leqslant -\nu_0\}.$$

因此, $B_1(\xi)$ 在区域 $\mathrm{Re}\lambda > -\nu_0$ 上的谱全部由离散的特征值组成. 这就证明了结论 (1).

接下来, 我们证明 (2). 设 $\xi = s\omega$, 其中 $s = |\xi|$, $\omega = \xi/|\xi|$, 并设 (λ, h) 为 $B_1(\xi)$ 的特征值和特征函数. 则

$$\lambda h = Lh - \mathrm{i}s(v\cdot\omega)\left(h + \frac{1}{s^2}P_d h\right), \quad s \neq 0. \tag{2.2.9}$$

将 (2.2.9) 与 $h + \frac{1}{s^2}P_d h$ 作内积并取实部, 得到

$$(Lh, h) = \mathrm{Re}\lambda\left(\|h\|^2 + \frac{1}{s^2}\|P_d h\|^2\right), \quad s \neq 0. \tag{2.2.10}$$

根据上式与 (1.6.5), 可以推出 $\mathrm{Re}\lambda \leqslant 0$.

假设存在一个特征值 λ 满足 $\mathrm{Re}\lambda = 0$, 那么由 (2.2.10) 可以推出 $(Lh, h) = 0$, 即 $h \in N_0$, 并且 h 满足

$$-\mathrm{i}s(v\cdot\omega)\left(h + \frac{1}{s^2}P_d h\right) = \lambda h,$$

将上式分别投影到 L 的零空间 N_0 以及零空间的正交补 $N_0^{\perp}$, 得到

$$P_0(v\cdot\omega)\left(sh + \frac{1}{s}P_d h\right) = \mathrm{i}\lambda h, \tag{2.2.11}$$

$$P_1(v\cdot\omega)h = 0. \tag{2.2.12}$$

由 (2.2.12) 可以推出 $h = C_0\sqrt{M}$. 将它代入到 (2.2.11), 得到

$$(v\cdot\omega)\left(s + \frac{1}{s}\right)C_0\sqrt{M} = \mathrm{i}\lambda C_0\sqrt{M},$$

由此推出 $C_0 = 0$, 即 $h \equiv 0$, 这样就与 $h \neq 0$ 产生了矛盾. 因此, 对于任意 $\xi \neq 0$, $B_1(\xi)$ 的特征值 λ 必须满足 $\mathrm{Re}\lambda < 0$. □

记 T 为 $L^2(\mathbb{R}^3_v)$ 或 $L^2_\xi(\mathbb{R}^3_v)$ 上的线性算子, 定义 T 的范数为

$$\|T\| = \sup_{\|f\|=1}\|Tf\|, \quad \|T\|_\xi = \sup_{\|f\|_\xi=1}\|Tf\|_\xi.$$

容易验证

$$\frac{\|Tf\|^2}{(1+|\xi|^{-2})\|f\|^2} \leqslant \frac{\|Tf\|_\xi^2}{\|f\|_\xi^2} \leqslant \frac{(1+|\xi|^{-2})\|Tf\|^2}{\|f\|^2},$$

即

$$(1+|\xi|^{-2})^{-\frac{1}{2}}\|T\| \leqslant \|T\|_\xi \leqslant (1+|\xi|^{-2})^{\frac{1}{2}}\|T\|. \tag{2.2.13}$$

首先, 我们考虑 $B_1(\xi)$ 在高频的谱集. 对于 $|\xi|>0$ 和 $\mathrm{Re}\lambda > -\nu_0$, 将算子 $\lambda - B_1(\xi)$ 分解为

$$\begin{aligned}\lambda - B_1(\xi) &= \lambda - \mathrm{c}(\xi) - K + \mathrm{i}\frac{v\cdot\xi}{|\xi|^2}P_d\\ &= \Big(I - K(\lambda-\mathrm{c}(\xi))^{-1} + \mathrm{i}\frac{v\cdot\xi}{|\xi|^2}P_d(\lambda-\mathrm{c}(\xi))^{-1}\Big)(\lambda-\mathrm{c}(\xi)),\end{aligned} \tag{2.2.14}$$

并且对 (2.2.14) 等号右边的项做如下估计.

引理 2.4 存在常数 $C>0$, 使得以下结论成立:

(1) 对任意的 $\delta>0$, 有

$$\sup_{x\geqslant-\nu_0+\delta, y\in\mathbb{R}} \|K(x+\mathrm{i}y-\mathrm{c}(\xi))^{-1}\| \leqslant C\delta^{-\frac{1}{2}}(1+|\xi|)^{-\frac{1}{2}}. \tag{2.2.15}$$

(2) 对任意的 $\delta>0$, $\tau_0>0$, 有

$$\sup_{x\geqslant-\nu_0+\delta, |\xi|\leqslant\tau_0} \|K(x+\mathrm{i}y-\mathrm{c}(\xi))^{-1}\| \leqslant C\delta^{-1}(1+\tau_0)^{\frac{1}{2}}(1+|y|)^{-\frac{1}{2}}. \tag{2.2.16}$$

(3) 对任意的 $\delta>0$, $r_0>0$, 有

$$\sup_{x\geqslant-\nu_0+\delta, y\in\mathbb{R}} \|(v\cdot\xi)|\xi|^{-2}P_d(x+\mathrm{i}y-\mathrm{c}(\xi))^{-1}\| \leqslant C\delta^{-1}|\xi|^{-1}, \tag{2.2.17}$$

$$\sup_{x\geqslant-\nu_0+\delta, |\xi|\geqslant r_0} \|(v\cdot\xi)|\xi|^{-2}P_d(x+\mathrm{i}y-\mathrm{c}(\xi))^{-1}\| \leqslant C(r_0^{-1}+1)(\delta^{-1}+1)|y|^{-1}. \tag{2.2.18}$$

证明 (2.2.15) 与 (2.2.16) 的证明已经在引理 1.26 中给出.

由 $\|(v\cdot\xi)|\xi|^{-2}P_d\| \leqslant C|\xi|^{-1}$, 以及 $\|(x+\mathrm{i}y-\mathrm{c}(\xi))^{-1}\| \leqslant (x+\nu_0)^{-1}$, (2.2.17) 得证. 由分解

$$\frac{(v\cdot\xi)}{|\xi|^2}P_d(\lambda-\mathrm{c}(\xi))^{-1} = \frac{1}{\lambda}\frac{(v\cdot\xi)}{|\xi|^2}P_d + \frac{1}{\lambda}\frac{(v\cdot\xi)}{|\xi|^2}P_d\mathrm{c}(\xi)(\lambda-\mathrm{c}(\xi))^{-1},$$

以及 $\|(v\cdot\xi)|\xi|^{-2}P_d\mathrm{c}(\xi)\| \leqslant C(|\xi|^{-1}+1)$, (2.2.18) 得证. □

根据引理 2.4, 我们得到算子 $B_1(\xi)$ 在高频有谱间隙.

引理 2.5 (谱间隙) 对任意的 $r_0>0$, 存在常数 $\eta=\eta(r_0)>0$ 使得当 $|\xi|\geqslant r_0$ 时,

$$\sigma(B_1(\xi)) \subset \{\lambda\in\mathbb{C}\,|\,\mathrm{Re}\lambda < -\eta\}. \tag{2.2.19}$$

证明 设 $\lambda(\xi)\in\sigma(B_1(\xi))\cap\{\lambda\in\mathbb{C}\,|\,\mathrm{Re}\lambda\geqslant-\nu_0+\delta\}$, 其中 $\delta\in(0,\nu_0)$ 为常数. 首先, 我们断言 $\sup\limits_{|\xi|\geqslant r_0}|\mathrm{Im}\lambda(\xi)|<+\infty$. 事实上, 根据 (2.2.15), (2.2.17) 与 (2.2.13), 存在充分大的 $r_1=r_1(\delta)>0$, 使得当 $\mathrm{Re}\lambda\geqslant-\nu_0+\delta$ 且 $|\xi|\geqslant r_1$ 时, 有

$$\|K(\lambda-\mathrm{c}(\xi))^{-1}\|_\xi\leqslant\frac{1}{4},\quad \|(v\cdot\xi)|\xi|^{-2}P_d(\lambda-\mathrm{c}(\xi))^{-1}\|_\xi\leqslant\frac{1}{4}. \tag{2.2.20}$$

因此, 算子 $I+K(\lambda-\mathrm{c}(\xi))^{-1}+\mathrm{i}(v\cdot\xi)|\xi|^{-2}P_d(\lambda-\mathrm{c}(\xi))^{-1}$ 在 $L^2_\xi(\mathbb{R}^3_v)$ 上可逆. 从而, 根据 (2.2.14) 可知, 对于 $\mathrm{Re}\lambda\geqslant-\nu_0+\delta$ 与 $|\xi|\geqslant r_1$, 算子 $\lambda-B_1(\xi)$ 在 $L^2_\xi(\mathbb{R}^3_v)$ 上也是可逆的, 并且满足

$$(\lambda-B_1(\xi))^{-1}=(\lambda-\mathrm{c}(\xi))^{-1}\Big(I-K(\lambda-\mathrm{c}(\xi))^{-1}+\mathrm{i}\frac{v\cdot\xi}{|\xi|^2}P_d(\lambda-\mathrm{c}(\xi))^{-1}\Big)^{-1}. \tag{2.2.21}$$

因此, 对于 $|\xi|\geqslant r_1$, 有

$$\rho(B_1(\xi))\supset\{\lambda\in\mathbb{C}\,|\,\mathrm{Re}\lambda\geqslant-\nu_0+\delta\}. \tag{2.2.22}$$

当 $r_0\leqslant|\xi|\leqslant r_1$ 时, 根据 (2.2.16) 与 (2.2.18), 存在常数 $\zeta=\zeta(r_0,r_1,\delta)>0$, 使得当 $\mathrm{Re}\lambda\geqslant-\nu_0+\delta$ 且 $|\mathrm{Im}\lambda|>\zeta$ 时 (2.2.20) 仍然成立. 由此推出算子 $\lambda-B_1(\xi)$ 在 $L^2_\xi(\mathbb{R}^3_v)$ 上可逆, 即对于 $r_0\leqslant|\xi|\leqslant r_1$,

$$\rho(B_1(\xi))\supset\{\lambda\in\mathbb{C}\,|\,\mathrm{Re}\lambda\geqslant-\nu_0+\delta,|\mathrm{Im}\lambda|>\zeta\}. \tag{2.2.23}$$

因此, 由 (2.2.22) 和 (2.2.23) 可得, 对于 $|\xi|\geqslant r_0$,

$$\sigma(B_1(\xi))\cap\{\lambda\in\mathbb{C}\,|\,\mathrm{Re}\lambda\geqslant-\nu_0+\delta\}\subset\{\lambda\in\mathbb{C}\,|\,\mathrm{Re}\lambda\geqslant-\nu_0+\delta,\,|\mathrm{Im}\lambda|\leqslant\zeta\}. \tag{2.2.24}$$

其次, 我们证明 $\sup\limits_{|\xi|\geqslant r_0}\mathrm{Re}\lambda(\xi)<0$. 事实上, 根据 (2.2.22), 我们只需证明

$$\sup_{r_0\leqslant|\xi|\leqslant r_1}\mathrm{Re}\lambda(\xi)<0. \tag{2.2.25}$$

我们用反证法. 假设 (2.2.25) 不成立, 即存在 $r_0>0$, 以及序列 $\{(\xi_n,\lambda_n,f_n)\}$ 满足 $|\xi_n|\in[r_0,r_1]$, $f_n\in L^2(\mathbb{R}^3)$, $\|f_n\|=1$ 以及

$$Lf_n-\mathrm{i}(v\cdot\xi_n)f_n-\mathrm{i}\frac{v\cdot\xi_n}{|\xi_n|^2}P_df_n=\lambda_nf_n,\quad \mathrm{Re}\lambda_n\to0,\quad n\to\infty.$$

将上式改写为

$$(\lambda_n+\nu+\mathrm{i}(v\cdot\xi_n))f_n=Kf_n-\mathrm{i}\frac{v\cdot\xi_n}{|\xi_n|^2}P_df_n. \tag{2.2.26}$$

由于 K 是 $L^2(\mathbb{R}^3)$ 上的紧算子, 存在 $\{f_n\}$ 的一个子列 $\{f_{n_j}\}$ 与 $g_1 \in L^2(\mathbb{R}^3)$, 使得

$$Kf_{n_j} \to g_1, \quad j \to \infty.$$

由于 $|\xi_n| \in [r_0, r_1]$ 与 $P_d f_n = C_0^n \sqrt{M}$, 满足 $|C_0^n| \leqslant 1$, 则存在一个子列 (仍记为)$\{(\xi_{n_j}, f_{n_j})\}$ 以及 (ξ_0, C_0), 满足 $|\xi_0| \in [r_0, r_1]$, $|C_0| \leqslant 1$, 使得 $(\xi_{n_j}, C_0^{n_j}) \to (\xi_0, C_0)$ $(j \to \infty)$. 于是

$$\mathrm{i}(v \cdot \xi_{n_j})|\xi_{n_j}|^{-2} P_d f_{n_j} \to g_2 =: \mathrm{i}(v \cdot \xi_0)|\xi_0|^{-2} C_0 \sqrt{M}, \quad j \to \infty.$$

由于 $|\mathrm{Im}\lambda_n| \leqslant \zeta$, $\mathrm{Re}\lambda_n \to 0$, 可以取一个子列 (仍然记为)$\{\lambda_{n_j}\}$ 以及 λ_0, 使得 $\lambda_{n_j} \to \lambda_0$, 满足 $\mathrm{Re}\lambda_0 = 0$. 注意到 $|\lambda_n + \nu + \mathrm{i}(v \cdot \xi_n)| \geqslant \nu_0/2$, 则由 (2.2.26) 得到

$$f_{n_j} = \frac{Kf_{n_j} - \mathrm{i}\left(v \cdot \xi_{n_j}\right)\left|\xi_{n_j}\right|^{-2} P_d f_{n_j}}{\lambda_{n_j} + \nu + \mathrm{i}\left(v \cdot \xi_{n_j}\right)} \to \frac{g_1 - g_2}{\lambda_0 + \nu + \mathrm{i}\left(v \cdot \xi_0\right)} =: f_0, \quad j \to \infty,$$

由此推出 $Kf_0 = g_1$ 以及 $\mathrm{i}(v \cdot \xi_0)|\xi_0|^{-2} P_d f_0 = g_2$, 于是

$$Kf_0 - \mathrm{i}\frac{v \cdot \xi_0}{|\xi_0|^2} P_d f_0 = (\lambda_0 + \nu + \mathrm{i}(v \cdot \xi_0)) f_0,$$

由上式可以得到 $B(\xi_0) f_0 = \lambda_0 f_0$, 即 λ_0 是 $B(\xi_0)$ 的一个特征值, 并且满足 $\mathrm{Re}\lambda_0 = 0$. 这与引理 2.3 中的结论: 对任意的 $\xi \neq 0$ 都有 $\mathrm{Re}\lambda(\xi) < 0$ 产生矛盾. □

接下来, 我们考虑 $B_1(\xi)$ 在低频的谱集. 利用宏观微观分解 (1.6.7), 将 $\lambda - B_1(\xi)$ 分解为

$$\lambda - B_1(\xi) = \lambda P_0 - A(\xi) + \lambda P_1 - Q(\xi) + \mathrm{i}P_0(v \cdot \xi)P_1 + \mathrm{i}P_1(v \cdot \xi)P_0, \tag{2.2.27}$$

其中算子 $A(\xi)$ 与 $Q(\xi)$ 分别定义为

$$A(\xi) =: P_0 B_1(\xi) P_0 = -\mathrm{i}P_0(v \cdot \xi)P_0 - \mathrm{i}\frac{v \cdot \xi}{|\xi|^2} P_d, \tag{2.2.28}$$

$$Q(\xi) =: P_1 B_1(\xi) P_1 = L - \mathrm{i}P_1(v \cdot \xi)P_1. \tag{2.2.29}$$

容易验证 $A(\xi)$ 是从 L 的零空间 N_0 到自身的一个线性算子, 可以表示为下面的矩阵:

$$A(\xi) = \begin{pmatrix} 0 & -\mathrm{i}\xi^{\mathrm{T}} & 0 \\ -\mathrm{i}\xi\left(1 + \dfrac{1}{|\xi|^2}\right) & 0 & -\mathrm{i}\sqrt{\dfrac{2}{3}}\xi \\ 0 & -\mathrm{i}\sqrt{\dfrac{2}{3}}\xi^{\mathrm{T}} & 0 \end{pmatrix},$$

并且 $A(\xi)$ 有五个特征值 $\alpha_j(\xi)$ 为

$$\alpha_j(\xi)=0,\quad j=0,2,3,\quad \alpha_{\pm1}(\xi)=\pm\mathrm{i}\sqrt{1+\frac{5}{3}|\xi|^2}. \tag{2.2.30}$$

引理 2.6 设 $\xi\neq0$, $A(\xi)$ 与 $Q(\xi)$ 分别由 (2.2.28) 和 (2.2.29) 给出, 则有

(1) 当 $\lambda\neq\alpha_j(\xi)$ 时, 算子 $\lambda-A(\xi)$ 在 N_0 上是可逆的, 满足

$$\|(\lambda-A(\xi))^{-1}\|_\xi=\max_{-1\leqslant j\leqslant3}\left(|\lambda-\alpha_j(\xi)|^{-1}\right), \tag{2.2.31}$$

$$\|P_1(v\cdot\xi)(\lambda-A(\xi))^{-1}P_0\|_\xi\leqslant C|\xi|\max_{-1\leqslant j\leqslant3}\left(|\lambda-\alpha_j(\xi)|^{-1}\right), \tag{2.2.32}$$

其中 $\alpha_j(\xi)$, $j=-1,0,1,2,3$ 是 $A(\xi)$ 的特征值, 由 (2.2.30) 给出.

(2) 当 $\mathrm{Re}\lambda>-\mu$ 时, 算子 $\lambda-Q(\xi)$ 在 $N_0^\perp$ 上是可逆的, 满足

$$\|(\lambda-Q(\xi))^{-1}\|\leqslant(\mathrm{Re}\lambda+\mu)^{-1}, \tag{2.2.33}$$

$$\|P_0(v\cdot\xi)(\lambda-Q(\xi))^{-1}P_1\|_\xi\leqslant C(1+|\lambda|)^{-1}[(\mathrm{Re}\lambda+\mu)^{-1}+1](|\xi|+|\xi|^2). \tag{2.2.34}$$

证明 由于 $\alpha_j(\xi)$, $-1\leqslant j\leqslant3$ 是 $A(\xi)$ 的特征值, 因此当 $\lambda\neq\alpha_j(\xi)$ 时, 算子 $\lambda-A(\xi)$ 在 N_0 上是可逆的. 根据 (2.2.6), 对任意 $f,g\in N_0$, 有

$$\begin{aligned}(\mathrm{i}A(\xi)f,g)_\xi&=\left((v\cdot\xi)(f+\frac{1}{|\xi|^2}P_df),g+\frac{1}{|\xi|^2}P_dg\right)\\&=\left(f+\frac{1}{|\xi|^2}P_df,(v\cdot\xi)(g+\frac{1}{|\xi|^2}P_dg)\right)=(f,\mathrm{i}A(\xi)g)_\xi.\end{aligned} \tag{2.2.35}$$

因此, 算子 $\mathrm{i}A(\xi)$ 关于内积 $(\cdot,\cdot)_\xi$ 是自伴的, 并且满足

$$\|(\lambda-A(\xi))^{-1}\|_\xi=\max_{-1\leqslant j\leqslant3}\left(|\lambda-\alpha_j(\xi)|^{-1}\right).$$

由上式与 $\|P_1(v\cdot\xi)P_0\|\leqslant C|\xi|$, 得到

$$\begin{aligned}\|P_1(v\cdot\xi)(\lambda-A(\xi))^{-1}P_0f\|_\xi&=\|P_1(v\cdot\xi)(\lambda-A(\xi))^{-1}P_0f\|\\&\leqslant C|\xi|\max_{-1\leqslant j\leqslant3}\left(|\lambda-\alpha_j(\xi)|^{-1}\right)\|f\|_\xi.\end{aligned}$$

这就证明了 (2.2.31) 和 (2.2.32).

接着, 我们证明对任意的 $\mathrm{Re}\lambda > -\mu$, 算子 $\lambda - Q(\xi) = \lambda - L + \mathrm{i}P_1(v\cdot\xi)P_1$ 在 $N_0^\perp$ 上是可逆的. 事实上, 根据 (1.6.5), 对任意的 $f \in N_0^\perp \cap D(L)$, 有

$$\mathrm{Re}([\lambda - L + \mathrm{i}P_1(v\cdot\xi)P_1]f, f) = \mathrm{Re}\lambda(f,f) - (Lf,f) \geqslant (\mu + \mathrm{Re}\lambda)\|f\|^2, \quad (2.2.36)$$

因此, 当 $\mathrm{Re}\lambda > -\mu$ 时, 算子 $\lambda - Q(\xi)$ 是从 $N_0^\perp$ 到 $N_0^\perp$ 的单射, 并且注意到 $Q(\xi)$ 是闭算子, 则值域 $R[\lambda - Q(\xi)]$ 是 $L^2(\mathbb{R}^3_v)$ 中的闭子集. 我们断言算子 $\lambda - Q(\xi)$ 也是从 $N_0^\perp$ 到 $N_0^\perp$ 的满射, 即 $R[\lambda - Q(\xi)] = N_0^\perp$. 我们用反证法, 假设断言不成立, 则存在一个函数 $g \in N_0^\perp \setminus R[\lambda - Q(\xi)]$ 且 $g \neq 0$, 使得对任意的 $f \in N_0^\perp \cap D(L)$,

$$([\lambda - L + \mathrm{i}P_1(v\cdot\xi)P_1]f, g) = (f, [\overline{\lambda} - L - \mathrm{i}P_1(v\cdot\xi)P_1]g) = 0,$$

由于算子 $\overline{\lambda} - L - \mathrm{i}P_1(v\cdot\xi)P_1$ 是耗散的并且满足 (2.2.36), 于是, 由上式可以推出 $g = 0$, 这就与 $g \neq 0$ 产生了矛盾, 因此 $R[\lambda - Q(\xi)] = N_0^\perp$. 此外, (2.2.36) 可直接推出 (2.2.33).

由于

$$(P_0(v\cdot\omega)P_1 f, \sqrt{M}) = (P_1 f, (v\cdot\omega)\sqrt{M}) = 0, \quad \forall f \in L^2(\mathbb{R}^3_v),$$

可以推出 $P_d(P_0(v\cdot\xi)P_1) = 0$, 我们结合 (2.2.33) 与 $\|P_0(v\cdot\xi)P_1\| \leqslant C|\xi|$ 可以得到

$$\begin{aligned}\|P_0(v\cdot\xi)(\lambda - Q(\xi))^{-1}P_1 f\|_\xi &= \|P_0(v\cdot\xi)(\lambda - Q(\xi))^{-1}P_1 f\| \\ &\leqslant C(\mathrm{Re}\lambda + \mu)^{-1}|\xi|\|f\|. \end{aligned} \quad (2.2.37)$$

同时, 将算子 $P_0(v\cdot\xi)(\lambda - Q(\xi))^{-1}P_1$ 分解为

$$P_0(v\cdot\xi)(\lambda - Q(\xi))^{-1}P_1 = \frac{1}{\lambda}P_0(v\cdot\xi)P_1 + \frac{1}{\lambda}P_0(v\cdot\xi)Q(\xi)(\lambda P_1 - Q(\xi))^{-1}P_1.$$

由上式, (2.2.33) 与 $\|P_0(v\cdot\xi)Q(\xi)\| \leqslant C(|\xi| + |\xi|^2)$ 得到

$$\|P_0(v\cdot\xi)(\lambda - Q(\xi))^{-1}P_1 f\|_\xi \leqslant C|\lambda|^{-1}[(\mathrm{Re}\lambda + \mu)^{-1} + 1](|\xi| + |\xi|^2)\|f\|. \quad (2.2.38)$$

我们结合 (2.2.37) 与 (2.2.38) 可以证明 (2.2.34). □

根据引理 2.3—引理 2.6, 我们可以得到 $B_1(\xi)$ 的谱集和预解集的分布如下.

引理 2.7 对于任意的 $\delta_1, \delta_2 \in (0, \mu)$, 存在常数 $y_1 = y_1(\delta_1) > 0$ 和 $r_2 = r_2(\delta_1, \delta_2) > 0$, 使得

(1) 对于任意的 $\xi \neq 0$, $B_1(\xi)$ 的预解集有如下分布

$$\rho(B_1(\xi)) \supset \{\lambda \in \mathbb{C} \,|\, \mathrm{Re}\lambda \geqslant -\mu + \delta_1,\ |\mathrm{Im}\lambda| \geqslant y_1\} \cup \{\lambda \in \mathbb{C} \,|\, \mathrm{Re}\lambda > 0\}. \quad (2.2.39)$$

(2) 当 $0<|\xi|\leqslant r_2$ 时, $B_1(\xi)$ 的谱集满足以下性质

$$\sigma(B_1(\xi))\cap\{\lambda\in\mathbb{C}\,|\,\mathrm{Re}\lambda\geqslant-\mu+\delta_1\}\subset\sum_{j=-1}^{1}\{\lambda\in\mathbb{C}\,|\,|\lambda-\alpha_j(\xi)|\leqslant\delta_2\},\quad(2.2.40)$$

其中 $\alpha_j(\xi)$, $j=-1,0,1$, 是 $A(\xi)$ 的特征值, 由 (2.2.30) 给出.

证明 根据引理 2.6, 当 $\mathrm{Re}\lambda>-\mu$ 且 $\lambda\neq\alpha_j(\xi)$, $-1\leqslant j\leqslant 3$ 时, 算子 $\lambda P_0-A(\xi)+\lambda P_1-Q(\xi)$ 在 $L^2_\xi(\mathbb{R}^3_v)$ 上是可逆的, 并且满足

$$(\lambda P_0-A(\xi)+\lambda P_1-Q(\xi))^{-1}=(\lambda-A(\xi))^{-1}P_0+(\lambda-Q(\xi))^{-1}P_1,$$

这是因为, 算子 $\lambda P_0-A(\xi)$ 与 $\lambda P_1-Q(\xi)$ 是正交的. 因此, (2.2.27) 可以改写为

$$\lambda-B_1(\xi)=Y_0(\lambda,\xi)(\lambda P_0-A(\xi)+\lambda P_1-Q(\xi)),$$
$$Y_0(\lambda,\xi)=:I+\mathrm{i}P_1(v\cdot\xi)(\lambda-A(\xi))^{-1}P_0+\mathrm{i}P_0(v\cdot\xi)(\lambda-Q(\xi))^{-1}P_1.$$

在引理 2.5 的证明中, 存在 $r_1=r_1(\delta_1)>0$, 使得

$$\rho(B_1(\xi))\supset\{\lambda\in\mathbb{C}\,|\,\mathrm{Re}\lambda\geqslant-\nu_0+\delta_1\},\quad|\xi|>r_1.\quad(2.2.41)$$

当 $|\xi|\leqslant r_1$ 时, 根据 (2.2.32) 与 (2.2.34), 存在充分大的常数 $y_1=y_1(\delta_1)>0$, 使得当 $\mathrm{Re}\lambda\geqslant-\mu+\delta_1$, $|\mathrm{Im}\lambda|\geqslant y_1$ 时,

$$\|P_1(v\cdot\xi)(\lambda-A(\xi))^{-1}P_0\|_\xi\leqslant\frac{1}{4},\quad\|P_0(v\cdot\xi)(\lambda-Q(\xi))^{-1}P_1\|_\xi\leqslant\frac{1}{4},\quad(2.2.42)$$

从而算子 $Y_0(\lambda,\xi)$ 在 $L^2_\xi(\mathbb{R}^3_v)$ 上是可逆的. 因此, $\lambda-B_1(\xi)$ 在 $L^2_\xi(\mathbb{R}^3_v)$ 上也是可逆的, 并且满足

$$(\lambda-B_1(\xi))^{-1}=[(\lambda-A(\xi))^{-1}P_0+(\lambda-Q(\xi))^{-1}P_1]Y_0(\lambda,\xi)^{-1}.\quad(2.2.43)$$

即

$$\rho(B_1(\xi))\supset\{\lambda\in\mathbb{C}\,|\,\mathrm{Re}\lambda\geqslant-\mu+\delta_1,|\mathrm{Im}\lambda|\geqslant y_1\},\quad|\xi|\leqslant r_1.\quad(2.2.44)$$

因此, 根据引理 2.2, (2.2.41) 和 (2.2.44), 我们可以证明 (2.2.39).

假设

$$\min_{-1\leqslant j\leqslant1}|\lambda-\alpha_j(\xi)|>\delta_2,\quad\mathrm{Re}\lambda\geqslant-\mu+\delta_1.$$

根据 (2.2.32) 与 (2.2.34), 存在充分小的常数 $r_2 = r_2(\delta_1, \delta_2) > 0$, 使得当 $0 < |\xi| \leqslant r_2$ 时 (2.2.42) 仍然成立, 从而算子 $\lambda - B_1(\xi)$ 在 $L^2_\xi(\mathbb{R}^3)$ 上是可逆的. 因此, 当 $0 < |\xi| \leqslant r_2$ 时,

$$\rho(B_1(\xi)) \supset \{\lambda \in \mathbb{C} \mid \min_{-1\leqslant j\leqslant 1} |\lambda - \alpha_j(\xi)| > \delta_2, \mathrm{Re}\lambda \geqslant -\mu + \delta_1\}.$$

这就证明了 (2.2.40). □

2.2.2 低频特征值的渐近展开

在本小节中, 我们研究当 $|\xi|$ 充分小时算子 $B_1(\xi)$ 的特征值和特征函数的存在性和渐近展开. 根据 (2.2.5), 特征值问题 $B_1(\xi)f = \lambda f$ 可以写为

$$\lambda f = Lf - \mathrm{i}(v\cdot\xi)f - \mathrm{i}\frac{v\cdot\xi}{|\xi|^2}P_d f, \quad |\xi| \neq 0. \tag{2.2.45}$$

通过宏观-微观分解, 特征函数 f 可以分解为

$$f = f_0 + f_1 =: P_0 f + P_1 f = P_0 f + (I - P_0)f.$$

于是, 将投影算子 P_0 和 P_1 分别作用到 (2.2.45) 上, 我们得到

$$\lambda f_0 = -P_0[\mathrm{i}(v\cdot\xi)(f_0 + f_1)] - \mathrm{i}\frac{v\cdot\xi}{|\xi|^2}P_d f_0, \tag{2.2.46}$$

$$\lambda f_1 = Lf_1 - P_1[\mathrm{i}(v\cdot\xi)(f_0 + f_1)]. \tag{2.2.47}$$

根据引理 2.6 与 (2.2.47), 微观部分 f_1 可由宏观部分 f_0 表示为

$$f_1 = -\mathrm{i}(\lambda - Q(\xi))^{-1}P_1(v\cdot\xi)f_0, \quad \mathrm{Re}\lambda > -\mu. \tag{2.2.48}$$

将上式代入到 (2.2.46), 我们得到关于宏观部分 f_0 的特征值问题:

$$\lambda f_0 = -\mathrm{i}P_0(v\cdot\xi)f_0 - \mathrm{i}\frac{v\cdot\xi}{|\xi|^2}P_d f_0 + P_0[(v\cdot\xi)R(\lambda,\xi)P_1(v\cdot\xi)f_0], \quad \mathrm{Re}\lambda > -\mu, \tag{2.2.49}$$

其中 $R(\lambda,\xi)$ 定义为

$$R(\lambda,\xi) = -(\lambda - Q(\xi))^{-1} = [L - \lambda - \mathrm{i}P_1(v\cdot\xi)P_1]^{-1}.$$

为了求解特征值问题 (2.2.49), 将 $f_0 \in N_0$ 用 N_0 的正交基表示为

$$f_0 = \sum_{j=0}^{4} W_j\chi_j, \quad W_j = (f, \chi_j), \quad j = 0, 1, 2, 3, 4. \tag{2.2.50}$$

取 (2.2.49) 与 $\chi_j(j=0,1,2,3,4)$ 的内积, 则关于 (λ, f_0) 的特征值问题 (2.2.49) 可转化为关于 λ 与 $W_0, W_4, W =: (W_1, W_2, W_3)$ 的方程:

$$\lambda W_0 = -\mathrm{i}(W\cdot\xi) =: -\mathrm{i}\sum_{i=1}^{3} W_i\xi_i, \tag{2.2.51}$$

$$\begin{aligned}\lambda W_i = &-\mathrm{i}W_0\left(\xi_i + \frac{\xi_i}{|\xi|^2}\right) - \mathrm{i}\sqrt{\frac{2}{3}}W_4\xi_i + \sum_{j=1}^{3} W_j(R(\lambda,\xi)P_1(v\cdot\xi)\chi_j, (v\cdot\xi)\chi_i)\\ &+ W_4(R(\lambda,\xi)P_1(v\cdot\xi)\chi_4, (v\cdot\xi)\chi_i),\end{aligned} \tag{2.2.52}$$

$$\begin{aligned}\lambda W_4 = &-\mathrm{i}\sqrt{\frac{2}{3}}(W\cdot\xi) + \sum_{j=1}^{3} W_j(R(\lambda,\xi)P_1(v\cdot\xi)\chi_j, (v\cdot\xi)\chi_4)\\ &+ W_4(R(\lambda,\xi)P_1(v\cdot\xi)\chi_4, (v\cdot\xi)\chi_4).\end{aligned} \tag{2.2.53}$$

为了简化方程 (2.2.51)—(2.2.53), 我们用到下面的引理.

引理 2.8 设 $e_1 = (1,0,0)$, $\xi = s\omega$, 其中 $s\in\mathbb{R}$, $\omega = (\omega_1,\omega_2,\omega_3)\in\mathbb{S}^2$. 那么对于 $1\leqslant i,j\leqslant 3$ 和 $\mathrm{Re}\lambda > -\mu$, 以下等式成立:

$$\begin{aligned}(R(\lambda,\xi)P_1(v\cdot\xi)\chi_j, (v\cdot\xi)\chi_i) = &\, s^2(\delta_{ij} - \omega_i\omega_j)(R(\lambda, se_1)P_1(v_1\chi_2), v_1\chi_2)\\ &+ s^2\omega_i\omega_j(R(\lambda, se_1)P_1(v_1\chi_1), v_1\chi_1),\end{aligned} \tag{2.2.54}$$

$$(R(\lambda,\xi)P_1(v\cdot\xi)\chi_4, (v\cdot\xi)\chi_i) = s^2\omega_i(R(\lambda, se_1)P_1(v_1\chi_4), v_1\chi_1), \tag{2.2.55}$$

$$(R(\lambda,\xi)P_1(v\cdot\xi)\chi_i, (v\cdot\xi)\chi_4) = s^2\omega_i(R(\lambda, se_1)P_1(v_1\chi_1), v_1\chi_4), \tag{2.2.56}$$

$$(R(\lambda,\xi)P_1(v\cdot\xi)\chi_4, (v\cdot\xi)\chi_4) = s^2(R(\lambda, se_1)P_1(v_1\chi_4), v_1\chi_4). \tag{2.2.57}$$

证明 设 $\mathbb{O}$ 为 $\mathbb{R}^3$ 上的旋转变换, 并记 $(\mathbb{O}f)(v) = f(\mathbb{O}v)$. 根据定义 (1.3.3), L 可表示为

$$(Lf)(v) = \int_{\mathbb{R}^3}\int_{\mathbb{S}^2} B(|v-v_*|,\omega)(\sqrt{M_*'}f' + \sqrt{M'}f_*' - \sqrt{M}f_* - \sqrt{M_*}f)\sqrt{M_*}d\omega dv_*.$$

通过变量替换 $v_*\to\mathbb{O}v_*$, $\omega\to\mathbb{O}\omega \Longrightarrow v'\to\mathbb{O}v'$, $v_*'\to\mathbb{O}v_*'$, 可以验证 $(Lf)(\mathbb{O}v) = L(\mathbb{O}f)(v)$. 同理, 通过变量替换 $v\to\mathbb{O}v$, 可得 $P_0f(\mathbb{O}v) = P_0(\mathbb{O}f)(v)$, 从而

$$[R(\lambda,\xi)f](\mathbb{O}v) = R(\lambda,\mathbb{O}^{\mathrm{T}}\xi)(\mathbb{O}f)(v). \tag{2.2.58}$$

对任意给定的 $\xi\neq 0$, 取 $\mathbb{R}^3$ 上的旋转变换 $\mathbb{O}$ 满足 $\mathbb{O}^{\mathrm{T}}\xi = se_1$. 容易验证 $\mathbb{O}_{i1} = \omega_i$. 做变量替换 $v = \mathbb{O}u$, 则 $v\cdot\xi = u\cdot\mathbb{O}^{\mathrm{T}}\xi = su_1$, 并根据 (2.2.58) 可得

$$(R(\lambda,\xi)P_1(v\cdot\xi)v_j\sqrt{M}, (v\cdot\xi)v_i\sqrt{M})$$

$$
\begin{aligned}
&= \left(R(\lambda, se_1) P_1 \left(su_1 \sum_{k=1}^{3} \mathbb{O}_{jk} u_k \sqrt{M} \right), su_1 \sum_{l=1}^{3} \mathbb{O}_{il} u_l \sqrt{M} \right) \\
&= s^2 \sum_{k,l=1}^{3} \mathbb{O}_{jk} \mathbb{O}_{il} (R(\lambda, se_1) P_1 (u_1 u_k \sqrt{M}), u_1 u_l \sqrt{M}). \qquad (2.2.59)
\end{aligned}
$$

我们对 (2.2.59) 中等号右边的项进行估计. 假设 $k \neq l$ 且 $l \neq 1$. 通过变量替换 $w_l = -u_l$, $w_j = u_j$ $(j \neq l)$, 得到

$$
(R(\lambda, se_1) P_1 (u_1 u_k \sqrt{M}), u_1 u_l \sqrt{M}) = -(R(\lambda, se_1) P_1 (w_1 w_k \sqrt{M}), w_1 w_l \sqrt{M}).
$$

因此

$$
(R(\lambda, se_1) P_1 (u_1 u_k \sqrt{M}), u_1 u_l \sqrt{M}) = 0, \quad k \neq l. \qquad (2.2.60)
$$

如果 $k = l = 3$, 通过变量替换 $w_2 = u_3$, $w_3 = u_2$, $w_1 = u_1$, 得到

$$
(R(\lambda, se_1) P_1 (u_1 u_3 \sqrt{M}), u_1 u_3 \sqrt{M}) = (R(\lambda, se_1) P_1 (w_1 w_2 \sqrt{M}), w_1 w_2 \sqrt{M}). \qquad (2.2.61)
$$

于是, 根据 (2.2.59)—(2.2.61) 以及下面的等式

$$
\sum_{k=2}^{3} \mathbb{O}_{jk} \mathbb{O}_{ik} = \sum_{k=1}^{3} \mathbb{O}_{jk} \mathbb{O}_{ik} - \mathbb{O}_{j1} \mathbb{O}_{i1} = \delta_{ij} - \omega_i \omega_j,
$$

可得

$$
\begin{aligned}
(R(\lambda, \xi) P_1 (v \cdot \xi) \chi_j, (v \cdot \xi) \chi_i) &= s^2 \sum_{k=1}^{3} \mathbb{O}_{jk} \mathbb{O}_{ik} (R(\lambda, se_1) P_1 (v_1 \chi_k), v_1 \chi_k) \\
&= s^2 \omega_i \omega_j (R(\lambda, se_1) P_1 (v_1 \chi_1), v_1 \chi_1) \\
&\quad + (\delta_{ij} - \omega_i \omega_j)(R(\lambda, se_1) P_1 (v_1 \chi_2), v_1 \chi_2).
\end{aligned}
$$

因此, (2.2.54) 得证.

同理, 通过变量替换 $v = \mathbb{O} u (\mathbb{O}^{\mathrm{T}} \xi = se_1)$, 得到

$$
\begin{aligned}
(R(\lambda, \xi) P_1 (v \cdot \xi) \chi_4, (v \cdot \xi) \chi_i) &= \left(R(\lambda, se_1) P_1 (su_1) \chi_4, su_1 \sum_{k=1}^{3} \mathbb{O}_{ik} u_k \sqrt{M} \right) \\
&= s^2 \sum_{k=1}^{3} \mathbb{O}_{ik} (R(\lambda, se_1) P_1 (u_1 \chi_4), u_1 u_k \sqrt{M}).
\end{aligned} \qquad (2.2.62)
$$

令 $k \neq 1$, 通过变量替换 $w_k = -u_k$, $w_j = u_j$, $j \neq k$, 我们有

$$(R(\lambda, se_1)P_1(u_1\chi_4), u_1u_k\sqrt{M}) = 0, \quad k \neq 1.$$

将上式代入 (2.2.62) 中, 可以推出 (2.2.55). 通过类似的讨论, 可以证明 (2.2.56) 与 (2.2.57). □

利用等式 (2.2.54)—(2.2.57), 特征值问题 (2.2.51)—(2.2.53) 可以改写为

$$\lambda W_0 = -\mathrm{i}s(W \cdot \omega), \tag{2.2.63}$$

$$\begin{aligned}\lambda W_j = &-\mathrm{i}W_0\left(s + \frac{1}{s}\right)\omega_j - \mathrm{i}s\sqrt{\frac{2}{3}}W_4\omega_j + s^2(W \cdot \omega)\omega_j R_{11} \\ &+ s^2(W_j - (W \cdot \omega)\omega_j)R_{22} + s^2 W_4\omega_j R_{41}, \quad j = 1, 2, 3,\end{aligned} \tag{2.2.64}$$

$$\lambda W_4 = -\mathrm{i}s\sqrt{\frac{2}{3}}(W \cdot \omega) + s^2(W \cdot \omega)R_{14} + s^2 W_4 R_{44}, \tag{2.2.65}$$

其中

$$R_{ij} = R_{ij}(\lambda, s) =: (R(\lambda, se_1)P_1(v_1\chi_i), v_1\chi_j). \tag{2.2.66}$$

将 (2.2.64) 乘以 ω_j 并关于 $j = 1, 2, 3$ 求和, 得到

$$\lambda(W \cdot \omega) = -\mathrm{i}W_0\left(s + \frac{1}{s}\right) - \mathrm{i}s\sqrt{\frac{2}{3}}W_4 + s^2(W \cdot \omega)R_{11} + s^2 W_4 R_{41}, \tag{2.2.67}$$

将 (2.2.67) 乘以 ω_j 并减去 (2.2.64), 得到

$$(W_j - (W \cdot \omega)\omega_j)(\lambda - s^2 R_{22}) = 0, \quad j = 1, 2, 3. \tag{2.2.68}$$

记 $U = (W_0, W \cdot \omega, W_4)$ 为 $\mathbb{C}^3$ 中的一个向量. 方程 (2.2.63), (2.2.65) 与 (2.2.67) 可以写为 $\mathbb{M}U = 0$, 其中矩阵 $\mathbb{M}$ 为

$$\mathbb{M} = \begin{pmatrix} \lambda & \mathrm{i}s & 0 \\ \mathrm{i}\left(s + \dfrac{1}{s}\right) & \lambda - s^2 R_{11} & \mathrm{i}s\sqrt{\dfrac{2}{3}} - s^2 R_{41} \\ 0 & \mathrm{i}s\sqrt{\dfrac{2}{3}} - s^2 R_{14} & \lambda - s^2 R_{44} \end{pmatrix}. \tag{2.2.69}$$

因此, 我们把 5 维方程组 (2.2.63)—(2.2.65) 分解成 3 维方程组 $\mathbb{M}U = 0$ 和 2 维方程 (2.2.68). 对于 $\mathrm{Re}\lambda > -\mu$, 定义

$$D_0(\lambda, s) = \lambda - s^2 R_{22}(\lambda, s), \quad D_1(\lambda, s) = \det(\mathbb{M}). \tag{2.2.70}$$

显然, 特征值 λ 可以由方程 $D_0(\lambda,s)=0$ 和 $D_1(\lambda,s)=0$ 解出. 利用隐函数定理, 可以证明

引理 2.9 存在两个充分小的常数 $r_0,r_1>0$, 使得当 $s\in[-r_0,r_0]$ 时, 方程 $D_0(\lambda,s)=0$ 存在唯一的 C^∞ 解 $\lambda=\lambda(s)$, 满足 $(s,\lambda)\in[-r_0,r_0]\times B_{r_1}(0)$, 且

$$\lambda(0)=0,\quad \lambda'(0)=0,\quad \lambda''(0)=2(L^{-1}P_1(v_1\chi_2),v_1\chi_2).$$

特别地, $\lambda(s)$ 是一个实的偶函数.

下面给出方程 $D_1(\lambda,s)=0$ 解的存在性和渐近展开.

引理 2.10 存在两个充分小的常数 $r_0,r_1>0$, 使得当 $s\in[-r_0,r_0]$ 时, 方程 $D_1(\lambda,s)=0$ 存在三个 C^∞ 解 $\lambda_j(s)$, $j=-1,0,1$, 满足 $(s,\lambda_j)\in[-r_0,r_0]\times B_{r_1}(j\mathrm{i})$, 且

$$\lambda_j(0)=j\mathrm{i},\quad \lambda_j'(0)=0, \tag{2.2.71}$$

$$\begin{aligned}\lambda_{\pm1}''(0)=&(L(L+\mathrm{i})^{-1}P_1(v_1\chi_1),(L+\mathrm{i})^{-1}P_1(v_1\chi_1))\\&\pm\mathrm{i}\left(\|(L+\mathrm{i})^{-1}P_1(v_1\chi_1)\|^2+\frac{5}{3}\right),\end{aligned} \tag{2.2.72}$$

$$\lambda_0''(0)=2(L^{-1}P_1(v_1\chi_4),v_1\chi_4). \tag{2.2.73}$$

此外, $\lambda_j(s)$ 是偶函数, 并且满足

$$\overline{\lambda_j(s)}=\lambda_{-j}(-s)=\lambda_{-j}(s),\quad j=-1,0,1. \tag{2.2.74}$$

特别地, $\lambda_0(s)$ 是一个实的偶函数.

证明 由 (2.2.69) 得到

$$\begin{aligned}D_1(\lambda,s)=&\lambda^3-\lambda^2s^2(R_{11}+R_{44})-(s^2+s^4)R_{44}\\&+\lambda\left[1+\frac{5}{3}s^2+\mathrm{i}\sqrt{\frac{2}{3}}s^3(R_{41}+R_{14})+s^4R_{44}R_{11}-s^4R_{41}R_{14}\right],\end{aligned} \tag{2.2.75}$$

其中 $R_{ij}=R_{ij}(\lambda,s)$, $i,j=1,2,4$ 由 (2.2.66) 给出. 因此, 方程 $D_1(\lambda,0)=\lambda(\lambda^2+1)=0$ 存在三个根 $\lambda_j=j\mathrm{i}$, $j=-1,0,1$. 经直接计算, 可得

$$\partial_sD_1(j\mathrm{i},0)=0,\quad \partial_\lambda D_1(j\mathrm{i},0)=1-3j^2\neq0,\quad j=-1,0,1. \tag{2.2.76}$$

根据隐函数定理, 存在充分小的常数 $r_0,r_1>0$ 与唯一的 C^∞ 函数 $\lambda_j(s):[-r_0,r_0]\to B_{r_1}(j\mathrm{i})$, 使得当 $s\in[-r_0,r_0]$ 时, $D_1(\lambda_j(s),s)=0$. 特别地,

$$\lambda_j(0)=j\mathrm{i},\quad \lambda_j'(0)=-\frac{\partial_sD_1(j\mathrm{i},0)}{\partial_\lambda D_1(j\mathrm{i},0)}=0,\quad j=-1,0,1. \tag{2.2.77}$$

通过直接计算, 得到

$$\partial_s^2 D_1(j\mathrm{i},0) = 2j^2[((L-j\mathrm{i})^{-1}P_1(v_1\chi_1),v_1\chi_1) + ((L-j\mathrm{i})^{-1}P_1(v_1\chi_4),v_1\chi_4)] + \frac{10}{3}j\mathrm{i} - 2((L-j\mathrm{i})^{-1}P_1(v_1\chi_4),v_1\chi_4), \quad j=-1,0,1.$$

根据上式与 (2.2.76), 可以推出

$$\begin{cases} \lambda_0''(0) = -\dfrac{\partial_s^2 D_1(0,0)}{\partial_\lambda D_1(0,0)} = 2(L^{-1}P_1(v_1\chi_4),v_1\chi_4), \\ \lambda_{\pm1}''(0) = -\dfrac{\partial_s^2 D_1(\pm\mathrm{i},0)}{\partial_\lambda D_1(\pm\mathrm{i},0)} = ((L\mp\mathrm{i})^{-1}P_1(v_1\chi_1),v_1\chi_1) \pm \dfrac{5}{3}\mathrm{i}. \end{cases} \tag{2.2.78}$$

因此, 综合 (2.2.77)–(2.2.78) 并注意到 $\overline{\lambda_1''(0)} - \lambda_{-1}''(0)$, 我们可以证明 (2.2.71)—(2.2.73).

容易验证, 对于 $i,j=1,4,\ i\neq j$, 有

$$R_{jj}(\lambda,-s) = R_{jj}(\lambda,s), \quad R_{ij}(\lambda,-s) = -R_{ij}(\lambda,s),$$
$$R_{jj}(\overline{\lambda},-s) = \overline{R_{jj}(\lambda,s)}, \quad R_{ij}(\overline{\lambda},-s) = -\overline{R_{ij}(\lambda,s)}.$$

将上式代入到 (2.2.75) 可以推出

$$D_1(\lambda,s) = D_1(\lambda,-s), \quad \overline{D_1(\lambda,s)} = D_1(\overline{\lambda},-s).$$

根据上面的等式以及展开式 $\lambda_j(s) = j\mathrm{i} + O(s^2),\ j=-1,0,1$, 我们可以证明 (2.2.74). □

根据引理 2.9 和引理 2.10, 我们得到 $B_1(\xi)$ 在低频的特征值 $\lambda_j(s)$ 和特征函数 $\psi_j(\xi)$ 的存在性和渐近展开如下.

定理 2.11 存在常数 $r_0>0$, 使得当 $s=|\xi|\leqslant r_0$ 时,

$$\sigma(B_1(\xi)) \cap \{\lambda\in\mathbb{C}\,|\,\mathrm{Re}\lambda \geqslant -\mu/2\} = \{\lambda_j(s),\ j=-1,0,1,2,3\}.$$

当 $|s|\leqslant r_0$ 时, 特征值 $\lambda_j(s)$ 和对应的特征函数 $\psi_j(\xi)=\psi_j(s,\omega)$, $\omega=\xi/|\xi|$ 都是关于 s 的 C^∞ 函数, 并且特征值 $\lambda_j(s)$ $(j=-1,0,1,2,3)$ 有如下的渐近展开:

$$\begin{cases} \lambda_{\pm1}(s) = \pm\mathrm{i} + (-a_1 \pm \mathrm{i}b_1)s^2 + O(s^3), \quad \overline{\lambda_1} = \lambda_{-1}, \\ \lambda_0(s) = -a_0 s^2 + O(s^3), \\ \lambda_2(s) = \lambda_3(s) = -a_2 s^2 + O(s^3), \end{cases} \tag{2.2.79}$$

其中常数 $a_j > 0(j = 0, 1, 2)$, $b_1 > 0$ 定义为

$$\begin{cases} a_1 = -\dfrac{1}{2}(L(L+\mathrm{i})^{-1}P_1(v_1\chi_1), (L+\mathrm{i})^{-1}P_1(v_1\chi_1)), \\ b_1 = \dfrac{1}{2}\left(\|(L+\mathrm{i})^{-1}P_1(v_1\chi_1)\|^2 + \dfrac{5}{3}\right), \\ a_0 = -(L^{-1}P_1(v_1\chi_4), v_1\chi_4), \quad a_2 = -(L^{-1}P_1(v_1\chi_2), v_1\chi_2). \end{cases}$$

特征函数 $\psi_j(\xi) = \psi_j(s,\omega)$ $(j = -1, 0, 1, 2, 3)$ 是相互正交的, 并且满足

$$\begin{cases} (\psi_j(s,\omega), \overline{\psi_k(s,\omega)})_\xi = \delta_{jk}, \quad j, k = -1, 0, 1, 2, 3, \\ \psi_j(s,\omega) = \psi_{j,0}(\omega) + \psi_{j,1}(\omega)s + \psi_{j,2}(\omega)s^2 + O(s^3), \quad |s| \leqslant r_0, \end{cases} \tag{2.2.80}$$

其中系数 $\psi_{j,n}$ 定义为

$$\begin{cases} \psi_{0,0} = \chi_4, \quad \psi_{0,1} = \mathrm{i}L^{-1}P_1(v\cdot\omega)\chi_4, \quad (\psi_{0,2}, \chi_0) = -\sqrt{\dfrac{2}{3}}, \\ \psi_{\pm1,0} = \dfrac{\sqrt{2}}{2}(v\cdot\omega)\sqrt{M}, \quad (\psi_{\pm1,2}, \chi_0) = 0, \\ \psi_{\pm1,1} = \mp\dfrac{\sqrt{2}}{2}\sqrt{M} \mp \dfrac{\sqrt{3}}{3}\chi_4 + \dfrac{\sqrt{2}}{2}\mathrm{i}(L\mp\mathrm{i})^{-1}P_1(v\cdot\omega)^2\sqrt{M}, \\ \psi_{j,0} = (v\cdot W^j)\sqrt{M}, \quad (\psi_{j,n}, \chi_0) = (\psi_{j,n}, \chi_4) = 0 \quad (n \geqslant 0), \\ \psi_{j,1} = \mathrm{i}L^{-1}P_1[(v\cdot\omega)(v\cdot W^j)\sqrt{M}], \quad j = 2, 3. \end{cases} \tag{2.2.81}$$

这里的 W^j, $j = 2, 3$ 是相互正交的单位向量, 并且满足 $W^j\cdot\omega = 0$.

备注 2.12 注意到, 定义在 (2.2.28) 中的算子 $A(\xi)$ 是傅里叶变换后的线性 Euler-Poisson 方程的算子. 设 $(\alpha_j(\xi), \phi_j(\xi))$,$-1 \leqslant j \leqslant 3$ 为算子 $A(\xi)$ 的特征值与特征向量. 则有

$$\begin{aligned} &\alpha_j(\xi) = 0, \quad j = 0, 2, 3, \quad \alpha_{\pm1}(\xi) = \pm\mathrm{i}\sqrt{1 + \frac{5}{3}|\xi|^2}, \\ &\phi_0(\xi) = \frac{\sqrt{2}|\xi|^2}{\sqrt{3+5|\xi|^2}\sqrt{1+|\xi|^2}}\chi_0 - \frac{\sqrt{3+3|\xi|^2}}{\sqrt{3+5|\xi|^2}}\chi_4, \\ &\phi_{\pm1}(\xi) = \sqrt{\frac{1}{2}}\left(\frac{\sqrt{3}|\xi|}{\sqrt{3+5|\xi|^2}}\chi_0 \mp \frac{v\cdot\xi}{|\xi|}\chi_0 + \frac{\sqrt{2}|\xi|}{\sqrt{3+5|\xi|^2}}\chi_4\right), \\ &\phi_j(\xi) = v\cdot W^j\chi_0, \quad j = 2, 3, \end{aligned}$$

其中 $W^j=(W_1^j,W_2^j,W_3^j)$ 满足 $W^j\cdot\xi=0$, $W^i\cdot W^j=\delta_{ij}$, $i,j=2,3$. 容易验证 $\phi_j(\xi)$ 关于内积 $(\cdot,\cdot)$ 不相互正交, 但是它们在内积 $(\cdot,\cdot)_\xi$ 下相互正交, 即

$$(\phi_i(\xi),\phi_j(\xi))_\xi=\delta_{ij},\quad -1\leqslant i,j\leqslant 3.$$

证明 我们构造 $B_1(\xi)$ 的特征值 $\lambda_j(s)$ 与特征函数 $\psi_j(s,\omega)$, $j=-1,0,1,2,3$ 如下. 对于 $j=2,3$, 取 $\lambda_j=\lambda(s)$, 其中 $\lambda(s)$ 为引理 2.9 中的方程 $D_0(\lambda,s)=0$ 的解, 并且取 W^j, $j=2,3$ 为满足 $W^j\cdot\omega=0$, $W^2\cdot W^3=0$ 的单位向量. 于是, 特征函数 $\psi_j(s,\omega)$, $j=2,3$ 可表示为

$$\psi_j(s,\omega)=b_j(s)(W^j\cdot v)\chi_0+\mathrm{i}sb_j(s)[L-\lambda_j-\mathrm{i}sP_1(v\cdot\omega)P_1]^{-1}P_1[(v\cdot\omega)(W^j\cdot v)\chi_0],\tag{2.2.82}$$

容易验证, 它们是相互正交的, 即 $(\psi_2(s,\omega),\overline{\psi_3(s,\omega)})_\xi=0$.

对于 $j=-1,0,1$, 取 $\lambda_j=\lambda_j(s)$, 其中 $\lambda_j(s)$ 为引理 2.10 中的方程 $D_1(\lambda,s)=0$ 的解. 记 $(sa_j,b_j,d_j)=:(W_0^j,\ (W\cdot\omega)^j,\ W_4^j)$ 为方程 (2.2.63), (2.2.65) 与 (2.2.67) 对应 $\lambda=\lambda_j(s)$ 的一组解. 于是, 特征函数 $\psi_j(s,\omega)$, $j=-1,0,1$ 可构造为

$$\begin{cases}\psi_j(s,\omega)=P_0\psi_j(s,\omega)+P_1\psi_j(s,\omega),\\ P_0\psi_j(s,\omega)=sa_j(s)\chi_0+b_j(s)(v\cdot\omega)\chi_0+d_j(s)\chi_4,\\ P_1\psi_j(s,\omega)=\mathrm{i}s[L-\lambda_j-\mathrm{i}sP_1(v\cdot\omega)P_1]^{-1}P_1[(v\cdot\omega)P_0\psi_j(s,\omega)].\end{cases}\tag{2.2.83}$$

注意到

$$\left(L-\mathrm{i}s(v\cdot\omega)-\mathrm{i}\frac{v\cdot\omega}{s}P_d\right)\psi_j(s,\omega)=\lambda_j(s)\psi_j(s,\omega),\quad -1\leqslant j\leqslant 3.$$

取上式与 $\overline{\psi_j(s,\omega)}$ 关于 $(\cdot,\cdot)_\xi$ 的内积, 并且利用以下事实

$$(B_1(\xi)f,g)_\xi=(f,B_1(-\xi)g)_\xi,\quad f,g\in D(B_1(\xi)),$$

$$B_1(-\xi)\overline{\psi_j(s,\omega)}=\overline{\lambda_j(s)}\cdot\overline{\psi_j(s,\omega)},$$

可得

$$(\lambda_j(s)-\lambda_k(s))(\psi_j(s,\omega),\overline{\psi_k(s,\omega)})_\xi=0,\quad -1\leqslant j,k\leqslant 3.$$

由于当 $s\neq 0$ 充分小时, 有 $\lambda_j(s)\neq\lambda_k(s)$, $-1\leqslant j\neq k\leqslant 2$, 于是

$$(\psi_j(s,\omega),\overline{\psi_k(s,\omega)})_\xi=0,\quad -1\leqslant j\neq k\leqslant 3.$$

将特征函数做归一化:

$$(\psi_j(s,\omega),\overline{\psi_j(s,\omega)})_\xi=1,\quad -1\leqslant j\leqslant 3.\tag{2.2.84}$$

由归一化条件 (2.2.84), 在 (2.2.82) 中的系数 $b_j(s)$, $j=2,3$ 满足

$$b_2(s)^2\left(1-s^2D_2(s)\right)=1,\quad b_2(s)=b_3(s), \tag{2.2.85}$$

其中

$$D_2(s)=(R(\lambda_2(s),se_1)P_1v_1\chi_2,R(\overline{\lambda_2(s)},-se_1)P_1v_1\chi_2).$$

将 (2.2.79) 代入到 (2.2.85) 中, 并利用性质 $D_2(-s)=D_2(s)$, 我们可以推出 $b_2(-s)=b_2(s)$, 且

$$b_2(s)=1+\frac{1}{2}s^2\|L^{-1}P_1(v_1\chi_2)\|^2+O(s^4),\quad |s|\leqslant r_0.$$

将上式代入到 (2.2.82), 我们得到 (2.2.81) 中 $\psi_j(s,\omega)(j=2,3)$ 的展开.

最后, 我们计算 (2.2.83) 中 $\psi_j(s,\omega)$ $(j=-1,0,1)$ 的展开. 根据 (2.2.63), (2.2.65) 与 (2.2.67), 宏观部分 $P_0\psi_j(s,\omega)$ 中的系数 $(sa_j(s),b_j(s),d_j(s))$ 满足下面的方程组

$$\begin{cases}\lambda_j(s)a_j(s)+\mathrm{i}b_j(s)=0,\\ \mathrm{i}(s^2+1)a_j(s)+\left(\lambda_j(s)-s^2R_{11}(\lambda_j,s)\right)b_j(s)\\ \quad+\left(\mathrm{i}s\sqrt{\dfrac{2}{3}}-s^2R_{41}(\lambda_j,s)\right)d_j(s)=0,\\ \left(\mathrm{i}s\sqrt{\dfrac{2}{3}}-s^2R_{14}(\lambda_j,s)\right)b_j(s)+\left(\lambda_j(s)-s^2R_{44}(\lambda_j,s)\right)d_j(s)=0.\end{cases} \tag{2.2.86}$$

此外, 由归一化条件 (2.2.84), 有

$$1=a_j(s)^2(1+s^2)+b_j(s)^2+d_j(s)^2+O(s^2),\quad |s|\leqslant r_0. \tag{2.2.87}$$

将系数 $a_j(s),b_j(s),d_j(s)$, $j=-1,0,1$ 做泰勒展开:

$$a_j(s)=\sum_{n=0}^{1}a_{j,n}s^n+O(s^2),\quad b_j(s)=\sum_{n=0}^{1}b_{j,n}s^n+O(s^2),\quad d_j(s)=\sum_{n=0}^{1}d_{j,n}s^n+O(s^2).$$

把上式与 (2.2.79) 代入到 (2.2.86) 与 (2.2.87)中, 我们可以得到

$$O(1)\qquad\begin{cases}j\mathrm{i}a_{j,0}+\mathrm{i}b_{j,0}=0,\\ \mathrm{i}a_{j,0}+j\mathrm{i}b_{j,0}=0,\\ j\mathrm{i}d_{j,0}=0,\\ (a_{j,0})^2+(b_{j,0})^2+(d_{j,0})^2=1,\end{cases} \tag{2.2.88}$$

$$O(s)\qquad\begin{cases} j\mathrm{i}a_{j,1}+\mathrm{i}b_{j,0}=0,\\ \mathrm{i}a_{j,1}+j\mathrm{i}b_{j,1}+\mathrm{i}\sqrt{\dfrac{2}{3}}d_{j,0}=0,\\ \mathrm{i}\sqrt{\dfrac{2}{3}}b_{j,0}+j\mathrm{i}d_{j,1}=0,\\ a_{j,0}a_{j,1}+b_{j,0}b_{j,1}+d_{j,0}d_{j,1}=0, \end{cases} \tag{2.2.89}$$

通过直接计算, 由 (2.2.88)–(2.2.89) 可得

$$\begin{cases} a_{0,0}=b_{0,0}=0,\quad d_{0,0}=1,\\ a_{\pm1,0}=\mp b_{\pm1,0}=\mp\sqrt{\dfrac{1}{2}},\quad d_{\pm1,0}=0,\\ a_{0,1}=-\sqrt{\dfrac{2}{3}},\quad b_{0,1}=d_{0,1}=0,\quad d_{\pm1,1}=\mp\sqrt{\dfrac{1}{3}}, \end{cases} \tag{2.2.90}$$

由于 $\lambda_k(s)=\lambda_k(-s)$, $k=-1,0,1$, 通过变量替换 $v_1\to -v_1$, 可以推出对于 $i,j=1,4$, $i\neq j$, 有

$$R_{jj}(\lambda_k(-s),-s)=R_{jj}(\lambda_k(s),s),\quad R_{ij}(\lambda_k(-s),-s)=-R_{ij}(\lambda_k(s),s).$$

将上式代入到 (2.2.86), 可以推出

$$\begin{cases} a_0(-s)=-a_0(s),\quad b_0(-s)=-b_0(s),\quad d_0(-s)=d_0(s),\\ a_{\pm1}(-s)=a_{\pm1}(s),\quad b_{\pm1}(-s)=b_{\pm1}(s),\quad d_{\pm1}(-s)=-d_{\pm1}(s). \end{cases} \tag{2.2.91}$$

根据(2.2.83), (2.2.90) 和 (2.2.91), 我们得到 (2.2.81) 中 $\psi_j(s,\omega)(j=-1,0,1)$ 的展开. □

2.3 线性单极 VPB 方程的最优衰减估计

基于 2.2 节中关于 $B_1(\xi)$ 的谱集和预解集的分析, 我们在本节中研究 $B_1(\xi)$ 生成的半群 $e^{tB_1(\xi)}$ 的性质, 并且建立线性单极 VPB 方程柯西问题 (2.2.1) 整体解的最优衰减速度估计.

2.3.1 半群 $e^{tB_1(\xi)}$ 的性质

引理 2.13 算子 $Q(\xi)=L-\mathrm{i}P_1(v\cdot\xi)P_1$ 在 $N_0^\perp$ 上生成一个强连续压缩半群, 并且对任意 $t>0$, $f\in N_0^\perp\cap L^2(\mathbb{R}_v^3)$, 满足

$$\|e^{tQ(\xi)}f\|\leqslant e^{-\mu t}\|f\|. \tag{2.3.1}$$

此外, 对任意的 $x > -\mu$ 与 $f \in N_0^\perp \cap L^2(\mathbb{R}_v^3)$, 有

$$\int_{-\infty}^{+\infty} \|[x + \mathrm{i}y - Q(\xi)]^{-1} f\|^2 dy \leqslant \pi(x+\mu)^{-1}\|f\|^2. \tag{2.3.2}$$

证明 由于算子 $Q(\xi)$ 是 $N_0^\perp$ 上的闭稠定算子, 算子 $Q(\xi)$ 及其共轭算子 $Q(\xi)^* = Q(-\xi)$ 在 $N_0^\perp$ 上都是耗散的, 并且满足估计 (2.2.33), 因此由引理 1.16 可知, $Q(\xi)$ 在 $N_0^\perp$ 上生成一个强连续压缩半群, 并且满足 (2.3.1).

根据引理 1.19, 预解式 $(\lambda - Q(\xi))^{-1}$ 可以表示为

$$[\lambda - Q(\xi)]^{-1} = \int_0^\infty e^{-\lambda t} e^{tQ(\xi)} dt, \quad \mathrm{Re}\lambda > -\mu,$$

因此

$$[x + \mathrm{i}y - Q(\xi)]^{-1} = \frac{1}{\sqrt{2\pi}} \int_{-\infty}^{+\infty} e^{-\mathrm{i}yt} \left[\sqrt{2\pi} 1_{\{t \geqslant 0\}} e^{-xt} e^{tQ(\xi)}\right] dt,$$

其中, 等号右边项是函数 $\sqrt{2\pi} 1_{\{t\geqslant 0\}} e^{-xt} e^{tQ(\xi)}$ 关于 t 的傅里叶变换. 根据 Plancherel 等式, 对任意的 $f \in N_0^\perp$, 有

$$\int_{-\infty}^{+\infty} \|[x + \mathrm{i}y - Q(\xi)]^{-1} f\|^2 dy = \int_{-\infty}^{+\infty} \|(2\pi)^{\frac{1}{2}} 1_{\{t\geqslant 0\}} e^{-xt} e^{tQ(\xi)} f\|^2 dt$$

$$= 2\pi \int_0^\infty e^{-2xt} \|e^{tQ(\xi)} f\|^2 dt \leqslant 2\pi \int_0^\infty e^{-2(x+\mu)t} dt \|f\|^2.$$

这就证明了 (2.3.2). □

引理 2.14 对任意给定的 $\xi \neq 0$, 算子 $A(\xi) = -\mathrm{i}P_0(v\cdot\xi)P_0 - \mathrm{i}\frac{v\cdot\xi}{|\xi|^2}P_d$ 在 N_0 上生成一个强连续酉群, 并且对任意 $t \in (-\infty, \infty)$, $f \in N_0 \cap L^2_\xi(\mathbb{R}_v^3)$, 满足

$$\|e^{tA(\xi)} f\|_\xi = \|f\|_\xi. \tag{2.3.3}$$

另外, 对任意的 $x \neq 0$ 与 $f \in N_0 \cap L^2_\xi(\mathbb{R}_v^3)$, 有

$$\int_{-\infty}^{+\infty} \|[x + \mathrm{i}y - A(\xi)]^{-1} f\|_\xi^2 dy = \pi|x|^{-1}\|f\|_\xi^2. \tag{2.3.4}$$

证明 根据 (2.2.35), 算子 $\mathrm{i}A(\xi)$ 在 N_0 上是自共轭的, 因此, 由引理 1.17 可知, 算子 $A(\xi)$ 在 N_0 上生成了一个强连续酉群, 并且满足 (2.3.3).

对于 $x>0$, 预解式 $[x+\mathrm{i}y-A(\xi)]^{-1}$ 可以表示为

$$[x+\mathrm{i}y-A(\xi)]^{-1}=\int_0^\infty e^{-(x+\mathrm{i}y)t}e^{tA(\xi)}dt,$$

因此, 对任意的 $f\in N_0\cap L^2_\xi(\mathbb{R}^3_v)$, 有

$$\int_{-\infty}^{+\infty}\|[x+\mathrm{i}y-A(\xi)]^{-1}f\|_\xi^2dy=2\pi\int_0^\infty e^{-2xt}\|e^{tA(\xi)}f\|_\xi^2dt$$

$$=2\pi\int_0^\infty e^{-2xt}dt\|f\|_\xi^2=\pi|x|^{-1}\|f\|_\xi^2. \tag{2.3.5}$$

同理, 对于 $x<0$, 有

$$[-x+\mathrm{i}y+A(\xi)]^{-1}=\int_0^\infty e^{(x+\mathrm{i}y)t}e^{-tA(\xi)}dt,$$

因此, (2.3.5) 对于 $x<0$ 也成立. □

利用引理 2.4 中的估计, 并通过与引理 1.32 的相似的证明, 我们可以得到以下的算子范数估计, 证明过程省略.

引理 2.15 对任意给定的 $r_0>0$, 令 $x\geqslant-\eta(r_0)$, 其中 $\eta(r_0)>0$ 是由引理 2.5 给出的常数. 那么, 存在常数 $C>0$ 使得

$$\sup_{y\in\mathbb{R},|\xi|\geqslant r_0}\|[I-(K-\mathrm{i}(v\cdot\xi)|\xi|^{-2}P_d)(x+\mathrm{i}y-\mathrm{c}(\xi))^{-1}]^{-1}\|\leqslant C. \tag{2.3.6}$$

根据引理 2.4—引理 2.7 与引理 2.13—引理 2.15, 我们得到半群 $S(t,\xi)=e^{tB_1(\xi)}(|\xi|\neq0)$ 的分解.

定理 2.16 对任意的 $|\xi|\neq0$, 半群 $S(t,\xi)=e^{tB_1(\xi)}$ 可分解为

$$S(t,\xi)f=S_1(t,\xi)f+S_2(t,\xi)f,\quad f\in L^2_\xi(\mathbb{R}^3_v),\quad t>0, \tag{2.3.7}$$

这里

$$S_1(t,\xi)f=\sum_{j=-1}^3 e^{\lambda_j(|\xi|)t}\big(f,\overline{\psi_j(\xi)}\big)_\xi\psi_j(\xi)1_{\{|\xi|\leqslant r_0\}}, \tag{2.3.8}$$

其中 $\lambda_j(|\xi|)$ 和 $\psi_j(\xi)$ 是算子 $B_1(\xi)$ 在 $|\xi|\leqslant r_0$ 时的特征值和特征函数 (定义在定理 2.11 中给出), 并且 $S_2(t,\xi)f=:S(t,\xi)f-S_1(t,\xi)f$ 满足

$$\|S_2(t,\xi)f\|_\xi\leqslant Ce^{-\sigma_0t}\|f\|_\xi,\quad t>0, \tag{2.3.9}$$

其中 $\sigma_0>0$ 和 $C>0$ 是不依赖于 ξ 的常数.

证明 根据引理 1.20, 区域 $D(B_1(\xi)^2)=\{f\in L^2(\mathbb{R}^3)\,|\,\nu(v)^2f\in L^2(\mathbb{R}^3)\}$ 在 $L^2_\xi(\mathbb{R}^3_v)$ 上是稠密的, 因此只需要证明 (2.3.7) 对于 $f\in D(B_1(\xi)^2)$ 成立即可. 由引理 1.18 可知, 半群 $e^{tB_1(\xi)}$ 可以表示为

$$e^{tB_1(\xi)}f=\frac{1}{2\pi\mathrm{i}}\int_{\kappa-\mathrm{i}\infty}^{\kappa+\mathrm{i}\infty}e^{\lambda t}(\lambda-B_1(\xi))^{-1}fd\lambda,\quad f\in D(B_1(\xi)^2),\ \kappa>0. \tag{2.3.10}$$

首先, 我们考虑当 $|\xi|\leqslant r_0$ 时 (2.3.10) 的估计. 根据 (2.2.43), 对任意 $\lambda\in\rho(B_1(\xi))\cap\{\mathrm{Re}\lambda>-\mu,\,\lambda\neq\alpha_j(\xi)\}$, 有

$$(\lambda-B_1(\xi))^{-1}=[(\lambda-A(\xi))^{-1}P_0+(\lambda-Q(\xi))^{-1}P_1]-Z_1(\lambda,\xi), \tag{2.3.11}$$

其中

$$Z_1(\lambda,\xi)=[(\lambda-A(\xi))^{-1}P_0+(\lambda-Q(\xi))^{-1}P_1][I+Y(\lambda,\xi)]^{-1}Y(\lambda,\xi), \tag{2.3.12}$$

$$Y(\lambda,\xi)=\mathrm{i}P_1(v\cdot\xi)(\lambda-A(\xi))^{-1}P_0+\mathrm{i}P_0(v\cdot\xi)(\lambda-Q(\xi))^{-1}P_1. \tag{2.3.13}$$

将 (2.3.11) 代入到 (2.3.10), 我们可以把半群 $e^{tB_1(\xi)}$ 表示为

$$e^{tB_1(\xi)}f=e^{tA(\xi)}P_0f+e^{tQ(\xi)}P_1f-\frac{1}{2\pi\mathrm{i}}\int_{\kappa-\mathrm{i}\infty}^{\kappa+\mathrm{i}\infty}e^{\lambda t}Z_1(\lambda,\xi)fd\lambda,\quad |\xi|\leqslant r_0. \tag{2.3.14}$$

为了得到 (2.3.14) 中等号右边最后一项的估计, 记

$$U_{\kappa,N}f=\frac{1}{2\pi\mathrm{i}}\int_{-N}^{N}e^{(\kappa+\mathrm{i}y)t}Z_1(\kappa+iy,\xi)f1_{\{|\xi|\leqslant r_0\}}dy, \tag{2.3.15}$$

这里取常数 $N>y_1$, 其中 $y_1>0$ 由引理 2.7 给出. 由于对任意固定的 $|\xi|\leqslant r_0$, 算子 $Z_1(\lambda,\xi)$ 在区域 $\{\mathrm{Re}\lambda>-\mu/2\}$ 中除了 $\lambda=\lambda_j(|\xi|)\in\sigma(B_1(\xi))$, $\lambda=\alpha_j(|\xi|)\in\sigma(A(\xi))$, $j=-1,0,1,2,3$ 这些奇点之外是解析的, 我们可以将积分 (2.3.15) 从直线 $\mathrm{Re}\lambda=\kappa>0$ 上平移到直线 $\mathrm{Re}\lambda=-\mu/2$ 上, 并根据留数定理, 可得

$$\begin{aligned}U_{\kappa,N}f=&\sum_{j=-1}^{3}\left(\mathrm{Res}\left\{e^{\lambda t}Z_1(\lambda,\xi)f;\lambda_j(|\xi|)\right\}+\mathrm{Res}\left\{e^{\lambda t}Z_1(\lambda,\xi)f;\alpha_j(|\xi|)\right\}\right)\\&+U_{-\frac{\mu}{2},N}f+H_Nf,\end{aligned} \tag{2.3.16}$$

其中 $\mathrm{Res}\{f(\lambda);\lambda_j\}$ 是 $f(\lambda)$ 在 $\lambda=\lambda_j$ 上的留数, 以及

$$H_Nf=\frac{1}{2\pi\mathrm{i}}\left(\int_{-\frac{\mu}{2}+\mathrm{i}N}^{\kappa+\mathrm{i}N}-\int_{-\frac{\mu}{2}-\mathrm{i}N}^{\kappa-\mathrm{i}N}\right)e^{\lambda t}Z_1(\lambda,\xi)f1_{\{|\xi|\leqslant r_0\}}d\lambda.$$

下面我们给出 (2.3.16) 等号右边各项的估计. 根据引理 2.6, 对任意的 $|\xi| \leqslant r_0$, 有

$$\begin{aligned}\|H_N f\|_\xi \leqslant & C\int_{-\frac{\mu}{2}}^{\kappa} e^{xt}\|P_1(v\cdot\xi)(x+\mathrm{i}N-A(\xi))^{-1}P_0 f\|_\xi dx\\ &+C\int_{-\frac{\mu}{2}}^{\kappa} e^{xt}\|P_0(v\cdot\xi)(x+\mathrm{i}N-Q(\xi))^{-1}P_1 f\|_\xi dx\\ &\leqslant C r_0 e^{\kappa t}(1+N)^{-1}\|f\|_\xi \to 0,\quad N\to\infty.\end{aligned} \tag{2.3.17}$$

令

$$\lim_{N\to\infty} U_{-\frac{\mu}{2},N}(t)f = U_{-\frac{\mu}{2},\infty}(t)f =: \int_{-\frac{\mu}{2}-\mathrm{i}\infty}^{-\frac{\mu}{2}+\mathrm{i}\infty} e^{\lambda t} Z_1(\lambda,\xi) f d\lambda. \tag{2.3.18}$$

根据引理 2.6, 存在常数 $r_0>0$ 充分小, 使得对任意的 $y\in\mathbb{R}$ 和 $|\xi|\leqslant r_0$, 有 $\left\|Y\left(-\frac{\mu}{2}+\mathrm{i}y,\xi\right)\right\|_\xi \leqslant 1/2$, 则算子 $I+Y\left(-\frac{\mu}{2}+\mathrm{i}y,\xi\right)$ 在 $L^2_\xi(\mathbb{R}^3_v)$ 上是可逆的, 并且满足

$$\left\|\left[I+Y\left(-\frac{\mu}{2}+\mathrm{i}y,\xi\right)\right]^{-1}\right\|_\xi \leqslant 2.$$

所以, 对任意的 $f,g\in L^2_\xi(\mathbb{R}^3_v)$, 有

$$\begin{aligned}&|(U_{-\frac{\mu}{2},\infty}(t)f,g)_\xi|\\ &\leqslant e^{-\frac{\mu t}{2}}\int_{-\infty}^{+\infty}|(Z_1(\lambda,\xi)f,g)_\xi|dy\\ &\leqslant C|\xi|e^{-\frac{\mu t}{2}}\int_{-\infty}^{+\infty}\left(\|[\lambda-Q(\xi)]^{-1}P_1 f\|+\|[\lambda-A(\xi)]^{-1}P_0 f\|_\xi\right)\\ &\quad\times\left(\|[\overline{\lambda}-Q(-\xi)]^{-1}P_1 g\|+\|[\overline{\lambda}-A(-\xi)]^{-1}P_0 g\|_\xi\right)dy,\quad \lambda=-\frac{\mu}{2}+\mathrm{i}y.\end{aligned}$$

根据上式, (2.3.2) 和 (2.3.4), 可以推出 $|(U_{-\frac{\mu}{2},\infty}(t)f,g)_\xi|\leqslant Cr_0\mu^{-1}e^{-\frac{\mu t}{2}}\|f\|_\xi\|g\|_\xi$, 因此

$$\|U_{-\frac{\mu}{2},\infty}(t)\|_\xi \leqslant C r_0\mu^{-1}e^{-\frac{\mu t}{2}}. \tag{2.3.19}$$

由于 $\lambda_j(|\xi|),\alpha_j(|\xi|)\in\rho(Q(\xi))$, $\lambda_j(|\xi|)\neq\alpha_j(|\xi|)$ 以及

$$Z_1(\lambda,\xi)=(\lambda-A(\xi))^{-1}P_0+(\lambda-Q(\xi))^{-1}P_1-(\lambda-B_1(\xi))^{-1},$$

我们可以证明

$$\mathrm{Res}\{e^{\lambda t}Z_1(\lambda,\xi)f;\lambda_j(|\xi|)\} = -\mathrm{Res}\{e^{\lambda t}(\lambda-B_1(\xi))^{-1}f;\lambda_j(|\xi|)\}$$

$$= -e^{\lambda_j(|\xi|)t}\big(f, \overline{\psi_j(\xi)}\big)_\xi \psi_j(\xi), \tag{2.3.20}$$

$$\begin{aligned}\mathrm{Res}\{e^{\lambda t} Z_1(\lambda,\xi) f; \alpha_j(|\xi|)\} &= \mathrm{Res}\{e^{\lambda t}(\lambda - A(\xi))^{-1} P_0 f; \alpha_j(|\xi|)\} \\ &= e^{tA(\xi)} P_0 f. \end{aligned} \tag{2.3.21}$$

显然, (2.3.21) 成立. 我们只需要证明 (2.3.20). 根据 [47] 中的谱的表示公式, 对任意的 $|\xi| \leqslant r_0$, $|\lambda - \lambda_j(|\xi|)| \leqslant \delta$, 其中 $\delta > 0$ 充分小, 有

$$(\lambda - B_1(\xi))^{-1} = \sum_{j=-1}^{3}\left[\frac{\tilde{P}_j}{\lambda - \lambda_j(|\xi|)} + \sum_{m=1}^{n_j} \frac{\tilde{D}_j^m}{(\lambda - \lambda_j(|\xi|))^{m+1}}\right] + \tilde{S}(\lambda), \tag{2.3.22}$$

这里 $\tilde{P}_j$ 是对应特征值 $\lambda_j(|\xi|)$ 的投影算子, $\tilde{D}_j$ 是对应特征值 $\lambda_j(|\xi|)$ 的幂零算子, 并且算子 $\tilde{S}(\lambda)$ 在区域 $\{\lambda \in \mathbb{C} \,|\, |\lambda - \lambda_j(|\xi|)| < \delta\}$ 中是解析的.

我们断言, 对于每一个 j, $-1 \leqslant j \leqslant 2$, 都有 $\tilde{D}_j = 0$. 用反证法, 如果 $\tilde{D}_j \neq 0$, 那么存在 n_j, 使得对于 $m \leqslant n_j$, $\tilde{D}_j^m \neq 0$ 且 $\tilde{D}_j^{n_j+1} = 0$. 因此, $\tilde{D}_j^{n_j} = (B_1(\xi) - \lambda_j(\xi))^{n_j} \tilde{P}_j \neq 0$, $\tilde{D}_j^{n_j+1} = (B_1(\xi) - \lambda_j(\xi))^{n_j+1}\tilde{P}_j = 0$. 假设 $n_j \geqslant 1$, 取 $g \in L^2_\xi(\mathbb{R}^3_v)$ 使得 $h = [B_1(\xi) - \lambda_j(\xi)]^{n_j}\tilde{P}_j g \neq 0$. 那么 $[B_1(\xi) - \lambda_j(\xi)]h = 0$. 因此, 存在常数 $C_0 \neq 0$, 有 $h = C_0 \psi_j(\xi)$. 将 h 归一化, 使得 $C_0 = 1$. 于是

$$\begin{aligned} 1 = (\psi_j(\xi), \overline{\psi_j(\xi)})_\xi &= ([B_1(\xi) - \lambda_j(|\xi|)]^{n_j}\tilde{P}_j g, \overline{\psi_j(\xi)})_\xi \\ &= ([B_1(\xi) - \lambda_j(|\xi|)]^{n_j-1}\tilde{P}_j g, [B_1(-\xi) - \overline{\lambda_j(|\xi|)}]\overline{\psi_j(\xi)})_\xi = 0, \end{aligned}$$

这是因为 $\overline{\psi_j(\xi)}$ 为算子 $B_1(-\xi)$ 对应特征值 $\overline{\lambda_j(|\xi|)}$ 的特征函数. 这就产生了矛盾, 因此 $\tilde{D}_j = 0$ 成立. 通过 (2.3.22) 与柯西积分定理, 我们可以得到 (2.3.20).

因此, 综合 (2.3.14) 与 (2.3.15)—(2.3.21), 我们得到

$$e^{tB_1(\xi)} f = e^{tQ(\xi)} P_1 f + U_{-\frac{\mu}{2},\infty}(t) f + \sum_{j=-1}^{3} e^{\lambda_j(|\xi|)t}\big(f, \overline{\psi_j(\xi)}\big)_\xi \psi_j(\xi), \quad |\xi| \leqslant r_0. \tag{2.3.23}$$

其次, 我们考虑当 $|\xi| > r_0$ 时 (2.3.10) 的估计. 根据 (2.2.21), 对任意 $\lambda \in \rho(B_1(\xi)) \cap \{\mathrm{Re}\lambda > -\nu_0\}$, 有

$$(\lambda - B_1(\xi))^{-1} = (\lambda - \mathrm{c}(\xi))^{-1} + Z_2(\lambda, \xi), \tag{2.3.24}$$

其中

$$Z_2(\lambda,\xi) = (\lambda - \mathrm{c}(\xi))^{-1}[I - Y_2(\lambda,\xi)]^{-1} Y_2(\lambda,\xi), \tag{2.3.25}$$

$$Y_2(\lambda,\xi)=(K-\mathrm{i}(v\cdot\xi)|\xi|^{-2}P_d)(\lambda-\mathrm{c}(\xi))^{-1}. \tag{2.3.26}$$

将 (2.3.24) 代入到 (2.3.10) 中, 得到

$$e^{tB_1(\xi)}f=e^{t\mathrm{c}(\xi)}f+\frac{1}{2\pi\mathrm{i}}\int_{\kappa-\mathrm{i}\infty}^{\kappa+\mathrm{i}\infty}e^{\lambda t}Z_2(\lambda,\xi)fd\lambda,\quad |\xi|>r_0. \tag{2.3.27}$$

下面我们估计 (2.3.27) 等号右边最后一项. 设 $N>0$ 由 (2.3.15) 给出, 记

$$V_{\kappa,N}f=\frac{1}{2\pi\mathrm{i}}\int_{-N}^{N}e^{(\kappa+\mathrm{i}y)t}Z_2(\kappa+\mathrm{i}y,\xi)f1_{\{|\xi|>r_0\}}dy. \tag{2.3.28}$$

令 $\sigma_0=\eta(r_0)$, 其中 $\eta(r_0)>0$ 由引理 2.5 给出. 由于对任意固定的 $|\xi|>r_0$, 算子 $Z_2(\lambda,\xi)$ 在区域 $\{\mathrm{Re}\lambda\geqslant-\sigma_0\}$ 中是解析的, 将 (2.3.28) 中的积分从直线 $\mathrm{Re}\lambda=\kappa>0$ 平移到直线 $\mathrm{Re}\lambda=-\sigma_0$ 上, 得到

$$V_{\kappa,N}f=V_{-\sigma_0,N}f+I_Nf, \tag{2.3.29}$$

其中

$$I_Nf=\frac{1}{2\pi\mathrm{i}}\left(\int_{-\sigma_0+\mathrm{i}N}^{-\kappa+\mathrm{i}N}-\int_{-\sigma_0-\mathrm{i}N}^{-\kappa-\mathrm{i}N}\right)e^{\lambda t}Z_2(\lambda,\xi)f1_{\{|\xi|>r_0\}}d\lambda.$$

根据引理 2.4, 对任意的 $|\xi|>r_0$, 有

$$\begin{aligned}\|I_Nf\|&\leqslant C\int_{-\eta}^{\kappa}e^{xt}\|(K-\mathrm{i}(v\cdot\xi)|\xi|^{-2}P_d)(x+\mathrm{i}N-\mathrm{c}(\xi))^{-1}f\|dx\\&\leqslant Ce^{\kappa t}\left[(1+|\xi|)^{\frac12}(1+N)^{-\frac12}+r_0^{-1}(1+N)^{-1}\right]\|f\|\to0,\quad N\to\infty.\end{aligned} \tag{2.3.30}$$

根据引理 2.15, 可得

$$\sup_{|\xi|>r_0,y\in\mathbb{R}}\|[I-Y_2(-\sigma_0+\mathrm{i}y,\xi)]^{-1}\|\leqslant C. \tag{2.3.31}$$

根据引理 1.31, (2.3.25) 与 (2.3.31), 对任意的 $f,g\in L^2_\xi(\mathbb{R}^3_v)$, 有

$$\begin{aligned}&|(V_{-\sigma_0,\infty}(t)f,g)|\leqslant Ce^{-\sigma_0t}\int_{-\infty}^{+\infty}|(Z_2(\lambda,\xi)f,g)|dy\\&\leqslant C(\|K\|+r_0^{-1})e^{-\sigma_0t}\int_{-\infty}^{+\infty}\|(\lambda-\mathrm{c}(\xi))^{-1}f\|\|(\overline{\lambda}-\mathrm{c}(-\xi))^{-1}g\|dy\end{aligned}$$

$$\leqslant C(\|K\|+r_0^{-1})e^{-\sigma_0 t}(\nu_0-\sigma_0)^{-1}\|f\|\|g\|, \quad \lambda=-\sigma_0+\mathrm{i}y.$$

由上式以及 $\|f\|^2\leqslant\|f\|_\xi^2\leqslant(1+r_0^{-2})\|f\|^2$ $(|\xi|>r_0)$, 得到

$$\|V_{-\sigma_0,\infty}(t)\|_\xi\leqslant Ce^{-\sigma_0 t}(\nu_0-\sigma_0)^{-1}. \tag{2.3.32}$$

因此, 综合 (2.3.27) 与 (2.3.28)—(2.3.32), 我们得到

$$e^{tB_1(\xi)}f=e^{tc(\xi)}f+V_{-\sigma_0,\infty}(t)f, \quad |\xi|>r_0. \tag{2.3.33}$$

最后, 根据 (2.3.23) 与 (2.3.33), 我们得到 (2.3.7), 其中 $S_1(t,\xi)f$, $S_2(t,\xi)f$ 定义为

$$S_1(t,\xi)f=\sum_{j=-1}^{3}e^{\lambda_j(|\xi|)t}(f,\overline{\psi_j(\xi)})_\xi\psi_j(\xi)1_{\{|\xi|\leqslant r_0\}},$$

$$S_2(t,\xi)f=(e^{tQ(\xi)}P_1f+U_{-\frac{\mu}{2},\infty}(t)f)1_{\{|\xi|\leqslant r_0\}}+(e^{tc(\xi)}f+V_{-\sigma_0,\infty}(t)f)1_{\{|\xi|>r_0\}}.$$

特别地, 由 (1.7.1), (2.3.1), (2.3.19) 与 (2.3.32), 可以推出 $S_2(t,\xi)f$ 满足 (2.3.9).

□

2.3.2 最优衰减率

令 $l\geqslant 0$, 定义关于函数 $f=f(x,v)$ 的 Sobolev 空间为 $H_P^l=\{f\in L^2(\mathbb{R}_x^3\times\mathbb{R}_v^3)\,|\,\|f\|_{H_P^l}<\infty\}$ $(L_P^2=H_P^0)$, 其范数 $\|\cdot\|_{H_P^l}$ 定义为

$$\begin{aligned}\|f\|_{H_P^l}&=\left(\int_{\mathbb{R}^3}(1+|\xi|^2)^l\|\hat{f}\|_\xi^2d\xi\right)^{1/2}\\&=\left(\int_{\mathbb{R}^3}(1+|\xi|^2)^l\left(\int_{\mathbb{R}^3}|\hat{f}|^2dv+\frac{1}{|\xi|^2}\left|\int_{\mathbb{R}^3}\hat{f}\sqrt{M}dv\right|^2\right)d\xi\right)^{1/2},\end{aligned} \tag{2.3.34}$$

这里 $\hat{f}=\hat{f}(\xi,v)$ 为函数 $f(x,v)$ 关于变量 x 的傅里叶变换. 注意到

$$\|f\|_{H_P^l}^2=\|f\|_{H^l}^2+\|\nabla_x\Delta_x^{-1}(f,\sqrt{M})\|_{H_x^l}^2.$$

对任意的 $f_0\in L^2(\mathbb{R}_x^3\times\mathbb{R}_v^3)$, 令

$$e^{tB_1}f_0=(\mathcal{F}^{-1}e^{tB_1(\xi)}\mathcal{F})f_0.$$

由引理 2.2, 可得

$$\|e^{tB_1}f_0\|_{H_P^l}^2=\int_{\mathbb{R}^3}(1+|\xi|^2)^l\|e^{tB_1(\xi)}\hat{f}_0\|_\xi^2d\xi\leqslant\int_{\mathbb{R}^3}(1+|\xi|^2)^l\|\hat{f}_0\|_\xi^2d\xi=\|f_0\|_{H_P^l}^2.$$

因此, 算子 B_1 在 H^l_P 中生成了一个强连续压缩半群 e^{tB_1}, 并且对任意的 $f_0 \in H^l_P$, $f(t,x,v) = e^{tB_1}f_0(x,v)$ 是线性单级 VPB 方程柯西问题 (2.2.1) 的整体解. 接下来, 我们建立这个整体解的时间衰减率.

首先, 我们得到线性单极 VPB 方程柯西问题 (2.2.1) 整体解的时间衰减率的上界估计.

定理 2.17 设 $\nabla_x\Phi(t) = \nabla_x\Delta_x^{-1}(e^{tB_1}f_0,\chi_0)$. 对任意的 $\alpha,\alpha' \in \mathbb{N}^3$ 且 $\alpha' \leqslant \alpha$, 线性单极 VPB 方程柯西问题 (2.2.1) 的整体解 $e^{tB_1}f_0$ 满足

$$\|(\partial_x^\alpha e^{tB_1}f_0,\chi_0)\|_{L^2_x} \leqslant C(1+t)^{-(\frac{3}{4}+\frac{k}{2})}(\|\partial_x^\alpha f_0\|_{L^2} + \|\partial_x^{\alpha'}f_0\|_{L^{2,1}}), \tag{2.3.35}$$

$$\|(\partial_x^\alpha e^{tB_1}f_0,v\chi_0)\|_{L^2_x} \leqslant C(1+t)^{-(\frac{1}{4}+\frac{k}{2})}(\|\partial_x^\alpha f_0\|_{L^2} + \|\partial_x^{\alpha'}f_0\|_{L^{2,1}}), \tag{2.3.36}$$

$$\|(\partial_x^\alpha e^{tB_1}f_0,\chi_4)\|_{L^2_x} \leqslant C(1+t)^{-(\frac{3}{4}+\frac{k}{2})}(\|\partial_x^\alpha f_0\|_{L^2} + \|\partial_x^{\alpha'}f_0\|_{L^{2,1}}), \tag{2.3.37}$$

$$\|\partial_x^\alpha\nabla_x\Phi(t)\|_{L^2_x} \leqslant C(1+t)^{-(\frac{1}{4}+\frac{k}{2})}(\|\partial_x^\alpha f_0\|_{L^2} + \|\partial_x^{\alpha'}f_0\|_{L^{2,1}}), \tag{2.3.38}$$

$$\|P_1(\partial_x^\alpha e^{tB_1}f_0)\|_{L^2} \leqslant C(1+t)^{-(\frac{3}{4}+\frac{k}{2})}(\|\partial_x^\alpha f_0\|_{L^2} + \|\partial_x^{\alpha'}f_0\|_{L^{2,1}}), \tag{2.3.39}$$

其中 $k = |\alpha - \alpha'|$. 另外, 如果 $(f_0,\chi_0) = 0$, 那么

$$\|(\partial_x^\alpha e^{tB_1}f_0,\chi_0)\|_{L^2_x} \leqslant C(1+t)^{-(\frac{5}{4}+\frac{k}{2})}(\|\partial_x^\alpha f_0\|_{L^2} + \|\partial_x^{\alpha'}f_0\|_{L^{2,1}}), \tag{2.3.40}$$

$$\|(\partial_x^\alpha e^{tB_1}f_0,v\chi_0)\|_{L^2_x} \leqslant C(1+t)^{-(\frac{3}{4}+\frac{k}{2})}(\|\partial_x^\alpha f_0\|_{L^2} + \|\partial_x^{\alpha'}f_0\|_{L^{2,1}}), \tag{2.3.41}$$

$$\|(\partial_x^\alpha e^{tB_1}f_0,\chi_4)\|_{L^2_x} \leqslant C(1+t)^{-(\frac{3}{4}+\frac{k}{2})}(\|\partial_x^\alpha f_0\|_{L^2} + \|\partial_x^{\alpha'}f_0\|_{L^{2,1}}), \tag{2.3.42}$$

$$\|\partial_x^\alpha\nabla_x\Phi(t)\|_{L^2_x} \leqslant C(1+t)^{-(\frac{3}{4}+\frac{k}{2})}(\|\partial_x^\alpha f_0\|_{L^2} + \|\partial_x^{\alpha'}f_0\|_{L^{2,1}}), \tag{2.3.43}$$

$$\|P_1(\partial_x^\alpha e^{tB_1}f_0)\|_{L^2} \leqslant C(1+t)^{-(\frac{5}{4}+\frac{k}{2})}(\|\partial_x^\alpha f_0\|_{L^2} + \|\partial_x^{\alpha'}f_0\|_{L^{2,1}}). \tag{2.3.44}$$

证明 首先, 我们证明 (2.3.35)—(2.3.39). 根据定理 2.16 与 Plancherel 等式, 可以推出

$$\begin{aligned}
\|\partial_x^\alpha(e^{tB_1}f_0,\chi_j)\|_{L^2_x} &= \|\xi^\alpha(S(t,\xi)\hat{f}_0,\chi_j)\|_{L^2_\xi} \\
&\leqslant \|\xi^\alpha(S_1(t,\xi)\hat{f}_0,\chi_j)\|_{L^2_\xi} + \|\xi^\alpha(S_2(t,\xi)\hat{f}_0,\chi_j)\|_{L^2_\xi} \\
&\leqslant \|\xi^\alpha(S_1(t,\xi)\hat{f}_0,\chi_j)\|_{L^2_\xi} + \|\xi^\alpha S_2(t,\xi)\hat{f}_0\|_{L^2},
\end{aligned} \tag{2.3.45}$$

$$\begin{aligned}
\|\partial_x^\alpha\nabla_x\Phi(t)\|_{L^2_x} &= \|\xi^\alpha|\xi|^{-1}(S(t,\xi)\hat{f}_0,\chi_0)\|_{L^2_\xi} \\
&\leqslant \|\xi^\alpha|\xi|^{-1}(S_1(t,\xi)\hat{f}_0,\chi_0)\|_{L^2_\xi} + \|\xi^\alpha|\xi|^{-1}(S_2(t,\xi)\hat{f}_0,\chi_0)\|_{L^2_\xi}.
\end{aligned} \tag{2.3.46}$$

由 (2.3.9) 与

$$\int_{\mathbb{R}^3}\frac{(\xi^\alpha)^2}{|\xi|^2}|(\hat{f}_0,\chi_0)|^2d\xi\leqslant\sup_{|\xi|\leqslant1}|(\hat{f}_0,\chi_0)|^2\int_{|\xi|\leqslant1}\frac{1}{|\xi|^2}d\xi+\int_{|\xi|>1}(\xi^\alpha)^2|(\hat{f}_0,\chi_0)|^2d\xi$$
$$\leqslant C(\|(f_0,\chi_0)\|_{L^1_x}^2+\|\partial_x^\alpha f_0\|_{L^2}^2),$$

我们得到 (2.3.45)–(2.3.46) 等号右边第二项的估计为

$$\begin{aligned}&\|\xi^\alpha S_2(t,\xi)\hat{f}_0\|_{L^2}^2+\|\xi^\alpha|\xi|^{-1}(S_2(t,\xi)\hat{f}_0,\chi_0)\|_{L^2_\xi}^2\\&=\int_{\mathbb{R}^3}(\xi^\alpha)^2\left(\|S_2(t,\xi)\hat{f}_0\|_{L^2_v}^2+\frac{1}{|\xi|^2}|(S_2(t,\xi)\hat{f}_0,\chi_0)|^2\right)d\xi\\&\leqslant C\int_{\mathbb{R}^3}e^{-2\sigma_0t}(\xi^\alpha)^2\left(\|\hat{f}_0\|_{L^2_v}^2+\frac{1}{|\xi|^2}|(\hat{f}_0,\chi_0)|^2\right)d\xi\\&\leqslant Ce^{-2\sigma_0t}(\|(f_0,\chi_0)\|_{L^1_x}^2+\|\partial_x^\alpha f_0\|_{L^2}^2).\end{aligned}\tag{2.3.47}$$

由 (2.3.8), 对任意的 $|\xi|\leqslant r_0$, 有

$$S_1(t,\xi)\hat{f}_0=\sum_{j=-1}^{3}e^{\lambda_j(|\xi|)t}P_j(\xi)\hat{f}_0,\quad |\xi|\neq0,\tag{2.3.48}$$

其中

$$P_j(\xi)\hat{f}_0=(\hat{f}_0,\overline{\psi_j(\xi)})_\xi\psi_j(\xi)1_{\{|\xi|\leqslant r_0\}},\quad j=-1,0,1,2,3.$$

根据 (2.2.80) 与 (2.2.81), 将 $P_j(\xi)\hat{f}_0$, $|\xi|\leqslant r_0$ 分解为

$$P_j(\xi)\hat{f}_0=(\hat{m}_0\cdot W^j)(W^j\cdot v)\sqrt{M}+|\xi|T_j(\xi)\hat{f}_0,\quad j=2,3,\tag{2.3.49}$$

$$P_0(\xi)\hat{f}_0=\left(\hat{q}_0-\sqrt{\frac{2}{3}}\hat{n}_0\right)\chi_4+|\xi|T_0(\xi)\hat{f}_0,\tag{2.3.50}$$

$$\begin{aligned}P_{\pm1}(\xi)\hat{f}_0=&\frac{1}{2}\left[(\hat{m}_0\cdot\omega)\mp\frac{1}{|\xi|}\hat{n}_0\right](v\cdot\omega)\sqrt{M}+\frac{1}{2}\hat{n}_0\left(\chi_0+\sqrt{\frac{2}{3}}\chi_4\right)\\&\mp\frac{\mathrm{i}}{2}\hat{n}_0(L\mp\mathrm{i})^{-1}P_1(v\cdot\omega)^2\sqrt{M}+|\xi|T_{\pm1}(\xi)\hat{f}_0,\end{aligned}\tag{2.3.51}$$

其中 $(\hat{n}_0,\hat{m}_0,\hat{q}_0)=:((\hat{f}_0,\chi_0),(\hat{f}_0,v\chi_0),(\hat{f}_0,\chi_4))$, $W^j(j=2,3)$ 是满足 $W^j\cdot\omega=0$ 的单位正交向量组, 并且 $T_j(\xi)$, $-1\leqslant j\leqslant3$ 是 $L^2(\mathbb{R}^3_v)$ 中的线性算子, 其范数 $\|T_j(\xi)\|$ 在 $|\xi|\leqslant r_0$ 上一致有界.

由于 $(T_j(\xi)\hat{f}_0,\chi_0) = (T_j(\xi)\hat{f}_0,\chi_4) = 0$, $j = 2,3$, 于是, 根据 (2.3.48)—(2.3.51) 可以得到 $S_1(t,\xi)\hat{f}_0$ 的宏观密度、动量、能量和微观部分的展开为

$$(S_1(t,\xi)\hat{f}_0,\chi_0) = \frac{1}{2}\sum_{j=\pm1} e^{\lambda_j(|\xi|)t}\hat{n}_0 + |\xi|\sum_{j=-1}^{1} e^{\lambda_j(|\xi|)t}(T_j(\xi)\hat{f}_0,\chi_0), \tag{2.3.52}$$

$$\begin{aligned}(S_1(t,\xi)\hat{f}_0,v\chi_0) =& \frac{1}{2}\sum_{j=\pm1} e^{\lambda_j(|\xi|)t}\left[(\hat{m}_0\cdot\omega) - \frac{j}{|\xi|}\hat{n}_0\right]\omega + \sum_{j=2,3} e^{\lambda_j(|\xi|)t}(\hat{m}_0\cdot W^j)W^j \\ &+ |\xi|\sum_{j=-1}^{3} e^{\lambda_j(|\xi|)t}(T_j(\xi)\hat{f}_0,v\chi_0),\end{aligned} \tag{2.3.53}$$

$$\begin{aligned}(S_1(t,\xi)\hat{f}_0,\chi_4) =& \sqrt{\frac{1}{6}}\sum_{j=\pm1} e^{\lambda_j(|\xi|)t}\hat{n}_0 + e^{\lambda_0(|\xi|)t}\left(\hat{q}_0 - \sqrt{\frac{2}{3}}\hat{n}_0\right) \\ &+ |\xi|\sum_{j=-1}^{1} e^{\lambda_j(|\xi|)t}(T_j(\xi)\hat{f}_0,\chi_4),\end{aligned} \tag{2.3.54}$$

$$\begin{aligned}P_1(S_1(t,\xi)\hat{f}_0) =& -\frac{1}{2}\sum_{j=\pm1} e^{\lambda_j(|\xi|)t}\hat{n}_0 j\mathrm{i}(L - j\mathrm{i})^{-1}P_1(v\cdot\omega)^2\sqrt{M} \\ &+ |\xi|\sum_{j=-1}^{3} e^{\lambda_j(|\xi|)t}P_1(T_j(\xi)\hat{f}_0).\end{aligned} \tag{2.3.55}$$

由于

$$\mathrm{Re}\lambda_j(|\xi|) = -a_j|\xi|^2(1+O(|\xi|)) \leqslant -\eta_1|\xi|^2, \quad |\xi| \leqslant r_0, \tag{2.3.56}$$

其中 $\eta_1 > 0$ 为常数, 我们从 (2.3.52)—(2.3.56) 可以推出

$$\begin{aligned}\|\xi^\alpha(S_1(t,\xi)\hat{f}_0,\chi_0)\|_{L^2_\xi}^2 &\leqslant C\int_{|\xi|\leqslant r_0}(\xi^\alpha)^2 e^{-2\eta_1|\xi|^2 t}(|\hat{n}_0|^2 + |\xi|^2\|\hat{f}_0\|_{L^2_v}^2)d\xi \\ &\leqslant C(1+t)^{-(3/2+k)}(\|\partial_x^{\alpha'}n_0\|_{L^1_x}^2 + \|\partial_x^{\alpha'}f_0\|_{L^{2,1}}^2),\end{aligned} \tag{2.3.57}$$

$$\begin{aligned}\|\xi^\alpha(S_1(t,\xi)\hat{f}_0,v\chi_0)\|_{L^2_\xi}^2 &\leqslant C\int_{|\xi|\leqslant r_0}(\xi^\alpha)^2 e^{-2\eta_1|\xi|^2 t}(|\hat{m}_0|^2 + |\xi|^{-2}|\hat{n}_0|^2 + |\xi|^2\|\hat{f}_0\|_{L^2_v}^2)d\xi \\ &\leqslant C(1+t)^{-(1/2+k)}(\|\partial_x^{\alpha'}n_0\|_{L^1_x}^2 + \|\partial_x^{\alpha'}m_0\|_{L^1_x}^2 + \|\partial_x^{\alpha'}f_0\|_{L^{2,1}}^2),\end{aligned} \tag{2.3.58}$$

$$\|\xi^\alpha(S_1(t,\xi)\hat{f}_0,\chi_4)\|_{L^2_\xi}^2 \leqslant C\int_{|\xi|\leqslant r_0}(\xi^\alpha)^2 e^{-2\eta_1|\xi|^2 t}(|\hat{q}_0|^2 + |\hat{n}_0|^2 + |\xi|^2\|\hat{f}_0\|_{L^2_v}^2)d\xi$$

$$\leqslant C(1+t)^{-(3/2+k)}(\|\partial_x^{\alpha'} n_0\|_{L_x^1}^2 + \|\partial_x^{\alpha'} q_0\|_{L_x^1}^2 + \|\partial_x^{\alpha'} f_0\|_{L^{2,1}}^2), \tag{2.3.59}$$

$$\begin{aligned}\|\xi^\alpha P_1(S_1(t,\xi)\hat{f}_0)\|_{L^2}^2 &\leqslant C\int_{|\xi|\leqslant r_0}(\xi^\alpha)^2 e^{-2\eta_1|\xi|^2 t}(|\hat{n}_0|^2 + |\xi|^2\|\hat{f}_0\|_{L_v^2}^2)d\xi\\ &\leqslant C(1+t)^{-(3/2+k)}(\|\partial_x^{\alpha'} n_0\|_{L_x^1}^2 + \|\partial_x^{\alpha'} f_0\|_{L^{2,1}}^2),\end{aligned} \tag{2.3.60}$$

其中 $k = |\alpha - \alpha'|$, $\alpha' \leqslant \alpha$. 因此, 结合 (2.3.57)—(2.3.60), (2.3.45)—(2.3.47), 可以证明 (2.3.35)—(2.3.39). 同样地, 对于 $\hat{n}_0 = 0$(即 $(f_0, \chi_0) = 0$ 成立), 通过 (2.3.52)—(2.3.55) 可以推出 (2.3.40)—(2.3.44). □

接下来, 我们证明上述整体解的时间衰减率是最优的.

定理 2.18 假设初值 $f_0 \in L^2 \cap L^{2,1}$, 并且存在两个常数 $d_0 > 0$, $d_1 > 0$, 使得 $f_0(x,v)$ 的傅里叶变换 $\hat{f}_0(\xi,v)$ 满足

$$\inf_{|\xi|\leqslant r_0}|(\hat{f}_0,\chi_0)| \geqslant d_0, \quad \inf_{|\xi|\leqslant r_0}|(\hat{f}_0,\chi_4)| \geqslant d_1\sup_{|\xi|\leqslant r_0}|(\hat{f}_0,\chi_0)|.$$

那么当 $t > 0$ 充分大时, 有

$$C_1(1+t)^{-\frac{3}{4}} \leqslant \|(e^{tB_1}f_0,\chi_0)\|_{L_x^2} \leqslant C_2(1+t)^{-\frac{3}{4}}, \tag{2.3.61}$$

$$C_1(1+t)^{-\frac{1}{4}} \leqslant \|(e^{tB_1}f_0,v\chi_0)\|_{L_x^2} \leqslant C_2(1+t)^{-\frac{1}{4}}, \tag{2.3.62}$$

$$C_1(1+t)^{-\frac{3}{4}} \leqslant \|(e^{tB_1}f_0,\chi_4)\|_{L_x^2} \leqslant C_2(1+t)^{-\frac{3}{4}}, \tag{2.3.63}$$

$$C_1(1+t)^{-\frac{1}{4}} \leqslant \|\nabla_x\Phi(t)\|_{L_x^2} \leqslant C_2(1+t)^{-\frac{1}{4}}, \tag{2.3.64}$$

$$C_1(1+t)^{-\frac{3}{4}} \leqslant \|P_1(e^{tB_1}f_0)\|_{L^2} \leqslant C_2(1+t)^{-\frac{3}{4}}, \tag{2.3.65}$$

其中 $C_2 \geqslant C_1 > 0$ 为两个常数.

此外, 如果 $(f_0,\chi_0) = 0$, 且

$$\inf_{|\xi|\leqslant r_0}|(\hat{f}_0,(v\cdot\omega)\chi_0)| \geqslant d_0, \quad \inf_{|\xi|\leqslant r_0}|(\hat{f}_0,\chi_4)| \geqslant d_0,$$

其中 $\omega = \xi/|\xi|$, 那么当 $t > 0$ 充分大时, 有

$$C_1(1+t)^{-\frac{5}{4}} \leqslant \|(e^{tB_1}f_0,\chi_0)\|_{L_x^2} \leqslant C_2(1+t)^{-\frac{5}{4}}, \tag{2.3.66}$$

$$C_1(1+t)^{-\frac{3}{4}} \leqslant \|(e^{tB_1}f_0,v\chi_0)\|_{L_x^2} \leqslant C_2(1+t)^{-\frac{3}{4}}, \tag{2.3.67}$$

$$C_1(1+t)^{-\frac{3}{4}} \leqslant \|(e^{tB_1}f_0,\chi_4)\|_{L_x^2} \leqslant C_2(1+t)^{-\frac{3}{4}}, \tag{2.3.68}$$

$$C_1(1+t)^{-\frac{3}{4}} \leqslant \|\nabla_x\Phi(t)\|_{L_x^2} \leqslant C_2(1+t)^{-\frac{3}{4}}, \tag{2.3.69}$$

$$C_1(1+t)^{-\frac{5}{4}} \leqslant \|P_1(e^{tB_1}f_0)\|_{L^2} \leqslant C_2(1+t)^{-\frac{5}{4}}. \tag{2.3.70}$$

证明 根据定理 2.17, 我们仅需证明整体解 $e^{tB_1}f_0$ 的时间衰减率的下界估计. 首先, 我们证明 (2.3.61)—(2.3.65). 事实上, 根据定理 2.16 与 Plancherel 等式, 可以得出

$$\begin{aligned}\|(e^{tB_1}f,\chi_j)\|_{L^2_x} \geqslant& \|(S_1(t,\xi)\hat{f}_0,\chi_j)\|_{L^2_\xi} - \|S_2(t,\xi)\hat{f}_0\|_{L^2}\\ \geqslant& \|(S_1(t,\xi)\hat{f}_0,\chi_j)\|_{L^2_\xi} - Ce^{-\sigma_0 t}(\|f_0\|_{L^{2,1}}+\|f_0\|_{L^2}),\end{aligned} \tag{2.3.71}$$

$$\begin{aligned}\|\nabla_x\Phi(t)\|_{L^2_x} \geqslant& \|\,|\xi|^{-1}(S_1(t,\xi)\hat{f}_0,\chi_0)\|_{L^2_\xi} - \||\xi|^{-1}(S_2(t,\xi)\hat{f}_0,\chi_0)\|_{L^2_\xi}\\ \geqslant& \|\,|\xi|^{-1}(S_1(t,\xi)\hat{f}_0,\chi_0)\|_{L^2_\xi} - Ce^{-\sigma_0 t}(\|f_0\|_{L^{2,1}}+\|f_0\|_{L^2}),\end{aligned} \tag{2.3.72}$$

$$\begin{aligned}\|P_1(e^{tB_1}f)\|_{L^2} \geqslant& \|P_1(S_1(t,\xi)\hat{f}_0)\|_{L^2} - \|P_1(S_2(t,\xi)\hat{f}_0)\|_{L^2}\\ \geqslant& \|P_1(S_1(t,\xi)\hat{f}_0)\|_{L^2} - Ce^{-\sigma_0 t}(\|f_0\|_{L^{2,1}}+\|f_0\|_{L^2}),\end{aligned} \tag{2.3.73}$$

这里我们用到了 (2.3.47), 即

$$\int_{\mathbb{R}^3}(\|S_2(t,\xi)\hat{f}_0\|_{L^2_v}^2 + |\xi|^{-2}|(S_2(t,\xi)\hat{f}_0,\chi_0)|^2)d\xi \leqslant Ce^{-\sigma_0 t}(\|f_0\|_{L^{2,1}}^2+\|f_0\|_{L^2}^2).$$

根据 (2.3.52) 与 $\lambda_{-1}(|\xi|)=\overline{\lambda_1(|\xi|)}$, 有

$$\begin{aligned}|(S_1(t,\xi)\hat{f}_0,\chi_0)|^2 =& \left|e^{\mathrm{Re}\lambda_1(|\xi|)t}\cos(\mathrm{Im}\lambda_1(|\xi|)t)\hat{n}_0 + |\xi|\sum_{j=-1}^{1}e^{\lambda_j(|\xi|)t}(T_j(\xi)\hat{f}_0,\chi_0)\right|^2\\ \geqslant& \frac{1}{2}e^{2\mathrm{Re}\lambda_1(|\xi|)t}\cos^2(\mathrm{Im}\lambda_1(|\xi|)t)|\hat{n}_0|^2 - C|\xi|^2e^{-2\eta_1|\xi|^2t}\|\hat{f}_0\|_{L^2_v}^2,\end{aligned} \tag{2.3.74}$$

其中 $\eta_1>0$ 是由 (2.3.56) 定义的常数. 由于

$$\cos^2(\mathrm{Im}\lambda_1(|\xi|)t) \geqslant \frac{1}{2}\cos^2[(1+b_1|\xi|^2)t] - O([|\xi|^3t]^2),$$

以及

$$\mathrm{Re}\lambda_j(|\xi|) = -a_j|\xi|^2(1+O(|\xi|)) \geqslant -\eta_2|\xi|^2, \quad |\xi|\leqslant r_0,$$

其中 $\eta_2>0$ 为常数, 因此

$$\|(S_1(t,\xi)\hat{f}_0,\chi_0)\|_{L^2_\xi}^2 \geqslant \frac{d_0^2}{4}\int_{|\xi|\leqslant r_0} e^{-2\eta_2|\xi|^2t}\cos^2(t+b_1|\xi|^2t)d\xi$$

$$
\begin{aligned}
&\quad - C\int_{|\xi|\leqslant r_0} e^{-2\eta_1|\xi|^2 t}[(|\xi|^3 t)^2|\hat{n}_0|^2 + |\xi|^2\|\hat{f}_0\|_{L^2_v}^2]d\xi \\
&\geqslant \frac{d_0^2}{4}\int_{|\xi|\leqslant r_0} e^{-2\eta_2|\xi|^2 t}\cos^2(t + b_1|\xi|^2 t)d\xi \\
&\quad - C(\|n_0\|_{L^1_x}^2 + \|f_0\|_{L^{2,1}}^2)(1+t)^{-5/2} \\
&=: I_1 - C(1+t)^{-5/2}.
\end{aligned} \tag{2.3.75}
$$

令 $N \geqslant \sqrt{\dfrac{4\pi}{b_1}}$, 对任意的 $t \geqslant t_0 =: \dfrac{N^2}{r_0^2}$, 有

$$
\begin{aligned}
I_1 &= \frac{d_0^2}{4} t^{-3/2}\int_{|\zeta|\leqslant r_0\sqrt{t}} e^{-2\eta_2|\zeta|^2}\cos^2(t + b_1|\zeta|^2)d\zeta \\
&\geqslant \pi d_0^2(1+t)^{-3/2}\int_0^N r^2 e^{-2\eta_2 r^2}\cos^2(t + b_1 r^2)dr \\
&\geqslant (1+t)^{-3/2}\frac{\pi d_0^2 N}{2} e^{-2\eta_2 N^2}\int_{N/2}^N r\cos^2(t + b_1 r^2)dr \\
&= (1+t)^{-3/2}\frac{\pi d_0^2 N}{4b_1} e^{-2\eta_2 N^2}\int_{t+\frac{b_1 N^2}{4}}^{t + b_1 N^2}\cos^2 y dy \\
&\geqslant (1+t)^{-3/2}\frac{\pi d_0^2 N}{4b_1} e^{-2\eta_2 N^2}\int_0^{\pi}\cos^2 y dy \geqslant C_3(1+t)^{-3/2},
\end{aligned} \tag{2.3.76}
$$

其中 $C_3 > 0$ 为常数. 将 (2.3.75) 与 (2.3.76) 代入到 (2.3.71), 可以证明当 $t > 0$ 充分大时, (2.3.61) 成立.

根据 (2.3.53), 有

$$
(S_1(t,\xi)\hat{f}_0, v\chi_0) = -\frac{\mathrm{i}}{|\xi|} e^{\mathrm{Re}\lambda_1(|\xi|)t}\sin(\mathrm{Im}\lambda_1(|\xi|)t)\hat{n}_0 + T_5(t,\xi)\hat{f}_0,
$$

其中 $T_5(t,\xi)\hat{f}_0$ 为剩余项, 满足

$$
\|T_5(t,\xi)\hat{f}_0\|_{L^2_v}^2 \leqslant Ce^{-2\eta_1|\xi|^2 t}\|\hat{f}_0\|_{L^2_v}^2.
$$

那么

$$
\begin{aligned}
|(S_1(t,\xi)\hat{f}_0, v\chi_0)|^2 &\geqslant \frac{1}{2|\xi|^2} e^{2\mathrm{Re}\lambda_1(|\xi|)t}\sin^2(\mathrm{Im}\lambda_1(|\xi|)t)|\hat{n}_0|^2 - C|T_5(t,\xi)\hat{f}_0|^2 \\
&\geqslant \frac{1}{2|\xi|^2} e^{2\mathrm{Re}\lambda_1(|\xi|)t}\sin^2(\mathrm{Im}\lambda_1(|\xi|)t)|\hat{n}_0|^2 - Ce^{-2\eta_1|\xi|^2 t}\|\hat{f}_0\|_{L^2_v}^2.
\end{aligned}
$$

通过类似于 (2.3.76) 的讨论, 得到

$$\begin{aligned}\|(S_1(t,\xi)\hat{f}_0, v\chi_0)\|_{L^2_\xi}^2 \geqslant& \frac{d_0^2}{4}\int_{|\xi|\leqslant r_0}\frac{1}{|\xi|^2}e^{-2\eta_2|\xi|^2t}\sin^2(t+b_1|\xi|^2t)d\xi\\&-C\int_{|\xi|\leqslant r_0}e^{-2\eta_1|\xi|^2t}(|\xi|^4t^2|\hat{n}_0|^2+|\xi|^2\|\hat{f}_0\|_{L^2_v}^2)d\xi\\\geqslant& C_3(1+t)^{-1/2}-C(1+t)^{-3/2},\end{aligned}$$

将上式代入到 (2.3.71), 可以证明当 $t>0$ 充分大时, (2.3.62) 成立.

根据 (2.3.54) 以及 $\lambda_0(|\xi|)$ 是实函数, 有

$$\begin{aligned}|(S_1(t,\xi)\hat{f}_0,\chi_4)|^2\geqslant& \frac{1}{2}e^{2\lambda_0(|\xi|)t}|\hat{q}_0|^2-\frac{2}{3}\left|e^{\mathrm{Re}\lambda_1(|\xi|)t}\cos(\mathrm{Im}\lambda_1(|\xi|)t)-e^{\lambda_0(|\xi|)t}\right|^2|\hat{n}_0|^2\\&-C|\xi|^2e^{-2\eta_1|\xi|^2t}\|\hat{f}_0\|_{L^2_v}^2.\end{aligned}$$

那么

$$\begin{aligned}\|(S_1(t,\xi)\hat{f}_0,\chi_4)\|_{L^2_\xi}^2\geqslant& \frac{1}{2}\int_{|\xi|\leqslant r_0}e^{-2\eta_2|\xi|^2t}|\hat{q}_0|^2d\xi\\&-C\int_{|\xi|\leqslant r_0}e^{-2\eta_1|\xi|^2t}(|\hat{n}_0|^2+|\xi|^2\|\hat{f}_0\|_{L^2_v}^2)d\xi\\\geqslant&\left[C_3\inf_{|\xi|\leqslant r_0}|\hat{q}_0|^2-C_4\sup_{|\xi|\leqslant r_0}|\hat{n}_0|^2\right](1+t)^{-3/2}\\&-C(1+t)^{-5/2}.\end{aligned}$$

将上式代入到 (2.3.71), 可以证明当 $d_1>\sqrt{\dfrac{C_4}{C_3}}>0$ 且 $t>0$ 充分大时, (2.3.63) 成立.

根据 (2.3.55), 有

$$\begin{aligned}P_1(S_1(t,\xi)\hat{f}_0)=&e^{\mathrm{Re}\lambda_1(|\xi|)t}\hat{n}_0\left[\sin(\mathrm{Im}\lambda_1(|\xi|)t)L\Psi+\cos(\mathrm{Im}\lambda_1(|\xi|)t)\Psi\right]\\&+|\xi|\sum_{j=-1}^{3}e^{\lambda_j(|\xi|)t}P_1(T_j(\xi)\hat{f}_0),\end{aligned}$$

其中函数 $\Psi\in N_0^{\perp}$ 为

$$\Psi=(L-\mathrm{i})^{-1}(L+\mathrm{i})^{-1}P_1(v\cdot\omega)^2\sqrt{M}\neq 0.$$

因此

$$
\begin{aligned}
\|P_1(S_1(t,\xi)\hat{f}_0)\|_{L_v^2}^2 \geqslant & \frac{1}{2}|\hat{n}_0|^2 e^{2\mathrm{Re}\lambda_1(|\xi|)t}\|\sin(\mathrm{Im}\lambda_1(|\xi|)t)L\Psi+\cos(\mathrm{Im}\lambda_1(|\xi|)t)\Psi\|_{L_v^2}^2 \\
& -C|\xi|^2 e^{-2\eta_1|\xi|^2 t}\|\hat{f}_0\|_{L_v^2}^2 \\
\geqslant & \frac{1}{4}|\hat{n}_0|^2 e^{-2\eta_2|\xi|^2 t}\|\sin(t+b_1|\xi|^2 t)L\Psi+\cos(t+b_1|\xi|^2 t)\Psi\|_{L_v^2}^2 \\
& -Ce^{-2\eta_1|\xi|^2 t}(|\xi|^3 t)^2|\hat{n}_0|^2-C|\xi|^2 e^{-2\eta_1|\xi|^2 t}\|\hat{f}_0\|_{L_v^2}^2,
\end{aligned}
$$

由此推出

$$
\begin{aligned}
\|P_1(S_1(t,\xi)\hat{f}_0)\|_{L^2}^2 \geqslant & \frac{d_0^2}{4}\int_{|\xi|\leqslant r_0} e^{-2\eta_2|\xi|^2 t}\|\sin(t+b_1|\xi|^2 t)L\Psi+\cos(t+b_1|\xi|^2 t)\Psi\|_{L_v^2}^2 d\xi \\
& -C\int_{|\xi|\leqslant r_0} e^{-2\eta_1|\xi|^2 t}[(|\xi|^3 t)^2|\hat{n}_0|^2+|\xi|^2\|\hat{f}_0\|_{L_v^2}^2]d\xi \\
\geqslant & \frac{d_0^2}{4}\int_{|\xi|\leqslant r_0} e^{-2\eta_2|\xi|^2 t}\|\sin(t+b_1|\xi|^2 t)L\Psi+\cos(t+b_1|\xi|^2 t)\Psi\|_{L_v^2}^2 d\xi \\
& -C(\|n_0\|_{L_x^1}^2+\|f_0\|_{L^{2,1}}^2)(1+t)^{-5/2} \\
=: & I_2-C(\|n_0\|_{L_x^1}^2+\|f_0\|_{L^{2,1}}^2)(1+t)^{-5/2}. \qquad (2.3.77)
\end{aligned}
$$

令 $N\geqslant\sqrt{\frac{4\pi}{b_1}}$, 对任意的 $t\geqslant t_0=:\frac{N^2}{r_0^2}$, I_2 满足

$$
\begin{aligned}
I_2 &= \frac{d_0^2}{4}t^{-3/2}\int_{|\zeta|\leqslant r_0\sqrt{t}} e^{-2\eta_2|\zeta|^2}\|\sin(t+b_1|\zeta|^2)L\Psi+\cos(t+b_1|\zeta|^2)\Psi\|_{L_v^2}^2 d\zeta \\
&\geqslant \pi d_0^2(1+t)^{-3/2}\int_0^N r^2 e^{-2\eta_2 r^2}\|\sin(t+b_1r^2)L\Psi+\cos(t+b_1r^2)\Psi\|_{L_v^2}^2 dr \\
&\geqslant (1+t)^{-3/2}\frac{\pi d_0^2 N}{2}e^{-2\eta_2 N^2}\int_{\frac{N}{2}}^N \|\sin(t+b_1r^2)L\Psi+\cos(t+b_1r^2)\Psi\|_{L_v^2}^2 r dr \\
&= (1+t)^{-3/2}\frac{\pi d_0^2 N}{4b_1}e^{-2\eta_2 N^2}\int_{t+\frac{b_1}{4}N^2}^{t+b_1N^2} \|L\Psi\sin y+\Psi\cos y\|_{L_v^2}^2 dy \\
&\geqslant (1+t)^{-3/2}\frac{\pi d_0^2 N}{4b_1}e^{-2\eta_2 N^2}\int_{\frac{\pi}{2}}^{\pi} \|L\Psi\sin y+\Psi\cos y\|_{L_v^2}^2 dy \\
&= (1+t)^{-3/2}\frac{\pi d_0^2 N}{4b_1}e^{-2\eta_2 N^2}\int_{\frac{\pi}{2}}^{\pi}\left[\|L\Psi\|_{L_v^2}^2\sin^2 y+\|\Psi\|_{L_v^2}^2\cos^2 y+(L\Psi,\Psi)\sin 2y\right]dy
\end{aligned}
$$

$$\geqslant (1+t)^{-3/2}\frac{\pi d_0^2 N}{4b_1}e^{-2\eta_2 N^2}\|\Psi\|_{L_v^2}^2\int_{\frac{\pi}{2}}^{\pi}\cos^2 y dy \geqslant C_3(1+t)^{-3/2}. \tag{2.3.78}$$

根据 (2.3.78), (2.3.77) 与 (2.3.73), 可以推出当 $t>0$ 充分大时, (2.3.65) 成立.

接下来, 我们证明当 $(\hat{f}_0,\chi_0)=0$ 时, (2.3.66)—(2.3.70) 成立. 事实上, 根据 (2.3.52)—(2.3.54), 得到

$$(S_1(t,\xi)\hat{f}_0,\chi_0) = -\frac{1}{2}|\xi|\sum_{j=\pm1}e^{\lambda_j(|\xi|)t}j(\hat{m}_0\cdot\omega)+|\xi|^2(T_7(t,\xi)\hat{f}_0,\chi_0), \tag{2.3.79}$$

$$\begin{aligned}(S_1(t,\xi)\hat{f}_0,v\chi_0) = {}&\frac{1}{2}\sum_{j=\pm1}e^{\lambda_j(|\xi|)t}(\hat{m}_0\cdot\omega)\omega+\sum_{j=2,3}e^{\lambda_j(|\xi|)t}(\hat{m}_0\cdot W^j)W^j\\&+|\xi|(T_6(t,\xi)\hat{f}_0,v\chi_0),\end{aligned} \tag{2.3.80}$$

$$(S_1(t,\xi)\hat{f}_0,\chi_4) = e^{\lambda_0(|\xi|)t}\hat{q}_0+|\xi|(T_6(t,\xi)\hat{f}_0,\chi_4), \tag{2.3.81}$$

$$\begin{aligned}P_1(S_1(t,\xi)\hat{f}_0) = {}&\frac{\mathrm{i}}{2}|\xi|\sum_{j=\pm1}e^{\lambda_j(|\xi|)t}(\hat{m}_0\cdot\omega)(L-j\mathrm{i})^{-1}P_1(v\cdot\omega)^2\sqrt{M}\\&+\mathrm{i}|\xi|\sum_{j=2,3}e^{\lambda_j(|\xi|)t}(\hat{m}_0\cdot W^j)L^{-1}P_1(v\cdot\omega)(v\cdot W^j)\sqrt{M}\\&+\mathrm{i}|\xi|e^{\lambda_0(|\xi|)t}\hat{q}_0L^{-1}P_1(v\cdot\omega)\chi_4+|\xi|^2P_1(T_6(t,\xi)\hat{f}_0),\end{aligned} \tag{2.3.82}$$

这里 $T_j(t,\xi)\hat{f}_0$, $j=6,7$ 为剩余项, 满足

$$\|T_j(t,\xi)\hat{f}_0\|_{L_v^2}^2 \leqslant Ce^{-2\eta_1|\xi|^2t}\|\hat{f}_0\|_{L_v^2}^2.$$

由于向量 W^2,W^3 与 ω 是相互正交的, 并且函数

$$(L\pm\mathrm{i})^{-1}P_1(v\cdot\omega)^2\sqrt{M},\quad L^{-1}P_1(v\cdot\omega)\chi_4,\quad L^{-1}P_1(v\cdot\omega)(v\cdot W^j)\sqrt{M},\quad j=2,3$$

也是相互正交的, 于是, 我们从 (2.3.79)—(2.3.82) 可以推出

$$\begin{aligned}|(S_1(t,\xi)\hat{f}_0,\chi_0)|^2 \geqslant {}&\frac{1}{2}|\xi|^2e^{2\mathrm{Re}\lambda_1(|\xi|)t}\sin^2(\mathrm{Im}\lambda_1(|\xi|)t)|(\hat{m}_0\cdot\omega)|^2\\&-C|\xi|^4e^{-2\eta_1|\xi|^2t}\|\hat{f}_0\|_{L_v^2}^2,\\|(S_1(t,\xi)\hat{f}_0,v\chi_0)|^2 \geqslant {}&\frac{1}{2}e^{2\mathrm{Re}\lambda_1(|\xi|)t}\cos^2(\mathrm{Im}\lambda_1(|\xi|)t)|(\hat{m}_0\cdot\omega)|^2\\&-C|\xi|^2e^{-2\eta_1|\xi|^2t}\|\hat{f}_0\|_{L_v^2}^2,\\|(S_1(t,\xi)\hat{f}_0,\chi_4)|^2 \geqslant {}&\frac{1}{2}e^{2\lambda_0(|\xi|)t}|\hat{q}_0|^2-C|\xi|^2e^{-2\eta_1|\xi|^2t}\|\hat{f}_0\|_{L_v^2}^2,\end{aligned}$$

$$
\begin{aligned}
\|P_1(S_1(t,\xi)\hat{f}_0)\|_{L^2_v}^2 \geqslant & \frac{1}{2}\|L^{-1}P_1(v_1\chi_4)\|_{L^2_v}^2|\xi|^2 e^{2\lambda_0(|\xi|)t}|\hat{q}_0|^2 \\
& - C|\xi|^2 e^{-2\eta_1|\xi|^2 t}\|\hat{f}_0\|_{L^2_v}^2.
\end{aligned}
$$

经直接计算, 可得

$$
\begin{aligned}
\|(S_1(t,\xi)\hat{f}_0,\chi_0)\|_{L^2_\xi}^2, \|P_1(S_1(t,\xi)\hat{f}_0)\|_{L^2}^2 \geqslant C_5(1+t)^{-5/2}, \\
\|(S_1(t,\xi)\hat{f}_0,v\chi_0)\|_{L^2_\xi}^2, \|(S_1(t,\xi)\hat{f}_0,\chi_4)\|_{L^2_\xi}^2 \geqslant C_5(1+t)^{-3/2}.
\end{aligned}
$$

最后, 结合上式, (2.3.71)—(2.3.73), 可以证明 (2.3.66)—(2.3.69). □

2.4 非线性单极 VPB 方程的最优衰减率

在本节中, 我们先建立非线性单极 VPB 方程 (本书如无特别说明, 非线性 VBP 方程均指非线性单极 VPB 方程) 整体解的能量估计, 然后利用 2.3 节中得到的线性 VPB 方程解的衰减率估计, 建立非线性 VPB 方程柯西问题整体解的最优衰减速度.

2.4.1 硬球情形

在本小节中, 我们考虑硬球情形. 首先, 我们利用基于宏观-微观分解的能量方法, 建立非线性 VPB 方程整体解的能量估计. 对于任意的 $\alpha=(\alpha_1,\alpha_2,\alpha_3)\in\mathbb{N}^3$ 和 $\beta=(\beta_1,\beta_2,\beta_3)\in\mathbb{N}^3$, 记

$$
\partial_x^\alpha=\partial_{x_1}^{\alpha_1}\partial_{x_2}^{\alpha_2}\partial_{x_3}^{\alpha_3}, \quad \partial_v^\beta=\partial_{v_1}^{\beta_1}\partial_{v_2}^{\beta_2}\partial_{v_3}^{\beta_3}.
$$

设 $l\geqslant 0$ 为整数以及 $k\geqslant 0$. 定义 Sobolev 空间 $X_k^l(X^l=X_0^l)$ 为

$$
X_k^l=\{\, f\in L^2 \,|\, \|f\|_{X_k^l}<\infty\,\}, \tag{2.4.1}
$$

它的范数为

$$
\|f\|_{X_k^l}=\Bigg(\sum_{|\alpha|+|\beta|\leqslant l}\|\nu^k\partial_x^\alpha\partial_v^\beta f\|_{L^2}^2\Bigg)^{1/2}. \tag{2.4.2}
$$

设 $N \geqslant 1$ 为整数以及 $k \geqslant 0$, 定义

$$
\begin{aligned}
E_{N,k}(f) &= \sum_{|\alpha|+|\beta|\leqslant N} \|\nu^k \partial_x^\alpha \partial_v^\beta f\|_{L^2}^2 + \sum_{|\alpha|\leqslant N} \|\partial_x^\alpha \nabla_x \Phi\|_{L_x^2}^2, \\
H_{N,k}(f) &= \sum_{|\alpha|+|\beta|\leqslant N} \|\nu^k \partial_x^\alpha \partial_v^\beta P_1 f\|_{L^2}^2 + \sum_{|\alpha|\leqslant N-1} (\|\partial_x^\alpha \nabla_x P_0 f\|_{L^2}^2 + \|P_d f\|_{L^2}^2), \\
D_{N,k}(f) &= \sum_{|\alpha|+|\beta|\leqslant N} \|\nu^{k+\frac12} \partial_x^\alpha \partial_v^\beta P_1 f\|_{L^2}^2 + \sum_{|\alpha|\leqslant N-1} (\|\partial_x^\alpha \nabla_x P_0 f\|_{L^2}^2 + \|P_d f\|_{L^2}^2).
\end{aligned}
\tag{2.4.3}
$$

简便起见, 对于 $k=0$, 记 $E_N(f)=E_{N,0}(f)$, $H_N(f)=H_{N,0}(f)$, $D_N(f)=D_{N,0}(f)$.

首先, 取 χ_j $(j=0,1,2,3,4)$ 与 (2.1.8) 的内积, 我们得到下面的可压 Euler-Poisson (EP) 方程:

$$
\partial_t n + \mathrm{div}_x m = 0, \tag{2.4.4}
$$

$$
\partial_t m + \nabla_x n + \sqrt{\frac{2}{3}} \nabla_x q - \nabla_x \Phi = n \nabla_x \Phi - \int_{\mathbb{R}^3} v \cdot \nabla_x (P_1 f) v \chi_0 dv, \tag{2.4.5}
$$

$$
\partial_t q + \sqrt{\frac{2}{3}} \mathrm{div}_x m = \sqrt{\frac{2}{3}} \nabla_x \Phi \cdot m - \int_{\mathbb{R}^3} v \cdot \nabla_x (P_1 f) \chi_4 dv, \tag{2.4.6}
$$

其中

$$
(n,m,q) = ((f,\chi_0),(f,v\chi_0),(f,\chi_4)).
$$

将微观投影 P_1 作用到 (2.1.8) 上, 得到

$$
\partial_t (P_1 f) + P_1 (v \cdot \nabla_x P_1 f) - L(P_1 f) = -P_1 (v \cdot \nabla_x P_0 f) + P_1 \Lambda, \tag{2.4.7}
$$

其中非线性项 Λ 为

$$
\Lambda = \frac{1}{2} (v \cdot \nabla_x \Phi) f - \nabla_x \Phi \cdot \nabla_v f + \Gamma(f,f).
$$

根据 (2.4.7) 和算子 L 在 $N_0^\perp$ 上的可逆性, 微观部分 $P_1 f_1$ 可表示为

$$
P_1 f = L^{-1} [\partial_t (P_1 f) + P_1 (v \cdot \nabla_x P_1 f) - P_1 G] + L^{-1} P_1 (v \cdot \nabla_x P_0 f). \tag{2.4.8}
$$

将 (2.4.8) 代入到 (2.4.4)—(2.4.6), 我们得到下面的可压 Navier-Stokes-Poisson (NSP) 方程:

$$
\partial_t n + \mathrm{div}_x m = 0, \tag{2.4.9}
$$

$$\partial_t m + \partial_t R_1 + \nabla_x n + \sqrt{\frac{2}{3}}\nabla_x q - \nabla_x \Phi = \kappa_1 \left(\Delta_x m + \frac{1}{3}\nabla_x \mathrm{div}_x m\right) + n\nabla_x \Phi + R_2, \tag{2.4.10}$$

$$\partial_t q + \partial_t R_3 + \sqrt{\frac{2}{3}}\mathrm{div}_x m = \kappa_2 \Delta_x q + \sqrt{\frac{2}{3}}\nabla_x \Phi \cdot m + R_4, \tag{2.4.11}$$

其中粘性系数 $\kappa_1 > 0$, 导热系数 $\kappa_2 > 0$, 以及剩余项 R_j, $j = 1, 2, 3, 4$ 定义为

$$\begin{aligned}
&\kappa_1 = -(L^{-1}P_1(v_1\chi_2), v_1\chi_2), \quad \kappa_2 = -(L^{-1}P_1(v_1\chi_4), v_1\chi_4),\\
&R_1 = (v\cdot\nabla_x L^{-1}P_1 f, v\chi_0), \quad R_2 = -(v\cdot\nabla_x L^{-1}(P_1(v\cdot\nabla_x P_1 f) - P_1 G), v\chi_0),\\
&R_3 = (v\cdot\nabla_x L^{-1}P_1 f, \chi_4), \quad R_4 = -(v\cdot\nabla_x L^{-1}(P_1(v\cdot\nabla_x P_1 f) - P_1 G), \chi_4).
\end{aligned}$$

引理 2.19 ([19,33]) 设 $\beta \in \mathbb{N}^3$ 且 $|\beta| \geqslant 1$. 那么 $\partial_v^\beta \nu(v)$ 是一致有界的, 并且对任意的 f, 有

$$\|\partial_v^\beta (Kf)\|_{L^2} \leqslant C \sum_{|\beta'|=|\beta|-1} \|\partial_v^{\beta'} f\|_{L^2}.$$

引理 2.20 对任意的 $p \in [1, \infty]$, $\alpha \leqslant 1$ 和 $\beta \in \mathbb{N}^3$, 有

$$\begin{aligned}
&\|\nu^{-\alpha}\partial_v^\beta \Gamma(f,g)\|_{L^{2,p}}\\
\leqslant{}& C \sum_{\beta_1+\beta_2\leqslant\beta} \left(\|\partial_v^{\beta_1} f\|_{L^{2,r}} \|\nu^{1-\alpha}\partial_v^{\beta_2} g\|_{L^{2,s}} + \|\nu^{1-\alpha}\partial_v^{\beta_1} f\|_{L^{2,r}} \|\partial_v^{\beta_2} g\|_{L^{2,s}}\right),
\end{aligned} \tag{2.4.12}$$

其中 $1/r + 1/s = 1/p$.

证明 对于 $|\beta| = 0$, (2.4.12) 的证明已在引理 1.37 中给出. 对于 $|\beta| \neq 0$, 通过变量替换 $u = v_* - v$, 得到

$$\begin{aligned}
\partial_v^\beta \Gamma(f,g) &= \partial_v^\beta \left[\int_{\mathbb{R}^3}\int_{u\cdot\omega\geqslant 0} |u\cdot\omega| e^{-\frac{|u+v|^2}{4}} f(v+u_1) g(v+u_2)\, du d\omega\right]\\
&\quad - \partial_v^\beta \left[\int_{\mathbb{R}^3}\int_{u\cdot\omega\geqslant 0} |u\cdot\omega| e^{-\frac{|u+v|^2}{4}} f(v+u) g(v)\, du d\omega\right]\\
&= \sum_{\beta_0+\beta_1+\beta_2=\beta} C_\beta^{\beta_0\beta_1\beta_2} \Gamma_{\beta_0}(\partial_v^{\beta_1} f, \partial_v^{\beta_2} g),
\end{aligned} \tag{2.4.13}$$

其中 $u_1 = u - (u\cdot\omega)\omega$, $u_2 = (u\cdot\omega)\omega$. 通过变量替换 $v_* = u + v$, 有

$$\Gamma_{\beta_0}(\partial_v^{\beta_1} f, \partial_v^{\beta_2} g) = \int_{\mathbb{R}^3}\int_{(v-v_*)\cdot\omega\geqslant 0} |(v-v_*)\cdot\omega| \partial_v^{\beta_0}(e^{-\frac{|v_*|^2}{4}}) \partial_v^{\beta_1} f(v_*') \partial_v^{\beta_2} g(v')\, dv_* d\omega$$

$$- \partial_v^{\beta_2} g(v) \int_{\mathbb{R}^3} \int_{(v-v_*)\cdot\omega \geqslant 0} |(v-v_*)\cdot\omega| \partial_v^{\beta_0}(e^{-\frac{|v_*|^2}{4}}) \partial_v^{\beta_1} f(v_*) dv_* d\omega. \tag{2.4.14}$$

根据 (2.4.14), 并且利用与引理 1.37 相似的证明, 我们可以得到

$$\begin{aligned}\|\nu^{-\alpha}\Gamma_{\beta_0}(\partial_v^{\beta_1} f, \partial_v^{\beta_2} g)\|_{L^{2,p}} \leqslant & C\|\partial_v^{\beta_1} f\|_{L^{2,r}} \|\nu^{1-\alpha}\partial_v^{\beta_2} g\|_{L^{2,s}} \\ & + C\|\nu^{1-\alpha}\partial_v^{\beta_1} f\|_{L^{2,r}} \|\partial_v^{\beta_2} g\|_{L^{2,s}}.\end{aligned}$$

由上式与 (2.4.14), 可以证明 (2.4.12). □

首先, 我们给出 VPB 方程 (2.1.8)–(2.1.9) 强解的宏观部分的能量估计.

引理 2.21 (宏观耗散) 令 $N \geqslant 2$. 设 (n, m, q) 为 (2.4.9)—(2.4.11) 的强解. 那么存在常数 $p_0 > 0$ 和 $C > 0$, 使得对任意的 $t > 0$, 有

$$\begin{aligned}&\frac{d}{dt} \sum_{|\alpha| \leqslant N-1} p_0 \left(\|\partial_x^\alpha(n,m,q)\|_{L_x^2}^2 + \|\partial_x^\alpha \nabla_x \Phi\|_{L_x^2}^2 + 2\int_{\mathbb{R}^3} (\partial_x^\alpha R_1 \partial_x^\alpha m + \partial_x^\alpha R_3 \partial_x^\alpha q) dx \right) \\ &- \sqrt{\frac{2}{3}} \frac{d}{dt} p_0 \int_{\mathbb{R}^3} q m^2 dx - 4 \frac{d}{dt} \sum_{|\alpha| \leqslant N-1} \int_{\mathbb{R}^3} \partial_x^\alpha \mathrm{div}_x m \partial_x^\alpha n dx \\ &+ \sum_{|\alpha| \leqslant N-1} \left(\|\partial_x^\alpha \nabla_x (n,m,q)\|_{L_x^2}^2 + \|\partial_x^\alpha n\|_{L_x^2}^2 \right) \\ &\leqslant C\sqrt{E_N(f)} D_N(f) + C \sum_{|\alpha| \leqslant N} \|\partial_x^\alpha P_1 f\|_{L^2}^2,\end{aligned} \tag{2.4.15}$$

其中 $E_N(f), D_N(f)$ 由 (2.4.3) 定义.

证明 令 $|\alpha| \leqslant N-1$, 取 $\partial_x^\alpha m$ 与 ∂_x^α(2.4.10) 的内积, 得到

$$\begin{aligned}&\frac{1}{2}\frac{d}{dt} \left(\|\partial_x^\alpha m\|_{L_x^2}^2 + \|\partial_x^\alpha n\|_{L_x^2}^2 + \|\partial_x^\alpha \nabla_x \Phi\|_{L_x^2}^2 \right) + \frac{d}{dt} \int_{\mathbb{R}^3} \partial_x^\alpha R_1 \partial_x^\alpha m dx \\ &+ \sqrt{\frac{2}{3}} \int_{\mathbb{R}^3} \partial_x^\alpha \nabla_x q \partial_x^\alpha m dx + \kappa_1 \left(\|\partial_x^\alpha \nabla_x m\|_{L_x^2}^2 + \frac{1}{3}\|\partial_x^\alpha \mathrm{div}_x m\|_{L_x^2}^2 \right) \\ &= \int_{\mathbb{R}^3} \partial_x^\alpha (n\nabla_x \Phi) \partial_x^\alpha m dx + \int_{\mathbb{R}^3} \partial_x^\alpha R_2 \partial_x^\alpha m dx + \int_{\mathbb{R}^3} \partial_x^\alpha R_1 \partial_x^\alpha \partial_t m dx \\ &=: I_1 + I_2 + I_3,\end{aligned} \tag{2.4.16}$$

这里我们用到了

$$\int_{\mathbb{R}^3} \partial_x^\alpha \nabla_x n \partial_x^\alpha m dx = -\int_{\mathbb{R}^3} \partial_x^\alpha n \partial_x^\alpha \mathrm{div}_x m dx = \int_{\mathbb{R}^3} \partial_x^\alpha n \partial_x^\alpha \partial_t n dx = \frac{1}{2}\frac{d}{dt}\|\partial_x^\alpha n\|_{L_x^2}^2,$$

$$-\int_{\mathbb{R}^3} \partial_x^\alpha \nabla_x \Phi \partial_x^\alpha m dx = \int_{\mathbb{R}^3} \partial_x^\alpha \Phi \partial_x^\alpha \mathrm{div}_x m dx = -\int_{\mathbb{R}^3} \partial_x^\alpha \Phi \partial_x^\alpha \partial_t n dx = \frac{1}{2}\frac{d}{dt}\|\partial_x^\alpha \nabla_x \Phi\|_{L_x^2}^2. \tag{2.4.17}$$

下面我们对 (2.4.16) 中等号右边项进行估计. 首先, 由 Sobolev 不等式可知 I_1 满足

$$\begin{aligned}
I_1 &\leqslant \sum_{\alpha' \leqslant \alpha} C_\alpha^{\alpha'} \|\partial_x^{\alpha'} \nabla_x \Phi\|_{L_x^2} \|\partial_x^{\alpha-\alpha'} n\|_{L_x^3} \|\partial_x^\alpha m\|_{L_x^6} \\
&\leqslant C\|\nabla_x \Phi\|_{H_x^{N-1}} \|n\|_{H_x^N} \|\partial_x^\alpha \nabla_x m\|_{L_x^2} \leqslant C\sqrt{E_N(f)} D_N(f),
\end{aligned} \tag{2.4.18}$$

根据引理 1.37, 得到

$$\begin{aligned}
I_2 &\leqslant C\|\partial_x^\alpha \nabla_x P_1 f\|_{L^2} \|\partial_x^\alpha \nabla_x m\|_{L_x^2} \\
&\quad + C\big(\|\partial_x^\alpha (\nabla_x \Phi f)\|_{L^2} + \|\nu^{-\frac{1}{2}} \partial_x^\alpha \Gamma(f,f)\|_{L^2}\big) \|\partial_x^\alpha \nabla_x m\|_{L_x^2} \\
&\leqslant \frac{\kappa_1}{2} \|\partial_x^\alpha \nabla_x m\|_{L_x^2}^2 + C\|\partial_x^\alpha \nabla_x P_1 f\|_{L^2}^2 + C\sqrt{E_N(f)} D_N(f).
\end{aligned} \tag{2.4.19}$$

根据 (2.4.5) 与柯西不等式, 有

$$\begin{aligned}
I_3 &= \int_{\mathbb{R}^3} \partial_x^\alpha R_1 \partial_x^\alpha \Big[-\nabla_x n - \sqrt{\frac{2}{3}} \nabla_x q + \nabla_x \Phi + n \nabla_x \Phi - (v \cdot \nabla_x P_1 f, v\chi_0) \Big] dx \\
&\leqslant \frac{C}{\epsilon} \big(\|\partial_x^\alpha P_1 f\|_{L^2}^2 + \|\partial_x^\alpha \nabla_x P_1 f\|_{L^2}^2 \big) + C\sqrt{E_N(f)} D_N(f) \\
&\quad + \epsilon \big(\|\partial_x^\alpha n\|_{L_x^2}^2 + \|\partial_x^\alpha \nabla_x n\|_{L_x^2}^2 + \|\partial_x^\alpha \nabla_x q\|_{L_x^2}^2 \big),
\end{aligned} \tag{2.4.20}$$

其中 $\epsilon > 0$ 为充分小的常数.

因此, 我们结合 (2.4.16) 于 (2.4.18)—(2.4.20) 可以推出

$$\begin{aligned}
&\frac{1}{2}\frac{d}{dt}\big(\|\partial_x^\alpha m\|_{L_x^2}^2 + \|\partial_x^\alpha n\|_{L_x^2}^2 + \|\partial_x^\alpha \nabla_x \Phi\|_{L_x^2}^2\big) + \frac{d}{dt}\int_{\mathbb{R}^3} \partial_x^\alpha R_1 \partial_x^\alpha m dx \\
&\quad + \sqrt{\frac{2}{3}} \int_{\mathbb{R}^3} \partial_x^\alpha \nabla_x q \partial_x^\alpha m dx + \frac{\kappa_1}{2} \left(\|\partial_x^\alpha \nabla_x m\|_{L_x^2}^2 + \frac{1}{3} \|\partial_x^\alpha \mathrm{div}_x m\|_{L_x^2}^2 \right) \\
&\leqslant C\sqrt{E_N(f)} D_N(f) + \frac{C}{\epsilon} \big(\|\partial_x^\alpha P_1 f\|_{L^2}^2 + \|\partial_x^\alpha \nabla_x P_1 f\|_{L^2}^2 \big) \\
&\quad + \epsilon \big(\|\partial_x^\alpha n\|_{L_x^2}^2 + \|\partial_x^\alpha \nabla_x n\|_{L_x^2}^2 + \|\partial_x^\alpha \nabla_x q\|_{L_x^2}^2 \big).
\end{aligned} \tag{2.4.21}$$

令 $|\alpha| \leqslant N-1$, 取 $\partial_x^\alpha q$ 与 $\partial_x^\alpha(2.4.11)$ 的内积, 得到

$$\frac{1}{2}\frac{d}{dt}\|\partial_x^\alpha q\|_{L_x^2}^2 + \frac{d}{dt}\int_{\mathbb{R}^3} \partial_x^\alpha R_3 \partial_x^\alpha q dx + \sqrt{\frac{2}{3}} \int_{\mathbb{R}^3} \partial_x^\alpha \mathrm{div}_x m \partial_x^\alpha q dx + \kappa_2 \|\partial_x^\alpha \nabla_x q\|_{L_x^2}^2$$

$$= \sqrt{\frac{2}{3}} \int_{\mathbb{R}^3} \partial_x^\alpha (\nabla_x \Phi \cdot m) \partial_x^\alpha q dx + \int_{\mathbb{R}^3} \partial_x^\alpha R_4 \partial_x^\alpha q dx + \int_{\mathbb{R}^3} \partial_x^\alpha R_3 \partial_x^\alpha \partial_t q dx$$
$$=: I_4 + I_5 + I_6. \tag{2.4.22}$$

通过类似于 (2.4.19) 与 (2.4.20) 的讨论, 得到

$$I_5 \leqslant \frac{\kappa_2}{2} \|\partial_x^\alpha \nabla_x q\|_{L_x^2}^2 + C\|\partial_x^\alpha \nabla_x P_1 f\|_{L^2}^2 + C\sqrt{E_N(f)} D_N(f), \tag{2.4.23}$$

$$\begin{aligned} I_6 &= \int_{\mathbb{R}^3} \partial_x^\alpha R_3 \partial_x^\alpha \left[-\sqrt{\frac{2}{3}} \mathrm{div}_x m + \sqrt{\frac{2}{3}} m \cdot \nabla_x \Phi - (v \cdot \nabla_x P_1 f, \chi_4) \right] dx \\ &\leqslant \frac{C}{\epsilon} \|\partial_x^\alpha \nabla_x P_1 f\|_{L^2}^2 + \epsilon \|\partial_x^\alpha \nabla_x m\|_{L_x^2}^2 + C\sqrt{E_N(f)} D_N(f). \end{aligned} \tag{2.4.24}$$

现在我们估计 I_4. 对于 $|\alpha| \geqslant 1$, 有

$$I_4 \leqslant C\sqrt{E_N(f)} D_N(f). \tag{2.4.25}$$

对于 $|\alpha| = 0$, 由 (2.4.5) 与 (2.4.6), 得到

$$\begin{aligned} I_4 =& \sqrt{\frac{2}{3}} \int_{\mathbb{R}^3} qm \cdot \left[\partial_t m + \nabla_x n + \sqrt{\frac{2}{3}} \nabla_x q - n \nabla_x \Phi + (v \cdot \nabla_x P_1 f, v\chi_0) \right] dx \\ \leqslant& \sqrt{\frac{1}{6}} \frac{d}{dt} \int_{\mathbb{R}^3} qm^2 dx - \sqrt{\frac{1}{6}} \int_{\mathbb{R}^3} \partial_t q m^2 dx + C\sqrt{E_N(f)} D_N(f) \\ =& \sqrt{\frac{1}{6}} \frac{d}{dt} \int_{\mathbb{R}^3} qm^2 dx + C\sqrt{E_N(f)} D_N(f) \\ &+ \sqrt{\frac{1}{6}} \int_{\mathbb{R}^3} m^2 \left[\sqrt{\frac{2}{3}} \mathrm{div}_x m - \sqrt{\frac{2}{3}} m \cdot \nabla_x \Phi + (v \cdot \nabla_x P_1 f, \chi_4) \right] dx \\ \leqslant& \sqrt{\frac{1}{6}} \frac{d}{dt} \int_{\mathbb{R}^3} qm^2 dx + C\sqrt{E_N(f)} D_N(f). \end{aligned} \tag{2.4.26}$$

因此, 由 (2.4.22)—(2.4.26) 可以推出

$$\begin{aligned} &\frac{1}{2} \frac{d}{dt} \left(\|\partial_x^\alpha q\|_{L_x^2}^2 - 1_{\{|\alpha|=0\}} \sqrt{\frac{2}{3}} \int_{\mathbb{R}^3} qm^2 dx \right) + \frac{d}{dt} \int_{\mathbb{R}^3} \partial_x^\alpha R_3 \partial_x^\alpha q dx \\ &+ \sqrt{\frac{2}{3}} \int_{\mathbb{R}^3} \partial_x^\alpha \mathrm{div}_x m \partial_x^\alpha q dx + \frac{\kappa_2}{2} \|\partial_x^\alpha \nabla_x q\|_{L_x^2}^2 \\ \leqslant& C\sqrt{E_N(f)} D_N(f) + \frac{C}{\epsilon} \|\partial_x^\alpha \nabla_x P_1 f\|_{L^2}^2 + \epsilon \|\partial_x^\alpha \nabla_x m\|_{L_x^2}^2. \end{aligned} \tag{2.4.27}$$

令 $|\alpha| \leqslant N-1$, 取 $\partial_x^\alpha \nabla_x n$ 与 $\partial_x^\alpha(2.4.5)$ 的内积, 并通过类似于 (2.4.21) 和 (2.4.27) 的讨论, 得到

$$
\begin{aligned}
&-\frac{d}{dt}\int_{\mathbb{R}^3} \partial_x^\alpha \operatorname{div}_x m \partial_x^\alpha n dx + \frac{1}{2}\|\partial_x^\alpha \nabla_x n\|_{L_x^2}^2 + \|\partial_x^\alpha n\|_{L_x^2}^2 \\
\leqslant& C\sqrt{E_N(f)}D_N(f) + \|\partial_x^\alpha \operatorname{div}_x m\|_{L_x^2}^2 + C(\|\partial_x^\alpha \nabla_x q\|_{L_x^2}^2 + \|\partial_x^\alpha \nabla_x P_1 f\|_{L^2}^2). \quad (2.4.28)
\end{aligned}
$$

通过求和 $2p_0[(2.4.21)+(2.4.27)]+4(2.4.28)$, 其中常数 $p_0>0$ 充分大, 并且 $\epsilon>0$ 充分小, 可得

$$
\begin{aligned}
&p_0\frac{d}{dt}\left(\|\partial_x^\alpha(n,m,q)\|_{L_x^2}^2 + \|\partial_x^\alpha \nabla_x \Phi\|_{L_x^2}^2 + 2\int_{\mathbb{R}^3}(\partial_x^\alpha R_1 \partial_x^\alpha m + \partial_x^\alpha R_3 \partial_x^\alpha q)\, dx\right) \\
&-1_{\{|\alpha|=0\}}\sqrt{\frac{2}{3}}p_0\frac{d}{dt}\int_{\mathbb{R}^3} q m^2 dx - 4\frac{d}{dt}\int_{\mathbb{R}^3}\partial_x^\alpha \operatorname{div}_x m \partial_x^\alpha n dx \\
&+\|\partial_x^\alpha \nabla_x(n,m,q)\|_{L_x^2}^2 + \|\partial_x^\alpha n\|_{L_x^2}^2 \\
\leqslant& C\sqrt{E_N(f)}D_N(f) + C\big(\|\partial_x^\alpha P_1 f\|_{L^2}^2 + \|\partial_x^\alpha \nabla_x P_1 f\|_{L^2}^2\big). \quad (2.4.29)
\end{aligned}
$$

最后, 将 (2.4.29) 在 $|\alpha| \leqslant N$ 上求和, 我们可以证明 (2.4.15). □

接下来, 我们给出 VPB 方程 (2.1.8)–(2.1.9) 强解的微观部分的能量估计.

引理 2.22 (微观耗散) 令 $N \geqslant 2$. 设 f 为 VPB 方程 (2.1.8)–(2.1.9) 的强解. 那么, 存在常数 $p_k>0$, $1\leqslant k\leqslant N$ 和 $C>0$ 使得对任意的 $t>0$, 有

$$
\begin{aligned}
&\frac{d}{dt}\sum_{|\alpha|\leqslant N}\big(\|\partial_x^\alpha f\|_{L^2}^2 + \|\partial_x^\alpha \nabla_x \Phi\|_{L_x^2}^2\big) - \sqrt{\frac{2}{3}}\frac{d}{dt}\int_{\mathbb{R}^3} q m^2 dx + \mu_0 \sum_{|\alpha|\leqslant N}\big\|\nu^{\frac{1}{2}}\partial_x^\alpha P_1 f\big\|_{L^2}^2 \\
\leqslant& C\sqrt{E_N(f)}D_N(f), \quad (2.4.30)
\end{aligned}
$$

$$
\begin{aligned}
&\frac{d}{dt}\sum_{1\leqslant k\leqslant N} p_k \sum_{\substack{|\beta|=k\\ |\alpha|+|\beta|\leqslant N}} \|\partial_x^\alpha \partial_v^\beta P_1 f\|_{L^2}^2 + \sum_{1\leqslant k\leqslant N} p_k \sum_{\substack{|\beta|=k\\ |\alpha|+|\beta|\leqslant N}} \|\nu^{\frac{1}{2}}\partial_x^\alpha \partial_v^\beta P_1 f\|_{L^2}^2 \\
\leqslant& C\sum_{|\alpha|\leqslant N-1}\|\partial_x^\alpha \nabla_x f\|_{L^2}^2 + C\sqrt{E_N(f)}D_N(f), \quad (2.4.31)
\end{aligned}
$$

其中 $E_N(f), D_N(f)$ 由 (2.4.3) 定义, 且 $\mu_0>0$ 是由 (1.8.58) 定义的常数.

证明 令 $|\alpha| \leqslant N$, 取 $\partial_x^\alpha f$ 与 $\partial_x^\alpha(2.1.8)$ 的内积, 并利用 (2.4.17), 可得

$$
\begin{aligned}
&\frac{1}{2}\frac{d}{dt}(\|\partial_x^\alpha f\|_{L^2}^2 + \|\partial_x^\alpha \nabla_x \Phi\|_{L_x^2}^2) - \int_{\mathbb{R}^3}(L\partial_x^\alpha f)\partial_x^\alpha f dx dv \\
=& \frac{1}{2}\int_{\mathbb{R}^3}\int_{\mathbb{R}^3}\partial_x^\alpha(v\cdot\nabla_x \Phi f)\partial_x^\alpha f dx dv - \int_{\mathbb{R}^3}\int_{\mathbb{R}^3}\partial_x^\alpha(\nabla_x\Phi\cdot\nabla_v f)\partial_x^\alpha f dx dv
\end{aligned}
$$

$$
\begin{aligned}
&+\int_{\mathbb{R}^3}\int_{\mathbb{R}^3}\partial_x^\alpha\Gamma(f,f)\partial_x^\alpha fdxdv\\
&=: I_1+I_2+I_3.
\end{aligned}
\tag{2.4.32}
$$

下面我们对 I_j, $j=1,2,3$ 进行估计. 对于 $|\alpha|\geqslant 1$, 有

$$
\begin{aligned}
I_1&=\sum_{\alpha'\leqslant\alpha}C_\alpha^{\alpha'}\int_{\mathbb{R}^3}\int_{\mathbb{R}^3}v\cdot\partial_x^{\alpha'}\nabla_x\Phi\partial_x^{\alpha-\alpha'}f\partial_x^\alpha fdxdv\\
&\leqslant C\sum_{1\leqslant|\alpha'|\leqslant|\alpha|-1}\int_{\mathbb{R}^3}|v|\|\partial_x^{\alpha'}\nabla_x\Phi\|_{L_x^3}\|\partial_x^{\alpha-\alpha'}f\|_{L_x^6}\|\partial_x^\alpha f\|_{L_x^2}dv\\
&\quad+C\int_{\mathbb{R}^3}|v|(\|\nabla_x\Phi\|_{L_x^\infty}\|\partial_x^\alpha f\|_{L_x^2}+\|\partial_x^\alpha\nabla_x\Phi\|_{L_x^2}\|f\|_{L_x^\infty})\|\partial_x^\alpha f\|_{L_x^2}dv\\
&\leqslant C\sqrt{E_N(f)}D_N(f),
\end{aligned}
\tag{2.4.33}
$$

以及

$$
\begin{aligned}
I_2&=-\sum_{|\alpha'|\geqslant1,\alpha'\leqslant\alpha}C_\alpha^{\alpha'}\int_{\mathbb{R}^3}\int_{\mathbb{R}^3}\partial_x^{\alpha'}\nabla_x\Phi\partial_x^{\alpha-\alpha'}\nabla_vf\partial_x^\alpha fdxdv\\
&\leqslant C\sum_{1\leqslant|\alpha'|\leqslant|\alpha|-1}\int_{\mathbb{R}^3}\|\partial_x^{\alpha'}\nabla_x\Phi\|_{L_x^\infty}\|\partial_x^{\alpha-\alpha'}\nabla_vf\|_{L_x^2}\|\partial_x^\alpha f\|_{L_x^2}dv\\
&\quad+C\int_{\mathbb{R}^3}\|\partial_x^\alpha\nabla_x\Phi\|_{L_x^3}\|\nabla_vf\|_{L_x^6}\|\partial_x^\alpha f\|_{L_x^2}dv\\
&\leqslant C\sqrt{E_N(f)}D_N(f).
\end{aligned}
\tag{2.4.34}
$$

对于 $|\alpha|=0$, 有

$$
\begin{aligned}
I_2&=\frac12\int_{\mathbb{R}^3}\int_{\mathbb{R}^3}\nabla_x\Phi\cdot\nabla_v(f^2)dxdv=0,\\
I_1&=\int_{\mathbb{R}^3}\int_{\mathbb{R}^3}\frac12v\cdot\nabla_x\Phi(P_0f)^2dxdv+\int_{\mathbb{R}^3}\int_{\mathbb{R}^3}v\cdot\nabla_x\Phi P_0fP_1fdxdv\\
&\quad+\int_{\mathbb{R}^3}\int_{\mathbb{R}^3}\frac12v\cdot\nabla_x\Phi(P_1f)^2dxdv\\
&=: J_1+J_2+J_3.
\end{aligned}
$$

容易验证

$$
J_2,J_3\leqslant C\sqrt{E_N(f)}D_N(f).
$$

对于 J_1, 根据 $P_0 f = n\sqrt{M} + (m\cdot v)\sqrt{M} + q\chi_4$ 以及 (2.4.26), 有

$$\begin{aligned}
J_1 &= \int_{\mathbb{R}^3} \frac{1}{2}\sum_{i=1}^{3}\partial_{x_i}\Phi \int_{\mathbb{R}^3} v_i(n\sqrt{M} + (m\cdot v)\sqrt{M} + q\chi_4)^2 dvdx \\
&= \int_{\mathbb{R}^3} n(m\cdot\nabla_x\Phi)dx + \sqrt{\frac{2}{3}}\int_{\mathbb{R}^3} q(m\cdot\nabla_x\Phi)dx \\
&\leqslant \sqrt{\frac{1}{6}}\frac{d}{dt}\int_{\mathbb{R}^3} qm^2 dx + C\sqrt{E_N(f)}D_N(f).
\end{aligned}$$

因此, 对于 $|\alpha| = 0$, 有

$$I_1 \leqslant \sqrt{\frac{1}{6}}\frac{d}{dt}\int_{\mathbb{R}^3} qm^2 dx + C\sqrt{E_N(f)}D_N(f).$$

对于 I_3, 根据引理 1.37, 得到

$$\begin{aligned}
I_3 &= \int_{\mathbb{R}^3}\int_{\mathbb{R}^3} \partial_x^\alpha \Gamma(f,f)\partial_x^\alpha P_1 f dxdv \\
&\leqslant \|\nu^{-\frac{1}{2}}\partial_x^\alpha\Gamma(f,f)\|_{L^2}\|\nu^{\frac{1}{2}}\partial_x^\alpha P_1 f\|_{L^2} \leqslant C\sqrt{E_N(f)}D_N(f).
\end{aligned} \tag{2.4.35}$$

因此, 由 (2.4.32)—(2.4.35) 以及引理 1.44, 得到

$$\begin{aligned}
&\frac{1}{2}\frac{d}{dt}(\|\partial_x^\alpha f\|_{L^2}^2 + \|\partial_x^\alpha\nabla_x\Phi\|_{L_x^2}^2) - 1_{\{|\alpha|=0\}}\sqrt{\frac{1}{6}}\frac{d}{dt}\int_{\mathbb{R}^3} qm^2 dx + \mu_0\|\nu^{\frac{1}{2}}\partial_x^\alpha P_1 f\|_{L^2}^2 \\
&\leqslant C\sqrt{E_N(f)}D_N(f).
\end{aligned} \tag{2.4.36}$$

将 (2.4.36) 在 $|\alpha| \leqslant N$ 上求和, 可以证明 (2.4.30).

为了使能量不等式封闭, 我们还需要估计 $\partial_x^\alpha\nabla_v f$, $|\alpha| \leqslant N-1$. 为此, 将 (2.4.7) 改写为

$$\begin{aligned}
&\partial_t(P_1 f) + v\cdot\nabla_x P_1 f - L(P_1 f) \\
&= \Gamma(f,f) + \frac{1}{2}v\cdot\nabla_x\Phi P_1 f - \nabla_x\Phi\cdot\nabla_v P_1 f \\
&\quad + P_0\left(v\cdot\nabla_x P_1 f - \frac{1}{2}v\cdot\nabla_x\Phi P_1 f + \nabla_x\Phi\cdot\nabla_v P_1 f\right) \\
&\quad - P_1\left(v\cdot\nabla_x P_0 f - \frac{1}{2}v\cdot\nabla_x\Phi P_0 f + \nabla_x\Phi\cdot\nabla_v P_0 f\right).
\end{aligned} \tag{2.4.37}$$

设 $1 \leqslant k \leqslant N$, 取 $\alpha,\beta \in \mathbb{N}^3$, 满足 $|\beta| = k$, $|\alpha| + |\beta| \leqslant N$. 将 $\partial_x^\alpha \partial_v^\beta P_1 f$ 与 $\partial_x^\alpha \partial_v^\beta$(2.4.37) 作内积, 得到

$$
\begin{aligned}
&\frac{1}{2}\frac{d}{dt}\|\partial_x^\alpha \partial_v^\beta P_1 f\|_{L^2}^2 - \int_{\mathbb{R}^3}\int_{\mathbb{R}^3} \partial_x^\alpha \partial_v^\beta (LP_1 f)\partial_x^\alpha \partial_v^\beta P_1 f dxdv \\
=& -\int_{\mathbb{R}^3}\int_{\mathbb{R}^3} \partial_x^\alpha \partial_v^\beta (v\cdot \nabla_x P_1 f)\partial_x^\alpha \partial_v^\beta P_1 f dxdv + \sum_{j=4}^{8} I_j,
\end{aligned} \tag{2.4.38}
$$

其中

$$
\begin{cases}
I_4 = \displaystyle\int_{\mathbb{R}^3}\int_{\mathbb{R}^3} \partial_x^\alpha \partial_v^\beta \Gamma(f,f)\partial_x^\alpha \partial_v^\beta P_1 f dxdv, \\
I_5 = \displaystyle\int_{\mathbb{R}^3}\int_{\mathbb{R}^3} \partial_x^\alpha \partial_v^\beta \left(-\nabla_x \Phi\cdot \nabla_v P_1 f + \frac{1}{2} v\cdot \nabla_x \Phi P_1 f\right)\partial_x^\alpha \partial_v^\beta P_1 f dxdv, \\
I_6 = \displaystyle\int_{\mathbb{R}^3}\int_{\mathbb{R}^3} \partial_x^\alpha \partial_v^\beta P_0 \left(-\frac{1}{2} v\cdot \nabla_x \Phi P_1 f + \nabla_x \Phi\cdot \nabla_v P_1 f\right)\partial_x^\alpha \partial_v^\beta P_1 f dxdv, \\
I_7 = \displaystyle\int_{\mathbb{R}^3}\int_{\mathbb{R}^3} \partial_x^\alpha \partial_v^\beta P_1 \left(\frac{1}{2} v\cdot \nabla_x \Phi P_0 f - \nabla_x \Phi\cdot \nabla_v P_0 f\right)\partial_x^\alpha \partial_v^\beta P_1 f dxdv, \\
I_8 = \displaystyle\int_{\mathbb{R}^3}\int_{\mathbb{R}^3} \partial_x^\alpha \partial_v^\beta [P_0(v\cdot \nabla_x P_1 f) - P_1(v\cdot \nabla_x P_0 f)]\partial_x^\alpha \partial_v^\beta P_1 f dxdv.
\end{cases}
$$

下面我们估计 (2.4.38) 中的各项. 首先, (2.4.38) 中等号右边第一项满足

$$
\begin{aligned}
&-\int_{\mathbb{R}^3}\int_{\mathbb{R}^3} \partial_x^\alpha \partial_v^\beta (v\cdot \nabla_x P_1 f)\partial_x^\alpha \partial_v^\beta P_1 f dxdv \\
=& -\sum_{|\beta'|=1,\beta'\leqslant\beta} C_\beta^{\beta'} \int_{\mathbb{R}^3}\int_{\mathbb{R}^3} (\partial_v^{\beta'} v\cdot \nabla_x \partial_x^\alpha \partial_v^{\beta-\beta'} P_1 f)\partial_x^\alpha \partial_v^\beta P_1 f dxdv \\
\leqslant& \frac{1}{8}\|\partial_x^\alpha \partial_v^\beta P_1 f\|_{L^2}^2 + C\sum_{|\beta'|=k-1} \|\nabla_x \partial_x^\alpha \partial_v^{\beta'} P_1 f\|_{L^2}^2.
\end{aligned} \tag{2.4.39}
$$

根据引理 2.19, (2.4.38) 中等号左边第二项满足

$$
\begin{aligned}
&-\int_{\mathbb{R}^3}\int_{\mathbb{R}^3} \partial_x^\alpha \partial_v^\beta (LP_1 f)\partial_x^\alpha \partial_v^\beta P_1 f dxdv \\
=& \int_{\mathbb{R}^3}\int_{\mathbb{R}^3} \nu(v)|\partial_x^\alpha \partial_v^\beta P_1 f|^2 dxdv - \int_{\mathbb{R}^3}\int_{\mathbb{R}^3} \partial_v^\beta (K\partial_x^\alpha P_1 f)\partial_x^\alpha \partial_v^\beta P_1 f dxdv \\
&+ \sum_{|\beta'|\geqslant 1,\beta'\leqslant\beta} \int_{\mathbb{R}^3}\int_{\mathbb{R}^3} \partial_v^{\beta'} \nu(v)\partial_x^\alpha \partial_v^{\beta-\beta'} P_1 f \partial_x^\alpha \partial_v^\beta P_1 f dxdv
\end{aligned}
$$

$$\geqslant \frac{3}{4}\|\nu^{\frac{1}{2}}\partial_x^\alpha\partial_v^\beta P_1 f\|_{L^2}^2 - C\sum_{|\beta|\leqslant k-1}\|\partial_x^\alpha\partial_v^\beta P_1 f\|_{L^2}^2.$$

根据引理 2.20 以及类似于 (2.4.33), (2.4.34) 与 (2.4.35) 的讨论, 有

$$I_4 \leqslant \|\nu^{-\frac{1}{2}}\partial_x^\alpha\partial_v^\beta\Gamma(f,f)\|_{L^2}\|\nu^{\frac{1}{2}}\partial_x^\alpha\partial_v^\beta P_1 f\|_{L^2} \leqslant C\sqrt{E_N(f)}D_N(f), \tag{2.4.40}$$

$$\begin{aligned}I_5 &\leqslant C\sum_{|\alpha'|\geqslant 1,\alpha'\leqslant\alpha}\int_{\mathbb{R}^3}|\partial_x^{\alpha'}\nabla_x\Phi|\|\partial_x^{\alpha-\alpha'}\partial_v^\beta\nabla_v P_1 f\|_{L_v^2}\|\partial_x^\alpha\partial_v^\beta P_1 f\|_{L_v^2}dx\\&\quad + C\sum_{\alpha'\leqslant\alpha}\int_{\mathbb{R}^3}|\partial_x^{\alpha'}\nabla_x\Phi|\|\partial_x^{\alpha-\alpha'}\partial_v^\beta(vP_1 f)\|_{L_v^2}\|\partial_x^\alpha\partial_v^\beta P_1 f\|_{L_v^2}dx\\&\leqslant C\sqrt{E_N(f)}D_N(f),\end{aligned} \tag{2.4.41}$$

$$\begin{aligned}I_6 &\leqslant C\sum_{\alpha'\leqslant\alpha}\int_{\mathbb{R}^3}|\partial_x^{\alpha'}\nabla_x\Phi|\|\partial_x^{\alpha-\alpha'}P_1 f\|_{L_v^2}\|\partial_x^\alpha P_1 f\|_{L_v^2}dx\\&\leqslant C\sqrt{E_N(f)}D_N(f),\end{aligned} \tag{2.4.42}$$

$$\begin{aligned}I_7 &\leqslant C\sum_{\alpha'\leqslant\alpha}\int_{\mathbb{R}^3}|\partial_x^{\alpha'}\nabla_x\Phi|\|\partial_x^{\alpha-\alpha'}P_0 f\|_{L_v^2}\|\partial_x^\alpha P_1 f\|_{L_v^2}dx\\&\leqslant C\sqrt{E_N(f)}D_N(f),\end{aligned} \tag{2.4.43}$$

$$I_8 \leqslant \frac{1}{8}\|\partial_x^\alpha\partial_v^\beta P_1 f\|_{L^2}^2 + C(\|\partial_x^\alpha\nabla_x P_0 f\|_{L^2}^2 + \|\partial_x^\alpha\nabla_x P_1 f\|_{L^2}^2). \tag{2.4.44}$$

将 (2.4.39)—(2.4.44) 代入到 (2.4.38), 得到

$$\begin{aligned}&\frac{1}{2}\frac{d}{dt}\|\partial_x^\alpha\partial_v^\beta P_1 f\|_{L^2}^2 + \frac{1}{2}\|\nu^{\frac{1}{2}}\partial_x^\alpha\partial_v^\beta P_1 f\|_{L^2}^2\\&\leqslant C\sqrt{E_N(f)}D_N(f) + C\left(\|\partial_x^\alpha\nabla_x P_0 f\|_{L^2}^2 + \|\partial_x^\alpha\nabla_x P_1 f\|_{L^2}^2\right)\\&\quad + C\left(\sum_{|\beta|=k-1}\|\nabla_x\partial_x^\alpha\partial_v^\beta P_1 f\|_{L^2}^2 + \sum_{|\beta|\leqslant k-1}\|\partial_x^\alpha\partial_v^\beta P_1 f\|_{L^2}^2\right).\end{aligned} \tag{2.4.45}$$

因此, 将 (2.4.45) 关于 α,β 在 $\{|\beta|=k, |\alpha|+|\beta|\leqslant N\}$ 上求和, 得到

$$\begin{aligned}&\frac{d}{dt}\sum_{\substack{|\beta|=k\\|\alpha|+|\beta|\leqslant N}}\|\partial_x^\alpha\partial_v^\beta P_1 f\|_{L^2}^2 + \sum_{\substack{|\beta|=k\\|\alpha|+|\beta|\leqslant N}}\|\nu^{\frac{1}{2}}\partial_x^\alpha\partial_v^\beta P_1 f\|_{L^2}^2\\&\leqslant C\sum_{|\alpha|\leqslant N-k}\left(\|\partial_x^\alpha\nabla_x P_0 f\|_{L^2}^2 + \|\partial_x^\alpha\nabla_x P_1 f\|_{L^2}^2\right)\end{aligned}$$

$$+C_k\sum_{\substack{|\beta|\leqslant k-1\\|\alpha|+|\beta|\leqslant N}}\|\partial_x^\alpha\partial_v^\beta P_1 f\|_{L^2}^2+C\sqrt{E_N(f)}D_N(f). \tag{2.4.46}$$

于是, 通过求和 $\sum\limits_{1\leqslant k\leqslant N} p_k(2.4.46)$, 其中常数 $p_k>0$ 满足

$$\nu_0 p_k\geqslant 2\sum_{1\leqslant j\leqslant N-k}p_{k+j}C_{k+j},\quad 1\leqslant k\leqslant N-1,\quad p_N=1,$$

我们证明了 (2.4.31). □

引理 2.23 (局部存在性[33]) *设 $N\geqslant 2$. 存在充分小的常数 $M_0>0$ 和 $T^*>0$ 使得, 当 $t\in[0,T^*]$ 以及 $E_N(f_0)\leqslant M_0$ 时, VPB 方程的柯西问题 (2.1.8)—(2.1.10) 存在唯一的局部解 $f(t,x,v)$ 满足*

$$\sup_{0\leqslant t\leqslant T^*}E_N(f(t))\leqslant 2M_0.$$

根据引理 2.21和引理 2.22, 我们得到 VPB 方程的柯西问题 (2.1.8)—(2.1.10) 强解的整体存在唯一性和能量估计.

定理 2.24 (整体存在性) *设 $N\geqslant 2$. 存在两个等价能量泛函 $\mathcal{E}_N(\cdot)\sim E_N(\cdot)$, $\mathcal{H}_N(\cdot)\sim H_N(\cdot)$, 以及充分小的常数 $\delta_0>0$ 使得, 如果初值 f_0 满足 $E_N(f_0)\leqslant\delta_0$, 那么 VPB 方程的柯西问题 (2.1.8)—(2.1.10) 存在唯一的整体解 $f=f(t,x,v)$, 并且满足下面的能量不等式:*

$$\frac{d}{dt}\mathcal{E}_N(f(t))+D_N(f(t))\leqslant 0, \tag{2.4.47}$$

$$\frac{d}{dt}\mathcal{H}_N(f(t))+D_N(f(t))\leqslant C\|\nabla_x(m,q)\|_{L_x^2}^2. \tag{2.4.48}$$

证明 通过求和 $A_1(2.4.15)+A_2(2.4.30)+2(2.4.31)$, 其中常数 $A_2>C_0A_1>0$ 充分大, 可得

$$A_1p_0\frac{d}{dt}\sum_{|\alpha|\leqslant N-1}\left(\|\partial_x^\alpha(n,m,q)\|_{L_x^2}^2+\|\partial_x^\alpha\nabla_x\Phi\|_{L_x^2}^2+2\int_{\mathbb{R}^3}(\partial_x^\alpha R_1\partial_x^\alpha m+\partial_x^\alpha R_3\partial_x^\alpha q)dx\right)$$

$$-4A_1\frac{d}{dt}\sum_{|\alpha|\leqslant N-1}\int_{\mathbb{R}^3}\partial_x^\alpha\mathrm{div}_x m\partial_x^\alpha n dx-\sqrt{\frac{2}{3}}(A_1p_0+A_2)\frac{d}{dt}\int_{\mathbb{R}^3}qm^2dx$$

$$+A_2\frac{d}{dt}\sum_{|\alpha|\leqslant N}(\|\partial_x^\alpha f\|_{L^2}^2+\|\partial_x^\alpha\nabla_x\Phi\|_{L_x^2}^2)+2\frac{d}{dt}\sum_{1\leqslant k\leqslant N}p_k\sum_{\substack{|\beta|=k\\|\alpha|+|\beta|\leqslant N}}\|\partial_x^\alpha\partial_v^\beta P_1 f\|_{L^2}^2$$

$$+ A_1 \sum_{|\alpha|\leqslant N-1} (\|\partial_x^\alpha \nabla_x (n,m,q)\|_{L_x^2}^2 + \|\partial_x^\alpha n\|_{L_x^2}^2) + \mu_0 A_2 \sum_{|\alpha|\leqslant N} \|\nu^{\frac{1}{2}} \partial_x^\alpha P_1 f\|_{L^2}^2$$

$$+ 2 \sum_{|\alpha|+|\beta|\leqslant N} \|\nu^{\frac{1}{2}} \partial_x^\alpha \partial_v^\beta P_1 f\|_{L^2}^2 \leqslant C_1 \sqrt{E_N(f)} D_N(f),$$

即

$$\frac{d}{dt}\mathcal{E}_N(f(t)) + 2D_N(f(t)) \leqslant C_1 \sqrt{E_N(f)} D_N(f),$$

其中

$$\begin{aligned}
\mathcal{E}_N(f) = A_1 p_0 & \sum_{|\alpha|\leqslant N-1} \Big(\|\partial_x^\alpha (n,m,q)\|_{L_x^2}^2 + \|\partial_x^\alpha \nabla_x \Phi\|_{L_x^2}^2 \\
& + 2\int_{\mathbb{R}^3} (\partial_x^\alpha R_1 \partial_x^\alpha m + \partial_x^\alpha R_3 \partial_x^\alpha q) dx \Big) \\
& - 4A_1 \sum_{|\alpha|\leqslant N-1} \int_{\mathbb{R}^3} \partial_x^\alpha \mathrm{div}_x m \partial_x^\alpha n dx - \sqrt{\frac{2}{3}} (A_1 p_0 + A_2) \int_{\mathbb{R}^3} q m^2 dx \\
& + A_2 \sum_{|\alpha|\leqslant N} (\|\partial_x^\alpha f\|_{L^2}^2 + \|\partial_x^\alpha \nabla_x \Phi\|_{L_x^2}^2) + 2 \sum_{1\leqslant k\leqslant N} p_k \sum_{\substack{|\beta|=k \\ |\alpha|+|\beta|\leqslant N}} \|\partial_x^\alpha \partial_v^\beta P_1 f\|_{L^2}^2.
\end{aligned}$$

显然, 当 $A_1, A_2 > 0$ 充分大时, 有 $\frac{1}{2}E_N(f) \leqslant \mathcal{E}_N(f) \leqslant 2A_2 E_N(f)$. 取 $\delta_0 = \min\left\{\frac{1}{8C_1^2}, M_0\right\}$, 并假设初值 f_0 满足

$$\mathcal{E}_N(f_0) \leqslant \frac{\delta_0}{2} \Longrightarrow E_N(f_0) \leqslant \delta_0.$$

令

$$T_* = \sup\{t \,|\, E_N(f(t)) \leqslant 2\delta_0\}.$$

由引理 2.23, 有 $T_* > 0$. 因此, 当 $t \in [0, T_*]$ 时, 局部解 f 满足

$$\frac{d}{dt}\mathcal{E}_N(f(t)) + 2D_N(f(t)) \leqslant \sqrt{2\delta_0} C_1 D_N(f(t)),$$

由于 $C_1\sqrt{2\delta_0} \leqslant 1$, 我们有

$$\mathcal{E}_N(f(t)) + \int_0^t D_N(f(s)) ds \leqslant \mathcal{E}(f_0) \leqslant \frac{\delta_0}{2}.$$

以 $\mathcal{E}_N(f(T_*))$ 为新的初值, 可证 $\mathcal{E}_N(f(2T_*)) \leqslant \dfrac{\delta_0}{2}$, 因此 $T_* = \infty$, 这说明局部解 f 可延拓成整体解, 且满足能量不等式 (2.4.47).

取 (2.4.37) 与 $P_1 f$ 的内积, 可得

$$\begin{aligned}
&\frac{1}{2}\frac{d}{dt}\|P_1 f\|_{L^2}^2 - \int_{\mathbb{R}^3}\int_{\mathbb{R}^3}(LP_1 f)P_1 f dxdv \\
=&\int_{\mathbb{R}^3}\int_{\mathbb{R}^3}\Gamma(f,f)P_1 f dxdv + \int_{\mathbb{R}^3}\int_{\mathbb{R}^3}\left(\frac{1}{2}v\cdot\nabla_x\Phi P_1 f - v\cdot\nabla_x P_0 f\right)P_1 f dxdv \\
\leqslant& C\|\nabla_x P_0 f\|_{L^2}\|P_1 f\|_{L^2} + C\sqrt{E_N(f)}D_N(f),
\end{aligned}$$

由此推出

$$\frac{d}{dt}\|P_1 f\|_{L^2}^2 + \mu_0\|\nu^{\frac{1}{2}}P_1 f\|_{L^2}^2 \leqslant C\left\|\nabla_x(m,q)\right\|_{L_x^2}^2 + C\sqrt{E_N(f)}D_N(f). \tag{2.4.49}$$

在 (2.4.28) 中取 $|\alpha| = 0$ 可得

$$\begin{aligned}
&-\frac{d}{dt}\int_{\mathbb{R}^3} n\,\mathrm{div}_x\, m dx + \frac{1}{2}\left\|\nabla_x n\right\|_{L_x^2}^2 + \|n\|_{L_x^2}^2 \\
\leqslant& C\sqrt{E_N(f)}D_N(f) + \|\mathrm{div}_x\, m\|_{L_x^2}^2 + C\big(\|\nabla_x q\|_{L_x^2}^2 + \|\nabla_x P_1 f\|_{L^2}^2\big).
\end{aligned}\tag{2.4.50}$$

通过求和 $A_3\sum\limits_{1\leqslant|\alpha|\leqslant N-1}(2.4.29) + 4A_3(2.4.50) + A_4\sum\limits_{1\leqslant|\alpha|\leqslant N}(2.4.36) + (2.4.31) + (2.4.49)$, 其中常数 $A_4 > C_0 A_3 > 0$ 充分大, 可得

$$\begin{aligned}
&A_3 p_0\frac{d}{dt}\sum_{1\leqslant|\alpha|\leqslant N-1}\left(\|\partial_x^\alpha(n,m,q)\|_{L_x^2}^2 + \|\partial_x^\alpha\nabla_x\Phi\|_{L_x^2}^2 + 2\int_{\mathbb{R}^3}(\partial_x^\alpha R_1\partial_x^\alpha m + \partial_x^\alpha R_3\partial_x^\alpha q)dx\right) \\
&-4A_3\frac{d}{dt}\sum_{|\alpha|\leqslant N-1}\int_{\mathbb{R}^3}\partial_x^\alpha\mathrm{div}_x m\partial_x^\alpha n dx + \frac{d}{dt}\|P_1 f\|_{L^2}^2 \\
&+\frac{d}{dt}\sum_{1\leqslant k\leqslant N}p_k\sum_{\substack{|\beta|=k\\|\alpha|+|\beta|\leqslant N}}\|\partial_x^\alpha\partial_v^\beta P_1 f\|_{L^2}^2 + A_4\frac{d}{dt}\sum_{1\leqslant|\alpha|\leqslant N}(\|\partial_x^\alpha f\|_{L^2}^2 + \|\partial_x^\alpha\nabla_x\Phi\|_{L_x^2}^2) \\
&+A_3\sum_{|\alpha|\leqslant N-1}(\|\partial_x^\alpha\nabla_x(n,m,q)\|_{L_x^2}^2 + \|\partial_x^\alpha n\|_{L_x^2}^2) + \mu_0\sum_{|\alpha|\leqslant N}\|\nu^{\frac{1}{2}}\partial_x^\alpha P_1 f\|_{L^2}^2 \\
&+\sum_{|\alpha|+|\beta|\leqslant N}\|\nu^{\frac{1}{2}}\partial_x^\alpha\partial_v^\beta P_1 f\|_{L^2}^2 \leqslant C\|\nabla_x(m,q)\|_{L_x^2}^2 + C\sqrt{E_N(f)}D_N(f),
\end{aligned}$$

这就证明了 (2.4.48), 其中

$$\begin{aligned}\mathcal{H}_N(f) = & A_3 p_0 \sum_{1\leqslant|\alpha|\leqslant N-1}\Big(\|\partial_x^\alpha(n,m,q)\|_{L_x^2}^2 + \|\partial_x^\alpha\nabla_x\Phi\|_{L_x^2}^2 \\ & + 2\int_{\mathbb{R}^3}(\partial_x^\alpha R_1\partial_x^\alpha m + \partial_x^\alpha R_3\partial_x^\alpha q)dx\Big) \\ & - 4A_3\sum_{|\alpha|\leqslant N-1}\int_{\mathbb{R}^3}\partial_x^\alpha \mathrm{div}_x m\partial_x^\alpha n dx + \|P_1 f\|_{L^2}^2 \\ & + \sum_{1\leqslant k\leqslant N} p_k \sum_{\substack{|\beta|=k\\|\alpha|+|\beta|\leqslant N}}\|\partial_x^\alpha\partial_v^\beta P_1 f\|_{L^2}^2 + A_4\sum_{1\leqslant|\alpha|\leqslant N}(\|\partial_x^\alpha f\|_{L^2}^2 + \|\partial_x^\alpha\nabla_x\Phi\|_{L_x^2}^2).\end{aligned}$$

定理得证. □

通过与引理 1.49 相似的证明, 我们可以得到下面的加权能量估计, 证明过程在此省略.

引理 2.25 设 $N\geqslant 2$ 且 $k\geqslant 1$. 存在两个等价能量泛函 $\mathcal{E}_{N,k}(\cdot)\sim E_{N,k}(\cdot)$, $\mathcal{H}_{N,k}(\cdot)\sim H_{N,k}(\cdot)$, 使得如果 $E_{N,k}(f_0)$ 充分小, 那么 VPB 方程柯西问题 (2.1.8)—(2.1.10) 的整体解 $f=f(t,x,v)$ 满足

$$\frac{d}{dt}\mathcal{E}_{N,k}(f(t)) + D_{N,k}(f(t)) \leqslant 0, \tag{2.4.51}$$

$$\frac{d}{dt}\mathcal{H}_{N,k}(f(t)) + D_{N,k}(f(t)) \leqslant C\|\nabla_x(m,q)\|_{L_x^2}^2. \tag{2.4.52}$$

下面我们给出 VPB 方程的柯西问题 (2.1.8)—(2.1.10) 整体强解的时间衰减率估计.

定理 2.26 假设初值 $f_0\in X_1^2\cap L^{2,1}$, 并且存在充分小的常数 $\delta_0>0$, 使得

$$\|f_0\|_{X_1^2} + \|f_0\|_{L^{2,1}} \leqslant \delta_0. \tag{2.4.53}$$

那么, VPB 方程柯西问题 (2.1.8)—(2.1.10) 存在唯一的整体解 $f=f(t,x,v)$, 并且对于 $|\alpha|=0,1$ 满足

$$\begin{cases}\|\partial_x^\alpha(f(t),\chi_0)\|_{L_x^2} \leqslant C\delta_0(1+t)^{-\frac34-\frac{|\alpha|}{2}}, \\ \|\partial_x^\alpha(f(t),v\chi_0)\|_{L_x^2} + \|\partial_x^\alpha\nabla_x\Phi(t)\|_{L_x^2} \leqslant C\delta_0(1+t)^{-\frac14-\frac{|\alpha|}{2}}, \\ \|\partial_x^\alpha(f(t),\chi_4)\|_{L_x^2} \leqslant C\delta_0(1+t)^{-\frac14-\frac{|\alpha|}{2}}, \\ \|P_1 f(t)\|_{X_1^2} + \|\nabla_x P_0 f(t)\|_{H^1} \leqslant C\delta_0(1+t)^{-\frac34}.\end{cases} \tag{2.4.54}$$

如果初值还满足 $(f_0,\chi_0)=0$, 那么对于 $|\alpha|=0,1$, 有

$$\begin{cases}\|\partial_x^\alpha(f(t),\chi_0)\|_{L_x^2}+\|\partial_x^\alpha P_1f(t)\|_{L^2}\leqslant C\delta_0(1+t)^{-\frac{5}{4}-\frac{|\alpha|}{2}},\\ \|\partial_x^\alpha(f(t),v\chi_0)\|_{L_x^2}+\|\partial_x^\alpha\nabla_x\Phi(t)\|_{L_x^2}\leqslant C\delta_0(1+t)^{-\frac{3}{4}-\frac{|\alpha|}{2}},\\ \|\partial_x^\alpha(f(t),\chi_4)\|_{L_x^2}\leqslant C\delta_0(1+t)^{-\frac{3}{4}-\frac{|\alpha|}{2}},\\ \|P_1f(t)\|_{X_1^2}+\|\nabla_xP_0f(t)\|_{H^1}\leqslant C\delta_0(1+t)^{-\frac{5}{4}}.\end{cases}\tag{2.4.55}$$

证明 由于 $E_2(f_0)\leqslant C(\|f_0\|_{X_1^2}+\|f_0\|_{L^{2,1}})^2\leqslant C\delta_0^2$, 根据引理 2.24 可知, 当 $\delta_0>0$ 充分小时, 柯西问题(2.1.8)—(2.1.10) 存在唯一的整体解 $f=f(t,x,v)$. 根据 Duhamel 原理, f 可以用半群 e^{tB_1} 表示为

$$f(t)=e^{tB_1}f_0+\int_0^t e^{(t-s)B_1}\Lambda(s)ds,\tag{2.4.56}$$

其中非线性项 Λ 为

$$\Lambda=\frac{1}{2}(v\cdot\nabla_x\Phi)f-\nabla_x\Phi\cdot\nabla_vf+\Gamma(f,f).$$

对于整体解 f 和 $t>0$, 定义两个泛函 $Q_1(t)$, $Q_2(t)$ 为

$$\begin{aligned}Q_1(t)=\sup_{0\leqslant s\leqslant t}\sum_{|\alpha|=0}^{1}\{&(1+s)^{\frac{3}{4}+\frac{|\alpha|}{2}}\|\partial_x^\alpha(f(s),\chi_0)\|_{L_x^2}+(1+s)^{\frac{1}{4}+\frac{|\alpha|}{2}}\|\partial_x^\alpha(f(s),v\chi_0)\|_{L_x^2}\\&+(1+s)^{\frac{1}{4}+\frac{|\alpha|}{2}}\|\partial_x^\alpha(f(s),\chi_4)\|_{L_x^2}+(1+s)^{\frac{1}{4}}\|\nabla_x\Phi(s)\|_{L_x^2}\\&+(1+s)^{\frac{3}{4}}(\|P_1f(s)\|_{X_1^2}+\|\nabla_xP_0f(s)\|_{H^1})\},\end{aligned}$$

以及

$$\begin{aligned}Q_2(t)=\sup_{0\leqslant s\leqslant t}\sum_{|\alpha|=0}^{1}\{&(1+s)^{\frac{5}{4}+\frac{|\alpha|}{2}}\|\partial_x^\alpha(f(s),\chi_0)\|_{L_x^2}+(1+s)^{\frac{3}{4}+\frac{|\alpha|}{2}}\|\partial_x^\alpha(f(s),v\chi_0)\|_{L_x^2}\\&+(1+s)^{\frac{3}{4}+\frac{|\alpha|}{2}}\|\partial_x^\alpha(f(s),\chi_4)\|_{L_x^2}+(1+s)^{\frac{3}{4}}\|\nabla_x\Phi(s)\|_{L_x^2}\\&+(1+s)^{\frac{5}{4}+\frac{|\alpha|}{2}}\|\partial_x^\alpha P_1f(s)\|_{L^2}\\&+(1+s)^{\frac{5}{4}}(\|P_1f(s)\|_{X_1^2}+\|\nabla_xP_0f(s)\|_{H^1})\}.\end{aligned}$$

我们断言, 在定理 2.26 的假设下, 有

$$Q_1(t)\leqslant C\delta_0,\tag{2.4.57}$$

并且如果初值还满足 $(f_0,\chi_0)=0$, 有

$$Q_2(t)\leqslant C\delta_0. \tag{2.4.58}$$

显然, (2.4.54) 与 (2.4.55) 分别是 (2.4.57) 与 (2.4.58) 的直接推论.

首先, 我们证明估计 (2.4.57) 成立. 根据引理 1.37, 对任意的 $0\leqslant s\leqslant t$, 有

$$\begin{aligned}\|\Lambda(s)\|_{L^2}&\leqslant C\{\|\nu f\|_{L^{2,3}}\|f\|_{L^{2,6}}+\|\nabla_x\Phi\|_{L^3_x}(\|\nu f\|_{L^{2,6}}+\|\nabla_v f\|_{L^{2,6}})\}\\&\leqslant C(1+s)^{-1}Q_1(t)^2,\end{aligned} \tag{2.4.59}$$

$$\begin{aligned}\|\Lambda(s)\|_{L^{2,1}}&\leqslant C\{\|\nu f\|_{L^2}\|f\|_{L^2}+\|\nabla_x\Phi\|_{L^2_x}(\|\nu f\|_{L^2}+\|\nabla_v f\|_{L^2})\}\\&\leqslant C(1+s)^{-1/2}Q_1(t)^2,\end{aligned} \tag{2.4.60}$$

并且对任意的 $0\leqslant s\leqslant t$ 以及 $|\alpha|=1$, 有

$$\begin{aligned}\|\partial_x^\alpha\Lambda(s)\|_{L^2}&\leqslant C\{\|\nu\partial_x^\alpha f\|_{L^{2,3}}\|\nu f\|_{L^{2,6}}+\|\partial_x^\alpha\nabla_x\Phi\|_{L^3_x}(\|\nu f\|_{L^{2,6}}+\|\nabla_v f\|_{L^{2,6}})\}\\&\quad+C\|\nabla_x\Phi\|_{L^\infty_x}(\|\nu\partial_x^\alpha f\|_{L^2}+\|\nabla_v\partial_x^\alpha f\|_{L^2})\\&\leqslant C(1+s)^{-3/2}Q_1(t)^2,\end{aligned} \tag{2.4.61}$$

$$\begin{aligned}\|\partial_x^\alpha\Lambda(s)\|_{L^{2,1}}&\leqslant C\{\|\nu\partial_x^\alpha f\|_{L^2}\|\nu f\|_{L^2}+\|\partial_x^\alpha\nabla_x\Phi\|_{L^2_x}(\|\nu f\|_{L^2}+\|\nabla_v f\|_{L^2})\}\\&\quad+C\|\nabla_x\Phi\|_{L^2_x}(\|\nu\partial_x^\alpha f\|_{L^2}+\|\nabla_v\partial_x^\alpha f\|_{L^2})\\&\leqslant C(1+s)^{-1}Q_1(t)^2.\end{aligned} \tag{2.4.62}$$

此外, 我们由 (2.3.79) 可以推出, 当 $(f_0,\chi_0)=0$ 时,

$$\|\partial_x^\alpha(e^{tB_1}f_0,\chi_0)\|_{L^2_x}\leqslant C(1+t)^{-\frac12-\frac{|\alpha|}{2}}(\|\partial_x^\alpha f_0\|_{L^2}+\|(f_0,v\chi_0)\|_{L^2_x}+\|\nabla_x f_0\|_{L^2}), \tag{2.4.63}$$

$$\|\partial_x^\alpha(e^{tB_1}f_0,\chi_0)\|_{L^2_x}\leqslant C(1+t)^{-\frac34-\frac{|\alpha|}{2}}(\|\partial_x^\alpha f_0\|_{L^2}+\|\nabla_x f_0\|_{L^{2,1}}). \tag{2.4.64}$$

注意到非线性项 Λ 满足 $(\Lambda,\chi_0)=0$, 根据 (2.3.35), (2.3.40), (2.4.63) 与 (2.4.59)—(2.4.62), 宏观密度 $(f(t),\chi_0)$ 的时间衰减率为

$$\begin{aligned}\|(f(t),\chi_0)\|_{L^2_x}&\leqslant C(1+t)^{-\frac34}(\|f_0\|_{L^2}+\|f_0\|_{L^{2,1}})\\&\quad+C\int_0^{t/2}(1+t-s)^{-\frac54}(\|\Lambda(s)\|_{L^2}+\|\Lambda(s)\|_{L^{2,1}})ds\\&\quad+C\int_{t/2}^t(1+t-s)^{-\frac34}(\|\Lambda(s)\|_{L^2}+\|\nabla_x\Lambda(s)\|_{L^{2,1}})ds\end{aligned}$$

$$
\begin{aligned}
&\leqslant C\delta_0(1+t)^{-\frac{3}{4}} + C\int_0^{t/2}(1+t-s)^{-\frac{5}{4}}(1+s)^{-\frac{1}{2}}Q_1(t)^2ds \\
&\quad + C\int_{t/2}^{t}(1+t-s)^{-\frac{3}{4}}(1+s)^{-1}Q_1(t)^2ds \\
&\leqslant C\delta_0(1+t)^{-\frac{3}{4}} + C(1+t)^{-\frac{3}{4}}Q_1(t)^2,
\end{aligned}
\tag{2.4.65}
$$

以及

$$
\begin{aligned}
\|(\nabla_x f(t),\chi_0)\|_{L_x^2} \leqslant{}& C(1+t)^{-\frac{5}{4}}(\|\nabla_x f_0\|_{L^2} + \|f_0\|_{L^{2,1}}) \\
&+ C\int_0^{t/2}(1+t-s)^{-\frac{7}{4}}(\|\nabla_x\Lambda(s)\|_{L^2} + \|\Lambda(s)\|_{L^{2,1}})ds \\
&+ C\int_{t/2}^{t}(1+t-s)^{-1}(\|(\Lambda(s),v\chi_0)\|_{L_x^2} + \|\nabla_x\Lambda(s)\|_{L^2})ds \\
\leqslant{}& C\delta_0(1+t)^{-\frac{5}{4}} + C\int_0^{t/2}(1+t-s)^{-\frac{7}{4}}(1+s)^{-\frac{1}{2}}Q_1(t)^2ds \\
&+ C\int_{t/2}^{t}(1+t-s)^{-1}(1+s)^{-\frac{3}{2}}Q_1(t)^2ds \\
\leqslant{}& C\delta_0(1+t)^{-\frac{5}{4}} + C(1+t)^{-\frac{5}{4}}Q_1(t)^2,
\end{aligned}
\tag{2.4.66}
$$

这里我们用到了

$$
\|(\Lambda(s),v\chi_0)\|_{L_x^2} = \|n\nabla_x\Phi\|_{L_x^2} \leqslant C(1+s)^{-\frac{3}{2}}Q_1(t)^2, \quad s\in[0,t].
$$

同理, 根据 (2.3.36), (2.3.41) 与 (2.4.59)—(2.4.62), 宏观动量 $(f(t),v\chi_0)$ 的时间衰减率为

$$
\begin{aligned}
\|(f(t),v\chi_0)\|_{L_x^2} \leqslant{}& C(1+t)^{-\frac{1}{4}}(\|f_0\|_{L^2} + \|f_0\|_{L^{2,1}}) \\
&+ C\int_0^{t}(1+t-s)^{-\frac{3}{4}}(\|\Lambda(s)\|_{L^2} + \|\nabla_x\Lambda(s)\|_{L^{2,1}})ds \\
\leqslant{}& C\delta_0(1+t)^{-\frac{1}{4}} + C\int_0^{t}(1+t-s)^{-\frac{3}{4}}(1+s)^{-\frac{1}{2}}Q_1(t)^2ds \\
\leqslant{}& C\delta_0(1+t)^{-\frac{1}{4}} + C(1+t)^{-\frac{1}{4}}Q_1(t)^2,
\end{aligned}
\tag{2.4.67}
$$

以及

$$
\|\nabla_x(f(t),v\chi_0)\|_{L_x^2} \leqslant C(1+t)^{-\frac{3}{4}}(\|\nabla_x f_0\|_{L^2} + \|f_0\|_{L^{2,1}})
$$

$$
\begin{aligned}
&+C\int_0^{t/2}(1+t-s)^{-\frac{5}{4}}(\|\nabla_x\Lambda(s)\|_{L^2}+\|\Lambda(s)\|_{L^{2,1}})ds\\
&+C\int_{t/2}^{t}(1+t-s)^{-\frac{3}{4}}(\|\nabla_x\Lambda(s)\|_{L^2}+\|\nabla_x\Lambda(s)\|_{L^{2,1}})ds\\
\leqslant\ & C\delta_0(1+t)^{-\frac{3}{4}}+C(1+t)^{-\frac{3}{4}}Q_1(t)^2.
\end{aligned}\tag{2.4.68}
$$

根据 (2.3.37), (2.3.42) 与 (2.4.59)—(2.4.62), 宏观能量 $(f(t),\chi_4)$ 的时间衰减率为

$$
\begin{aligned}
\|(f(t),\chi_4)\|_{L^2_x}\leqslant\ & C(1+t)^{-\frac{3}{4}}(\|f_0\|_{L^2}+\|f_0\|_{L^{2,1}})\\
&+C\int_0^{t}(1+t-s)^{-\frac{3}{4}}(\|\Lambda(s)\|_{L^2}+\|\Lambda(s)\|_{L^{2,1}})ds\\
\leqslant\ & C\delta_0(1+t)^{-\frac{3}{4}}+C(1+t)^{-\frac{1}{4}}Q_1(t)^2,
\end{aligned}\tag{2.4.69}
$$

以及

$$
\begin{aligned}
\|\nabla_x(f(t),\chi_4)\|_{L^2_x}\leqslant\ & C(1+t)^{-\frac{5}{4}}(\|\nabla_x f_0\|_{L^2}+\|f_0\|_{L^{2,1}})\\
&+C\int_0^{t/2}(1+t-s)^{-\frac{5}{4}}(\|\nabla_x\Lambda(s)\|_{L^2}+\|\Lambda(s)\|_{L^{2,1}})ds\\
&+C\int_{t/2}^{t}(1+t-s)^{-\frac{3}{4}}(\|\nabla_x\Lambda(s)\|_{L^2}+\|\nabla_x\Lambda(s)\|_{L^{2,1}})ds\\
\leqslant\ & C\delta_0(1+t)^{-\frac{5}{4}}+C(1+t)^{-\frac{3}{4}}Q_1(t)^2.
\end{aligned}\tag{2.4.70}
$$

另外, 电场 $\nabla_x\Phi(t)$ 满足

$$
\begin{aligned}
\|\nabla_x\Phi(t)\|_{L^2_x}\leqslant\ & C(1+t)^{-\frac{1}{4}}(\|f_0\|_{L^2}+\|f_0\|_{L^{2,1}})\\
&+C\int_0^{t}(1+t-s)^{-\frac{3}{4}}(\|\Lambda(s)\|_{L^2}+\|\Lambda(s)\|_{L^{2,1}})ds\\
\leqslant\ & C\delta_0(1+t)^{-\frac{1}{4}}+C(1+t)^{-\frac{1}{4}}Q_1(t)^2.
\end{aligned}\tag{2.4.71}
$$

利用估计 (2.4.65)—(2.4.70), 我们可以建立高阶能量 $H_{2,1}(f)=\|P_1f\|^2_{X^2_1}+\|\nabla_xP_0f\|^2_{H^1}$ 的衰减率, 进而证明 (2.4.57) 成立. 事实上, 根据引理 2.25, 有

$$
\frac{d}{dt}\mathcal{H}_{2,1}(f(t))+D_{2,1}(f(t))\leqslant C\|\nabla_xP_0f(t)\|^2_{L^2}. \tag{2.4.72}
$$

由于存在常数 $c_1>0$ 使得 $c_1\mathcal{H}_{2,1}(f)\leqslant D_{2,1}(f)$, 于是, 通过 (2.4.72), (2.4.66), (2.4.68) 与 (2.4.70) 可得

$$
\mathcal{H}_{2,1}(f(t))\leqslant e^{-c_1t}\mathcal{H}_{2,1}(f_0)+C\int_0^t e^{-c_1(t-s)}\|\nabla_xP_0f(s)\|^2_{L^2}ds
$$

$$\leqslant C\delta_0^2 e^{-c_1 t} + C\int_0^t e^{-c_1(t-s)}(1+s)^{-\frac{3}{2}}(\delta_0 + Q_1(t)^2)^2 ds$$
$$\leqslant C(1+t)^{-\frac{3}{2}}(\delta_0 + Q_1(t)^2)^2. \tag{2.4.73}$$

结合 (2.4.65)—(2.4.71) 与 (2.4.73), 可以推出

$$Q_1(t) \leqslant C\delta_0 + CQ_1(t)^2,$$

因此, 当 $\delta_0 > 0$ 充分小时, (2.4.57) 成立.

接下来, 我们证明当 $(f_0, \chi_0) = 0$ 时, 估计 (2.4.58) 成立. 根据 (2.4.59)—(2.4.62), 对于 $s \in [0, t]$ 以及 $|\alpha| = 0, 1$, 有

$$\|\partial_x^\alpha \Lambda(s)\|_{L^2} + \|\partial_x^\alpha \Lambda(s)\|_{L^{2,1}} \leqslant C(1+s)^{-\frac{3}{2}-\frac{|\alpha|}{2}} Q_2(t)^2. \tag{2.4.74}$$

因此, 由 (2.4.74) 和 (2.3.40) 可以推出, 宏观密度 $(f(t), \chi_0)$ 满足

$$\begin{aligned}
\|(f(t), \chi_0)\|_{L_x^2} \leqslant\ & C(1+t)^{-\frac{5}{4}}(\|f_0\|_{L^2} + \|f_0\|_{L^{2,1}}) \\
& + C\int_0^t (1+t-s)^{-\frac{5}{4}}(\|\Lambda(s)\|_{L^2} + \|\Lambda(s)\|_{L^{2,1}}) ds \\
\leqslant\ & C\delta_0(1+t)^{-\frac{5}{4}} + C(1+t)^{-\frac{5}{4}} Q_2(t)^2,
\end{aligned} \tag{2.4.75}$$

$$\begin{aligned}
\|\nabla_x(f(t), \chi_0)\|_{L_x^2} \leqslant\ & C(1+t)^{-\frac{7}{4}}(\|\nabla_x f_0\|_{L^2} + \|f_0\|_{L^{2,1}}) \\
& + C\int_0^{t/2} (1+t-s)^{-\frac{7}{4}}(\|\nabla_x \Lambda(s)\|_{L^2} + \|\Lambda(s)\|_{L^{2,1}}) ds \\
& + C\int_{t/2}^t (1+t-s)^{-\frac{5}{4}}(\|\nabla_x \Lambda(s)\|_{L^2} + \|\nabla_x \Lambda(s)\|_{L^{2,1}}) ds \\
\leqslant\ & C\delta_0(1+t)^{-\frac{7}{4}} + C(1+t)^{-\frac{7}{4}} Q_2(t)^2,
\end{aligned} \tag{2.4.76}$$

根据 (2.3.41) 和 (2.4.74), 宏观动量 $(f(t), v\chi_0)$ 满足

$$\begin{aligned}
\|(f(t), v\chi_0)\|_{L_x^2} \leqslant\ & C(1+t)^{-\frac{3}{4}}(\|f_0\|_{L^2} + \|f_0\|_{L^{2,1}}) \\
& + C\int_0^t (1+t-s)^{-\frac{3}{4}}(\|\Lambda(s)\|_{L^2} + \|\Lambda(s)\|_{L^{2,1}}) ds \\
\leqslant\ & C\delta_0(1+t)^{-\frac{3}{4}} + C(1+t)^{-\frac{3}{4}} Q_2(t)^2,
\end{aligned} \tag{2.4.77}$$

$$\begin{aligned}
\|\nabla_x(f(t), v\chi_0)\|_{L_x^2} \leqslant\ & C(1+t)^{-\frac{5}{4}}(\|\nabla_x f_0\|_{L^2} + \|f_0\|_{L^{2,1}}) \\
& + C\int_0^t (1+t-s)^{-\frac{5}{4}}(\|\nabla_x \Lambda(s)\|_{L^2} + \|\Lambda(s)\|_{L^{2,1}}) ds
\end{aligned}$$

$$\leqslant C\delta_0(1+t)^{-\frac{5}{4}}+C(1+t)^{-\frac{5}{4}}Q_2(t)^2. \tag{2.4.78}$$

根据 (2.3.42) 和 (2.4.74), 宏观能量 $(f(t),\chi_4)$ 满足

$$\begin{aligned}\|(f(t),\chi_4)\|_{L^2_x}\leqslant&\, C(1+t)^{-\frac{3}{4}}(\|f_0\|_{L^2}+\|f_0\|_{L^{2,1}})\\&+C\int_0^t(1+t-s)^{-\frac{3}{4}}(\|\Lambda(s)\|_{L^2}+\|\Lambda(s)\|_{L^{2,1}})ds\\\leqslant&\, C\delta_0(1+t)^{-\frac{3}{4}}+C(1+t)^{-\frac{3}{4}}Q_2(t)^2,\end{aligned} \tag{2.4.79}$$

$$\begin{aligned}\|\nabla_x(f(t),\chi_4)\|_{L^2_x}\leqslant&\, C(1+t)^{-\frac{5}{4}}(\|\nabla_x f_0\|_{L^2}+\|f_0\|_{L^{2,1}})\\&+C\int_0^t(1+t-s)^{-\frac{5}{4}}(\|\nabla_x\Lambda(s)\|_{L^2}+\|\Lambda(s)\|_{L^{2,1}})ds\\\leqslant&\, C\delta_0(1+t)^{-\frac{5}{4}}+C(1+t)^{-\frac{5}{4}}Q_2(t)^2,\end{aligned} \tag{2.4.80}$$

并且根据 (2.3.43), 电场满足下面的估计

$$\begin{aligned}\|\nabla_x\Phi(t)\|_{L^2_x}\leqslant&\, C(1+t)^{-\frac{3}{4}}(\|f_0\|_{L^2}+\|f_0\|_{L^{2,1}})\\&+C\int_0^t(1+t-s)^{-\frac{3}{4}}(\|\Lambda(s)\|_{L^2}+\|\Lambda(s)\|_{L^{2,1}})ds\\\leqslant&\, C\delta_0(1+t)^{-\frac{3}{4}}+C(1+t)^{-\frac{3}{4}}Q_2(t)^2.\end{aligned} \tag{2.4.81}$$

此外, 根据 (2.3.44), f 的微观部分满足

$$\begin{aligned}\|P_1f(t)\|_{L^2}\leqslant&\, C(1+t)^{-\frac{5}{4}}(\|f_0\|_{L^2}+\|f_0\|_{L^{2,1}})\\&+\int_0^t(1+t-s)^{-\frac{5}{4}}(\|\Lambda(s)\|_{L^2}+\|\Lambda(s)\|_{L^{2,1}})ds\\\leqslant&\, C\delta_0(1+t)^{-\frac{5}{4}}+C(1+t)^{-\frac{5}{4}}Q_2(t)^2,\end{aligned} \tag{2.4.82}$$

$$\begin{aligned}\|\nabla_xP_1f(t)\|_{L^2}\leqslant&\, C(1+t)^{-\frac{7}{4}}(\|\nabla_x f_0\|_{L^2}+\|f_0\|_{L^{2,1}})\\&+\int_0^{t/2}(1+t-s)^{-\frac{7}{4}}(\|\nabla_x\Lambda(s)\|_{L^2}+\|\Lambda(s)\|_{L^{2,1}})ds\\&+\int_{t/2}^t(1+t-s)^{-\frac{5}{4}}(\|\nabla_x\Lambda(s)\|_{L^2}+\|\nabla_x\Lambda(s)\|_{L^{2,1}})ds\\\leqslant&\, C\delta_0(1+t)^{-\frac{7}{4}}+C(1+t)^{-\frac{7}{4}}Q_2(t)^2.\end{aligned} \tag{2.4.83}$$

因此, 根据 (2.4.75)—(2.4.80) 和 (2.4.72), 可得

$$\mathcal{H}_{2,1}(f(t))\leqslant e^{-c_1t}\mathcal{H}_{2,1}(f_0)+C\int_0^t e^{-c_1(t-s)}\|\nabla_xP_0f(s)\|^2_{L^2}ds$$

$$\leqslant C\delta_0^2 e^{-c_1 t} + C\int_0^t e^{-c_1(t-s)}(1+s)^{-\frac{5}{2}}(\delta_0 + Q_2(t)^2)^2 ds$$
$$\leqslant C(1+t)^{-\frac{5}{2}}(\delta_0 + Q_2(t)^2)^2.$$

结合上式和 (2.4.75)—(2.4.80), 可以推出

$$Q_2(t) \leqslant C\delta_0 + CQ_2(t)^2,$$

因此, 对于 $(f_0, \chi_0) = 0$ 和充分小的 $\delta_0 > 0$, 估计 (2.4.58) 成立. □

最后, 我们建立整体强解的最优时间衰减率如下.

定理 2.27 设初值 f_0 满足 (2.4.53), 并且存在常数 $d_0, d_1 > 0$ 与 $r_0 > 0$, 使得初值 $f_0(x, v)$ 的傅里叶变换 $\hat{f}_0(\xi, v)$ 满足

$$\inf_{|\xi|\leqslant r_0} |(\hat{f}_0, \chi_0)| \geqslant d_0, \quad \inf_{|\xi|\leqslant r_0} |(\hat{f}_0, \chi_4)| \geqslant d_1 \sup_{|\xi|\leqslant r_0} |(\hat{f}_0, \chi_0)|.$$

那么当 $t > 0$ 充分大时, 柯西问题 (2.1.8)—(2.1.10) 的整体解 $f = f(t, x, v)$ 满足

$$C_1 d_0 (1+t)^{-\frac{3}{4}} \leqslant \|(f(t), \chi_0)\|_{L_x^2} \leqslant C_2 \delta_0 (1+t)^{-\frac{3}{4}}, \tag{2.4.84}$$

$$C_1 d_0 (1+t)^{-\frac{1}{4}} \leqslant \|(f(t), v\chi_0)\|_{L_x^2} \leqslant C_2 \delta_0 (1+t)^{-\frac{1}{4}}, \tag{2.4.85}$$

$$C_1 d_0 (1+t)^{-\frac{1}{4}} \leqslant \|\nabla_x \Phi(t)\|_{L_x^2} \leqslant C_2 \delta_0 (1+t)^{-\frac{1}{4}}, \tag{2.4.86}$$

$$C_1 d_0 (1+t)^{-\frac{3}{4}} \leqslant \|P_1 f(t)\|_{L^2} \leqslant C_2 \delta_0 (1+t)^{-\frac{3}{4}}, \tag{2.4.87}$$

其中 $C_2 \geqslant C_1 > 0$ 为两个常数.

如果 $(f_0, \chi_0) = 0$, 并且 $\hat{f}_0$ 满足

$$\inf_{|\xi|\leqslant r_0} |(\hat{f}_0, (v\cdot\omega)\chi_0)| \geqslant d_0, \quad \inf_{|\xi|\leqslant r_0} |(\hat{f}_0, \chi_4)| \geqslant d_0,$$

其中 $\omega = \xi/|\xi|$, 那么当 $t > 0$ 充分大时, 有

$$C_1 d_0 (1+t)^{-\frac{5}{4}} \leqslant \|(f(t), \chi_0)\|_{L_x^2} \leqslant C_2 \delta_0 (1+t)^{-\frac{5}{4}}, \tag{2.4.88}$$

$$C_1 d_0 (1+t)^{-\frac{3}{4}} \leqslant \|(f(t), v\chi_0)\|_{L_x^2} \leqslant C_2 \delta_0 (1+t)^{-\frac{3}{4}}, \tag{2.4.89}$$

$$C_1 d_0 (1+t)^{-\frac{3}{4}} \leqslant \|(f(t), \chi_4)\|_{L_x^2} \leqslant C_2 \delta_0 (1+t)^{-\frac{3}{4}}, \tag{2.4.90}$$

$$C_1 d_0 (1+t)^{-\frac{3}{4}} \leqslant \|\nabla_x \Phi(t)\|_{L_x^2} \leqslant C_2 \delta_0 (1+t)^{-\frac{3}{4}}, \tag{2.4.91}$$

$$C_1 d_0 (1+t)^{-\frac{5}{4}} \leqslant \|P_1 f(t)\|_{L^2} \leqslant C_2 \delta_0 (1+t)^{-\frac{5}{4}}. \tag{2.4.92}$$

证明 根据定理 2.26, 我们只需要估计整体解 f 的宏观密度、动量、能量以及微观部分的时间衰减率的下界. 事实上, 根据 (2.4.56) 和定理 2.18, 有

$$
\begin{aligned}
\|(f(t),\chi_0)\|_{L^2_x} &\geqslant \|(e^{tB_1}f_0,\chi_0)\|_{L^2_x} - \int_0^t \|(e^{(t-s)B_1}\Lambda(s),\chi_0)\|_{L^2_x}ds \\
&\geqslant C_1 d_0(1+t)^{-3/4} - C_2\delta_0^2(1+t)^{-3/4}, \\
\|(f(t),v\chi_0)\|_{L^2_x} &\geqslant \|(e^{tB_1}f_0,v\chi_0)\|_{L^2_x} - \int_0^t \|(e^{(t-s)B_1}\Lambda(s),v\chi_0)\|_{L^2_x}ds \\
&\geqslant C_1 d_0(1+t)^{-1/4} - C_2\delta_0^2(1+t)^{-1/4}, \\
\|(f(t),\chi_4)\|_{L^2_x} &\geqslant \|(e^{tB_1}f_0,\chi_4)\|_{L^2_x} - \int_0^t \|(e^{(t-s)B_1}\Lambda(s),\chi_4)\|_{L^2_x}ds \\
&\geqslant C_1 d_0(1+t)^{-3/4} - C_2\delta_0^2(1+t)^{-1/4}, \\
\|P_1 f(t)\|_{L^2} &\geqslant \|P_1(e^{tB_1}f_0)\|_{L^2} - \int_0^t \|P_1(e^{(t-s)B_1}\Lambda(s))\|_{L^2}ds \\
&\geqslant C_1 d_0(1+t)^{-3/4} - C_2\delta_0^2(1+t)^{-3/4}.
\end{aligned}
$$

因此, 对于充分大的 $t>0$ 与充分小的 $\delta_0>0$, 估计 (2.4.84)—(2.4.87) 成立. 同样地, 我们可以证明当 $(f_0,\chi_0)=0$ 时, 估计 (2.4.88)–(2.4.92) 成立. □

注 2.28 下面给出满足定理 2.27 中的假设条件的初值函数 f_0 的例子. 对于两个正常数 d_0,d_1, 定义 $f_0(x,v)$ 为

$$
f_0(x,v) = d_0 e^{\frac{r_0^2}{2}} e^{-\frac{|x|^2}{2}}\chi_0(v) + d_1 d_0 e^{r_0^2} e^{-\frac{|x|^2}{2}}\chi_4(v).
$$

容易验证, $\hat{f}_0$ 满足

$$
(\hat{f}_0,\chi_0) = d_0 e^{\frac{r_0^2}{2}} e^{-\frac{|\xi|^2}{2}}, \quad (\hat{f}_0,\chi_4) = d_1 d_0 e^{r_0^2} e^{-\frac{|\xi|^2}{2}},
$$

$$
\inf_{|\xi|\leqslant r_0} |(\hat{f}_0,\chi_0)| = d_0, \quad \sup_{|\xi|\leqslant r_0} |(\hat{f}_0,\chi_0)| = d_0 e^{\frac{r_0^2}{2}}, \quad \inf_{|\xi|\leqslant r_0} |(\hat{f}_0,\chi_4)| = d_0 d_1 e^{\frac{r_0^2}{2}},
$$

因此, 当 $d_0>0$ 充分小时, f_0 满足定理 2.27 第一部分中的假设. 另外, 定义 $f_0(x,v)$ 为

$$
f_0(x,v) = d_0 e^{\frac{r_0^2}{2}}(m\cdot v)\sqrt{M} + d_0 e^{\frac{r_0^2}{2}} e^{-\frac{|x|^2}{2}}\chi_4(v),
$$

其中 $m(x)=\int_{\mathbb{R}^3}\frac{\xi}{|\xi|}e^{-\frac{|\xi|^2}{2}}e^{\mathrm{i}x\cdot\xi}d\xi$ 且 $d_0>0$ 充分小. 容易验证 $(f_0,\chi_0)=0$, 并且

$$
\hat{f}_0 = d_0 e^{\frac{r_0^2}{2}} e^{-\frac{|\xi|^2}{2}}(v\cdot\omega)\sqrt{M} + d_0 e^{\frac{r_0^2}{2}} e^{-\frac{|\xi|^2}{2}}\chi_4,
$$

$$\inf_{|\xi|\leqslant r_0}|(\hat{f}_0,(v\cdot\omega)\sqrt{M})|=d_0,\quad \inf_{|\xi|\leqslant r_0}|(\hat{f}_0,\chi_4)|=d_0,$$

因此 f_0 满足定理 2.27 第二部分中的假设.

2.4.2 硬势情形

在本小节中, 我们考虑硬势情形. 根据 [19], 定义混合时速加权函数为

$$w_l(t,v)=(1+|v|^2)^{\frac{l}{2}}e^{\frac{a|v|}{(1+t)^b}},$$

其中 $l\in\mathbb{R}$, $a>0$, $b>0$, 并且定义相应的加权能量范数为

$$\|f(t)\|_{N,l}=\sum_{|\alpha|+|\beta|\leqslant N}\|w_l(t)\partial_x^\alpha\partial_v^\beta f(t)\|_{L^2},\quad \|f_0\|_{N,l}=\sum_{|\alpha|+|\beta|\leqslant N}\|w_l(0)\partial_x^\alpha\partial_v^\beta f_0\|_{L^2}.$$

定理 2.29 设 $l\geqslant 1$, $a>0$, $0<b\leqslant 1/4$. 假设存在充分小的常数 $\delta_0>0$, 使得初值 f_0 满足

$$\|f_0\|_{4,l}+\|f_0\|_{L^{2,1}}\leqslant\delta_0.$$

那么, VPB 方程 (2.1.8)—(2.1.10) 存在唯一的整体解 $f=f(t,x,v)$, 并且对于 $|\alpha|=0,1$, 有

$$\begin{cases}\|\partial_x^\alpha(f(t),\chi_0)\|_{L_x^2}\leqslant C\delta_0(1+t)^{-\frac{3}{4}-\frac{|\alpha|}{2}},\\ \|\partial_x^\alpha(f(t),\chi_j)\|_{L_x^2}\leqslant C\delta_0(1+t)^{-\frac{1}{4}-\frac{|\alpha|}{2}},\quad j=1,2,3,\\ \|\partial_x^\alpha(f(t),\chi_4)\|_{L_x^2}+\|\partial_x^\alpha\nabla_x\Phi(t)\|_{L_x^2}\leqslant C\delta_0(1+t)^{-\frac{1}{4}-\frac{|\alpha|}{2}},\\ \|P_1f(t)\|_{4,l}+\|\nabla_xP_0f(t)\|_{H^3}\leqslant C\delta_0(1+t)^{-\frac{3}{4}}.\end{cases}\tag{2.4.93}$$

如果初值还满足 $(f_0,\chi_0)=0$, 那么对于 $|\alpha|=0,1$, 有

$$\begin{cases}\|\partial_x^\alpha(f(t),\chi_0)\|_{L_x^2}+\|\partial_x^\alpha P_1f(t)\|_{L^2}\leqslant C\delta_0(1+t)^{-\frac{5}{4}-\frac{|\alpha|}{2}},\\ \|\partial_x^\alpha(f(t),\chi_j)\|_{L_x^2}\leqslant C\delta_0(1+t)^{-\frac{3}{4}-\frac{|\alpha|}{2}},\quad j=1,2,3,\\ \|\partial_x^\alpha(f(t),\chi_4)\|_{L_x^2}+\|\partial_x^\alpha\nabla_x\Phi(t)\|_{L_x^2}\leqslant C\delta_0(1+t)^{-\frac{3}{4}-\frac{|\alpha|}{2}},\\ \|P_1f(t)\|_{4,l}+\|\nabla_xP_0f(t)\|_{H^3}\leqslant C\delta_0(1+t)^{-\frac{5}{4}}.\end{cases}\tag{2.4.94}$$

证明 对于柯西问题 (2.1.8) 的整体解 f, 定义两个泛函 $Q_3(t)$ 与 $Q_4(t)$ 为

$$Q_3(t)=\sup_{0\leqslant s\leqslant t}\sum_{k=0}^{1}\Big\{(1+s)^{\frac{3}{4}+\frac{|\alpha|}{2}}\|\partial_x^\alpha(f(s),\chi_0)\|_{L_x^2}+(1+s)^{\frac{1}{4}+\frac{|\alpha|}{2}}\|\partial_x^\alpha(f(s),v\chi_0)\|_{L_x^2}$$

$$+ (1+s)^{\frac{1}{4}+\frac{|\alpha|}{2}}\|\partial_x^\alpha(f(s),\chi_4)\|_{L_x^2} + (1+s)^{\frac{1}{4}}\|\nabla_x\Phi(s)\|_{L_x^2}$$
$$+ (1+s)^{\frac{3}{4}}(\|P_1f(s)\|_{4,l} + \|\nabla_x P_0 f(s)\|_{H^3})\Big\},$$

以及

$$Q_4(t) = \sup_{0\leqslant s\leqslant t}\sum_{k=0}^{1}\Big\{(1+s)^{\frac{5}{4}+\frac{|\alpha|}{2}}\|\partial_x^\alpha(f(s),\chi_0)\|_{L_x^2} + (1+s)^{\frac{3}{4}+\frac{|\alpha|}{2}}\|\partial_x^\alpha(f(s),v\chi_0)\|_{L_x^2}$$
$$+ (1+s)^{\frac{3}{4}+\frac{|\alpha|}{2}}\|\partial_x^\alpha(f(s),\chi_4)\|_{L_x^2} + (1+s)^{\frac{3}{4}}\|\nabla_x\Phi(s)\|_{L_x^2}$$
$$+ (1+s)^{\frac{5}{4}+\frac{|\alpha|}{2}}\|\partial_x^\alpha P_1 f(s)\|_{L^2}$$
$$+ (1+s)^{\frac{5}{4}}(\|P_1f(s)\|_{4,l} + \|\nabla_x P_0 f(s)\|_{H^3})\Big\}.$$

我们断言, 在定理 2.29 的假设下, 有

$$Q_3(t) \leqslant C\delta_0, \tag{2.4.95}$$

如果初值还满足 $(f_0,\chi_0)=0$, 有

$$Q_4(t) \leqslant C\delta_0. \tag{2.4.96}$$

容易验证, 估计 (2.4.93) 与 (2.4.94) 分别是 (2.4.95) 到 (2.4.96) 的直接推论.

由于对于任意的 $l\geqslant 1$, $(t,v)\in\mathbb{R}_+\times\mathbb{R}^3$, 都有 $\nu(v)\leqslant w_l(t,v)$, 于是, 通过引理 1.37 得到

$$\|\Gamma(f,g)\|_{L^{2,p}} \leqslant C(\|f\|_{L^{2,r}}\|w_l g\|_{L^{2,s}} + \|w_l f\|_{L^{2,r}}\|g\|_{L^{2,s}}),$$

其中 $p\in[1,\infty]$, 并且 $1/r+1/s=1/p$. 因此, 对于 $|\alpha|=0,1$ 及 $0\leqslant s\leqslant t$, 有

$$\|\partial_x^\alpha\Lambda(s)\|_{L^2} \leqslant C(1+s)^{-1-\frac{|\alpha|}{2}}Q_3(t)^2,$$
$$\|\partial_x^\alpha\Lambda(s)\|_{L^{2,1}} \leqslant C(1+s)^{-\frac{1}{2}-\frac{|\alpha|}{2}}Q_3(t)^2.$$

通过类似于 (2.4.65)—(2.4.71) 的证明, 对于 $|\alpha|=0,1$, 有

$$\|\partial_x^\alpha(f(t),\chi_0)\|_{L_x^2} \leqslant C\delta_0(1+t)^{-\frac{3}{4}-\frac{|\alpha|}{2}} + C(1+t)^{-\frac{3}{4}-\frac{|\alpha|}{2}}Q_3(t)^2, \tag{2.4.97}$$

$$\|\partial_x^\alpha(f(t),v\chi_0)\|_{L_x^2} \leqslant C\delta_0(1+t)^{-\frac{1}{4}-\frac{|\alpha|}{2}} + C(1+t)^{-\frac{1}{4}-\frac{|\alpha|}{2}}Q_3(t)^2, \tag{2.4.98}$$

$$\|\partial_x^\alpha(f(t),\chi_4)\|_{L_x^2} \leqslant C\delta_0(1+t)^{-\frac{3}{4}-\frac{|\alpha|}{2}} + C(1+t)^{-\frac{1}{4}-\frac{|\alpha|}{2}}Q_3(t)^2, \tag{2.4.99}$$

$$\|\partial_x^\alpha\nabla_x\Phi(t)\|_{L_x^2} \leqslant C\delta_0(1+t)^{-\frac{1}{4}-\frac{|\alpha|}{2}} + C(1+t)^{-\frac{1}{4}-\frac{|\alpha|}{2}}Q_3(t)^2. \tag{2.4.100}$$

根据文献 [19] 中的引理 4.4, 存在两个泛函 $H_{N,l}(f)$ 与 $D_{N,l}(f)$ 定义为

$$H_{N,l}(f) \sim \sum_{|\alpha|+|\beta|\leqslant N} \|w_l P_1 f\|_{L^2}^2 + \sum_{|\alpha|\leqslant N-1} \|\partial_x^\alpha \nabla_x P_0 f\|_{L^2}^2 + \|P_d f\|_{L^2}^2,$$

$$D_{N,l}(f) \sim \sum_{|\alpha|+|\beta|\leqslant N} \|\nu^{1/2} w_l P_1 f\|_{L^2}^2 + \sum_{|\alpha|\leqslant N-1} \|\partial_x^\alpha \nabla_x P_0 f\|_{L^2}^2 + \|P_d f\|_{L^2}^2,$$

使得

$$\frac{d}{dt} H_{4,l}(f(t)) + D_{4,l}(f(t)) \leqslant C \|\nabla_x P_0 f(t)\|_{L^2}^2.$$

根据上式, (2.4.97)—(2.4.99), 可以推出

$$\begin{aligned} H_{4,l}(f(t)) &\leqslant e^{-\kappa t} H_{4,l}(f_0) + C \int_0^t e^{-\kappa(t-s)} \|\nabla_x P_0 f(s)\|_{L^2}^2 ds \\ &\leqslant e^{-\kappa t} H_{4,l}(f_0) + C \int_0^t e^{-\kappa(t-s)} (1+s)^{-3/2} (\delta_0 + Q_3(t)^2)^2 ds \\ &\leqslant C(1+t)^{-3/2} (\delta_0 + Q_3(t)^2)^2. \end{aligned} \tag{2.4.101}$$

结合 (2.4.97)—(2.4.100) 与 (2.4.101), 可得

$$Q_3(t) \leqslant C\delta_0 + CQ_3(t)^2,$$

因此, 对于充分小的 $\delta_0 > 0$, 估计 (2.4.95) 成立. 同理, 我们可以证明当 $P_d f_0 = 0$ 时, 估计 (2.4.94) 成立. □

容易验证, 定理 2.27 给出的关于硬球模型的最优衰减率也适用于硬势情形.

2.5 线性双极 VPB 方程的谱分析和最优衰减率

在本节中, 我们研究线性双极 VPB(bVPB) 算子的谱集和预解集, 以及线性 bVPB 方程 (2.5.1)–(2.5.2) 整体解的最优时间衰减率. 由 bVPB 方程 (2.1.16)–(2.1.19), 我们得到以下关于 f_1 和 f_2 的解耦的线性方程:

$$\partial_t f_1 = Bf_1, \quad f_1(0,x,v) = f_{1,0}(x,v), \tag{2.5.1}$$

$$\partial_t f_2 = B_2 f_2, \quad f_2(0,x,v) = f_{2,0}(x,v), \tag{2.5.2}$$

其中

$$B = L - v \cdot \nabla_x,$$

$$B_2 = L_1 - v \cdot \nabla_x - v \cdot \nabla_x (-\Delta_x)^{-1} P_d.$$

注意到, 方程 (2.5.1) 为线性 Boltzmann 方程, 关于它的谱分析以及解的最优衰减率的结果已在第 1 章给出. 因此, 我们只需要研究线性 bVPB 方程 (2.5.2) 的谱分析以及解的最优时间衰减率.

将 (2.5.1)–(2.5.2) 关于变量 x 做傅里叶变换, 得到

$$\partial_t \hat{f}_1 = B(\xi)\hat{f}_1, \quad \hat{f}_1(0,\xi,v) = \hat{f}_{1,0}(\xi,v), \tag{2.5.3}$$

$$\partial_t \hat{f}_2 = B_2(\xi)\hat{f}_2, \quad \hat{f}_2(0,\xi,v) = \hat{f}_{2,0}(\xi,v), \tag{2.5.4}$$

其中算子 $B(\xi)$, $B_2(\xi)$ 分别定义为

$$B(\xi) = L - \mathrm{i}(v\cdot\xi),$$

$$B_2(\xi) = L_1 - \mathrm{i}(v\cdot\xi) - \mathrm{i}\frac{v\cdot\xi}{|\xi|^2}P_d, \quad \xi \neq 0.$$

根据 (2.2.6), 对任意的 $f, g \in L^2_\xi(\mathbb{R}^3_v) \cap D(B_2(\xi))$, 有

$$\begin{aligned}(B_2(\xi)f, g)_\xi &= \left(B_2(\xi)f, g + \frac{1}{|\xi|^2}P_d g\right) \\ &= \left(f, \left(L_1 + \mathrm{i}(v\cdot\xi) + \mathrm{i}\frac{v\cdot\xi}{|\xi|^2}P_d\right)g\right) = (f, B_2(-\xi)g)_\xi.\end{aligned} \tag{2.5.5}$$

由于

$$\|f\|^2 \leqslant \|f\|_\xi^2 \leqslant (1+|\xi|^{-2})\|f\|^2, \quad \xi \neq 0,$$

则对任意固定的 $\xi \neq 0$, $B_2(\xi)$ 是从空间 $L^2_\xi(\mathbb{R}^3)$ 映射到 $L^2_\xi(\mathbb{R}^3)$ 的线性算子.

通过类似于引理 2.2 和引理 2.3 的证明, 我们得到下面的结论.

引理 2.30 对任意固定的 $\xi \neq 0$, 算子 $B_2(\xi)$ 在 $L^2_\xi(\mathbb{R}^3)$ 上生成了一个强连续压缩半群, 满足

$$\|e^{tB_2(\xi)}f\|_\xi \leqslant \|f\|_\xi, \quad t > 0, \ f \in L^2_\xi(\mathbb{R}^3_v).$$

引理 2.31 对任意的 $\xi \neq 0$, 以下结论成立.

(1) $\sigma_{\mathrm{ess}}(B_2(\xi)) \subset \{\lambda \in \mathbb{C} \,|\, \mathrm{Re}\lambda \leqslant -\nu_0\}$ 以及 $\sigma(B_2(\xi)) \cap \{\lambda \in \mathbb{C} \,|\, -\nu_0 < \mathrm{Re}\lambda \leqslant 0\} \subset \sigma_d(B_2(\xi))$.

(2) 如果 $\lambda(\xi)$ 是 $B_2(\xi)$ 的一个特征值, 那么对于任意的 $\xi \neq 0$, 都有 $\mathrm{Re}\lambda(\xi) < 0$.

首先, 我们考虑 $B_2(\xi)$ 在高频的谱集以及预解集. 对于 $|\xi|>0$ 和 $\mathrm{Re}\lambda>-\nu_0$, 将 $\lambda-B_2(\xi)$ 分解为

$$\begin{aligned}\lambda-B_2(\xi)&=\lambda-\mathrm{c}(\xi)-K_b+\mathrm{i}\frac{v\cdot\xi}{|\xi|^2}P_d\\&=\left(I-K_b(\lambda-\mathrm{c}(\xi))^{-1}+\mathrm{i}\frac{v\cdot\xi}{|\xi|^2}P_d(\lambda-\mathrm{c}(\xi))^{-1}\right)(\lambda-\mathrm{c}(\xi)),\end{aligned}\tag{2.5.6}$$

其中 $\mathrm{c}(\xi)$ 和 K_b 分别由 (2.2.8) 和 (2.1.24) 给出. 那么, 对于 (2.5.6) 中等号右边的项, 我们有如下估计.

引理 2.32 存在常数 $C>0$, 使得

(1) 对于任意的 $\delta>0$, 有

$$\sup_{x\geqslant-\nu_0+\delta,y\in\mathbb{R}}\|K_b(x+\mathrm{i}y-\mathrm{c}(\xi))^{-1}\|\leqslant C\delta^{-\frac{1}{2}}(1+|\xi|)^{-\frac{1}{2}};\tag{2.5.7}$$

(2) 对于任意的 $\delta>0$ 和 $\tau_0>0$, 有

$$\sup_{x\geqslant-\nu_0+\delta,|\xi|\leqslant\tau_0}\|K_b(x+\mathrm{i}y-\mathrm{c}(\xi))^{-1}\|\leqslant C\delta^{-1}(1+\tau_0)^{\frac{1}{2}}(1+|y|)^{-\frac{1}{2}};\tag{2.5.8}$$

(3) 对于任意的 $\delta>0$, $r_0>0$, 有

$$\sup_{x\geqslant-\nu_0+\delta,y\in\mathbb{R}}\|(v\cdot\xi)|\xi|^{-2}P_d(x+\mathrm{i}y-\mathrm{c}(\xi))^{-1}\|\leqslant C\delta^{-1}|\xi|^{-1},\tag{2.5.9}$$

$$\sup_{x\geqslant-\nu_0+\delta,|\xi|\geqslant r_0}\|(v\cdot\xi)|\xi|^{-2}P_d(x+\mathrm{i}y-\mathrm{c}(\xi))^{-1}\|\leqslant C(r_0^{-1}+1)(\delta^{-1}+1)|y|^{-1}.\tag{2.5.10}$$

证明 (2.5.9)–(2.5.10) 的证明见引理 2.4. 由于 K_b 满足以下性质

$$|k_b(v,u)|\leqslant\frac{C}{|v-u|}e^{-\frac{|u-v|^2}{8}-\frac{(|u|^2-|v|^2)^2}{8|u-v|^2}},$$

$$\int_{\mathbb{R}^3}|k_b(v,u)|du\leqslant C(1+|v|)^{-1},\quad\int_{\mathbb{R}^3}|k_b(v,u)|^2du\leqslant C.$$

通过类似于引理 1.26 的讨论, 我们可以证明 (2.5.7) 和 (2.5.8). □

利用引理 2.32 中的估计, 并通过与引理 2.5 相似的讨论, 我们可以证明算子 $B_2(\xi)$ 在高频有谱间隙.

引理 2.33 (谱间隙) 对于任意的 $r_0>0$, 存在 $\eta=\eta(r_0)>0$, 使得当 $|\xi|\geqslant r_0$ 时,

$$\sigma(B_2(\xi))\subset\{\lambda\in\mathbb{C}\,|\,\mathrm{Re}\lambda<-\eta\}.\tag{2.5.11}$$

接下来, 我们研究算子 $B_2(\xi)$ 在低频的谱集和预解集. 为此, 将 $\lambda - B_2(\xi)$ 分解为

$$\lambda - B_2(\xi) = \lambda P_d + \lambda P_r - Q(\xi) + \mathrm{i}P_d(v\cdot\xi)P_r + \mathrm{i}P_r(v\cdot\xi)\left(1+\frac{1}{|\xi|^2}\right)P_d, \tag{2.5.12}$$

这里

$$Q_1(\xi) = P_rB_2(\xi)P_r = L_1 - \mathrm{i}P_r(v\cdot\xi)P_r. \tag{2.5.13}$$

引理 2.34 设 $\xi\neq 0$, $Q_1(\xi)$ 由 (2.5.13) 给出, 则下面的结论成立.

(1) 当 $\lambda\neq 0$ 时, 有

$$\left\|\lambda^{-1}(v\cdot\xi)\left(1+\frac{1}{|\xi|^2}\right)P_d\right\|_\xi \leqslant C(|\xi|+1)|\lambda|^{-1}. \tag{2.5.14}$$

(2) 当 $\mathrm{Re}\lambda > -\mu$ 时, 算子 $\lambda - Q_1(\xi)$ 在 $N_1^\perp$ 上是可逆的, 满足

$$\|(\lambda - Q_1(\xi))^{-1}\| \leqslant (\mathrm{Re}\lambda+\mu)^{-1}, \tag{2.5.15}$$

$$\|P_d(v\cdot\xi)(\lambda - Q_1(\xi))^{-1}P_r\|_\xi \leqslant C(1+|\lambda|)^{-1}[(\mathrm{Re}\lambda+\mu)^{-1}+1](1+|\xi|)^2, \tag{2.5.16}$$

其中 $N_1 = \mathrm{span}\{\sqrt{M}\}$ 是 L_1 的零空间.

证明 由于

$$\left\|\lambda^{-1}(v\cdot\xi)\left(1+\frac{1}{|\xi|^2}\right)P_df\right\|_\xi \leqslant C|\lambda|^{-1}\left(|\xi|+\frac{1}{|\xi|}\right)\|P_df\| \leqslant C|\lambda|^{-1}(|\xi|+1)\|P_df\|_\xi,$$

因此 (2.5.14) 得证.

其次, 我们证明对于任意的 $\mathrm{Re}\lambda > -\mu$, 算子 $\lambda - Q_1(\xi) = \lambda - L_1 + \mathrm{i}P_r(v\cdot\xi)P_r$ 在 $N_1^\perp$ 上可逆. 事实上, 根据 (2.1.26), 对于任意的 $f\in N_1^\perp\cap D(L_1)$, 有

$$\mathrm{Re}([\lambda - L_1 + \mathrm{i}P_r(v\cdot\xi)P_r]f, f) = \mathrm{Re}\lambda(f,f) - (L_1f,f) \geqslant (\mu+\mathrm{Re}\lambda)\|f\|^2. \tag{2.5.17}$$

因此, 对于 $\mathrm{Re}\lambda > -\mu$, 算子 $\lambda - Q_1(\xi)$ 是从 $N_1^\perp$ 到 $N_1^\perp$ 的单射, 并且注意到 $Q_1(\xi)$ 是闭算子, 则值域 $R[\lambda - Q_1(\xi)]$ 是 $L^2(\mathbb{R}^3_v)$ 的闭子空间. 我们断言算子 $\lambda - Q_1(\xi)$ 是从 $N_1^\perp$ 到 $N_1^\perp$ 的满射. 用反证法, 如果断言不成立, 那么存在一个非零函数 $g\in N_1^\perp\setminus R[\lambda - Q_1(\xi)]$, 使得对于任意的 $f\in N_1^\perp\cap D(L_1)$, 有

$$([\lambda - L_1 + \mathrm{i}P_r(v\cdot\xi)P_r]f, g) = (f, [\overline{\lambda} - L_1 - \mathrm{i}P_r(v\cdot\xi)P_r]g) = 0,$$

由于算子 $\overline{\lambda} - L_1 - \mathrm{i}P_r(v\cdot\xi)P_r$ 是耗散的并且满足 (2.5.17), 于是, 由上式可以推出 $g=0$. 这就与 $g\neq 0$ 矛盾, 因此 $R[\lambda - Q_1(\xi)] = N_1^{\perp}$. 此外, (2.5.17) 可直接推出 (2.5.15).

根据 (2.5.15) 以及 $\|P_d(v\cdot\xi)f\|_\xi \leqslant C(|\xi|+1)\|f\|$, 有

$$\|P_d(v\cdot\xi)(\lambda - Q_1(\xi))^{-1}P_r f\|_\xi \leqslant C(|\xi|+1)(\mathrm{Re}\lambda+\mu)^{-1}\|f\|. \tag{2.5.18}$$

同时, 将算子 $P_d(v\cdot\xi)(\lambda - Q_1(\xi))^{-1}P_r$ 分解为

$$P_d(v\cdot\xi)(\lambda - Q_1(\xi))^{-1}P_r = \frac{1}{\lambda}P_d(v\cdot\xi)P_r + \frac{1}{\lambda}P_d(v\cdot\xi)Q_1(\xi)(\lambda P_r - Q_1(\xi))^{-1}P_r.$$

根据上式与 (2.5.15), 以及 $\|P_d(v\cdot\xi)Q_1(\xi)\| \leqslant C(1+|\xi|)^2$, 可以得到

$$\|P_d(v\cdot\xi)(\lambda - Q_1(\xi))^{-1}P_r f\|_\xi \leqslant C|\lambda|^{-1}[(\mathrm{Re}\lambda+\mu)^{-1}+1](1+|\xi|)^2\|f\|. \tag{2.5.19}$$

结合 (2.5.18) 与 (2.5.19), 我们证明了 (2.5.16). □

下面我们证明, 当 $|\xi|$ 充分小时, 算子 $B_2(\xi)$ 有谱间隙. 为此, 考虑特征值问题

$$\lambda f = L_1 f - \mathrm{i}(v\cdot\xi)f - \mathrm{i}\frac{v\cdot\xi}{|\xi|^2}P_d f. \tag{2.5.20}$$

设 $\xi = s\omega$, 其中 $s\in\mathbb{R}$, $\omega\in\mathbb{S}^2$. 我们将特征函数 f 分解为

$$f = P_d f + P_r f = f_0 + f_1, \quad 其中 \quad f_0 = C_0\sqrt{M}.$$

则特征值问题 (2.5.20) 可以分解为

$$\lambda f_0 = -P_d[\mathrm{i}(v\cdot\xi)(f_0+f_1)], \tag{2.5.21}$$

$$\lambda f_1 = L_1 f_1 - P_r[\mathrm{i}(v\cdot\xi)(f_0+f_1)] - \mathrm{i}\frac{v\cdot\xi}{|\xi|^2}f_0. \tag{2.5.22}$$

根据引理 2.34 与 (2.5.22), f_1 可表示为

$$f_1 = \mathrm{i}[L_1 - \lambda - \mathrm{i}P_r(v\cdot\xi)P_r]^{-1}P_r(v\cdot\xi)\left(f_0 + \frac{1}{|\xi|^2}f_0\right), \quad \mathrm{Re}\lambda > -\mu. \tag{2.5.23}$$

将 (2.5.23) 代入 (2.5.21), 有

$$\lambda C_0\sqrt{M} = C_0 P_d\left[(v\cdot\xi)R_1(\lambda,\xi)(v\cdot\xi)\left(1+\frac{1}{|\xi|^2}\right)\sqrt{M}\right], \quad \mathrm{Re}\lambda > -\mu, \tag{2.5.24}$$

这里

$$R_1(\lambda,\xi)=[L_1-\lambda-\mathrm{i}P_r(v\cdot\xi)P_r]^{-1}.$$

取 (2.5.24) 与 $\sqrt{M}$ 的内积, 得到

$$\lambda C_0=\left(1+\frac{1}{|\xi|^2}\right)(R_1(\lambda,\xi)(v\cdot\xi)\sqrt{M},(v\cdot\xi)\sqrt{M})C_0. \tag{2.5.25}$$

引理 2.35 设 $e_1=(1,0,0)$ 与 $\xi=s\omega$, 其中 $s\in\mathbb{R}$, $\omega\in\mathbb{S}^2$. 那么

$$(R_1(\lambda,\xi)(v\cdot\xi)\sqrt{M},(v\cdot\xi)\sqrt{M})=s^2(R_1(\lambda,se_1)\chi_1,\chi_1). \tag{2.5.26}$$

证明 设 $\mathbb{O}$ 为 $\mathbb{R}^3$ 上的旋转变换, 满足 $\mathbb{O}^{\mathrm{T}}\omega=e_1$. 通过变量替换 $v\to\mathbb{O}v$, 我们可以推出 (2.5.26). □

将 (2.5.26) 代入到 (2.5.25), 可得

$$\lambda C_0=(1+s^2)(R_1(\lambda,se_1)\chi_1,\chi_1)C_0. \tag{2.5.27}$$

记

$$D_2(\lambda,s)=(1+s^2)(R_1(\lambda,se_1)\chi_1,\chi_1). \tag{2.5.28}$$

引理 2.36 存在小的常数 $r_0>0$, 使得当 $\mathrm{Re}\lambda\geqslant-\dfrac{a_0}{3}$ 且 $|s|\leqslant r_0$ 时, 方程 $\lambda=D_2(\lambda,s)$ 没有解, 其中

$$a_0=\min\{\mu,-(L_1^{-1}\chi_1,\chi_1)\}>0. \tag{2.5.29}$$

证明 首先, 我们证明

$$x\neq D_2(x,0)=:D_0(x),\quad x>-a_0. \tag{2.5.30}$$

事实上, 由于

$$D_0'(x)=\|(L_1-x)^{-1}\chi_1\|^2>0,\quad x>-\mu,$$

有

$$D_0(x)<D_0(0)=(L_1^{-1}\chi_1,\chi_1)<-a_0,\quad -\mu<x<0.$$

因此对于 $-a_0<x<0$, (2.5.30) 成立. 当 $x\geqslant0$ 时, 由于

$$D_0(x)=((L_1-x)^{-1}\chi_1,\chi_1)=(g,(L_1-x)g)=(L_1g,g)-x\|g\|^2<0,$$

其中 $g=(L_1-x)^{-1}\chi_1\in N_1^{\perp}$, 于是对于 $x\geqslant0$, (2.5.30) 也成立. 因此, (2.5.30) 得证.

其次, 我们证明

$$\lambda \neq D_2(\lambda,0) =: D_0(\lambda), \quad \mathrm{Re}\lambda > -\frac{1}{2}a_0. \tag{2.5.31}$$

对于 $\mathrm{Im}\lambda = 0$, 由 (2.5.30) 可以推出 (2.5.31). 设 $\lambda = x + \mathrm{i}y$, $(x,y) \in \mathbb{R} \times \mathbb{R}$. 注意到

$$\mathrm{Re}D_0(\lambda) = \frac{1}{2}\left[((L_1-\lambda)^{-1}\chi_1,\chi_1) + ((L_1-\overline{\lambda})^{-1}\chi_1,\chi_1)\right] = ((L_1-x)h,h),$$

$$\mathrm{Im}D_0(\lambda) = \frac{1}{2\mathrm{i}}\left[((L_1-\lambda)^{-1}\chi_1,\chi_1) - ((L_1-\overline{\lambda})^{-1}\chi_1,\chi_1)\right] = y\|h\|^2,$$

这里 $h = (L_1-\lambda)^{-1}\chi_1 \in N_1^{\perp}$. 如果存在 $\lambda = x + \mathrm{i}y$, 其中 $x > -\frac{1}{2}a_0$ 且 $y \neq 0$, 使得 $\lambda = D_0(\lambda)$, 那么

$$x = ((L_1-x)h,h), \tag{2.5.32}$$

$$y = y\|h\|^2. \tag{2.5.33}$$

根据 (2.5.33) 以及 $y \neq 0$, 有 $\|h\| = 1$. 将上式代入到 (2.5.32), 得到 $2x = (L_1h,h) \leqslant -\mu\|h\|^2 = -\mu$, 即 $x \leqslant -\frac{1}{2}\mu$, 这与 $x > -\frac{1}{2}a_0$ 产生矛盾. 因此, (2.5.31) 得证.

根据 (2.5.15), 对于 $\mathrm{Re}\lambda > -\frac{1}{2}a_0$, 有 $|D_0(\lambda)| \leqslant \|(\lambda - L_1)^{-1}\| \leqslant 2\mu^{-1}$, 因此

$$\lim_{|\lambda|\to\infty} |\lambda - D_0(\lambda)| = +\infty, \quad \mathrm{Re}\lambda > -\frac{1}{2}a_0. \tag{2.5.34}$$

此外, 根据 (2.5.31), 有

$$|\lambda - D_0(\lambda)| > 0, \quad \mathrm{Re}\lambda > -\frac{1}{2}a_0. \tag{2.5.35}$$

根据 (2.5.34), (2.5.35) 与 $D_0(\lambda)$ 的连续性, 可以推出存在一个常数 $\delta_0 > 0$, 使得

$$\inf_{\mathrm{Re}\lambda \geqslant -\frac{1}{3}a_0} |\lambda - D_0(\lambda)| > \delta_0. \tag{2.5.36}$$

由于

$$|D_2(\lambda,s) - D_2(\lambda,0)| = |s^2(R_1(\lambda,se_1)\chi_1,\chi_1) + ([R_1(\lambda,se_1) - R_1(\lambda,0)]\chi_1,\chi_1)|$$

$$\leqslant s^2\|R_1(\lambda, se_1)\chi_1\| + s\|R_1(\lambda, 0)v_1R_1(\lambda, se_1)\chi_1\|$$
$$\leqslant C(s+s^2),$$

于是, 结合上式与 (2.5.36) 可以推出, 对于充分小的常数 $r_0>0$, 有

$$\inf_{\mathrm{Re}\lambda\geqslant -\frac{1}{3}a_0, |s|\leqslant r_0} |\lambda - D_2(\lambda, s)| \geqslant \frac{1}{2}\delta_0.$$

引理得证. □

根据引理 2.33, 引理 2.34 和引理 2.36, 我们得到 $B_2(\xi)$ 的谱集和预解集的分布.

引理 2.37 对任意的 $\xi\neq 0$, 以下结论成立.

(1) 存在常数 $a_1>0$, 使得

$$\sigma(B_2(\xi)) \subset \{\lambda\in\mathbb{C}\,|\,\mathrm{Re}\lambda < -a_1\}. \tag{2.5.37}$$

(2) 对任意的 $\delta\in(0,\mu)$, 存在 $y_1=y_1(\delta)>0$, 使得

$$\rho(B_2(\xi)) \supset \{\lambda\in\mathbb{C}\,|\,\mathrm{Re}\lambda\geqslant -\mu+\delta, |\mathrm{Im}\lambda|\geqslant y_1\}\cup\{\lambda\in\mathbb{C}\,|\,\mathrm{Re}\lambda\geqslant -a_1\}. \tag{2.5.38}$$

证明 设 $r_0, a_0>0$ 是由引理 2.36 给出的常数, 以及 $\eta=\eta(r_0)>0$ 是由引理 2.33 给出的常数. 取 $a_1=\min\{\eta, a_0/3\}$, 根据引理 2.36 与引理 2.33 可知, 对任意的 $\lambda(\xi)\in\sigma(B_2(\xi))$, 都有 $\mathrm{Re}\lambda(\xi)<-a_1$. 这就证明了 (2.5.37).

下面我们证明 (2.5.38). 根据 (2.5.7) 与 (2.5.9), 对任意的 $\delta>0$, 存在充分大的 $r_1=r_1(\delta)>0$, 使得当 $\mathrm{Re}\lambda\geqslant -\nu_0+\delta$ 与 $|\xi|\geqslant r_1$ 时, 有

$$\|K_b(\lambda-\mathrm{c}(\xi))^{-1}\|\leqslant 1/4, \quad \|(v\cdot\xi)|\xi|^{-2}P_d(\lambda-\mathrm{c}(\xi))^{-1}\|\leqslant 1/4. \tag{2.5.39}$$

因此, 算子 $I+K_b(\lambda-\mathrm{c}(\xi))^{-1}+\mathrm{i}(v\cdot\xi)|\xi|^{-2}P_d(\lambda-\mathrm{c}(\xi))^{-1}$ 在 $L^2_\xi(\mathbb{R}^3_v)$ 上是可逆的, 联合 (2.5.6) 可以推出 $\lambda-B_2(\xi)$ 在 $L^2_\xi(\mathbb{R}^3_v)$ 上也是可逆的, 并且满足

$$(\lambda-B_2(\xi))^{-1} = (\lambda-\mathrm{c}(\xi))^{-1}\left(I-K_b(\lambda-\mathrm{c}(\xi))^{-1}+\mathrm{i}\frac{v\cdot\xi}{|\xi|^2}P_d(\lambda-\mathrm{c}(\xi))^{-1}\right)^{-1}. \tag{2.5.40}$$

因此, 对于 $|\xi|>r_1$, 有

$$\rho(B_2(\xi))\supset\{\lambda\in\mathbb{C}\,|\,\mathrm{Re}\lambda\geqslant -\nu_0+\delta\}.$$

根据引理 2.34, 对于 $\mathrm{Re}\lambda>-\mu$ 与 $\lambda\neq 0$, 算子 $\lambda P_d+\lambda P_r-Q_1(\xi)$ 在 $L^2_\xi(\mathbb{R}^3_v)$ 上是可逆的, 并且满足

$$(\lambda P_d+\lambda P_r-Q_1(\xi))^{-1} = \lambda^{-1}P_d + (\lambda-Q_1(\xi))^{-1}P_r,$$

这是因为算子 λP_d 与 $\lambda P_r - Q_1(\xi)$ 是正交的. 因此, 我们可以把 (2.5.12) 改写为

$$\lambda - B_2(\xi) = (I + Y_1(\lambda,\xi))(\lambda P_d + \lambda P_r - Q_1(\xi)),$$
$$Y_1(\lambda,\xi) =: \mathrm{i}P_d(v\cdot\xi)(\lambda - Q_1(\xi))^{-1}P_r + \mathrm{i}\lambda^{-1}(v\cdot\xi)\left(1+\frac{1}{|\xi|^2}\right)P_d. \quad (2.5.41)$$

当 $|\xi| \leqslant r_1$ 时, 根据 (2.5.14) 以及 (2.5.16), 存在 $y_1 = y_1(\delta) > 0$, 使得对于 $\mathrm{Re}\lambda \geqslant -\mu+\delta$ 与 $|\mathrm{Im}\lambda| \geqslant y_1$,

$$\left\|\lambda^{-1}(v\cdot\xi)\left(1+\frac{1}{|\xi|^2}\right)P_d\right\|_\xi \leqslant \frac{1}{4}, \quad \|P_d(v\cdot\xi)(\lambda - Q_1(\xi))^{-1}P_r\|_\xi \leqslant \frac{1}{4}, \quad (2.5.42)$$

从而算子 $I + Y_1(\lambda,\xi)$ 在 $L^2_\xi(\mathbb{R}^3_v)$ 上是可逆的. 因此 $\lambda - B_2(\xi)$ 在 $L^2_\xi(\mathbb{R}^3_v)$ 上也是可逆的, 满足

$$(\lambda - B_2(\xi))^{-1} = [\lambda^{-1}P_d + (\lambda - Q_1(\xi))^{-1}P_r](I + Y_1(\lambda,\xi))^{-1}. \quad (2.5.43)$$

因此, 对于 $|\xi| \leqslant r_1$, 有

$$\rho(B_2(\xi)) \supset \{\lambda\in\mathbb{C} \,|\, \mathrm{Re}\lambda \geqslant -\mu+\delta, |\mathrm{Im}\lambda| \geqslant y_1\}.$$

结合上式与 (2.5.37), 我们可以证明 (2.5.38). □

引理 2.38 设 $r_0 > 0$ 和 $a_0 > 0$ 是由引理 2.36 给出的常数. 当 $-\frac{a_0}{3} \leqslant \mathrm{Re}\lambda < 0$ 且 $|\xi| \leqslant r_0$ 时, 算子 $I + Y_1(\lambda,\xi)$ 在 $L^2_\xi(\mathbb{R}^3_v)$ 上可逆, 并且满足

$$\sup_{0<|\xi|<r_0,\mathrm{Im}\lambda\in\mathbb{R}} \|(I + Y_1(\lambda,\xi))^{-1}\|_\xi \leqslant C, \quad (2.5.44)$$

其中 $Y_1(\lambda,\xi)$ 由 (2.5.41) 给出.

证明 设 $\lambda = x + \mathrm{i}y$, $(x,y)\in\mathbb{R}\times\mathbb{R}$. 根据引理 2.36, 当 $-\frac{a_0}{3} \leqslant x < 0$ 且 $|\xi| \leqslant r_0$ 时, 有 $\lambda\in\rho(B_2(\xi))$, 因此算子

$$I + Y_1(\lambda,\xi) = (\lambda - B_2(\xi))(\lambda P_d + \lambda P_r - Q_1(\xi))^{-1}$$

在 $L^2_\xi(\mathbb{R}^3_v)$ 上是可逆的. 根据 (2.5.14) 以及 (2.5.16), 存在充分大的常数 $r_1 > 0$, 使得当 $|y| \geqslant r_1$ 且 $|\xi| \leqslant r_0$ 时, 有

$$\left\|\lambda^{-1}(v\cdot\xi)\left(1+\frac{1}{|\xi|^2}\right)P_d\right\|_\xi \leqslant \frac{1}{4}, \quad \|P_d(v\cdot\xi)(\lambda - Q_1(\xi))^{-1}P_r\|_\xi \leqslant \frac{1}{4}.$$

由此推出

$$\|(I+Y_1(\lambda,\xi))^{-1}\|_\xi \leqslant 2.$$

因此, 我们只需要证明当 $|y|\leqslant r_1$ 时, (2.5.44) 成立. 我们用反证法, 如果 (2.5.44) 在 $|y|\leqslant r_1$ 时不成立, 则存在序列 $\{\xi_n,\lambda_n=x+\mathrm{i}y_n,f_n,g_n\}$, 满足 $|\xi_n|\leqslant r_0$, $|y_n|\leqslant r_1$, $\|f_n\|_{\xi_n}\to 0\ (n\to\infty)$, 以及 $\|g_n\|_{\xi_n}=1$, 使得

$$(I+Y_1(\lambda_n,\xi_n))^{-1}f_n=g_n.$$

因此

$$f_n=g_n+\mathrm{i}P_d(v\cdot\xi_n)(\lambda_n-Q_1(\xi_n))^{-1}P_rg_n+\mathrm{i}\lambda_n^{-1}(v\cdot\xi_n)\left(1+\frac{1}{|\xi_n|^2}\right)P_dg_n.$$

将投影算子 P_d 和 P_r 分别作用到上式, 可得

$$P_df_n=P_dg_n+\mathrm{i}P_d(v\cdot\xi_n)(\lambda_n-Q_1(\xi_n))^{-1}P_rg_n, \tag{2.5.45}$$

$$P_rf_n=P_rg_n+\mathrm{i}\lambda_n^{-1}(v\cdot\xi_n)\left(1+\frac{1}{|\xi_n|^2}\right)P_dg_n. \tag{2.5.46}$$

将 (2.5.46) 代入到 (2.5.45), 有

$$\begin{aligned}P_df_n=&P_dg_n+\mathrm{i}P_d(v\cdot\xi_n)(\lambda_n-Q_1(\xi_n))^{-1}P_rf_n\\&+\lambda_n^{-1}P_d(v\cdot\xi_n)(\lambda_n-Q_1(\xi_n))^{-1}(v\cdot\xi_n)\left(1+\frac{1}{|\xi_n|^2}\right)P_dg_n.\end{aligned} \tag{2.5.47}$$

注意到 $\|f_n\|_{\xi_n}\to 0\ (n\to\infty)$, 我们从 (2.5.47) 与 (2.5.16) 可以推出

$$\lim_{n\to\infty}\left\|P_dg_n+\lambda_n^{-1}P_d(v\cdot\xi_n)(\lambda_n-Q_1(\xi_n))^{-1}(v\cdot\xi_n)\left(1+\frac{1}{|\xi_n|^2}\right)P_dg_n\right\|_{\xi_n}=0.$$

设 $P_dg_n=C_n\sqrt{M}$. 由上式直接得到

$$\lim_{n\to\infty}\sqrt{1+\frac{1}{|\xi_n|^2}}\frac{|C_n|}{|\lambda_n|}|\lambda_n+(|\xi_n|^2+1)((\lambda_n-Q_1(|\xi_n|e_1))^{-1}\chi_1,\chi_1)|=0.$$

由于 $\sqrt{1+|\xi_n|^{-2}}|C_n|\leqslant\|g_n\|_{\xi_n}=1$, $|\xi_n|\leqslant r_0$, $|y_n|\leqslant r_1$, 那么存在一个子列 $\{(\xi_{n_j},\lambda_{n_j},C_{n_j})\}$ 和 $(\xi_0,\tilde{\lambda},A_0)$, 使得

$$\sqrt{1+\frac{1}{|\xi_{n_j}|^2}}C_{n_j}\to A_0,\quad \xi_{n_j}\to\xi_0,\quad \lambda_{n_j}\to\tilde{\lambda}=x+\mathrm{i}y\neq 0.$$

因此

$$\frac{|A_0|}{|\tilde{\lambda}|}|\tilde{\lambda}+(|\xi_0|^2+1)((\tilde{\lambda}-Q_1(|\xi_0|e_1))^{-1}\chi_1,\chi_1)|=0. \tag{2.5.48}$$

我们断言 $A_0\neq 0$. 事实上, 如果 $A_0=0$, 则有 $\|P_dg_{n_j}\|_{\xi_{n_j}}=\sqrt{1+|\xi_{n_j}|^{-2}}|C_{n_j}|\to 0\ (j\to\infty)$, 从而

$$\left\|(v\cdot\xi_{n_j})\left(1+\frac{1}{|\xi_{n_j}|^2}\right)P_dg_{n_j}\right\|\leqslant C(|\xi_{n_j}|+1)\|P_dg_{n_j}\|_{\xi_{n_j}}\to 0,\quad j\to\infty.$$

将上式代入到 (2.5.46) 得到 $\lim\limits_{j\to\infty}\|P_rg_{n_j}\|=0$, 则 $\lim\limits_{j\to\infty}\|g_{n_j}\|_{\xi_{n_j}}=0$, 这与假设 $\|g_n\|_{\xi_n}=1$ 产生矛盾. 因此, 由 (2.5.48) 得到

$$\tilde{\lambda}=D_2(\tilde{\lambda},|\xi_0|),\quad |\xi_0|\leqslant r_0,\ -\frac{a_0}{3}\leqslant \mathrm{Re}\tilde{\lambda}<0.$$

这与引理 2.36 的结论矛盾, 因此 (2.5.44) 成立. □

根据引理 2.37 和引理 2.38, 我们得到半群 $e^{tB_2(\xi)}$ 的指数时间衰减率估计.

定理 2.39 对任意的 $|\xi|\neq 0$, 半群 $e^{tB_2(\xi)}$ 满足

$$\|e^{tB_2(\xi)}f\|_\xi\leqslant Ce^{-a_1t}\|f\|_\xi,\quad f\in L^2_\xi(\mathbb{R}^3_v), \tag{2.5.49}$$

其中 $a_1>0$ 是由引理 2.37 给出的常数.

证明 根据引理 1.20, $D(B_2(\xi)^2)$ 在 $L^2_\xi(\mathbb{R}^3_v)$ 中是稠密的, 因此只需要证明 (2.5.49) 对于 $f\in D(B_2(\xi)^2)$ 成立. 根据引理 1.18, 半群 $e^{tB_2(\xi)}$ 可以表示为

$$e^{tB_2(\xi)}f=\frac{1}{2\pi\mathrm{i}}\int_{\kappa-\mathrm{i}\infty}^{\kappa+\mathrm{i}\infty}e^{\lambda t}(\lambda-B_2(\xi))^{-1}fd\lambda,\quad f\in D(B_2(\xi)^2),\ \kappa>0. \tag{2.5.50}$$

当 $|\xi|\leqslant r_0$ 时, 根据 (2.5.43), 将 $(\lambda-B_2(\xi))^{-1}$ 改写为

$$(\lambda-B_2(\xi))^{-1}=\lambda^{-1}P_d+(\lambda-Q_1(\xi))^{-1}P_r-Z_1(\lambda,\xi), \tag{2.5.51}$$

其中

$$Z_1(\lambda,\xi)=(\lambda^{-1}P_d+(\lambda-Q_1(\xi))^{-1}P_r)(I+Y_1(\lambda,\xi))^{-1}Y_1(\lambda,\xi),$$

$$Y_1(\lambda,\xi)=\mathrm{i}P_d(v\cdot\xi)(\lambda-Q_1(\xi))^{-1}P_r+\mathrm{i}\lambda^{-1}(v\cdot\xi)\left(1+\frac{1}{|\xi|^2}\right)P_d.$$

将 (2.5.51) 代入到 (2.5.50) 中, 我们可以把半群 $e^{tB_2(\xi)}$ 表示为

$$e^{tB_2(\xi)}f = e^{tQ_1(\xi)}P_r f - \frac{1}{2\pi \mathrm{i}}\int_{\kappa-\mathrm{i}\infty}^{\kappa+\mathrm{i}\infty} e^{\lambda t}Z_2(\lambda,\xi)fd\lambda, \quad |\xi| \leqslant r_0, \tag{2.5.52}$$

其中

$$Z_2(\lambda,\xi) = Z_1(\lambda,\xi) - \lambda^{-1}P_d.$$

通过与引理 2.13 类似的讨论, 我们可以证明算子 $Q_1(\xi)$ 在 $N_1^{\perp}$ 上生成了一个强连续压缩半群, 满足

$$\|e^{tQ_1(\xi)}f\| \leqslant e^{-\mu t}\|f\|, \quad t > 0,\ f \in N_1^{\perp}, \tag{2.5.53}$$

并且对任意的 $x > -\mu$ 和 $f \in N_1^{\perp}$, 有

$$\int_{-\infty}^{+\infty} \|[x+\mathrm{i}y - Q_1(\xi)]^{-1}f\|^2 dy \leqslant \pi(x+\mu)^{-1}\|f\|^2. \tag{2.5.54}$$

记

$$U_{\kappa,l}f = \int_{-l}^{l} e^{(\kappa+\mathrm{i}y)t}Z_2(\kappa+\mathrm{i}y,\xi)fdy1_{\{|\xi|\leqslant r_0\}}, \tag{2.5.55}$$

这里的常数 $l > y_1$, 其中 y_1 在引理 2.37 中给出. 由于算子 $Z_2(\lambda,\xi) = (\lambda - Q_1(\xi))^{-1}P_r - (\lambda - B_2(\xi))^{-1}$ 在区域 $\mathrm{Re}\lambda > -a_1$ 上是解析的, 将积分 $U_{\kappa,l}$ 从直线 $\mathrm{Re}\lambda = \kappa > 0$ 平移到直线 $\mathrm{Re}\lambda = -a_1$ 上, 得到

$$U_{\kappa,l}f = U_{-a_1,l}f + H_l f, \tag{2.5.56}$$

其中

$$H_l f = \left(\int_{-a_1+il}^{\kappa+il} - \int_{-a_1-il}^{\kappa-il}\right) e^{\lambda t}Z_2(\lambda,\xi)fd\lambda 1_{\{|\xi|\leqslant r_0\}}.$$

根据引理 2.34, 得到

$$\|H_l f\|_\xi \to 0, \quad l \to \infty.$$

由于 λ^{-1} 在区域 $\{\lambda \in \mathbb{C}\,|\,\lambda \neq 0\}$ 上是解析的, 根据柯西积分定理, 得到

$$\left|\int_{-a_1-il}^{-a_1+il} e^{\lambda t}\lambda^{-1}d\lambda\right| = \left|\int_{\frac{\pi}{2}}^{\frac{3\pi}{2}} e^{(-a_1+le^{\mathrm{i}\theta})t}(-a_1+le^{\mathrm{i}\theta})^{-1}\mathrm{i}le^{\mathrm{i}\theta}d\theta\right|$$

$$\leqslant \frac{2}{l}e^{-a_1 t}\int_{\frac{\pi}{2}}^{\frac{3\pi}{2}} e^{tl\cos\theta} l d\theta \leqslant \frac{4}{l}e^{-a_1 t}\int_0^{\frac{l\pi}{2}} e^{-\frac{2}{\pi}ts}ds \to 0, \quad l\to\infty,$$

由此推出

$$\lim_{l\to\infty} U_{-a_1,l}(t)f = U_{-a_1,\infty}(t)f =: \int_{-a_1-\mathrm{i}\infty}^{-a_1+\mathrm{i}\infty} e^{\lambda t}Z_1(\lambda,\xi)fd\lambda. \tag{2.5.57}$$

根据引理 2.38, 对于任意的 $f,g\in L^2_\xi(\mathbb{R}^3_v)$, 有

$$\begin{aligned}
|(U_{-a_1,\infty}(t)f,g)_\xi| &\leqslant e^{-a_1 t}\int_{-\infty}^{+\infty} |(Z_1(-a_1+\mathrm{i}y,\xi)f,g)_\xi|dy \\
&\leqslant Ce^{-a_1 t}\int_{-\infty}^{+\infty} \left(\|[\lambda-Q_1(\xi)]^{-1}P_r f\| + |\lambda|^{-1}\|P_d f\|_\xi\right) \\
&\quad \times \left(\|[\overline{\lambda}-Q_1(-\xi)]^{-1}P_r g\| + |\overline{\lambda}|^{-1}\|P_d g\|_\xi\right)dy, \quad \lambda=-a_1+\mathrm{i}y.
\end{aligned}$$

上式结合 (2.5.54), 可以推出 $|(U_{-a_1,\infty}(t)f,g)_\xi| \leqslant Ce^{-a_1 t}\|f\|_\xi\|g\|_\xi$, 进而

$$\|U_{-a_1,\infty}(t)\|_\xi \leqslant Ce^{-a_1 t}. \tag{2.5.58}$$

因此, 由 (2.5.52) 以及 (2.5.55)—(2.5.58) 得到

$$e^{tB_2(\xi)}f = e^{tQ_1(\xi)}P_r f + U_{-a_1,\infty}(t), \quad |\xi|\leqslant r_0. \tag{2.5.59}$$

当 $|\xi|>r_0$ 时, 根据 (2.5.40), 有

$$(\lambda-B_2(\xi))^{-1} = (\lambda-\mathrm{c}(\xi))^{-1} + Z_3(\lambda,\xi), \tag{2.5.60}$$

其中

$$\begin{aligned}
Z_3(\lambda,\xi) &= (\lambda-\mathrm{c}(\xi))^{-1}[I-Y_2(\lambda,\xi)]^{-1}Y_2(\lambda,\xi), \\
Y_2(\lambda,\xi) &= (K_b-\mathrm{i}(v\cdot\xi)|\xi|^{-2}P_d)(\lambda-\mathrm{c}(\xi))^{-1}.
\end{aligned}$$

将 (2.5.60) 代入到 (2.5.50) 得到

$$e^{tB_2(\xi)}f = e^{t\mathrm{c}(\xi)}f + \frac{1}{2\pi\mathrm{i}}\int_{\kappa-\mathrm{i}\infty}^{\kappa+\mathrm{i}\infty} e^{\lambda t}Z_3(\lambda,\xi)fd\lambda. \tag{2.5.61}$$

记

$$V_{\kappa,l}f = \int_{-l}^{l} e^{(\kappa+\mathrm{i}y)t}Z_3(\kappa+\mathrm{i}y,\xi)fdy 1_{\{|\xi|>r_0\}}, \tag{2.5.62}$$

其中 $l>0$ 在 (2.5.55) 中给出. 由于算子 $Z_3(\lambda,\xi)$ 在区域 $\mathrm{Re}\lambda\geqslant -a_1$ 上是解析的, 再一次将积分 $V_{\kappa,l}$ 从 $\mathrm{Re}\lambda=\kappa>0$ 平移到 $\mathrm{Re}\lambda=-a_1$ 上, 得到

$$V_{\kappa,l}f=V_{-a_1,l}f+I_lf,$$

其中

$$I_lf=\left(\int_{-a_1+il}^{-\kappa+il}-\int_{-a_1-il}^{-\kappa-il}\right)e^{\lambda t}Z_3(\lambda,\xi)fd\lambda 1_{\{|\xi|>r_0\}}.$$

根据引理 2.32, 得出

$$\|I_lf\|\to 0,\quad l\to\infty. \tag{2.5.63}$$

定义

$$V_{-a_1,\infty}(t)f=\lim_{l\to\infty}V_{-a_1,l}(t)f=\int_{-\infty}^{+\infty}e^{(-a_1+\mathrm{i}y)t}Z_3(-a_1+\mathrm{i}y,\xi)fdy. \tag{2.5.64}$$

利用引理 1.31 和引理 2.15, 我们可以推出

$$\begin{aligned}(V_{-a_1,\infty}(t),g)&\leqslant C(\|K_b\|+r_0^{-1})e^{-a_1t}\int_{-\infty}^{+\infty}\|(\lambda-\mathrm{c}(\xi))^{-1}f\|\|(\overline{\lambda}-\mathrm{c}(-\xi))^{-1}g\|dy\\&\leqslant Ce^{-a_1t}(\nu_0-a_1)^{-1}\|f\|\|g\|,\quad \lambda=-a_1+\mathrm{i}y.\end{aligned} \tag{2.5.65}$$

根据 (2.5.65) 与 $\|f\|^2\leqslant\|f\|_\xi^2\leqslant(1+r_0^{-2})\|f\|^2$ $(|\xi|>r_0)$, 得到

$$\|V_{-a_1,\infty}(t)\|_\xi\leqslant Ce^{-a_1t}(\nu_0-a_1)^{-1},\quad |\xi|>r_0. \tag{2.5.66}$$

综合 (2.5.61)—(2.5.64), 得到

$$e^{tB_2(\xi)}f=e^{t\mathrm{c}(\xi)}f1_{\{|\xi|>r_0\}}+V_{-a_1,\infty}(t),\quad |\xi|>r_0. \tag{2.5.67}$$

最后, 我们结合 (2.5.59) 与 (2.5.67) 可以得到

$$e^{tB_2(\xi)}f=\left(e^{tQ_1(\xi)}P_rf+U_{-a_1,\infty}(t)\right)1_{\{|\xi|\leqslant r_0\}}+\left(e^{t\mathrm{c}(\xi)}f+V_{-a_1,\infty}(t)\right)1_{\{|\xi|>r_0\}}.$$

特别地, 根据 (2.5.53), (2.5.58), (2.5.66) 以及 (1.7.1), 半群 $e^{tB_2(\xi)}f$ 满足估计(2.5.49). □

接下来, 我们研究线性 bVPB 方程 (2.5.1)–(2.5.2) 整体解的最优时间衰减率. 令

$$e^{tB_2}f_0=\mathcal{F}^{-1}(e^{tB_2(\xi)}\mathcal{F})f_0.$$

根据引理 2.30, 得到

$$\|e^{tB_2}f_0\|_{H_P^l}^2=\int_{\mathbb{R}^3}(1+|\xi|^2)^l\|e^{tB_2(\xi)}\hat{f}_0\|_\xi^2d\xi\leqslant\int_{\mathbb{R}^3}(1+|\xi|^2)^l\|\hat{f}_0\|_\xi^2d\xi=\|f_0\|_{H_P^l}^2.$$

因此, 算子 B_2 在 H_P^l 上生成了一个强连续压缩半群, 并且对于任意的 $f_0\in H_P^l$, $f=e^{tB_2}f_0$ 是线性 bVPB 方程柯西问题 (2.5.2) 的整体解.

下面我们给出线性 bVPB 方程 (2.5.2) 整体解的时间衰减率估计.

定理 2.40 对任意的 $\alpha,\alpha'\in\mathbb{N}^3$ 且 $\alpha'\leqslant\alpha$, 线性 bVPB 方程柯西问题 (2.5.2) 的整体解 $f_2=e^{tB_2}f_{2,0}$ 满足下面的衰减率:

$$\|\partial_x^\alpha f_2(t)\|_{L^2}+\|\partial_x^\alpha\nabla_x\Phi(t)\|_{L_x^2}\leqslant Ce^{-a_1t}(\|\partial_x^\alpha f_{2,0}\|_{L^2}+\|f_{2,0}\|_{L^{2,1}}),\tag{2.5.68}$$

其中 $\nabla_x\Phi(t)=\nabla_x\Delta_x^{-1}(e^{tB_2}f_{2,0},\chi_0)$.

证明 根据 (2.5.49), 并利用

$$\begin{aligned}\int_{\mathbb{R}^3}\frac{(\xi^\alpha)^2}{|\xi|^2}|(\hat{f}_{2,0},\chi_0)|^2d\xi&\leqslant\sup_{|\xi|\leqslant1}|(\hat{f}_{2,0},\chi_0)|^2\int_{|\xi|\leqslant1}\frac{1}{|\xi|^2}d\xi+\int_{|\xi|>1}(\xi^\alpha)^2|(\hat{f}_{2,0},\chi_0)|^2d\xi\\&\leqslant C(\|(f_{2,0},\chi_0)\|_{L_x^1}^2+\|\partial_x^\alpha f_{2,0}\|_{L^2}^2),\end{aligned}$$

可以推出

$$\begin{aligned}\|\partial_x^\alpha e^{tB_2}f_{2,0}\|_{L_P^2}^2&=\int_{\mathbb{R}^3}(\xi^\alpha)^2\left(\|e^{tB_2(\xi)}\hat{f}_{2,0}\|_{L_v^2}^2+\frac{1}{|\xi|^2}|(e^{tB_2(\xi)}\hat{f}_{2,0},\chi_0)|^2\right)d\xi\\&\leqslant C\int_{\mathbb{R}^3}(\xi^\alpha)^2e^{-a_1t}\left(\|\hat{f}_{2,0}\|_{L_v^2}^2+\frac{1}{|\xi|^2}|(\hat{f}_{2,0},\chi_0)|^2\right)d\xi\\&\leqslant Ce^{-a_1t}(\|(f_{2,0},\chi_0)\|_{L_x^1}^2+\|\partial_x^\alpha f_{2,0}\|_{L^2}^2).\end{aligned}$$

根据上式以及 $\|(f_{2,0},\chi_0)\|_{L_x^1}\leqslant\|f_{2,0}\|_{L^{2,1}}$, 我们可以证明 (2.5.68). □

根据定理 1.34 与引理 1.35, 线性 bVPB 方程 (2.5.1) 整体解满足下面的最优时间衰减率.

定理 2.41 对任意的 $q\in[1,2]$ 以及 $\alpha,\alpha'\in\mathbb{N}^3$, 其中 $\alpha'\leqslant\alpha$, 线性 Boltzmann 方程柯西问题 (2.5.1) 的整体解 $f_1=e^{tB}f_{1,0}$ 满足

$$\|(\partial_x^\alpha f_1(t),\chi_j)\|_{L_x^2}\leqslant C(1+t)^{-\frac{3}{2}\left(\frac{1}{q}-\frac{1}{2}\right)-\frac{k}{2}}(\|\partial_x^\alpha f_{1,0}\|_{L^2}+\|\partial_x^{\alpha'}f_{1,0}\|_{L^{2,q}}),\tag{2.5.69}$$

$$\|P_1\partial_x^\alpha f_1(t)\|_{L^2}\leqslant C(1+t)^{-\frac{3}{2}\left(\frac{1}{q}-\frac{1}{2}\right)-\frac{k+1}{2}}(\|\partial_x^\alpha f_{1,0}\|_{L^2}+\|\partial_x^{\alpha'}f_{1,0}\|_{L^{2,q}}),\tag{2.5.70}$$

其中 $k=|\alpha-\alpha'|$ 及 $j=0,1,2,3,4$. 如果初值进一步满足 $P_0f_{1,0}=0$, 那么

$$\|\partial_x^\alpha(f_1(t),\chi_j)\|_{L_x^2}\leqslant C(1+t)^{-\frac{3}{2}\left(\frac{1}{q}-\frac{1}{2}\right)-\frac{k+1}{2}}(\|\partial_x^\alpha f_{1,0}\|_{L^2}+\|\partial_x^{\alpha'}f_{1,0}\|_{L^{2,q}}),\tag{2.5.71}$$

$$\|P_1\partial_x^\alpha f_1(t)\|_{L^2} \leqslant C(1+t)^{-\frac{3}{2}\left(\frac{1}{q}-\frac{1}{2}\right)-\frac{k+2}{2}}(\|\partial_x^\alpha f_{1,0}\|_{L^2} + \|\partial_x^{\alpha'} f_{1,0}\|_{L^{2,q}}). \quad (2.5.72)$$

定理 2.42 假设初值 $f_{1,0} \in L^2 \cap L^{2,1}$, 并且存在常数 $d_0, d_1 > 0$ 与 $r_0 > 0$, 使得初值 $f_{1,0}(x,v)$ 的傅里叶变换 $\hat{f}_{1,0}(\xi,v)$ 满足

$$\inf_{|\xi|\leqslant r_0} |(\hat{f}_{1,0},\chi_0)| \geqslant d_0, \quad \inf_{|\xi|\leqslant r_0} |(\hat{f}_{1,0},\chi_4)| \geqslant d_1 \sup_{|\xi|\leqslant r_0} |(\hat{f}_{1,0},\chi_0)|,$$

$$\sup_{|\xi|\leqslant r_0} |(\hat{f}_{1,0}, v\chi_0)| = 0.$$

那么, 当 $t > 0$ 充分大时, 线性 Boltzmann 方程 (2.5.1) 的整体解 $f_1 = e^{tB} f_{1,0}$ 满足

$$C_1(1+t)^{-\frac{3}{4}} \leqslant \|(f_1(t),\chi_j)\|_{L_x^2} \leqslant C_2(1+t)^{-\frac{3}{4}}, \quad j = 0,4, \quad (2.5.73)$$

$$C_1(1+t)^{-\frac{3}{4}} \leqslant \|(f_1(t),v\chi_0)\|_{L_x^2} \leqslant C_2(1+t)^{-\frac{3}{4}}, \quad (2.5.74)$$

$$C_1(1+t)^{-\frac{5}{4}} \leqslant \|P_1 f_1(t)\|_{L^2} \leqslant C_2(1+t)^{-\frac{5}{4}}, \quad (2.5.75)$$

其中 $C_2 \geqslant C_1$ 为两个正的常数.

如果 $P_0 f_{1,0} = 0$, 且 $\hat{f}_{1,0}(\xi,v)$ 满足

$$\inf_{|\xi|\leqslant r_0} |(\hat{f}_{1,0}, L^{-1}P_1(v\cdot\omega)^2\chi_0)| \geqslant d_0, \quad \sup_{|\xi|\leqslant r_0} |(\hat{f}_{1,0}, L^{-1}P_1(v\cdot\omega)\chi_4)| = 0,$$

其中 $\omega = \xi/|\xi|$, 那么当 $t > 0$ 充分大时, 有

$$C_1(1+t)^{-\frac{5}{4}} \leqslant \|(f_1(t),\chi_j)\|_{L_x^2} \leqslant C_2(1+t)^{-\frac{5}{4}}, \quad j = 0,4, \quad (2.5.76)$$

$$C_1(1+t)^{-\frac{5}{4}} \leqslant \|(f_1(t),v\chi_0)\|_{L_x^2} \leqslant C_2(1+t)^{-\frac{5}{4}}, \quad (2.5.77)$$

$$C_1(1+t)^{-\frac{5}{4}} \leqslant \|P_1 f_1(t)\|_{L^2} \leqslant C_2(1+t)^{-\frac{5}{4}}. \quad (2.5.78)$$

2.6 非线性双极 VPB 方程的最优衰减率

在本节中, 我们首先建立**硬球模型**的非线性双极 VPB(bVPB) 方程的能量估计, 然后利用线性方程的衰减率和非线性能量估计, 建立非线性方程 bVPB 整体

强解的最优时间衰减率. 设 $N \geqslant 1$ 为整数和 $k \geqslant 0$ 为常数, 定义

$$
\begin{aligned}
E_{N,k}(f_1,f_2) &= \sum_{|\alpha|+|\beta|\leqslant N} \|\nu^k \partial_x^\alpha \partial_v^\beta (f_1,f_2)\|_{L^2}^2 + \sum_{|\alpha|\leqslant N} \|\partial_x^\alpha \nabla_x \Phi\|_{L_x^2}^2, \\
H_{N,k}(f_1,f_2) &= \sum_{|\alpha|+|\beta|\leqslant N} \|\nu^k \partial_x^\alpha \partial_v^\beta (P_1 f_1, P_r f_2)\|_{L^2}^2 + \sum_{|\alpha|\leqslant N-1} \|\partial_x^\alpha \nabla_x P_0 f_1\|_{L^2}^2 \\
&\quad + \sum_{|\alpha|\leqslant N} (\|\partial_x^\alpha P_d f_2\|_{L^2}^2 + \|\partial_x^\alpha \nabla_x \Phi\|_{L_x^2}^2), \\
D_{N,k}(f_1,f_2) &= \sum_{|\alpha|+|\beta|\leqslant N} \|\nu^{\frac12+k} \partial_x^\alpha \partial_v^\beta (P_1 f_1, P_r f_2)\|_{L^2}^2 + \sum_{|\alpha|\leqslant N-1} \|\partial_x^\alpha \nabla_x P_0 f_1\|_{L^2}^2 \\
&\quad + \sum_{|\alpha|\leqslant N} (\|\partial_x^\alpha P_d f_2\|_{L^2}^2 + \|\partial_x^\alpha \nabla_x \Phi\|_{L_x^2}^2).
\end{aligned}
\tag{2.6.1}
$$

简便起见, 记 $E_N(f_1,f_2) = E_{N,0}(f_1,f_2)$, $H_N(f_1,f_2) = H_{N,0}(f_1,f_2)$, $D_N(f_1,f_2) = D_{N,0}(f_1,f_2)$.

首先, 取 χ_j $(j=0,1,2,3,4)$ 与 (2.1.16) 的内积, 我们得到如下的可压 Euler-Poisson (EP) 型方程:

$$
\partial_t n_1 + \mathrm{div}_x m_1 = 0, \tag{2.6.2}
$$

$$
\partial_t m_1 + \nabla_x n_1 + \sqrt{\frac{2}{3}} \nabla_x q_1 = n_2 \nabla_x \Phi - \int_{\mathbb{R}^3} v \cdot \nabla_x (P_1 f_1) v \chi_0 dv, \tag{2.6.3}
$$

$$
\partial_t q_1 + \sqrt{\frac{2}{3}} \mathrm{div}_x m_1 = \sqrt{\frac{2}{3}} \nabla_x \Phi \cdot m_2 - \int_{\mathbb{R}^3} v \cdot \nabla_x (P_1 f_1) \chi_4 dv, \tag{2.6.4}
$$

其中

$$
(n_1, m_1, q_1) = ((f_1,\chi_0),(f_1,v\chi_0),(f_1,\chi_4)), \quad (n_2,m_2) = ((f_2,\chi_0),(f_2,v\chi_0)).
$$

将微观投影 P_1 作用到 (2.1.16) 上, 得到

$$
\partial_t (P_1 f_1) + P_1 (v \cdot \nabla_x P_1 f_1) - L(P_1 f_1) = -P_1 (v \cdot \nabla_x P_0 f_1) + P_1 \Lambda_1, \tag{2.6.5}
$$

这里非线性项 Λ_1 为

$$
\Lambda_1 = \frac{1}{2} (v \cdot \nabla_x \Phi) f_2 - \nabla_x \Phi \cdot \nabla_v f_2 + \Gamma(f_1, f_1). \tag{2.6.6}
$$

根据 (2.6.5), 微观项 $P_1 f_1$ 可表示为

$$
P_1 f_1 = L^{-1} [\partial_t (P_1 f_1) + P_1 (v \cdot \nabla_x P_1 f_1) - P_1 \Lambda_1] + L^{-1} P_1 (v \cdot \nabla_x P_0 f_1). \tag{2.6.7}
$$

将 (2.6.7) 代入到 (2.6.2)—(2.6.4) 中, 我们得到如下的可压 Navier-Stokes-Poisson (NSP) 型方程:

$$\partial_t n_1 + \mathrm{div}_x m_1 = 0, \tag{2.6.8}$$

$$\partial_t m_1 + \partial_t R_1 + \nabla_x n_1 + \sqrt{\frac{2}{3}}\nabla_x q_1 = \kappa_1\left(\Delta_x m_1 + \frac{1}{3}\nabla_x \mathrm{div}_x m_1\right) + n_2\nabla_x\Phi + R_2, \tag{2.6.9}$$

$$\partial_t q_1 + \partial_t R_3 + \sqrt{\frac{2}{3}}\mathrm{div}_x m_1 = \kappa_2\Delta_x q_1 + \sqrt{\frac{2}{3}}\nabla_x\Phi\cdot m_2 + R_4, \tag{2.6.10}$$

其中粘性系数 $\kappa_1>0$, 导热系数 $\kappa_2>0$ 与剩余项 R_1, R_2, R_3, R_4 定义为

$$\kappa_1 = -(L^{-1}P_1(v_1\chi_2), v_1\chi_2), \quad \kappa_2 = -(L^{-1}P_1(v_1\chi_4), v_1\chi_4),$$

$$R_1 = (v\cdot\nabla_x L^{-1}P_1 f_1, v\chi_0), \quad R_2 = -(v\cdot\nabla_x L^{-1}(P_1(v\cdot\nabla_x P_1 f_1) - P_1\Lambda_1), v\chi_0),$$

$$R_3 = (v\cdot\nabla_x L^{-1}P_1 f_1, \chi_4), \quad R_4 = -(v\cdot\nabla_x L^{-1}(P_1(v\cdot\nabla_x P_1 f_1) - P_1\Lambda_1), \chi_4).$$

其次, 取 $\sqrt{M}$ 与 (2.1.17) 的内积, 得到

$$\partial_t n_2 + \mathrm{div}_x m_2 = 0, \tag{2.6.11}$$

并将微观投影 P_r 作用到 (2.1.17) 上, 得到

$$\partial_t(P_r f_2) + P_r(v\cdot\nabla_x P_r f_2) - v\chi_0\cdot\nabla_x\Phi - L_1(P_r f_2) = -P_r(v\cdot\nabla_x P_d f_2) + \Lambda_2, \tag{2.6.12}$$

其中非线性项 Λ_2 为

$$\Lambda_2 = \frac{1}{2}(v\cdot\nabla_x\Phi)f_1 - \nabla_x\Phi\cdot\nabla_v f_1 + \Gamma(f_2, f_1). \tag{2.6.13}$$

根据 (2.6.12), 微观项 $P_r f_2$ 可表示为

$$P_r f_2 = L_1^{-1}[\partial_t(P_r f_2) + P_r(v\cdot\nabla_x P_r f_2) - \Lambda_2] + L_1^{-1}[v\sqrt{M}\cdot(\nabla_x n_2 - \nabla_x\Phi)]. \tag{2.6.14}$$

将 (2.6.14) 代入到 (2.6.11) 中, 得到

$$\partial_t n_2 + \partial_t \mathrm{div}_x R_5 + \kappa_3 n_2 - \kappa_3\Delta_x n_2 = -\mathrm{div}_x\left(v\cdot\nabla_x P_r f_2 - \Lambda_2, v\chi_0\right), \tag{2.6.15}$$

其中粘性系数 $\kappa_3>0$ 与剩余项 R_5 定义为

$$\kappa_3 = -(L_1^{-1}\chi_1, \chi_1), \quad R_5 = (L_1^{-1}P_r f_2, v\chi_0).$$

下面我们给出 bVPB 方程 (2.1.16)—(2.1.19) 强解 (f_1, f_2) 的宏观部分的能量估计.

引理 2.43 (宏观耗散) 令 $N \geqslant 2$. 设 (n_1, m_1, q_1) 与 n_2 分别为方程 (2.6.8)—(2.6.10) 与 (2.6.15) 的强解. 那么, 存在常数 $p_0 > 0$ 和 $C > 0$, 使得对任意的 $t > 0$, 有

$$\begin{aligned}
&\frac{d}{dt}\sum_{|\alpha|\leqslant N-1} p_0\left(\|\partial_x^\alpha(n_1,m_1,q_1)\|_{L_x^2}^2 + 2\int_{\mathbb{R}^3}(\partial_x^\alpha R_1\partial_x^\alpha m_1 + \partial_x^\alpha R_3\partial_x^\alpha q_1)dx\right)\\
&-\frac{d}{dt}\sum_{|\alpha|\leqslant N-1} 4\int_{\mathbb{R}^3}\partial_x^\alpha \mathrm{div}_x m_1\partial_x^\alpha n_1 dx + \sum_{|\alpha|\leqslant N-1}\|\partial_x^\alpha\nabla_x(n_1,m_1,q_1)\|_{L_x^2}^2\\
\leqslant{}& C\sqrt{E_N(f_1,f_2)}D_N(f_1,f_2) + C\sum_{|\alpha|\leqslant N-1}\|\partial_x^\alpha\nabla_x P_1 f_1\|_{L^2}^2,
\end{aligned}\tag{2.6.16}$$

$$\begin{aligned}
&\frac{d}{dt}\sum_{|\alpha|\leqslant N-1}\left(\|\partial_x^\alpha n_2\|_{L_x^2}^2 + \|\partial_x^\alpha\nabla_x\Phi\|_{L_x^2}^2 + 2\int_{\mathbb{R}^3}\partial_x^\alpha R_5(\partial_x^\alpha\nabla_x\Phi - \partial_x^\alpha\nabla_x n_2)dx\right)\\
&+\kappa_3\sum_{|\alpha|\leqslant N-1}(\|\partial_x^\alpha n_2\|_{L_x^2}^2 + \|\partial_x^\alpha\nabla_x n_2\|_{L_x^2}^2 + \|\partial_x^\alpha\nabla_x\Phi\|_{L_x^2}^2)\\
\leqslant{}& C\sqrt{E_N(f_1,f_2)}D_N(f_1,f_2) + C\sum_{|\alpha|\leqslant N-1}(\|\partial_x^\alpha P_r f_2\|_{L^2}^2 + \|\partial_x^\alpha\nabla_x P_r f_2\|_{L^2}^2),
\end{aligned}\tag{2.6.17}$$

其中 $E_N(f_1, f_2)$ 和 $D_N(f_1, f_2)$ 由 (2.6.1) 定义.

证明 首先, 我们证明 (2.6.16). 对于 $|\alpha| \leqslant N-1$, 取 $\partial_x^\alpha m_1$ 与 ∂_x^α(2.6.9) 的内积, 有

$$\begin{aligned}
&\frac{1}{2}\frac{d}{dt}\|\partial_x^\alpha(n_1,m_1)\|_{L_x^2}^2 + \frac{d}{dt}\int_{\mathbb{R}^3}\partial_x^\alpha R_1\partial_x^\alpha m_1 dx + \sqrt{\frac{2}{3}}\int_{\mathbb{R}^3}\partial_x^\alpha\nabla_x q_1\partial_x^\alpha m_1 dx\\
&+\kappa_1\left(\|\partial_x^\alpha\nabla_x m_1\|_{L_x^2}^2 + \frac{1}{3}\|\partial_x^\alpha \mathrm{div}_x m_1\|_{L_x^2}^2\right)\\
={}&\int_{\mathbb{R}^3}\partial_x^\alpha(n_2\nabla_x\Phi)\partial_x^\alpha m_1 dx + \int_{\mathbb{R}^3}\partial_x^\alpha R_2\partial_x^\alpha m_1 dx + \int_{\mathbb{R}^3}\partial_x^\alpha R_1\partial_x^\alpha\partial_t m_1 dx\\
=:{}& I_1 + I_2 + I_3.
\end{aligned}\tag{2.6.18}$$

下面我们对 I_j; $j = 1, 2, 3$ 进行估计. 根据引理 1.37 和 Sobolev 嵌入定理, 得到

$$\begin{aligned}
I_1 &\leqslant C\sum_{\alpha'\leqslant\alpha}\|\partial_x^{\alpha'}\nabla_x\Phi\|_{L_x^2}\|\partial_x^{\alpha-\alpha'}n_2\|_{L_x^3}\|\partial_x^\alpha m_1\|_{L_x^6}\\
&\leqslant C\sqrt{E_N(f_1,f_2)}D_N(f_1,f_2),
\end{aligned}\tag{2.6.19}$$

$$
\begin{aligned}
I_2 &\leqslant C\|\partial_x^\alpha \nabla_x P_1 f_1\|_{L^2}\|\partial_x^\alpha \nabla_x m_1\|_{L_x^2} \\
&\quad + C(\|\partial_x^\alpha(\nabla_x \Phi f_2)\|_{L^2} + \|\nu^{-\frac{1}{2}}\partial_x^\alpha \Gamma(f_1, f_1)\|_{L^2})\|\partial_x^\alpha \nabla_x m_1\|_{L_x^2} \\
&\leqslant \frac{\kappa_1}{2}\|\partial_x^\alpha \nabla_x m_1\|_{L_x^2}^2 + C\|\partial_x^\alpha \nabla_x P_1 f_1\|_{L^2}^2 + C\sqrt{E_N(f_1, f_2)}D_N(f_1, f_2). \quad (2.6.20)
\end{aligned}
$$

根据 (2.6.3), 有

$$
\begin{aligned}
I_3 &= \int_{\mathbb{R}^3} \partial_x^\alpha R_1 \partial_x^\alpha \left[-\nabla_x n_1 - \sqrt{\frac{2}{3}}\nabla_x q_1 + n_2 \nabla_x \Phi - (v \cdot \nabla_x P_1 f_1, v\sqrt{M}) \right] dx \\
&\leqslant \frac{C}{\epsilon}\|\partial_x^\alpha \nabla_x P_1 f_1\|_{L_x^2}^2 + \epsilon(\|\partial_x^\alpha \nabla_x n_1\|_{L_x^2}^2 + \|\partial_x^\alpha \nabla_x q_1\|_{L_x^2}^2) \\
&\quad + C\sqrt{E_N(f_1, f_2)}D_N(f_1, f_2). \quad (2.6.21)
\end{aligned}
$$

因此, 由 (2.6.18)—(2.6.20) 得到

$$
\begin{aligned}
&\frac{1}{2}\frac{d}{dt}\|\partial_x^\alpha(n_1, m_1)\|_{L_x^2}^2 + \frac{d}{dt}\int_{\mathbb{R}^3} \partial_x^\alpha R_1 \partial_x^\alpha m_1 dx + \sqrt{\frac{2}{3}}\int_{\mathbb{R}^3} \partial_x^\alpha \nabla_x q_1 \partial_x^\alpha m_1 dx \\
&\quad + \frac{\kappa_1}{2}\left(\|\partial_x^\alpha \nabla_x m_1\|_{L_x^2}^2 + \frac{1}{3}\|\partial_x^\alpha \mathrm{div}_x m_1\|_{L_x^2}^2 \right) \\
&\leqslant C\sqrt{E_N(f_1, f_2)}D_N(f_1, f_2) + \frac{C}{\epsilon}\|\partial_x^\alpha \nabla_x P_1 f_1\|_{L^2}^2 \\
&\quad + \epsilon(\|\partial_x^\alpha \nabla_x n_1\|_{L_x^2}^2 + \|\partial_x^\alpha \nabla_x q_1\|_{L_x^2}^2), \quad (2.6.22)
\end{aligned}
$$

对于 $|\alpha| \leqslant N-1$, 取 $\partial_x^\alpha q_1$ 与 ∂_x^α(2.6.10) 的内积, 有

$$
\begin{aligned}
&\frac{1}{2}\frac{d}{dt}\|\partial_x^\alpha q_1\|_{L_x^2}^2 + \frac{d}{dt}\int_{\mathbb{R}^3} \partial_x^\alpha R_3 \partial_x^\alpha q_1 dx + \sqrt{\frac{2}{3}}\int_{\mathbb{R}^3} \partial_x^\alpha \mathrm{div}_x m_1 \partial_x^\alpha q_1 dx + \kappa_2\|\partial_x^\alpha \nabla_x q_1\|_{L_x^2}^2 \\
&= \sqrt{\frac{2}{3}}\int_{\mathbb{R}^3} \partial_x^\alpha(\nabla_x \Phi \cdot m_2)\partial_x^\alpha q_1 dx + \int_{\mathbb{R}^3} \partial_x^\alpha R_4 \partial_x^\alpha q_1 dx + \int_{\mathbb{R}^3} \partial_x^\alpha R_3 \partial_x^\alpha \partial_t q_1 dx \\
&=: I_4 + I_5 + I_6. \quad (2.6.23)
\end{aligned}
$$

通过与 (2.6.19) 和 (2.6.20) 类似的证明, 可以得到

$$
\begin{aligned}
I_4 &\leqslant C\sum_{\alpha' \leqslant \alpha} \|\partial_x^{\alpha'} \nabla_x \Phi\|_{L_x^2}\|\partial_x^{\alpha-\alpha'} m_2\|_{L_x^3}\|\partial_x^\alpha q_1\|_{L_x^6} \\
&\leqslant C\sqrt{E_N(f_1, f_2)}D_N(f_1, f_2), \\
I_5 &\leqslant C\|\partial_x^\alpha \nabla_x P_1 f_1\|_{L^2}\|\partial_x^\alpha \nabla_x q_1\|_{L_x^2}
\end{aligned}
$$

$$
\begin{aligned}
&+C(\|\partial_x^\alpha(\nabla_x\Phi f_2)\|_{L^2}+\|\nu^{-\frac{1}{2}}\partial_x^\alpha\Gamma(f_1,f_1)\|_{L^2})\|\partial_x^\alpha\nabla_x q_1\|_{L_x^2}\\
&\leqslant\frac{\kappa_2}{2}\|\partial_x^\alpha\nabla_x q_1\|_{L_x^2}^2+C\|\partial_x^\alpha\nabla_x P_1 f_1\|_{L^2}^2+C\sqrt{E_N(f_1,f_2)}D_N(f_1,f_2).
\end{aligned}
$$

根据 (2.6.4), 有

$$
\begin{aligned}
I_6&=\int_{\mathbb{R}^3}\partial_x^\alpha R_3\partial_x^\alpha\left[-\sqrt{\frac{2}{3}}\mathrm{div}_x m_1+\sqrt{\frac{2}{3}}m_2\cdot\nabla_x\Phi-(v\cdot\nabla_x P_1 f_1,\chi_4)\right]dx\\
&\leqslant\frac{C}{\epsilon}\|\partial_x^\alpha\nabla_x P_1 f_1\|_{L^2}^2+\epsilon\|\partial_x^\alpha\nabla_x m_1\|_{L_x^2}^2+C\sqrt{E_N(f_1,f_2)}D_N(f_1,f_2).
\end{aligned}
$$

因此

$$
\begin{aligned}
&\frac{1}{2}\frac{d}{dt}\|\partial_x^\alpha q_1\|_{L_x^2}^2+\frac{d}{dt}\int_{\mathbb{R}^3}\partial_x^\alpha R_3\partial_x^\alpha q_1dx+\sqrt{\frac{2}{3}}\int_{\mathbb{R}^3}\partial_x^\alpha\mathrm{div}_x m_1\partial_x^\alpha q_1dx+\frac{\kappa_2}{2}\|\partial_x^\alpha\nabla_x q_1\|_{L_x^2}^2\\
&\leqslant C\sqrt{E_N(f_1,f_2)}D_N(f_1,f_2)+\frac{C}{\epsilon}\|\partial_x^\alpha\nabla_x P_1 f_1\|_{L^2}^2+\epsilon\|\partial_x^\alpha\nabla_x m_1\|_{L_x^2}^2.
\end{aligned}\tag{2.6.24}
$$

对于 $|\alpha|\leqslant N-1$, 取 $\partial_x^\alpha\nabla_x n_1$ 与 $\partial_x^\alpha(2.6.3)$ 的内积, 有

$$
\begin{aligned}
&\frac{d}{dt}\int_{\mathbb{R}^3}\partial_x^\alpha m_1\partial_x^\alpha\nabla_x n_1dx+\frac{1}{2}\|\partial_x^\alpha\nabla_x n_1\|_{L_x^2}^2\\
&\leqslant C\sqrt{E_N(f_1,f_2)}D_N(f_1,f_2)+\|\partial_x^\alpha\mathrm{div}_x m_1\|_{L_x^2}^2+C(\|\partial_x^\alpha\nabla_x q_1\|_{L_x^2}^2+\|\partial_x^\alpha\nabla_x P_1 f_1\|_{L^2}^2).
\end{aligned}\tag{2.6.25}
$$

通过求和 $p_0\sum\limits_{|\alpha|\leqslant N-1}[(2.6.22)+(2.6.24)]+4\sum\limits_{|\alpha|\leqslant N-1}(2.6.25)$, 其中 $p_0>0$ 充分大, $\epsilon>0$ 充分小, 我们可以得到 (2.6.16).

接下来, 我们证明 (2.6.17). 对于 $|\alpha|\leqslant N-1$, 取 $\partial_x^\alpha n_2$ 与 $\partial_x^\alpha(2.6.15)$ 的内积, 有

$$
\begin{aligned}
&\frac{1}{2}\frac{d}{dt}\|\partial_x^\alpha n_2\|_{L_x^2}^2+\frac{d}{dt}\int_{\mathbb{R}^3}\partial_x^\alpha\mathrm{div}_x R_5\partial_x^\alpha n_2dx+\kappa_3\|\partial_x^\alpha n_2\|_{L_x^2}^2+\kappa_3\|\partial_x^\alpha\nabla_x n_2\|_{L_x^2}^2\\
&=\int_{\mathbb{R}^3}\partial_x^\alpha(v\cdot\nabla_x L_1^{-1}P_r f_2-\Lambda_2,v\chi_0)\partial_x^\alpha\nabla_x n_2dx-\int_{\mathbb{R}^3}\partial_x^\alpha\mathrm{div}_x R_5\partial_x^\alpha\mathrm{div}_x m_2dx,
\end{aligned}
$$

由此推出

$$
\begin{aligned}
&\frac{d}{dt}\|\partial_x^\alpha n_2\|_{L_x^2}^2+2\frac{d}{dt}\int_{\mathbb{R}^3}\partial_x^\alpha\mathrm{div}_x R_5\partial_x^\alpha n_2dx+\kappa_3\|\partial_x^\alpha n_2\|_{L_x^2}^2+\kappa_3\|\partial_x^\alpha\nabla_x n_2\|_{L_x^2}^2\\
&\leqslant C\|\partial_x^\alpha\nabla_x P_r f_2\|_{L^2}^2+C\sqrt{E_N(f_1,f_2)}D_N(f_1,f_2).
\end{aligned}\tag{2.6.26}
$$

同样地, 取 $-\partial_x^\alpha\Phi$ 与 ∂_x^α(2.6.15) 的内积, 得到

$$\begin{aligned}&\frac{d}{dt}\|\partial_x^\alpha\nabla_x\Phi\|_{L_x^2}^2+2\frac{d}{dt}\int_{\mathbb{R}^3}\partial_x^\alpha R_5\partial_x^\alpha\nabla_x\Phi dx+\kappa_3\|\partial_x^\alpha\nabla_x\Phi\|_{L_x^2}^2+\kappa_3\|\partial_x^\alpha n_2\|_{L_x^2}^2\\&\leqslant C\left(\|\partial_x^\alpha P_r f_2\|_{L^2}^2+\|\partial_x^\alpha\nabla_x P_r f_2\|_{L^2}^2\right)+C\sqrt{E_N(f_1,f_2)}D_N(f_1,f_2).\end{aligned}\tag{2.6.27}$$

通过求和 $\sum_{|\alpha|\leqslant N-1}[(2.6.26)+(2.6.27)]$, 我们可以得到 (2.6.17). □

下面我们给出 bVPB 方程 (2.1.16)—(2.1.18) 强解 (f_1,f_2) 的微观部分的能量估计.

引理 2.44 (微观耗散) 令 $N\geqslant 2$. 设 (f_1,f_2) 为 bVPB 方程 (2.1.16)—(2.1.18) 的强解. 那么, 存在常数 $p_k>0$, $1\leqslant k\leqslant N$ 和 $C>0$, 使得对任意的 $t>0$, 有

$$\begin{aligned}&\frac{1}{2}\frac{d}{dt}\sum_{|\alpha|\leqslant N}(\|\partial_x^\alpha(f_1,f_2)\|_{L^2}^2+\|\partial_x^\alpha\nabla_x\Phi\|_{L_x^2}^2)+\mu_0\sum_{|\alpha|\leqslant N}\|\nu^{\frac{1}{2}}\partial_x^\alpha(P_1f_1,P_rf_2)\|_{L^2}^2\\&\leqslant C\sqrt{E_N(f_1,f_2)}D_N(f_1,f_2),\end{aligned}\tag{2.6.28}$$

$$\begin{aligned}&\frac{d}{dt}\sum_{1\leqslant k\leqslant N}p_k\sum_{\substack{|\beta|=k\\|\alpha|+|\beta|\leqslant N}}\|\partial_x^\alpha\partial_v^\beta(P_1f_1,P_rf_2)\|_{L^2}^2\\&+\sum_{1\leqslant k\leqslant N}p_k\sum_{\substack{|\beta|=k\\|\alpha|+|\beta|\leqslant N}}\|\nu^{\frac{1}{2}}\partial_x^\alpha\partial_v^\beta(P_1f_1,P_rf_2)\|_{L^2}^2\\&\leqslant C\sum_{|\alpha|\leqslant N-1}(\|\partial_x^\alpha\nabla_x(f_1,f_2)\|_{L^2}^2+\|\partial_x^\alpha\nabla_x\Phi\|_{L_x^2}^2)+C\sqrt{E_N(f_1,f_2)}D_N(f_1,f_2),\end{aligned}\tag{2.6.29}$$

其中 $E_N(f_1,f_2)$ 和 $D_N(f_1,f_2)$ 由 (2.6.1) 定义.

证明 对于 $|\alpha|\leqslant N$, 取 $\partial_x^\alpha f_1$ 与 ∂_x^α(2.1.16) 的内积, 得到

$$\begin{aligned}&\frac{1}{2}\frac{d}{dt}\|\partial_x^\alpha f_1\|_{L^2}^2-\int_{\mathbb{R}^3}\int_{\mathbb{R}^3}(L\partial_x^\alpha f_1)\partial_x^\alpha f_1dxdv\\&=\frac{1}{2}\int_{\mathbb{R}^3}\int_{\mathbb{R}^3}\partial_x^\alpha(v\cdot\nabla_x\Phi f_2)\partial_x^\alpha f_1dxdv-\int_{\mathbb{R}^3}\int_{\mathbb{R}^3}\partial_x^\alpha(\nabla_x\Phi\cdot\nabla_v f_2)\partial_x^\alpha f_1dxdv\\&\quad+\int_{\mathbb{R}^3}\int_{\mathbb{R}^3}\partial_x^\alpha\Gamma(f_1,f_1)\partial_x^\alpha f_1dxdv=:I_1+I_2+I_3.\end{aligned}\tag{2.6.30}$$

下面我们对 $I_j,\ j=1,2,3$ 进行估计. 对于 $|\alpha|\geqslant 1$, 有

$$
\begin{aligned}
I_1 &= \frac{1}{2}\sum_{\alpha'\leqslant\alpha} C_\alpha^{\alpha'}\int_{\mathbb{R}^3}\int_{\mathbb{R}^3} v\cdot\partial_x^{\alpha'}\nabla_x\Phi\partial_x^{\alpha-\alpha'}f_2\partial_x^\alpha f_1 dxdv \\
&\leqslant C\|\nabla_x\Phi\|_{H_x^N}\|\nu^{\frac{1}{2}}\nabla_x f_2\|_{H^{N-1}}\|\nu^{\frac{1}{2}}\partial_x^\alpha f_1\|_{L^2} \\
&\leqslant C\sqrt{E_N(f_1,f_2)}D_N(f_1,f_2),
\end{aligned}
\tag{2.6.31}
$$

并且对于 $|\alpha|=0$, 有

$$
I_1\leqslant\int_{\mathbb{R}^3}|v|\|\nabla_x\Phi\|_{L_x^3}\|f_2\|_{L_x^2}\|f_1\|_{L_x^6}dv\leqslant C\sqrt{E_N(f_1,f_2)}D_N(f_1,f_2).
$$

同理可证

$$
\begin{aligned}
I_2 =& -\sum_{|\alpha'|\geqslant1,\alpha'\leqslant\alpha} C_\alpha^{\alpha'}\int_{\mathbb{R}^3}\int_{\mathbb{R}^3}\partial_x^{\alpha'}\nabla_x\Phi\partial_x^{\alpha-\alpha'}\nabla_v f_2\partial_x^\alpha f_1 dxdv \\
&-\int_{\mathbb{R}^3}\int_{\mathbb{R}^3}\nabla_x\Phi\partial_x^\alpha\nabla_v f_2\partial_x^\alpha f_1 dxdv \\
\leqslant& C\sqrt{E_N(f_1,f_2)}D_N(f_1,f_2)-\int_{\mathbb{R}^3}\int_{\mathbb{R}^3}\nabla_x\Phi\partial_x^\alpha\nabla_v f_2\partial_x^\alpha f_1 dxdv,
\end{aligned}
$$

并且根据引理 1.37, 得到

$$
I_3\leqslant\|\nu^{-\frac{1}{2}}\partial_x^\alpha\Gamma(f_1,f_1)\|_{L^2}\|\nu^{\frac{1}{2}}\partial_x^\alpha P_1 f_1\|_{L^2}\leqslant C\sqrt{E_N(f_1,f_2)}D_N(f_1,f_2). \tag{2.6.32}
$$

因此, 由 (2.6.30)—(2.6.32) 得到

$$
\begin{aligned}
&\frac{1}{2}\frac{d}{dt}\|\partial_x^\alpha f_1\|_{L^2}^2+\mu_0\|\nu^{\frac{1}{2}}\partial_x^\alpha P_1 f_1\|_{L^2}^2 \\
\leqslant& C\sqrt{E_N(f_1,f_2)}D_N(f_1,f_2)-\int_{\mathbb{R}^3}\int_{\mathbb{R}^3}\nabla_x\Phi\partial_x^\alpha\nabla_v f_2\partial_x^\alpha f_1 dxdv.
\end{aligned}
\tag{2.6.33}
$$

同理, 取 $\partial_x^\alpha f_2$ 与 ∂_x^α(2.1.17) 的内积, 得到

$$
\begin{aligned}
&\frac{1}{2}\frac{d}{dt}(\|\partial_x^\alpha f_2\|_{L^2}^2+\|\partial_x^\alpha\nabla_x\Phi\|_{L_x^2}^2)-\int_{\mathbb{R}^3}(L_1\partial_x^\alpha f_2)\partial_x^\alpha f_2 dxdv \\
=&\frac{1}{2}\int_{\mathbb{R}^3}\int_{\mathbb{R}^3}\partial_x^\alpha(v\cdot\nabla_x\Phi f_1)\partial_x^\alpha f_2 dxdv-\int_{\mathbb{R}^3}\int_{\mathbb{R}^3}\partial_x^\alpha(\nabla_x\Phi\cdot\nabla_v f_1)\partial_x^\alpha f_2 dxdv \\
&+\int_{\mathbb{R}^3}\int_{\mathbb{R}^3}\partial_x^\alpha\Gamma(f_2,f_1)\partial_x^\alpha f_2 dxdv
\end{aligned}
$$

$$\leqslant C\sqrt{E_N(f_1,f_2)}D_N(f_1,f_2)-\int_{\mathbb{R}^3}\int_{\mathbb{R}^3}\nabla_x\Phi\partial_x^\alpha\nabla_v f_1\partial_x^\alpha f_2dxdv. \tag{2.6.34}$$

通过取和 $\sum\limits_{|\alpha|\leqslant N}[(2.6.33)+(2.6.34)]$, 我们得到 (2.6.28).

为了使能量不等式封闭, 我们还需要对 $\partial_x^\alpha\nabla_v(f_1,f_2)$, $|\alpha|\leqslant N-1$ 进行估计. 为此, 将 (2.6.5) 与 (2.6.12) 改写为

$$\begin{aligned}
&\partial_t(P_1f_1)+v\cdot\nabla_xP_1f_1+\nabla_x\Phi\cdot\nabla_vP_rf_2-L(P_1f_1)\\
&=\Gamma(f_1,f_1)+\frac{1}{2}v\cdot\nabla_x\Phi P_rf_2-P_1(v\cdot\nabla_xP_0f_1)\\
&\quad+P_0\left(v\cdot\nabla_xP_1f_1-\frac{1}{2}v\cdot\nabla_x\Phi P_rf_2+\nabla_x\Phi\cdot\nabla_vP_rf_2\right),
\end{aligned} \tag{2.6.35}$$

以及

$$\begin{aligned}
&\partial_t(P_rf_2)+v\cdot\nabla_xP_rf_2-v\sqrt{M}\cdot\nabla_x\Phi+\nabla_x\Phi\cdot\nabla_vP_1f_1+L_1(P_rf_2)\\
&=\Gamma(f_2,f_1)+\frac{1}{2}v\cdot\nabla_x\Phi P_1f_1+P_d(v\cdot\nabla_xP_rf_2)\\
&\quad-P_r\left(v\cdot\nabla_xP_df_2-\frac{1}{2}v\cdot\nabla_x\Phi P_0f_1+\nabla_x\Phi\cdot\nabla_vP_0f_1\right).
\end{aligned} \tag{2.6.36}$$

设 $1\leqslant k\leqslant N$, 取 $\alpha,\beta\in\mathbb{N}^3$ 满足 $|\beta|=k$, $|\alpha|+|\beta|\leqslant N$. 分别取 $\partial_x^\alpha\partial_v^\beta P_1f_1$ 和 $\partial_x^\alpha\partial_v^\beta(2.6.35)$, $\partial_x^\alpha\partial_v^\beta P_rf_2$ 和 $\partial_x^\alpha\partial_v^\beta(2.6.36)$ 的内积, 得到

$$\begin{aligned}
&\frac{1}{2}\frac{d}{dt}\|\partial_x^\alpha\partial_v^\beta P_1f_1\|_{L^2}^2+\frac{1}{2}\|\nu^{\frac{1}{2}}\partial_x^\alpha\partial_v^\beta P_1f_1\|_{L^2}^2\\
&\leqslant C\sqrt{E_N(f_1,f_2)}D_N(f_1,f_2)-\int_{\mathbb{R}^3}\int_{\mathbb{R}^3}\nabla_x\Phi\partial_x^\alpha\partial_v^\beta\nabla_vP_1f_1\partial_x^\alpha\partial_v^\beta P_rf_2dxdv\\
&\quad+C\left(\|\partial_x^\alpha\nabla_xP_1f_1\|_{L^2}^2+\|\partial_x^\alpha\nabla_xP_0f_1\|_{L^2}^2\right)\\
&\quad+C\Bigg(\sum_{|\beta|=k-1}\|\nabla_x\partial_x^\alpha\partial_v^\beta P_1f_1\|_{L^2}^2+\sum_{|\beta|\leqslant k-1}\|\partial_x^\alpha\partial_v^\beta P_1f_1\|_{L^2}^2\Bigg),
\end{aligned} \tag{2.6.37}$$

以及

$$\begin{aligned}
&\frac{1}{2}\frac{d}{dt}\|\partial_x^\alpha\partial_v^\beta P_rf_2\|_{L^2}^2+\frac{1}{2}\|\nu^{\frac{1}{2}}\partial_x^\alpha\partial_v^\beta P_rf_2\|_{L^2}^2\\
&\leqslant C\sqrt{E_N(f_1,f_2)}D_N(f_1,f_2)-\int_{\mathbb{R}^3}\int_{\mathbb{R}^3}\nabla_x\Phi\partial_x^\alpha\partial_v^\beta\nabla_vP_rf_2\partial_x^\alpha\partial_v^\beta P_1f_1dxdv
\end{aligned}$$

$$+C\left(\|\partial_x^\alpha\nabla_x P_r f_2\|_{L^2}^2+\|\partial_x^\alpha\nabla_x P_d f_2\|_{L^2}^2+\|\partial_x^\alpha\nabla_x\Phi\|_{L_x^2}^2\right)$$

$$+C\Bigg(\sum_{|\beta|=k-1}\|\nabla_x\partial_x^\alpha\partial_v^\beta P_r f_2\|_{L^2}^2+\sum_{|\beta|\leqslant k-1}\|\partial_x^\alpha\partial_v^\beta P_r f_2\|_{L^2}^2\Bigg). \tag{2.6.38}$$

因此, 将 (2.6.37) + (2.6.38) 在 $\{|\beta|=k,|\alpha|+|\beta|\leqslant N\}$ 上求和, 得到

$$\frac{d}{dt}\sum_{\substack{|\beta|=k\\|\alpha|+|\beta|\leqslant N}}\|\partial_x^\alpha\partial_v^\beta(P_1f_1,P_rf_2)\|_{L^2}^2+\sum_{\substack{|\beta|=k\\|\alpha|+|\beta|\leqslant N}}\|\nu^{\frac12}\partial_x^\alpha\partial_v^\beta(P_1f_1,P_rf_2)\|_{L^2}^2$$

$$\leqslant C\sum_{|\alpha|\leqslant N-k}\left(\|\partial_x^\alpha\nabla_x(P_0f_1,P_df_2)\|_{L^2}^2+\|\partial_x^\alpha\nabla_x(P_1f_1,P_rf_2)\|_{L^2}^2+\|\partial_x^\alpha\nabla_x\Phi\|_{L_x^2}^2\right)$$

$$+C_k\sum_{\substack{|\beta|\leqslant k-1\\|\alpha|+|\beta|\leqslant N}}\|\partial_x^\alpha\partial_v^\beta(P_1f_1,P_rf_2)\|_{L^2}^2+C\sqrt{E_N(f_1,f_2)}D_N(f_1,f_2), \tag{2.6.39}$$

通过求和 $\sum\limits_{1\leqslant k\leqslant N}p_k(2.6.39)$, 其中常数 $p_k>0$ 取为

$$\nu_0p_k\geqslant 2\sum_{1\leqslant j\leqslant N-k}p_{k+j}C_{k+j},\quad 1\leqslant k\leqslant N-1,\quad p_N=1,$$

我们可以得到 (2.6.29). □

根据引理 2.43 和引理 2.44, 我们得到 bVPB 方程 (2.1.16)—(2.1.19) 整体强解的存在唯一性和能量估计.

引理 2.45 令 $N\geqslant 2$. 存在两个等价能量泛函 $\mathcal{E}_N(\cdot)\sim E_N(\cdot)$, $\mathcal{H}_N(\cdot)\sim H_N(\cdot)$, 以及充分小的常数 $\delta_0>0$ 使得, 如果初值 $(f_{1,0},f_{2,0})$ 满足 $E_N(f_{1,0},f_{2,0})\leqslant\delta_0$, 那么 bVPB 方程柯西问题 (2.1.16)—(2.1.19) 存在唯一的整体解 $(f_1,f_2)(t,x,v)$ 满足

$$\frac{d}{dt}\mathcal{E}_N(f_1,f_2)+D_N(f_1,f_2)\leqslant 0, \tag{2.6.40}$$

$$\frac{d}{dt}\mathcal{H}_N(f_1,f_2)+D_N(f_1,f_2)\leqslant C\|\nabla_x(n_1,m_1,q_1)\|_{L_x^2}^2. \tag{2.6.41}$$

证明 令

$$T_*=\{t\,|\,E_N(f_1,f_2)(t)\leqslant\delta_0\}.$$

由解的局部存在性可知, $T_*>0$. 通过求和 $A_1[(2.6.16)+(2.6.17)]+A_2(2.6.28)+(2.6.29)$, 其中常数 $A_2>C_0A_1>0$ 充分大, 有

$$A_1\frac{d}{dt}\sum_{|\alpha|\leqslant N-1}p_0\left(\|\partial_x^\alpha(n_1,m_1,q_1)\|_{L_x^2}^2+2\int_{\mathbb{R}^3}(\partial_x^\alpha R_1\partial_x^\alpha m_1+\partial_x^\alpha R_3\partial_x^\alpha q_1)dx\right)$$

$$
\begin{aligned}
&+A_1\frac{d}{dt}\sum_{|\alpha|\leqslant N-1}\left(\|\partial_x^\alpha n_2\|_{L_x^2}^2+\|\partial_x^\alpha\nabla_x\Phi\|_{L_x^2}^2+2\int_{\mathbb{R}^3}\partial_x^\alpha R_5(\partial_x^\alpha\nabla_x\Phi-\partial_x^\alpha\nabla_x n_2)dx\right)\\
&+4A_1\frac{d}{dt}\sum_{|\alpha|\leqslant N-1}\int_{\mathbb{R}^3}\partial_x^\alpha m_1\partial_x^\alpha\nabla_x n_1dx+\frac{d}{dt}\sum_{|\alpha|\leqslant N}A_2(\|\partial_x^\alpha(f_1,f_2)\|_{L^2}^2+\|\partial_x^\alpha\nabla_x\Phi\|_{L_x^2}^2)\\
&+\frac{d}{dt}\sum_{1\leqslant k\leqslant N}p_k\sum_{\substack{|\beta|=k\\|\alpha|+|\beta|\leqslant N}}\|\partial_x^\alpha\partial_v^\beta(P_1f_1,P_rf_2)\|_{L^2}^2\\
&+\sum_{|\alpha|\leqslant N-1}A_1(\|\partial_x^\alpha\nabla_x(n_1,m_1,q_1)\|_{L_x^2}^2+\|\partial_x^\alpha n_2\|_{L_x^2}^2+\|\partial_x^\alpha\nabla_x n_2\|_{L_x^2}^2+\|\partial_x^\alpha\nabla_x\Phi\|_{L_x^2}^2)\\
&+\mu_0\sum_{|\alpha|\leqslant N}A_2\|\nu^{\frac12}\partial_x^\alpha(P_1f_1,P_rf_2)\|_{L^2}^2+\sum_{|\alpha|+|\beta|\leqslant N}\|\nu^{\frac12}\partial_x^\alpha\partial_v^\beta(P_1f_1,P_rf_2)\|_{L^2}^2\\
\leqslant{}& C\sqrt{E_N(f_1,f_2)}D_N(f_1,f_2).
\end{aligned}
$$

根据上面的能量不等式, 并且利用与引理 2.24 相似的证明, 我们可以推出, 局部解 (f_1,f_2) 能够延拓到 $T_*=\infty$, 并且满足能量不等式 (2.6.40).

注意到对于 $|\alpha|=0$, (2.6.34) 中等号右边项以 $\sqrt{E_N(f_1,f_2)}D_N(f_1,f_2)$ 为界, 于是

$$
\frac12\frac{d}{dt}(\|f_2\|_{L^2}^2+\|\nabla_x\Phi\|_{L_x^2}^2)+\mu_0\|\nu^{\frac12}P_rf_2\|_{L^2}^2\leqslant\sqrt{E_N(f_1,f_2)}D_N(f_1,f_2). \quad (2.6.42)
$$

将 (2.6.35) 与 P_1f_1 作内积, 得到

$$
\frac{d}{dt}\|P_1f_1\|_{L^2}^2+\mu_0\|\nu^{\frac12}P_1f_1\|_{L^2}^2\leqslant C\|\nabla_xP_0f_1\|_{L^2}^2+C\sqrt{E_N(f_1,f_2)}D_N(f_1,f_2). \quad (2.6.43)
$$

通过取和 $A_3[(2.6.16)+(2.6.17)]+A_4(2.6.28)+(2.6.29)+(2.6.42)+(2.6.43)$, 其中常数 $A_4>C_0A_3>0$ 充分大, 并且在 (2.6.16) 与 (2.6.28) 中取 $|\alpha|\geqslant1$, 得到

$$
\begin{aligned}
&\frac{d}{dt}\sum_{1\leqslant|\alpha|\leqslant N-1}A_3p_0\left(\|\partial_x^\alpha(n_1,m_1,q_1)\|_{L_x^2}^2+2\int_{\mathbb{R}^3}(\partial_x^\alpha R_1\partial_x^\alpha m_1+\partial_x^\alpha R_3\partial_x^\alpha q_1)dx\right)\\
&+\frac{d}{dt}\sum_{|\alpha|\leqslant N-1}A_3\left(\|\partial_x^\alpha n_2\|_{L_x^2}^2+\|\partial_x^\alpha\nabla_x\Phi\|_{L_x^2}^2+2\int_{\mathbb{R}^3}\partial_x^\alpha R_5(\partial_x^\alpha\nabla_x\Phi-\partial_x^\alpha\nabla_x n_2)dx\right)\\
&+\frac{d}{dt}\sum_{1\leqslant|\alpha|\leqslant N-1}4A_3\int_{\mathbb{R}^3}\partial_x^\alpha m_1\partial_x^\alpha\nabla_x n_1dx\\
&+\frac{d}{dt}\sum_{1\leqslant|\alpha|\leqslant N}A_2(\|\partial_x^\alpha(f_1,f_2)\|_{L^2}^2+\|\partial_x^\alpha\nabla_x\Phi\|_{L_x^2}^2)
\end{aligned}
$$

$$
\begin{aligned}
&+\frac{d}{dt}\sum_{1\leqslant k\leqslant N}p_k\sum_{\substack{|\beta|=k\\|\alpha|+|\beta|\leqslant N}}\|\partial_x^\alpha\partial_v^\beta(P_1f_1,P_rf_2)\|_{L^2}^2+\frac{d}{dt}(\|(P_1f_1,f_2)\|_{L^2}^2+\|\nabla_x\Phi\|_{L_x^2}^2)\\
&+\sum_{|\alpha|\leqslant N-1}A_3(\|\partial_x^\alpha\nabla_x(n_1,m_1,q_1)\|_{L_x^2}^2+\|\partial_x^\alpha n_2\|_{L_x^2}^2+\|\partial_x^\alpha\nabla_x n_2\|_{L_x^2}^2+\|\partial_x^\alpha\nabla_x\Phi\|_{L_x^2}^2)\\
&+\mu_0\sum_{|\alpha|\leqslant N}A_4\|\nu^{\frac12}\partial_x^\alpha(P_1f_1,P_rf_2)\|_{L^2}^2+\sum_{|\alpha|+|\beta|\leqslant N}\|\nu^{\frac12}\partial_x^\alpha\partial_v^\beta(P_1f_1,P_rf_2)\|_{L^2}^2\\
\leqslant& C\|\nabla_x(n_1,m_1,q_1)\|_{L_x^2}^2+C\sqrt{E_N(f_1,f_2)}D_N(f_1,f_2),
\end{aligned}
$$

这就证明了 (2.6.41). □

通过与引理 1.49 相似的证明, 我们可以得到下面的加权能量估计, 证明过程在此省略.

引理 2.46 令 $N\geqslant 2$ 且 $k\geqslant 1$. 存在两个等价能量泛函 $\mathcal{E}_{N,k}(\cdot)\sim E_{N,k}(\cdot)$, $\mathcal{H}_{N,k}(\cdot)\sim H_{N,k}(\cdot)$, 使得如果 $E_{N,k}(f_{1,0},f_{2,0})$ 充分小, 那么 bVPB 方程柯西问题 (2.1.16)—(2.1.19) 的整体解 $(f_1,f_2)(t,x,v)$ 满足

$$
\frac{d}{dt}\mathcal{E}_{N,k}(f_1,f_2)+D_{N,k}(f_1,f_2)\leqslant 0, \tag{2.6.44}
$$

$$
\frac{d}{dt}\mathcal{H}_{N,k}(f_1,f_2)+D_{N,k}(f_1,f_2)\leqslant C\|\nabla_x(n_1,m_1,q_1)\|_{L_x^2}^2. \tag{2.6.45}
$$

下面我们研究 bVPB 方程 (2.1.16)—(2.1.19) 整体解 (f_1,f_2) 的时间衰减率估计. 首先, 我们给出解 f_2 的指数时间衰减率如下.

定理 2.47 假设初值 $(f_{1,0},f_{2,0})\in X^2\cap L^{2,1}$, 并且对于充分小的常数 $\delta_0>0$, 满足

$$
\|(f_{1,0},f_{2,0})\|_{X^2}+\|(f_{1,0},f_{2,0})\|_{L^{2,1}}\leqslant\delta_0.
$$

那么, bVPB 方程柯西问题 (2.1.16)—(2.1.19) 的整体解 $(f_1,f_2)=(f_1,f_2)(t,x,v)$ 满足

$$
\|\partial_x^\alpha f_2(t)\|_{L^2}+\|\partial_x^\alpha\nabla_x\Phi(t)\|_{L_x^2}\leqslant C\delta_0e^{-b_1t}, \tag{2.6.46}
$$

其中 $|\alpha|=0,1$ 并且 $b_1>0$ 为常数.

证明 由于 $E_2(f_{1,0},f_{2,0})\leqslant C(\|(f_{1,0},f_{2,0})\|_{X^2}+\|(f_{1,0},f_{2,0})\|_{L^{2,1}})^2$, 于是, 根据引理 2.45 可知, bVPB 方程柯西问题 (2.1.16)—(2.1.19) 存在唯一的整体解 (f_1,f_2), 并且满足 $E_2(f_1,f_2)(t)\leqslant C\delta_0^2$. 首先, 我们证明存在常数 $A_1>0$ 以及关于 f_2 的能量 $\mathcal{E}_1(f_2)$ 和耗散 $D_1(f_2)$ 为

$$
\mathcal{E}_1(f_2)=\frac{A_1}{2}\sum_{|\alpha|\leqslant 1}(\|\partial_x^\alpha f_2\|_{L^2}^2+\|\partial_x^\alpha\nabla_x\Phi\|_{L_x^2}^2)+\|n_2\|_{L_x^2}^2+\|\nabla_x\Phi\|_{L_x^2}^2
$$

$$+2\int_{\mathbb{R}^3}\mathrm{div}_x R_5 n_2 dx + 2\int_{\mathbb{R}^3} R_5\nabla_x\Phi dx,$$

$$D_1(f_2) = A_1\mu_0\sum_{|\alpha|\leqslant 1}\|\nu^{\frac{1}{2}}\partial_x^\alpha P_r f_2\|_{L^2}^2 + \kappa_3(2\|n_2\|_{L_x^2}^2 + \|\nabla_x n_2\|_{L_x^2}^2 + \|\nabla_x\Phi\|_{L_x^2}^2),$$

使得

$$\frac{d}{dt}\mathcal{E}_1(f_2) + D_1(f_2) \leqslant 0, \quad \mathcal{E}_1(f_2) \leqslant CD_1(f_2). \tag{2.6.47}$$

事实上, 取 $n_2-\Phi$ 与 (2.6.15) 的内积, 有

$$\begin{aligned}
&\frac{1}{2}\frac{d}{dt}\left(\|n_2\|_{L_x^2}^2 + \|\nabla_x\Phi\|_{L_x^2}^2 + 2\int_{\mathbb{R}^3}\mathrm{div}_x R_5 n_2 dx + 2\int_{\mathbb{R}^3} R_5\nabla_x\Phi dx\right)\\
&+\kappa_3\big(2\|n_2\|_{L_x^2}^2 + \|\nabla_x n_2\|_{L_x^2}^2 + \|\nabla_x\Phi\|_{L_x^2}^2\big)\\
=&\int_{\mathbb{R}^3}(v\cdot\nabla_x L_1^{-1}P_r f_2, v\chi_0)(\nabla_x n_2 - \nabla_x\Phi)dx\\
&-\int_{\mathbb{R}^3}(\mathrm{div}_x R_5\mathrm{div}_x m_2 + R_5\nabla_x\Delta_x^{-1}\mathrm{div}_x m_2)dx\\
&-\int_{\mathbb{R}^3}(G_2, v\chi_0)(\nabla_x n_2 - \nabla_x\Phi)dx =: I_1 + I_2 + I_3.
\end{aligned}$$

容易验证

$$I_1 + I_2 \leqslant C\left(\|P_r f_2\|_{L^2}^2 + \|\nabla_x P_r f_2\|_{L^2}^2\right) + \frac{\kappa_3}{2}(\|\nabla_x\Phi\|_{L_x^2}^2 + \|\nabla_x n_2\|_{L_x^2}^2),$$

以及

$$\begin{aligned}
I_3 &\leqslant C(\|\nabla_x\Phi f_1\|_{L^2} + \|\nu^{-\frac{1}{2}}\Gamma(f_2, f_1)\|_{L^2})(\|\nabla_x n_2\|_{L_x^2} + \|\nabla_x\Phi\|_{L_x^2})\\
&\leqslant C\sqrt{E_2(f_1,f_2)}D_1(f_2).
\end{aligned}$$

因此

$$\begin{aligned}
&\frac{d}{dt}\left(\|n_2\|_{L_x^2}^2 + \|\nabla_x\Phi\|_{L_x^2}^2 + 2\int_{\mathbb{R}^3}\mathrm{div}_x R_5 n_2 dx + 2\int_{\mathbb{R}^3} R_5\nabla_x\Phi dx\right)\\
&+\kappa_3(2\|n_2\|_{L_x^2}^2 + \|\nabla_x n_2\|_{L_x^2}^2 + \|\nabla_x\Phi\|_{L_x^2}^2)\\
\leqslant& C\left(\|P_r f_2\|_{L^2}^2 + \|\nabla_x P_r f_2\|_{L^2}^2\right) + C\sqrt{E_2(f_1,f_2)}D_1(f_2).
\end{aligned}\tag{2.6.48}$$

注意到, 对于 $|\alpha|\leqslant 1$, 有

$$\int_{\mathbb{R}^3}\int_{\mathbb{R}^3}\nabla_x\Phi\partial_x^\alpha\nabla_v f_1\partial_x^\alpha f_2 dxdv \leqslant \int_{\mathbb{R}^3}\|\nabla_x\Phi\|_{L_x^\infty}\|\partial_x^\alpha\nabla_v f_1\|_{L_x^2}\|\partial_x^\alpha f_2\|_{L_x^2}dv$$

$$\leqslant C\sqrt{E_2(f_1,f_2)}D_1(f_2),$$

因此, 由上式与 (2.6.34) 可以推出

$$\frac{1}{2}\frac{d}{dt}\sum_{|\alpha|\leqslant 1}\left(\|\partial_x^\alpha f_2\|_{L^2}^2+\|\partial_x^\alpha\nabla_x\Phi\|_{L_x^2}^2\right)+\mu_0\sum_{|\alpha|\leqslant 1}\|\nu^{\frac{1}{2}}\partial_x^\alpha P_r f_2\|_{L^2}^2$$
$$\leqslant C\sqrt{E_2(f_1,f_2)}D_1(f_2), \tag{2.6.49}$$

通过求和 (2.6.48)+A_1(2.6.49), 其中常数 $A_1>0$ 充分大, 我们可以证明 (2.6.47) 成立. 最后, 通过 Gronwall 不等式, 从 (2.6.47) 可以推出 (2.6.46). □

备注 2.48 通过与定理 2.47 相似的讨论, 我们可以证明, 存在充分小的常数 $\delta_0>0$, 使得当初值 $(f_{1,0},f_{2,0})$ 满足 $\|(f_{1,0},f_{2,0})\|_{X_1^2\cap L^{2,1}}\leqslant\delta_0$ 时, 有

$$\|\nu\partial_x^\alpha f_2(t)\|_{L^2}+\|\partial_x^\alpha\nabla_x\Phi(t)\|_{L_x^2}\leqslant C\delta_0 e^{-b_1 t}, \tag{2.6.50}$$

其中 $|\alpha|=0,1$.

接着, 我们得到解 f_1 的代数时间衰减率如下.

定理 2.49 假设初值 $(f_{1,0},f_{2,0})\in X_1^2\cap L^{2,1}$, 并且对于充分小的常数 $\delta_0>0$, 满足

$$\|(f_{1,0},f_{2,0})\|_{X_1^2}+\|(f_{1,0},f_{2,0})\|_{L^{2,1}}\leqslant\delta_0.$$

那么, bVPB 方程柯西问题 (2.1.16)—(2.1.19) 的整体解 $(f_1,f_2)(t,x,v)$ 满足

$$\begin{cases}\|\partial_x^\alpha(f_1(t),\chi_j)\|_{L_x^2}\leqslant C\delta_0(1+t)^{-\frac{3}{4}-\frac{|\alpha|}{2}}, \quad j=0,1,2,3,4,\\ \|\partial_x^\alpha P_1 f_1(t)\|_{L^2}\leqslant C\delta_0(1+t)^{-\frac{5}{4}-\frac{|\alpha|}{2}},\\ \|(P_1 f_1,P_r f_2)(t)\|_{X_1^2}+\|\nabla_x(P_0 f_1,P_d f_2)(t)\|_{H^1}\leqslant C\delta_0(1+t)^{-\frac{5}{4}},\end{cases} \tag{2.6.51}$$

其中 $|\alpha|=0,1$ 并且 $C>0$ 为常数.

证明 设 (f_1,f_2) 为 bVPB 方程柯西问题 (2.1.16)—(2.1.19) 的整体解. 则 (f_1,f_2) 可以用半群 e^{tB}, e^{tB_2} 表示为

$$f_1(t)=e^{tB}f_{1,0}+\int_0^t e^{(t-s)B}\Lambda_1(s)ds, \tag{2.6.52}$$

$$f_2(t)=e^{tB_2}f_{2,0}+\int_0^t e^{(t-s)B_2}\Lambda_2(s)ds, \tag{2.6.53}$$

其中非线性项 Λ_1 和 Λ_2 分别由 (2.6.6) 与 (2.6.13) 给出. 对于整体解 (f_1,f_2), 定义能量泛函 $Q(t)$ 为

$$Q(t)=\sup_{0\leqslant s\leqslant t}\sum_{|\alpha|=0}^{1}\left\{\sum_{j=0}^{4}\|\partial_x^\alpha(f_1(s),\chi_j)\|_{L_x^2}(1+s)^{\frac34+\frac{|\alpha|}{2}}+\|\partial_x^\alpha P_1f_1(s)\|(1+s)^{\frac54+\frac{|\alpha|}{2}}\right.$$

$$\left.+(\|(P_1f_1,P_rf_2)(s)\|_{X_1^2}+\|\nabla_x(P_0f_1,P_df_2)(s)\|_{H^1})(1+s)^{\frac54}\right\}.$$

我们断言, 在定理 2.49 中的假设下, 有

$$Q(t)\leqslant C\delta_0. \tag{2.6.54}$$

根据引理 1.37 和 (2.6.46), 对于 $0\leqslant s\leqslant t$, 非线性项 $\Lambda_1(s)$ 满足

$$\begin{aligned}\|\Lambda_1(s)\|_{L^2}&\leqslant C\{\|\nu f_1\|_{L^{2,3}}\|f_1\|_{L^{2,6}}+\|\nabla_x\Phi\|_{L_x^3}(\|\nu f_2\|_{L^{2,6}}+\|\nabla_vf_2\|_{L^{2,6}})\}\\&\leqslant C(1+s)^{-2}Q(t)^2+C\delta_0e^{-b_1s}(1+s)^{-\frac54}Q(t), \end{aligned}\tag{2.6.55}$$

$$\begin{aligned}\|\Lambda_1(s)\|_{L^{2,1}}&\leqslant C\{\|\nu f_1\|_{L^2}\|f_1\|_{L^2}+\|\nabla_x\Phi\|_{L_x^2}(\|\nu f_2\|_{L^2}+\|\nabla_vf_2\|_{L^2})\}\\&\leqslant C(1+s)^{-\frac32}Q(t)^2+C\delta_0e^{-b_1s}(1+s)^{-\frac54}Q(t). \end{aligned}\tag{2.6.56}$$

首先, 我们估计宏观部分 $(f_1(t),\chi_j)$, $j=0,1,2,3,4$ 的时间衰减率. 事实上, 根据 (2.5.69), (2.6.55) 以及 (2.6.56), 可以推出

$$\begin{aligned}\|(f_1(t),\chi_j)\|_{L_x^2}&\leqslant C(1+t)^{-\frac34}(\|f_{1,0}\|_{L^2}+\|f_{1,0}\|_{L^{2,1}})\\&\quad+C\int_0^t(1+t-s)^{-\frac34}(\|\Lambda_1(s)\|_{L^2}+\|\Lambda_1(s)\|_{L^{2,1}})ds\\&\leqslant C\delta_0(1+t)^{-\frac34}+C\int_0^t(1+t-s)^{-\frac34}(1+s)^{-\frac32}(\delta_0Q(t)+Q(t)^2)ds\\&\leqslant C\delta_0(1+t)^{-\frac34}+C\delta_0(1+t)^{-\frac34}(\delta_0Q(t)+Q(t)^2), \end{aligned}\tag{2.6.57}$$

以及

$$\begin{aligned}\|(\nabla_xf_1(t),\chi_j)\|_{L_x^2}&\leqslant C(1+t)^{-\frac54}(\|\nabla_xf_{1,0}\|_{L^2}+\|f_{1,0}\|_{L^{2,1}})\\&\quad+C\int_0^t(1+t-s)^{-\frac54}(\|\nabla_x\Lambda_1(s)\|_{L^2}+\|\Lambda_1(s)\|_{L^{2,1}})ds\\&\leqslant C\delta_0(1+t)^{-\frac54}+C\int_0^t(1+t-s)^{-\frac54}(1+s)^{-\frac32}(\delta_0Q(t)+Q(t)^2)ds\end{aligned}$$

$$\leqslant C\delta_0(1+t)^{-\frac{5}{4}} + C(1+t)^{-\frac{5}{4}}(\delta_0 Q(t) + Q(t)^2), \tag{2.6.58}$$

这里我们用到了

$$\|\nabla_x \Lambda_1(s)\|_{L^2} + \|\Lambda_1(s)\|_{L^{2,1}} \leqslant C(1+s)^{-\frac{3}{2}}Q(t)^2 + C\delta_0 e^{-b_1 s}(1+s)^{-\frac{5}{4}}Q(t).$$

其次, 我们对微观部分 $P_1 f_1$ 进行估计. 根据 (2.5.70), (2.6.55) 以及 (2.6.56), 可以推出

$$\begin{aligned}
\|P_1 f_1(t)\|_{L^2} \leqslant{}& C(1+t)^{-\frac{5}{4}}(\|f_{1,0}\|_{L^2} + \|f_{1,0}\|_{L^{2,1}}) \\
&+ C\int_0^t (1+t-s)^{-\frac{5}{4}}(\|\Lambda_1(s)\|_{L^2} + \|\Lambda_1(s)\|_{L^{2,1}})ds \\
\leqslant{}& C\delta_0(1+t)^{-\frac{5}{4}} + C\int_0^t (1+t-s)^{-\frac{5}{4}}(1+s)^{-\frac{3}{2}}(\delta_0 Q(t) + Q(t)^2)ds \\
\leqslant{}& C\delta_0(1+t)^{-\frac{5}{4}} + C(1+t)^{-\frac{5}{4}}(\delta_0 Q(t) + Q(t)^2),
\end{aligned} \tag{2.6.59}$$

并且

$$\begin{aligned}
\|\nabla_x P_1 f_1(t)\|_{L^2} \leqslant{}& C(1+t)^{-\frac{7}{4}}(\|\nabla_x f_{1,0}\|_{L^2} + \|f_{1,0}\|_{L^{2,1}}) \\
&+ C\int_0^{t/2} (1+t-s)^{-\frac{7}{4}}(\|\nabla_x \Lambda_1(s)\|_{L^2} + \|\Lambda_1(s)\|_{L^{2,1}})ds \\
&+ C\int_{t/2}^t (1+t-s)^{-\frac{5}{4}}(\|\nabla_x \Lambda_1(s)\|_{L^2} + \|\nabla_x \Lambda_1(s)\|_{L^{2,1}})ds \\
\leqslant{}& C\delta_0(1+t)^{-\frac{3}{4}} + C\int_0^{t/2} (1+t-s)^{-\frac{7}{4}}(1+s)^{-\frac{3}{2}}(\delta_0 Q(t) + Q(t)^2)ds \\
&+ C\int_{t/2}^t (1+t-s)^{-\frac{5}{4}}(1+s)^{-2}(\delta_0 Q(t) + Q(t)^2)ds \\
\leqslant{}& C\delta_0(1+t)^{-\frac{7}{4}} + C(1+t)^{-\frac{7}{4}}(\delta_0 Q(t) + Q(t)^2),
\end{aligned} \tag{2.6.60}$$

这里我们用到了

$$\|\nabla_x \Lambda_1(s)\|_{L^2} + \|\nabla_x \Lambda_1(s)\|_{L^{2,1}} \leqslant C(1+s)^{-2}Q(t)^2 + C\delta_0 e^{-b_1 s}(1+s)^{-\frac{5}{4}}Q(t).$$

最后, 我们估计高阶能量 $H_{2,1}(f_1, f_2)$. 根据 (2.6.45), 存在等价能量泛函 $\mathcal{H}_{2,1}(f_1, f_2) \sim H_{2,1}(f_1, f_2)$ 满足

$$\frac{d}{dt}\mathcal{H}_{2,1}(f_1, f_2) + D_{2,1}(f_1, f_2) \leqslant C\|\nabla_x(n_1, m_1, q_1)\|_{L_x^2}^2,$$

并且存在常数 $c_1>0$ 使得 $c_1\mathcal{H}_{2,1}(f_1,f_2)\leqslant D_{2,1}(f_1,f_2)$. 因此

$$\begin{aligned}\mathcal{H}_{2,1}(f_1,f_2)(t)&\leqslant e^{-c_1t}\mathcal{H}_{2,1}(f_{1,0},f_{2,0})+C\int_0^t e^{-c_1(t-s)}\|\nabla_x(n_1,m_1,q_1)(s)\|_{L^2_x}^2ds\\&\leqslant C\delta_0^2e^{-c_1t}+C\int_0^t e^{-c_1(t-s)}(1+s)^{-\frac52}(\delta_0+\delta_0Q(t)+Q(t)^2)^2ds\\&\leqslant C(1+t)^{-\frac52}(\delta_0+\delta_0Q(t)+Q(t)^2)^2.\end{aligned}\tag{2.6.61}$$

通过对 (2.6.57)—(2.6.61) 进行求和, 有

$$Q(t)\leqslant C\delta_0+C\delta_0Q(t)+CQ(t)^2.$$

因此, 对于充分小的 $\delta_0>0$, 估计 (2.6.54) 成立. 定理得证. □

定理 2.50 假设初值 $f_{\pm,0}=\left(F_{\pm,0}-\dfrac12M\right)M^{-\frac12}\in X_1^2\cap L^{2,1}$, 并且存在充分小的常数 $\delta_0>0$, 使得

$$\|f_{\pm,0}\|_{X_1^2}+\|f_{\pm,0}\|_{L^{2,1}}\leqslant\delta_0.$$

那么, bVPB 方程 (2.1.3)—(2.1.5) 存在唯一的整体解 $F_\pm(t,x,v)=\dfrac12M+\sqrt{M}\cdot f_\pm(t,x,v)$, 满足

$$\begin{cases}\|\partial_x^\alpha(f_\pm(t),\chi_j)\|_{L^2_x}\leqslant C\delta_0(1+t)^{-\frac34-\frac{|\alpha|}{2}},\quad j=0,1,2,3,4,\\\|\partial_x^\alpha P_1f_\pm(t)\|_{L^2}\leqslant C\delta_0(1+t)^{-\frac54-\frac{|\alpha|}{2}},\\\|\partial_x^\alpha\nabla_x\Phi(t)\|_{L^2_x}\leqslant C\delta_0e^{-b_1t},\\\|P_1f_\pm(t)\|_{X_1^2}+\|\nabla_xP_0f_\pm(t)\|_{H^1}\leqslant C\delta_0(1+t)^{-\frac54},\end{cases}\tag{2.6.62}$$

其中 $|\alpha|=0,1$ 并且 $b_1>0$ 为常数.

令 $f_1=:f_++f_-$, $f_2=:f_+-f_-$. 则 (f_1,f_2) 为方程 (2.1.16)—(2.1.19) 的整体解, 并且满足

$$\begin{cases}\|\partial_x^\alpha(f_1(t),\chi_j)\|_{L^2_x}\leqslant C\delta_0(1+t)^{-\frac34-\frac{|\alpha|}{2}},\quad j=0,1,2,3,4,\\\|\partial_x^\alpha P_1f_1(t)\|_{L^2}\leqslant C\delta_0(1+t)^{-\frac54-\frac{|\alpha|}{2}},\\\|\partial_x^\alpha f_2(t)\|_{L^2}+\|\partial_x^\alpha\nabla_x\Phi(t)\|_{L^2_x}\leqslant C\delta_0e^{-b_1t},\\\|(P_1f_1,P_rf_2)(t)\|_{X_1^2}+\|\nabla_x(P_0f_1,P_df_2)(t)\|_{H^1}\leqslant C\delta_0(1+t)^{-\frac54},\end{cases}\tag{2.6.63}$$

其中 $|\alpha|=0,1$.

证明 首先, 由定理 2.47 和定理 2.49 可以推出 (2.6.63). 由于

$$f_+ = \frac{1}{2}(f_1 + f_2), \quad f_- = \frac{1}{2}(f_1 - f_2), \tag{2.6.64}$$

再根据 (2.6.63) 可得, 对于 $|\alpha| = 0, 1$,

$$\begin{aligned}
\|\partial_x^\alpha (f_\pm(t), \chi_j)\|_{L_x^2} &\leqslant \|\partial_x^\alpha (f_1(t), \chi_j)\|_{L_x^2} + \|\partial_x^\alpha (f_2(t), \chi_j)\|_{L_x^2} \\
&\leqslant C\delta_0 (1+t)^{-\frac{3}{4}-\frac{|\alpha|}{2}} + C\delta_0 e^{-b_1 t}, \\
\|\partial_x^\alpha P_1 f_\pm(t)\|_{L^2} &\leqslant \|\partial_x^\alpha P_1 f_1(t)\|_{L^2} + \|\partial_x^\alpha P_1 f_2(t)\|_{L^2} \\
&\leqslant C\delta_0 (1+t)^{-\frac{5}{4}-\frac{|\alpha|}{2}} + C\delta_0 e^{-b_1 t},
\end{aligned}$$

并且

$$\begin{aligned}
\|P_1 f_\pm(t)\|_{X_1^2} + \|\nabla_x P_0 f_\pm(t)\|_{H^1} &\leqslant \|(P_1 f_1, P_r f_2)(t)\|_{X_1^2} + \|\nabla_x (P_0 f_1, P_d f_2)(t)\|_{H^1} \\
&\leqslant C\delta_0 (1+t)^{-\frac{5}{4}}.
\end{aligned}$$

这就证明了 (2.6.62). □

定理 2.51 设定理 2.50 中的条件成立, 并且存在常数 $d_0, d_1 > 0$ 以及充分小的常数 $r_0 > 0$, 使得 $\hat{f}_{1,0} = \hat{f}_{+,0} - \hat{f}_{-,0}$ 满足

$$\inf_{|\xi|\leqslant r_0} |(\hat{f}_{1,0}, \chi_0)| \geqslant d_0, \quad \inf_{|\xi|\leqslant r_0} |(\hat{f}_{1,0}, \chi_4)| \geqslant d_1 \sup_{|\xi|\leqslant r_0} |(\hat{f}_{1,0}, \chi_0)|, \quad \sup_{|\xi|\leqslant r_0} |(\hat{f}_{1,0}, v\chi_0)| = 0.$$

那么当 $t > 0$ 充分大时, bVPB 方程 (2.1.3)—(2.1.5) 的整体解 $F_\pm(t, x, v) = \frac{1}{2}M + \sqrt{M} f_\pm(t, x, v)$ 满足

$$C_1 d_0 (1+t)^{-\frac{3}{4}} \leqslant \|(f_\pm(t), \chi_j)\|_{L_x^2} \leqslant C_2 \delta_0 (1+t)^{-\frac{3}{4}}, \quad j = 0, 4, \tag{2.6.65}$$

$$C_1 d_0 (1+t)^{-\frac{3}{4}} \leqslant \|(f_\pm(t), v\chi_0)\|_{L_x^2} \leqslant C_2 \delta_0 (1+t)^{-\frac{3}{4}}, \tag{2.6.66}$$

$$C_1 d_0 (1+t)^{-\frac{5}{4}} \leqslant \|P_1 f_\pm(t)\|_{L^2} \leqslant C_2 \delta_0 (1+t)^{-\frac{5}{4}}, \tag{2.6.67}$$

其中 $C_2 > C_1 > 0$ 为两个正常数.

此外, 当 $t > 0$ 充分大时, 方程 (2.1.16)—(2.1.19) 的整体解 $f_1 = f_+ + f_-, f_2 = f_+ - f_-$ 满足

$$C_1 d_0 (1+t)^{-\frac{3}{4}} \leqslant \|(f_1(t), \chi_j)\|_{L_x^2} \leqslant C_2 \delta_0 (1+t)^{-\frac{3}{4}}, \quad j = 0, 4, \tag{2.6.68}$$

$$C_1 d_0 (1+t)^{-\frac{3}{4}} \leqslant \|(f_1(t), v\chi_0)\|_{L_x^2} \leqslant C_2 \delta_0 (1+t)^{-\frac{3}{4}}, \tag{2.6.69}$$

$$C_1 d_0 (1+t)^{-\frac{5}{4}} \leqslant \|P_1 f_1(t)\|_{L^2} \leqslant C_2 \delta_0 (1+t)^{-\frac{5}{4}}, \tag{2.6.70}$$

其中 $C_2 > C_1 > 0$ 为两个正常数.

证明 根据定理 2.49, 我们只需要估计 bVPB 方程 (2.1.16)—(2.1.19) 的整体解 (f_1, f_2) 的宏观密度、动量、能量以及微观部分的时间衰减率的下界. 事实上, 根据 (2.6.52) 和定理 2.42, 有

$$\begin{aligned} \|(f_1(t), \chi_j)\|_{L^2_x} &\geqslant \|(e^{tB} f_{1,0}, \chi_j)\|_{L^2_x} - \int_0^t \|(e^{(t-s)B}\Lambda_1(s), \chi_j)\|_{L^2_x} ds \\ &\geqslant C_1 d_0 (1+t)^{-\frac{3}{4}} - C_2 \delta_0^2 (1+t)^{-\frac{3}{4}}, \\ \|P_1 f_1(t)\|_{L^2} &\geqslant \|P_1(e^{tB} f_{1,0})\|_{L^2} - \int_0^t \|P_1(e^{(t-s)B}\Lambda_1(s))\|_{L^2} ds \\ &\geqslant C_1 d_0 (1+t)^{-\frac{5}{4}} - C_2 \delta_0^2 (1+t)^{-\frac{5}{4}}. \end{aligned}$$

因此, 对于充分小的 $\delta_0 > 0$ 以及充分大的 $t > 0$, (2.6.68)—(2.6.70) 成立.

根据定理 2.47, 定理 2.49 以及 (2.6.64), 对于 $t > 0$ 充分大, $k = 0, 1$, 有

$$\begin{aligned} \|(f_\pm(t), \chi_j)\|_{L^2_x} &\geqslant \frac{1}{2}(\|(f_1(t), \chi_j)\|_{L^2_x} - \|(f_2(t), \chi_j)\|_{L^2_x}) \\ &\geqslant C_1 d_0 (1+t)^{-\frac{3}{4}} - C\delta_0 e^{-b_1 t} \geqslant C d_0 (1+t)^{-\frac{3}{4}}, \\ \|P_1 f_\pm(t)\|_{L^2} &\geqslant \frac{1}{2}(\|P_1 f_1(t)\|_{L^2} - \|P_1 f_2(t)\|_{L^2}) \\ &\geqslant C_1 d_0 (1+t)^{-\frac{5}{4}} - C\delta_0 e^{-b_1 t} \geqslant C d_0 (1+t)^{-\frac{5}{4}}. \end{aligned}$$

因此, (2.6.65)—(2.6.67) 得证. □

2.7 线性修正 VPB 方程的谱分析和最优衰减率

在本节中, 我们研究线性修正 VPB(mVPB) 算子的谱集和预解集, 以及线性 mVPB 方程 (2.7.1) 整体解的最优时间衰减率. 由 mVPB 方程 (2.1.21)—(2.1.23), 我们得到下面的线性 mVPB 方程:

$$\begin{cases} \partial_t f = B_m f, \quad t > 0, \\ f(0, x, v) = f_0(x, v), \quad (x, v) \in \mathbb{R}^3_x \times \mathbb{R}^3_v, \end{cases} \tag{2.7.1}$$

其中算子 B_m 定义为

$$B_m f = Lf - v \cdot \nabla_x f - v \cdot \nabla_x (I - \Delta_x)^{-1} P_d f.$$

对 (2.7.1) 关于变量 x 做傅里叶变换, 得到

$$\begin{cases}\partial_t \hat{f} = B_m(\xi)\hat{f}, \quad t>0,\\ \hat{f}(0,\xi,v)=\hat{f}_0(\xi,v), \quad (\xi,v)\in\mathbb{R}^3_\xi\times\mathbb{R}^3_v,\end{cases} \tag{2.7.2}$$

其中算子 $B_m(\xi)$ 定义为

$$B_m(\xi)=L-\mathrm{i}(v\cdot\xi)-\mathrm{i}\frac{v\cdot\xi}{1+|\xi|^2}P_d.$$

为了研究 $B_m(\xi)$ 的谱集和预解集, 我们引入加权 Hilbert 空间 $L^2_m(\mathbb{R}^3)$ 为

$$L^2_m(\mathbb{R}^3)=\{f\in L^2(\mathbb{R}^3)\,|\,\|f\|_m=\sqrt{\langle f,g\rangle_\xi}<\infty\}, \tag{2.7.3}$$

其内积定义为

$$\langle f,g\rangle_\xi=(f,g)+\frac{1}{1+|\xi|^2}(P_d f,P_d g). \tag{2.7.4}$$

由于 P_d 是一个自共轭算子, 满足 $(P_d f,P_d g)=(P_d f,g)=(f,P_d g)$, 因此

$$\langle f,g\rangle_\xi=\left(f,g+\frac{1}{1+|\xi|^2}P_d g\right)=\left(f+\frac{1}{1+|\xi|^2}P_d f,g\right). \tag{2.7.5}$$

根据 (2.7.5), 对于任意的 $f,g\in L^2_m(\mathbb{R}^3_v)\cap D(B_m(\xi))$, 有

$$\begin{aligned}\langle B_m(\xi)f,g\rangle_\xi&=\left(B_m(\xi)f,g+\frac{1}{1+|\xi|^2}P_d g\right)\\&=\left(f,\left(L+\mathrm{i}(v\cdot\xi)+\mathrm{i}\frac{v\cdot\xi}{1+|\xi|^2}P_d\right)g\right)=\langle f,B_m(-\xi)g\rangle_\xi.\end{aligned} \tag{2.7.6}$$

由于

$$\|f\|\leqslant\|f\|_m\leqslant 2\|f\|, \quad \forall\xi\in\mathbb{R}^3,$$

则 $B_m(\xi)$ 可看成一个从空间 $L^2_m(\mathbb{R}^3)$ 到自身的线性算子.

通过与引理 2.2 和引理 2.3 相似的证明, 我们得到下面的结论.

引理 2.52 算子 $B_m(\xi)$ 在 $L^2_m(\mathbb{R}^3_v)$ 上生成了一个强连续压缩半群, 满足

$$\|e^{tB_m(\xi)}f\|_m\leqslant\|f\|_m, \quad \forall t>0,\ f\in L^2_\xi(\mathbb{R}^3_v).$$

引理 2.53 对于任意的 $\xi \in \mathbb{R}^3$, 以下结论成立.

(1) $\sigma_{\text{ess}}(B_m(\xi)) \subset \{\lambda \in \mathbb{C} \,|\, \text{Re}\lambda \leqslant -\nu_0\}$, 并且 $\sigma(B_m(\xi)) \cap \{\lambda \in \mathbb{C} \,|\, -\nu_0 < \text{Re}\lambda \leqslant 0\} \subset \sigma_d(B_m(\xi))$.

(2) 如果 $\lambda(\xi)$ 是 $B_m(\xi)$ 的特征值, 那么对于任意的 $\xi \neq 0$, 有 $\text{Re}\lambda(\xi) < 0$, 并且 $\lambda(\xi) = 0$ 当且仅当 $\xi = 0$.

对于 $\text{Re}\lambda > -\nu_0$, 将 $\lambda - B_m(\xi)$ 分解为

$$\begin{aligned}\lambda - B_m(\xi) &= \lambda - \mathrm{c}(\xi) - K + \mathrm{i}\frac{v\cdot\xi}{1+|\xi|^2}P_d \\ &= \left(I - K(\lambda - \mathrm{c}(\xi))^{-1} + \mathrm{i}\frac{v\cdot\xi}{1+|\xi|^2}P_d(\lambda - \mathrm{c}(\xi))^{-1}\right)(\lambda - \mathrm{c}(\xi)),\end{aligned} \tag{2.7.7}$$

其中 $\mathrm{c}(\xi)$ 和 K 分别由 (2.2.8) 和 (1.3.6) 给出. 下面我们给出 (2.7.7) 中等号右边项的估计.

引理 2.54 存在常数 $C > 0$, 使得

(1) 对任意的 $\delta > 0$, 有

$$\sup_{x\geqslant -\nu_0+\delta, y\in\mathbb{R}} \|K(x+\mathrm{i}y - \mathrm{c}(\xi))^{-1}\| \leqslant C\delta^{-\frac{1}{2}}(1+|\xi|)^{-\frac{1}{2}}; \tag{2.7.8}$$

(2) 对任意的 $\delta > 0, \tau_0 > 0$, 有

$$\sup_{x\geqslant -\nu_0+\delta, |\xi|\leqslant\tau_0} \|K(x+\mathrm{i}y - \mathrm{c}(\xi))^{-1}\| \leqslant C\delta^{-1}(1+\tau_0)^{\frac{1}{2}}(1+|y|)^{-\frac{1}{2}}; \tag{2.7.9}$$

(3) 对任意的 $\delta > 0$, 有

$$\sup_{x\geqslant -\nu_0+\delta, y\in\mathbb{R}} \|(v\cdot\xi)(1+|\xi|^2)^{-1}P_d(x+\mathrm{i}y - \mathrm{c}(\xi))^{-1}\| \leqslant C\delta^{-1}(1+|\xi|)^{-1}, \tag{2.7.10}$$

$$\sup_{x\geqslant -\nu_0+\delta, \xi\in\mathbb{R}^3} \|(v\cdot\xi)(1+|\xi|^2)^{-1}P_d(x+\mathrm{i}y - \mathrm{c}(\xi))^{-1}\| \leqslant C(\delta^{-1}+1)|y|^{-1}. \tag{2.7.11}$$

证明 (2.7.8) 与 (2.7.9) 的证明在引理 1.26 中给出. 通过与引理 2.4 相似的讨论, 我们可以证明 (2.7.10) 与 (2.7.11). □

利用引理 2.54 中的估计, 我们可以得到以下关于 $B_m(\xi)$ 的谱集与预解集的分布. 证明方法与引理 1.27 相似, 为简便起见, 证明过程在此省略.

引理 2.55 对所有的 $\xi \in \mathbb{R}^3$, 以下结论成立.

(1) 对任意的 $\delta \in (0,\nu_0)$, 存在 $y_1 = y_1(\delta) > 0$ 使得

$$\rho(B_m(\xi)) \supset \{\lambda \in \mathbb{C} \,|\, \mathrm{Re}\lambda \geqslant -\nu_0 + \delta,\ |\mathrm{Im}\lambda| \geqslant y_1\} \cup \{\lambda \in \mathbb{C} \,|\, \mathrm{Re}\lambda > 0\}. \tag{2.7.12}$$

(2) 对任意的 $r_0 > 0$, 存在 $\eta = \eta(r_0) > 0$, 使得当 $|\xi| \geqslant r_0$ 时,

$$\sigma(B_m(\xi)) \subset \{\lambda \in \mathbb{C} \,|\, \mathrm{Re}\lambda < -\eta\}. \tag{2.7.13}$$

(3) 对任意的 $\delta \in (0,\nu_0/2]$, 存在 $r_1 = r_1(\delta) > 0$, 使得当 $|\xi| \leqslant r_1$ 时,

$$\sigma(B_m(\xi)) \cap \{\lambda \in \mathbb{C} \,|\, \mathrm{Re}\lambda \geqslant -\nu_0/2\} \subset \{\lambda \in \mathbb{C} \,|\, |\lambda| < \delta\}. \tag{2.7.14}$$

根据引理 2.53—引理 2.55, 我们得到算子 $B_m(\xi)$ 的低频特征值和特征函数的存在性和渐近展开.

引理 2.56 存在常数 $r_0 > 0$, 使得当 $s = |\xi| \leqslant r_0$ 时,

$$\sigma(B_m(\xi)) \cap \{\lambda \in \mathbb{C} \,|\, \mathrm{Re}\lambda \geqslant -\mu/2\} = \{\lambda_j(s),\ j = -1,0,1,2,3\}.$$

对于 $|s| \leqslant r_0$, 特征值 $\lambda_j(s)$ 与对应的特征函数 $\psi_j(\xi) = \psi_j(s,\omega)$ 是关于 s 的 C^∞ 函数, 并且特征值 $\lambda_j(s)$ 满足下面的渐近展开:

$$\begin{cases} \lambda_{\pm1}(s) = \pm \mathrm{i}\sqrt{\dfrac{8}{3}}s - a_{\pm1}s^2 + O(s^3), \quad \overline{\lambda_1(s)} = \lambda_{-1}(s), \\ \lambda_0(s) = -a_0 s^2 + O(s^3), \\ \lambda_2(s) = \lambda_3(s) = -a_2 s^2 + O(s^3), \end{cases} \tag{2.7.15}$$

其中常数 $a_j > 0,\ j = -1,0,1,2$ 定义为

$$\begin{cases} a_j = -(L^{-1}P_1(v\cdot\omega)E_j, (v\cdot\omega)E_j) > 0, \\ E_{\pm1}(\omega) = \dfrac{\sqrt{3}}{4}\sqrt{M} \mp \dfrac{\sqrt{2}}{2}(v\cdot\omega)\sqrt{M} + \dfrac{\sqrt{2}}{4}\chi_4, \\ E_0(\omega) = \dfrac{\sqrt{2}}{4}\sqrt{M} - \dfrac{\sqrt{3}}{2}\chi_4, \\ E_k(\omega) = (v\cdot W^k)\sqrt{M}, \quad k = 2,3, \end{cases} \tag{2.7.16}$$

并且 $W^k,\ k = 2,3$ 为满足 $W^k\cdot\omega = 0$ 的单位正交向量组.

特征函数 $\psi_j(\xi) = \psi_j(s,\omega)$ 相互正交, 并且满足

$$\begin{cases} \langle \psi_j(s,\omega), \overline{\psi_k(s,\omega)} \rangle_\xi = \delta_{jk}, \quad j,k = -1,0,1,2,3, \\ \psi_j(s,\omega) = \psi_{j,0}(\omega) + \psi_{j,1}(\omega)s + O(s^2), \quad |s| \leqslant r_0, \end{cases} \tag{2.7.17}$$

其中系数 $\psi_{j,n}$ 定义为

$$\begin{cases}\psi_{j,0}=E_j(\omega), \quad j=-1,0,1,2,3,\\ \psi_{l,1}=\sum_{k=-1}^{1}b_k^lE_k+\mathrm{i}L^{-1}P_1(v\cdot\omega)E_l, \quad l=-1,0,1,\\ \psi_{k,1}=\mathrm{i}L^{-1}P_1(v\cdot\omega)E_k, \quad k=2,3,\end{cases} \tag{2.7.18}$$

并且 $b_k^j,\ j,k=-1,0,1$ 定义为

$$\begin{cases}b_j^j=0, \quad b_k^j=\dfrac{(L^{-1}P_1(v\cdot\omega)E_j,(v\cdot\omega)E_k)}{\mathrm{i}(u_k-u_j)}, \quad j\neq k,\\ u_{\pm1}=\mp\sqrt{\dfrac{8}{3}}, \quad u_0=0.\end{cases}$$

证明 因为 L 关于 $v\in\mathbb{R}^3$ 中的任意旋转 $\mathbb{O}$ 是不变的, 即 $\mathbb{O}^{-1}L\mathbb{O}=L$, 由此可得 $\mathbb{O}^{-1}B_m(\xi)\mathbb{O}=B_m(\mathbb{O}\xi)$, 这说明 $B_m(\xi)\psi=\lambda\psi$ 的特征值 λ 仅依赖于 $s=|\xi|$. 因此, 我们考虑如下形式的特征值问题

$$B_m(\xi)\psi=s\sigma\psi, \tag{2.7.19}$$

即

$$\left(L-\mathrm{i}s(v\cdot\omega)-\mathrm{i}s\frac{v\cdot\omega}{1+s^2}\right)\psi=s\sigma\psi. \tag{2.7.20}$$

根据宏观-微观分解, 特征函数 ψ 可以分解为

$$\psi=P_0\psi+P_1\psi=\psi_0+\psi_1.$$

因此, 将投影算子 P_0 和 P_1 分别作用到 (2.7.20) 得到

$$\sigma\psi_0=-P_0[\mathrm{i}(v\cdot\omega)(\psi_0+\psi_1)]-\mathrm{i}\frac{v\cdot\omega}{1+s^2}P_d\psi_0, \tag{2.7.21}$$

$$s\sigma\psi_1=L\psi_1-sP_1[\mathrm{i}(v\cdot\omega)(\psi_0+\psi_1)]. \tag{2.7.22}$$

容易验证, 当 $\mathrm{Re}(s\sigma)>-\mu$ 时算子 $(L-\mathrm{i}sP_1(v\cdot\omega)-s\sigma)$ 在 $N_0^\perp$ 上可逆. 于是, 根据 (2.7.22), ψ_1 可表示为

$$\psi_1=\mathrm{i}s(L-\mathrm{i}sP_1(v\cdot\omega)-s\sigma)^{-1}P_1(v\cdot\omega)\psi_0. \tag{2.7.23}$$

将 (2.7.23) 代入到 (2.7.21) 中, 得到

$$\sigma\psi_0 = -\,\mathrm{i}P_0(v\cdot\omega)\psi_0 - \mathrm{i}(v\cdot\omega)P_d\psi_0 + \mathrm{i}s^2\frac{v\cdot\omega}{1+s^2}P_d\psi_0 \\ + sP_0(v\cdot\omega)(L-\mathrm{i}sP_1(v\cdot\omega)-s\sigma)^{-1}P_1(v\cdot\omega)\psi_0. \tag{2.7.24}$$

定义算子 $A_m(\omega) = P_0(v\cdot\omega)P_0 + (v\cdot\omega)P_d$. 则 $A_m(\omega)$ 可表示为如下的 5×5 矩阵:

$$\begin{pmatrix} 0 & \omega & 0 \\ 2\omega^{\mathrm{T}} & 0 & \sqrt{\dfrac{2}{3}}\omega^{\mathrm{T}} \\ 0 & \sqrt{\dfrac{2}{3}}\omega & 0 \end{pmatrix}.$$

容易验证, $A_m(\omega)$ 有 5 个特征值 u_i 与特征向量 $E_i(i=-1,0,1,2,3)$, 为

$$\begin{cases} u_{\pm1} = \mp\sqrt{\dfrac{8}{3}}, \quad u_j = 0, \quad j=0,2,3, \\ E_{\pm1}(\omega) = \dfrac{\sqrt{3}}{4}\sqrt{M} \mp \dfrac{\sqrt{2}}{2}(v\cdot\omega)\sqrt{M} + \dfrac{\sqrt{2}}{4}\chi_4, \\ E_0(\omega) = \dfrac{\sqrt{2}}{4}\sqrt{M} - \dfrac{\sqrt{3}}{2}\chi_4, \\ E_k(\omega) = (v\cdot W^k)\sqrt{M}, \quad k=2,3, \\ \langle E_i, E_j\rangle_{\xi=0} = \delta_{ij}, \quad -1\leqslant i,j\leqslant 3, \end{cases} \tag{2.7.25}$$

这里 W^k, $k=2,3$ 为三维单位向量, 并且满足

$$W^2(\omega)\cdot W^3(\omega) = 0, \quad W^2(\omega)\cdot\omega = W^3(\omega)\cdot\omega = 0.$$

为了求解特征值问题 (2.7.24), 将 $\psi_0\in N_0$ 用 N_0 的正交基 E_j 表示为

$$\psi_0 = \sum_{j=0}^{4} C_jE_{j-1}, \quad C_j = (\psi_0, E_{j-1}), \quad j=0,1,2,3,4.$$

将 (2.7.24) 与 E_j, $j=-1,0,1,2,3$ 分别作内积, 得到下面关于 σ 与 C_j, $j=0,1,2,3,4$ 的方程

$$\sigma C_j = -\mathrm{i}u_{j-1}C_j + s\sum_{k=0}^{4}C_kD_{kj}(\sigma,s,\omega), \quad \mathrm{Re}(s\sigma) > -\mu, \tag{2.7.26}$$

其中

$$D_{ij}(\sigma,s,\omega)=((L-\mathrm{i}sP_1(v\cdot\omega)-s\sigma)^{-1}P_1(v\cdot\omega)E_{i-1},(v\cdot\omega)E_{j-1})\\+\mathrm{i}\frac{s}{1+s^2}((v\cdot\omega)P_dE_{i-1},E_{j-1}).$$

设 $\mathbb{O}$ 为在 $\mathbb{R}^3$ 上的旋转变换, 满足

$$\mathbb{O}^{\mathrm{T}}\omega=(1,0,0),\quad \mathbb{O}^{\mathrm{T}}W_2=(0,1,0),\quad \mathbb{O}^{\mathrm{T}}W_3=(0,0,1).$$

通过变量替换 $v\to\mathbb{O}v$, 得到

$$\begin{aligned}D_{ij}(\sigma,s,\omega)&=((L-\mathrm{i}sP_1v_1-s\sigma)^{-1}P_1(v_1F_{i-1}),v_1F_{j-1})+\mathrm{i}\frac{s}{1+s^2}(v_1P_dF_{i-1},F_{j-1})\\&=:R_{ij}(\sigma,s),\end{aligned}\tag{2.7.27}$$

其中

$$\begin{cases}F_{\pm1}=\dfrac{\sqrt{3}}{4}\sqrt{M}\mp\dfrac{\sqrt{2}}{2}v_1\sqrt{M}+\dfrac{\sqrt{2}}{4}\chi_4,\\ F_0=\dfrac{\sqrt{2}}{4}\sqrt{M}-\dfrac{\sqrt{3}}{2}\chi_4,\\ F_j=v_j\sqrt{M},\quad j=2,3,\\ \langle F_i,F_j\rangle_{\xi=0}=\delta_{ij},\quad -1\leqslant i,j\leqslant 3.\end{cases}$$

容易验证, $R_{ij}(\sigma,s)$,$i,j=0,1,2,3,4$, 满足

$$\begin{cases}R_{ij}(\sigma,s)=R_{ji}(\sigma,s)=0,\quad i=0,1,2,\ j=3,4,\\ R_{34}(\sigma,s)=R_{43}(\sigma,s)=0,\\ R_{33}(\sigma,s)=R_{44}(\sigma,s).\end{cases}\tag{2.7.28}$$

根据 (2.7.27) 与 (2.7.28), 我们把 5 维方程组 (2.7.26) 分解成以下的 3 维方程组和 2 维方程:

$$\sigma C_j=-\mathrm{i}u_{j-1}C_j+s\sum_{i=0}^{2}C_iR_{ij}(\sigma,s),\quad j=0,1,2,\tag{2.7.29}$$

$$\sigma C_k=sC_kR_{33}(\sigma,s),\quad k=3,4.\tag{2.7.30}$$

记

$$D_0(\sigma,s)=\sigma-sR_{33}(\sigma,s),$$

$$D_1(\sigma,s)=\det\begin{pmatrix}\sigma+\mathrm{i}u_{-1}-sR_{00} & -sR_{10} & -sR_{20}\\ -sR_{01} & \sigma+\mathrm{i}u_0-sR_{11} & -sR_{21}\\ -sR_{02} & -sR_{12} & \sigma+\mathrm{i}u_1-sR_{22}\end{pmatrix}.$$

注意到, 特征值 σ 可以被方程 $D_0(\sigma,s)=0$ 以及 $D_1(\sigma,s)=0$ 解出. 利用隐函数定理, 我们可以得到方程 $D_0(\sigma,s)=0$ 以及 $D_1(\sigma,s)=0$ 解的存在性和渐近展开. 证明过程与引理 1.29 和引理 1.30 相似, 在此省略.

引理 2.57 存在两个常数 $r_0>0$ 与 $r_1>0$ 使得

(1) 当 $s\in[-r_0,r_0]$ 时, 方程 $D_0(\sigma,s)=0$ 存在唯一的 C^∞ 解 $\sigma=\sigma(s)$, 满足 $(s,\sigma)\in[-r_0,r_0]\times B_{r_1}(0)$, 并且

$$\sigma(0)=0,\quad \sigma'(0)=(L^{-1}P_1(v_1F_2),v_1F_2).\tag{2.7.31}$$

(2) 当 $s\in[-r_0,r_0]$ 时, 方程 $D_1(\sigma,s)=0$ 存在三个 C^∞ 解 $\sigma_j(s)$, $j=-1,0,1$, 满足 $(s,\sigma_j)\in[-r_0,r_0]\times B_{r_1}(-\mathrm{i}u_j)$, 并且 $\sigma_j(s)$ 满足

$$\sigma_j(0)=-\mathrm{i}u_j,\quad \sigma_j'(0)=(L^{-1}P_1(v_1F_j),v_1F_j),\tag{2.7.32}$$

以及

$$-\sigma_j(-s)=\overline{\sigma_j(s)}=\sigma_{-j}(s),\quad j=-1,0,1.\tag{2.7.33}$$

接下来, 我们构造 $B_m(\xi)$ 的特征值 $\lambda_j(s)$ 与特征函数 $\psi_j(s,\omega)$, $j=-1,0,1,2,3$ 如下. 对于 $j=2,3$, 取 $\lambda_j=s\sigma(s)$, 其中 $\sigma(s)$ 为引理 2.57 中方程 $D_0(\sigma,s)=0$ 的解, 并在方程 (2.7.29)–(2.7.30) 中取 $C_i=0$, $i\neq j+1$. 于是, 对应的特征函数 $\psi_j(s,\omega)$, $j=2,3$ 可构造为

$$\psi_j(s,\omega)=b_j(s)E_j(\omega)+\mathrm{i}b_j(s)s[L-\lambda_j-\mathrm{i}sP_1(v\cdot\omega)]^{-1}P_1(v\cdot\omega)E_j(\omega),\tag{2.7.34}$$

容易验证它们是相互正交的, 即 $(\psi_2(s,\omega),\overline{\psi_3(s,\omega)})=0$.

对于 $j=-1,0,1$, 取 $\lambda_j=s\sigma_j(s)$, 其中 $\sigma_j(s)$ 为引理 2.57 中方程 $D_1(\sigma,s)=0$ 的解, 并在方程 (2.7.30) 中取 $C_j=0$, $j=3,4$. 记 $(C_0^j,\,C_1^j,\,C_2^j)$ 为方程 (2.7.29) 对应 $\sigma=\sigma_j(s)$ 的解. 于是, 我们构造特征函数 $\psi_j(s,\omega)$, $j=-1,0,1$ 为

$$\begin{cases}\psi_j(s,\omega)=P_0\psi_j(s,\omega)+P_1\psi_j(s,\omega),\\ P_0\psi_j(s,\omega)=C_0^j(s)E_{-1}(\omega)+C_1^j(s)E_0(\omega)+C_2^j(s)E_1(\omega),\\ P_1\psi_j(s,\omega)=\mathrm{i}s[L-\lambda_j-\mathrm{i}sP_1(v\cdot\omega)]^{-1}P_1[(v\cdot\omega)P_0\psi_j(s,\omega)].\end{cases}\tag{2.7.35}$$

注意到

$$\left(L-\mathrm{i}s(v\cdot\omega)-\mathrm{i}s\frac{v\cdot\omega}{1+s^2}\right)\psi_j(s,\omega)=\lambda_j(s)\psi_j(s,\omega),\quad -1\leqslant j\leqslant 3.$$

取上式与 $\overline{\psi_j(s,\omega)}$ 关于 $\langle\cdot,\cdot\rangle_\xi$ 的内积, 并利用以下事实

$$\langle B_m(\xi)f,g\rangle_\xi=\langle f,B_m(-\xi)g\rangle_\xi,\quad f,g\in D(B_1(\xi)),$$
$$B_m(-\xi)\overline{\psi_j(s,\omega)}=\overline{\lambda_j(s)}\cdot\overline{\psi_j(s,\omega)},$$

我们得到

$$(\lambda_j(s)-\lambda_k(s))\langle\psi_j(s,\omega),\overline{\psi_k(s,\omega)}\rangle_\xi=0,\quad -1\leqslant j,k\leqslant 3.$$

由于对于充分小的 $s\neq 0$, 有 $\lambda_j(s)\neq\lambda_k(s)$, $-1\leqslant j\neq k\leqslant 2$, 因此

$$\langle\psi_j(s,\omega),\overline{\psi_k(s,\omega)}\rangle_\xi=0,\quad -1\leqslant j\neq k\leqslant 3.$$

将特征函数做归一化:

$$\langle\psi_j(s,\omega),\overline{\psi_j(s,\omega)}\rangle_\xi=1,\quad -1\leqslant j\leqslant 3.$$

由归一化条件, 在 (2.7.34) 中的系数 $b_j(s)$, $j=2,3$ 满足

$$b_j(s)^2\left(1-s^2D_j(s)\right)=1,\quad b_2(s)=b_3(s),\tag{2.7.36}$$

其中

$$D_j(s)=((L-\mathrm{i}sP_1v_1-\lambda_j)^{-1}P_1v_1F_j,(L+\mathrm{i}sP_1v_1-\overline{\lambda_j})^{-1}P_1v_1F_j).$$

将 (2.7.15) 代入到 (2.7.36), 可得

$$b_j(s)=1+\frac{1}{2}s^2\|L^{-1}P_1v_1F_j\|^2+O(s^3).$$

将上式代入到 (2.7.34), 我们得到在 (2.7.18) 中的 $\psi_j(s,\omega)$ $(j=2,3)$ 的展开.

最后, 我们计算 (2.7.35) 中的 $\psi_j(s,\omega)$ $(j=-1,0,1)$ 的展开. 根据 (2.7.29), 宏观部分 $P_0\psi_j(s,\omega)$ 中的系数 $(C_0^j(s), C_1^j(s), C_2^j(s))$ 满足下面的方程

$$\sigma_j(s)C_k^j(s)=-\mathrm{i}u_{k-1}C_k^j(s)+s\sum_{l=0}^{2}C_l^j(s)R_{lk}(\sigma_j,s),\quad k=0,1,2.\tag{2.7.37}$$

此外, 由归一化条件得到

$$1\equiv\langle\psi_j(s,\omega),\overline{\psi_j(s,\omega)}\rangle_\xi=C_0^j(s)^2+C_1^j(s)^2+C_2^j(s)^2+O(s^2),\quad |s|\leqslant r_0.\tag{2.7.38}$$

将系数 $C_k^j(s)$, $k=0,1,2$ 做如下的泰勒展开:

$$C_k^j(s)=\sum_{n=0}^{1}C_{k,n}^j s^n+O(s^2).$$

把上面的展开和 (2.7.15) 代入到 (2.7.37) 与 (2.7.38) 中, 得到

$$O(1)\qquad \begin{cases} -\mathrm{i}u_jC_{k+1,0}^j=-\mathrm{i}u_kC_{k+1,0}^j,\\ (C_{0,0}^j)^2+(C_{1,0}^j)^2+(C_{2,0}^j)^2=1, \end{cases} \tag{2.7.39}$$

$$O(s)\qquad \begin{cases} -\mathrm{i}u_jC_{k+1,1}^j+a_jC_{k+1,0}^j=-\mathrm{i}u_kC_{k+1,1}^j+\sum_{l=-1}^{1}C_{l+1,0}^jA_{l,k},\\ C_{0,0}^jC_{0,1}^j+C_{1,0}^jC_{1,1}^j+C_{2,0}^jC_{2,1}^j=0, \end{cases} \tag{2.7.40}$$

其中 $j,k=-1,0,1$, 且

$$A_{l,k}=(L^{-1}P_1(v_1F_l),v_1F_k),\quad l=-1,0,1.$$

通过直接计算, 由 (2.7.39)–(2.7.40) 得到

$$\begin{cases} C_{j+1,0}^j=1,\quad C_{k+1,0}^j=1,\quad k\neq j,\\ C_{j+1,1}^j=0,\quad C_{k+1,1}^j=\dfrac{A_{j,k}}{\mathrm{i}(u_k-u_j)},\quad k\neq j. \end{cases} \tag{2.7.41}$$

根据 (2.7.35) 与 (2.7.41), 我们得到在 (2.7.18) 中的 $\psi_j(s,\omega)$ $(j=-1,0,1)$ 的展开. □

利用引理 2.53—引理 2.56, 我们给出半群 $S(t,\xi)=e^{tB_m(\xi)}$ 的估计如下, 证明过程与定理 1.33 类似, 在此省略.

定理 2.58 对任意的 $\xi\in\mathbb{R}^3$, 半群 $S(t,\xi)=e^{tB_m(\xi)}$ 有以下的分解

$$S(t,\xi)f=S_1(t,\xi)f+S_2(t,\xi)f,\quad f\in L_\xi^2(\mathbb{R}_v^3),\quad t>0, \tag{2.7.42}$$

这里

$$S_1(t,\xi)f=\sum_{j=-1}^{3}e^{\lambda_j(|\xi|)t}\langle f,\overline{\psi_j(\xi)}\rangle_\xi\psi_j(\xi)1_{\{|\xi|\leqslant r_0\}}, \tag{2.7.43}$$

并且 $S_2(t,\xi)f=:S(t,\xi)f-S_1(t,\xi)f$ 满足

$$\|S_2(t,\xi)f\|_m\leqslant Ce^{-\sigma_0t}\|f\|_m,\quad t>0, \tag{2.7.44}$$

其中 $\sigma_0>0$ 和 $C>0$ 是不依赖于 ξ 的常数.

下面我们给出半群 e^{tB_m} 的最优衰减率, 证明过程与定理 1.34 与定理 1.35 类似, 在此省略.

定理 2.59 设 $N \geqslant 0$ 和 $q \in [1,2]$. 如果初值 $f_0 \in H^N \cap L^{2,q}$, 那么, 线性 mVPB 方程 (2.7.1) 存在唯一的整体解 $f = e^{tB_m} f_0$, 并且对于 $\alpha \in \mathbb{N}^3$, $|\alpha| \leqslant N$, 满足

$$\|\partial_x^\alpha (e^{tB_m} f_0, \chi_j)\|_{L_x^2} \leqslant C(1+t)^{-\frac{3}{2}\left(\frac{1}{q}-\frac{1}{2}\right)-\frac{k}{2}} (\|\partial_x^\alpha f_0\|_{L^2} + \|\partial_x^{\alpha'} f_0\|_{L^{2,q}}), \quad (2.7.45)$$

$$\|P_1(\partial_x^\alpha e^{tB_m} f_0)\|_{L^2} \leqslant C(1+t)^{-\frac{3}{2}\left(\frac{1}{q}-\frac{1}{2}\right)-\frac{k+1}{2}} (\|\partial_x^\alpha f_0\|_{L^2} + \|\partial_x^{\alpha'} f_0\|_{L^{2,q}}), \quad (2.7.46)$$

其中 $\alpha' \leqslant \alpha, k = |\alpha - \alpha'|$ 及 $j = 0,1,2,3,4$. 如果初值 $f_0 \in H^N \cap L^{2,1}$, 并且存在常数 $d_0, d_1 > 0$, 使得初值 $f_0(x,v)$ 的傅里叶变换 $\hat{f}_0(\xi, v)$ 满足

$$\inf_{|\xi|\leqslant r_0} |(\hat{f}_0, \chi_0)| \geqslant d_0, \quad \inf_{|\xi|\leqslant r_0} |(\hat{f}_0, \chi_4)| \geqslant d_1 \sup_{|\xi|\leqslant r_0} |(\hat{f}_0, \chi_0)|, \quad \sup_{|\xi|\leqslant r_0} |(\hat{f}_0, v\chi_0)| = 0,$$

那么当 $t > 0$ 充分大时, 整体解 $f = e^{tB_m} f_0$ 满足

$$C_1(1+t)^{-\frac{3}{4}} \leqslant \|(e^{tB_m} f_0, \chi_j)\|_{L_x^2} \leqslant C_2(1+t)^{-\frac{3}{4}}, \quad j = 0,4 \quad (2.7.47)$$

$$C_1(1+t)^{-\frac{3}{4}} \leqslant \|(e^{tB_m} f_0, v\chi_0)\|_{L_x^2} \leqslant C_2(1+t)^{-\frac{3}{4}}, \quad (2.7.48)$$

$$C_1(1+t)^{-\frac{5}{4}} \leqslant \|P_1(e^{tB_m} f_0)\|_{L^2} \leqslant C_2(1+t)^{-\frac{5}{4}}, \quad (2.7.49)$$

其中 $C_2 \geqslant C_1 > 0$ 为两个正常数.

2.8 非线性修正 VPB 方程的最优衰减率

在本节中, 我们研究**硬球模型**的非线性修正 VPB(mVPB) 方程 (2.1.21)—(2.1.23) 整体解的能量估计、存在性和最优时间衰减率. 设 $N \geqslant 1$ 为整数和 $k \geqslant 0$ 为常数, 并设

$$E_{N,k}(f) = \sum_{|\alpha|+|\beta|\leqslant N} \|\nu^k \partial_x^\alpha \partial_v^\beta f\|_{L^2}^2 + \sum_{|\alpha|\leqslant N} \|\partial_x^\alpha \Phi\|_{H_x^1}^2,$$

$$H_{N,k}(f) = \sum_{|\alpha|+|\beta|\leqslant N} \|\nu^k \partial_x^\alpha \partial_v^\beta P_1 f\|_{L^2}^2 + \sum_{|\alpha|\leqslant N-1} (\|\partial_x^\alpha \nabla_x P_0 f\|_{L^2}^2 + \|\partial_x^\alpha \nabla_x \Phi\|_{H_x^1}^2),$$

$$D_{N,k}(f) = \sum_{|\alpha|+|\beta|\leqslant N} \|\nu^{\frac{1}{2}+k} \partial_x^\alpha \partial_v^\beta P_1 f\|_{L^2}^2 + \sum_{|\alpha|\leqslant N-1} (\|\partial_x^\alpha \nabla_x P_0 f\|_{L^2}^2 + \|\partial_x^\alpha \nabla_x \Phi\|_{H_x^1}^2).$$

简便起见, 记 $E_N(f) = E_{N,0}(f)$, $H_N(f) = H_{N,0}(f)$, $D_N(f) = D_{N,0}(f)$.

通过类似方程 (2.6.8)–(2.6.10) 的推导过程, 由方程 (2.1.21)–(2.1.22) 可以推导出关于宏观密度、动量和能量 $(n,m,q)=:((f,\chi_0),(f,v\chi_0),(f,\chi_4))$ 的可压缩 Euler-Poisson (EP) 型方程:

$$\partial_t n+\mathrm{div}_x m=0,$$

$$\partial_t m+\nabla_x n+\sqrt{\frac{2}{3}}\nabla_x q-\nabla_x\Phi=n\nabla_x\Phi-(v\cdot\nabla_x P_1 f,v\chi_0),$$

$$\partial_t q+\sqrt{\frac{2}{3}}\mathrm{div}_x m=\sqrt{\frac{2}{3}}\nabla_x\Phi\cdot m-(v\cdot\nabla_x P_1 f,\chi_4),$$

以及可压缩 Navier-Stokes-Poisson (NSP) 型方程:

$$\partial_t n+\mathrm{div}_x m=0, \tag{2.8.1}$$

$$\partial_t m+\partial_t R_6+\nabla_x n+\sqrt{\frac{2}{3}}\nabla_x q-\nabla_x\Phi=\kappa_5\left(\Delta_x m+\frac{1}{3}\nabla_x\mathrm{div}_x m\right)+n\nabla_x\Phi+R_7, \tag{2.8.2}$$

$$\partial_t q+\partial_t R_8+\sqrt{\frac{2}{3}}\mathrm{div}_x m=\kappa_6\Delta_x q+\sqrt{\frac{2}{3}}\nabla_x\Phi\cdot m+R_9, \tag{2.8.3}$$

其中粘性系数 $\kappa_5>0$, 导热系数 $\kappa_6>0$ 以及剩余项 R_6,R_7,R_8,R_9 定义为

$$\kappa_5=-(L^{-1}P_1(v_1\chi_2),v_1\chi_2),\quad \kappa_6=-(L^{-1}P_1(v_1\chi_4),v_1\chi_4),$$

$$R_6=(v\cdot\nabla_x L^{-1}P_1 f,v\sqrt{M}),\quad R_7=-(v\cdot\nabla_x L^{-1}(P_1(v\cdot\nabla_x P_1 f)-P_1 G),v\sqrt{M}),$$

$$R_8=(v\cdot\nabla_x L^{-1}P_1 f,\chi_4),\quad R_9=-(v\cdot\nabla_x L^{-1}(P_1(v\cdot\nabla_x P_1 f)-P_1 G),\chi_4).$$

通过与引理 2.43–引理 2.45 相似的证明, 我们得到 mVPB 方程 (2.1.21)–(2.1.22) 的整体解 f 的能量估计如下. 具体的证明细节可以参看 [53].

引理 2.60 (宏观耗散) 令 $N\geqslant 2$. 设 (n,m,q) 为方程 (2.8.1)—(2.8.3) 的强解. 那么, 存在常数 $p_0>0$ 和 $C>0$ 使得对任意的 $t>0$, 有

$$\begin{aligned}&\frac{d}{dt}\sum_{|\alpha|\leqslant N-1}p_0\left(\|\partial_x^\alpha(n,m,q)\|_{L_x^2}^2+\|\partial_x^\alpha\Phi\|_{H_x^1}^2+2\int_{\mathbb{R}^3}(\partial_x^\alpha R_6\partial_x^\alpha m+\partial_x^\alpha R_8\partial_x^\alpha q)dx\right)\\&+\frac{d}{dt}\sum_{|\alpha|\leqslant N-1}4\int_{\mathbb{R}^3}\partial_x^\alpha m\partial_x^\alpha\nabla_x n dx+\sum_{|\alpha|\leqslant N-1}(\|\partial_x^\alpha\nabla_x(n,m,q)\|_{L_x^2}^2+\|\partial_x^\alpha\nabla_x\Phi\|_{H_x^1}^2)\\&\leqslant C\sqrt{E_N(f)}D_N(f)+C\sum_{|\alpha|\leqslant N-1}\|\partial_x^\alpha\nabla_x P_1 f\|_{L^2}^2.\end{aligned} \tag{2.8.4}$$

引理 2.61 (微观耗散) 令 $N \geqslant 2$. 设 f 为 mVPB 方程 (2.1.21)–(2.1.22) 的强解. 那么, 存在常数 $p_k > 0, 1 \leqslant k \leqslant N$ 和 $C > 0$ 使得对任意的 $t > 0$, 有

$$\frac{1}{2}\frac{d}{dt}\sum_{|\alpha|\leqslant N}(\|\partial_x^\alpha f\|_{L^2}^2 + \|\partial_x^\alpha \Phi\|_{H_x^1}^2) + \mu_0 \sum_{|\alpha|\leqslant N}\|\nu^{\frac{1}{2}}\partial_x^\alpha P_1 f\|_{L^2}^2$$

$$\leqslant C\sqrt{E_N(f)}D_N(f), \tag{2.8.5}$$

$$\frac{d}{dt}\sum_{1\leqslant k\leqslant N} p_k \sum_{\substack{|\beta|=k\\|\alpha|+|\beta|\leqslant N}} \|\partial_x^\alpha\partial_v^\beta P_1 f\|_{L^2}^2 + \sum_{1\leqslant k\leqslant N} p_k \sum_{\substack{|\beta|=k\\|\alpha|+|\beta|\leqslant N}} \|\nu^{\frac{1}{2}}\partial_x^\alpha\partial_v^\beta P_1 f\|_{L^2}^2$$

$$\leqslant C\sum_{|\alpha|\leqslant N-1}(\|\partial_x^\alpha \nabla_x P_0 f\|_{L^2}^2 + \|\partial_x^\alpha \nabla_x P_1 f\|_{L^2}^2) + C\sqrt{E_N(f)}D_N(f). \tag{2.8.6}$$

定理 2.62 设 $N \geqslant 2$. 那么存在两个等价的能量泛函 $\mathcal{E}_N(\cdot) \sim E_N(\cdot)$ 与 $\mathcal{H}_N(\cdot) \sim H_N(\cdot)$, 使得如果初始能量 $E_N(f_0)$ 充分小, 那么 mVPB 方程的柯西问题 (2.1.21)—(2.1.23) 存在唯一整体解 $f = f(t,x,v)$, 满足

$$\frac{d}{dt}\mathcal{E}_N(f(t)) + D_N(f(t)) \leqslant 0,$$

$$\frac{d}{dt}\mathcal{H}_N(f(t)) + D_N(f(t)) \leqslant C\|\nabla_x P_0 f(t)\|_{L^2}^2.$$

另外, 存在两个等价能量泛函 $\mathcal{E}_{N,1}(\cdot) \sim E_{N,1}(\cdot)$ 与 $\mathcal{H}_{N,1}(\cdot) \sim H_{N,1}(\cdot)$, 使得如果初始能量 $E_{N,1}(f_0)$ 充分小, 那么

$$\frac{d}{dt}\mathcal{E}_{N,1}(f(t)) + D_{N,1}(f(t)) \leqslant 0,$$

$$\frac{d}{dt}\mathcal{H}_{N,1}(f(t)) + D_{N,1}(f(t)) \leqslant C\|\nabla_x P_0 f(t)\|_{L^2}^2.$$

下面, 我们给出 mVPB 方程 (2.1.21)—(2.1.23) 柯西问题整体解的存在性和最优的时间衰减率.

定理 2.63 假设初值 $f_0 \in X_1^2 \cap L^{2,1}$, 并且存在充分小的常数 $\delta_0 > 0$, 使得 $\|f_0\|_{X_1^2} + \|f_0\|_{L^{2,1}} \leqslant \delta_0$. 那么 mVPB 方程 (2.1.21)—(2.1.23) 存在唯一的整体强解 $f = f(t,x,v)$, 满足

$$\sum_{j=0}^{4}\|\partial_x^\alpha(f(t),\chi_j)\|_{L_x^2} + \|\partial_x^\alpha\Phi(t)\|_{H_x^1} \leqslant C\delta_0(1+t)^{-\frac{3}{4}},$$

$$\|\partial_x^\alpha P_1 f(t)\|_{L^2} \leqslant C\delta_0(1+t)^{-\frac{5}{4}},$$

$$\|P_1 f(t)\|_{X_1^2} + \|\nabla_x P_0 f(t)\|_{H^1} \leqslant C\delta_0(1+t)^{-\frac{5}{4}},$$

其中 $|\alpha| = 0, 1$ 以及 $C > 0$ 为常数.

定理 2.64 设定理 2.63 中的条件成立, 并且存在常数 $d_0, d_1 > 0$ 以及充分小的常数 $r_0 > 0$, 使得初值 $f_0(x, v)$ 的傅里叶变换 $\hat{f}_0(\xi, v)$ 满足

$$\inf_{|\xi| \leqslant r_0} |(\hat{f}_0, \chi_0)| \geqslant d_0, \quad \sup_{|\xi| \leqslant r_0} |(\hat{f}_0, v\chi_0)| = 0, \quad \inf_{|\xi| \leqslant r_0} |(\hat{f}_0, \chi_4)| \geqslant d_1 \sup_{|\xi| \leqslant r_0} |(\hat{f}_0, \chi_0)|.$$

那么当 $t > 0$ 充分大时, mVPB 方程柯西问题 (2.1.21)—(2.1.23) 的整体解 $f = f(t, x, v)$ 满足

$$\begin{aligned}
&C_1 d_0 (1+t)^{-\frac{3}{4}} \leqslant \|(f(t), \chi_j)\|_{L_x^2} \leqslant C_2 \delta_0 (1+t)^{-\frac{3}{4}}, \quad j = 0, 4, \\
&C_1 d_0 (1+t)^{-\frac{3}{4}} \leqslant \|(f(t), v\chi_0)\|_{L_x^2} \leqslant C_2 \delta_0 (1+t)^{-\frac{3}{4}}, \\
&C_1 d_0 (1+t)^{-\frac{3}{4}} \leqslant \|\nabla_x \Phi(t)\|_{L_x^2} \leqslant C_2 \delta_0 (1+t)^{-\frac{3}{4}}, \\
&C_1 d_0 (1+t)^{-\frac{5}{4}} \leqslant \|P_1 f(t)\|_{L^2} \leqslant C_2 \delta_0 (1+t)^{-\frac{5}{4}},
\end{aligned}$$

其中 $C_2 \geqslant C_1 > 0$ 为两个正常数.

注 2.65 对于充分小的常数 $d_0 > 0$, 定义初值函数 $f_0 = f_0(x, v)$ 为

$$f_0(x, v) = d_0 e^{\frac{r_0^2}{2}} e^{-\frac{x^2}{2}} \chi_0 + d_1 d_0 e^{\frac{r_0^2}{2}} e^{-\frac{x^2}{2}} \chi_4.$$

容易验证, f_0 满足定理 2.64 中的条件.

第 3 章 Vlasov-Poisson-Boltzmann 方程 II: 格林函数与点态估计

在本章中, 我们研究单极 Vlasov-Poisson-Boltzmann 方程的格林函数和近平衡态强解关于时空变量 (t, x) 的点态估计.

3.1 Vlasov-Poisson-Boltzmann 方程的格林函数

考虑三维全空间的单极 Vlasov-Poisson-Boltzmann (VPB) 方程

$$\partial_t F + v \cdot \nabla_x F + \nabla_x \Phi \cdot \nabla_v F = Q(F, F), \tag{3.1.1}$$

$$\Delta_x \Phi = \int_{\mathbb{R}^3} F dv - 1, \tag{3.1.2}$$

其中 $F = F(t, x, v)$, $(t, x, v) \in \mathbb{R}_+ \times \mathbb{R}^3 \times \mathbb{R}^3$ 为密度分布函数, $\Phi(t, x)$ 为电势. 碰撞算子 $Q(F, G)$ 由 (1.1.2) 定义. 在本章中, 我们考虑**硬球模型** (1.1.7).

在本章中, 我们基于上一章中的谱分析, 研究 VPB 方程 (3.1.1)–(3.1.2) 的格林函数和非线性问题整体解的时空点态行为. 首先, 设 VPB 方程 (3.1.1)–(3.1.2) 有下列初值

$$F(0, x, v) = F_0(x, v), \quad (x, v) \in \mathbb{R}^3_x \times \mathbb{R}^3_v. \tag{3.1.3}$$

注意到 $(F_*, \Phi_*) = (M(v), 0)$ 是 VPB 方程 (3.1.1)–(3.1.2) 的稳态解, 其中 $M(v)$ 为归一化的全局麦克斯韦分布 (1.3.1). 定义 $F(t, x, v)$ 在 M 附近的扰动 $f(t, x, v)$ 为

$$F = M + \sqrt{M} f.$$

于是, VPB 方程 (3.1.1)—(3.1.3) 可以改写成

$$\partial_t f + v \cdot \nabla_x f - v\sqrt{M} \cdot \nabla_x \Phi - Lf = \frac{1}{2}(v \cdot \nabla_x \Phi) f - \nabla_x \Phi \cdot \nabla_v f + \Gamma(f, f), \tag{3.1.4}$$

$$\Delta_x \Phi = \int_{\mathbb{R}^3} f \sqrt{M} dv, \tag{3.1.5}$$

$$f(0, x, v) = f_0(x, v) = (F_0 - M) M^{-1/2}, \tag{3.1.6}$$

其中线性碰撞算子 Lf 和非线性项 $\Gamma(f,f)$ 分别由 (2.1.11), (2.1.12) 给出.

对于**硬球模型**, 有 (见 1.4 节)

$$
\begin{cases}
(Lf)(v) = -\nu(v)f(v) + (Kf)(v), \quad (Kf)(v) = \displaystyle\int_{\mathbb{R}^3} k(v,v_*)f(v_*)dv_*, \\
k(v,v_*) = \dfrac{2}{\sqrt{2\pi}|v-v_*|}e^{-\frac{(|v|^2-|v_*|^2)^2}{8|v-v_*|^2}-\frac{|v-v_*|^2}{8}} - \dfrac{|v-v_*|}{2\sqrt{2\pi}}e^{-\frac{|v|^2+|v_*|^2}{4}}, \\
\nu(v) = \sqrt{2\pi}\left(e^{-\frac{|v|^2}{2}} + \left(|v| + \dfrac{1}{|v|}\right)\displaystyle\int_0^{|v|} e^{-\frac{|u|^2}{2}}du\right),
\end{cases}
$$

其中碰撞频率 $\nu(v)$ 是一个实函数, K 是 $L^2(\mathbb{R}^3_v)$ 上的具有对称积分核 $k(v,v_*)$ 的自伴紧算子. 对于硬球模型, 函数 $\nu(v)$ 满足

$$
\nu_0(1+|v|) \leqslant \nu(v) \leqslant \nu_1(1+|v|), \tag{3.1.7}
$$

其中 $\nu_1 \geqslant \nu_0 > 0$ 为两个常数.

算子 L 的零空间, 记为 N_0, 是由标准正交基 $\{\chi_j,\ j=0,1,\cdots,4\}$ 张成的子空间, 其中

$$
\chi_0 = \sqrt{M}, \quad \chi_j = v_j\sqrt{M} \quad (j=1,2,3), \quad \chi_4 = \frac{(|v|^2-3)\sqrt{M}}{\sqrt{6}}. \tag{3.1.8}
$$

由定理 1.14 可知, 算子 L 非正且具有局部强制性, 即存在一个常数 $\mu > 0$ 满足

$$
(Lf,f) \leqslant -\mu\|P_1 f\|^2, \quad f \in D(L), \tag{3.1.9}
$$

其中 $D(L)$ 是 L 的定义域

$$
D(L) = \left\{f \in L^2(\mathbb{R}^3)\,|\,\nu(v)f \in L^2(\mathbb{R}^3)\right\}.
$$

在本章中, 我们定义宏观-微观分解为

$$
\begin{cases}
f = P_0 f + P_1 f, \\
P_0 f = P_d f + P_m f + P_e f, \quad P_1 f = f - P_0 f, \\
P_d f = (f,\chi_0)\chi_0, \quad P_e f = (f,\chi_4)\chi_4, \\
P_m f = \displaystyle\sum_{k=1}^{3}(f,\chi_k)\chi_k.
\end{cases} \tag{3.1.10}
$$

由于我们只考虑关于时空变量 (t,x) 的点态行为, 可以将格林函数 $G(t,x)$ 视为 $L^2(\mathbb{R}^3_v)$ 上的算子, 定义如下

$$
\begin{cases}
\partial_t G = B_1 G, \\
G(x,0) = \delta(x) I_v,
\end{cases} \tag{3.1.11}
$$

其中 I_v 是 $L^2(\mathbb{R}_v^3)$ 上的恒同映射, B_1 为线性 VPB 算子, 定义为

$$B_1 = L - v \cdot \nabla_x + v \cdot \nabla_x (\Delta_x)^{-1} P_d. \tag{3.1.12}$$

那么, 线性 VPB 方程柯西问题

$$\begin{cases} \partial_t f = B_1 f, \\ f(0, x, v) = f_0(x, v) \end{cases} \tag{3.1.13}$$

的解可表为

$$f(t, x) = G(t) * f_0 = \int_{\mathbb{R}^3} G(t, x - y) f_0(y) dy,$$

其中 $f_0(y) = f_0(y, v)$.

对于任意的 (t, x) 及 $f \in L^2(\mathbb{R}_v^3)$, 定义 $G(t, x)$ 在 L^2 上的范数为

$$\|G(t, x)\| = \sup_{\|f\|=1} \|G(t, x) f\|, \tag{3.1.14}$$

并且定义在 $L^2(\mathbb{R}_v^3)$ 上算子 T 的 L^2 范数为

$$\|T\| = \sup_{\|f\|=1} \|T f\|. \tag{3.1.15}$$

令 $z > 0$, 定义拟微分算子 (pseudo-differential operator) $\varphi_z(D)$ 为

$$\varphi_z(D) f(x) = \frac{1}{(2\pi)^{3/2}} \int_{\mathbb{R}^3} e^{\mathrm{i} x \cdot \xi} \varphi_z(\xi) \hat{f}(\xi) d\xi, \tag{3.1.16}$$

其中 $\varphi_z(\xi)$ 是光滑的截断函数, 满足

$$\varphi_z(\xi) = 0, \quad |\xi| \leqslant z; \quad \varphi_z(\xi) = 1, \quad |\xi| \geqslant 2z. \tag{3.1.17}$$

首先, 我们得到 VPB 方程的格林函数的时空点态行为.

定理 3.1 令 $G(t, x)$ 是由 (3.1.11) 定义的 VPB 方程的格林函数. 那么, 存在常数 $z > 0$ 使得格林函数 $G(t, x)$ 可分解成

$$G(t, x) = G_L(t, x) + G_H(t, x),$$

其中 $G_L(t, x) = [I - \varphi_z(D)] G(t, x)$ 是低频部分, $G_H(t, x) = \varphi_z(D) G(t, x)$ 是高频部分, 且 $\varphi_z(D)$ 是由 (3.1.16) 定义的拟微分算子. 另外, $G_L(t, x)$ 和 $G_H(t, x)$ 满足以下估计:

(1) 对任意的 $\alpha \in \mathbb{N}^3$, 低频部分 $G_L(t,x)$ 满足

$$\begin{cases} \|\partial_x^\alpha P_d G_L(t,x)\| \leqslant C(1+t)^{-\frac{3}{2}-\frac{|\alpha|}{2}} B_{2+\frac{|\alpha|}{2}}(t,x), \\ \|\partial_x^\alpha P_m G_L(t,x)\| \leqslant C(1+t)^{-1-\frac{|\alpha|}{2}} B_{1+\frac{|\alpha|}{2}}(t,x), \\ \|\partial_x^\alpha P_e G_L(t,x)\| \leqslant C(1+t)^{-\frac{3}{2}-\frac{|\alpha|}{2}} B_{2+\frac{|\alpha|}{2}}(t,x), \\ \|\partial_x^\alpha P_1 G_L(t,x)\| \leqslant C(1+t)^{-\frac{3}{2}-\frac{|\alpha|}{2}} B_{\frac{3}{2}+\frac{|\alpha|}{2}}(t,x), \end{cases} \tag{3.1.18}$$

其中 $C>0$ 是依赖于 α 的常数, 算子 P_d, P_m, P_e 和 P_1 由 (3.1.10) 给出. 特别地,

$$\begin{cases} \|\partial_x^\alpha P_d G_L(t,x)P_r\| \leqslant C(1+t)^{-2-\frac{|\alpha|}{2}} B_{\frac{5}{2}+\frac{|\alpha|}{2}}(t,x), \\ \|\partial_x^\alpha P_m G_L(t,x)P_r\| \leqslant C(1+t)^{-\frac{3}{2}-\frac{|\alpha|}{2}} B_{\frac{3}{2}+\frac{|\alpha|}{2}}(t,x), \\ \|\partial_x^\alpha P_e G_L(t,x)P_r\| \leqslant C(1+t)^{-\frac{3}{2}-\frac{|\alpha|}{2}} B_{\frac{5}{2}+\frac{|\alpha|}{2}}(t,x), \\ \|\partial_x^\alpha P_1 G_L(t,x)P_r\| \leqslant C(1+t)^{-2-\frac{|\alpha|}{2}} B_{2+\frac{|\alpha|}{2}}(t,x), \end{cases} \tag{3.1.19}$$

其中 $P_r = I - P_d$, 且对于任意 $k>0$, 时空扩散函数 (space-time diffusive profile) $B_k(t,x)$ 定义为

$$B_k(t,x) = \left(1+\frac{|x|^2}{1+t}\right)^{-k}, \quad (t,x) \in \mathbb{R}_+ \times \mathbb{R}^3. \tag{3.1.20}$$

(2) 对任意整数 $k>0$ 及 $\alpha \in \mathbb{N}^3$, 存在常数 $\eta_0>0$ 使得高频部分 $G_H(t,x)$ 满足

$$\|\partial_x^\alpha (G_H(t,x) - W_\alpha(t,x))\| \leqslant Ce^{-\eta_0 t} B_k(t,x), \tag{3.1.21}$$

其中 $C>0$ 是依赖于 k 和 α 的常数, $W_\alpha(t,x)$ 是高频的奇异动力波 (singular kinetic wave), 定义为

$$W_\alpha(t,x) = \sum_{k=0}^{12+3|\alpha|} \varphi_z(D) J_k(t,x), \tag{3.1.22}$$

其中

$$\begin{cases} J_0(t,x) = S^t \delta(x) I_v = e^{-\nu(v)t}\delta(x-vt) I_v, \\ J_k(t,x) = \displaystyle\int_0^t S^{t-s}\left(K + v\cdot\nabla_x \Delta_x^{-1} P_d\right) J_{k-1} ds, \quad k \geqslant 1. \end{cases}$$

上式中的 I_v 是 $L^2(\mathbb{R}_v^3)$ 上的恒同映射, 且算子 S^t 定义为

$$S^t g(x,v) = e^{-\nu(v)t} g(x-vt, v). \tag{3.1.23}$$

下面, 我们给出非线性 VPB 方程柯西问题 (3.1.4)—(3.1.6) 的整体解的时空点态行为.

定理 3.2 存在充分小的常数 $\delta_0 > 0$, 使得如果初值 f_0 满足 $\|f_0\|_{X_2^9} \leqslant \delta_0$ 以及

$$\|\partial_x^\alpha f_0(x)\|_{L^\infty_{v,3}} + \|\nabla_v f_0(x)\|_{L^\infty_{v,2}} \leqslant C\delta_0(1+|x|^2)^{-\gamma}, \quad \gamma \geqslant 2,\ |\alpha| = 0,1. \tag{3.1.24}$$

那么, VPB 方程 (3.1.4)—(3.1.6) 存在唯一整体解 (f,Φ), 满足

$$\|\partial_x^\alpha P_d f(t,x)\|_{L^2_v} \leqslant C\delta_0(1+t)^{-\frac32-\frac{|\alpha|}{2}} B_2(t,x), \tag{3.1.25}$$

$$\|\partial_x^\alpha P_m f(t,x)\|_{L^2_v} + |\partial_x^\alpha \nabla_x \Phi(t,x)| \leqslant C\delta_0(1+t)^{-1-\frac{|\alpha|}{2}} B_{1+\frac{|\alpha|}{2}}(t,x), \tag{3.1.26}$$

$$\|\partial_x^\alpha P_e f(t,x)\|_{L^2_v} \leqslant C\delta_0(1+t)^{-1-\frac{|\alpha|}{2}} B_2(t,x), \tag{3.1.27}$$

$$\|\partial_x^\alpha P_1 f(t,x)\|_{L^2_v} \leqslant C\delta_0(1+t)^{-\frac32-\frac{|\alpha|}{2}} B_{\frac32+\frac{|\alpha|}{2}}(t,x), \tag{3.1.28}$$

$$\|f(t,x)\|_{L^\infty_{v,3}} + \|\nabla_v f(t,x)\|_{L^\infty_{v,2}} \leqslant C\delta_0(1+t)^{-1} B_1(t,x), \tag{3.1.29}$$

其中 $|\alpha| = 0,1$, 且 $C > 0$ 为常数. 如果初值满足 $(f_0,\chi_0) = 0$ 以及 (3.1.24) 对于 $\gamma \geqslant 3$ 成立. 那么

$$\|\partial_x^\alpha P_d f(t,x)\|_{L^2_v} \leqslant C\delta_0(1+t)^{-2-\frac{|\alpha|}{2}} B_3(t,x), \tag{3.1.30}$$

$$\|\partial_x^\alpha P_m f(t,x)\|_{L^2_v} + |\partial_x^\alpha \nabla_x \Phi(t,x)| \leqslant C\delta_0(1+t)^{-\frac32-\frac{|\alpha|}{2}} B_{\frac32+\frac{|\alpha|}{2}}(t,x), \tag{3.1.31}$$

$$\|\partial_x^\alpha P_e f(t,x)\|_{L^2_v} \leqslant C\delta_0(1+t)^{-\frac32-\frac{|\alpha|}{2}} B_3(t,x), \tag{3.1.32}$$

$$\|\partial_x^\alpha P_1 f(t,x)\|_{L^2_v} \leqslant C\delta_0(1+t)^{-2-\frac{|\alpha|}{2}} B_{2+\frac{|\alpha|}{2}}(t,x), \tag{3.1.33}$$

$$\|f(t,x)\|_{L^\infty_{v,3}} + \|\nabla_v f(t,x)\|_{L^\infty_{v,2}} \leqslant C\delta_0(1+t)^{-\frac32} B_{\frac32}(t,x), \tag{3.1.34}$$

其中 $|\alpha| = 0,1$, 且 $C > 0$ 为常数.

3.2 线性 VPB 方程的谱分析

在本节中, 我们回顾线性 VPB 方程 (3.1.11) 的谱结构, 并且详细分析了低频特征值和特征函数的解析性质, 我们将在下一节中利用这些性质来研究格林函数流体部分的点态估计.

首先, 对 (3.1.11) 关于 x 进行傅里叶变换, 得到

$$\begin{cases} \partial_t \hat{G} = B_1(\xi)\hat{G}, \quad t > 0, \\ \hat{G}(0,\xi) = I_v, \end{cases} \tag{3.2.1}$$

其中算子 $B_1(\xi)$ 定义为

$$B_1(\xi)=L-\mathrm{i}(v\cdot\xi)-\mathrm{i}\frac{v\cdot\xi}{|\xi|^2}P_d,\quad \xi\neq 0. \tag{3.2.2}$$

由 2.2 节和 2.3 节, 关于算子 $B_1(\xi)$ 的谱结构和生成半群, 有以下结果.

引理 3.3 令 $\sigma(B_1(\xi))$ 为算子 $B_1(\xi)$ 的谱集. 我们有

(1) 对任意的 $r_1>0$, 存在常数 $\eta=\eta(r_1)>0$ 使得当 $|\xi|\geqslant r_1$ 时, 有

$$\sigma(B_1(\xi))\subset\{\lambda\in\mathbb{C}\,|\,\mathrm{Re}\lambda<-\eta\}. \tag{3.2.3}$$

(2) 存在常数 $r_0>0$ 使得当 $s=|\xi|\leqslant r_0$ 时,

$$\sigma(B_1(\xi))\cap\{\lambda\in\mathbb{C}\,|\,\mathrm{Re}\lambda\geqslant-\mu/2\}=\{\lambda_j(s),\ j=-1,0,1,2,3\}.$$

特征值 $\lambda_j(s)$ 是关于 s 的 C^∞ 函数, 满足以下的渐近展开:

$$\begin{cases}\lambda_{\pm1}(s)=\pm\mathrm{i}+(-a_1\pm\mathrm{i}b_1)s^2+O(s^3), & \overline{\lambda_1}=\lambda_{-1},\\ \lambda_0(s)=-a_0s^2+O(s^3), \\ \lambda_2(s)=\lambda_3(s)=-a_2s^2+O(s^3),\end{cases} \tag{3.2.4}$$

其中 $a_j>0\ (j=0,1,2)$, $b_1>0$ 是常数, 由定理 2.11 给出.

(3) 对任意的 $\xi\neq0$, 半群 $S(t,\xi)=e^{tB_1(\xi)}$ 可分解为

$$S(t,\xi)f=S_1(t,\xi)f+S_2(t,\xi)f,\quad f\in L^2_\xi(\mathbb{R}^3_v),\quad t>0, \tag{3.2.5}$$

这里

$$S_1(t,\xi)f=\sum_{j=-1}^{3}e^{\lambda_j(|\xi|)t}(f,\overline{\psi_j(\xi)})_\xi\psi_j(\xi)1_{\{|\xi|\leqslant r_0\}}, \tag{3.2.6}$$

其中 $(\lambda_j(|\xi|),\psi_j(\xi))$ 是算子 $B_1(\xi)$ 在 $|\xi|\leqslant r_0$ 处的特征值和特征函数, 且 $S_2(t,\xi)f=: S(t,\xi)f-S_1(t,\xi)f$ 满足

$$\|S_2(t,\xi)f\|_\xi\leqslant Ce^{-\sigma_0t}\|f\|_\xi,\quad t>0, \tag{3.2.7}$$

其中 $\sigma_0>0$ 和 $C>0$ 是不依赖于 ξ 的常数.

下面, 我们研究 $B_1(\xi)$ 在低频的特征值和特征函数的解析性和渐近展开. 为此, 考虑以下一维 VPB 算子 $B_1(s)=L-\mathrm{i}v_1s-\mathrm{i}\frac{v_1}{s}P_d$ 的特征值问题:

$$\left(L-\mathrm{i}v_1s-\mathrm{i}\frac{v_1}{s}P_d\right)e=\zeta e,\quad s\in\mathbb{R}. \tag{3.2.8}$$

我们给出 (3.2.8) 中的低频特征值 $\zeta_j(s)$ 以及对应的特征函数 $e_j(s), j=-1,0,1,2,3$ 的解析性和渐近展开.

引理 3.4 令 $\sigma(B_1(s))$ 为算子 $B_1(s)$ 的谱集. 则有

(1) 对任意的 $r_1>0$，存在常数 $\eta=\eta(r_1)>0$ 使得当 $|s|\geqslant r_1$ 时, 有

$$\sigma(B_1(s))\subset\{\lambda\in\mathbb{C}\,|\,\mathrm{Re}\lambda<-\eta\}. \tag{3.2.9}$$

(2) 存在常数 $r_0>0$ 使得当 $|s|\leqslant r_0$ 时,

$$\sigma(B_1(s))\cap\{\lambda\in\mathbb{C}\,|\,\mathrm{Re}\lambda>-\mu/2\}=\{\zeta_j(s),\ j=-1,0,1,2,3\}.$$

特征值 $\zeta_j(s)$ 是关于 s 的解析的偶函数, 满足以下的渐近展开:

$$\zeta_j(s)=\sum_{k=0}^{\infty}\zeta_{j,k}s^{2k},\quad \zeta_{j,k}\in\mathbb{C}, \tag{3.2.10}$$

其中 $\zeta_{j,k}=\zeta_j^{(2k)}(0)/(2k)!$. 特别地,

$$\begin{cases}\zeta_{\pm1}(s)=-\mathrm{A}_1^1(s^2)\pm\mathrm{i}\mathrm{A}_1^2(s^2),\\ \zeta_0(s)=-\mathrm{A}_0^1(s^2),\\ \zeta_2(s)=\zeta_3(s)=-\mathrm{A}_2^1(s^2),\end{cases} \tag{3.2.11}$$

这里 $\mathrm{A}_j^1(s)$ $(j=0,1,2)$ 和 $\mathrm{A}_1^2(s)$ 是关于 s 的实解析函数且满足

$$\begin{cases}\mathrm{A}_j^1(0)=0,\quad \dfrac{d}{ds}\mathrm{A}_j^1(0)=a_j,\quad j=0,1,2,\\ \mathrm{A}_1^2(0)=1,\quad \dfrac{d}{ds}\mathrm{A}_1^2(0)=b_1,\end{cases} \tag{3.2.12}$$

其中 $a_j>0$ $(j=0,1,2)$ 和 $b_1>0$ 为由 (3.2.4) 给出的常数.

(3) 特征函数 $e_j(s), j=-1,0,1,2,3$ 关于 s 解析, 满足

$$\begin{cases}P_0e_0(s)=s^2a_0(s^2)\chi_0+sb_0(s^2)\chi_1+c_0(s^2)\chi_4,\\ P_0e_{\pm1}(s)=sa_{\pm1}(s^2)\chi_0+b_{\pm1}(s^2)\chi_1+sc_{\pm1}(s^2)\chi_4,\\ P_0e_k(s)=b_2(s^2)\chi_k,\quad k=2,3,\\ P_1e_j(s)=\mathrm{i}s(L-\zeta_j(s)-\mathrm{i}sP_1v_1P_1)^{-1}P_1v_1P_0e_j(s),\end{cases} \tag{3.2.13}$$

这里 $a_j(s), b_j(s)$ 及 $c_j(s)$ 是关于 s 的解析函数且满足

$$\begin{cases} a_0(0) = -\sqrt{\dfrac{2}{3}}, \quad b_0(0) = 0, \quad c_0(0) = 1, \quad b_2(0) = 1, \\ a_{\pm 1}(0) = \mp \dfrac{\sqrt{2}}{2}, \quad b_{\pm 1}(0) = \dfrac{\sqrt{2}}{2}, \quad c_{\pm 1}(0) = \mp \dfrac{\sqrt{3}}{3}. \end{cases}$$

证明 (3.2.9) 已在引理 3.3 中给出.

接下来, 我们证明特征值 $\zeta_j(s)$ $(j = -1, 0, 1, 2, 3)$ 是关于 s 解析的偶函数并且满足 (3.2.10)—(3.2.12). 将宏观-微观分解 $e = g_0 + g_1 =: P_0 e + P_1 e$ 应用到特征值问题 (3.2.8) 上, 得到

$$\zeta g_0 = -\mathrm{i} s P_0[v_1(g_0 + g_1)] - \mathrm{i}\frac{v_1}{s} P_d g_0, \tag{3.2.14}$$

$$\zeta g_1 = L g_1 - \mathrm{i} s P_1[v_1(g_0 + g_1)]. \tag{3.2.15}$$

根据 (3.2.15), 微观部分 g_1 可以由宏观部分 g_0 表示为

$$g_1 = \mathrm{i}s(L - \zeta - \mathrm{i}sP_1 v_1 P_1)^{-1} P_1 v_1 g_0, \quad \mathrm{Re}\zeta > -\mu. \tag{3.2.16}$$

将上式代入 (3.2.14) 中, 得到关于 ζ 和 g_0 的特征值问题

$$\zeta g_0 = -\mathrm{i}sP_0 v_1 g_0 - \mathrm{i}\frac{v_1}{s} P_d g_0 + s^2 P_0[v_1 R(\zeta, s) P_1 v_1 g_0], \quad \mathrm{Re}\zeta > -\mu, \tag{3.2.17}$$

其中

$$R(\zeta, s) = (L - \zeta - \mathrm{i}sP_1 v_1 P_1)^{-1}.$$

为了解决特征值问题 (3.2.17), 将 $g_0 \in N_0$ 用正交基 χ_j 表示为

$$g_0 = \sum_{j=0}^{4} W_j \chi_j, \quad W_j = (g_0, \chi_j).$$

分别将 $\chi_j, j = 0, 1, 2, 3, 4$ 与 (3.2.17) 作内积, 得到关于 ζ 和 $(W_0, W_1, W_2, W_3, W_4)$ 的方程如下:

$$\zeta W_0 = -\mathrm{i}sW_1, \tag{3.2.18}$$

$$\zeta W_1 = -\mathrm{i}W_0\left(s + \frac{1}{s}\right) - \mathrm{i}s\sqrt{\frac{2}{3}}W_4 + s^2 W_1 R_{11} + s^2 W_4 R_{41}, \tag{3.2.19}$$

$$\zeta W_i = s^2 W_i R_{22}, \quad i = 2, 3, \tag{3.2.20}$$

$$\zeta W_4 = -\mathrm{i}s\sqrt{\frac{2}{3}}W_1 + s^2 W_1 R_{14} + s^2 W_4 R_{44}, \tag{3.2.21}$$

这里 $R_{ij} = R_{ij}(\zeta, s) = (R(\zeta, s)P_1(v_1\chi_i), v_1\chi_j),\ i, j = 1, 2, 4$. 记

$$D_0(\zeta, s) = \zeta - s^2 R_{22},$$

$$D_1(\zeta, s) = \begin{vmatrix} \zeta & \mathrm{i}s & 0 \\ \mathrm{i}\left(s + \dfrac{1}{s}\right) & \zeta - s^2 R_{11} & \mathrm{i}s\sqrt{\dfrac{2}{3}} - s^2 R_{41} \\ 0 & \mathrm{i}s\sqrt{\dfrac{2}{3}} - s^2 R_{14} & \zeta - s^2 R_{44} \end{vmatrix}.$$

因为 $R_{ij}(\zeta, s), i, j = 1, 2, 4$ 关于 (s, ζ) 解析, 从而 $D_0(\zeta, s)$ 和 $D_1(\zeta, s)$ 关于 (s, ζ) 解析. 因此, 根据引理 2.9 和引理 2.10 以及关于解析函数的隐函数定理 (见文献 [48] 第 0 章第 8 节) 可知, 存在两个小常数 $r_0 > 0$ 和 $r_1 > 0$ 使得

(1) 当 $s \in [-r_0, r_0]$ 时, $D_0(z, s) = 0$ 有唯一的解析解 $z(s)$, 满足 $(s, z) \in [-r_0, r_0] \times B_{r_1}(0)$. 另外, $z(s)$ 是关于 s 的实的偶函数且满足

$$z(0) = 0, \quad z'(0) = 0, \quad z''(0) = -2A_2.$$

(2) 当 $s \in [-r_0, r_0]$ 时, $D_1(z, s) = 0$ 有三个解析解 $z_j(s),\ j = -1, 0, 1$, 满足 $(s, z_j) \in [-r_0, r_0] \times B_{r_1}(j\mathrm{i})$. 另外, $z_j(s),\ j = -1, 0, 1$ 是关于 s 的偶函数, 且 $z_0(s)$ 是实函数, 满足

$$z_j(0) = j\mathrm{i}, \quad z_j'(0) = 0, \quad z_j''(0) = -2A_j, \quad j = -1, 0, 1.$$

这里 $A_j = a_j, j = 0, 2, A_{\pm 1} = a_1 \mp \mathrm{i}b_1$. 因此, (3.2.10)—(3.2.12) 得证, 其中 $\zeta_{j,k} = \zeta_j^{(2k)}(0)/(2k)!$.

下面, 我们构造 (3.2.8) 中的特征值 $\zeta_j(s)$ 和对应的特征函数 $e_j(s), j = -1, 0, 1, 2, 3$. 当 $j = 2, 3$ 时, 取 $\zeta_j = z(s)$ 为方程 $D_0(z, s) = 0$ 的解, 并且取 $W_0 = W_1 = W_4 = 0$. 于是, 对应的特征函数 $e_2(s)$ 和 $e_3(s)$ 定义为

$$e_j(s) = b_2(s)\chi_j + \mathrm{i}b_2(s)s(L - \zeta_j(s) - \mathrm{i}sP_1 v_1 P_1)^{-1}P_1(v_1\chi_j). \tag{3.2.22}$$

由归一化条件 $(e_j(s), \overline{e_j(s)})_s = 1$, 在 (3.2.22) 中的系数 $b_2(s)$ 满足

$$\begin{cases} b_2(s)^2(1 + s^2 D_2(s)) = 1, \\ D_2(s) = (R(\zeta_2, s)P_1(v_1\chi_2), R(\overline{\zeta_2}, -s)P_1(v_1\chi_2)). \end{cases}$$

由上式和 $D_2(s) = D_2(-s)$ 得到 $b_2(s)$ 是关于 s 的解析函数, 满足 $b_2(0) = 1$ 以及 $b_2(s) = b_2(-s)$.

当 $j = -1, 0, 1$ 时, 取 $\zeta_j = z_j(s)$ 为方程 $D_1(z, s) = 0$ 的解, 并且取 $W_2 = W_3 = 0$. 记 $\{s\mathcal{A}_j, \mathcal{B}_j, \mathcal{C}_j\} =: \{W_0^j, W_1^j, W_4^j\}$ 为方程 (3.2.18), (3.2.19) 和 (3.2.21) 对应 $\zeta = \zeta_j(s)$ 的解. 则对应的特征函数 $e_j(s)$, $j = -1, 0, 1$ 可以构造为

$$\begin{cases} e_j(s) = P_0 e_j(s) + P_1 e_j(s), \\ P_0 e_j(s) = s\mathcal{A}_j(s)\chi_0 + \mathcal{B}_j(s)\chi_1 + \mathcal{C}_j(s)\chi_4, \\ P_1 e_j(s) = \mathrm{i}s(L - \zeta_j(s) - \mathrm{i}sP_1 v_1 P_1)^{-1} P_1(v_1 P_0 e_j(s)). \end{cases} \tag{3.2.23}$$

根据 (3.2.18), (3.2.19) 和 (3.2.21), 在 (3.2.23) 中的系数 $\mathcal{A}_j(s), \mathcal{B}_j(s)$ 和 $\mathcal{C}_j(s)$ 满足下列方程

$$\begin{cases} \zeta_j(s)\mathcal{A}_j(s) + \mathrm{i}\mathcal{B}_j(s) = 0, \\ \mathrm{i}(s^2+1)\mathcal{A}_j(s) + (\zeta_j(s) - s^2 R_{11}(\zeta_j, s))\mathcal{B}_j(s) \\ \quad + \left(\mathrm{i}s\sqrt{\dfrac{2}{3}} - s^2 R_{41}(\zeta_j, s)\right)\mathcal{C}_j(s) = 0, \\ \left(\mathrm{i}s\sqrt{\dfrac{2}{3}} - s^2 R_{14}(\zeta_j, s)\right)\mathcal{B}_j(s) + \left(\zeta_j(s) - s^2 R_{44}(\zeta_j, s)\right)\mathcal{C}_j(s) = 0. \end{cases} \tag{3.2.24}$$

此外, 由归一化条件, 有

$$1 = \mathcal{A}_j(s)^2(1+s^2) + \mathcal{B}_j(s)^2 + \mathcal{C}_j(s)^2 + O(s^2). \tag{3.2.25}$$

由于 $\zeta_k(s) = \zeta_k(-s)$ $(k = -1, 0, 1)$, 以及对于 $i \neq j = 1, 4$,

$$R_{jj}(\zeta_k(-s), -s) = R_{jj}(\zeta_k(s), s), \quad R_{ij}(\zeta_k(-s), -s) = -R_{ij}(\zeta_k(s), s),$$

于是, 将上式与 (3.2.11) 代入到 (3.2.24)–(3.2.25), 可以推出 (参见定理 2.11)

$$\begin{aligned} &\mathcal{A}_0(0) = \mathcal{B}_0(0) = 0, \quad \mathcal{C}_0(0) = 1, \\ &\mathcal{A}_{\pm1}(0) = \pm\mathcal{B}_{\pm1}(0) = \pm\frac{\sqrt{2}}{2}, \quad \mathcal{C}_{\pm1}(0) = 0, \end{aligned}$$

以及

$$\begin{aligned} &\mathcal{A}_0(-s) = -\mathcal{A}_0(s), \quad \mathcal{B}_0(-s) = -\mathcal{B}_0(s), \quad \mathcal{C}_0(-s) = \mathcal{C}_0(s), \\ &\mathcal{A}_{\pm1}(-s) = \mathcal{A}_{\pm1}(s), \quad \mathcal{B}_{\pm1}(-s) = \mathcal{B}_{\pm1}(s), \quad \mathcal{C}_{\pm1}(-s) = -\mathcal{C}_{\pm1}(s). \end{aligned}$$

通过上式与 $\mathcal{A}_j(s)$, $\mathcal{B}_j(s)$, $\mathcal{C}_j(s)$ 的解析性, 我们可以得到 (3.2.13). □

接下来, 考虑以下三维 VPB 算子 $B_1(\xi)$ 的特征值问题:

$$\left(L-\mathrm{i}(v\cdot\xi)-\mathrm{i}\frac{v\cdot\xi}{|\xi|^2}P_d\right)\psi=\lambda\psi,\quad \xi\in\mathbb{R}^3. \tag{3.2.26}$$

根据引理 3.4, 我们得到 $B_1(\xi)$ 的低频特征值 $\lambda_j(|\xi|)$ 和特征函数 $\psi_j(\xi)$ 的解析性和渐近展开.

引理 3.5 (1) 当 $|\xi|\leqslant r_0$ 时, $B_1(\xi)$ 的特征值 $\lambda_j(|\xi|), j=-1,0,1,2,3$ 是关于 ξ 的解析函数, 满足

$$\lambda_j(|\xi|)=\zeta_j(|\xi|)=\sum_{k=0}^{\infty}\zeta_{j,k}|\xi|^{2k}, \tag{3.2.27}$$

其中 $\zeta_j(s)$ 是由引理 3.4 给出的关于 s 的解析偶函数.

(2) 特征函数 $\psi_j(\xi), j=-1,0,1,2,3$ 满足

$$\begin{cases}P_0\psi_0(\xi)=|\xi|^2a_0(|\xi|^2)\chi_0+b_0(|\xi|^2)(v\cdot\xi)\chi_0+c_0(|\xi|^2)\chi_4,\\ P_0\psi_{\pm1}(\xi)=|\xi|a_{\pm1}(|\xi|^2)\chi_0+b_{\pm1}(|\xi|^2)|\xi|^{-1}(v\cdot\xi)\chi_0+|\xi|c_{\pm1}(|\xi|^2)\chi_4,\\ P_0\psi_k(\xi)=b_2(|\xi|^2)(v\cdot W^k)\chi_0,\quad k=2,3,\\ P_1\psi_j(\xi)=\mathrm{i}(L-\lambda_j(|\xi|)-\mathrm{i}P_1(v\cdot\xi)P_1)^{-1}P_1(v\cdot\xi)P_0\psi_j(\xi),\end{cases} \tag{3.2.28}$$

其中 $a_j(s),b_j(s)$ 和 $c_j(s)$ 是由引理 3.4 给出的关于 s 的解析函数, W^j $(j=2,3)$ 是满足 $W^j\cdot\xi=0$ 的单位正交向量组.

证明 令 $\mathbb{O}$ 是 $\mathbb{R}^3$ 上的旋转变换, 满足 $\mathbb{O}:\dfrac{\xi}{|\xi|}\to(1,0,0)$. 容易验证

$$\mathbb{O}^{-1}\left(L-\mathrm{i}(v\cdot\xi)-\mathrm{i}\frac{v\cdot\xi}{|\xi|^2}P_d\right)\mathbb{O}=L-\mathrm{i}v_1s-\mathrm{i}\frac{v_1}{s}P_d. \tag{3.2.29}$$

因此, 根据引理 3.4, (3.2.26) 有以下特征值和特征函数

$$\left(L-\mathrm{i}(v\cdot\xi)-\mathrm{i}\frac{v\cdot\xi}{|\xi|^2}P_d\right)\psi_j(\xi,v)=\lambda_j(\xi)\psi_j(\xi,v),$$

$$\lambda_j(\xi)=\zeta_j(|\xi|),\quad \psi_j(\xi,v)=\mathbb{O}e_j(|\xi|,v),\quad j=-1,0,1,2,3.$$

引理得证. □

3.3 格林函数的点态估计

在本节中, 我们研究线性 VPB 方程 (3.1.11) 格林函数的时空点态估计. 首先, 我们基于上一节中的谱分析, 将格林函数分为低频部分和高频部分, 并运用傅里叶分析技巧建立低频流体部分的点态估计. 然后, 引入一个新的 Picard 迭代来构造低频部分的逼近序列, 并通过在频率空间中的能量法估计低频部分的点态行为. 最后, 我们应用与 Boltzmann 方程相似的 Picard 迭代来构造高频部分的逼近序列 (奇异动力波), 并通过在频率空间中的能量法建立高频部分的点态估计.

3.3.1 流体部分

在这一小节中, 我们利用 3.2 节中的谱分析来估计格林函数 $G(t,x)$ 的低频流体部分的点态行为. 首先, 将格林函数 $G(t,x)$ 分解成低频部分和高频部分:

$$\begin{cases} G(t,x) = G_L(t,x) + G_H(t,x), \\ G_L(t,x) = \dfrac{1}{(2\pi)^{3/2}} \displaystyle\int_{\mathbb{R}^3} e^{\mathrm{i}x\cdot\xi + tB_1(\xi)} \varphi_1(\xi) d\xi, \\ G_H(t,x) = \dfrac{1}{(2\pi)^{3/2}} \displaystyle\int_{\mathbb{R}^3} e^{\mathrm{i}x\cdot\xi + tB_1(\xi)} \varphi_2(\xi) d\xi, \end{cases} \tag{3.3.1}$$

其中

$$\varphi_1(\xi) = 1 - \varphi_z(\xi), \quad \varphi_2(\xi) = \varphi_z(\xi),$$

$z = r_0/2$, 且 $r_0 > 0$ 是由引理 3.3 给出的常数. 低频部分 $G_L(t,x)$ 可进一步分解成低频流体部分和低频非流体部分:

$$G_L(t,x) = G_{L,0}(t,x) + G_{L,1}(t,x), \tag{3.3.2}$$

其中

$$G_{L,0}(t,x) = \sum_{j=-1}^{3} \int_{\mathbb{R}^3} e^{\mathrm{i}x\cdot\xi} e^{\lambda_j(|\xi|)t} \varphi_1(\xi) \psi_j(\xi) \otimes \left\langle \left(\psi_j(\xi) + \frac{1}{|\xi|^2} (\psi_j(\xi), \chi_0) \chi_0 \right) \right| d\xi, \tag{3.3.3}$$

$$G_{L,1}(t,x) = G_L(t,x) - G_{L,0}(t,x). \tag{3.3.4}$$

在上式中, 对任意的 $f, g \in L^2(\mathbb{R}^3_v)$, $f \otimes \langle g|$ 为 $L^2(\mathbb{R}^3_v)$ 中的线性算子 (见文献 [61, 62]), 定义如下

$$f \otimes \langle g| u = (u, \overline{g}) f, \quad u \in L^2(\mathbb{R}^3_v).$$

根据定理 2.16, 经傅里叶变换后的格林函数 $\hat{G}(t,\xi) = e^{tB_1(\xi)}$ 满足下面的估计.

引理 3.6 对任意的 $g_0 \in L^2_\xi(\mathbb{R}^3_v)$, 存在正常数 C 和 κ_0 使得

$$\begin{cases}\|\hat{G}_L(t,\xi)g_0\|_\xi \leqslant \|g_0\|_\xi,\\ \|\hat{G}_{L,1}(t,\xi)g_0\|_\xi \leqslant Ce^{-\kappa_0 t}\|g_0\|_\xi,\\ \|\hat{G}_H(t,\xi)g_0\|_\xi \leqslant Ce^{-\kappa_0 t}\|g_0\|_\xi,\end{cases} \tag{3.3.5}$$

这里 $\hat{G}_L(t,\xi)$, $\hat{G}_H(t,\xi)$ 和 $\hat{G}_{L,1}(t,\xi)$ 分别是 (3.3.1) 和 (3.3.2) 中定义的 $G_L(t,x)$, $G_H(t,x)$ 和 $G_{L,1}(t,x)$ 的傅里叶变换.

记

$$\hat{G}_0(t,\xi) = \sum_{j=-1}^{3} e^{\lambda_j(\xi)t}\psi_j(\xi) \otimes \left\langle \left(\psi_j(\xi) + \frac{1}{|\xi|^2}(\psi_j(\xi),\chi_0)\chi_0\right)\right|, \quad |\xi| \leqslant r_0. \tag{3.3.6}$$

为了估计 $G_{L,0}(t,x)$ 的点态行为, 我们先给出 $\hat{G}_0(t,\xi)$ 宏观和微观部分的解析结构.

引理 3.7 由 (3.3.6) 定义的 $\hat{G}_0(t,\xi)$ 的宏观部分和微观部分可表示为以下形式:

$$P_d\hat{G}_0(t,\xi) = |\xi|^2 e^{\lambda_0(|\xi|)t}N_0(\xi) + \sum_{j=\pm1} e^{\lambda_j(|\xi|)t}N_j(\xi), \tag{3.3.7}$$

$$\begin{aligned}P_m\hat{G}_0(t,\xi) = {}& e^{\lambda_0(|\xi|)t}U_0(\xi) + \sum_{j=\pm1} e^{\lambda_j(|\xi|)t}\left(U_j(\xi) + \sum_{i=1}^{3}\frac{\xi_i}{|\xi|^2}U_j^i(\xi)\right)\\ &+ e^{\lambda_2(|\xi|)t}\left(U_2(\xi) + \sum_{i,k=1}^{3}\frac{\xi_i\xi_k}{|\xi|^2}U_2^{i,k}(\xi)\right),\end{aligned} \tag{3.3.8}$$

$$P_e\hat{G}_0(t,\xi) = e^{\lambda_0(|\xi|)t}E_0(\xi) + \sum_{j=\pm1} e^{\lambda_j(|\xi|)t}E_j(\xi), \tag{3.3.9}$$

$$\begin{aligned}P_1\hat{G}_0(t,\xi) = {}& e^{\lambda_0(|\xi|)t}R_0(\xi) + \sum_{j=\pm1} e^{\lambda_j(|\xi|)t}\left(R_j(\xi) + \sum_{i,k=1}^{3}\frac{\xi_i\xi_k}{|\xi|^2}R_j^{i,k}(\xi)\right)\\ &+ e^{\lambda_2(|\xi|)t}\left(R_2(\xi) + \sum_{i,k=1}^{3}\frac{\xi_i\xi_k}{|\xi|^2}R_2^{i,k}(\xi)\right),\end{aligned} \tag{3.3.10}$$

其中, 当 $|\xi| < r_0$ 时, 算子 $N_j(\xi)$, $U_j(\xi)$, $E_j(\xi)$, $R_j(\xi) : L^2(\mathbb{R}^3_v) \to L^2(\mathbb{R}^3_v)$ 关于 ξ 解析, 即对于任意 $g \in L^2(\mathbb{R}^3_v)$, $N_j(\xi)g$, $U_j(\xi)g$, $E_j(\xi)g$, $R_j(\xi)g$ 是关于 ξ 的解析

函数. 另外, 它们满足

$$\begin{cases} N_0(0)\neq 0, \quad N_j(0)\neq 0, \quad N_j(0)P_r=0, \quad j=\pm 1;\\ U_0(0)=U_j(0)=0, \quad U_j^i(0)\neq 0, \quad U_j^i(0)P_r=0, \quad j=\pm 1;\\ E_j(0)\neq 0, \quad E_j(0)P_r\neq 0, \quad j=0,1,2,\\ R_j(0)\neq 0, \quad R_j(0)P_r=0, \quad j=-1,0,1,2;\\ R_j^{i,k}(0)\neq 0, \quad R_j^{i,k}(0)P_r=0, \quad j=\pm 1,2. \end{cases} \tag{3.3.11}$$

证明 首先, 我们证明 (3.3.7). 根据 (3.2.28), 有

$$(\psi_0(\xi),\chi_0)=|\xi|^2a_0(|\xi|^2), \quad (\psi_{\pm 1}(\xi),\chi_0)=|\xi|a_{\pm 1}(|\xi|^2), \quad (\psi_j(\xi),\chi_0)=0, \quad j=2,3, \tag{3.3.12}$$

将上式代入到 (3.3.3), 得到

$$P_d\hat{G}_0(t,\xi)=e^{\lambda_0(|\xi|)t}|\xi|^2N_0(\xi)+\sum_{j=\pm 1}e^{\lambda_j(|\xi|)t}N_j(\xi),$$

其中

$$\begin{aligned} N_0&=a_0\chi_0\otimes\langle|\xi|^2a_0\chi_0+b_0(v\cdot\xi)\chi_0+c_0\chi_4|+a_0^2\chi_0\otimes\langle\chi_0|\\ &\quad+\mathrm{i}a_0\chi_0\otimes\langle R(\lambda_0,\xi)P_1(v\cdot\xi)(b_0(v\cdot\xi)\chi_0+c_0\chi_4)|,\\ N_{\pm 1}&=a_{\pm 1}\chi_0\otimes\langle|\xi|^2a_{\pm 1}\chi_0+b_{\pm 1}(v\cdot\xi)\chi_0+|\xi|^2c_{\pm 1}\chi_4|+a_{\pm 1}^2\chi_0\otimes\langle\chi_0|\\ &\quad+\mathrm{i}a_{\pm 1}\chi_0\otimes\langle R(\lambda_{\pm 1},\xi)P_1(v\cdot\xi)(b_{\pm 1}(v\cdot\xi)\chi_0+|\xi|^2c_{\pm 1}\chi_4)|. \end{aligned}$$

这意味着, 当 $|\xi|<r_0$ 时, $N_0(\xi)$ 和 $N_{\pm 1}(\xi)$ 关于 ξ 解析. 因此 (3.3.7) 得证.

为了证明 (3.3.8), 由 (3.2.28) 得到

$$\begin{aligned} &(\psi_0(\xi),v\chi_0)=\xi b_0(|\xi|^2), \quad (\psi_{\pm 1}(\xi),v\chi_0)=\frac{\xi}{|\xi|}b_{\pm 1}(|\xi|^2),\\ &(\psi_j(\xi),v\chi_0)=b_2(|\xi|^2)W^j, \quad j=2,3. \end{aligned} \tag{3.3.13}$$

于是, 我们将 (3.3.12) 和 (3.3.13) 代入到 (3.3.3) 可以推出

$$P_m\hat{G}_0(t,\xi)=\sum_{j=\pm 1}e^{\lambda_j(|\xi|)t}\sum_{i=1}^3U_{i,j}(\xi)+e^{\lambda_0(|\xi|)t}\sum_{i=1}^3U_{i,0}(\xi)+e^{\lambda_2(|\xi|)t}\sum_{i=1}^3U_{i,2}(\xi),$$

其中

$$
\begin{aligned}
U_{i,0} =& \xi_i b_0 \chi_i \otimes \langle |\xi|^2 a_0 \chi_0 + b_0 (v\cdot\xi)\chi_0 + c_0\chi_4| + \xi_i a_0 b_0 \chi_i \otimes \langle \chi_0| \\
&+ \mathrm{i}\xi_i b_0 \chi_i \otimes \langle R(\lambda_0,\xi)P_1(v\cdot\xi)(b_0(v\cdot\xi)\chi_0 + c_0\chi_4)|, \\
U_{i,\pm1} =& \xi_i b_{\pm1}\chi_i \otimes \langle a_{\pm1}\chi_0 + c_{\pm1}\chi_4 + \mathrm{i}R(\lambda_{\pm1},\xi)P_1(v\cdot\xi)c_{\pm1}\chi_4| + \frac{\xi_i}{|\xi|^2} a_{\pm1} b_{\pm1}\chi_i \otimes \langle \chi_0| \\
&+ \frac{\xi_i}{|\xi|^2} b_{\pm1}\chi_i \otimes \langle b_{\pm1}(v\cdot\xi)\chi_0 + \mathrm{i}b_{\pm1}R(\lambda_{\pm1},\xi)P_1(v\cdot\xi)^2\chi_0| \\
=:& U^0_{i,\pm1} + \frac{\xi_i}{|\xi|^2} U^1_{i,\pm1}, \\
U_{i,2} =& b_2\chi_i \otimes \left\langle \left(v_i - \left(v\cdot \frac{\xi}{|\xi|}\right)\frac{\xi_i}{|\xi|}\right)\chi_0 \right| + \mathrm{i} b_2 \chi_i \\
&\otimes \left\langle R(\lambda_2,\xi)P_1(v\cdot\xi)\left(v_i - \left(v\cdot \frac{\xi}{|\xi|}\right)\frac{\xi_i}{|\xi|}\right)\chi_0 \right| \\
=:& U^0_{i,2} + \frac{\xi_i}{|\xi|^2}\sum_{k=1}^3 \xi_k U^k_{i,2},
\end{aligned}
$$

这里我们用到了下面的等式

$$
y = \left(y\cdot\frac{\xi}{|\xi|}\right)\frac{\xi}{|\xi|} + (y\cdot W^2)W^2 + (y\cdot W^3)W^3, \quad \forall y\in\mathbb{R}^3.
$$

容易验证, 当 $|\xi|<r_0$ 时, $U^k_{i,j}(\xi)\,(k=0,1,2,3)$ 关于 ξ 解析.

接下来, 我们证明 (3.3.9). 由 (3.2.28) 得到

$$
(\psi_0(\xi),\chi_4) = c_0(|\xi|^2), \quad (\psi_{\pm1}(\xi),\chi_4) = |\xi| c_{\pm1}(|\xi|^2), \quad (\psi_j(\xi),\chi_4) = 0, \quad j=2,3. \tag{3.3.14}
$$

结合 (3.3.3), (3.3.12) 和 (3.3.14) 得到

$$
P_e \hat{G}_0(t,\xi) = e^{\lambda_0(|\xi|)t}E_0(\xi) + \sum_{j=\pm1} e^{\lambda_j(|\xi|)t}E_j(\xi),
$$

这里

$$
\begin{aligned}
E_0 =& c_0\chi_4 \otimes \langle |\xi|^2 a_0\chi_0 + b_0(v\cdot\xi)\chi_0 + c_0\chi_4| + a_0 c_0 \chi_4 \otimes \langle \chi_0| \\
&+ \mathrm{i}c_0\chi_4 \otimes \langle R(\lambda_0,\xi)P_1(v\cdot\xi)(b_0(v\cdot\xi)\chi_0 + c_0\chi_4)|, \\
E_{\pm1} =& |\xi|^2 c_{\pm1}\chi_4 \otimes \langle a_{\pm1}\chi_0 + c_{\pm1}\chi_4 + \mathrm{i}R(\lambda_{\pm1},\xi)P_1(v\cdot\xi)c_{\pm1}\chi_4|
\end{aligned}
$$

$$+ c_{\pm1}\chi_4 \otimes \langle b_{\pm1}(v\cdot\xi)\chi_0 + \mathrm{i}b_{\pm1}R(\lambda_{\pm1},\xi)P_1(v\cdot\xi)^2\chi_0|,$$

因此, 当 $|\xi| < r_0$ 时, $E_0(\xi)$ 与 $E_{\pm1}(\xi)$ 关于 ξ 解析.

最后, 我们证明 (3.3.10). 直接计算可得

$$P_1\hat{G}_0(t,\xi) = \sum_{j=\pm1} e^{\lambda_j(|\xi|)t}R_j(\xi) + e^{\lambda_0(|\xi|)t}R_0(\xi) + e^{\lambda_2(\xi)t}R_2(\xi),$$

其中

$$\begin{aligned}
R_{\pm1} =& \mathrm{i}c_{\pm1}R(\lambda_{\pm1},\xi)P_1(v\cdot\xi)\chi_4 \otimes \ \langle |\xi|^2 a_{\pm1}\chi_0 + |\xi|^2 c_{\pm1}\chi_4 + b_{\pm1}(v\cdot\xi)\chi_0 \\
&+ \mathrm{i}R(\lambda_{\pm1},\xi)P_1(v\cdot\xi)(|\xi|^2 c_{\pm1}\chi_4 + b_{\pm1}(v\cdot\xi)\chi_0) + a_{\pm1}\chi_0| \\
&+ \mathrm{i}b_{\pm1}R(\lambda_{\pm1},\xi)P_1(v\cdot\xi)^2\chi_0 \otimes \langle a_{\pm1}\chi_0 + c_{\pm1}\chi_4 + \mathrm{i}c_{\pm1}R(\lambda_{\pm1},\xi)P_1(v\cdot\xi)\chi_4| \\
&+ \frac{1}{|\xi|^2}\mathrm{i}b_{\pm1}R(\lambda_{\pm1},\xi)P_1(v\cdot\xi)^2\chi_0 \otimes \langle b_{\pm1}(v\cdot\xi)\chi_0 \\
&+ \mathrm{i}b_{\pm1}R(\lambda_{\pm1},\xi)P_1(v\cdot\xi)^2\chi_0 + a_{\pm1}\chi_0| \\
=:& R_{\pm1}^0 + \sum_{i,k=1}^3 \frac{\xi_i\xi_k}{|\xi|^2}R_{\pm1}^{i,k}, \\
R_2 =& \sum_{k=1}^3 \mathrm{i}R(\lambda_2,\xi)P_1(v\cdot\xi)\left(v_k - \left(v\cdot\frac{\xi}{|\xi|}\right)\frac{\xi_k}{|\xi|}\right)\chi_0 \\
&\otimes \langle v_k\chi_0 + \mathrm{i}R(\lambda_2,\xi)P_1(v\cdot\xi)v_k\chi_0| \\
=:& R_2^0 + \sum_{i,k=1}^3 \frac{\xi_i\xi_k}{|\xi|^2}R_2^{i,k},
\end{aligned}$$

这表明了 $R_j^0(\xi), R_j^{i,k}(\xi)$, $j = \pm1, 2$ 关于 ξ 解析. □

利用引理 3.7, 我们得到格林函数低频流体部分 $G_{L,0}(t,x)$ 的宏观部分和微观部分的时空点态估计. 证明过程受 [82] 的启发.

引理 3.8 对于任意 $k > 0$ 和 $\alpha \in \mathbb{N}^3$, 由 (3.3.2) 定义的 $G_{L,0}(t,x)$ 的宏观部分和微观部分满足

$$\|\partial_x^\alpha P_d G_{L,0}(t,x)\| \leqslant C(1+t)^{-\frac{3}{2}-\frac{|\alpha|}{2}}B_k(t,x), \tag{3.3.15}$$

$$\|\partial_x^\alpha P_m G_{L,0}(t,x)\| \leqslant C(1+t)^{-1-\frac{|\alpha|}{2}}B_{1+\frac{|\alpha|}{2}}(t,x), \tag{3.3.16}$$

$$\|\partial_x^\alpha P_e G_{L,0}(t,x)\| \leqslant C(1+t)^{-\frac{3}{2}-\frac{|\alpha|}{2}}B_k(t,x), \tag{3.3.17}$$

$$\|\partial_x^\alpha P_1 G_{L,0}(t,x)\| \leqslant C(1+t)^{-\frac{3}{2}-\frac{|\alpha|}{2}} B_{\frac{3}{2}+\frac{|\alpha|}{2}}(t,x), \tag{3.3.18}$$

特别地,

$$\|\partial_x^\alpha P_d G_{L,0}(t,x) P_r\| \leqslant C(1+t)^{-2-\frac{|\alpha|}{2}} B_k(t,x), \tag{3.3.19}$$

$$\|\partial_x^\alpha P_m G_{L,0}(t,x) P_r\| \leqslant C(1+t)^{-\frac{3}{2}-\frac{|\alpha|}{2}} B_{\frac{3}{2}+\frac{|\alpha|}{2}}(t,x), \tag{3.3.20}$$

$$\|\partial_x^\alpha P_e G_{L,0}(t,x) P_r\| \leqslant C(1+t)^{-\frac{3}{2}-\frac{|\alpha|}{2}} B_k(t,x), \tag{3.3.21}$$

$$\|\partial_x^\alpha P_1 G_{L,0}(t,x) P_r\| \leqslant C(1+t)^{-2-\frac{|\alpha|}{2}} B_{2+\frac{|\alpha|}{2}}(t,x), \tag{3.3.22}$$

其中 $C>0$ 是依赖于 k 和 α 的常数, $B_k(t,x)$ 是由 (3.1.20) 定义的函数, P_d, P_m, P_e 和 P_1 是由 (3.1.10) 给出的投影算子.

证明 首先, 我们证明 (3.3.15). 令 $a=\frac{1}{2}\min\{a_0,a_1,a_2\}$, 其中常数 $a_i>0$ 由 (3.2.4) 给出. 根据引理 3.7, 有

$$\begin{aligned}
&\|\partial_\xi^\beta[\xi^\alpha P_d \hat{G}_{L,0}(t,\xi)]\| = \|\partial_\xi^\beta[\xi^\alpha P_d \hat{G}_0(t,\xi)\varphi_1(\xi)]\| \\
\leqslant{}& C\sum_{\beta_1+\beta_2+\beta_3+\beta_4=\beta} (|\partial_\xi^{\beta_1}(\xi^\alpha|\xi|^2)\partial_\xi^{\beta_2} e^{\lambda_0(|\xi|)t}\partial_\xi^{\beta_3}\varphi_1(\xi)|\|\partial_\xi^{\beta_4}N_0(\xi)\| \\
&+|\partial_\xi^{\beta_1}\xi^\alpha\partial_\xi^{\beta_2}e^{\lambda_j(|\xi|)t}\partial_\xi^{\beta_3}\varphi_1(\xi)|\|\partial_\xi^{\beta_4}N_j(\xi)\|) \\
\leqslant{}& C\sum_{|\beta_1|+|\beta_2|\leqslant|\beta|} |\xi|^{(|\alpha|-|\beta_1|)_+}(1+t)^{|\beta_2|/2}(1+t|\xi|^2)^{|\beta_2|/2}e^{-a|\xi|^2 t},
\end{aligned} \tag{3.3.23}$$

这里 $b_+=\max\{0,b\}$ $(b\in\mathbb{R})$, 并且我们利用了下面的估计:

$$\begin{aligned}
&\partial_\xi^\beta(\xi^\alpha|\xi|^{2k}) \leqslant C|\xi|^{(|\alpha|+2k-|\beta|)_+}, \quad k=0,1, \\
&\partial_\xi^\beta e^{\lambda_j(|\xi|)t} \leqslant C(1+t)^{|\beta|/2}(1+t|\xi|^2)^{|\beta|/2}e^{-a|\xi|^2 t}, \\
&\|\partial_\xi^\beta N_j(\xi)\|, |\partial_\xi^\beta\varphi_1(\xi)| \leqslant C.
\end{aligned}$$

于是, 由 (3.3.23) 可得

$$\begin{aligned}
|x^{2\beta}|\|\partial_x^\alpha P_d G_{L,0}(t,x)\| &\leqslant C\int_{|\xi|\leqslant r_0} \|\partial_\xi^{2\beta}(\xi^\alpha P_d\hat{G}_{L,0}(t,\xi))\|d\xi \\
&\leqslant C(1+t)^{-\frac{3}{2}-\frac{|\alpha|}{2}}(1+t)^{|\beta|}.
\end{aligned} \tag{3.3.24}$$

在 (3.3.24) 中, 当 $|x|^2\leqslant 1+t$ 时, 取 $\beta=0$; 当 $|x|^2\geqslant 1+t$ 时, 取 $|\beta|=k$, 可得

$$\|\partial_x^\alpha P_d G_{L,0}(t,x)\| \leqslant C(1+t)^{-\frac{3}{2}-\frac{|\alpha|}{2}} B_k(t,x). \tag{3.3.25}$$

类似地, 可以证明 (3.3.17).

其次, 我们证明 (3.3.16). 简单起见, 仅证明 $|\alpha|=0,1$ 的情形. 根据引理 3.7, 有

$$P_m\hat{G}_{L,0}(t,\xi)=\hat{H}_0(t,\xi)\varphi_1(\xi)+\sum_{i=1}^{3}\frac{\xi_i}{|\xi|^2}\hat{H}_i(t,\xi)\varphi_1(\xi), \tag{3.3.26}$$

其中

$$\hat{H}_0(t,\xi)=e^{\lambda_0(|\xi|)t}U_0(\xi)+\sum_{j=\pm1}e^{\lambda_j(|\xi|)t}U_j(\xi)+e^{\lambda_2(|\xi|)t}U_2(\xi),$$

$$\hat{H}_i(t,\xi)=\sum_{j=\pm1}e^{\lambda_j(|\xi|)t}\sum_{i=1}^{3}U_j^i(\xi)+e^{\lambda_2(|\xi|)t}\sum_{j=1}^{3}\xi_kU_2^{i,j}(\xi).$$

通过与 (3.3.25) 类似的证明, 对于任意整数 $k\geqslant0$, 可以得到

$$\|\partial_x^\alpha H_j(t,x)\|\leqslant C(1+t)^{-\frac{3}{2}-\frac{|\alpha|}{2}}B_k(t,x),\quad j=0,1,2,3. \tag{3.3.27}$$

对于 $|x|^2\leqslant1+t$, 通过 (3.3.26) 可得

$$\begin{aligned}\|P_mG_{L,0}(t,x)\|&\leqslant C\int_{|\xi|\leqslant r_0}\|P_m\hat{G}_{L,0}(t,\xi)\|d\xi\leqslant C\int_{|\xi|\leqslant r_0}\frac{1}{|\xi|}e^{-a|\xi|^2t}d\xi\\&\leqslant C(1+t)^{-1}\leqslant C(1+t)^{-1}B_1(t,x),\end{aligned} \tag{3.3.28}$$

对于 $|x|^2\geqslant1+t$, 根据 (3.3.26) 和 (3.3.27) 得到

$$\begin{aligned}\|P_mG_{L,0}(t,x)\|&\leqslant C(1+t)^{-\frac{3}{2}}\left(\int_{\mathbb{R}^3}|y|^{-2}B_k(t,x-y)dy+B_k(t,x)\right)\\&\leqslant C(1+t)^{-\frac{3}{2}}\left(\int_{|x|\leqslant2|y|}+\int_{|x|\geqslant2|y|}\right)|y|^{-2}B_k(t,x-y)dy\\&\leqslant C|x|^{-2}+C(1+t)^{-\frac{3}{2}}B_k(t,x)\int_{|x|\geqslant2|y|}|y|^{-2}dy\\&\leqslant C(1+t)^{-1}B_1(t,x).\end{aligned} \tag{3.3.29}$$

于是

$$\|P_mG_{L,0}(t,x)\|\leqslant C(1+t)^{-1}B_1(t,x).$$

对于 $|\alpha|=1$ 及 $|x|^2\leqslant1+t$, 有

$$\|\partial_{x_j}P_mG_{L,0}(t,x)\|\leqslant C\int_{|\xi|\leqslant r_0}|\xi|\|P_m\hat{G}_{L,0}(t,\xi)\|d\xi\leqslant C\int_{|\xi|\leqslant r_0}e^{-a|\xi|^2t}d\xi$$

$$\leqslant C(1+t)^{-\frac{3}{2}} \leqslant C(1+t)^{-\frac{3}{2}} B_{\frac{3}{2}}(t,x), \quad j=1,2,3. \tag{3.3.30}$$

对于 $|x|^2 \geqslant 1+t$, 有

$$\begin{aligned}
\partial_{x_j} P_m G_{L,0}(t,x) &= \partial_{x_j} H_0(t,x) + \sum_{i=1}^{3} \partial_{x_j} \int_{\mathbb{R}^3} y_i |y|^{-3} H_i(t,x-y)dy \\
&= \sum_{i=1}^{3} \int_{|x|\leqslant 2|y|} \partial_{y_j}(y_i|y|^{-3}) H_i(t,x-y)dy \\
&\quad + \sum_{i=1}^{3} \int_{|x|\geqslant 2|y|} y_i |y|^{-3} \partial_{x_j} H_i(t,x-y)dy \\
&\quad + \sum_{i=1}^{3} \int_{|x|=2|y|} y_i y_j |y|^{-4} H_i(t,x-y)dS + \partial_{x_j} H_0(t,x) \\
&= I_1 + I_2 + I_3 + I_4,
\end{aligned} \tag{3.3.31}$$

通过 (3.3.27) 可得, I_i 满足如下估计：

$$\begin{aligned}
\|I_1(t,x)\| &\leqslant C(1+t)^{-\frac{3}{2}} \int_{|x|\leqslant 2|y|} |y|^{-3} B_k(t,x-y)dy \\
&\leqslant C(1+t)^{-\frac{3}{2}} |x|^{-3} (1+t)^{\frac{3}{2}} \leqslant C(1+t)^{-\frac{3}{2}} B_{\frac{3}{2}}(t,x), \\
\|I_2(t,x)\| &\leqslant C(1+t)^{-2} \int_{|x|\geqslant 2|y|} |y|^{-2} B_k(t,x-y)dy \\
&\leqslant C(1+t)^{-2} B_k(t,x) \int_{|x|\geqslant 2|y|} |y|^{-2} dy \\
&\leqslant C(1+t)^{-2} |x| B_k(t,x) \leqslant C(1+t)^{-\frac{3}{2}} B_{k-\frac{1}{2}}(t,x), \\
\|I_3(t,x)\| &\leqslant C(1+t)^{-\frac{3}{2}} \int_{|x|=2|y|} |y|^{-2} B_k(t,x-y)dS \\
&\leqslant C(1+t)^{-\frac{3}{2}} B_k(t,x) \int_{|x|=2|y|} |y|^{-2} dS \leqslant C(1+t)^{-\frac{3}{2}} B_k(t,x), \\
\|I_4(t,x)\| &\leqslant C(1+t)^{-2} B_k(t,x).
\end{aligned}$$

因此, 根据 (3.3.30) 和 (3.3.31) 得到

$$\|\partial_{x_j} P_m G_{L,0}(t,x)\| \leqslant C(1+t)^{-\frac{3}{2}} B_{\frac{3}{2}}(t,x).$$

于是 (3.3.16) 得证. 最后, 根据 (3.3.10), 并且通过与上面类似的讨论, 我们可以得到 (3.3.18). 同理可证 (3.3.19)—(3.3.22) 成立, 细节从略. □

3.3.2 低频部分

在这一小节中, 我们引入新的 Picard 迭代并利用加权能量估计建立 $G_L(t,x)$ 的时空点态行为. 具体地说, 利用宏观-微观分解在频率空间构造 $\hat{G}_L(t,\xi)$ 的逼近序列, 并通过频率空间中的能量估计研究剩余项的点态估计. 注意到, $\hat{G}_L(t,\xi)$ 满足

$$\partial_t\hat{G}_L+\mathrm{i}(v\cdot\xi)\hat{G}_L-L\hat{G}_L+\mathrm{i}(v\cdot\xi)|\xi|^{-2}P_d\hat{G}_L=0, \tag{3.3.32}$$

$$G_L(0,\xi)=\varphi_1(\xi)I_v.$$

对 (3.3.32) 进行宏观-微观分解, 得到

$$\partial_tP_0\hat{G}_L+\mathrm{i}P_0(v\cdot\xi P_0\hat{G}_L)+\mathrm{i}(v\cdot\xi)|\xi|^{-2}P_d\hat{G}_L=-\mathrm{i}P_0(v\cdot\xi P_1\hat{G}_L),$$

$$\partial_tP_1\hat{G}_L+\mathrm{i}P_1(v\cdot\xi P_1\hat{G}_L)-LP_1\hat{G}_L=-\mathrm{i}P_1(v\cdot\xi P_0\hat{G}_L).$$

基于上述分解, 构造 $(P_0\hat{G}_L,P_1\hat{G}_L)$ 的逼近序列 $(\hat{I}_k,\hat{J}_k)\in(N_0,N_0^{\perp})$ 如下:

$$\partial_t\hat{I}_0+\mathrm{i}P_0(v\cdot\xi\hat{I}_0)+\mathrm{i}(v\cdot\xi)|\xi|^{-2}P_d\hat{I}_0+|\xi|^2P_r\hat{I}_0=0, \tag{3.3.33}$$

$$\partial_t\hat{J}_0+\mathrm{i}P_1(v\cdot\xi\hat{J}_0)-L\hat{J}_0=-\mathrm{i}P_1(v\cdot\xi\hat{I}_0), \tag{3.3.34}$$

$$\hat{I}_0(0,\xi)=\varphi_1(\xi)P_0,\quad \hat{J}_0(0,\xi)=\varphi_1(\xi)P_1, \tag{3.3.35}$$

以及

$$\partial_t\hat{I}_k+\mathrm{i}P_0(v\cdot\xi\hat{I}_k)+\mathrm{i}(v\cdot\xi)|\xi|^{-2}P_d\hat{I}_k+|\xi|^2P_r\hat{I}_k=-\mathrm{i}P_0(v\cdot\xi\hat{J}_{k-1})+|\xi|^2P_r\hat{I}_{k-1}, \tag{3.3.36}$$

$$\partial_t\hat{J}_k+\mathrm{i}P_1(v\cdot\xi\hat{J}_k)-L\hat{J}_k=-\mathrm{i}P_0(v\cdot\xi\hat{I}_k), \tag{3.3.37}$$

$$\hat{I}_k(0,\xi)=0,\quad \hat{J}_k(0,\xi)=0,\quad k\geqslant 1. \tag{3.3.38}$$

记

$$D(\xi)=-\mathrm{i}P_0(v\cdot\xi)P_0-\mathrm{i}(v\cdot\xi)|\xi|^{-2}P_d-|\xi|^2(P_0-P_d),$$

$$Q(\xi)=L-\mathrm{i}P_1(v\cdot\xi)P_1.$$

因为 $D(\xi)$ 和 $Q(\xi)$ 分别是 N_0 和 $N_0^{\perp}$ 上的耗散算子, 从而 $D(\xi)$ 和 $Q(\xi)$ 分别在 N_0 和 $N_0^{\perp}$ 上的生成压缩半群. 根据 (3.3.33)—(3.3.35) 及 (3.3.36)—(3.3.38), 有

$$\hat{I}_0(t,\xi)=e^{tD(\xi)}\varphi_1(\xi)P_0, \tag{3.3.39}$$

$$\hat{J}_0(t,\xi) = e^{tQ(\xi)}\varphi_1(\xi)P_1 + \int_0^t e^{(t-s)Q(\xi)}\mathrm{i}P_1(v\cdot\xi\hat{I}_0)ds, \tag{3.3.40}$$

以及

$$\hat{I}_k(t,\xi) = \int_0^t e^{(t-s)D(\xi)}(\mathrm{i}P_0(v\cdot\xi\hat{J}_{k-1}) - |\xi|^2 P_r\hat{I}_{k-1})ds, \tag{3.3.41}$$

$$\hat{J}_k(t,\xi) = \int_0^t e^{(t-s)Q(\xi)}\mathrm{i}P_0(v\cdot\xi\hat{I}_k)ds, \quad k \geqslant 1. \tag{3.3.42}$$

定义逼近解和剩余部分如下

$$U_k(t,x) = \sum_{i=1}^k [I_i(t,x) + J_i(t,x)], \quad Y_k(t,x) = \Delta_x^{-1}(U_k,\chi_0), \tag{3.3.43}$$

$$V_k(t,x) = G_L(t,x) - U_k(t,x), \quad Z_k(t,x) = \Delta_x^{-1}(V_k,\chi_0). \tag{3.3.44}$$

于是, 根据 (3.3.33)—(3.3.38), $\hat{U}_k(t,\xi)$ 和 $\hat{Y}_k(t,\xi)$ 满足

$$\begin{aligned} \partial_t\hat{U}_k + \mathrm{i}v\cdot\xi\hat{U}_k - L\hat{U}_k - \mathrm{i}(v\cdot\xi)\chi_0\hat{Y}_k &= -|\xi|^2P_r\hat{I}_k + \mathrm{i}P_0(v\cdot\xi\hat{J}_k), \\ |\xi|^2\hat{Y}_k(t,\xi) &= -(\hat{U}_k(t,\xi),\chi_0), \\ \hat{U}_k(0,\xi) &= \varphi_1(\xi)I_v, \end{aligned}$$

并且 $\hat{V}_k(t,\xi)$ 和 $\hat{Z}_k(t,\xi)$ 满足

$$\begin{aligned} \partial_t\hat{V}_k + \mathrm{i}v\cdot\xi\hat{V}_k - L\hat{V}_k - \mathrm{i}(v\cdot\xi)\chi_0\hat{Z}_k &= |\xi|^2P_r\hat{I}_k - \mathrm{i}P_0(v\cdot\xi\hat{J}_k), \quad (3.3.45) \\ |\xi|^2\hat{Z}_k(t,\xi) &= -(\hat{V}_k(t,\xi),\chi_0), \\ \hat{V}_k(0,\xi) &= 0. \end{aligned}$$

下面我们给出逼近序列 (I_k, J_k), $k \geqslant 0$ 的逐点估计.

引理 3.9 对于任意的 $k \geqslant 0$ 以及 $\alpha \in \mathbb{N}^3$, 有

$$\begin{cases} \|\partial_x^\alpha P_dI_k(t,x)\| \leqslant C(1+t)^{-\frac{3}{2}-\frac{|\alpha|}{2}}B_{2+\frac{|\alpha|}{2}}(t,x), \\ \|\partial_x^\alpha P_mI_k(t,x)\| \leqslant C(1+t)^{-1-\frac{|\alpha|}{2}}B_{1+\frac{|\alpha|}{2}}(t,x), \\ \|\partial_x^\alpha P_eI_k(t,x)\| \leqslant C(1+t)^{-\frac{3}{2}-\frac{|\alpha|}{2}}B_{2+\frac{|\alpha|}{2}}(t,x), \\ \|\partial_x^\alpha J_k(t,x)\| \leqslant C(1+t)^{-\frac{3}{2}-\frac{|\alpha|}{2}}B_{\frac{3}{2}+\frac{|\alpha|}{2}}(t,x), \end{cases} \tag{3.3.46}$$

以及

$$\begin{cases}\|\partial_x^\alpha P_d I_k(t,x)P_r\| \leqslant C(1+t)^{-2-\frac{|\alpha|}{2}}B_{\frac{5}{2}+\frac{|\alpha|}{2}}(t,x),\\ \|\partial_x^\alpha P_m I_k(t,x)P_r\| \leqslant C(1+t)^{-\frac{3}{2}-\frac{|\alpha|}{2}}B_{\frac{3}{2}+\frac{|\alpha|}{2}}(t,x),\\ \|\partial_x^\alpha P_e I_k(t,x)P_r\| \leqslant C(1+t)^{-\frac{3}{2}-\frac{|\alpha|}{2}}B_{\frac{5}{2}+\frac{|\alpha|}{2}}(t,x),\\ \|\partial_x^\alpha J_k(t,x)P_r\| \leqslant C(1+t)^{-2-\frac{|\alpha|}{2}}B_{2+\frac{|\alpha|}{2}}(t,x),\end{cases} \tag{3.3.47}$$

其中 $C>0$ 是依赖于 k 和 α 的常数. 特别地, 对任意的 $g\in L^2(\mathbb{R}^3_v)$, $\hat{I}_k(t,\xi)g$ 和 $\hat{J}_k(t,\xi)g$ 是支集为 $\{\xi\in\mathbb{R}^3\,|\,|\xi|\leqslant r_0\}$ 的光滑函数, 并满足

$$\begin{cases}\|\partial_\xi^\alpha \hat{I}_k(t,\xi)g\|_\xi \leqslant C|\xi|^{2k-|\alpha|-1}\displaystyle\sum_{l=0}^{|\alpha|}\frac{t^{l+k}}{(l+k)!}e^{-\frac{|\xi|^2t}{4}}\|g\|,\\ \|\partial_\xi^\alpha \hat{J}_k(t,\xi)g\| \leqslant C|\xi|^{2k-|\alpha|}\displaystyle\sum_{l=0}^{|\alpha|}\frac{t^{l+k}}{(l+k)!}e^{-\frac{|\xi|^2t}{4}}\|g\|.\end{cases} \tag{3.3.48}$$

证明 定义 $G_1(t,x)$ 和 $G_2(t,x)$ 的傅里叶变换为

$$\hat{G}_1(t,\xi)=e^{tD(\xi)}\varphi_1(\xi)P_0,\quad \hat{G}_2(t,\xi)=e^{tQ(\xi)}\varphi_1(\xi)P_1.$$

容易验证 $D(\xi)$ 可以表示为下面的矩阵

$$D(\xi)=\begin{pmatrix}0 & -\mathrm{i}\xi^{\mathrm{T}} & 0\\ -\mathrm{i}\xi\left(1+\dfrac{1}{|\xi|^2}\right) & -|\xi|^2 & -\mathrm{i}\sqrt{\dfrac{2}{3}}\xi\\ 0 & -\mathrm{i}\sqrt{\dfrac{2}{3}}\xi^{\mathrm{T}} & -|\xi|^2\end{pmatrix}.$$

为了估计 $G_1(t,x)$, 我们用到下面的引理. 设 H 为 n 维复内积空间, 其内积为 $(\cdot,\cdot)_H$. 设 A 是 H 上的线性算子, 定义 A^* 为 A 的共轭算子当且仅当 $(Ax,y)_H=(x,A^*y)_H$, $\forall\, x,y\in H$. 若 λ_j 为 A 的特征值, 则 $\bar{\lambda}_j$ 为 A^* 的特征值.

引理 3.10 设 $A=(a_{ij})_{n\times n}$ 是 H 中的线性算子. 若 A 有 n 线性无关的特征向量且 $A^*=(\bar{a}_{ij})_{n\times n}$, 则 A 存在 n 个特征向量 $V_i\in H$ 满足 $(V_i,\bar{V}_j)_H=0$, $i\neq j=1,2,\cdots,n$. 如果 $(V_i,\bar{V}_i)_H\neq 0$, 则常微分方程 $y'=Ay$ 的整体解 $y(t)=e^{tA}y_0$ 可表示为

$$e^{tA}y_0=\sum_{i=1}^n e^{\lambda_i t}\frac{1}{(V_i,\bar{V}_i)_H}(y_0,\bar{V}_i)_H V_i.$$

证明 首先, 我们证明线性算子 A 有 n 个线性无关的特征向量 $V_i \in H$ 满足如下的正交关系：

$$(V_i, \bar{V}_j)_H = 0, \quad i \neq j = 1, 2, \cdots, n.$$

设 (λ_j, V_j) 为线性算子 A 的特征值和特征向量, 则 $(\bar{\lambda}_j, \bar{V}_j)$ 为 A 的共轭算子 A^* 的特征值和特征向量. 由于

$$\lambda_i (V_i, \bar{V}_j)_H = (AV_i, \bar{V}_j)_H = (V_i, A^* \bar{V}_j)_H = \lambda_j (V_i, \bar{V}_j)_H,$$

因此, 当 $\lambda_i \neq \lambda_j$ 时, 有 $(V_i, \bar{V}_j)_H = 0$. 若 V_i 为相同特征值的特征向量, 可以将它们正交化.

由于 $V_1, V_2, \cdots, V_n$ 线性无关, $\Phi(t) = (e^{\lambda_1 t} V_1, e^{\lambda_2 t} V_2, \cdots, e^{\lambda_n t} V_n)$ 为常微分方程 $y' = Ay$ 的基本解组. 因此, e^{tA} 可表示为

$$y(t) = e^{tA} y_0 = \sum_{i=1}^{n} e^{\lambda_i t} a_i V_i, \quad y(0) = y_0,$$

其中 a_i 是依赖于 y_0 的常数. 当 $t = 0$ 时, 有 $y_0 = \sum\limits_{i=1}^{n} a_i V_i$. 将上式与 $\bar{V}_i$ 作内积, 有

$$(y_0, \bar{V}_i)_H = a_i (V_i, \bar{V}_i)_H.$$

于是, 引理得证. □

容易验证, 对于任意 $f, g \in N_0$, 有 $(D(\xi) f, g)_\xi = (f, D(-\xi) g)_\xi$, 即 $D(\xi)^* = D(-\xi)$. 通过与引理 3.5 相似的讨论, 可以证明 $D(\xi)$ 有五个特征值 $\eta_k(|\xi|)$ 和特征函数 $\psi_k(\xi)$, $k = -1, 0, 1, 2, 3$, 它们可表示为

$$\begin{cases} \eta_{\pm 1}(|\xi|) = -\Omega_1(|\xi|^2) \pm \mathrm{i}\Omega_2(|\xi|^2), \\ \eta_0(|\xi|) = -\Omega_0(|\xi|^2), \quad \eta_k(|\xi|) = -|\xi|^2, \quad k = 2, 3, \\ \psi_{\pm 1}(\xi) = |\xi| a_{\pm 1}(|\xi|^2) \chi_0 + b_{\pm 1}(|\xi|^2) |\xi|^{-1} (v \cdot \xi) \chi_0 + |\xi| c_{\pm 1}(|\xi|^2) \chi_4, \\ \psi_0(\xi) = |\xi|^2 a_0(|\xi|^2) \chi_0 + b_0(|\xi|^2)(v \cdot \xi) \chi_0 + c_0(|\xi|^2) \chi_4, \\ \psi_k(\xi) = (v \cdot W^k) \chi_0, \quad k = 2, 3, \\ (\psi_i(\xi), \overline{\psi_j(\xi)})_\xi = \delta_{ij}, \quad i, j = -1, 0, 1, 2, 3, \end{cases} \tag{3.3.49}$$

其中 W^k $(k = 2, 3)$ 是满足 $W^k \cdot \xi = 0$ 和 $W^2 \cdot W^3 = 0$ 的单位向量. 当 $|s| \leqslant r_0$ 时, $\Omega_j(s)$ $(j = 0, 1, 2)$ 和 $a_j(s), b_j(s), c_j(s)$ $(j = -1, 0, 1)$ 是关于 s 的解析函数并满足

$$\begin{cases}\Omega_j(0)=0, \quad \dfrac{d}{ds}\Omega_1(0)=\dfrac{1}{2}, \quad \dfrac{d}{ds}\Omega_0(0)=1, \quad j=0,1,\\ \Omega_2(0)=1, \quad \dfrac{d}{ds}\Omega_2(0)=-\dfrac{5}{6},\\ a_0(0)=-\sqrt{\dfrac{2}{3}}, \quad b_0(0)=0, \quad c_0(0)=1,\\ a_{\pm1}(0)=\mp\sqrt{\dfrac{1}{2}}, \quad b_{\pm1}(0)=\sqrt{\dfrac{1}{2}}, \quad c_{\pm1}(0)=\mp\sqrt{\dfrac{1}{3}}.\end{cases} \tag{3.3.50}$$

由于

$$D(-\xi)\overline{\psi_j(\xi)}=\overline{\eta_j(|\xi|)}\cdot\overline{\psi_j(\xi)}, \quad j=-1,0,1,2,3,$$

则 $\psi_j(\xi)^*=\overline{\psi_j(\xi)}$ 为 $D(\xi)^*$ 对应特征值 $\overline{\eta_j(|\xi|)}$ 的特征函数.

于是, 根据引理 3.10, $\hat{G}_1(t,\xi)$ 可表示为

$$\hat{G}_1(t,\xi)=\sum_{k=-1}^{3}e^{\eta_k(|\xi|)t}\psi_k(\xi)\otimes\left(\langle\psi_k(\xi)|+\frac{1}{|\xi|^2}\langle P_d\psi_k(\xi)|\right)\varphi_1(\xi). \tag{3.3.51}$$

通过 (3.3.50)–(3.3.51) 和类似于引理 3.8 的证明可以推出, 对任意整数 $n>0$ 和 $\alpha\in\mathbb{N}^3$, 有

$$\begin{cases}\|\partial_x^\alpha P_dG_1(t,x)\|\leqslant C(1+t)^{-\frac{3}{2}-\frac{|\alpha|}{2}}B_n(t,x),\\ \|\partial_x^\alpha P_mG_1(t,x)\|\leqslant C(1+t)^{-1-\frac{|\alpha|}{2}}B_{1+\frac{|\alpha|}{2}}(t,x),\\ \|\partial_x^\alpha P_eG_1(t,x)\|\leqslant C(1+t)^{-\frac{3}{2}-\frac{|\alpha|}{2}}B_n(t,x),\end{cases} \tag{3.3.52}$$

以及

$$\begin{cases}\|\partial_x^\alpha P_dG_1(t,x)P_r\|\leqslant C(1+t)^{-2-\frac{|\alpha|}{2}}B_n(t,x),\\ \|\partial_x^\alpha P_mG_1(t,x)P_r\|\leqslant C(1+t)^{-\frac{3}{2}-\frac{|\alpha|}{2}}B_{\frac{3}{2}+\frac{|\alpha|}{2}}(t,x),\\ \|\partial_x^\alpha P_eG_1(t,x)P_r\|\leqslant C(1+t)^{-2-\frac{|\alpha|}{2}}B_n(t,x),\end{cases} \tag{3.3.53}$$

其中 $C>0$ 是依赖于 n 和 α 的常数.

根据引理 1.44, 算子

$$Q(\xi+\mathrm{i}\xi_0)=L-\mathrm{i}P_1(v\cdot\xi)P_1+P_1(v\cdot\xi_0)P_1, \quad (\xi,\xi_0)\in\mathbb{R}^3\times\mathbb{R}^3$$

满足

$$\mathrm{Re}(Q(\xi+\mathrm{i}\xi_0)g,g)\leqslant-(\mu_0-|\xi_0|)\|g\|^2, \quad \forall g\in N_0^{\perp}.$$

因此, 对任意的 $\xi=\xi_1+\mathrm{i}\xi_0\in\mathbb{C}^3$ 满足 $\xi_1\in\mathbb{R}^3$ 和 $|\xi_0|\leqslant\mu_0$, 算子 $Q(\xi)$ 是耗散的, 从而 $Q(\xi)$ 在 $N_0^\perp$ 上生成一个压缩半群, 并且满足

$$\|e^{tQ(\xi)}g\|\leqslant e^{-(\mu_0-|\xi_0|)t}\|g\|,\quad \forall t>0,\ g\in N_0^\perp. \tag{3.3.54}$$

此外, 半群 $e^{tQ(\xi)}$ 在 $\{\xi\in\mathbb{C}^3\,|\,|\mathrm{Im}\xi|\leqslant\mu_0\}$ 上解析. 令

$$e^{tQ(\xi)}\varphi_1(\xi)=e^{tQ(\xi)}\frac{1}{(1+|\xi|^2)^2}(1+|\xi|^2)^2\varphi_1(\xi). \tag{3.3.55}$$

根据 (3.3.54) 和柯西积分定理, 对任意 $g\in N_0^\perp$ 和 $|\xi_0|\leqslant\mu_0/2$, 有

$$\begin{aligned}
&\left\|\int_{\mathbb{R}^3}e^{\mathrm{i}x\cdot\xi}e^{tQ(\xi)}g\frac{1}{(1+|\xi|^2)^2}d\xi\right\|\\
=&\left\|\int_{\mathbb{R}^3}e^{\mathrm{i}x\cdot(\xi+\mathrm{i}\xi_0)}e^{[L-\mathrm{i}P_1(v\cdot\xi)P_1+P_1(v\cdot\xi_0)P_1]t}g\frac{1}{(1+|\xi+\mathrm{i}\xi_0|^2)^2}d(\xi+\mathrm{i}\xi_0)\right\|\\
\leqslant& e^{-x\cdot\xi_0}\int_{\mathbb{R}^3}\left\|e^{[L-\mathrm{i}P_1(v\cdot\xi)P_1+P_1(v\cdot\xi_0)P_1]t}g\frac{1}{(1+|\xi+\mathrm{i}\xi_0|^2)^2}\right\|d\xi\\
\leqslant& e^{-x\cdot\xi_0}e^{-\mu_0t/2}\|g\|.
\end{aligned} \tag{3.3.56}$$

因为 $(1+|\xi|^2)^2\varphi_1(\xi)$ 是光滑且具有紧支撑的函数, 所以, 对任意 $n>0$, 存在常数 $C>0$ 使得

$$\left|\int_{\mathbb{R}^3}e^{\mathrm{i}x\cdot\xi}(1+|\xi|^2)^2\varphi_1(\xi)d\xi\right|\leqslant C(1+|x|^2)^{-n}. \tag{3.3.57}$$

因此, 由 (3.3.55)—(3.3.57) 可得

$$\begin{aligned}
\|G_2(t,x)\|&\leqslant C\int_{\mathbb{R}^3}e^{-\frac12\mu_0(|x-y|+t)}(1+|y|^2)^{-n}dy\\
&\leqslant Ce^{-\frac12\mu_0t}B_n(t,x).
\end{aligned} \tag{3.3.58}$$

由于

$$\begin{aligned}
&I_0(t,x)=G_1(t,x),\\
&J_0(t,x)=G_2(t,x)+\int_0^t G_2(t-s)*P_1(v\cdot\nabla_xI_0)ds.
\end{aligned}$$

通过 (3.3.52), (3.3.53) 与 (3.3.58), 我们得到

$$\|\partial_x^\alpha I_0(t,x)\|=\|\partial_x^\alpha G_1(t,x)\|\leqslant C(1+t)^{-1-\frac{|\alpha|}{2}}B_{1+\frac{|\alpha|}{2}}(t,x),$$

$$\begin{aligned}
\|\partial_x^\alpha J_0(t,x)\| &\leqslant \|\partial_x^\alpha G_2(t,x)\| + \int_0^t \|G_2(t-s)\| * \|P_1(v\cdot\nabla_x\partial_x^\alpha I_0)\|ds \\
&\leqslant Ce^{-\frac{1}{2}\mu_0 t}B_n(t,x) + C\int_0^t\int_{\mathbb{R}^3} e^{-\frac{1}{2}\mu_0(t-s)}B_n(t-s,x-y) \\
&\quad \times (1+s)^{-\frac{3}{2}-\frac{|\alpha|}{2}}B_{\frac{3}{2}+\frac{|\alpha|}{2}}(s,y)dyds \\
&\leqslant C(1+t)^{-\frac{3}{2}-\frac{|\alpha|}{2}}B_{\frac{3}{2}+\frac{|\alpha|}{2}}(t,x).
\end{aligned}$$

于是, 对于 $k=0$, (3.3.46) 得证. 类似地, 我们可以证明 (3.3.47) 对于 $k=0$ 成立.

对于 $k\geqslant 1$, 由于

$$\begin{aligned}
I_k(t,x) &= \int_0^t G_1(t-s)*[P_0(v\cdot\nabla_x J_{k-1}) + \Delta_x P_r I_{k-1}]ds, \\
J_k(t,x) &= \int_0^t G_2(t-s)*P_1(v\cdot\nabla_x I_k)ds.
\end{aligned}$$

我们通过 (3.3.52), (3.3.53), (3.3.58) 以及后面的 (3.4.7) 得到

$$\begin{aligned}
\|\partial_x^\alpha I_k(t,x)\| &\leqslant \left\|\partial_x^\alpha\int_0^t G_1(t-s)P_r*[P_0(v\cdot\nabla_x J_{k-1}) + \Delta_x P_r I_{k-1}]ds\right\| \\
&\leqslant C(1+t)^{-1-\frac{|\alpha|}{2}}B_{\frac{3}{2}+\frac{|\alpha|}{2}}(t,x), \\
\|\partial_x^\alpha J_k(t,x)\| &\leqslant \int_0^t \|G_2(t-s)\| * \|P_0(v\cdot\nabla_x\partial_x^\alpha I_k)\|ds \\
&\leqslant C\int_0^t\int_{\mathbb{R}^3} e^{-\frac{1}{2}\mu_0(t-s)}B_n(t-s,x-y)(1+s)^{-\frac{3}{2}-\frac{|\alpha|}{2}}B_{\frac{3}{2}+\frac{|\alpha|}{2}}(s,y)dyds \\
&\leqslant C(1+t)^{-\frac{3}{2}-\frac{|\alpha|}{2}}B_{\frac{3}{2}+\frac{|\alpha|}{2}}(t,x).
\end{aligned}$$

于是, 对于 $k\geqslant 1$, (3.3.46) 得证. 类似地, 我们可以证明 (3.3.47) 对于 $k\geqslant 1$ 成立.

其次, 我们证明 (3.3.48). 根据 (3.3.51), (3.3.49), (3.3.50) 以及引理 2.13, 我们得到

$$\|\hat{G}_1(t,\xi)f_0\|_\xi \leqslant Ce^{-\frac{|\xi|^2 t}{4}}\|f_0\|_\xi, \quad \forall f_0\in N_0, \tag{3.3.59}$$

$$\|\hat{G}_2(t,\xi)f_1\| \leqslant e^{-\mu t}\|f_1\|, \quad \forall f_1\in N_0^\perp. \tag{3.3.60}$$

于是, 根据 (3.3.59), (3.3.60) 和 (3.3.39)—(3.3.42), 对任意的 $g\in L^2(\mathbb{R}_v^3)$, 有

$$\|\hat{I}_0 g\|_\xi \leqslant Ce^{-\frac{|\xi|^2 t}{4}}\|P_0 g\|_\xi \leqslant C|\xi|^{-1}e^{-\frac{|\xi|^2 t}{4}}\|g\|,$$

$$\|\hat{J}_0 g\| \leqslant e^{-\mu t}\|P_1 g\| + \int_0^t e^{-\mu(t-s)}|\xi|\|\hat{I}_0 g\|ds \leqslant Ce^{-\mu t}\|g\|,$$

以及

$$\begin{aligned}
\|\hat{I}_k g\|_\xi &\leqslant C\int_0^t e^{-\frac{|\xi|^2}{4}(t-s)}(|\xi|\|\hat{J}_{k-1}g\| + |\xi|^2\|\hat{I}_{k-1}g\|_\xi)ds \\
&\leqslant C\frac{(t|\xi|^2)^k}{k!}|\xi|^{-1}e^{-\frac{|\xi|^2 t}{4}}\|g\|, \\
\|\hat{J}_k g\| &\leqslant C\int_0^t e^{-\mu(t-s)}|\xi|\|\hat{I}_k g\|ds \leqslant C\frac{(t|\xi|^2)^k}{k!}e^{-\frac{|\xi|^2 t}{4}}\|g\|, \quad k \geqslant 1.
\end{aligned}$$

对 (3.3.33) 取导数 ∂_ξ^α, 其中 $|\alpha| \geqslant 1$, 得到

$$\begin{cases}
\partial_t\partial_\xi^\alpha(\hat{I}_0 g) - D(\xi)\partial_\xi^\alpha(\hat{I}_0 g) = G_{0,\alpha}, \\
\hat{I}_0(0,\xi)g = \varphi_1(\xi)P_0 g,
\end{cases}$$

其中

$$\begin{aligned}
G_{0,\alpha} = \sum_{\beta\leqslant\alpha,|\beta|\geqslant 1} & C_\alpha^\beta\bigg(-\mathrm{i}P_0\partial_\xi^\beta(v\cdot\xi)\partial_\xi^{\alpha-\beta}(\hat{I}_0 g) - \mathrm{i}\partial_\xi^\beta\left(\frac{v\cdot\xi}{|\xi|^2}\right)P_d\partial_\xi^{\alpha-\beta}(\hat{I}_0 g) \\
& - \partial_\xi^\beta|\xi|^2\partial_\xi^{\alpha-\beta}P_r(\hat{I}_0 g)\bigg).
\end{aligned}$$

于是, $\partial_\xi^\alpha(\hat{I}_0 g)$ 可表示为

$$\partial_\xi^\alpha(\hat{I}_0(t,\xi)g) = e^{tD(\xi)}\partial_\xi^\alpha\varphi_1(\xi)P_0 g + \int_0^t e^{(t-s)D(\xi)}G_{0,\alpha}ds. \tag{3.3.61}$$

根据 (3.3.61), (3.3.59) 和归纳法, 有

$$\begin{aligned}
\|\partial_\xi^\alpha(\hat{I}_0 g)\|_\xi \leqslant & Ce^{-\frac{|\xi|^2 t}{4}}|\partial_\xi^\alpha\varphi_1(\xi)|\|P_0 g\|_\xi \\
& + C\int_0^t e^{-\frac{|\xi|^2}{4}(t-s)}\bigg(\frac{1}{|\xi|}\|\partial_\xi^{\alpha-1}(\hat{I}_0 g)\| + \sum_{k=1}^{|\alpha|}\frac{1}{|\xi|^{k+1}}|\partial_\xi^{\alpha-k}(\hat{I}_0 g,\chi_0)| \\
& + \sum_{k=1}^{\min\{2,|\alpha|\}}|\xi|^{2-k}\|\partial_\xi^{\alpha-k}P_r(\hat{I}_0 g)\|\bigg)ds
\end{aligned}$$

$$\leqslant C_\alpha|\xi|^{-|\alpha|-1}\sum_{n=0}^{|\alpha|}\frac{t^n}{n!}e^{-\frac{|\xi|^2t}{4}}\|g\|.$$

将 (3.3.34) 和 $\hat{J}_0g$ 作内积并利用柯西不等式, 可得

$$\frac{d}{dt}\|\hat{J}_0g\|^2+\mu\|\hat{J}_0g\|^2+\frac{\mu_0}{2}\|\nu^{\frac{1}{2}}\hat{J}_0g\|^2\leqslant C\|P_1(v\cdot\xi\hat{I}_0g)\|^2.$$

对上式运用 Gronwall 不等式, 有

$$\|\hat{J}_0g\|^2+\frac{\mu_0}{2}\int_0^t e^{-\mu(t-s)}\|\nu^{\frac{1}{2}}\hat{J}_0g\|^2ds\leqslant Ce^{-\frac{|\xi|^2t}{2}}\|g\|^2.$$

对 (3.3.34) 取导数 ∂_ξ^α $(|\alpha|\geqslant 1)$, 有

$$\partial_t\partial_\xi^\alpha(\hat{J}_0g)+\mathrm{i}P_1\partial_\xi^\alpha(v\cdot\xi\hat{J}_0g)-L\partial_\xi^\alpha(\hat{J}_0g)=\mathrm{i}P_1\partial_\xi^\alpha(v\cdot\xi\hat{I}_0g).\tag{3.3.62}$$

将 (3.3.62) 和 $\partial_\xi^\alpha(\hat{J}_0g)$ 作内积并利用柯西不等式, 得到

$$\begin{aligned}&\frac{d}{dt}\|\partial_\xi^\alpha(\hat{J}_0g)\|^2+\mu\|\partial_\xi^\alpha(\hat{J}_0g)\|^2+\frac{\mu_0}{2}\|\nu^{\frac{1}{2}}\partial_\xi^\alpha(\hat{J}_0g)\|^2\\&\leqslant C|\alpha|^2(|v|\nabla_\xi^{|\alpha|-1}(\hat{J}_0g),\nabla_\xi^{|\alpha|-1}(\hat{J}_0g))+C\|P_1\partial_\xi^\alpha(v\cdot\xi(\hat{I}_0g))\|^2,\end{aligned}$$

从而

$$\|\partial_\xi^\alpha(\hat{J}_0g)\|_{L_v^2}^2+\frac{\mu_0}{2}\int_0^t e^{-\mu(t-s)}\|\nu^{\frac{1}{2}}\partial_\xi^\alpha(\hat{J}_0g)\|^2ds\leqslant Ce^{-\frac{|\xi|^2t}{2}}|\xi|^{-2|\alpha|}\left(\sum_{n=0}^{|\alpha|}\frac{t^n}{n!}\right)^2\|g\|^2.$$

对 (3.3.36) 取导数 ∂_ξ^α $(|\alpha|\geqslant 1)$, 得到

$$\partial_t\partial_\xi^\alpha(\hat{I}_kg)-D(\xi)\partial_\xi^\alpha(\hat{I}_kg)=G_{k,\alpha},\tag{3.3.63}$$

其中

$$\begin{aligned}G_{k,\alpha}=&-\sum_{\beta\leqslant\alpha,|\beta|\geqslant 1}C_\alpha^\beta\Bigg(\mathrm{i}P_0\partial_\xi^\beta(v\cdot\xi)\partial_\xi^{\alpha-\beta}(\hat{I}_kg)+\mathrm{i}\partial_\xi^\beta\left(\frac{v\cdot\xi}{|\xi|^2}\right)\\&\times P_d\partial_\xi^{\alpha-\beta}(\hat{I}_kg)+\partial_\xi^\beta|\xi|^2\partial_\xi^{\alpha-\beta}P_r(\hat{I}_kg)\Bigg)\\&+\sum_{\beta\leqslant\alpha}C_\alpha^\beta\left(-\mathrm{i}P_0\partial_\xi^\beta(v\cdot\xi)\partial_\xi^{\alpha-\beta}(\hat{J}_{k-1}g)+\partial_\xi^\beta|\xi|^2\partial_\xi^{\alpha-\beta}P_r(\hat{I}_{k-1}g)\right).\end{aligned}$$

于是, 根据 (3.3.63), (3.3.59) 以及归纳法, 可以推出

$$\begin{aligned}\|\partial_\xi^\alpha(\hat{I}_k g)\|_\xi \leqslant & C\int_0^t e^{-\frac{|\xi|^2}{4}(t-s)}\Bigg(\sum_{l=0}^{1}|\xi|^{1-l}\|\partial_\xi^{\alpha-l}(\hat{J}_{k-1}g)\| \\ & + \sum_{l=0}^{\min\{2,|\alpha|\}}|\xi|^{2-l}\|\partial_\xi^{\alpha-l}(\hat{I}_{k-1}g)\| + \frac{1}{|\xi|}\|\partial_\xi^{\alpha-1}(\hat{I}_k g)\| \\ & + \sum_{l=1}^{|\alpha|}\frac{1}{|\xi|^{l+1}}|\partial_\xi^{\alpha-l}(\hat{I}_k g,\chi_0)| + \sum_{l=1}^{\min\{2,|\alpha|\}}|\xi|^{2-l}\|\partial_\xi^{\alpha-l}P_r(\hat{I}_k g)\|\Bigg)ds \\ \leqslant & C|\xi|^{2k-|\alpha|-1}\sum_{n=0}^{|\alpha|}\frac{t^{k+n}}{(k+n)!}e^{-\frac{|\xi|^2 t}{4}}\|g\|.\end{aligned}$$

对 (3.3.37) 取导数 ∂_ξ^α $(|\alpha|\geqslant 1)$, 得到

$$\partial_t\partial_\xi^\alpha(\hat{J}_k g) + \mathrm{i}P_1\partial_\xi^\alpha(v\cdot\xi\hat{J}_k g) - L\partial_\xi^\alpha(\hat{J}_k g) = \mathrm{i}\partial_\xi^\alpha P_0(v\cdot\xi\hat{I}_k g). \tag{3.3.64}$$

将 (3.3.64) 和 $\partial_\xi^\alpha(\hat{J}_k g)$ 作内积并利用柯西不等式, 得到

$$\begin{aligned}&\frac{1}{2}\frac{d}{dt}\|\partial_\xi^\alpha(\hat{J}_k g)\|^2 - (L\partial_\xi^\alpha(\hat{J}_k g),\partial_\xi^\alpha(\hat{J}_k g)) \\ \leqslant & C|\xi|^2\|\partial_\xi^\alpha(\hat{I}_k g)\|^2 + C|\alpha|^2\|\partial_\xi^{\alpha-1}(\hat{I}_k g)\|^2 + C|\alpha|^2(|v|\partial_\xi^{\alpha-1}(\hat{J}_k g),\partial_\xi^{\alpha-1}(\hat{J}_k g)),\end{aligned}$$

从而

$$\begin{aligned}&\|\partial_\xi^\alpha(\hat{J}_k g)\|_{L_v^2}^2 + \frac{\mu_0}{2}\int_0^t e^{-\mu(t-s)}\|\nu^{\frac{1}{2}}\partial_\xi^\alpha(\hat{J}_k g)\|^2 ds \\ \leqslant & C|\xi|^{4k-2|\alpha|}\left(\sum_{n=0}^{|\alpha|}\frac{t^{k+n}}{(k+n)!}\right)^2 e^{-\frac{|\xi|^2 t}{2}}\|g\|.\end{aligned}$$

引理得证. □

根据引理 3.9, 我们得到由 (3.3.44) 定义的剩余项 $V_k(t,x)$ 和 $\nabla_x Z_k(t,x)$ 的点态行为.

引理 3.11 对任意 $k\geqslant 1$, $\alpha\in\mathbb{N}^3$ 和任意的 $g\in L^2(\mathbb{R}_v^3)$, 存在小常数 $\delta_0>0$ 使得对任意的 $\delta\in(0,\delta_0)$, 有

$$\|\partial_x^\alpha V_k(t,x)g\| + |\partial_x^\alpha\nabla_x Z_k(t,x)g| \leqslant C\delta^{-(k+1)}e^{2\delta t}(1+|\delta x|^2)^{-(k+\frac{|\alpha|}{2}+1)}\|g\|,$$

其中 $C>0$ 是依赖于 k 和 α 的常数.

证明 我们断言, 对于任意 $k \geqslant 1$, $|\alpha| \geqslant 0$ 以及任意的 $g \in L^2(\mathbb{R}_v^3)$, 有

$$\|\partial_\xi^\alpha \hat{V}_k(t,\xi)g\|_\xi^2 \leqslant C\delta^{-2k-2|\alpha|-2}|\xi|^{4k-2|\alpha|}e^{4\delta t}\|g\|^2. \tag{3.3.65}$$

我们用归纳法证明 (3.3.65). 将 (3.3.45) 和 $\hat{V}_k g + |\xi|^{-2}P_d(\hat{V}_k g)$ 作内积并利用柯西不等式, 得到

$$\begin{aligned}&\frac{1}{2}\frac{d}{dt}\|\hat{V}_k g\|_\xi^2 + \frac{\mu_0}{2}(\nu P_1(\hat{V}_k g), P_1(\hat{V}_k g))\\ \leqslant\ & \frac{C}{\delta}(|\xi|^4\|P_r(\hat{I}_k g)\|^2 + \|P_0(v\cdot\xi\hat{J}_k g)\|^2) + \delta\|P_0(\hat{V}_k g)\|_\xi^2,\end{aligned} \tag{3.3.66}$$

其中 $\delta \in (0,\delta_0)$, $\delta_0 > 0$ 是一个小常数.

对 (3.3.66) 应用 Gronwall 不等式并利用 (3.3.48), 有

$$\begin{aligned}&\|\hat{V}_k g\|_\xi^2 + \mu_0\int_0^t e^{2\delta(t-s)}(\nu P_1(\hat{V}_k g), P_1(\hat{V}_k g))ds\\ \leqslant\ & \frac{C}{\delta}\|g\|^2|\xi|^{4k}e^{2\delta t}\frac{1}{(k!)^2}\int_0^t e^{-2(\delta+|\xi|^2)s}s^{2k}ds \leqslant C\delta^{-2k-2}|\xi|^{4k}e^{4\delta t}\|g\|^2,\end{aligned} \tag{3.3.67}$$

这里我们用到了下面的不等式

$$\begin{aligned}\int_0^t e^{-as}s^n ds &= \frac{n!}{a^{n+1}}\left(1 - \left(1 + at + \frac{(at)^2}{2!} + \cdots + \frac{(at)^n}{n!}\right)e^{-at}\right)\\ &\leqslant \frac{n!}{a^{n+1}}, \quad \forall a > 0,\ n \in \mathbb{N}.\end{aligned}$$

对 (3.3.45) 取导数 ∂_ξ^α, $|\alpha| \geqslant 1$, 得到

$$\partial_t\partial_\xi^\alpha(\hat{V}_k g) + \mathrm{i}v\cdot\xi\partial_\xi^\alpha(\hat{V}_k g) - L\partial_\xi^\alpha(\hat{V}_k g) + \mathrm{i}\frac{v\cdot\xi}{|\xi|^2}P_d\partial_\xi^\alpha(\hat{V}_k g) = G_{k,\alpha}, \tag{3.3.68}$$

其中

$$\begin{aligned}G_{k,\alpha} = &-\sum_{\beta\leqslant\alpha,|\beta|\geqslant 1}C_\alpha^\beta\left(\mathrm{i}\partial_\xi^\beta(v\cdot\xi)\partial_\xi^{\alpha-\beta}(\hat{V}_k g) + \mathrm{i}\partial_\xi^\beta\left(\frac{v\cdot\xi}{|\xi|^2}\right)P_d\partial_\xi^{\alpha-\beta}(\hat{V}_k g)\right)\\ &-\mathrm{i}\partial_\xi^\alpha P_0(v\cdot\xi\hat{J}_k g) + \partial_\xi^\alpha(|\xi|^2P_r(\hat{I}_k g)).\end{aligned}$$

设 (3.3.65) 对于任意 $|\alpha| \leqslant j-1$ 成立. 当 $|\alpha| = j$ 时, 将 (3.3.68) 和 $\partial_\xi^\alpha(\hat{V}_k g) + |\xi|^{-2}P_d\partial_\xi^\alpha(\hat{V}_k g)$ 作内积并利用柯西不等式, 得到

$$\frac{1}{2}\frac{d}{dt}\|\partial_\xi^\alpha(\hat{V}_k g)\|_\xi^2 + \frac{\mu_0}{2}(\nu\partial_\xi^\alpha P_1(\hat{V}_k g), \partial_\xi^\alpha P_1(\hat{V}_k g))$$

$$\leqslant \frac{C}{\delta}(\|\partial_\xi^\alpha(|\xi|^2 P_r(\hat{I}_k g))\|^2+\|\partial_\xi^\alpha P_0(v\cdot\xi \hat{J}_k g)\|^2)+\frac{C}{\delta}|\alpha|^2(|v|\nabla_\xi^{j-1}(\hat{V}_k g),\nabla_\xi^{j-1}(\hat{V}_k g))$$
$$+\frac{C}{\delta}\left(\frac{1}{|\xi|^2}|\nabla_\xi^{j-1}\hat{m}_k|^2+\sum_{k=1}^{j}\frac{1}{|\xi|^{2k+2}}|\nabla_\xi^{j-k}\hat{n}_k|^2\right)+\delta\|P_0\partial_\xi^\alpha(\hat{V}_k g)\|_\xi^2, \tag{3.3.69}$$

其中

$$\hat{n}_k=(\hat{V}_k g,\chi_0),\quad \hat{m}_k=(\hat{V}_k g, v\chi_0).$$

于是, 通过归纳假设 (3.3.65) 和 (3.3.69) 可以推出

$$\begin{aligned}
&\|\partial_\xi^\alpha(\hat{V}_k g)\|_\xi^2+\mu_0\int_0^t e^{2\delta(t-s)}(\nu\partial_\xi^\alpha P_1(\hat{V}_k g),\partial_\xi^\alpha P_1(\hat{V}_k g))ds\\
&\leqslant \frac{C}{\delta}\|g\|^2|\xi|^{4k-2|\alpha|}e^{2\delta t}\sum_{n=0}^{|\alpha|}\frac{1}{[(k+n)!]^2}\int_0^t e^{-2(\delta+|\xi|^2)s}s^{2(k+n)}ds\\
&\quad+\frac{C}{\delta}\|g\|^2\delta^{-2k-2|\alpha|}|\xi|^{4k-2|\alpha|}\int_0^t e^{2\delta(t-s)}e^{4\delta s}ds\\
&\quad+\frac{C}{\delta}\|g\|^2|\alpha|^2\int_0^t e^{2\delta(t-s)}(|v|\partial_\xi^{\alpha-1}P_1(\hat{V}_k g),\partial_\xi^{\alpha-1}P_1(\hat{V}_k g))ds\\
&\leqslant C\delta^{-2k-2|\alpha|-2}|\xi|^{4k-2|\alpha|}e^{4\delta t}\|g\|^2.
\end{aligned}$$

这就证明了 (3.3.65) 对于 $|\alpha|=j$ 成立.

因此, 对任意 $\gamma\in\mathbb{N}^3$, 有

$$\begin{aligned}
&\|\partial_\xi^\alpha(\xi^\gamma\hat{V}_k g)\|+|\partial_\xi^\alpha(\xi^\gamma\xi\hat{Z}_k g)|\\
&\leqslant\sum_{\beta\leqslant\alpha}C_\alpha^\beta\left(\|\partial_\xi^\beta(\xi^\gamma)\partial_\xi^{\alpha-\beta}(\hat{V}_k g)\|+\left|\partial_\xi^\beta\left(\frac{\xi^\gamma\xi}{|\xi|^2}\right)\partial_\xi^{\alpha-\beta}\hat{n}_k\right|\right)\\
&\leqslant C\sum_{\beta\leqslant\alpha}|\xi|^{|\gamma|-|\beta|}\|\partial_\xi^{\alpha-\beta}(\hat{V}_k g)\|_\xi\leqslant C\delta^{-k-|\alpha|-1}|\xi|^{2k-|\alpha|+|\gamma|}e^{2\delta t}\|g\|,
\end{aligned}$$

从而, 对于任意 $|\alpha|\leqslant k+|\gamma|/2+1$, 可得

$$\begin{aligned}
&(\|\partial_x^\gamma V_k(t,x)g\|+|\partial_x^\gamma\nabla_x Z_k(t,x)g|)x^{2\alpha}\delta^{2|\alpha|}\\
&\leqslant C\delta^{2|\alpha|}\int_{|\xi|\leqslant r_0}\left(\|\partial_\xi^{2\alpha}(\xi^\gamma\hat{V}_k g)\|+|\partial_\xi^{2\alpha}(\xi^\gamma\xi\hat{Z}_k g)|\right)d\xi\\
&\leqslant C\delta^{-k-1}e^{2\delta t}\|g\|\int_{|\xi|\leqslant r_0}|\xi|^{2k-2|\alpha|+|\gamma|}d\xi
\end{aligned}$$

$$\leqslant C\delta^{-k-1}e^{2\delta t}\|g\|.$$

引理得证. □

根据引理 3.9 和引理 3.11, 我们得到格林函数低频部分 $G_L(t,x)$ 的时空点态估计.

定理 3.12 对任意 $\alpha \in \mathbb{N}^3$, 由 (3.3.1) 定义的 $G_L(t,x)$ 的宏观部分和微观部分满足

$$\begin{cases} \|\partial_x^\alpha P_d G_L(t,x)\| \leqslant C(1+t)^{-\frac{3}{2}-\frac{|\alpha|}{2}} B_{2+\frac{|\alpha|}{2}}(t,x), \\ \|\partial_x^\alpha P_m G_L(t,x)\| \leqslant C(1+t)^{-1-\frac{|\alpha|}{2}} B_{1+\frac{|\alpha|}{2}}(t,x), \\ \|\partial_x^\alpha P_e G_L(t,x)\| \leqslant C(1+t)^{-\frac{3}{2}-\frac{|\alpha|}{2}} B_{2+\frac{|\alpha|}{2}}(t,x), \\ \|\partial_x^\alpha P_1 G_L(t,x)\| \leqslant C(1+t)^{-\frac{3}{2}-\frac{|\alpha|}{2}} B_{\frac{3}{2}+\frac{|\alpha|}{2}}(t,x), \end{cases} \tag{3.3.70}$$

以及

$$\begin{cases} \|\partial_x^\alpha P_d G_L(t,x)P_r\| \leqslant C(1+t)^{-2-\frac{|\alpha|}{2}} B_{\frac{5}{2}+\frac{|\alpha|}{2}}(t,x), \\ \|\partial_x^\alpha P_m G_L(t,x)P_r\| \leqslant C(1+t)^{-\frac{3}{2}-\frac{|\alpha|}{2}} B_{\frac{3}{2}+\frac{|\alpha|}{2}}(t,x), \\ \|\partial_x^\alpha P_e G_L(t,x)P_r\| \leqslant C(1+t)^{-\frac{3}{2}-\frac{|\alpha|}{2}} B_{\frac{5}{2}+\frac{|\alpha|}{2}}(t,x), \\ \|\partial_x^\alpha P_1 G_L(t,x)P_r\| \leqslant C(1+t)^{-2-\frac{|\alpha|}{2}} B_{2+\frac{|\alpha|}{2}}(t,x), \end{cases} \tag{3.3.71}$$

其中 $C>0$ 是依赖于 k 和 α 的常数, $B_k(t,x)$ 是由 (3.1.20) 定义的函数, P_d, P_m, P_e 和 P_1 是由 (3.1.10) 给出的投影算子.

证明 首先, 根据 (3.3.44), 我们将 $G_L(t,x)$ 分解为

$$G_L(t,x) = U_k(t,x) + V_k(t,x).$$

从引理 3.9 和引理 3.11 可知, 对任意的 $0<\delta\ll 1$ 以及任意整数 $n\geqslant 1$, 有

$$\begin{cases} \|\partial_x^\alpha P_d G_L(t,x)\| \leqslant C(1+t)^{-\frac{3}{2}-\frac{|\alpha|}{2}} B_{2+\frac{|\alpha|}{2}}(t,x) + Ce^{\delta t}(1+|x|^2)^{-3n}, \\ \|\partial_x^\alpha P_m G_L(t,x)\| \leqslant C(1+t)^{-1-\frac{|\alpha|}{2}} B_{1+\frac{|\alpha|}{2}}(t,x) + Ce^{\delta t}(1+|x|^2)^{-3n}, \\ \|\partial_x^\alpha P_e G_L(t,x)\| \leqslant C(1+t)^{-\frac{3}{2}-\frac{|\alpha|}{2}} B_{2+\frac{|\alpha|}{2}}(t,x) + Ce^{\delta t}(1+|x|^2)^{-3n}, \\ \|\partial_x^\alpha P_1 G_L(t,x)\| \leqslant C(1+t)^{-\frac{3}{2}-\frac{|\alpha|}{2}} B_{\frac{3}{2}+\frac{|\alpha|}{2}}(t,x) + Ce^{\delta t}(1+|x|^2)^{-3n}. \end{cases} \tag{3.3.72}$$

其次, 根据 (3.3.2), 我们将 $G_L(t,x)$ 分解为

$$G_L(t,x) = G_{L,0}(t,x) + G_{L,1}(t,x).$$

根据引理 3.8 和引理 3.6, 对任意整数 $k \geqslant 1$, 有

$$\begin{cases}\|\partial_x^\alpha P_d G_L(t,x)\| \leqslant C(1+t)^{-\frac{3}{2}-\frac{|\alpha|}{2}} B_k(t,x) + Ce^{-\kappa_0 t},\\ \|\partial_x^\alpha P_m G_L(t,x)\| \leqslant C(1+t)^{-1-\frac{|\alpha|}{2}} B_{1+\frac{|\alpha|}{2}}(t,x) + Ce^{-\kappa_0 t},\\ \|\partial_x^\alpha P_e G_L(t,x)\| \leqslant C(1+t)^{-\frac{3}{2}-\frac{|\alpha|}{2}} B_k(t,x) + Ce^{-\kappa_0 t},\\ \|\partial_x^\alpha P_1 G_L(t,x)\| \leqslant C(1+t)^{-\frac{3}{2}-\frac{|\alpha|}{2}} B_{\frac{3}{2}+\frac{|\alpha|}{2}}(t,x) + Ce^{-\kappa_0 t}.\end{cases} \tag{3.3.73}$$

因此, 令 $n = 2 + \dfrac{|\alpha|}{2}$, 当 $|x| \geqslant e^{\kappa_0 t/(4n)}$ 时利用 (3.3.72), 当 $|x| \leqslant e^{\kappa_0 t/(4n)}$ 时利用 (3.3.73), 我们可以得到

$$\begin{cases}\|\partial_x^\alpha P_d G_L(t,x)\| \leqslant C(1+t)^{-\frac{3}{2}-\frac{|\alpha|}{2}} B_{2+\frac{|\alpha|}{2}}(t,x) + Ce^{-\kappa_0 t/2} B_n(t,x),\\ \|\partial_x^\alpha P_m G_L(t,x)\| \leqslant C(1+t)^{-1-\frac{|\alpha|}{2}} B_{1+\frac{|\alpha|}{2}}(t,x) + Ce^{-\kappa_0 t/2} B_n(t,x),\\ \|\partial_x^\alpha P_e G_L(t,x)\| \leqslant C(1+t)^{-\frac{3}{2}-\frac{|\alpha|}{2}} B_{2+\frac{|\alpha|}{2}}(t,x) + Ce^{-\kappa_0 t/2} B_n(t,x),\\ \|\partial_x^\alpha P_1 G_L(t,x)\| \leqslant C(1+t)^{-\frac{3}{2}-\frac{|\alpha|}{2}} B_{\frac{3}{2}+\frac{|\alpha|}{2}}(t,x) + Ce^{-\kappa_0 t/2} B_n(t,x).\end{cases}$$

这就证明了 (3.3.70). 类似可证 (3.3.71), 过程在此省略. □

3.3.3 高频部分

在这一小节中, 我们研究高频部分 $G_H(t,x)$ 的时空点态估计. 因为 $\hat{G}_H$ 不属于 $L^1(\mathbb{R}^3_\xi)$, 从而 G_H 可分解成奇异部分和剩余光滑部分. 我们利用 Picard 迭代将高频部分 G_H 分解为奇异动力波和光滑的剩余部分, 并利用加权能量估计建立剩余部分的点态估计. 具体地说, 利用与 Boltzmann 方程相似的 Picard 迭代 [62,63], 在频率空间上构造关于 $\hat{G}_H$ 的逼近序列, 即奇异动力波, 并引入改进的混合引理提升逼近序列的正则性. 然后, 通过在频率空间中的加权能量估计建立光滑剩余部分的点态估计. 注意到, $\hat{G}_H(t,\xi)$ 满足

$$\partial_t \hat{G}_H + \mathrm{i}(v\cdot\xi)\hat{G}_H - L\hat{G}_H + \mathrm{i}(v\cdot\xi)|\xi|^{-2} P_d \hat{G}_H = 0,$$
$$\hat{G}_H(0,\xi) = \varphi_2(\xi) I_v.$$

定义 k 阶混合算子 $\mathbb{M}_k^t(\xi)$ 为 [62,63]

$$\mathbb{M}_k^t(\xi) = \int_0^t \int_0^{s_1} \cdots \int_0^{s_{k-1}} \hat{S}^{t-s_1} K \hat{S}^{s_1-s_2} \cdots \hat{S}^{s_{k-1}-s_k} K \hat{S}^{s_k} ds_k \cdots ds_1, \quad \xi \in \mathbb{C}^3,$$

其中 $\hat{S}^t$ 是 $L^2(\mathbb{R}^3_v)$ 上的算子, 定义为

$$\hat{S}^t = e^{-[\nu(v)+\mathrm{i}(v\cdot\xi)]t}.$$

对于 $\delta > 0$, 定义 $\mathbb{C}^3$ 中的区域

$$D_\delta = \{\xi \in \mathbb{C}^3 \,|\, |\mathrm{Im}\xi| \leqslant \delta\}.$$

首先, 我们建立一个改进的混合引理 (Mixture Lemma) 如下.

引理 3.13 (混合引理) 对于任意 $k \geqslant 1$, $\mathbb{M}^t_k(\xi)$ 关于 $\xi \in D_{\nu_0}$ 解析并且满足

$$\|\mathbb{M}^t_{3k}(\xi)\| \leqslant C(1+t)^{3k}(1+|\xi|)^{-k}e^{-\nu_0 t}, \quad \xi \in D_{\nu_0}, \tag{3.3.74}$$

其中 $C > 0$ 为依赖于 k 的常数. 此外, 对于任意 $\alpha \in \mathbb{N}^3$ 以及 $k \geqslant 1$,

$$\|\partial^\alpha_\xi \mathbb{M}^t_{3k}(\xi)\| \leqslant C(1+t)^{3k}(1+|\xi|)^{-k}e^{-\frac{2\nu_0 t}{3}}, \quad \xi \in \mathbb{R}^3, \tag{3.3.75}$$

其中 $C > 0$ 为依赖于 α 和 k 的常数.

证明 首先, 我们证明 (3.3.74) 对于 $k = 1$ 成立. 定义

$$\Theta^t(\xi) = K\int_0^t \hat{S}^{t-s}K\hat{S}^s ds, \quad \xi \in \mathbb{C}^3.$$

我们断言, 对于任意 $\xi \in D_{\nu_0}$ 及 $g_0 \in L^2(\mathbb{R}^3_v)$, 有

$$|\xi|\|\Theta^t(\xi)g_0\| \leqslant C(1+t)e^{-\nu_0 t}(\|g_0\| + \|\nabla_v g_0\|). \tag{3.3.76}$$

为此, 将 $\Theta^t(\xi)g_0$ 分解为

$$K\left(\int_0^{t/2} + \int_{t/2}^t\right)\hat{S}^{t-s}K\hat{S}^s g_0 ds = I_1 + I_2, \tag{3.3.77}$$

下面我们对 I_1 和 I_2 进行估计. 对于 I_1, 有

$$\begin{aligned}\mathrm{i}\xi_1 I_1(t,\xi) = &\mathrm{i}\xi_1 \int_{\mathbb{R}^3}\int_0^{t/2}\int_{\mathbb{R}^3}\int_0^s e^{-(\nu(u)+\mathrm{i}(u\cdot\xi))(t-s)-(\nu(w)+\mathrm{i}(w\cdot\xi))s} \\ &\times k(v,u)k(u,w)g_0(w)dwduds.\end{aligned}$$

利用

$$\mathrm{i}\xi_1 e^{-\mathrm{i}(u\cdot\xi)(t-s)} = -\frac{1}{t-s}\partial_{u_1}e^{-\mathrm{i}(u\cdot\xi)(t-s)},$$

我们得到

$$\begin{aligned}\mathrm{i}\xi_1 I_1(t,\xi) = &-\int_{\mathbb{R}^3}\int_0^{t/2}\int_{\mathbb{R}^3} e^{-(\nu(u)+\mathrm{i}(u\cdot\xi))(t-s)-(\nu(w)+\mathrm{i}(w\cdot\xi))s}\\ &\times\left(\frac{\partial\nu(u)}{\partial u_1}k(v,u)k(u,w)+\frac{1}{t-s}\frac{\partial(k(v,u)k(u,w))}{\partial u_1}\right)g_0(w)dwduds.\end{aligned}$$

由于 $\partial_v\nu(v)$, $\partial_v K(v,u)$ 和 $\partial_u K(v,u)$ 是 L_v^2 上的有界算子, 以及

$$|e^{-[\nu(v)+\mathrm{i}(v\cdot\xi)]t}|\leqslant e^{-\nu_0 t},\quad \xi\in D_{\nu_0}, \tag{3.3.78}$$

于是

$$|\xi_1|\|I_1(t,\xi)\|\leqslant C(1+t)e^{-\nu_0 t}\|g_0\|,\quad \xi\in D_{\nu_0}.$$

对于 I_2, 有

$$\begin{aligned}\mathrm{i}\xi_1 I_2(t,\xi) = &\mathrm{i}\xi_1\int_{\mathbb{R}^3}\int_{t/2}^{t}\int_{\mathbb{R}^3} e^{-(\nu(u)+\mathrm{i}(u\cdot\xi))(t-s)-(\nu(w)+\mathrm{i}(w\cdot\xi))s}\\ &\times k(v,u)k(u,w)g_0(w)dwduds.\end{aligned}$$

根据

$$\mathrm{i}\xi_1 e^{-\mathrm{i}(w\cdot\xi)s} = -\frac{1}{s}\partial_{w_1}e^{-\mathrm{i}(w\cdot\xi)s},$$

可得

$$\begin{aligned}\mathrm{i}\xi_1 I_2(t,\xi) = &-\int_{\mathbb{R}^3}\int_{t/2}^{t}\int_{\mathbb{R}^3} e^{-(\nu(u)+\mathrm{i}(u\cdot\xi))(t-s)-(\nu(w)+\mathrm{i}(w\cdot\xi))s}k(v,u)\\ &\times\left[\left(\frac{1}{s}\frac{\partial k(u,w)}{\partial w_1}+\frac{\partial\nu(w)}{\partial w_1}\right)g_0(w)+\frac{1}{s}k(v,u)k(u,w)\frac{\partial g_0(w)}{\partial w_1}\right]dwduds.\end{aligned}$$

于是

$$|\xi_1|\|I_2(t,\xi)\|\leqslant C(1+t)e^{-\nu_0 t}(\|g_0\|+\|\partial_{v_1}g_0\|),\quad \xi\in D_{\nu_0}. \tag{3.3.79}$$

因此, 结合 (3.3.77)—(3.3.79), 对于 $i=1$ 可得

$$\left\|\xi_i K\int_0^t \hat{S}^{t-s}K\hat{S}^s g_0 ds\right\|\leqslant C(1+t)e^{-\nu_0 t}(\|g_0\|+\|\nabla_v g_0\|). \tag{3.3.80}$$

同样地, 对于 $i=2,3$, (3.3.80) 也成立, 于是 (3.3.76) 得证.

根据 (3.3.76), (3.3.78) 以及

$$\begin{aligned}\mathbb{M}_3^t(\xi) &= \int_0^t \int_0^{s_1} \int_0^{s_2} \hat{S}^{t-s_1} K \hat{S}^{s_1-s_2} K \hat{S}^{s_2-s} K \hat{S}^s ds ds_2 ds_1 \\ &= \int_0^t \int_0^s \hat{S}^{t-s} \Theta^{s-s_1} K \hat{S}^{s_1} ds_1 ds,\end{aligned}$$

可得

$$\begin{aligned}|\xi| \|\mathbb{M}_3^t(\xi) g_0\| \leqslant{}& C \int_0^t \int_0^s e^{-\nu_0(t-s)}(1+s-s_1) e^{-\nu_0(s-s_1)} \\ & \times (\|K\hat{S}^{s_1} g_0\| + \|\nabla_v K \hat{S}^{s_1} g_0\|) ds_1 ds \\ \leqslant{}& C \int_0^t e^{-\nu_0(t-s)}(1+s)^2 e^{-\nu_0 s} \|g_0\| ds \leqslant C(1+t)^3 e^{-\nu_0 t} \|g_0\|.\end{aligned}$$

因此, (3.3.74) 对于 $k=1$ 成立.

假设 (3.3.74) 对于 $k \leqslant l$ 成立. 则有

$$\begin{aligned}&\left\| |\xi|^{l+1} \mathbb{M}_{3l+3}^t(\xi) g_0 \right\| \\ &= \left\| \int_0^t \int_0^s \hat{S}^{t-s} |\xi| \Theta^{s-s_1} K |\xi|^l \mathbb{M}_{3l}^{s_1} g_0 ds_1 ds \right\| \\ &\leqslant C \int_0^t \int_0^s e^{-\nu_0 t}(1+s-s_1) e^{\nu_0 s_1} |\xi|^l \left(\|K \mathbb{M}_{3l}^{s_1} g_0\| + \|\nabla_v K \mathbb{M}_{3l}^{s_1} g_0\| \right) ds_1 ds \\ &\leqslant C \int_0^t \int_0^s e^{-\nu_0 t}(1+s-s_1)(1+s_1)^{3l} \|g_0\| ds_1 ds \\ &\leqslant C(1+t)^{3l+3} e^{-\nu_0 t} \|g_0\|, \end{aligned} \tag{3.3.81}$$

这就证明了 (3.3.74) 对于 $k=l+1$ 也成立, 从而 (3.3.74) 对于任意 $k \geqslant 1$ 成立.

最后, 我们证明 (3.3.75). 注意到

$$\partial_\xi^\alpha e^{-[\nu(v)+\mathrm{i}(v\cdot\xi)]t} = (-\mathrm{i}vt)^\alpha e^{-[\nu(v)+\mathrm{i}(v\cdot\xi)]t}.$$

于是

$$\begin{aligned}\partial_\xi^\alpha(\Theta^t(\xi) g_0) ={}& \sum_{\alpha' \leqslant \alpha} C_\alpha^{\alpha'} (-\mathrm{i})^{|\alpha|} \int_0^t \int_{\mathbb{R}^3} \int_{\mathbb{R}^3} e^{-(\nu(u)+\mathrm{i}(u\cdot\xi))(t-s)-(\nu(w)+\mathrm{i}(w\cdot\xi))s} \\ & \times (u(t-s))^{\alpha-\alpha'} (ws)^{\alpha'} k(v,u) k(u,w) g_0(w) du dw ds.\end{aligned}$$

由于

$$|vt|^k|e^{-[\nu(v)+\mathrm{i}(v\cdot\xi)]t}| \leqslant C_k e^{-\frac{2\nu_0 t}{3}}, \quad \forall k \geqslant 0,\ \xi \in \mathbb{R}^3,$$

我们通过与 (3.3.80) 类似的讨论得到

$$\|\partial_\xi^\alpha(\Theta^t(\xi)g_0)\| \leqslant C_{|\alpha|}(1+t)e^{-\frac{2\nu_0 t}{3}}(\|g_0\|+\|\nabla_v g_0\|), \quad \xi \in \mathbb{R}^3.$$

注意到

$$\partial_\xi^\alpha \mathbb{M}_3^t(\xi) = \sum_{\alpha_1+\alpha_2+\alpha_3=\alpha} C_\alpha^{\alpha_1\alpha_2\alpha_3} \int_0^t \int_0^s \partial_\xi^{\alpha_1}\hat{S}^{t-s}\partial_\xi^{\alpha_2}\Theta^{s-s_1}K\partial_\xi^{\alpha_3}\hat{S}^{s_1}ds_1ds,$$

可得

$$\begin{aligned}|\xi|\|\partial_\xi^\alpha \mathbb{M}_3^t(\xi)g_0\| &\leqslant C\sum_{\beta\leqslant\alpha}\int_0^t\int_0^s e^{-\frac{2\nu_0}{3}(t-s)}(1+s-s_1)e^{-\frac{2\nu_0}{3}(s-s_1)} \\ &\quad \times(\|K\partial_\xi^\beta\hat{S}^{s_1}g_0\|+\|\nabla_v K\partial_\xi^\beta\hat{S}^{s_1}g_0\|)ds_1ds \\ &\leqslant C\int_0^t e^{-\frac{2\nu_0}{3}(t-s)}(1+s)^2e^{-\frac{2\nu_0}{3}s}\|g_0\|ds \leqslant C(1+t)^3e^{-\frac{2\nu_0}{3}t}\|g_0\|.\end{aligned}$$

类似于 (3.3.81), 可以证明对于任意 $k \geqslant 1$,

$$\left\||\xi|^{k+1}\partial_\xi^\alpha\mathbb{M}_{3k+3}^t(\xi)\right\| \leqslant C(1+t)^{3k+3}e^{-\frac{2\nu_0 t}{3}}, \quad \xi \in \mathbb{R}^3.$$

引理得证. □

我们构造高频部分 $\hat{G}_H$ 的逼近序列 $\hat{I}_k$ 如下

$$\begin{cases}\partial_t\hat{I}_0 + \mathrm{i}v\cdot\xi\hat{I}_0 + \nu(v)\hat{I}_0 = 0,\\ |\xi|^2\hat{A}_0 = -(\hat{I}_0,\chi_0),\\ \hat{I}_0(0,\xi) = \varphi_2(\xi)I_v,\end{cases} \tag{3.3.82}$$

以及

$$\begin{cases}\partial_t\hat{I}_k + \mathrm{i}v\cdot\xi\hat{I}_k + \nu(v)\hat{I}_k = K\hat{I}_{k-1} + \mathrm{i}v\cdot\xi\chi_0\hat{A}_{k-1},\\ |\xi|^2\hat{A}_k = -(\hat{I}_k,\chi_0),\\ \hat{I}_k(0,\xi) = 0, \quad k \geqslant 1.\end{cases} \tag{3.3.83}$$

由 (3.3.82) 和 (3.3.83), 定义 k 阶动力波和剩余部分如下

$$W_k(t,x) = \sum_{i=0}^{3k} I_i(t,x), \quad \psi_k(t,x) = \sum_{i=0}^{3k} A_i(t,x), \tag{3.3.84}$$

$$R_k(t,x)=G_H(t,x)-W_k(t,x),\quad \phi_k(t,x)=\Phi_H(t,x)-\psi_k(t,x), \tag{3.3.85}$$

其中 $\Phi_H(t,x)=\nabla_x\Delta_x^{-1}(G_H(t,x),\chi_0)$.

于是, 根据 (3.3.82) 和 (3.3.83) 可知, $\hat{W}_k(t,\xi)$ 和 $\hat{\psi}_k(t,\xi)$ 满足

$$\begin{cases}\partial_t\hat{W}_k+\mathrm{i}v\cdot\xi\hat{W}_k-L\hat{W}_k-\mathrm{i}v\cdot\xi\chi_0\hat{\psi}_k=-K\hat{I}_{3k}-\mathrm{i}v\cdot\xi\chi_0\hat{A}_{3k},\\ |\xi|^2\hat{\psi}_k=-(\hat{W}_k,\chi_0),\\ \hat{W}_k(0,\xi)=\varphi_2(\xi)I_v,\end{cases} \tag{3.3.86}$$

并且 $\hat{R}_k(t,\xi)$ 和 $\hat{\phi}_k(t,\xi)$ 满足

$$\begin{cases}\partial_t\hat{R}_k+\mathrm{i}v\cdot\xi\hat{R}_k-L\hat{R}_k-\mathrm{i}v\cdot\xi\chi_0\hat{\phi}_k=K\hat{I}_{3k}+\mathrm{i}v\cdot\xi\chi_0\hat{A}_{3k},\\ |\xi|^2\hat{\phi}_k=-(\hat{R}_k,\chi_0),\\ \hat{R}_k(0,\xi)=0.\end{cases} \tag{3.3.87}$$

利用混合引理 (引理 3.13), 我们得到逼近序列 $I_k(t,x)$ 和 $A_k(t,x)$ 的点态估计.

引理 3.14 对任意的 $k\geqslant 0,\alpha\in\mathbb{N}^3$ 和任意的 $g\in L^2(\mathbb{R}^3_v)$, $\hat{I}_k(t,\xi)g$ 和 $\hat{A}_k(t,\xi)g$ 关于 ξ 光滑并且具有支集 $\{\xi\in\mathbb{R}^3\,|\,|\xi|\geqslant r_0/2\}$, 满足

$$\|\partial_\xi^\alpha\hat{I}_{3k}(t,\xi)g\|+|\partial_\xi^\alpha(\xi\hat{A}_{3k}(t,\xi)g)|\leqslant C(1+|\xi|)^{-k}e^{-\frac{\nu_0 t}{2}}\|g\|, \tag{3.3.88}$$

其中 $C>0$ 为依赖于 k 和 n 的常数. 特别地, 对于 $k\geqslant 4$, 有

$$\|I_{3k}(t,x)g\|+|\nabla_x A_{3k}(t,x)g|\leqslant Ce^{-\frac{\nu_0 t}{2}}(1+|x|^2)^{-n}\|g\|, \tag{3.3.89}$$

其中 $n>0$ 为任意整数, 且 $C>0$ 为依赖于 k 和 n 的常数.

证明 首先, 我们证明 (3.3.88). 对于 $k=0$, 根据 (3.3.82) 可知 $\hat{I}_0(t,\xi)g$ 和 $\hat{A}_0(t,\xi)g$ 关于 ξ 光滑且支集为 $|\xi|\geqslant r_0/2$, 满足

$$\|\partial_\xi^\alpha\hat{I}_0(t,\xi)g\|\leqslant C\sum_{\beta\leqslant\alpha}\|(vt)^{\alpha-\beta}e^{-[\nu(v)+\mathrm{i}(v\cdot\xi)]t}\partial_\xi^\beta\varphi_2(\xi)g\|\leqslant Ce^{-\frac{\nu_0 t}{2}}\|g\|,$$

$$|\partial_\xi^\alpha(\xi\hat{A}_0(t,\xi)g)|\leqslant C\sum_{\beta\leqslant\alpha}\left|\partial_\xi^{\alpha-\beta}\left(\frac{\xi}{|\xi|^2}\right)\partial_\xi^\beta(\hat{I}_0(t,\xi)g,\chi_0)\right|\leqslant C(1+|\xi|)^{-1}e^{-\frac{\nu_0 t}{2}}\|g\|.$$

假设 (3.3.88) 对于 $k\leqslant l-1$ 成立. 根据 (3.3.83), $\hat{I}_{3l}(t,\xi)g$ 和 $\hat{A}_{3l}(t,\xi)g$ 可表示为

$$\hat{I}_{3l}(t,\xi)g=\mathbb{M}_{3l}^t(\xi)\varphi_2(\xi)g+\sum_{k=0}^{3l-1}\int_0^t\mathbb{M}_k^{t-s}(\xi)\mathrm{i}(v\cdot\xi)\chi_0\hat{A}_{3l-k-1}(s)gds,$$

$$\hat{A}_{3l}(t,\xi)g = \frac{1}{|\xi|^2}(\hat{I}_{3l}(t,\xi)g, \chi_0),$$

其中 $\mathbb{M}_0^t = \hat{S}^t$. 于是, 我们通过 (3.3.75) 可得 $\hat{I}_{3l}(t,\xi)g$ 和 $\hat{A}_{3l}(t,\xi)g$ 关于 ξ 光滑且支集为 $|\xi| \geqslant r_0/2$, 满足

$$(\|\partial_\xi^\alpha \hat{I}_{3l}(t,\xi)g\| + |\partial_\xi^\alpha \xi \hat{A}_{3l}(t,\xi)g|) \leqslant C(1+|\xi|)^{-l} e^{-\frac{\nu_0 t}{2}} \|g\|. \tag{3.3.90}$$

根据 (3.3.90) 可知, 对于 $k \geqslant 4$, 有

$$\begin{aligned}(\|I_{3k}(t,x)g\| + |\nabla_x A_{3k}(t,x)g|)x^{2\alpha} &\leqslant C\int_{|\xi|\geqslant \frac{r_0}{2}} (\|\partial_\xi^{2\alpha}\hat{I}_{3k}g\| + |\partial_\xi^{2\alpha}(\xi\hat{A}_{3k}g)|)d\xi \\ &\leqslant C\int_{|\xi|\geqslant \frac{r_0}{2}} e^{-\frac{\nu_0 t}{2}}(1+|\xi|)^{-k}\|g\|d\xi \leqslant Ce^{-\frac{\nu_0 t}{2}}\|g\|.\end{aligned}$$

这就证明了 (3.3.89). □

根据引理 3.14, 我们得到由 (3.3.85) 定义的剩余部分 $R_k(t,x)$ 和 $\phi_k(t,x)$ 的点态估计.

引理 3.15 对任意的 $\alpha \in \mathbb{N}^3$, $n \geqslant 1$ 和 $g \in L^2(\mathbb{R}_v^3)$, 存在小常数 $\delta_0 > 0$ 使得对任意的 $k \geqslant 4+|\alpha|$, $\delta \in (0,\delta_0)$, 有

$$\|\partial_x^\alpha R_k(t,x)g\| + |\partial_x^\alpha \nabla_x \phi_k(t,x)g| \leqslant C\delta^{-1}e^{2\delta t}(1+|\delta x|^2)^{-n}\|g\|, \tag{3.3.91}$$

其中 $C>0$ 是依赖于 k 和 n 的常数.

证明 我们断言, 对任意的 $k \geqslant 1$, $\alpha \in \mathbb{N}^3$ 和任意的 $g \in L^2(\mathbb{R}_v^3)$, 有

$$\|\partial_\xi^\alpha \hat{R}_k(t,\xi)g\|_\xi^2 \leqslant C\delta^{-2-2|\alpha|}(1+|\xi|)^{-2k}e^{4\delta t}\|g\|^2. \tag{3.3.92}$$

我们用归纳法证明 (3.3.92). 取 (3.3.87) 和 $\hat{R}_k g + |\xi|^{-2}P_d(\hat{R}_k g)$ 的内积并利用柯西不等式, 得到

$$\frac{1}{2}\frac{d}{dt}\|\hat{R}_k g\|_\xi^2 + \frac{\mu_0}{2}(\nu P_1(\hat{R}_k g), P_1(\hat{R}_k g)) \leqslant \frac{C}{\delta}(\|K\hat{I}_{3k}g\|_\xi^2 + |\xi|^2|\hat{A}_{3k}g|^2) + \delta\|P_0(\hat{R}_k g)\|_\xi^2, \tag{3.3.93}$$

其中 $\delta \in (0,\delta_0)$, $\delta_0 > 0$ 为一个小常数.

对 (3.3.93) 应用 Gronwall 不等式并利用 (3.3.88), 得

$$\begin{aligned}&\|\hat{R}_k g\|_\xi^2 + \mu_0\int_0^t e^{2\delta(t-s)}(\nu P_1(\hat{R}_k g), P_1(\hat{R}_k g))ds \\ \leqslant\ & \frac{C}{\delta}\|g\|^2\int_0^t e^{2\delta(t-s)}(1+|\xi|)^{-2k}e^{-\nu_0 s}ds \leqslant C\delta^{-2}(1+|\xi|)^{-2k}e^{2\delta t}\|g\|^2.\end{aligned} \tag{3.3.94}$$

对 (3.3.45) 取导数 ∂_ξ^α ($|\alpha|\geqslant 1$), 得到

$$\partial_t\partial_\xi^\alpha(\hat{R}_kg)+\mathrm{i}v\cdot\xi\partial_\xi^\alpha(\hat{R}_kg)-L\partial_\xi^\alpha(\hat{R}_kg)+\mathrm{i}\frac{v\cdot\xi}{|\xi|^2}P_d\partial_\xi^\alpha(\hat{R}_kg)=G_{k,\alpha},\tag{3.3.95}$$

其中

$$\begin{aligned}G_{k,\alpha}=&-\sum_{\beta\leqslant\alpha,|\beta|\geqslant 1}C_\alpha^\beta\left(\mathrm{i}\partial_\xi^\beta(v\cdot\xi)\partial_\xi^{\alpha-\beta}(\hat{R}_kg)+\mathrm{i}\partial_\xi^\beta\left(\frac{v\cdot\xi}{|\xi|^2}\right)P_d\partial_\xi^{\alpha-\beta}(\hat{R}_kg)\right)\\&+\sum_{\beta\leqslant\alpha}\mathrm{i}C_\alpha^\beta\partial_\xi^\beta(v\cdot\xi)\partial_\xi^{\alpha-\beta}(\hat{A}_{3k}g)\chi_0+\partial_\xi^\alpha(K\hat{I}_{3k}g).\end{aligned}$$

假设 (3.3.92) 对于任意 $|\alpha|\leqslant j-1$ 成立. 当 $|\alpha|=j$ 时, 将 (3.3.95) 和 $\partial_\xi^\alpha(\hat{R}_kg)+|\xi|^{-2}P_d\partial_\xi^\alpha(\hat{R}_kg)$ 作内积并利用柯西不等式, 可得

$$\begin{aligned}&\frac{1}{2}\frac{d}{dt}\|\partial_\xi^\alpha(\hat{R}_kg)\|_\xi^2+\frac{\mu_0}{2}(\nu\partial_\xi^\alpha P_1(\hat{R}_kg),\partial_\xi^\alpha P_1(\hat{R}_kg))\\\leqslant&\frac{C}{\delta}(\|\partial_\xi^\alpha(K\hat{I}_{3k}g)\|_\xi^2+|\partial_\xi^\alpha(\xi\hat{A}_{3k}g)|^2)+\frac{C}{\delta}\left(|\nabla_\xi^{j-1}\hat{m}_k|^2+\sum_{k=1}^j|\nabla_\xi^{j-k}\hat{n}_k|^2\right)\\&+\delta\|P_0\partial_\xi^\alpha(\hat{R}_kg)\|_\xi^2+\frac{C}{\delta}|\alpha|^2(|v|\nabla_\xi^{j-1}(\hat{R}_kg),\nabla_\xi^{j-1}(\hat{R}_kg)).\end{aligned}\tag{3.3.96}$$

其中

$$\hat{n}_k=(\hat{R}_kg,\chi_0),\quad \hat{m}_k=(\hat{R}_kg,v\chi_0).$$

因此, 由 (3.3.94) 和 (3.3.96) 可得

$$\begin{aligned}&\|\partial_\xi^\alpha(\hat{R}_kg)\|_\xi^2+\mu_0\int_0^t e^{2\delta(t-s)}(\nu\partial_\xi^\alpha P_1(\hat{R}_kg),\partial_\xi^\alpha P_1(\hat{R}_kg))ds\\\leqslant&\frac{C}{\delta}\|g\|^2(1+|\xi|)^{-2k}\left(\int_0^t e^{2\delta(t-s)}e^{-\nu_0 s}ds+\delta^{-2|\alpha|}\int_0^t e^{2\delta(t-s)}e^{4\delta s}ds\right)\\&+\frac{C}{\delta}\|g\|^2|\alpha|^2\int_0^t e^{2\delta(t-s)}(|v|\partial_\xi^{\alpha-1}P_1(\hat{R}_kg),\partial_\xi^{\alpha-1}P_1(\hat{R}_kg))ds\\\leqslant&C\delta^{-2-2|\alpha|}(1+|\xi|)^{-2k}e^{4\delta t}\|g\|^2.\end{aligned}$$

这就证明了 (3.3.92) 对于 $|\alpha|=j$ 成立.

由于对任意 $\gamma\in\mathbb{N}^3$, 有

$$\|\partial_\xi^\alpha(\xi^\gamma\hat{R}_kg)\|+|\partial_\xi^\alpha(\xi\xi^\gamma\hat{\phi}_kg)|$$

$$\leqslant \sum_{\beta\leqslant\alpha} C_\alpha^\beta \left(\|\partial_\xi^\beta(\xi^\gamma)\partial_\xi^{\alpha-\beta}(\hat{R}_k g)\| + \left|\partial_\xi^\beta \left(\frac{\xi^\gamma \xi}{|\xi|^2}\right)\partial_\xi^{\alpha-\beta}\hat{n}_k\right|\right)$$

$$\leqslant C\sum_{\beta\leqslant\alpha}|\xi|^{|\gamma|-|\beta|}\|\partial_\xi^{\alpha-\beta}(\hat{R}_k g)\|_\xi \leqslant C\delta^{-1-|\alpha|}(1+|\xi|)^{-k+|\gamma|}e^{2\delta t}\|g\|,$$

我们通过 (3.3.92) 可得, 当 $k\geqslant 4+|\gamma|$ 时,

$$\begin{aligned}&(\|\partial_x^\gamma R_k(t,x)g\| + |\partial_x^\gamma \nabla_x \phi_k(t,x)g|)x^{2\alpha}\\ \leqslant\ & C\int_{|\xi|\geqslant\frac{r_0}{2}}(\|\partial_\xi^{2\alpha}(\xi^\gamma \hat{R}_k g)\| + |\partial_\xi^{2\alpha}(\xi\xi^\gamma\hat{\phi}_k g)|)d\xi\\ \leqslant\ & C\delta^{-1-2|\alpha|}e^{2\delta t}\|g\|.\end{aligned}$$

引理得证. □

定理 3.16 令 $G_H(t,x)$ 为由 (3.3.1) 定义的高频部分. 对任意 $n\geqslant 0$ 和 $\alpha\in\mathbb{N}^3$, 存在常数 $\eta_0>0$ 使得

$$\|\partial_x^\alpha[G_H(t,x)-W_k(t,x)]\|\leqslant Ce^{-\eta_0 t}(1+|x|^2)^{-n}, \tag{3.3.97}$$

其中 $k\geqslant 4+|\alpha|$, $C>0$ 是依赖于 k 和 α 的常数, $W_k(t,x)$ 是由 (3.3.84) 定义的奇异动力波.

证明 根据 (3.3.85), 有

$$G_H(t,x) = W_k(t,x) + R_k(t,x). \tag{3.3.98}$$

根据 (3.3.87), 引理 3.6 以及引理 3.14, 可得

$$\begin{aligned}\|\hat{R}_k(t,\xi)g\|_\xi &\leqslant \int_0^t \|\hat{G}_H(t-s,\xi)(K\hat{I}_{3k}g + \mathrm{i}(v\cdot\xi)\chi_0\hat{A}_{3k}g)(s,\xi)\|_\xi ds\\ &\leqslant C\int_0^t e^{-\kappa_0(t-s)}(\|\hat{I}_{3k}(s,\xi)g\| + |\xi\hat{A}_{3k}(s,\xi)g|)ds\\ &\leqslant Ce^{-\kappa_0 t}(1+|\xi|)^{-k}\|g\|,\end{aligned}$$

因此, 对于 $k\geqslant 4+|\alpha|$, 有

$$\|\partial_x^\alpha R_k(t,x)g\| + |\partial_x^\alpha\nabla_x\phi_k(t,x)g|\leqslant Ce^{-\kappa_0 t}\|g\|. \tag{3.3.99}$$

此外, 根据 (3.3.91), 对任意的 $n\geqslant 1$ 和 $k\geqslant 4+|\alpha|$, 有

$$\|\partial_x^\alpha R_k(t,x)g\| + |\partial_x^\alpha\nabla_x\phi_k(t,x)g|\leqslant Ce^{\frac{\kappa_0 t}{2}}(1+|x|^2)^{-3n}\|g\|, \tag{3.3.100}$$

于是, 我们结合 (3.3.98)—(3.3.100) 可以推出

$$\|\partial_x^\alpha(G_H(t,x)-W_k(t,x))\| \leqslant Ce^{-\eta_0 t}(1+|x|^2)^{-n},$$

其中 $\eta_0=\kappa_0/2>0$. 这就证明了 (3.3.97). □

定理 3.1 可由定理 3.16 和定理 3.12 直接推出.

3.4 非线性 VPB 方程的点态估计

在本节中, 我们利用 3.3 节关于格林函数的点态估计, 研究非线性 VPB 方程整体解的点态行为 (见定理 3.2). 首先, 我们给出一些关于卷积的估计, 用于分析整体解的点态行为.

引理 3.17 ([82]) (1) 对于 $s\in[0,t]$, $A^2\geqslant 1+t$ 以及 $n\geqslant 0$, 有

$$\left(1+\frac{A^2}{1+s}\right)^{-n}\leqslant 2^n\left(\frac{1+t}{1+s}\right)^{-n}\left(1+\frac{A^2}{1+t}\right)^{-n}; \tag{3.4.1}$$

(2) 对于 $A^2\leqslant 1+t$ 以及 $n\geqslant 0$, 有

$$1\leqslant 2^n\left(1+\frac{A^2}{1+t}\right)^{-n}; \tag{3.4.2}$$

(3) 对于 $n_1\geqslant 1, n_2>\dfrac{3}{2}$ 以及 $n_3=\min\{n_1,n_2\}$, 有

$$\int_{\mathbb{R}^3}\left(1+\frac{|x-y|^2}{1+t}\right)^{-n_1}(1+|y|)^{-n_2}dy\leqslant C\left(1+\frac{|x|^2}{1+t}\right)^{-n_3}. \tag{3.4.3}$$

证明 容易验证 (3.4.2) 成立. 对于 $s\in[0,t]$, $A^2\geqslant 1+t$, 有

$$1+\frac{A^2}{1+s}\geqslant\frac{1+t}{1+s}\frac{A^2}{1+t}\geqslant\frac{1}{2}\left(\frac{1+t}{1+s}\right)\left(1+\frac{A^2}{1+t}\right),$$

于是

$$\left(1+\frac{A^2}{1+s}\right)^{-n}\leqslant 2^n\left(\frac{1+t}{1+s}\right)^{-n}\left(1+\frac{A^2}{1+t}\right)^{-n},$$

这就证明了 (3.4.1).

令

$$\Gamma_\alpha(t)=\int_0^t(1+s)^{-\alpha}ds=O(1)\begin{cases}(1+t)^{1-\alpha}, & \alpha<1,\\ \ln(1+t), & \alpha=1,\\ 1, & \alpha>1.\end{cases} \tag{3.4.4}$$

对于 $|x|\leqslant\sqrt{1+t}$,

$$\int_{\mathbb{R}^3}\left(1+\frac{|x-y|^2}{1+t}\right)^{-n_1}(1+|y|^2)^{-n_2}dy\leqslant C\leqslant C\left(1+\frac{|x|^2}{1+t}\right)^{-n_3}. \tag{3.4.5}$$

对于 $|x|\geqslant\sqrt{1+t}$,

$$\begin{aligned}
&\int_{\mathbb{R}^3}\left(1+\frac{|x-y|^2}{1+t}\right)^{-n_1}(1+|y|^2)^{-n_2}dy\\
&=\left(\int_{2|y|\geqslant|x|}+\int_{2|y|\leqslant|x|}\right)\left(1+\frac{|x-y|^2}{1+t}\right)^{-n_1}(1+|y|^2)^{-n_2}dy\\
&\leqslant C\left(1+\frac{|x|^2}{1+t}\right)^{-n_1}\int_{2|y|\geqslant|x|}(1+|y|)^{-n_2}dy\\
&\quad+C(1+|x|^2)^{-n_2}\int_{2|y|\leqslant|x|}\left(1+\frac{|x-y|^2}{1+t}\right)^{-n_1}dy.
\end{aligned}$$

注意到

$$\begin{aligned}
\int_{2|y|\leqslant|x|}\left(1+\frac{|y|^2}{1+t}\right)^{-n_1}dy&=C(1+t)^{\frac{3}{2}}\int_0^{\frac{|x|}{2\sqrt{1+t}}}(1+r^2)^{-n_1}r^2dr\\
&=C(1+t)^{\frac{3}{2}}\Gamma_{2n_1-2}\left(\frac{|x|}{\sqrt{1+t}}\right).
\end{aligned}$$

因此, 对于 $|x|\geqslant\sqrt{1+t}$,

$$\begin{aligned}
&\int_{\mathbb{R}^3}\left(1+\frac{|x-y|^2}{1+t}\right)^{-n_1}(1+|y|^2)^{-n_2}dy\\
&\leqslant C\left(1+\frac{|x|^2}{1+t}\right)^{-n_1}+C(1+|x|^2)^{-n_2}(1+t)^{\frac{3}{2}}\Gamma_{2n_1-2}\left(\frac{|x|}{\sqrt{1+t}}\right)\\
&\leqslant C\left(1+\frac{|x|^2}{1+t}\right)^{-n_3}.
\end{aligned} \tag{3.4.6}$$

结合 (3.4.5) 和 (3.4.6), 我们得到 (3.4.3). □

引理 3.18 如果函数 $F_1(t,x)$ 和 $F_2(t,x)$ 满足

$$|\partial_x^\alpha F_1(t,x)|\leqslant C(1+t)^{-\frac{3}{2}-\frac{k}{2}-\frac{|\alpha|}{2}}B_{n_1(|\alpha|)}(t,x),\quad k=0,1,$$

以及

$$|\partial_x^\alpha F_2(t,x)|\leqslant C(1+t)^{-2-m-\frac{|\alpha|}{2}}B_{n_2(|\alpha|)}(t,x),\quad m=0,1.$$

那么有

$$\left|\partial_x^\alpha \int_0^t F_1(t-s) * F_2(s)ds\right| \leqslant C(1+t)^{-1-\frac{k+m}{2}-\frac{|\alpha|}{2}} B_{n_3(|\alpha|)}(t,x), \quad k,m=0,1. \tag{3.4.7}$$

这里 $n_3(|\alpha|) = \min\{n_1(|\alpha|), n_2(|\alpha|)\}$, 且 $n_1(|\alpha|)$, $n_2(|\alpha|)$ 是关于 $|\alpha|$ 的单调递增函数, 满足 $n_1(0) \geqslant \frac{3}{2}$, $n_2(0) > \frac{3}{2}$, 以及

$$n_1(|\alpha|) = n_1(0) + \frac{|\alpha|}{2}, \quad n_2(|\alpha|) \leqslant n_2(|\alpha|-1) + \frac{1}{2}.$$

证明 简单起见, 我们只证明 $k=m=0$ 的情形. 对于 $|x| \leqslant \sqrt{1+t}$, 有

$$\begin{aligned}
&\left|\partial_x^\alpha \int_0^t F_1(t-s) * F_2(s)ds\right| \\
\leqslant &\left|\int_0^{t/2} \partial_x^\alpha F_1(t-s) * F_2(s)ds\right| + \left|\int_{t/2}^t F_1(t-s) * \partial_x^\alpha F_2(s)ds\right| \\
\leqslant &C\int_0^{t/2}\int_{\mathbb{R}^3} (1+t-s)^{-\frac{3}{2}-\frac{|\alpha|}{2}} \left(1+\frac{|y|^2}{1+t-s}\right)^{-n_1(|\alpha|)} \\
&\times (1+s)^{-2}\left(1+\frac{|x-y|^2}{1+s}\right)^{-n_2(0)} dyds \\
&+ C\int_{t/2}^t\int_{\mathbb{R}^3} (1+t-s)^{-\frac{3}{2}} \left(1+\frac{|y|^2}{1+t-s}\right)^{-n_1(0)} \\
&\times (1+s)^{-2-\frac{|\alpha|}{2}}\left(1+\frac{|x-y|^2}{1+s}\right)^{-n_2(|\alpha|)} dyds \\
\leqslant &C\int_0^{t/2} (1+t-s)^{-\frac{3}{2}-\frac{|\alpha|}{2}}(1+s)^{-2}\int_{\mathbb{R}^3}\left(1+\frac{|x-y|^2}{1+s}\right)^{-n_2(0)} dyds \\
&+ C\int_{t/2}^t (1+t-s)^{-\frac{3}{2}}(1+s)^{-2-\frac{|\alpha|}{2}} \\
&\times \left(\int_{\mathbb{R}^3}\left(1+\frac{|y|^2}{1+t-s}\right)^{-2n_1(0)} dy\right)^{1/2}\left(\int_{\mathbb{R}^3}\left(1+\frac{|x-y|^2}{1+s}\right)^{-2n_2(|\alpha|)} dy\right)^{1/2} ds \\
\leqslant &C(1+t)^{-1-\frac{|\alpha|}{2}} \leqslant C(1+t)^{-1-\frac{|\alpha|}{2}}\left(1+\frac{|x|^2}{1+t}\right)^{-n_3(|\alpha|)}.
\end{aligned}$$

对于 $|x|\geqslant\sqrt{1+t}$, 有

$$
\begin{aligned}
&\partial_x^\alpha\int_0^t F_1(t-s)*F_2(s)ds\\
=&\int_0^t\int_{2|y|\geqslant|x|}\partial_y^\alpha F_1(t-s,y)F_2(s,x-y)dyds\\
&+\int_0^t\int_{2|y|\leqslant|x|}F_1(t-s,y)\partial_x^\alpha F_2(s,x-y)dyds\\
&+\sum_{\substack{\alpha'+\alpha''\leqslant\alpha\\|\alpha''|=1}}\int_0^t\int_{2|y|=|x|}\partial_x^{\alpha-\alpha'-\alpha''}F_1(t-s,y)\partial_x^{\alpha'}F_2(s,x-y)\frac{y^{\alpha''}}{|y|}dS_yds\\
=:&\,I_1+I_2+I_3.
\end{aligned}
$$

下面我们对 I_j, $j=1,2,3$ 进行估计. 根据 (3.4.1), 得到

$$
\begin{aligned}
|I_1|\leqslant&\,C\int_0^t\int_{2|y|\geqslant|x|}(1+t-s)^{-\frac{3}{2}-\frac{|\alpha|}{2}}\left(1+\frac{|x|^2}{1+t-s}\right)^{-n_1(|\alpha|)}\\
&\times(1+s)^{-2}\left(1+\frac{|x-y|^2}{1+s}\right)^{-n_2(0)}dyds\\
\leqslant&\,C(1+t)^{-\frac{3}{2}-\frac{|\alpha|}{2}}\left(1+\frac{|x|^2}{1+t}\right)^{-n_1(|\alpha|)}\int_0^t(1+s)^{-\frac{1}{2}}ds\\
\leqslant&\,C(1+t)^{-1-\frac{|\alpha|}{2}}\left(1+\frac{|x|^2}{1+t}\right)^{-n_1(|\alpha|)},
\end{aligned}
$$

且

$$
\begin{aligned}
|I_2|\leqslant&\,C\int_0^t\int_{2|y|\leqslant|x|}(1+t-s)^{-\frac{3}{2}}\left(1+\frac{|y|^2}{1+t-s}\right)^{-n_1(0)}\\
&\times(1+s)^{-2-\frac{|\alpha|}{2}}\left(1+\frac{|x|^2}{1+s}\right)^{-n_2(|\alpha|)}dyds\\
\leqslant&\,C(1+t)^{-2-\frac{|\alpha|}{2}}\left(1+\frac{|x|^2}{1+t}\right)^{-n_2(|\alpha|)}\int_0^t\int_0^{\frac{|x|}{2\sqrt{1+t-s}}}(1+r)^{-2n_1(0)}r^2drds\\
\leqslant&\,C(1+t)^{-1-\frac{|\alpha|}{2}}\left(1+\frac{|x|^2}{1+t}\right)^{-n_2(|\alpha|)}\Gamma_{2n_1(0)-2}\left(\frac{|x|}{\sqrt{1+t}}\right),
\end{aligned}
$$

且

$$
\begin{aligned}
|I_3| \leqslant & C \sum_{|\alpha'|\leqslant|\alpha|-1} \int_0^t \int_{2|y|=|x|} (1+t-s)^{-\frac{3}{2}-\frac{|\alpha|-|\alpha'|-1}{2}} \left(1+\frac{|x|^2}{1+t-s}\right)^{-n_1(|\alpha|-|\alpha'|-1)} \\
& \times (1+s)^{-2-\frac{|\alpha'|}{2}} \left(1+\frac{|x|^2}{1+s}\right)^{-n_2(|\alpha'|)} dS_y ds \\
\leqslant & C \sum_{|\alpha'|\leqslant|\alpha|-1} (1+t)^{-3-\frac{|\alpha|}{2}} \left(1+\frac{|x|^2}{1+t}\right)^{-n_1(|\alpha|-|\alpha'|-1)-n_2(|\alpha'|)} \int_0^t \int_{2|y|=|x|} dS_y ds \\
\leqslant & C \sum_{|\alpha'|\leqslant|\alpha|-1} (1+t)^{-1-\frac{|\alpha|}{2}} \left(1+\frac{|x|^2}{1+t}\right)^{-n_1(|\alpha|-|\alpha'|-1)-n_2(|\alpha'|)+1},
\end{aligned}
$$

其中 $\Gamma_\alpha(t)$ 由 (3.4.4) 定义.

因此, 对于 $|x| \geqslant \sqrt{1+t}$, 有

$$
\left|\partial_x^\alpha \int_0^t F_1(t-s) * F_2(s) ds\right| \leqslant C(1+t)^{-1-\frac{|\alpha|}{2}} \left(1+\frac{|x|^2}{1+t}\right)^{-n_3(|\alpha|)}.
$$

引理得证. □

引理 3.19 对任意给定的 $\gamma \geqslant 0$, 存在常数 $C>0$ 使得

$$
\|S^t g_0(x)\|_{L^\infty_{v,\gamma}} \leqslant C e^{-\frac{2\nu_0 t}{3}} \max_{y\in\mathbb{R}^3} e^{-\frac{\nu_0|x-y|}{3}} \|g_0(y)\|_{L^\infty_{v,\gamma}}, \tag{3.4.8}
$$

其中 S^t 和 ν_0 分别由 (3.1.23) 和 (3.1.7) 给出. 特别地, 对于任意 $n \geqslant 0$ 及 $\alpha \in \mathbb{N}^3$, 如果函数 $g_0(x,v)$ 满足

$$
\|g_0(x)\|_{L^\infty_{v,\gamma}} \leqslant (1+|x|^2)^{-n},
$$

那么有

$$
\|W_\alpha(t) * g_0(x)\|_{L^\infty_{v,\gamma}} \leqslant C e^{-\frac{\nu_0 t}{2}} (1+|x|^2)^{-n}, \tag{3.4.9}
$$

其中 $W_\alpha(t,x)$ 由 (3.1.22) 给出, 且 $C>0$ 为常数.

证明 首先, 我们证明 (3.4.8). 根据 (3.1.23), S^t 可表示为

$$
S^t g_0(x,v) = e^{-\nu(v)t} g_0(x-vt,v).
$$

令 $y = x - vt$. 根据 (3.1.7), 有

$$
\nu_0|x-y| = \nu_0|v|t \leqslant \nu(v)t.
$$

于是

$$
\begin{aligned}
|S^t g_0(x,v)| &\leqslant e^{-\frac{2\nu(v)t}{3}} e^{-\frac{\nu_0|x-y|}{3}} |g_0(y,v)| \\
&\leqslant e^{-\frac{2\nu_0 t}{3}} (1+|v|)^{-\gamma} \max_{y\in\mathbb{R}^3} e^{-\frac{\nu_0|x-y|}{3}} \|g_0(y)\|_{L^\infty_{v,\gamma}},
\end{aligned}
$$

这就证明了 (3.4.8).

其次, 我们证明 (3.4.9). 根据 (3.1.22), 可得

$$
W_\alpha(t) * g_0(x) = \sum_{k=0}^{12+3|\alpha|} \varphi_z(D) J_k(t,x),
$$

其中

$$
J_0(t,x) = S^t g_0(x,v) = e^{-\nu(v)t} g_0(x-vt,v),
$$

$$
J_k(t,x) = \int_0^t S^{t-s}(K + v\cdot\nabla_x \Delta_x^{-1} P_d) J_{k-1} ds, \quad k \geqslant 1.
$$

根据 (3.4.8), 有

$$
\|J_0(t,x)\|_{L^\infty_{v,\gamma}} \leqslant Ce^{-\frac{2\nu_0 t}{3}} (1+|x|^2)^{-n}. \tag{3.4.10}
$$

为了估计 $\varphi_z(D)$, 将其分解为

$$
\begin{aligned}
\varphi_z(D) &= \int_{\mathbb{R}^3} e^{\mathrm{i}x\cdot\xi} d\xi + \int_{\mathbb{R}^3} e^{\mathrm{i}x\cdot\xi} \varphi_1(\xi) d\xi \\
&= \delta(x) + F(x).
\end{aligned} \tag{3.4.11}
$$

因为 $\varphi_1(\xi)$ 是具有紧支集的光滑函数, 所以, 对任意整数 $k \geqslant 0$, 存在常数 $C > 0$ 使得

$$
|F(x)| \leqslant C(1+|x|^2)^{-k}.
$$

我们结合 (3.4.10) 和 (3.4.11), 得到

$$
\begin{aligned}
\|\varphi_z(D) J_0(t,x)\|_{L^\infty_{v,\gamma}} &\leqslant \|J_0(t,x)\|_{L^\infty_{v,\gamma}} + \|F(x) * J_0(t,x)\|_{L^\infty_{v,\gamma}} \\
&\leqslant Ce^{-\frac{2\nu_0 t}{3}} \int_{\mathbb{R}^3} (1+|x-y|^2)^{-n} (1+|y|^2)^{-n} dy \\
&\leqslant Ce^{-\frac{2\nu_0 t}{3}} (1+|x|^2)^{-n}.
\end{aligned} \tag{3.4.12}
$$

由于对任意整数 $k \geqslant 0$ 以及 $i = 1,2,3$, 有

$$
\left| \int_{\mathbb{R}^3} e^{\mathrm{i}x\cdot\xi} \frac{\xi_i}{|\xi|^2} \varphi_z(\xi) d\xi \right| \leqslant C \frac{1}{|x|^2} (1+|x|^2)^{-k},
$$

因此

$$
\begin{aligned}
&|\varphi_z(D)\nabla_x\Delta_x^{-1}(J_0(t,x),\chi_0)| \\
\leqslant{}& Ce^{-\frac{2\nu_0 t}{3}}\left(\int_{|x-y|\leqslant\frac{1}{2}}+\int_{|x-y|>\frac{1}{2}}\right)\frac{1}{|x-y|^2}(1+|x-y|^2)^{-n}(1+|y|^2)^{-n}dy \\
={}& Ce^{-\frac{2\nu_0 t}{3}}(1+|x|^2)^{-n}\int_{|x-y|\leqslant\frac{1}{2}}\frac{1}{|x-y|^2}(1+|x-y|^2)^{-n}dy \\
&+Ce^{-\frac{2\nu_0 t}{3}}(1+|x|^2)^{-n}\int_{|x-y|>\frac{1}{2}}(1+|y|^2)^{-n}dy \\
\leqslant{}& Ce^{-\frac{2\nu_0 t}{3}}(1+|x|^2)^{-n}.
\end{aligned}
\tag{3.4.13}
$$

因此, 由 (3.4.8), (3.4.12) 和 (3.4.13) 可得

$$
\begin{aligned}
\|\varphi_z(D)J_1(t,x)\|_{L^\infty_{v,\gamma}} &= \left\|\varphi_z(D)\int_0^t S^{t-s}(KJ_0+v\cdot\nabla_x\Delta_x^{-1}P_dJ_0)ds\right\|_{L^\infty_{v,\gamma}} \\
&\leqslant C\int_0^t e^{-\frac{2\nu_0(t-s)}{3}}\max_{y\in\mathbb{R}^3}e^{-\frac{\nu_0|x-y|}{3}}e^{-\frac{2\nu_0 s}{3}}(1+|y|^2)^{-n}ds \\
&\leqslant Cte^{-\frac{2\nu_0 t}{3}}(1+|x|^2)^{-n}.
\end{aligned}
$$

由归纳法, 可得

$$
\|\varphi_z(D)J_k(t,x)\|_{L^\infty_{v,\gamma}} \leqslant C_k t^k e^{-\frac{2\nu_0 t}{3}}(1+|x|^2)^{-n}, \quad \forall k\geqslant 1.
$$

于是, (3.4.9) 得证. □

引理 3.20 令 $\gamma,k,n\geqslant 0$ 及 $\alpha\in\mathbb{N}^3$. 如果函数 $F(t,x,v)$ 满足

$$
\|F(t,x)\|_{L^\infty_{v,\gamma-1}} \leqslant (1+t)^{-k}B_n(t,x),
$$

那么有

$$
\left\|\int_0^t S^{t-s}F(s,x)ds\right\|_{L^\infty_{v,\gamma}} \leqslant C(1+t)^{-k}B_n(t,x), \tag{3.4.14}
$$

$$
\left\|\int_0^t W_\alpha(t-s)*F(s,x)ds\right\|_{L^\infty_{v,\gamma}} \leqslant C(1+t)^{-k}B_n(t,x), \tag{3.4.15}
$$

其中 S^t 和 $W_\alpha(t,x)$ 分别由 (3.1.23) 和 (3.1.22) 定义, 且 $C>0$ 为常数.

证明 根据引理 3.19, 有

$$
\begin{aligned}
&\nu(v)^\gamma \int_0^t |S^{t-s}F(s,x,v)|ds \\
&\leqslant C\int_0^t e^{-\frac{2\nu(v)(t-s)}{3}}\nu(v)\max_{y\in\mathbb{R}^3} e^{-\frac{\nu_0|y-x|}{3}}\|F(s,y)\|_{L^\infty_{v,\gamma-1}}ds \\
&\leqslant C\int_0^t e^{-\frac{2\nu(v)(t-s)}{3}}\nu(v)(1+s)^{-k}\max_{y\in\mathbb{R}^3} e^{-\frac{\nu_0|y-x|}{3}}B_n(s,y)ds.
\end{aligned}
$$

容易验证

$$
\max_{y\in\mathbb{R}^3} e^{-\frac{\nu_0|y-x|}{3}}B_n(s,y)\leqslant \begin{cases} 4B_n(t,x), & |x|\leqslant 2|y|, \\ e^{-\nu_0|x|/6}, & |x|>2|y|, \end{cases}
$$

因此

$$
\begin{aligned}
\nu(v)^\gamma \int_0^t |S^{t-s}F(s,x,v)|ds &\leqslant \int_0^t e^{-\frac{2\nu(v)(t-s)}{3}}\nu(v)(1+s)^{-k}dsB_n(t,x) \\
&\leqslant C(1+t)^{-k}B_n(t,x),
\end{aligned}
$$

这表明 (3.4.14) 成立. 同理, 可证 (3.4.15). □

对于非线性项 $\Gamma(f,g)$, 我们有如下估计.

引理 3.21 对任意的 $\gamma\geqslant 0$ 以及 $\beta\in\mathbb{N}^3$, 有

$$
\|\partial_v^\beta\Gamma(f,g)\|_{L^\infty_{v,\gamma-1}}\leqslant C\sum_{\beta_1+\beta_2\leqslant\beta}\|\partial_v^{\beta_1}f\|_{L^\infty_{v,\gamma}}\|\partial_v^{\beta_2}g\|_{L^\infty_{v,\gamma}}. \tag{3.4.16}
$$

证明 首先, 我们证明 (3.4.16) 对于 $|\beta|=0$ 成立. 根据 (1.3.7), 将 Γ 分解为

$$
\Gamma(f,g)=\Gamma_1(f,g)-\Gamma_2(f,g),
$$

其中

$$
\begin{aligned}
\Gamma_1(f,g)&=\int_{\mathbb{R}^3}\int_{(v-v_*)\cdot\omega\geqslant 0}|(v-v_*)\cdot\omega|M(v_*)^{\frac12}f(v')g(v_*')dv_*d\omega, \\
\Gamma_2(f,g)&=\int_{\mathbb{R}^3}\int_{(v-v_*)\cdot\omega\geqslant 0}|(v-v_*)\cdot\omega|M(v_*)^{\frac12}f(v)g(v_*)dv_*d\omega.
\end{aligned}
$$

对于 $\Gamma_1(f,g)$, 有

$$
|\Gamma_1(f,g)|\leqslant \int_{\mathbb{R}^3}\int_{(v-v_*)\cdot\omega\geqslant 0}|(v-v_*)\cdot\omega|M(v_*)^{\frac12}|f(v')g(v_*')|dv_*d\omega
$$

$$\leqslant \int_{\mathbb{R}^3}\int_{(v-v_*)\cdot\omega\geqslant 0}|(v-v_*)\cdot\omega|M(v_*)^{\frac{1}{2}}\langle v'\rangle^{-\gamma}\langle v'_*\rangle^{-\gamma}dv_*d\omega\|f\|_{L^\infty_{v,\gamma}}\|g\|_{L^\infty_{v,\gamma}}.$$

由于

$$\langle v'\rangle^2\langle v'_*\rangle^2 \geqslant 1+|v'|^2+|v'_*|^2 \geqslant 1+|v|^2=\langle v\rangle^2,$$

于是

$$\begin{aligned}|\Gamma_1(f,g)| &\leqslant C\int_{\mathbb{R}^3}(|v|+|v_*|)M(v_*)^{\frac{1}{2}}\langle v\rangle^{-\gamma}dv_*\|f\|_{L^\infty_{v,\gamma}}\|g\|_{L^\infty_{v,\gamma}}\\ &\leqslant C\langle v\rangle^{-\gamma+1}\|f\|_{L^\infty_{v,\gamma}}\|g\|_{L^\infty_{v,\gamma}}.\end{aligned} \tag{3.4.17}$$

这就证明了 Γ_1 满足 (3.4.16). 同理, 可证 $\Gamma_2(f,g)$ 满足 (3.4.17).

当 $|\beta|\neq 0$, 通过变量代换 $v_*-v\to u$,

$$\begin{aligned}\partial_v^\beta\Gamma(f,g) &= \partial_v^\beta\left[\int_{\mathbb{R}^3}\int_{u\cdot\omega\geqslant 0}|u\cdot\omega|e^{-\frac{|u+v|^2}{4}}f(v+u_1)g(v+u_2)dud\omega\right]\\ &\quad -\partial_v^\beta\left[\int_{\mathbb{R}^3}\int_{u\cdot\omega\geqslant 0}|u\cdot\omega|e^{-\frac{|u+v|^2}{4}}f(v+u)g(v)dud\omega\right]\\ &= \sum_{\beta_0+\beta_1+\beta_2=\beta}C_\beta^{\beta_0\beta_1\beta_2}\Gamma_{\beta_0}(\partial_v^{\beta_1}f,\partial_v^{\beta_2}g),\end{aligned} \tag{3.4.18}$$

其中 $u_1=u-(u\cdot\omega)\omega$, $u_2=(u\cdot\omega)\omega$. 通过变量的逆变换 $u+v\to v_*$, 有

$$\begin{aligned}\Gamma_{\beta_0}(\partial_v^{\beta_1}f,\partial_v^{\beta_2}g) &= \int_{\mathbb{R}^3}\int_{(v-v_*)\cdot\omega\geqslant 0}|(v-v_*)\cdot\omega|\partial_v^{\beta_0}(e^{-\frac{|v_*|^2}{4}})\partial_v^{\beta_1}f(v'_*)\partial_v^{\beta_2}g(v')dv_*d\omega\\ &\quad -\partial_v^{\beta_2}g(v)\int_{\mathbb{R}^3}\int_{(v-v_*)\cdot\omega\geqslant 0}|(v-v_*)\cdot\omega|\partial_v^{\beta_0}(e^{-\frac{|v_*|^2}{4}})\partial_v^{\beta_1}f(v_*)dv_*d\omega.\end{aligned} \tag{3.4.19}$$

通过 (3.4.19) 以及类似于 (3.4.17) 的讨论, 得到

$$\|\Gamma_{\beta_0}(\partial_v^{\beta_1}f,\partial_v^{\beta_2}g)\|_{L^\infty_{v,\gamma-1}} \leqslant C\|\partial_v^{\beta_1}f\|_{L^\infty_{v,\gamma}}\|\partial_v^{\beta_2}g\|_{L^\infty_{v,\gamma}},$$

由上式与 (3.4.18) 可以推出 (3.4.16). □

借助于定理 3.1 以及引理 3.17—引理 3.21, 我们可以证明定理 3.2 如下.

定理 3.2 的证明 首先, 我们证明 (3.1.25)—(3.1.29). 令 f 是 VPB 方程柯西问题 (3.1.4)—(3.1.6) 的整体解. 则 f 可以用格林函数 G 表示为

$$f(t,x)=G(t)*f_0+\int_0^t G(t-s)*\Lambda(s)ds, \tag{3.4.20}$$

其中 Λ 为非线性项, 定义为

$$\Lambda = \frac{1}{2}(v \cdot \nabla_x \Phi) f - \nabla_x \Phi \cdot \nabla_v f + \Gamma(f, f).$$

定义

$$\begin{aligned} Q(t) = \sup_{\substack{0 \leqslant s \leqslant t, \\ x \in \mathbb{R}^3}} \sum_{|\alpha| \leqslant 1} \{ & (\|\partial_x^\alpha P_d f\|_{L_v^2}(1+s)^{\frac{1}{2}} + \|\partial_x^\alpha P_e f\|_{L_v^2})(1+s)^{1+\frac{|\alpha|}{2}} B_2(s,x)^{-1} \\ & + (\|\partial_x^\alpha P_m f\|_{L_v^2} + |\partial_x^\alpha \nabla_x \Phi|)(1+s)^{1+\frac{|\alpha|}{2}} B_{1+\frac{|\alpha|}{2}}(s,x)^{-1} \\ & + \|\partial_x^\alpha f\|_{L_{v,3}^\infty}(1+s)^{1+\frac{|\alpha|}{2}} B_{1+\frac{|\alpha|}{2}}(s,x)^{-1} + \|\nabla_v f\|_{L_{v,2}^\infty}(1+s) B_1(s,x)^{-1} \\ & + (1+s)^{-\frac{3}{4}} \left(H_{9,2}(f)\right)^{1/2}(s) \}, \end{aligned}$$

其中 $H_{l,k}(f)$ 为加权高阶能量, 定义为

$$H_{l,k}(f) = \sum_{|\alpha|+|\beta| \leqslant l} \|\nu^k \partial_x^\alpha \partial_v^\beta P_1 f\|_{L^2}^2 + \sum_{|\alpha| \leqslant l-1} (\|\partial_x^\alpha \nabla_x P_0 f\|_{L^2}^2 + \|\partial_x^\alpha P_d f\|_{L^2}^2).$$

根据引理 3.21, 对于 $|\alpha| = 0, 1$ 和 $0 \leqslant s \leqslant t$ 有

$$\begin{aligned} \|\partial_x^\alpha \Lambda(s,x)\|_{L_{v,2}^\infty} &\leqslant C \sum_{\alpha' \leqslant \alpha} (|\partial_x^{\alpha'} \nabla_x \Phi| \|\partial_x^{\alpha-\alpha'} f\|_{L_{v,3}^\infty} + |\partial_x^{\alpha'} \nabla_x \Phi| \|\nabla_v \partial_x^{\alpha-\alpha'} f\|_{L_{v,2}^\infty} \\ &\quad + \|\partial_x^{\alpha'} f\|_{L_{v,3}^\infty} \|\partial_x^{\alpha-\alpha'} f\|_{L_{v,3}^\infty}) \\ &\leqslant C Q^2(t)(1+s)^{-2} B_2(s,x), \end{aligned} \tag{3.4.21}$$

这里我们使用了以下的不等式 (Gagliardo-Nirenberg 插值不等式, 见附录 A.3 (iv))

$$\begin{aligned} \|D_x D_v f\|_{L_{v,2}^\infty} &\leqslant C \|D_x D_v^6 (\langle v \rangle^2 f)\|_{L_v^2}^{2/9} \|D_x(\langle v \rangle^2 f)\|_{L_v^\infty}^{7/9} + C \|D_x(\langle v \rangle f)\|_{L_v^\infty} \\ &\leqslant C(1+s)^{-\frac{4}{3}} B_{\frac{7}{6}}(s,x) Q(t), \quad \langle v \rangle = \sqrt{1+|v|^2}. \end{aligned}$$

根据定理 3.1, (3.4.20) 等号右边的项可分解为

$$\partial_x^\alpha G(t) * f_0 = \partial_x^\alpha G_L(t) * f_0 + W_0(t) * \partial_x^\alpha f_0 + (G_H - W_0)(t) * \partial_x^\alpha f_0, \tag{3.4.22}$$

$$\begin{aligned} \partial_x^\alpha \int_0^t G(t-s) * \Lambda(s) ds = & \partial_x^\alpha \int_0^t G_L(t-s) * \Lambda(s) ds + \int_0^t W_0(t-s) * \partial_x^\alpha \Lambda(s) ds \\ & + \int_0^t (G_H - W_0)(t-s) * \partial_x^\alpha \Lambda(s) ds. \end{aligned} \tag{3.4.23}$$

根据 (3.4.21)—(3.4.23), 定理 3.1 以及引理 3.17—引理 3.20, 并注意到 $(\Lambda(t,x), \chi_0)=0$, 我们可以推出

$$\|\partial_x^\alpha P_d f(t,x)\|_{L_v^2} \leqslant C\delta_0(1+t)^{-\frac{3}{2}-\frac{|\alpha|}{2}}B_2(t,x)+C(1+t)^{-\frac{3}{2}-\frac{|\alpha|}{2}}B_2(t,x)Q^2(t), \tag{3.4.24}$$

$$\|\partial_x^\alpha P_m f(t,x)\|_{L_v^2} \leqslant C\delta_0(1+t)^{-1-\frac{|\alpha|}{2}}B_{1+\frac{|\alpha|}{2}}(t,x)+C(1+t)^{-1-\frac{|\alpha|}{2}}B_{\frac{3}{2}+\frac{|\alpha|}{2}}(t,x)Q^2(t), \tag{3.4.25}$$

$$\|\partial_x^\alpha P_e f(t,x)\|_{L_v^2} \leqslant C\delta_0(1+t)^{-\frac{3}{2}-\frac{|\alpha|}{2}}B_2(t,x)+C(1+t)^{-1-\frac{|\alpha|}{2}}B_2(t,x)Q^2(t), \tag{3.4.26}$$

$$\|\partial_x^\alpha P_1 f(t,x)\|_{L_v^2} \leqslant C\delta_0(1+t)^{-\frac{3}{2}-\frac{|\alpha|}{2}}B_{\frac{3}{2}+\frac{|\alpha|}{2}}(t,x)+C(1+t)^{-\frac{3}{2}-\frac{|\alpha|}{2}}B_2(t,x)Q^2(t), \tag{3.4.27}$$

其中 $|\alpha|=0,1$. 另外,

$$\begin{aligned}|\partial_x^\alpha \nabla_x \Phi(t,x)| &= \left|\partial_x^\alpha \int_{\mathbb{R}^3} \frac{x-y}{|x-y|^3}(f(t,y),\chi_0)dy\right| \\ &\leqslant C(1+t)^{-1-\frac{|\alpha|}{2}}B_{1+\frac{|\alpha|}{2}}(t,x)(\delta_0+Q^2(t)).\end{aligned} \tag{3.4.28}$$

由 (3.1.4) 得到

$$\partial_t f + v\cdot\nabla_x f + \nu(v)f = Kf + v\cdot\nabla_x\Phi\chi_0 + \Lambda.$$

于是, $\partial_x^\alpha f$ 可表示为

$$\partial_x^\alpha f(t,x) = S^t\partial_x^\alpha f_0 + \int_0^t S^{t-s}\partial_x^\alpha(Kf+v\cdot\nabla_x\Phi\chi_0+\Lambda)ds. \tag{3.4.29}$$

根据引理 3.19, 有

$$\|S^t\partial_x^\alpha f_0(x)\|_{L_{v,3}^\infty} \leqslant C\delta_0 e^{-\frac{2\nu_0 t}{3}}(1+|x|^2)^{-\gamma}. \tag{3.4.30}$$

根据 (3.4.24)—(3.4.27), 有

$$\|\partial_x^\alpha Kf\|_{L_{v,0}^\infty} \leqslant C\|\partial_x^\alpha f\|_{L_v^2} \leqslant C(\delta_0+Q(t)^2)(1+t)^{-1-\frac{|\alpha|}{2}}B_{1+\frac{|\alpha|}{2}}(s,x),$$

我们利用 (3.4.14), (3.4.21) 以及 (3.4.28) 可以推出

$$\left\|\int_0^t S^{t-s}\partial_x^\alpha(Kf+v\cdot\nabla_x\Phi\chi_0+\Lambda)ds\right\|_{L_{v,1}^\infty}$$

$$\leqslant C(\delta_0 + Q(t)^2)(1+t)^{-1-\frac{|\alpha|}{2}} B_{1+\frac{|\alpha|}{2}}(t,x). \tag{3.4.31}$$

因此, 由 (3.4.29)—(3.4.31) 可得

$$\|\partial_x^\alpha f(t,x)\|_{L^\infty_{v,1}} \leqslant C(\delta_0 + Q(t)^2)(1+t)^{-1-\frac{|\alpha|}{2}} B_{1+\frac{|\alpha|}{2}}(t,x).$$

通过归纳法以及

$$\|\partial_x^\alpha K f\|_{L^\infty_{v,k}} \leqslant C\|\partial_x^\alpha f\|_{L^\infty_{v,k-1}}, \quad k \geqslant 1,$$

可以推出

$$\|\partial_x^\alpha f(t,x)\|_{L^\infty_{v,3}} \leqslant C(\delta_0 + Q(t)^2)(1+t)^{-1-\frac{|\alpha|}{2}} B_{1+\frac{|\alpha|}{2}}(t,x). \tag{3.4.32}$$

对 (3.1.4) 取导数 ∂_v^β ($|\beta|=1$), 有

$$\partial_t \partial_v^\beta f + v\cdot\nabla_x \partial_v^\beta f + \nu(v)\partial_v^\beta f = \Lambda_\beta,$$

其中

$$\begin{aligned}\Lambda_\beta = &-\partial_x^\beta f - \partial_v^\beta \nu(v) f + \partial_v^\beta(Kf) + \partial_v^\beta(v\chi_0)\cdot\nabla_x\Phi \\ &+ \frac{1}{2}\nabla_x\Phi\cdot\partial_v^\beta(vf) - \nabla_x\Phi\cdot\nabla_v\partial_v^\beta f + \partial_v^\beta\Gamma(f,f).\end{aligned}$$

于是, $\partial_v^\beta f$ 可表示为

$$\partial_v^\beta f(t,x) = S^t\partial_v^\beta f_0 + \int_0^t S^{t-s}H_\beta ds. \tag{3.4.33}$$

由 (3.4.32) 和 (3.4.28) 可得

$$\begin{aligned}\|\Lambda_\beta(s,x)\|_{L^\infty_{v,1}} \leqslant\ & C(\|\partial_x^\beta f\|_{L^\infty_{v,1}} + \|f\|_{L^\infty_{v,1}} + |\nabla_x\Phi|) + C(\|\nabla_v f\|_{L^\infty_{v,2}} + \|f\|_{L^\infty_{v,2}})\|f\|_{L^\infty_{v,2}} \\ &+ C|\nabla_x\Phi|(\|f\|_{L^\infty_{v,1}} + \|\partial_v^\beta f\|_{L^\infty_{v,2}} + \|\nabla_v^2 f\|_{L^\infty_{v,1}}) \\ \leqslant\ & C(\delta_0 + Q(t)^2)(1+s)^{-1}B_1(s,x) + CQ^2(t)(1+s)^{-\frac{7}{4}}B_1(s,x),\end{aligned} \tag{3.4.34}$$

这里我们使用了

$$\begin{aligned}\|(D_vK)f\|_{L^\infty_{v,1}} &\leqslant C\|f\|_{L^\infty_{v,0}} \leqslant C(\delta_0 + Q(t)^2)(1+s)^{-1}B_1(s,x), \\ \|D_v^2 f\|_{L^\infty_{v,1}} &\leqslant C(\|\langle v\rangle f\|_{H_v^4} + \|f\|_{H_v^3})\end{aligned}$$

$$\leqslant C(\|P_0 f\|_{L_v^2} + \|\langle v\rangle P_1 f\|_{H_v^4}) \leqslant (1+t)^{-\frac{3}{4}} Q(t).$$

根据 (3.4.34), (3.4.33) 与 (3.4.14), 可以推出

$$\|\nabla_v f(t,x)\|_{L^\infty_{v,2}} \leqslant C(1+t)^{-1} B_1(t,x)(\delta_0 + Q(t)^2). \tag{3.4.35}$$

根据引理 2.25, 对于 $N \geqslant 2$, 存在能量泛函 $\mathcal{H}_{N,2}(\cdot) \sim H_{N,2}(\cdot)$ 满足

$$\frac{d}{dt}\mathcal{H}_{N,2}(f(t)) + D_{N,2}(f(t)) \leqslant C\|\nabla_x P_0 f(t)\|_{L^2}^2.$$

于是, 我们根据上式与 (3.4.24)—(3.4.26) 以及 $c_1\mathcal{H}_{N,2}(f) \leqslant D_{N,2}(f)$ $(c_1 > 0)$ 可以推出

$$\begin{aligned}
\mathcal{H}_{9,2}(f(t)) &\leqslant e^{-c_1 t}\mathcal{H}_{9,2}(f_0) + C\int_0^t e^{-c_1(t-s)}\|\nabla_x P_0 f(s)\|_{L^2}^2 ds \\
&\leqslant C\delta_0^2 e^{-c_1 t} + C\int_0^t e^{-c_1(t-s)}(1+s)^{-\frac{3}{2}}(\delta_0 + Q(t)^2)^2 ds \\
&\leqslant C(1+t)^{-\frac{3}{2}}(\delta_0 + Q(t)^2)^2.
\end{aligned} \tag{3.4.36}$$

最后, 结合 (3.4.24)—(3.4.28), (3.4.32), (3.4.35) 和 (3.4.36), 我们可以得到

$$Q(t) \leqslant C\delta_0 + CQ(t)^2,$$

因此, 当 $\delta_0 > 0$ 充分小时, 有 $Q(t) \leqslant C\delta_0$, 即 (3.1.25)—(3.1.29) 成立. 类似地, 可以证明 (3.1.30)—(3.1.34), 细节从略. □

第 4 章 Vlasov-Poisson-Boltzmann 方程 III：扩散极限与收敛率

在本章中, 我们证明单极 Vlasov-Poisson-Boltzmann 方程的近平衡态强解收敛到不可压 Navier-Stokes-Poisson-Fourier 方程的强解, 并建立最优收敛速度和初始层的估计.

4.1 平均自由程与宏观方程

我们考虑如下的无量纲的单极 Vlasov-Poisson-Boltzmann 方程：

$$\partial_t F_\epsilon + \frac{1}{\epsilon} v \cdot \nabla_x F_\epsilon + \frac{1}{\epsilon} \nabla_x \Phi_\epsilon \cdot \nabla_v F_\epsilon = \frac{1}{\epsilon^2} Q(F_\epsilon, F_\epsilon), \tag{4.1.1}$$

$$\Delta_x \Phi_\epsilon = \int_{\mathbb{R}^3} F_\epsilon dv - 1, \tag{4.1.2}$$

其中 $\epsilon > 0$ 是代表自由平均程的小参数, $F_\epsilon = F_\epsilon(t,x,v)$, $(t,x,v) \in \mathbb{R}_+ \times \mathbb{R}^3 \times \mathbb{R}^3$ 是密度分布函数, $\Phi_\epsilon(t,x)$ 是电势. 由于我们考虑当 $\epsilon \to 0$ 时 VPB 方程的扩散极限, 不妨假设 $\epsilon \in (0,1)$. 碰撞算子 $Q(F,G)$ 由 (1.1.2) 定义, 我们考虑**硬球模型** (1.1.7).

在本章中, 我们研究当 $\epsilon \to 0$ 时 VPB 方程 (4.1.1)–(4.1.2) 的近平衡态整体强解的扩散极限 (diffusion limit) 及其收敛速度. 设 $M(v)$ 为归一化的全局麦克斯韦分布 (1.3.1). 定义关于 F_ϵ 和 Φ_ϵ 的扰动如下

$$F_\epsilon = M + \epsilon \sqrt{M} f_\epsilon, \quad \Phi_\epsilon = \epsilon \phi_\epsilon.$$

于是, 关于 f_ϵ 和 ϕ_ϵ 的 VPB 方程可表示为

$$\partial_t f_\epsilon + \frac{1}{\epsilon} v \cdot \nabla_x f_\epsilon - \frac{1}{\epsilon} v \sqrt{M} \cdot \nabla_x \phi_\epsilon - \frac{1}{\epsilon^2} L f_\epsilon = G_1(f_\epsilon) + \frac{1}{\epsilon} G_2(f_\epsilon), \tag{4.1.3}$$

$$\Delta_x \phi_\epsilon = \int_{\mathbb{R}^3} f_\epsilon \sqrt{M} dv, \tag{4.1.4}$$

其中初始条件为

$$f_\epsilon(0,x,v) = f_0(x,v), \tag{4.1.5}$$

这里假设初值 f_0 不依赖于参数 ϵ. 线性算子 L 与非线性算子 Λ_1,Λ_2 定义为

$$\begin{cases} Lf_\epsilon = \dfrac{1}{\sqrt{M}}[Q(M,\sqrt{M}f_\epsilon)+Q(\sqrt{M}f_\epsilon,M)], \\ \Lambda_1(f_\epsilon) = \dfrac{1}{2}(v\cdot\nabla_x\phi_\epsilon)f_\epsilon - \nabla_x\phi_\epsilon\cdot\nabla_v f_\epsilon, \\ \Lambda_2(f_\epsilon) = \Gamma(f_\epsilon,f_\epsilon) = \dfrac{1}{\sqrt{M}}Q(\sqrt{M}f_\epsilon,\sqrt{M}f_\epsilon). \end{cases} \tag{4.1.6}$$

我们的目标是证明当参数 ϵ 趋于零时, VPB 方程柯西问题 (4.1.3)—(4.1.5) 的强解 $(f_\epsilon,\phi_\epsilon)$ 收敛到其扩散极限 (u,ϕ) 并建立其收敛速率, 其中 $u=n\chi_0+m\cdot v\chi_0+q\chi_4$, 且 $(n,m,q,\phi)(t,x)$ 是以下不可压 Navier-Stokes-Poisson-Fourier (NSPF) 方程的解:

$$\nabla_x\cdot m=0,\quad n+\sqrt{\frac{2}{3}}q-\phi=0, \tag{4.1.7}$$

$$\partial_t m-\kappa_0\Delta_x m+\nabla_x p=n\nabla_x\phi-\nabla_x\cdot(m\otimes m), \tag{4.1.8}$$

$$\partial_t\left(q-\sqrt{\frac{2}{3}}n\right)-\kappa_1\Delta_x q=\sqrt{\frac{2}{3}}m\cdot\nabla_x\phi-\frac{5}{3}\nabla_x\cdot(qm), \tag{4.1.9}$$

$$\Delta_x\phi=n, \tag{4.1.10}$$

其中 $p=p(t,x)$ 是压力函数, 并且初值 $(n,m,q)(0)$ 满足

$$m(0)=m_0-\Delta_x^{-1}\nabla_x(\nabla_x\cdot m_0),\quad q(0)-\sqrt{\frac{2}{3}}n(0)=q_0-\sqrt{\frac{2}{3}}n_0, \tag{4.1.11}$$

$$n(0)-\Delta_x^{-1}n(0)+\sqrt{\frac{2}{3}}q(0)=0, \tag{4.1.12}$$

这里 (n_0, m_0, q_0) 是 f_0 的宏观密度、动量和能量, 定义为

$$n_0=(f_0,\chi_0),\quad m_0=(f_0,v\chi_0),\quad q_0=(f_0,\chi_4), \tag{4.1.13}$$

以及 $\kappa_0,\kappa_1>0$ 是粘性系数, 定义为

$$\kappa_0=-(L^{-1}P_1(v_1\chi_2),v_1\chi_2),\quad \kappa_1=-(L^{-1}P_1(v_1\chi_4),v_1\chi_4). \tag{4.1.14}$$

一般来说, 由于**初始层** (initial layer) 的出现, 当参数 ϵ 趋于零时, 强解 $(f_\epsilon,\phi_\epsilon)$ 在 $t=0$ 附近并不一致收敛到 (u,ϕ). 然而, 如果初值 f_0 满足

$$\begin{cases} f_0(x,v)=n_0(x)\chi_0+m_0(x)\cdot v\chi_0+q_0(x)\chi_4, \\ \nabla_x\cdot m_0=0,\quad n_0-\Delta_x^{-1}n_0+\sqrt{\dfrac{2}{3}}q_0=0, \end{cases} \tag{4.1.15}$$

那么 $(f_\epsilon, \phi_\epsilon)$ 可以在 $t=0$ 附近一致收敛到 (u, ϕ).

下面我们给出宏观方程 (4.1.7)—(4.1.10) 的形式推导. 设

$$
\begin{aligned}
f_\epsilon &= f_1 + \epsilon f_2 + \epsilon^2 f_3 + \cdots, \\
\phi_\epsilon &= \phi_1 + \epsilon \phi_2 + \epsilon^2 \phi_3 + \cdots.
\end{aligned}
$$

将上述展开代入到 (4.1.3) 中, 得到以下的 Hilbert 展开:

$$
\begin{aligned}
\epsilon^{-2}: \ & Lf_1 = 0, \\
\epsilon^{-1}: \ & v \cdot \nabla_x f_1 - v\sqrt{M} \cdot \nabla_x \phi_1 - Lf_2 = \Gamma(f_1, f_1), \\
& \Delta_x \phi_1 = \int_{\mathbb{R}^3} f_1 \sqrt{M} dv, \\
\epsilon^0: \ & \partial_t f_1 + v \cdot \nabla_x f_2 - v\sqrt{M} \cdot \nabla_x \phi_2 - Lf_3 \\
& = \frac{1}{2} v \cdot \nabla_x \phi_1 f_1 - \nabla_x \phi_1 \cdot \nabla_v f_1 + \Gamma(f_2, f_1) + \Gamma(f_1, f_2), \\
& \Delta_x \phi_2 = \int_{\mathbb{R}^3} f_2 \sqrt{M} dv.
\end{aligned} \tag{4.1.16}
$$

根据 (4.1.16) 中的 ϵ^{-2} 阶展开, 可以推出 $f_1 \in N_0$, 即

$$
f_1 = n_1 \chi_0 + m_1 \cdot v \chi_0 + q_1 \chi_4.
$$

将 (4.1.16) 中的 ϵ^{-1} 阶展开和 $\{\chi_0, v\chi_0, \chi_4\}$ 作内积, 得到

$$
\nabla_x \cdot m_1 = 0, \quad \nabla_x n_1 - \nabla_x \phi_1 + \sqrt{\frac{2}{3}} \nabla_x q_1 = 0. \tag{4.1.17}
$$

根据 (4.1.16) 中的 ϵ^{-1} 阶展开, 可将 $P_1 f_2$ 表示为

$$
P_1 f_2 = L^{-1} P_1 (v \cdot \nabla_x f_1) - L^{-1} \Gamma(f_1, f_1). \tag{4.1.18}
$$

将 (4.1.16) 中的 ϵ^0 阶展开和 $\{\chi_0, v\chi_0, \chi_4\}$ 作内积, 并利用 (4.1.18), 得到

$$
\partial_t n_1 + \nabla_x \cdot m_2 = 0, \tag{4.1.19}
$$

$$
\partial_t m_1 - \kappa_0 \Delta_x m_1 + \nabla_x p_1 = n_1 \nabla_x \phi_1 - \nabla_x \cdot (m_1 \otimes m_1), \tag{4.1.20}
$$

$$
\partial_t q_1 + \sqrt{\frac{2}{3}} \nabla_x \cdot m_1 - \kappa_1 \Delta_x q_1 = \sqrt{\frac{2}{3}} m_1 \cdot \nabla_x \phi_1 - \frac{5}{3} \nabla_x \cdot (q_1 m_1), \tag{4.1.21}
$$

其中 (n_2, m_2, q_2) 分别是 f_2 的宏观密度、动量和能量, 定义为

$$n_2 = (f_2, \chi_0), \quad m_2 = (f_2, v\chi_0), \quad q_2 = (f_2, \chi_4),$$

且压力 p_1 由 f_1 和 f_2 决定:

$$p_1 = n_2 - \phi_2 + \sqrt{\frac{2}{3}} q_2 - \frac{1}{3} m_1^2.$$

通过求和 $-\sqrt{\frac{2}{3}}(4.1.19) + (4.1.21)$, 可得

$$\partial_t \left(q_1 - \sqrt{\frac{2}{3}} n_1 \right) - \kappa_1 \Delta_x q_1 = \sqrt{\frac{2}{3}} m_1 \cdot \nabla_x \phi_1 - \frac{5}{3} \nabla_x \cdot (q_1 m_1). \tag{4.1.22}$$

结合 (4.1.17), (4.1.20) 和 (4.1.22), 我们得到 (4.1.7)—(4.1.10).

定义 Banach 空间 $L^\infty = L_x^\infty(L_v^2)$ 为

$$L^\infty = L^\infty(\mathbb{R}_x^3, L^2(\mathbb{R}_v^3)), \quad \|f\|_{L^\infty} = \sup_{x \in \mathbb{R}^3} \left(\int_{\mathbb{R}^3} |f(x,v)|^2 dv \right)^{1/2}. \tag{4.1.23}$$

对于 $q \geqslant 1$ 以及整数 $k \geqslant 0$, 定义 Sobolev 空间 $W^{k,q} = L_v^2(W_x^{k,q})$ $(H^k = W^{k,2})$ 为

$$W^{k,q} = L^2(\mathbb{R}_v^3, W^{k,q}(\mathbb{R}_x^3)), \quad \|f\|_{W^{k,q}} = \left(\sum_{|\alpha| \leqslant k} \int_{\mathbb{R}^3} \left(\int_{\mathbb{R}^3} |\partial_x^\alpha f(x,v)|^q dx \right)^{\frac{2}{q}} dv \right)^{\frac{1}{2}}. \tag{4.1.24}$$

下面我们给出本章的主要结论.

定理 4.1 令 $N \geqslant 2$. 对任意 $\epsilon \in (0,1)$, 存在小常数 $\delta_0 > 0$, 使得如果初值 f_0 满足 $\|f_0\|_{X_1^N} + \|f_0\|_{L^{2,1}} \leqslant \delta_0$, 那么 VPB 方程柯西问题 (4.1.3)—(4.1.5) 存在唯一的整体解 $f_\epsilon(t) = f_\epsilon(t,x,v)$, 并且满足以下的时间衰减率:

$$\|f_\epsilon(t)\|_{X_1^N} + \|\nabla_x \phi_\epsilon(t)\|_{H_x^N} \leqslant C\delta_0(1+t)^{-\frac{1}{4}},$$

其中 $\phi_\epsilon(t,x) = \Delta_x^{-1}(f_\epsilon(t,x), \chi_0)$ 且 $C > 0$ 是不依赖于 ϵ 的常数.

此外, 存在小常数 $\delta_0 > 0$, 使得如果 $\|f_0\|_{H^N} + \|f_0\|_{L^{2,1}} \leqslant \delta_0$, 那么 NSPF 方程柯西问题 (4.1.7)—(4.1.12) 存在唯一的整体解 $(n,m,q)(t,x) \in L_t^\infty(H_x^N)$. 特别地, $u(t,x,v) = n(t,x)\chi_0 + m(t,x) \cdot v\chi_0 + q(t,x)\chi_4$ 满足以下的时间衰减率:

$$\|u(t)\|_{H^N} + \|\nabla_x \phi(t)\|_{H_x^N} \leqslant C\delta_0(1+t)^{-\frac{3}{4}},$$

其中 $\phi(t,x) = \Delta_x^{-1} n(t,x)$ 且 $C > 0$ 为常数.

定理 4.2　令 $(f_\epsilon,\phi_\epsilon)=(f_\epsilon(t,x,v),\phi_\epsilon(t,x))$ 与 $(n,m,q,\phi)=(n,m,q,\phi)(t,x)$ 分别是 VPB 方程 (4.1.3)—(4.1.5) 与 NSPF 方程 (4.1.7)—(4.1.12) 的整体解. 那么, 存在小常数 $\delta_0>0$, 使得如果初值 f_0 满足

$$\|f_0\|_{X_1^5}+\|f_0\|_{L^{2,1}}+\|\nabla_x\Delta_x^{-1}(f_0,\chi_0)\|_{L^p_x}\leqslant\delta_0,\quad p\in(1,2),$$

那么

$$\|f_\epsilon(t)-u(t)\|_{L^\infty}+\|\nabla_x\phi_\epsilon(t)-\nabla_x\phi(t)\|_{L^\infty_x}\leqslant C\delta_0\left(\epsilon^a(1+t)^{-\frac{1}{2}}+\left(1+\epsilon^{-1}t\right)^{-b}\right),\tag{4.1.25}$$

这里 $u(t,x,v)=n(t,x)\chi_0+m(t,x)\cdot v\chi_0+q(t,x)\chi_4$, $b=\min\{1,p'\}$, 其中 $p'=3/p-3/2\in(0,3/2)$, 并且当 $b<1$ 时 $a=b$; 当 $b=1$ 时 $a=1+2\log_\epsilon|\ln\epsilon|$.

另外, 如果初值 f_0 满足 (4.1.15) 以及 $\|f_0\|_{H^5}+\|f_0\|_{L^{2,1}}\leqslant\delta_0$, 那么

$$\|f_\epsilon(t)-u(t)\|_{L^\infty}+\|\nabla_x\phi_\epsilon(t)-\nabla_x\phi(t)\|_{L^\infty_x}\leqslant C\delta_0\epsilon(1+t)^{-\frac{3}{4}}.\tag{4.1.26}$$

备注 4.3　对 (4.1.11) 和 (4.1.12) 进行傅里叶变换, 得到

$$\hat{n}(0)=-\frac{\sqrt{6}|\xi|^2}{3+5|\xi|^2}\left(\hat{q}_0-\sqrt{\frac{2}{3}}\hat{n}_0\right),\quad \hat{q}(0)=\frac{3+3|\xi|^2}{3+5|\xi|^2}\left(\hat{q}_0-\sqrt{\frac{2}{3}}\hat{n}_0\right).$$

这意味着 VPB 方程的初值 $f_0(x,v)$ 与 NSPF 方程的初值 $(n,m,q)(0,x)$ 关于 x 有相同的正则性.

4.2　线性 VPB 算子的谱分析

在本节中, 我们研究由 (4.2.3) 定义的线性 VPB 算子的谱结构和生成半群的性质, 用来研究线性 VPB 方程 (4.1.3)—(4.1.5) 整体解的扩散极限.

由 (4.1.3)—(4.1.5), 我们得到线性 VPB 方程:

$$\begin{cases}\epsilon^2\partial_t f_\epsilon=B_\epsilon f_\epsilon, & t>0,\\ f_\epsilon(0,x,v)=f_0(x,v),\end{cases}\tag{4.2.1}$$

其中算子 B_ϵ 定义为

$$B_\epsilon f=Lf-\epsilon v\cdot\nabla_x f+\epsilon v\cdot\nabla_x\Delta_x^{-1}P_d f,\tag{4.2.2}$$

$$P_d f=(f,\chi_0)\chi_0,\quad\forall f\in L^2(\mathbb{R}^3_v).$$

将 (4.2.1) 关于 x 做傅里叶变换, 得到

$$\begin{cases}\epsilon^2\partial_t\hat{f}_\epsilon = B_\epsilon(\xi)\hat{f}_\epsilon, \quad t>0,\\ \hat{f}_\epsilon(0,\xi,v)=\hat{f}_0(\xi,v),\end{cases}$$

其中算子 $B_\epsilon(\xi)$ 定义为

$$B_\epsilon(\xi)=L-\mathrm{i}\epsilon(v\cdot\xi)-\mathrm{i}\epsilon\frac{v\cdot\xi}{|\xi|^2}P_d, \quad \xi\neq 0. \tag{4.2.3}$$

4.2.1 算子 $B_\epsilon(\xi)$ 的谱集和预解集

根据 (2.2.6), 对任意 $f,g\in L^2_\xi(\mathbb{R}^3_v)\cap D(B_\epsilon(\xi))$,

$$\begin{aligned}(B_\epsilon(\xi)f,g)_\xi &= \left(B_\epsilon(\xi)f, g+\frac{1}{|\xi|^2}P_d g\right)\\ &= \left(f,\left(L+\mathrm{i}\epsilon(v\cdot\xi)+\mathrm{i}\epsilon\frac{v\cdot\xi}{|\xi|^2}P_d\right)g\right)=(f,B_\epsilon(-\xi)g)_\xi.\end{aligned} \tag{4.2.4}$$

另外, $B_\epsilon(\xi)$ 和 $B_\epsilon(\xi)^*=B_\epsilon(-\xi)$ 是 $L^2_\xi(\mathbb{R}^3)$ 上的耗散算子, 即

$$\mathrm{Re}(B_\epsilon(\xi)f,f)_\xi=\mathrm{Re}(B_\epsilon(\xi)^*f,f)_\xi=(Lf,f)\leqslant 0, \quad \forall f\in L^2_\xi(\mathbb{R}^3). \tag{4.2.5}$$

因为

$$\|f\|^2\leqslant\|f\|^2_\xi\leqslant(1+|\xi|^{-2})\|f\|^2, \quad \xi\neq 0,$$

我们可将 $B_\epsilon(\xi)$ 视为从 $L^2_\xi(\mathbb{R}^3)$ 到其自身的线性算子.

根据 (4.2.4), (4.2.5) 和引理 1.14, 我们得到以下引理.

引理 4.4 对任意固定的 $\xi\neq 0$ 及 $\epsilon\in[0,1)$, 算子 $B_\epsilon(\xi)$ 在 $L^2_\xi(\mathbb{R}^3)$ 上生成一个强连续压缩半群, 满足

$$\|e^{tB_\epsilon(\xi)}f\|_\xi\leqslant\|f\|_\xi, \quad \forall t>0,\ f\in L^2_\xi(\mathbb{R}^3_v).$$

证明 因为 $B_\epsilon(\xi)$ 是 $L^2_\xi(\mathbb{R}^3)$ 上的稠定闭算子, 并且 $B_\epsilon(\xi)$ 和 $B_\epsilon(\xi)^*$ 在 $L^2_\xi(\mathbb{R}^3)$ 上耗散, 根据引理 1.16, 算子 $B_\epsilon(\xi)$ 在 $L^2_\xi(\mathbb{R}^3)$ 上生成一个强连续压缩半群, 并且满足 $\rho(B_\epsilon(\xi))\supset\{\lambda\in\mathbb{C}\,|\,\mathrm{Re}\lambda>0\}$. □

引理 4.5 对任意的 $\xi\neq 0$ 及 $\epsilon\in[0,1)$, 以下结论成立.

(1) $\sigma_{\mathrm{ess}}(B_\epsilon(\xi))\subset\{\lambda\in\mathbb{C}\,|\,\mathrm{Re}\lambda\leqslant-\nu_0\}$ 以及 $\sigma(B_\epsilon(\xi))\cap\{\lambda\in\mathbb{C}\,|\,-\nu_0<\mathrm{Re}\lambda\leqslant 0\}\subset\sigma_d(B_\epsilon(\xi))$.

(2) 如果 λ 是 $B_\epsilon(\xi)$ 的特征值, 那么对于任意 $\epsilon\neq 0$ 都有 $\mathrm{Re}\lambda<0$, 并且 $\lambda=0$ 当且仅当 $\epsilon=0$.

证明 定义

$$\mathrm{c}_\epsilon(\xi) = -\nu(v) - \mathrm{i}\epsilon(v\cdot\xi). \tag{4.2.6}$$

显然, 当 $\lambda \in R(\mathrm{c}_\epsilon(\xi))^c$ 时, 算子 $\lambda - \mathrm{c}_\epsilon(\xi)$ 可逆, 并且 $\sigma_{\mathrm{ess}}(\mathrm{c}_\epsilon(\xi)) = R(\mathrm{c}_\epsilon(\xi))$. 因为 $B_\epsilon(\xi)$ 是 $\mathrm{c}_\epsilon(\xi)$ 的紧扰动, 根据引理 1.23 可知, $\sigma_{\mathrm{ess}}(B_\epsilon(\xi)) = \sigma_{\mathrm{ess}}(\mathrm{c}_\epsilon(\xi))$ 并且 $\sigma(B_\epsilon(\xi))$ 在区域 $\mathrm{Re}\lambda > -\nu_0$ 上由离散特征值组成. 于是 (1) 得证. 类似于引理 1.25 中的讨论可证 (2), 细节从略. □

首先, 我们研究当 $\epsilon|\xi| \geqslant r_0$ 时 $B_\epsilon(\xi)$ 的谱集与预解集, 其中 $r_0 > 0$ 为任意常数. 为此, 将 $\lambda - B_\epsilon(\xi)$ 分解为

$$\begin{aligned}\lambda - B_\epsilon(\xi) &= \lambda - \mathrm{c}_\epsilon(\xi) - K + \mathrm{i}\epsilon\frac{v\cdot\xi}{|\xi|^2}P_d\\ &= \left(I - K(\lambda - \mathrm{c}_\epsilon(\xi))^{-1} + \mathrm{i}\epsilon\frac{v\cdot\xi}{|\xi|^2}P_d(\lambda - \mathrm{c}_\epsilon(\xi))^{-1}\right)(\lambda - \mathrm{c}_\epsilon(\xi)),\end{aligned} \tag{4.2.7}$$

其中 K 由 (1.3.6) 定义. 下面给出 (4.2.7) 式的右端项的估计.

引理 4.6 对任意的 $\epsilon \in [0,1)$, 存在不依赖于 ϵ 的常数 $C > 0$ 使得以下结论成立.

(1) 对于任意 $\delta > 0$, 当 $\mathrm{Re}\lambda \geqslant -\nu_0 + \delta$ 时, 有

$$\|K(\lambda - \mathrm{c}_\epsilon(\xi))^{-1}\| \leqslant C\delta^{-\frac{1}{2}}(1 + \epsilon|\xi|)^{-\frac{1}{2}}. \tag{4.2.8}$$

(2) 对任意 $\delta > 0$, $\tau_0 > 0$, 当 $\mathrm{Re}\lambda \geqslant -\nu_0 + \delta$ 且 $\epsilon|\xi| \leqslant \tau_0$ 时, 有

$$\|K(\lambda - \mathrm{c}_\epsilon(\xi))^{-1}\| \leqslant C\delta^{-1}(1 + \tau_0)^{\frac{1}{2}}(1 + |\mathrm{Im}\lambda|)^{-\frac{1}{2}}. \tag{4.2.9}$$

(3) 对任意 $\delta > 0$, $r_0 > 0$, 当 $\mathrm{Re}\lambda \geqslant -\nu_0 + \delta$ 且 $|\xi| \geqslant r_0$ 时, 有

$$\|(v\cdot\xi)|\xi|^{-2}P_d(\lambda - \mathrm{c}_\epsilon(\xi))^{-1}\| \leqslant C(\delta^{-1} + 1)(r_0^{-1} + 1)(|\xi| + |\lambda|)^{-1}. \tag{4.2.10}$$

证明 注意到 $\mathrm{c}_\epsilon(\xi) = \mathrm{c}(\epsilon\xi)$, 因此 (4.2.8) 和 (4.2.9) 为引理 1.26 的直接推论.

下面, 我们证明 (4.2.10). 对于 $\mathrm{Re}\lambda \geqslant -\nu_0 + \delta$, 根据 $\|(v\cdot\xi)|\xi|^{-2}P_d\| \leqslant C|\xi|^{-1}$ 以及 $\|(\lambda - \mathrm{c}_\epsilon(\xi))^{-1}\| \leqslant \delta^{-1}$, 可得

$$\|(v\cdot\xi)|\xi|^{-2}P_d(\lambda - \mathrm{c}_\epsilon(\xi))^{-1}\| \leqslant C\delta^{-1}|\xi|^{-1}. \tag{4.2.11}$$

另一方面, 由分解

$$\frac{(v\cdot\xi)}{|\xi|^2}P_d(\lambda - \mathrm{c}_\epsilon(\xi))^{-1} = \frac{1}{\lambda}\frac{(v\cdot\xi)}{|\xi|^2}P_d + \frac{1}{\lambda}\frac{(v\cdot\xi)}{|\xi|^2}P_d\mathrm{c}_\epsilon(\xi)(\lambda - \mathrm{c}_\epsilon(\xi))^{-1},$$

以及 $\|(v\cdot\xi)|\xi|^{-2}P_d c_\epsilon(\xi)\| \leqslant C(|\xi|^{-1}+\epsilon)$, 可得

$$\|(v\cdot\xi)|\xi|^{-2}P_d(\lambda-c_\epsilon(\xi))^{-1}\| \leqslant C(\delta^{-1}+1)(r_0^{-1}+1)|\lambda|^{-1}. \tag{4.2.12}$$

于是, 我们结合 (4.2.11) 和 (4.2.12) 可以证明 (4.2.10). □

根据 (4.2.7) 和引理 4.6, 我们可以证明当 $\epsilon|\xi|\geqslant r_0$ 时, 算子 $B_\epsilon(\xi)$ 有谱间隙.

引理 4.7 (谱间隙) 固定 $\epsilon\in(0,1)$. 对任意的 $r_0>0$, 存在常数 $\eta=\eta(r_0)>0$ 使得当 $\epsilon|\xi|\geqslant r_0$ 时, 有

$$\sigma(B_\epsilon(\xi))\subset\{\lambda\in\mathbb{C}\,|\,\mathrm{Re}\lambda<-\eta\}. \tag{4.2.13}$$

证明 令 $\lambda\in\sigma(B_\epsilon(\xi))\cap\{\lambda\in\mathbb{C}\,|\,\mathrm{Re}\lambda\geqslant-\nu_0+\delta\}$, 其中 $\delta\in(0,\nu_0)$ 为常数. 首先, 我们证明 $\sup\limits_{\epsilon|\xi|\geqslant r_0}|\mathrm{Im}\lambda|<+\infty$. 事实上, 根据 (4.2.8) 和 (4.2.10), 存在充分大的 $r_1=r_1(\delta)>0$ 使得当 $\mathrm{Re}\lambda\geqslant-\nu_0+\delta$ 和 $\epsilon|\xi|\geqslant r_1$ 时, 有

$$\|K(\lambda-c_\epsilon(\xi))^{-1}\|_\xi\leqslant 1/4,\quad \|\epsilon(v\cdot\xi)|\xi|^{-2}P_d(\lambda-c_\epsilon(\xi))^{-1}\|_\xi\leqslant 1/4. \tag{4.2.14}$$

由此可知, $I+K(\lambda-c_\epsilon(\xi))^{-1}+\mathrm{i}\epsilon(v\cdot\xi)|\xi|^{-2}P_d(\lambda-c_\epsilon(\xi))^{-1}$ 在 $L^2_\xi(\mathbb{R}^3_v)$ 上可逆, 从而, 由 (4.2.7) 可知 $\lambda-B_\epsilon(\xi)$ 在 $L^2_\xi(\mathbb{R}^3_v)$ 上也可逆, 并且满足

$$(\lambda-B_\epsilon(\xi))^{-1}=(\lambda-c_\epsilon(\xi))^{-1}\left(I-K(\lambda-c_\epsilon(\xi))^{-1}+\mathrm{i}\epsilon\frac{v\cdot\xi}{|\xi|^2}P_d(\lambda-c_\epsilon(\xi))^{-1}\right)^{-1}. \tag{4.2.15}$$

因此, 对于 $\epsilon|\xi|\geqslant r_1$,

$$\{\lambda\in\mathbb{C}\,|\,\mathrm{Re}\lambda\geqslant-\nu_0+\delta\}\subset\rho(B_\epsilon(\xi)). \tag{4.2.16}$$

当 $r_0\leqslant\epsilon|\xi|\leqslant r_1$ 时, 根据 (4.2.9) 和 (4.2.10), 存在 $\zeta=\zeta(r_0,r_1,\delta)>0$ 使得当 $\mathrm{Re}\lambda\geqslant-\nu_0+\delta$, $|\mathrm{Im}\lambda|>\zeta$ 时, (4.2.14) 依然成立, 从而 $\lambda-B_\epsilon(\xi)$ 在 $L^2_\xi(\mathbb{R}^3_v)$ 上可逆. 由此可知, 对于 $r_0\leqslant\epsilon|\xi|\leqslant r_1$,

$$\{\lambda\in\mathbb{C}\,|\,\mathrm{Re}\lambda\geqslant-\nu_0+\delta,|\mathrm{Im}\lambda|>\zeta\}\subset\rho(B_\epsilon(\xi)).$$

因此, 对于 $\epsilon|\xi|\geqslant r_0$,

$$\sigma(B_\epsilon(\xi))\cap\{\lambda\in\mathbb{C}\,|\,\mathrm{Re}\lambda\geqslant-\nu_0+\delta\}\subset\{\lambda\in\mathbb{C}\,|\,\mathrm{Re}\lambda\geqslant-\nu_0+\delta,\ |\mathrm{Im}\lambda|\leqslant\zeta\}. \tag{4.2.17}$$

其次, 我们证明 $\sup\limits_{\epsilon|\xi|\geqslant r_0}\mathrm{Re}\lambda<0$. 根据 (4.2.16), 只需要证明 $\sup\limits_{r_0\leqslant\epsilon|\xi|\leqslant r_1}\mathrm{Re}\lambda<0$. 我们用反证法, 假设存在序列 $\{(\xi_n,\lambda_n,f_n)\}$ 满足 $\epsilon|\xi_n|\in[r_0,r_1]$, $f_n\in L^2(\mathbb{R}^3)$,

$\|f_n\|=1$ 以及

$$Lf_n - \mathrm{i}\epsilon(v\cdot\xi_n)f_n - \mathrm{i}\epsilon\frac{v\cdot\xi_n}{|\xi_n|^2}P_d f_n = \lambda_n f_n, \quad \mathrm{Re}\lambda_n \to 0, \ n\to\infty.$$

由上式可得

$$(\lambda_n + \nu + \mathrm{i}\epsilon(v\cdot\xi_n))f_n = Kf_n - \mathrm{i}\epsilon\frac{v\cdot\xi_n}{|\xi_n|^2}P_d f_n.$$

由于 K 和 P_d 是紧算子, 则存在 $\{f_n\}$ 的子列 $\{f_{n_j}\}$ 以及 $g_1\in L^2(\mathbb{R}^3)$, $|C_0|\leqslant 1$ 使得

$$Kf_{n_j}\to g_1, \quad P_d f_{n_j}\to C_0\sqrt{M}, \quad j\to\infty.$$

由于 $\epsilon|\xi_n|\in[r_0,r_1]$, $|\mathrm{Im}\lambda_n|\leqslant\zeta$ 以及 $\mathrm{Re}\lambda_n\to 0$, 存在子列 (仍记为) $(\xi_{n_j},\lambda_{n_j})$, 以及 (ξ_0,λ_0) 满足 $\epsilon|\xi_0|\in[r_0,r_1]$, $\mathrm{Re}\lambda_0=0$, 使得

$$(\xi_{n_j},\lambda_{n_j})\to(\xi_0,\lambda_0), \quad \mathrm{i}(v\cdot\xi_{n_j})|\xi_{n_j}|^{-2}P_d f_{n_j}\to g_2=\mathrm{i}(v\cdot\xi_0)|\xi_0|^{-2}C_0\sqrt{M}, \quad j\to\infty.$$

注意到 $|\lambda_n+\nu+\mathrm{i}\epsilon(v\cdot\xi_n)|\geqslant\nu_0/2$, 我们有

$$f_{n_j}=\frac{g_1-\epsilon g_2}{\lambda_{n_j}+\nu-\mathrm{i}\epsilon(v\cdot\xi_{n_j})}\to\frac{g_1-\epsilon g_2}{\lambda_0+\nu-\mathrm{i}\epsilon(v\cdot\xi_0)}:=f_0, \quad j\to\infty,$$

从而 $Kf_0=g_1$ 以及 $\mathrm{i}(v\cdot\xi_0)|\xi_0|^{-2}P_d f_0=g_2$. 于是 $B_\epsilon(\xi_0)f_0=\lambda_0 f_0$, 即 λ_0 是 $B_\epsilon(\xi_0)$ 的特征值, 并且满足 $\mathrm{Re}\lambda_0=0$. 但是根据引理 4.5, 对任意 $\epsilon\neq 0$, 都有 $\mathrm{Re}\lambda<0$, 这就产生了矛盾. 引理得证. □

接下来, 我们研究当 $\epsilon|\xi|\leqslant r_0$ 时算子 $B_\epsilon(\xi)$ 的谱集和预解集. 为此, 利用宏观-微观分解 (1.6.7), 将 $\lambda-B_\epsilon(\xi)$ 分解为

$$\lambda-B_\epsilon(\xi)=\lambda P_0-A_\epsilon(\xi)+\lambda P_1-Q_\epsilon(\xi)+\mathrm{i}\epsilon P_0(v\cdot\xi)P_1+\mathrm{i}\epsilon P_1(v\cdot\xi)P_0, \tag{4.2.18}$$

其中

$$A_\epsilon(\xi)=-\mathrm{i}\epsilon P_0(v\cdot\xi)P_0-\mathrm{i}\epsilon\frac{v\cdot\xi}{|\xi|^2}P_d, \quad Q_\epsilon(\xi)=L-\mathrm{i}\epsilon P_1(v\cdot\xi)P_1. \tag{4.2.19}$$

这里 $A_\epsilon(\xi)=\epsilon A(\xi)$ 是从 N_0 到自身的线性算子, 其中线性算子 $A(\xi)=-\mathrm{i}P_0(v\cdot\xi)P_0-\mathrm{i}\frac{v\cdot\xi}{|\xi|^2}P_d$ 可表示为以下矩阵

$$-A(\xi)=\begin{pmatrix} 0, & \mathrm{i}\xi^{\mathrm{T}}, & 0 \\ \mathrm{i}\xi\left(1+\frac{1}{|\xi|^2}\right), & 0 & \mathrm{i}\sqrt{\frac{2}{3}}\xi \\ 0, & \mathrm{i}\sqrt{\frac{2}{3}}\xi^{\mathrm{T}}, & 0 \end{pmatrix}.$$

容易验证, $A(\xi)$ 的特征值 $\eta_j(|\xi|)$ 和特征向量 $h_j(\xi)$, $j=-1,0,1,2,3$ 为

$$\begin{cases}\eta_{\pm1}(|\xi|)=\pm\mathrm{i}\sqrt{1+\frac{5}{3}|\xi|^2}, \quad \eta_k(|\xi|)=0, \quad k=0,2,3,\\ h_0(\xi)=\frac{\sqrt{2}|\xi|^2}{\sqrt{3+5|\xi|^2}\sqrt{1+|\xi|^2}}\chi_0-\frac{\sqrt{3+3|\xi|^2}}{\sqrt{3+5|\xi|^2}}\chi_4,\\ h_{\pm1}(\xi)=\frac{\sqrt{3}|\xi|}{\sqrt{6+10|\xi|^2}}\chi_0\mp\sqrt{\frac{1}{2}}v\cdot\frac{\xi}{|\xi|}\chi_0+\frac{|\xi|}{\sqrt{3+5|\xi|^2}}\chi_4,\\ h_k(\xi)=v\cdot W^k\chi_0, \quad k=2,3,\\ (h_j(\xi),h_k(\xi))_\xi=\delta_{jk}, \quad j,k=-1,0,1,2,3,\end{cases} \tag{4.2.20}$$

其中 W^k, $k=2,3$ 是满足 $W^k\cdot\xi=0$ 的单位正交向量.

引理 4.8 设 $\xi\neq0$, $A_\epsilon(\xi)$ 和 $Q_\epsilon(\xi)$ 由 (4.2.19) 给出. 则有

(1) 如果 $\lambda\neq\epsilon\eta_j(|\xi|)$, 那么算子 $\lambda-A_\epsilon(\xi)$ 在 N_0 上可逆并满足

$$\|(\lambda-A_\epsilon(\xi))^{-1}\|_\xi=\max_{-1\leqslant j\leqslant3}\left(|\lambda-\epsilon\eta_j(|\xi|)|^{-1}\right), \tag{4.2.21}$$

$$\|P_1(v\cdot\xi)(\lambda-A_\epsilon(\xi))^{-1}P_0\|_\xi\leqslant C|\xi|\max_{-1\leqslant j\leqslant3}\left(|\lambda-\epsilon\eta_j(|\xi|)|^{-1}\right), \tag{4.2.22}$$

其中 $\eta_j(|\xi|)$, $j=-1,0,1,2,3$ 是 $A(\xi)$ 的特征值, 由 (4.2.20) 给出.

(2) 如果 $\mathrm{Re}\lambda>-\mu$, 那么算子 $\lambda-Q_\epsilon(\xi)$ 在 $N_0^\perp$ 上可逆并满足

$$\|(\lambda-Q_\epsilon(\xi))^{-1}\|\leqslant(\mathrm{Re}\lambda+\mu)^{-1}, \tag{4.2.23}$$

$$\|P_0(v\cdot\xi)(\lambda-Q_\epsilon(\xi))^{-1}P_1\|_\xi\leqslant C(1+|\lambda|)^{-1}[(\mathrm{Re}\lambda+\mu)^{-1}+1](|\xi|+\epsilon|\xi|^2). \tag{4.2.24}$$

证明 因为 $\epsilon\eta_j(\xi)$, $-1\leqslant j\leqslant3$ 是 $A_\epsilon(\xi)$ 的特征值, 从而当 $\lambda\neq\epsilon\eta_j(\xi)$ 时, $\lambda-A_\epsilon(\xi)$ 在 N_0 上可逆. 根据 (2.2.6), 对于 $f,g\in N_0$ 有

$$(\mathrm{i}A_\epsilon(\xi)f,g)_\xi=\left(f+\frac{1}{|\xi|^2}P_df,\epsilon(v\cdot\xi)(g+\frac{1}{|\xi|^2}P_dg)\right)=(f,\mathrm{i}A_\epsilon(\xi)g)_\xi. \tag{4.2.25}$$

这表示算子 $\mathrm{i}A_\epsilon(\xi)$ 关于内积 $(\cdot,\cdot)_\xi$ 是自伴的, 从而

$$\|(\lambda-A_\epsilon(\xi))^{-1}\|_\xi=\max_{-1\leqslant j\leqslant3}\left(|\lambda-\epsilon\eta_j(\xi)|^{-1}\right).$$

根据上式与 $\|P_1(v\cdot\xi)P_0\|\leqslant C|\xi|$ 可以得到 (4.2.22).

由于对于任意 $f \in N_0^\perp \cap D(L)$, 有

$$\mathrm{Re}([\lambda - Q_\epsilon(\xi)]f, f) = \mathrm{Re}\lambda(f, f) - (Lf, f) \geqslant (\mu + \mathrm{Re}\lambda)\|f\|^2, \tag{4.2.26}$$

于是, 对于 $\mathrm{Re}\lambda > -\mu$, 算子 $\lambda - Q_\epsilon(\xi)$ 是 $N_0^\perp$ 到其自身的一对一映射, 因此 $\lambda - Q_\epsilon(\xi)$ 在 $N_0^\perp$ 上可逆. 此外, 从 (4.2.26) 可直接推出 (4.2.23).

根据 (4.2.23), $P_d(P_0(v\cdot\xi)P_1) = 0$ 以及 $\|P_0(v\cdot\xi)P_1\| \leqslant C|\xi|$, 有

$$\begin{aligned}\|P_0(v\cdot\xi)(\lambda - Q_\epsilon(\xi))^{-1}P_1 f\|_\xi &= \|P_0(v\cdot\xi)(\lambda - Q_\epsilon(\xi))^{-1}P_1 f\| \\ &\leqslant C(\mathrm{Re}\lambda + \mu)^{-1}|\xi|\|f\|. \end{aligned}\tag{4.2.27}$$

同时, 将算子 $P_0(v\cdot\xi)(\lambda - Q_\epsilon(\xi))^{-1}P_1$ 分解为

$$P_0(v\cdot\xi)(\lambda - Q_\epsilon(\xi))^{-1}P_1 = \frac{1}{\lambda}P_0(v\cdot\xi)P_1 + \frac{1}{\lambda}P_0(v\cdot\xi)Q_\epsilon(\xi)(\lambda - Q_\epsilon(\xi))^{-1}P_1.$$

根据上式与 (4.2.23), $\|P_0(v\cdot\xi)Q_\epsilon(\xi)\| \leqslant C(|\xi| + \epsilon|\xi|^2)$, 可以推出

$$\|P_0(v\cdot\xi)(\lambda - Q_\epsilon(\xi))^{-1}P_1 f\|_\xi \leqslant C|\lambda|^{-1}[(\mathrm{Re}\lambda + \mu)^{-1} + 1](|\xi| + \epsilon|\xi|^2)\|f\|. \tag{4.2.28}$$

最后, 我们结合 (4.2.27) 和 (4.2.28) 可得 (4.2.24). □

根据 (4.2.18) 以及引理 4.5—引理 4.8, 我们得到算子 $B_\epsilon(\xi)$ 的谱集与预解集的分布如下.

引理 4.9 对于固定的 $\epsilon \in (0, 1)$, 以下结论成立.

(1) 对所有 $\xi \neq 0$, 存在 $y_1 > 0$ 使得

$$\left\{\lambda \in \mathbb{C} \,|\, \mathrm{Re}\lambda \geqslant -\frac{\mu}{2}, |\mathrm{Im}\lambda| \geqslant y_1\right\} \cup \{\lambda \in \mathbb{C} \,|\, \mathrm{Re}\lambda > 0\} \subset \rho(B_\epsilon(\xi)). \tag{4.2.29}$$

(2) 对任意 $\delta \in (0, \mu/2]$, 存在 $r_0 = r_0(\delta) > 0$ 使得当 $\epsilon|\xi| \leqslant r_0$ 时, 有

$$\sigma(B_\epsilon(\xi)) \cap \left\{\lambda \in \mathbb{C} \,|\, \mathrm{Re}\lambda \geqslant -\frac{\mu}{2}\right\} \subset \{\lambda \in \mathbb{C} \,|\, |\lambda| \leqslant \delta\}. \tag{4.2.30}$$

证明 根据引理 4.8, 当 $\mathrm{Re}\lambda > -\mu$ 以及 $\lambda \neq \epsilon\eta_j(|\xi|)$ 时, 算子 $\lambda P_0 - A_\epsilon(\xi) + \lambda P_1 - Q_\epsilon(\xi)$ 在 $L^2_\xi(\mathbb{R}^3_v)$ 上可逆并满足

$$(\lambda P_0 - A_\epsilon(\xi) + \lambda P_1 - Q_\epsilon(\xi))^{-1} = (\lambda - A_\epsilon(\xi))^{-1}P_0 + (\lambda - Q_\epsilon(\xi))^{-1}P_1,$$

这里我们用到了算子 $\lambda P_0 - A_\epsilon(\xi)$ 与 $\lambda P_1 - Q_\epsilon(\xi)$ 正交. 因此, 可将 (4.2.18) 改写为

$$\lambda - B_\epsilon(\xi) = (I + Y_\epsilon(\lambda, \xi))(\lambda P_0 - A_\epsilon(\xi) + \lambda P_1 - Q_\epsilon(\xi)),$$

$$Y_\epsilon(\lambda,\xi)=\mathrm{i}\epsilon P_1(v\cdot\xi)(\lambda-A_\epsilon(\xi))^{-1}P_0+\mathrm{i}\epsilon P_0(v\cdot\xi)(\lambda-Q_\epsilon(\xi))^{-1}P_1.$$

根据引理 4.6, 存在充分大的 $r_1>0$ 使得, 对于 $\mathrm{Re}\lambda\geqslant-\nu_0/2$ 和 $\epsilon|\xi|\geqslant r_1$, $\lambda-B_\epsilon(\xi)$ 在 $L^2_\xi(\mathbb{R}^3_v)$ 上可逆并满足 (4.2.15). 因此, 对于 $\epsilon|\xi|\geqslant r_1$, 有

$$\{\lambda\in\mathbb{C}\,|\,\mathrm{Re}\lambda\geqslant-\nu_0/2\}\subset\rho(B_\epsilon(\xi)).\tag{4.2.31}$$

当 $\epsilon|\xi|\leqslant r_1$ 时, 根据 (4.2.22) 和 (4.2.24), 可取充分大的 $y_1>0$ 使得, 对于 $\mathrm{Re}\lambda\geqslant-\mu/2$ 和 $|\mathrm{Im}\lambda|\geqslant y_1$,

$$\|\epsilon P_1(v\cdot\xi)(\lambda-A_\epsilon(\xi))^{-1}P_0\|_\xi\leqslant\frac{1}{4},\quad\|\epsilon P_0(v\cdot\xi)(\lambda-Q_\epsilon(\xi))^{-1}P_1\|_\xi\leqslant\frac{1}{4}.\tag{4.2.32}$$

由此可知, 算子 $I+Y_\epsilon(\lambda,\xi)$ 在 $L^2_\xi(\mathbb{R}^3_v)$ 上可逆, 从而 $\lambda-B_\epsilon(\xi)$ 在 $L^2_\xi(\mathbb{R}^3_v)$ 上可逆并满足

$$(\lambda-B_\epsilon(\xi))^{-1}=\left((\lambda-A_\epsilon(\xi))^{-1}P_0+(\lambda-Q_\epsilon(\xi))^{-1}P_1\right)(I+Y_\epsilon(\lambda,\xi))^{-1}.\tag{4.2.33}$$

因此, 对于 $\epsilon|\xi|\leqslant r_1$, 有

$$\rho(B_\epsilon(\xi))\supset\{\lambda\in\mathbb{C}\,|\,\mathrm{Re}\lambda\geqslant-\mu/2,|\mathrm{Im}\lambda|\geqslant y_1\}.\tag{4.2.34}$$

根据 (4.2.31), (4.2.34) 和引理 4.4, 我们可以推出 (4.2.29).

假设 $|\lambda|>\delta$ 以及 $\mathrm{Re}\lambda\geqslant-\mu/2$. 那么, 根据 (4.2.22) 和 (4.2.24) 可取 $r_0=r_0(\delta)>0$ 使得, 当 $\epsilon|\xi|\leqslant r_0$ 时 (4.2.32) 依然成立, 从而 $\lambda-B_\epsilon(\xi)$ 在 $L^2_\xi(\mathbb{R}^3)$ 上可逆. 因此, 对于 $\epsilon|\xi|\leqslant r_0$,

$$\rho(B_\epsilon(\xi))\supset\{\lambda\in\mathbb{C}\,|\,|\lambda|>\delta,\mathrm{Re}\lambda\geqslant-\mu/2\}.$$

这就证明了 (4.2.30). □

4.2.2 当 $\epsilon|\xi|$ 充分小时特征值的渐近展开

在本小节中, 我们研究当 $\epsilon|\xi|$ 充分小时 $B_\epsilon(\xi)$ 的特征值和特征函数的存在性和渐近展开. 为此, 考虑以下一维 VPB 算子 $B_\epsilon(s)=L-\mathrm{i}\epsilon v_1 s-\mathrm{i}\epsilon\frac{v_1}{s}P_d$ 的特征值问题:

$$\left(L-\mathrm{i}\epsilon v_1 s-\mathrm{i}\epsilon\frac{v_1}{s}P_d\right)e=\zeta e,\quad s\in\mathbb{R}.\tag{4.2.35}$$

根据宏观-微观分解 (1.6.7), 将特征函数 e 分解为

$$e=P_0e+P_1e=g_0+g_1.$$

于是, 特征值问题 (4.2.35) 可分解为

$$\zeta g_0 = -\mathrm{i}\epsilon s P_0[v_1(g_0+g_1)] - \mathrm{i}\epsilon\frac{v_1}{s}P_d g_0, \tag{4.2.36}$$

$$\zeta g_1 = Lg_1 - \mathrm{i}\epsilon s P_1[v_1(g_0+g_1)]. \tag{4.2.37}$$

根据引理 4.8 和 (4.2.37), 对于任意的 $\mathrm{Re}\zeta > -\mu$, g_1 可表示为

$$g_1 = \mathrm{i}\epsilon s(L-\zeta-\mathrm{i}\epsilon s P_1 v_1 P_1)^{-1}(P_1 v_1 g_0). \tag{4.2.38}$$

将 (4.2.38) 代入 (4.2.36), 可得

$$\zeta g_0 = -\mathrm{i}\epsilon s P_0 v_1 g_0 - \mathrm{i}\epsilon\frac{v_1}{s}P_d g_0 + \epsilon^2 s^2 P_0[v_1 R(\zeta,\epsilon s)P_1 v_1 g_0], \tag{4.2.39}$$

其中

$$R(\zeta,s) = (L-\zeta-\mathrm{i}sP_1 v_1 P_1)^{-1}.$$

下面我们把特征值问题 (4.2.39) 转化为一个五维的线性方程组. 因为 $g_0 \in N_0$, 可将 g_0 改写为

$$g_0 = \sum_{j=0}^{4} W_j \chi_j, \quad W_j = \int_{\mathbb{R}^3} g_0 \chi_j dv.$$

于是, 将 (4.2.39) 与 $\{\chi_j,\ j=0,1,2,3,4\}$ 作内积, 可得

$$\zeta W_0 = -\mathrm{i}\epsilon s W_1, \tag{4.2.40}$$

$$\begin{aligned}\zeta W_1 = &-\mathrm{i}\epsilon W_0\left(s+\frac{1}{s}\right) - \mathrm{i}\epsilon s\sqrt{\frac{2}{3}}W_4 + \epsilon^2 s^2 W_1 R_{11}(\zeta,\epsilon s)\\ &+\epsilon^2 s^2 W_4 R_{41}(\zeta,\epsilon s),\end{aligned} \tag{4.2.41}$$

$$\zeta W_j = \epsilon^2 s^2 W_j R_{22}(\zeta,\epsilon s), \quad j=2,3, \tag{4.2.42}$$

$$\zeta W_4 = -\mathrm{i}\epsilon s\sqrt{\frac{2}{3}}W_1 + \epsilon^2 s^2 W_1 R_{14}(\zeta,\epsilon s) + \epsilon^2 s^2 W_4 R_{44}(\zeta,\epsilon s), \tag{4.2.43}$$

其中

$$R_{jk}(\zeta,s) = (R(\zeta,s)P_1(v_1\chi_j), v_1\chi_k), \quad j,k=1,2,4. \tag{4.2.44}$$

记

$$D_0(z,s) = z - s^2 R_{22}(z,s), \tag{4.2.45}$$

$$D_1(z,s,\epsilon)=\begin{vmatrix} z & \mathrm{i}s & 0 \\ \mathrm{i}\left(s+\dfrac{1}{s}\right) & z-\epsilon s^2R_{11}(\epsilon z,\epsilon s) & \mathrm{i}s\sqrt{\dfrac{2}{3}}-\epsilon s^2R_{41}(\epsilon z,\epsilon s) \\ 0 & \mathrm{i}s\sqrt{\dfrac{2}{3}}-\epsilon s^2R_{14}(\epsilon z,\epsilon s) & z-\epsilon s^2R_{44}(\epsilon z,\epsilon s) \end{vmatrix}. \tag{4.2.46}$$

利用隐函数定理, 可以证明

引理 4.10 存在两个小常数 $r_0,r_1>0$ 使得当 $|s|\leqslant r_0$ 时, 方程 $D_0(z,s)=0$ 有唯一的 C^∞ 解 $z=z(s)$: $[-r_0,r_0]\to B_{r_1}(0)$, 且满足

$$z(0)=0,\quad z'(0)=0,\quad z''(0)=2(L^{-1}(v_1\chi_2),v_1\chi_2). \tag{4.2.47}$$

此外, $z(s)$ 为实的偶函数.

下面给出方程 $D_1(z,s,\epsilon)=0$ 的解的存在性和渐近展开.

引理4.11 存在两个小常数 $r_0,r_1>0$ 使得当 $\epsilon|s|\leqslant r_0$ 时, 方程 $D_1(z,s,\epsilon)=0$ 有三个解 $z_j=z_j(s,\epsilon)$: $\epsilon|s|\leqslant r_0\to|z_j-\eta_j(s)|\leqslant r_1|s|$, $j=-1,0,1$. 它们是关于 s 和 ϵ 的 C^∞ 函数, 并且满足

$$z_j(s,0)=\eta_j(s),\quad \partial_\epsilon z_j(s,0)=-\vartheta_j(s), \tag{4.2.48}$$

其中 $\eta_j(s)=j\mathrm{i}\sqrt{1+\frac{5}{3}s^2}$, $j=-1,0,1$, 以及

$$\begin{cases}\vartheta_0(s)=-\dfrac{3(s^2+s^4)}{3+5s^2}(L^{-1}P_1(v_1\chi_4),v_1\chi_4),\\ \vartheta_{\pm1}(s)=-\dfrac{1}{2}s^2(L^{-1}P_1(v_1\chi_1),v_1\chi_1)-\dfrac{s^4}{3+5s^2}(L^{-1}P_1(v_1\chi_4),v_1\chi_4).\end{cases} \tag{4.2.49}$$

特别地, $z_j(s,\epsilon)$, $j=-1,0,1$ 满足以下的渐近展开:

$$z_j(s,\epsilon)=\eta_j(s)-\epsilon\vartheta_j(s)+O(\epsilon^2s^3). \tag{4.2.50}$$

证明 根据 (4.2.46), 有

$$\begin{aligned}D_1(z,s,\epsilon)=&z^3-z^2\epsilon s^2(R_{11}+R_{44})-\epsilon(s^2+s^4)R_{44}\\&+z\left[1+\frac{5}{3}s^2+\mathrm{i}\epsilon\sqrt{\frac{2}{3}}s^3(R_{41}+R_{14})+\epsilon^2s^4(R_{44}R_{11}-R_{14}R_{41})\right],\end{aligned}$$

其中 $R_{ij} = R_{ij}(\epsilon z, \epsilon s)$, $i, j = 1, 2, 4$ 由 (4.2.44) 给出. 于是

$$D_1(z, s, 0) = z\left(z^2 + 1 + \frac{5}{3}s^2\right) = 0 \tag{4.2.51}$$

有三个解 $\eta_j(s) = j\mathrm{i}\sqrt{1 + \frac{5}{3}s^2}$, $j = -1, 0, 1$. 此外, $D_1(z, s, \epsilon)$ 是关于 (z, s, ϵ) 的 C^∞ 函数, 并且满足

$$\begin{aligned}
\partial_\epsilon D_1(z, s, \epsilon) = & -z^2 s^2 (R_{11} + R_{44}) - z^2 \epsilon s^2 (\partial_\epsilon R_{11} + \partial_\epsilon R_{44}) \\
& + z\left[\mathrm{i}\sqrt{\frac{2}{3}} s^3 (R_{14} + R_{41}) + \mathrm{i}\epsilon\sqrt{\frac{2}{3}} s^3 \partial_\epsilon (R_{14} + R_{41}) + 2\epsilon s^4 R_{11} R_{44} \right. \\
& \left. + \epsilon^2 s^4 \partial_\epsilon (R_{11} R_{44}) - 2\epsilon s^4 R_{14} R_{41} + \epsilon^2 s^4 \partial_\epsilon (R_{14} R_{41})\right] \\
& - (s^2 + s^4) R_{44} - \epsilon (s^2 + s^4) \partial_\epsilon R_{44},
\end{aligned} \tag{4.2.52}$$

$$\begin{aligned}
\partial_z D_1(z, s, \epsilon) = & \, 3z^2 + 1 + \frac{5}{3}s^2 - 2z\epsilon s^2 (R_{11} + R_{44}) + z^2 \epsilon s^2 (\partial_z R_{11} + \partial_z R_{44}) \\
& + \left[\epsilon^2 s^4 (R_{11} R_{44} - R_{14} R_{41}) - \mathrm{i}\epsilon s^3 \sqrt{\frac{2}{3}} (R_{14} + R_{41})\right] \\
& + z\left[\epsilon^2 s^4 \partial_z (R_{11} R_{44} - R_{14} R_{41}) - \mathrm{i}\epsilon s^3 \sqrt{\frac{2}{3}} (\partial_z R_{14} + \partial_z R_{41})\right] \\
& - \epsilon (s^2 + s^4) \partial_z R_{44}.
\end{aligned} \tag{4.2.53}$$

对于 $j = -1, 0, 1$, 定义

$$\mathcal{V}_j(z, s, \epsilon) = z - \left(3\eta_j(s)^2 + 1 + \frac{5}{3}s^2\right)^{-1} D_1(z, s, \epsilon).$$

容易验证, 对于任意固定的 s 和 ϵ, $D_1(z, s, \epsilon) = 0$ 的解是 $\mathcal{V}_j(z, s, \epsilon)$ 的不动点.

因为 $R_{ij}(a, b)$ 关于 (a, b) 光滑且满足

$$|\partial_z R_{ij}(\epsilon z, \epsilon s)| \leqslant C\epsilon, \quad |\partial_\epsilon R_{ij}(\epsilon z, \epsilon s)| \leqslant C(|z| + |s|), \quad i, j = 1, 2, 4, \tag{4.2.54}$$

于是由 (4.2.52) 和 (4.2.53) 可知, 对于 $|z - \eta_j(s)| \leqslant r_1 |s|$ 和 $\epsilon |s| \leqslant r_0$, 有

$$\partial_\epsilon D_1(z, s, \epsilon) = \eta_j^2(s) s^2 (A_{11} + A_{44}) - (s^2 + s^4) A_{44} + O(1)(r_0 + r_1) s^2 (1 + s^2), \tag{4.2.55}$$

$$\partial_z D_1(z,s,\epsilon) = 3\eta_j(s)^2 + 1 + \frac{5}{3}s^2 + O(1)(r_0+r_1)(1+s^2), \tag{4.2.56}$$

其中 $r_1 > r_0 > 0$ 充分小, 以及

$$A_{ij} = (L^{-1}P_1(v_1\chi_i), v_1\chi_j), \quad i,j = 1,4.$$

于是

$$|\partial_z \mathcal{V}_j(z,s,\epsilon)| = \left|1 - \left(3\eta_j(s)^2 + 1 + \frac{5}{3}s^2\right)^{-1} \partial_z D_1(z,s,\epsilon)\right| \leqslant C_2 r_1,$$

$$|\partial_\epsilon \mathcal{V}_j(z,s,\epsilon)| = \left|\left(3\eta_j(s)^2 + 1 + \frac{5}{3}s^2\right)^{-1} \partial_\epsilon D_1(z,s,\epsilon)\right| \leqslant C_3 s^2,$$

其中 $C_2, C_3 > 0$ 是不依赖于 s,ϵ 常数. 因此, 取 r_0, r_1 满足 $C_2 r_1 \leqslant 1/2$ 以及 $C_3 r_0 \leqslant r_1/2$, 可以推出, 对于 $|z-\eta_j(s)| \leqslant r_1|s|$ 和 $\epsilon|s| \leqslant r_0$,

$$\begin{aligned}
|\mathcal{V}_j(z,s,\epsilon) - \eta_j(s)| &= |\mathcal{V}_j(z,s,\epsilon) - \mathcal{V}_j(\eta_j(s),s,0)| \\
&\leqslant |\mathcal{V}_j(z,s,\epsilon) - \mathcal{V}_j(z,s,0)| + |\mathcal{V}_j(z,s,0) - \mathcal{V}_j(\eta_j(s),s,0)| \\
&\leqslant |\partial_\epsilon \mathcal{V}_j(z,s,\widetilde{\epsilon})||\epsilon| + |\partial_z \mathcal{V}_j(\widetilde{z},s,0)||z-\eta_j(s)| \\
&\leqslant C_3\epsilon|s|^2 + C_2 r_1^2|s| \leqslant r_1|s|,
\end{aligned}$$

$$|\mathcal{V}_j(z_1,s,\epsilon) - \mathcal{V}_j(z_2,s,\epsilon)| \leqslant |\partial_z \mathcal{V}_j(\bar{z},s,\epsilon)||z_1 - z_2| \leqslant \frac{1}{2}|z_1 - z_2|,$$

其中 $\widetilde{\epsilon}$ 在 0 和 ϵ 之间, $\widetilde{z}$ 在 z 和 $\eta_j(s)$ 之间, $\bar{z}$ 在 z_1 和 z_2 之间. 因此, 对于任意固定的 (s,ϵ) 满足 $\epsilon|s| \leqslant r_0$, 函数 $\mathcal{V}_j(z,s,\epsilon)$ 是 $\{z \in \mathbb{C} \,|\, |z-\eta_j(s)| \leqslant r_1|s|\}$ 中的压缩映射. 根据压缩映射定理, 存在三个函数 $z_j(s,\epsilon)$, $j=-1,0,1$ 使得当 $\epsilon|s| \leqslant r_0$ 时, $\mathcal{V}_j(z_j(s,\epsilon),s,\epsilon) = z_j(s,\epsilon)$, $z_j(s,0) = \eta_j(s)$, 且满足 $|z_j(s,\epsilon) - \eta_j(s)| \leqslant r_1|s|$. 这等价于 $D_1(z_j(s,\epsilon),s,\epsilon) = 0$. 由于 $D_1(z,s,\epsilon)$ 是关于 (z,s,ϵ) 的 C^∞ 函数, 则 $z_j(s,\epsilon)$ 是关于 (s,ϵ) 的 C^∞ 函数. 另外, 根据 (4.2.52)–(4.2.53) 有

$$\partial_\epsilon z_0(s,0) = -\frac{\partial_\epsilon D_1(0,s,0)}{\partial_z D_1(0,s,0)} = \frac{3(s^2+s^4)}{3+5s^2}(L^{-1}P_1(v_1\chi_4), v_1\chi_4), \tag{4.2.57}$$

$$\begin{aligned}
\partial_\epsilon z_{\pm1}(s,0) &= -\frac{\partial_\epsilon D_1(\eta_{\pm1}(s),s,0)}{\partial_z D_1(\eta_{\pm1}(s),s,0)} \\
&= \frac{1}{2}s^2(L^{-1}P_1(v_1\chi_1), v_1\chi_1) + \frac{s^4}{3+5s^2}(L^{-1}P_1(v_1\chi_4), v_1\chi_4).
\end{aligned} \tag{4.2.58}$$

于是, 结合 (4.2.51), (4.2.57) 以及 (4.2.58), 可以证明 (4.2.48) 和 (4.2.49).

最后, 我们证明 (4.2.50). 由于

$$
\begin{aligned}
|z_j(s,\epsilon)-\eta_j(s)| &\leqslant |\mathcal{V}_j(z_j(s,\epsilon),s,\epsilon)-\mathcal{V}_j(\eta_j(s),s,\epsilon)|+|\mathcal{V}_j(\eta_j(s),s,\epsilon)-\mathcal{V}_j(\eta_j(s),s,0)| \\
&\leqslant |\partial_z\mathcal{V}_j(\tilde{z},s,\epsilon)||z_j(s,\epsilon)-\eta_j(s)|+|\partial_\epsilon\mathcal{V}_j(\eta_j(s),s,\tilde{\epsilon})|\epsilon,
\end{aligned}
$$

我们有

$$
|z_j(s,\epsilon)-\eta_j(s)| \leqslant (1-|\partial_z\mathcal{V}_j(\tilde{z},s,\epsilon)|)^{-1}|\partial_\epsilon\mathcal{V}_j(\eta_j(s),s,\tilde{\epsilon})|\epsilon \leqslant C\epsilon s^2,
$$

其中 $\tilde{z}$ 在 0 和 z_j 之间, $\tilde{\epsilon}$ 在 0 和 ϵ 之间.

根据 (4.2.54), (4.2.52) 与 (4.2.53), 对于 $|z-\eta_j(s)|\leqslant C\epsilon|s|^2$ 和 $\epsilon|s|\leqslant r_0$, 我们可以把 (4.2.55)–(4.2.56) 改写为

$$
\begin{aligned}
&\partial_\epsilon D_1(z,s,\epsilon)=\eta_j^2(s)s^2(A_{11}+A_{44})-(s^2+s^4)A_{44}+O(1)\epsilon|s|^3(1+s^2), \\
&\partial_z D_1(z,s,\epsilon)=3\eta_j(s)^2+1+\frac{5}{3}s^2+O(1)\epsilon|s|(1+s^2),
\end{aligned}
$$

因此

$$
\begin{aligned}
&|\partial_z\mathcal{V}_j(z,s,\epsilon)|=\left|1-\left(3\eta_j(s)^2+1+\frac{5}{3}s^2\right)^{-1}\partial_z D_1(z,s,\epsilon)\right|=O(1)\epsilon|s|, \\
&|\partial_\epsilon\mathcal{V}_j(z,s,\epsilon)|=\left|\left(3\eta_j(s)^2+1+\frac{5}{3}s^2\right)^{-1}\partial_\epsilon D_1(z,s,\epsilon)\right|=\vartheta_j(s)+O(1)\epsilon|s|^3.
\end{aligned}
$$

于是

$$
\begin{aligned}
&|z_j(s,\epsilon)-\eta_j(s)+\epsilon\vartheta_j(s)| \\
&=|\mathcal{V}_j(z_j(s,\epsilon),s,\epsilon)-\mathcal{V}_j(\eta_j(s),s,\epsilon)| \\
&\quad+|\mathcal{V}_j(z_j(s,\epsilon),s,\epsilon)-\mathcal{V}_j(\eta_j(s),s,0)-\epsilon\vartheta_j(s)| \\
&\leqslant|\partial_z\mathcal{V}_j(\tilde{z},s,\epsilon)||z_j-\eta_j|+|\partial_\epsilon\mathcal{V}_j(\eta_j(s),s,\tilde{\epsilon})-\vartheta_j(s)|\epsilon=O(1)\epsilon^2|s|^3.
\end{aligned}
$$

这就证明了 (4.2.50). □

借助于引理 4.10 和引理 4.11, 我们得到当 $\epsilon|s|$ 充分小时 $B_\epsilon(s)$ 的特征值 $\zeta_j(s,\epsilon)$ 和特征函数 $e_j(s,\epsilon)$ 的渐近展开.

定理 4.12　*存在常数 $r_0>0$ 使得, 当 $\epsilon|s|\leqslant r_0$ 时,*

$$
\sigma(B_\epsilon(s))\cap\{\lambda\in\mathbb{C}\,|\,\mathrm{Re}\lambda\geqslant-\mu/2\}=\{\zeta_j(s,\epsilon),\ j=-1,0,1,2,3\}.
$$

当 $\epsilon|s| \leqslant r_0$ 时, 特征值 $\zeta_j(s,\epsilon)$ 和对应的特征函数 $e_j(s,\epsilon)$ 是关于 s 和 ϵ 的 C^∞ 函数, 特别地, 特征值 $\zeta_j(s,\epsilon)$, $j=-1,0,1,2,3$ 满足以下的渐近展开:

$$\zeta_j(s,\epsilon) = \epsilon\eta_j(s) - \epsilon^2\vartheta_j(s) + O(\epsilon^3 s^3), \quad \epsilon|s| \leqslant r_0, \tag{4.2.59}$$

其中 $\eta_j(s)$ 和 $\vartheta_j(s)$, $j=-1,0,1,2,3$ 定义为

$$\begin{cases} \eta_{\pm1}(s) = \pm \mathrm{i}\sqrt{1+\dfrac{5}{3}s^2}, \quad \eta_k(s) = 0, \quad k=0,2,3, \\ \vartheta_0(s) = -\dfrac{3(s^2+s^4)}{3+5s^2}(L^{-1}P_1(v_1\chi_4), v_1\chi_4), \\ \vartheta_{\pm1}(s) = -\dfrac{1}{2}s^2(L^{-1}P_1(v_1\chi_1), v_1\chi_1) - \dfrac{s^4}{3+5s^2}(L^{-1}P_1(v_1\chi_4), v_1\chi_4), \\ \vartheta_k(s) = -s^2(L^{-1}P_1(v_1\chi_2), v_1\chi_2), \quad k=2,3. \end{cases} \tag{4.2.60}$$

对应的特征函数 $e_j(s,\epsilon)$, $j=-1,0,1,2,3$ 相互正交, 并且满足

$$\begin{cases} (e_j, \overline{e_k})_s = (e_j, \overline{e_k}) + s^{-2}(P_d e_j, P_d \overline{e_k}) = \delta_{jk}, \quad -1 \leqslant j,k \leqslant 3, \\ e_j(s,\epsilon) = P_0 e_j(s,\epsilon) + P_1 e_j(s,\epsilon), \\ P_0 e_j(s,\epsilon) = g_j(s) + O(\epsilon s), \\ P_1 e_j(s,\epsilon) = \mathrm{i}\epsilon s L^{-1}P_1(v_1 g_j(s)) + O(\epsilon^2 s^2), \end{cases} \tag{4.2.61}$$

其中 $g_j(s)$, $j=-1,0,1,2,3$ 定义为

$$\begin{cases} g_0(s) = -\dfrac{\sqrt{2}s^2}{\sqrt{3+5s^2}\sqrt{1+s^2}}\chi_0 + \dfrac{\sqrt{3+3s^2}}{\sqrt{3+5s^2}}\chi_4, \\ g_{\pm1}(s) = \dfrac{\sqrt{3}s}{\sqrt{6+10s^2}}\chi_0 \mp \sqrt{\dfrac{1}{2}}v_1\chi_0 + \dfrac{s}{\sqrt{3+5s^2}}\chi_4, \\ g_k(s) = v_k\chi_0, \quad k=2,3. \end{cases}$$

证明 我们构造 $B_\epsilon(s)$ 的特征值 $\zeta_j(s,\epsilon)$ 以及对应的特征函数 $e_j(s,\epsilon)$, $j=-1,0,1,2,3$ 如下. 对于 $j=2,3$, 取 $\zeta_j(s,\epsilon)=z(\epsilon s)$, 其中 $z(y)$ 是引理 4.10 中的方程 $D_0(z,y)=0$ 的解, 并在方程 (4.2.40)—(4.2.43) 中取 $W_0=W_1=W_4=0$. 于是, 对应的特征函数 $e_j(s,\epsilon)$, $j=2,3$ 定义为

$$e_j(s,\epsilon) = b_2(s,\epsilon)\chi_j + \mathrm{i}b_2(s,\epsilon)\epsilon s(L-\zeta_j(s,\epsilon)-\mathrm{i}\epsilon s P_1 v_1)^{-1}P_1(v_1\chi_j), \tag{4.2.62}$$

容易验证, 它们是相互正交的, 即 $(e_2(s,\epsilon),\overline{e_3(s,\epsilon)})_s=0$.

对于 $j=-1,0,1$, 取 $\zeta_j(s,\epsilon)=\epsilon z_j(s,\epsilon)$, 其中 $z_j(s,\epsilon)$ 是引理 4.11 中的方程 $D_1(z,s,\epsilon)=0$ 的解, 并在方程 (4.2.40)—(4.2.43) 中取 $W_2=W_3=0$. 记 $(sa_j,b_j,c_j)=:(W_0^j,W_1^j,W_4^j)$ 为方程 (4.2.40), (4.2.41) 和 (4.2.43) 对应 $\zeta=\zeta_j(s,\epsilon)$ 的解. 那么, 对应的特征函数 $e_j(s,\epsilon)$, $j=-1,0,1$ 可构造为

$$\begin{cases}e_j(s,\epsilon)=P_0e_j(s,\epsilon)+P_1e_j(s,\epsilon),\\ P_0e_j(s,\epsilon)=sa_j(s,\epsilon)\chi_0+b_j(s,\epsilon)\chi_1+c_j(s,\epsilon)\chi_4,\\ P_1e_j(s,\epsilon)=\mathrm{i}\epsilon s(L-\zeta_j(s,\epsilon)-\mathrm{i}\epsilon sP_1v_1)^{-1}P_1\left(v_1P_0e_j(s,\epsilon)\right).\end{cases}\tag{4.2.63}$$

注意到

$$\left(L-\mathrm{i}\epsilon sv_1-\mathrm{i}\epsilon\frac{v_1}{s}P_d\right)e_j(s,\epsilon)=\zeta_j(s,\epsilon)e_j(s,\epsilon),\quad j=-1,0,1,2,3.$$

将上式与 $\overline{e_k}(s,\epsilon)$ 作内积 $(\cdot,\cdot)_s$, 并利用以下事实

$$\left(L+\mathrm{i}\epsilon sv_1+\mathrm{i}\epsilon\frac{v_1}{s}P_d\right)\overline{e_j}(s,\epsilon)=\overline{\zeta_j}(s,\epsilon)\overline{e_j}(s,\epsilon),$$

$$(B_\epsilon(s)f,g)_s=(f,B_\epsilon(-s)g)_s,\quad\forall f,g\in D(B_\epsilon(s)),$$

可得

$$(\zeta_j(s,\epsilon)-\zeta_k(s,\epsilon))(e_j(s,\epsilon),\overline{e_k}(s,\epsilon))_s=0,\quad j,k=-1,0,1,2,3.$$

对于充分小的 $|\epsilon s|$, 有 $\zeta_j(s,\epsilon)\neq\zeta_k(s,\epsilon)$, $-1\leqslant j\neq k\leqslant 2$. 因此, 我们得到如下的正交关系

$$(e_j(s,\epsilon),\overline{e_k}(s,\epsilon))_s=0,\quad -1\leqslant j\neq k\leqslant 3.$$

对特征函数做归一化

$$(e_j(s,\epsilon),\overline{e_j}(s,\epsilon))_s=1,\quad -1\leqslant j\leqslant 3.$$

由归一化条件, (4.2.62) 中的系数 $b_2(s,\epsilon)$ 满足

$$b_2(s,\epsilon)^2\left(1+\epsilon^2s^2D_2(s,\epsilon)\right)=1,\tag{4.2.64}$$

其中 $D_2(s,\epsilon)=(R(\zeta_0,\epsilon s)P_1(v_1\chi_2),R(\overline{\zeta_0},-\epsilon s)P_1(v_1\chi_2))$. 将 (4.2.59) 代入到 (4.2.64), 可得

$$b_2(s,\epsilon)=1+O(\epsilon^2s^2),\quad \epsilon|s|\leqslant r_0,$$

由上式与 (4.2.62) 可以推出 (4.2.61) 中的 $e_j(s,\epsilon)$ $(j=2,3)$ 的展开.

最后, 我们计算 (4.2.63) 中的 $e_j(s,\epsilon)$ $(j=-1,0,1)$ 的展开. 根据 (4.2.40), (4.2.41) 以及 (4.2.43), 宏观部分 $P_0(e_j(s,\epsilon))$ 中的系数 $(sa_j(s,\epsilon),b_j(s,\epsilon),c_j(s,\epsilon))$ 满足

$$
\begin{cases}
z_j(s,\epsilon)a_j(s,\epsilon)+\mathrm{i}b_j(s,\epsilon)=0,\\
\mathrm{i}\left(s^2+1\right)a_j(s,\epsilon)+\left(z_j(s,\epsilon)-\epsilon s^2R_{11}(\epsilon z_j,\epsilon s)\right)b_j(s,\epsilon)\\
\quad+\left(\mathrm{i}s\sqrt{\dfrac{2}{3}}+\epsilon s^2R_{41}(\epsilon z_j,\epsilon s)\right)c_j(s,\epsilon)=0,\\
\left(\mathrm{i}s\sqrt{\dfrac{2}{3}}-\epsilon s^2R_{14}(\epsilon z_j,\epsilon s)\right)b_j(s,\epsilon)+\left(z_j(s,\epsilon)-\epsilon s^2R_{44}(\epsilon z_j,\epsilon s)\right)c_j(s,\epsilon)=0,
\end{cases}
\tag{4.2.65}
$$

其中 $R_{kl}(\epsilon z_j,\epsilon s)=R_{kl}(\epsilon z_j(s,\epsilon),\epsilon s)$, $k,l=1,4$ 和 $z_j(s,\epsilon)$, $j=-1,0,1$ 分别由 (4.2.44) 和 (4.2.48) 给出. 此外, 由归一化条件可得

$$
1=a_j^2(s,\epsilon)\left(1+s^2\right)+b_j^2(s,\epsilon)+c_j^2(s,\epsilon)+O(\epsilon^2s^2),\quad \epsilon|s|\leqslant r_0. \tag{4.2.66}
$$

根据 (4.2.65), 有

$$
a_j=-\frac{\mathrm{i}}{z_j}b_j,\quad c_j=-\frac{\mathrm{i}s\sqrt{\dfrac{2}{3}}-\epsilon s^2R_{14}}{z_j-\epsilon s^2R_{44}}b_j,\quad j=-1,0,1.
$$

于是, 将上式代入到 (4.2.66) 可得

$$
\left(-\frac{1+s^2}{z_{\pm1}^2}+1\right)b_{\pm1}^2+\frac{\left(\mathrm{i}s\sqrt{\dfrac{2}{3}}-\epsilon s^2R_{14}\right)^2}{(z_{\pm1}-\epsilon s^2R_{44})^2}b_{\pm1}^2+O(\epsilon^2s^2)=1, \tag{4.2.67}
$$

$$
\left(-\frac{1+s^2}{z_0^2}+1\right)\frac{(z_0-\epsilon s^2R_{44})^2}{\left(\mathrm{i}s\sqrt{\dfrac{2}{3}}-\epsilon s^2R_{14}\right)^2}c_0^2+c_0^2+O(\epsilon^2s^2)=1. \tag{4.2.68}
$$

然后, 将 $z_{\pm1}=\pm\mathrm{i}\sqrt{1+\dfrac{5}{3}s^2}+O(\epsilon s^2)$ 和 $z_0=-\epsilon\vartheta_0(s)+O(\epsilon^2s^3)$ 分别代入到 (4.2.67) 和 (4.2.68), 可得

$$
\left(\frac{3+3s^2}{3+5s^2}+1+\frac{2s^2}{3+5s^2}+O(\epsilon s)\right)b_{\pm1}^2+O(\epsilon^2s^2)=1,
$$

$$\left(\frac{2s^2}{3+3s^2}+O(\epsilon s)\right)c_0^2+c_0^2+O(\epsilon^2 s^2)=1.$$

经直接计算, 可以推出如下的 $a_j(s,\epsilon),b_j(s,\epsilon),c_j(s,\epsilon)$, $j=-1,0,1$ 的渐近展开:

$$\begin{cases} a_{\pm 1}(s,\epsilon)=\dfrac{\sqrt{3}}{\sqrt{6+10s^2}}+O\left(\epsilon\dfrac{s}{\sqrt{1+s^2}}\right), \\ b_{\pm 1}(s,\epsilon)=\mp\sqrt{\dfrac{1}{2}}+O(\epsilon s), \\ c_{\pm 1}(s,\epsilon)=\dfrac{s}{\sqrt{3+5s^2}}+O\left(\epsilon\dfrac{s^2}{\sqrt{1+s^2}}\right) \end{cases} \tag{4.2.69}$$

和

$$\begin{cases} a_0(s,\epsilon)=-\dfrac{\sqrt{2}s}{\sqrt{3+5s^2}\sqrt{1+s^2}}+O\left(\epsilon\dfrac{s^2}{1+s^2}\right), \\ b_0(s,\epsilon)=O(\epsilon s), \\ c_0(s,\epsilon)=\dfrac{\sqrt{3+3s^2}}{\sqrt{3+5s^2}}+O(\epsilon s). \end{cases} \tag{4.2.70}$$

结合 (4.2.69), (4.2.70) 和 (4.2.63), 我们可以得到 (4.2.61) 中的 $e_j(s,\epsilon)$ ($j=-1,0,1$) 的展开. □

接下来, 我们考虑以下三维 VPB 算子 $B_\epsilon(\xi)$ 特征值问题:

$$B_\epsilon(\xi)\psi=\left(L-\mathrm{i}\epsilon(v\cdot\xi)-\mathrm{i}\epsilon\frac{v\cdot\xi}{|\xi|^2}P_d\right)\psi=\lambda\psi,\quad \xi\in\mathbb{R}^3. \tag{4.2.71}$$

借助于引理 4.12, 我们得到当 $\epsilon|\xi|\leqslant r_0$ 时 $B_\epsilon(\xi)$ 的特征值 $\lambda_j(|\xi|,\epsilon)$ 和对应的特征函数 $\psi_j(\xi,\epsilon)$ 的渐近展开.

定理 4.13 *存在常数 $r_0>0$ 使得, 当 $\epsilon|\xi|\leqslant r_0$ 时,*

$$\sigma(B_\epsilon(\xi))\cap\{\lambda\in\mathbb{C}\,|\,\mathrm{Re}\lambda\geqslant-\mu/2\}=\{\lambda_j(|\xi|,\epsilon),\ j=-1,0,1,2,3\}.$$

当 $\epsilon|\xi|\leqslant r_0$ 时, 特征值 $\lambda_j(|\xi|,\epsilon)$, $j=-1,0,1,2,3$ 是关于 $(|\xi|,\epsilon)$ 的 C^∞ 函数, 并满足以下的渐近展开:

$$\lambda_j(|\xi|,\epsilon)=\epsilon\eta_j(|\xi|)-\epsilon^2\vartheta_j(|\xi|)+O(\epsilon^3|\xi|^3), \tag{4.2.72}$$

其中 $\eta_j(|\xi|)$ 和 $\vartheta_j(|\xi|)$ 由 (4.2.60) 定义.

特征函数 $\psi_j(\xi,\epsilon)=\psi_j(\xi,\epsilon,v)$, $j=-1,0,1,2,3$ 相互正交, 满足

$$\begin{cases}(\psi_j,\overline{\psi_k})_\xi=(\psi_j,\overline{\psi_k})+|\xi|^{-2}(P_d\psi_j,P_d\overline{\psi_k})=\delta_{jk}, \quad -1\leqslant j,k\leqslant 3,\\ \psi_j(\xi,\epsilon)=P_0\psi_j(\xi,\epsilon)+P_1\psi_j(\xi,\epsilon),\\ P_0\psi_j(\xi,\epsilon)=h_j(\xi)+O(\epsilon|\xi|),\\ P_1\psi_j(\xi,\epsilon)=\mathrm{i}\epsilon L^{-1}P_1[(v\cdot\xi)P_0h_j(\xi)]+O(\epsilon^2|\xi|^2),\end{cases} \tag{4.2.73}$$

其中函数 $h_j(\xi)\in N_0$ 由 (4.2.20) 给出.

证明 令 $\mathbb{O}$ 为 $\mathbb{R}^3$ 上的旋转变换, 使得 $\mathbb{O}:\dfrac{\xi}{|\xi|}\to(1,0,0)$. 则有

$$\mathbb{O}^{-1}\left(L-\mathrm{i}\epsilon(v\cdot\xi)-\mathrm{i}\epsilon\frac{v\cdot\xi}{|\xi|^2}P_d\right)\mathbb{O}=L-\mathrm{i}\epsilon v_1 s-\mathrm{i}\epsilon\frac{v_1}{s}P_d.$$

因此, 由引理 4.12 可知, (4.2.71) 有以下的特征值和特征函数:

$$\left(L-\mathrm{i}\epsilon(v\cdot\xi)-\mathrm{i}\epsilon\frac{v\cdot\xi}{|\xi|^2}P_d\right)\psi_j(\xi,\epsilon)=\lambda_j(|\xi|,\epsilon)\psi_j(\xi,\epsilon),$$

$$\lambda_j(|\xi|,\epsilon)=\zeta_j(|\xi|,\epsilon),\quad \psi_j(\xi,\epsilon)=\mathbb{O}e_j(|\xi|,\epsilon),\quad j=-1,0,1,2,3.$$

定理得证. □

根据引理 4.6—引理 4.9 以及定理 4.13, 我们可以得到半群 $S(t,\xi,\epsilon)=e^{\frac{t}{\epsilon^2}B_\epsilon(\xi)}$ 的分解, 证明过程与定理 2.16 类似, 在此省略.

定理 4.14 半群 $S(t,\xi,\epsilon)=e^{\frac{t}{\epsilon^2}B_\epsilon(\xi)}$ 可分解为

$$S(t,\xi,\epsilon)f=S_1(t,\xi,\epsilon)f+S_2(t,\xi,\epsilon)f,\quad f\in L^2_\xi(\mathbb{R}^3_v), \tag{4.2.74}$$

这里

$$S_1(t,\xi,\epsilon)f=\sum_{j=-1}^{3}e^{\frac{t}{\epsilon^2}\lambda_j(|\xi|,\epsilon)}(f,\overline{\psi_j(\xi,\epsilon)})_\xi\psi_j(\xi,\epsilon)1_{\{\epsilon|\xi|\leqslant r_0\}}, \tag{4.2.75}$$

其中 $(\lambda_j(|\xi|,\epsilon),\psi_j(\xi,\epsilon))$ 是算子 $B_\epsilon(\xi)$ 在 $\epsilon|\xi|\leqslant r_0$ 处的特征值和特征函数, 并且 $S_2(t,\xi,\epsilon)=S(t,\xi,\epsilon)-S_1(t,\xi,\epsilon)$ 满足

$$\|S_2(t,\xi,\epsilon)f\|_\xi\leqslant Ce^{-\frac{\sigma_0 t}{\epsilon^2}}\|f\|_\xi, \tag{4.2.76}$$

其中 $\sigma_0>0$ 和 $C>0$ 是两个不依赖于 ξ 和 ϵ 的常数.

4.3 半群 $e^{\frac{t}{\epsilon^2}B_\epsilon}$ 的流体极限

在本节中, 我们给出半群 $e^{\frac{t}{\epsilon^2}B_\epsilon}$ 的一阶和二阶流体极限 (fluid approximation), 这将用于建立 VPB 方程 (4.1.3)—(4.1.5) 的解到 NSPF 方程 (4.1.7)—(4.1.12) 的解的收敛速率估计.

定义范数

$$\|f\|_{L_P^\infty} = \|f\|_{L^\infty} + \|\nabla_x \Delta_x^{-1}(f, \sqrt{M})\|_{L_x^\infty}. \tag{4.3.1}$$

对于任意 $f_0 \in L^2(\mathbb{R}_x^3 \times \mathbb{R}_v^3)$, 令

$$e^{\frac{t}{\epsilon^2}B_\epsilon} f_0 = (\mathcal{F}^{-1} e^{\frac{t}{\epsilon^2}B_\epsilon(\xi)} \mathcal{F}) f_0.$$

根据引理 4.4, 有

$$\|e^{\frac{t}{\epsilon^2}B_\epsilon} f_0\|_{H_P^k}^2 = \int_{\mathbb{R}^3} (1+|\xi|^2)^k \|e^{\frac{t}{\epsilon^2}B_\epsilon(\xi)} \hat{f}_0\|_\xi^2 d\xi \leqslant \int_{\mathbb{R}^3} (1+|\xi|^2)^k \|\hat{f}_0\|_\xi^2 d\xi = \|f_0\|_{H_P^k}^2.$$

这意味着算子 $\epsilon^{-2}B_\epsilon$ 在 H_P^k 上生成一个强连续压缩半群. 因此, 对于任意 $f_0 \in H_P^k$, $f(t,x,v) = e^{\frac{t}{\epsilon^2}B_\epsilon} f_0$ 是线性 VPB 方程 (4.2.1) 的整体解.

考虑以下关于 $(n,m,q)(t,x)$ 的线性非齐次 Navier-Stokes-Poisson-Fourier 方程:

$$\nabla_x \cdot m = 0, \quad n + \sqrt{\frac{2}{3}} q - \Delta_x^{-1} n = 0, \tag{4.3.2}$$

$$\partial_t m - \kappa_0 \Delta_x m + \nabla_x p = Y_1, \tag{4.3.3}$$

$$\partial_t \left(q - \sqrt{\frac{2}{3}} n \right) - \kappa_1 \Delta_x q = Y_2, \tag{4.3.4}$$

其中 $Y_1 = (Y_1^1, Y_1^2, Y_1^3)$ 和 Y_2 是给定的函数, 压力 p 满足 $p = \Delta_x^{-1} \mathrm{div}_x Y_1$, 初值 $(n,m,q)(0)$ 满足 (4.1.11) 和 (4.1.12).

对于任意 $U_0 = U_0(x,v) \in N_0$, 定义

$$V(t,\xi)\hat{U}_0 = \sum_{j=0,2,3} e^{-\vartheta_j(|\xi|)t} (\hat{U}_0, h_j(\xi))_\xi h_j(\xi), \tag{4.3.5}$$

其中 $\vartheta_j(|\xi|)$ 和 $h_j(\xi)$, $j=0,2,3$ 分别由 (4.2.60) 和 (4.2.20) 给出. 设

$$V(t)U_0 = (\mathcal{F}^{-1} V(t,\xi) \mathcal{F}) U_0. \tag{4.3.6}$$

下面, 我们证明线性 NSPF 方程 (4.3.2)—(4.3.4) 的解可由半群 $V(t)$ 表示如下.

引理 4.15 对于任意 $f_0 \in L^2(\mathbb{R}_x^3 \times \mathbb{R}_v^3)$ 以及 $Y_i \in L_t^1(L_x^2)$, $i=1,2$, 定义

$$U(t,x,v) = V(t)P_0 f_0 + \int_0^t V(t-s)Y(s)ds,$$

其中

$$Y(t,x,v) = Y_1(t,x)\cdot v\chi_0 + Y_2(t,x)\chi_4.$$

令 $(n,m,q) = ((U,\chi_0),(U,v\chi_0),(U,\chi_4))$. 那么, $(n,m,q)(t,x) \in L_t^\infty(L_x^2)$ 是线性 NSPF 方程 (4.3.2)—(4.3.4) 唯一的整体解, 且其初值 $(n,m,q)(0)$ 满足 (4.1.11)–(4.1.12).

证明 对 (4.3.2)—(4.3.4) 做傅里叶变换, 得到

$$\mathrm{i}\xi\cdot\hat{m} = 0, \quad \hat{n} + \frac{1}{|\xi|^2}\hat{n} + \sqrt{\frac{2}{3}}\hat{q} = 0, \tag{4.3.7}$$

$$\partial_t\hat{m} + \kappa_0|\xi|^2\hat{m} + \mathrm{i}\xi\hat{p} = \hat{Y}_1, \tag{4.3.8}$$

$$\partial_t\left(\hat{q} - \sqrt{\frac{2}{3}}\hat{n}\right) + \kappa_1|\xi|^2\hat{q} = \hat{Y}_2, \tag{4.3.9}$$

其中, 初值 $(\hat{n},\hat{m},\hat{q})(0)$ 满足

$$\hat{m}(0) = \mathbb{O}_1(P_0\hat{f}_0, v\chi_0), \quad \hat{q}(0) - \sqrt{\frac{2}{3}}\hat{n}(0) = \left(P_0\hat{f}_0, \chi_4 - \sqrt{\frac{2}{3}}\chi_0\right), \tag{4.3.10}$$

这里 $\mathbb{O}_1 = \mathbb{O}_1(\xi)$ 为如下定义的投影算子:

$$\mathbb{O}_1 y = y - \left(y\cdot\frac{\xi}{|\xi|}\right)\frac{\xi}{|\xi|}, \quad \forall y \in \mathbb{R}^3.$$

根据 (4.3.7) 和 (4.3.9), 得到

$$\hat{n} = -\sqrt{\frac{2}{3}}\frac{|\xi|^2}{1+|\xi|^2}\hat{q}, \tag{4.3.11}$$

$$\frac{3+5|\xi|^2}{3+3|\xi|^2}\partial_t\hat{q} + \kappa_1|\xi|^2\hat{q} = \hat{Y}_2. \tag{4.3.12}$$

从 (4.3.11), (4.3.12), (4.3.10), (4.2.20) 和 (4.2.60) 可知

$$\hat{q}(t,\xi) = e^{-\vartheta_0(|\xi|)t}\hat{q}(0) + \int_0^t e^{-\vartheta_0(|\xi|)(t-s)}\frac{3+3|\xi|^2}{3+5|\xi|^2}\hat{Y}_2(s)ds$$

$$
\begin{aligned}
&= e^{-\vartheta_0(|\xi|)t}(P_0\hat{f}_0, h_0(\xi))_\xi(h_0(\xi), \chi_4) \\
&\quad + \int_0^t e^{-\vartheta_0(|\xi|)(t-s)}(\hat{Y}(s), h_0(\xi))_\xi(h_0(\xi), \chi_4)ds,
\end{aligned} \tag{4.3.13}
$$

以及

$$
\begin{aligned}
\hat{n}(t,\xi) &= e^{-\vartheta_0(|\xi|)t}(P_0\hat{f}_0, h_0(\xi))_\xi(h_0(\xi), \chi_0) \\
&\quad + \int_0^t e^{-\vartheta_0(|\xi|)(t-s)}(\hat{Y}(s), h_0(\xi))_\xi(h_0(\xi), \chi_0)ds.
\end{aligned} \tag{4.3.14}
$$

根据 (4.3.7) 和 (4.3.8), 有

$$
\begin{aligned}
\hat{m}(t,\xi) &= e^{-\vartheta_2(|\xi|)t}\mathbb{O}_1\hat{m}(0) + \int_0^t e^{-\vartheta_2(|\xi|)(t-s)}\mathbb{O}_1\hat{Y}_1(s)ds \\
&= \sum_{j=2,3} e^{-\vartheta_j(|\xi|)t}(P_0\hat{f}_0, h_j(\xi))_\xi(h_j(\xi), v\chi_0) \\
&\quad + \sum_{j=2,3}\int_0^t e^{-\vartheta_j(|\xi|)(t-s)}(\hat{Y}(s), h_j(\xi))_\xi(h_j(\xi), v\chi_0)ds.
\end{aligned} \tag{4.3.15}
$$

于是, 根据 (4.3.13)—(4.3.15) 以及性质 $(h_0(\xi), v\chi_0) = 0$ 和 $(h_j(\xi), \chi_0) = (h_j(\xi), \chi_4) = 0$, $j = 2, 3$, 引理得证. □

为了研究半群 $e^{\frac{t}{\epsilon^2}B_\epsilon}$ 的流体动力学极限, 我们给出以下三个引理.

引理 4.16 ([68]) 令 $d \geqslant (n+2)/4$, $p \in [2, \infty]$. 则对任意 $t > 0$, 有

$$
\left\| \int_{\mathbb{R}^n} e^{\mathrm{i}x\cdot\xi} e^{-\mathrm{i}\sqrt{1+|\xi|^2}t}(1+|\xi|^2)^{-d}d\xi \right\|_{L^p(\mathbb{R}^n_x)} \leqslant Ct^{-\frac{n}{2}+\frac{n}{p}}. \tag{4.3.16}
$$

引理 4.17 令常数 $a > 1$. 假设对任意 $\alpha \in \mathbb{N}^3$, 函数 $b(\xi)$ 满足 $|\partial_\xi^\alpha b(\xi)| \leqslant C(1+|\xi|)^{-a-|\alpha|}$. 那么

$$
\int_{\mathbb{R}^3} e^{\mathrm{i}x\cdot\xi} e^{-\vartheta_j(|\xi|)t} b(\xi)d\xi \in L^1_x, \tag{4.3.17}
$$

其中 $\vartheta_j(|\xi|)$, $j = -1, 0, 1, 2, 3$ 由 (4.2.60) 给出.

证明 对任意 $\alpha \in \mathbb{N}^3$ 以及 $j = -1, 0, 1, 2, 3$, 根据 (4.2.60) 可得

$$
|\partial_\xi^\alpha e^{-\vartheta_j(|\xi|)t}| \leqslant Ct^{|\alpha|/2}(1+|\xi|^2 t)^{|\alpha|/2}e^{-c|\xi|^2 t},
$$

其中 $c, C > 0$ 为常数. 因此

$$
\left| x^\alpha \int_{\mathbb{R}^3} e^{\mathrm{i}x\cdot\xi} e^{-\vartheta_j(|\xi|)t} d\xi \right| \leqslant C\int_{\mathbb{R}^3} |\partial_\xi^\alpha e^{-\vartheta_j(|\xi|)t}| d\xi \leqslant Ct^{-3/2+|\alpha|/2}. \tag{4.3.18}
$$

对任意 $n\in\mathbb{N}$, 当 $|x|^2\leqslant t$ 时取 $|\alpha|=0$, 当 $|x|^2\geqslant t$ 时取 $|\alpha|=2n$, 并由 (4.3.18) 可得

$$|\mathcal{F}^{-1}(e^{-\vartheta_j(|\xi|)t})|\leqslant Ct^{-\frac{3}{2}}\left(1+\frac{|x|^2}{t}\right)^{n},\quad \forall n\in\mathbb{N}. \tag{4.3.19}$$

因为对任意 $\alpha\in\mathbb{N}^3$, 有 $|\partial_\xi^\alpha b(\xi)|\leqslant C(1+|\xi|)^{-a-|\alpha|}$, 于是

$$\left|\mathcal{F}^{-1}b(\xi)\right|\leqslant C\frac{1}{|x|^2}(1+|x|)^{-n},\quad \forall n\in\mathbb{N}. \tag{4.3.20}$$

因此, 由 (4.3.19) 和 (4.3.20) 可得

$$\|\mathcal{F}^{-1}(e^{-\vartheta_j(|\xi|)t}b(\xi))\|_{L^1_x}\leqslant C\|\mathcal{F}^{-1}\left(e^{-\vartheta_j(|\xi|)t}\right)\|_{L^1_x}\left\|\mathcal{F}^{-1}b(\xi)\right\|_{L^1_x}\leqslant C,$$

这就证明了 (4.3.17). □

引理 4.18 对任意 $f_0\in N_0$, 有

$$\|S_2(t,\xi,\epsilon)f_0\|_\xi\leqslant C\left(\epsilon|\xi|1_{\{\epsilon|\xi|\leqslant r_0\}}+1_{\{\epsilon|\xi|\geqslant r_0\}}\right)e^{-\frac{\sigma_0 t}{\epsilon^2}}\|f_0\|_\xi, \tag{4.3.21}$$

其中 $S_2(t,\xi,\epsilon)$ 由定理 4.14 给出.

证明 定义投影 $P_\epsilon(\xi)$ 如下

$$P_\epsilon(\xi)f=\sum_{j=-1}^{3}(f,\overline{\psi_j(\xi,\epsilon)})_\xi\psi_j(\xi,\epsilon),\quad \forall f\in L^2(\mathbb{R}^3_v),$$

其中 $\psi_j(\xi,\epsilon)$, $j=-1,0,1,2,3$ 是 $B_\epsilon(\xi)$ 在 $\epsilon|\xi|\leqslant r_0$ 处的特征函数, 由 (4.2.73) 给出.

首先, 我们证明

$$S_1(t,\xi,\epsilon)=e^{\frac{t}{\epsilon^2}B_\epsilon(\xi)}1_{\{\epsilon|\xi|\leqslant r_0\}}P_\epsilon(\xi). \tag{4.3.22}$$

事实上, 由引理 1.18 可知, 对于 $\epsilon|\xi|\leqslant r_0$, 有

$$\begin{aligned}
e^{\frac{t}{\epsilon^2}B_\epsilon(\xi)}P_\epsilon(\xi)f&=\frac{1}{2\pi\mathrm{i}}\int_{\kappa-\mathrm{i}\infty}^{\kappa+\mathrm{i}\infty}e^{\frac{\lambda t}{\epsilon^2}}(\lambda-B_\epsilon(\xi))^{-1}P_\epsilon(\xi)fd\lambda\\
&=\frac{1}{2\pi\mathrm{i}}\sum_{j=-1}^{3}\int_{\kappa-\mathrm{i}\infty}^{\kappa+\mathrm{i}\infty}e^{\frac{\lambda t}{\epsilon^2}}(\lambda-\lambda_j(|\xi|,\epsilon))^{-1}d\lambda(f,\overline{\psi_j(\xi,\epsilon)})_\xi\psi_j(\xi,\epsilon)\\
&=\sum_{j=-1}^{3}e^{\frac{t}{\epsilon^2}\lambda_j(|\xi|,\epsilon)}(f,\overline{\psi_j(\xi,\epsilon)})_\xi\psi_j(\xi,\epsilon)=S_1(t,\xi,\epsilon)f.
\end{aligned}$$

根据 (4.3.22) 和 (4.2.74), 有

$$S_2(t,\xi,\epsilon)=S_{21}(t,\xi,\epsilon)+S_{22}(t,\xi,\epsilon), \tag{4.3.23}$$

其中

$$S_{21}(t,\xi,\epsilon)=S_2(t,\xi,\epsilon)1_{\{\epsilon|\xi|\leqslant r_0\}}=e^{\frac{t}{\epsilon^2}B_\epsilon(\xi)}1_{\{\epsilon|\xi|\leqslant r_0\}}(I-P_\epsilon(\xi)),$$

$$S_{22}(t,\xi,\epsilon)=S_2(t,\xi,\epsilon)1_{\{\epsilon|\xi|\geqslant r_0\}}=e^{\frac{t}{\epsilon^2}B_\epsilon(\xi)}1_{\{\epsilon|\xi|\geqslant r_0\}}.$$

根据定理 4.14, 有

$$\|S_{2j}(t,\xi,\epsilon)g\|_\xi\leqslant Ce^{-\frac{\sigma_0 t}{\epsilon^2}}\|g\|_\xi,\quad \forall g\in L^2(\mathbb{R}^3_v),\ \ j=1,2.$$

因为 $h_j(\xi)$, $j=-1,0,1,2,3$ 是 N_0 的标准正交基, 从而, 对于任意 $f_0\in N_0$,

$$f_0-P_\epsilon(\xi)f_0=\sum_{j=-1}^{3}(f_0,h_j(\xi))_\xi h_j(\xi)-\sum_{j=-1}^{3}(f_0,\overline{\psi_j(\xi,\epsilon)})_\xi\psi_j(\xi,\epsilon),$$

其中 $h_j(\xi)$ 由 (4.2.20) 定义. 由 (4.2.73) 可知, $\psi_j(\xi,\epsilon)=h_j(\xi)+O(\epsilon|\xi|)$, 因此

$$\|S_{21}(t,\xi,\epsilon)f_0\|_\xi\leqslant C\epsilon|\xi|1_{\{\epsilon|\xi|\leqslant r_0\}}e^{-\frac{\sigma_0 t}{\epsilon^2}}\|f_0\|_\xi,\quad \forall f_0\in N_0. \tag{4.3.24}$$

结合 (4.3.23)–(4.3.24), 可证 (4.3.21). □

下面, 我们给出半群 $e^{\frac{t}{\epsilon^2}B_\epsilon}$ 的一阶和二阶的流体渐近展开.

引理 4.19 对于任意 $\epsilon\in(0,1)$ 以及任意 $f_0\in L^2(\mathbb{R}^3_x\times\mathbb{R}^3_v)$, 有

$$\begin{aligned}&\left\|e^{\frac{t}{\epsilon^2}B_\epsilon}f_0-V(t)P_0f_0\right\|_{L^\infty_P}\\&\leqslant C\left(\epsilon(1+t)^{-\frac{3}{2}}+\left(1+\frac{t}{\epsilon}\right)^{-q}\right)(\|f_0\|_{H^4}+\|f_0\|_{W^{4,1}}+\|\nabla_x\phi_0\|_{L^p_x}),\end{aligned} \tag{4.3.25}$$

其中 $1<p<2$, $q=3/p-3/2$, $V(t)$ 由 (4.3.6) 定义, $\phi_0=\Delta_x^{-1}(f_0,\chi_0)$. 另外, 如果 f_0 满足 (4.1.15), 那么

$$\left\|e^{\frac{t}{\epsilon^2}B_\epsilon}f_0-V(t)P_0f_0\right\|_{L^\infty_P}\leqslant C\epsilon(1+t)^{-\frac{3}{2}}(\|f_0\|_{H^3}+\|f_0\|_{L^{2,1}}). \tag{4.3.26}$$

这里范数 $\|\cdot\|_{L^\infty_P}$ 由 (4.3.1) 定义.

证明 首先, 我们证明 (4.3.25). 根据定理 4.14, 有

$$\begin{aligned}\|e^{\frac{t}{\epsilon^2}B_\epsilon}f_0-V(t)P_0f_0\|&=\left\|\int_{\mathbb{R}^3}e^{\mathrm{i}x\cdot\xi}(e^{\frac{t}{\epsilon^2}B_\epsilon(\xi)}\hat f_0-V(t,\xi)P_0\hat f_0)d\xi\right\|\\&\leqslant\left\|\int_{|\xi|\leqslant\frac{r_0}{\epsilon}}e^{\mathrm{i}x\cdot\xi}(S_1(t,\xi,\epsilon)\hat f_0-V(t,\xi)P_0\hat f_0)d\xi\right\|\\&\quad+\int_{|\xi|\geqslant\frac{r_0}{\epsilon}}\|V(t,\xi)P_0\hat f_0\|d\xi+\int_{\mathbb{R}^3}\|S_2(t,\xi,\epsilon)\hat f_0\|d\xi\end{aligned}$$

$$=: I_1 + I_2 + I_3. \tag{4.3.27}$$

下面我们对 I_j, $j = 1,2,3$ 进行估计. 根据 (4.2.75) 和定理 4.13, 有

$$S_1(t,\xi,\epsilon)\hat{f}_0 = \sum_{j=-1}^{3} e^{\frac{\eta_j(|\xi|)}{\epsilon}t-\vartheta_j(|\xi|)t+O(\epsilon|\xi|^3)t}[(P_0\hat{f}_0, h_j(\xi))_\xi h_j(\xi) + O(\epsilon|\xi|)],$$

于是

$$\begin{aligned}
I_1 \leqslant& \sum_{j=-1}^{3} \int_{|\xi|\leqslant\frac{r_0}{\epsilon}} \Big\| e^{\frac{\eta_j(|\xi|)}{\epsilon}t-\vartheta_j(|\xi|)t+O(\epsilon|\xi|^3)t}[(P_0\hat{f}_0, h_j(\xi))_\xi h_j(\xi) + O(\epsilon|\xi|)] \\
&- e^{\frac{\eta_j(|\xi|)}{\epsilon}t-\vartheta_j(|\xi|)t}(P_0\hat{f}_0, h_j(\xi))_\xi h_j(\xi)\Big\| d\xi \\
&+ \sum_{j=-1,1} \Big\| \int_{|\xi|\leqslant\frac{r_0}{\epsilon}} e^{\mathrm{i}x\cdot\xi} e^{\frac{\eta_j(|\xi|)}{\epsilon}t-\vartheta_j(|\xi|)t}(P_0\hat{f}_0, h_j(\xi))_\xi h_j(\xi) d\xi \Big\| \\
=:& I_{11} + I_{12}.
\end{aligned} \tag{4.3.28}$$

对于 I_{11}, 根据 (4.2.60) 和 (4.2.73) 可知

$$\begin{aligned}
I_{11} \leqslant& C\epsilon \int_{|\xi|\leqslant\frac{r_0}{\epsilon}} e^{-c|\xi|^2 t}(|\xi|^3 t\|P_0\hat{f}_0\|_\xi + |\xi|\|\hat{f}_0\|_\xi) d\xi \\
\leqslant& C\epsilon \sup_{|\xi|\leqslant 1}(|\xi|\|\hat{f}_0\|_\xi) \int_{|\xi|\leqslant 1} e^{-c|\xi|^2 t}(|\xi|^2 t + 1) d\xi \\
&+ C\epsilon \left(\int_{|\xi|>1} e^{-c|\xi|^2 t} \frac{(1+|\xi|^2 t)^2}{(1+|\xi|^2)^2} d\xi \right)^{1/2} \left(\int_{|\xi|>1} (1+|\xi|^2)^2 |\xi|^2 \|\hat{f}_0\|_\xi^2 d\xi \right)^{1/2} \\
\leqslant& C\epsilon(1+t)^{-\frac{3}{2}} \left(\|f_0\|_{H^3} + \|f_0\|_{L^{2,1}}\right).
\end{aligned} \tag{4.3.29}$$

对于 I_{12}, 容易验证

$$I_{12} \leqslant C \int_{|\xi|\leqslant\frac{r_0}{\epsilon}} e^{-c|\xi|^2 t}\|P_0\hat{f}_0\|_\xi d\xi \leqslant C(\|P_0 f_0\|_{H^2} + \|P_0 f_0\|_{L^{2,1}}). \tag{4.3.30}$$

其次, 将 I_{12} 分解为

$$\begin{aligned}
I_{12} =& \sum_{j=-1,1} \Big\| \left(\int_{\mathbb{R}^3} - \int_{|\xi|\geqslant\frac{r_0}{\epsilon}} \right) e^{\mathrm{i}x\cdot\xi} e^{\frac{\eta_j(|\xi|)}{\epsilon}t-\vartheta_j(|\xi|)t}(P_0\hat{f}_0, h_j(\xi))_\xi h_j(\xi) d\xi \Big\| \\
\leqslant& \sum_{j=-1,1} \Big\| \int_{\mathbb{R}^3} e^{\mathrm{i}x\cdot\xi}\hat{H}_j(t,\xi) d\xi \Big\| + \sum_{j=-1,1} \int_{|\xi|\geqslant\frac{r_0}{\epsilon}} \|\hat{H}_j(t,\xi)\| d\xi \\
=:& I_{13} + I_{14},
\end{aligned} \tag{4.3.31}$$

其中

$$\hat{H}_j(t,\xi)=e^{\frac{\eta_j(|\xi|)}{\epsilon}t-\vartheta_j(|\xi|)t}(P_0\hat{f}_0,h_j(\xi))_\xi h_j(\xi),\quad j=-1,1.$$

对于 I_{14}, 有

$$\begin{aligned}I_{14}&\leqslant C\int_{|\xi|\geqslant\frac{r_0}{\epsilon}}e^{-\frac{r_0^2}{2\epsilon^2}t}\|P_0\hat{f}_0\|_\xi d\xi\\&\leqslant C\left(\int_{|\xi|\geqslant\frac{r_0}{\epsilon}}e^{-\frac{r_0^2}{2\epsilon^2}t}\frac{1}{(1+|\xi|^2)^2}d\xi\right)^{1/2}\left(\int_{|\xi|\geqslant\frac{r_0}{\epsilon}}(1+|\xi|^2)^2\|P_0\hat{f}_0\|_\xi^2d\xi\right)^{1/2}\\&\leqslant Ce^{-\frac{r_0^2}{2\epsilon^2}t}\left(\|P_0f_0\|_{H^2}+\|P_0f_0\|_{L^{2,1}}\right).\end{aligned}\tag{4.3.32}$$

根据 (4.2.20), 有

$$\begin{aligned}&(P_0\hat{f}_0,h_j(\xi))_\xi h_j(\xi)\\=&\sqrt{\frac{1}{2}}\left[\frac{\sqrt{3}(1+|\xi|^2)}{3+5|\xi|^2}\hat{n}_0+\frac{\sqrt{2}|\xi|^2}{3+5|\xi|^2}\hat{q}_0+\frac{j(\hat{m}_0\cdot\xi)}{\sqrt{3+5|\xi|^2}}\right]\left(\sqrt{\frac{3}{2}}\chi_0+\chi_4\right)\\&+\frac{1}{2}\sum_{k=1}^3 j\left[\frac{\sqrt{3}\xi_k}{\sqrt{3+5|\xi|^2}}(\hat{n}_0+\hat{\phi}_0)+\frac{\sqrt{2}\xi_k}{\sqrt{3+5|\xi|^2}}\hat{q}_0+j\frac{(\hat{m}_0\cdot\xi)}{|\xi|^2}\xi_k\right]v_k\chi_0,\end{aligned}\tag{4.3.33}$$

其中 $j=-1,1$, 且 (n_0,m_0,q_0) 定义为

$$(\hat{n}_0,\hat{m}_0,\hat{q}_0)=((\hat{f}_0,\chi_0),(\hat{f}_0,v\chi_0),(\hat{f}_0,\chi_4)).$$

令

$$\begin{cases}\hat{\mathcal{D}}_j(t,\xi)=e^{\frac{j\mathrm{i}\sqrt{1+\frac{5}{3}|\xi|^2}}{\epsilon}t}\left(1+\frac{5}{3}|\xi|^2\right)^{-\frac{5}{4}},\quad j=-1,1,\\\hat{\mathcal{C}}_{jk}(t,\xi)=e^{-\vartheta_j(|\xi|)t}\left(1+\frac{5}{3}|\xi|^2\right)^{-\frac{3}{4}}\hat{\mathcal{B}}_k,\quad k=0,1,2,3,\\(\hat{\mathcal{Y}}_0,\hat{\mathcal{Y}}_1,\hat{\mathcal{Y}}_2)=\left(1+\frac{5}{3}|\xi|^2\right)^2(\hat{n}_0,\hat{m}_0,\hat{q}_0),\\\hat{\mathcal{B}}_0(\xi)=\frac{1}{3+5|\xi|^2},\quad\hat{\mathcal{B}}_2(\xi)=\frac{|\xi|^2}{3+5|\xi|^2},\\\hat{\mathcal{B}}_1(\xi)=\frac{\xi}{\sqrt{3+5|\xi|^2}},\quad\hat{\mathcal{B}}_3(\xi)=\frac{1}{\sqrt{3+5|\xi|^2}}.\end{cases}\tag{4.3.34}$$

根据 (4.3.33) 和 (4.3.34), 可得

$$
\begin{cases}
\left(\hat{H}_j, \sqrt{\dfrac{3}{2}}\chi_0 + \chi_4\right) = C\hat{\mathcal{D}}_j[\sqrt{3}(\hat{\mathcal{C}}_{j0} + \hat{\mathcal{C}}_{j2})\hat{\mathcal{Y}}_0 + \sqrt{2}\hat{\mathcal{C}}_{j2}\hat{\mathcal{Y}}_2 + j\hat{\mathcal{C}}_{j1} \cdot \hat{\mathcal{Y}}_1], \\
(\hat{H}_j, v\chi_0) = C\hat{\mathcal{D}}_j \left[j\sqrt{3}\left(\hat{\mathcal{C}}_{j1}\hat{\mathcal{Y}}_0 + \hat{\mathcal{C}}_{j3}\dfrac{\xi}{|\xi|^2}\hat{\mathcal{Y}}_0\right) + j\sqrt{2}\hat{\mathcal{C}}_{j1}\hat{\mathcal{Y}}_2 + \dfrac{\xi}{|\xi|^2}(\xi \cdot \hat{\mathcal{Y}}_1)\right].
\end{cases}
\tag{4.3.35}
$$

下面对 (4.3.35) 的右端项进行估计. 根据引理 4.16 可知

$$
\|\mathcal{D}_j(t)\|_{L^p_x} \leqslant C\left(\frac{t}{\epsilon}\right)^{-\frac{3}{2}+\frac{3}{p}}, \quad \forall p \in [2, \infty]. \tag{4.3.36}
$$

容易验证, 对于任意 $\alpha \in \mathbb{N}^3$ 及 $0 \leqslant k \leqslant 3$, 有 $\|\partial_\xi^\alpha \hat{\mathcal{B}}_k(\xi)\| \leqslant C(1+|\xi|)^{-|\alpha|}$. 于是, 根据 (4.3.34) 和引理 4.17 可得

$$
\|\mathcal{C}_{jk}(t)\|_{L^1_x} \leqslant C, \quad k = 0, 1, 2, 3. \tag{4.3.37}
$$

由 Hardy-Littlewood-Sobolev 不等式 (见附录 A.4 (vii)), 有

$$
\|D_x^2\Delta_x^{-1}g\|_{L^q} \leqslant C\|g\|_{L^q}, \quad \forall g \in L^q(\mathbb{R}^3), \quad q \in (1, \infty). \tag{4.3.38}
$$

根据 (4.3.35)—(4.3.38), 可以推出

$$
\begin{aligned}
I_{13} \leqslant & C\left\|\left(H_j(t), \sqrt{\frac{3}{2}}\chi_0 + \chi_4\right)\right\|_{L^\infty_x} + C\|(H_j(t), v\chi_0)\|_{L^\infty_x} \\
\leqslant & C\|\mathcal{D}_j(t)\|_{L^r_x}\|\mathcal{C}_{jk}(t)\|_{L^1_x}\|(\mathcal{Y}_0, \mathcal{Y}_1, \mathcal{Y}_2)\|_{L^p_x} + C\|\mathcal{D}_j(t)\|_{L^r_x}\|D_x^2\Delta_x^{-1}\mathcal{Y}_1\|_{L^p_x} \\
& + C\|\mathcal{D}_j(t)\|_{L^r_x}\|\mathcal{C}_{j3}(t)\|_{L^1_x}\|\nabla_x\Delta_x^{-1}\mathcal{Y}_0\|_{L^p_x} \\
\leqslant & C\left(\frac{t}{\epsilon}\right)^{-\frac{3}{2}+\frac{3}{r}} (\|P_0 f_0\|_{W^{4,p}} + \|\nabla_x\phi_0\|_{L^p_x}),
\end{aligned}
\tag{4.3.39}
$$

其中 r, p 满足 $1/p + 1/r = 1$, $1 < p < 2$. 于是, 我们结合 (4.3.30)—(4.3.32) 以及 (4.3.39), 可得

$$
I_{12} \leqslant C\left(1 + \frac{t}{\epsilon}\right)^{-q} (\|P_0 f_0\|_{H^4} + \|P_0 f_0\|_{W^{4,1}} + \|\nabla_x\phi_0\|_{L^p_x}), \tag{4.3.40}
$$

其中 $1 < p < 2$, $q = 3/p - 3/2$.

因此, 由 (4.3.28), (4.3.29) 以及 (4.3.40) 可得

$$I_1 \leqslant C\left(\epsilon(1+t)^{-\frac{3}{2}}+\left(1+\frac{t}{\epsilon}\right)^{-q}\right)\left(\|f_0\|_{H^4}+\|f_0\|_{W^{4,1}}+\|\nabla_x\phi_0\|_{L^p_x}\right), \quad (4.3.41)$$

其中 $1<p<2$, $q=3/p-3/2$.

根据 (4.3.5) 和 (4.2.76), 可得

$$\begin{aligned} I_2 &\leqslant C\left(\int_{|\xi|\geqslant\frac{r_0}{\epsilon}}\frac{1}{|\xi|^4}d\xi\right)^{1/2}\left(\int_{|\xi|\geqslant\frac{r_0}{\epsilon}}e^{-2c|\xi|^2t}|\xi|^4\|P_0\hat{f}_0\|^2d\xi\right)^{1/2}\\ &\leqslant Ce^{-\frac{cr_0^2t}{\epsilon^2}}\|f_0\|_{H^2}, \qquad (4.3.42)\\ I_3 &\leqslant C\left(\int_{\mathbb{R}^3}\frac{1}{(1+|\xi|^2)^2}d\xi\right)^{1/2}\left(\int_{\mathbb{R}^3}e^{-2\frac{dt}{\epsilon^2}}(1+|\xi|^2)^2\|\hat{f}_0\|_\xi^2d\xi\right)^{1/2}\\ &\leqslant Ce^{-\frac{\sigma_0t}{\epsilon^2}}\left(\|f_0\|_{H^2}+\|f_0\|_{L^{2,1}}\right). \qquad (4.3.43)\end{aligned}$$

因此, 由 (4.3.27) 和 (4.3.41)—(4.3.43) 可得

$$\begin{aligned}\|e^{\frac{t}{\epsilon^2}B_\epsilon}f_0-V(t)P_0f_0\|_{L^\infty} \leqslant& C\left(\epsilon(1+t)^{-\frac{3}{2}}+\left(1+\frac{t}{\epsilon}\right)^{-q}\right)\\ &\times\left(\|f_0\|_{H^4}+\|f_0\|_{W^{4,1}}+\|\nabla_x\phi_0\|_{L^p_x}\right),\end{aligned}$$

其中 $1<p<2$, $q=3/p-3/2$.

类似地, 我们可以证明

$$\begin{aligned}&\|\nabla_x\Delta_x^{-1}(e^{\frac{t}{\epsilon^2}B_\epsilon}f_0-V(t)P_0f_0,\chi_0)\|_{L^\infty_x}\\ \leqslant& C\left(\epsilon(1+t)^{-\frac{3}{2}}+\left(1+\frac{t}{\epsilon}\right)^{-q}\right)\left(\|f_0\|_{H^4}+\|f_0\|_{W^{4,1}}+\|\nabla_x\phi_0\|_{L^p_x}\right).\end{aligned}$$

其次, 我们证明 (4.3.26). 如果 f_0 满足 (4.1.15), 那么有

$$(P_0\hat{f}_0,h_j(\xi))_\xi=0, \quad j=-1,1,$$

这意味着 $I_{12}=0$, 且 I_{11} 仍满足 (4.3.29). 由 (4.3.5) 可得

$$I_2\leqslant C\epsilon\int_{|\xi|\geqslant\frac{r_0}{\epsilon}}e^{-c|\xi|^2t}|\xi|\|P_0\hat{f}_0\|d\xi\leqslant C\epsilon e^{-\frac{cr_0^2t}{\epsilon^2}}\|f_0\|_{H^3}.$$

根据引理 4.18, 有

$$\begin{aligned}I_3 &\leqslant C\int_{|\xi|\leqslant\frac{r_0}{\epsilon}}\epsilon|\xi|e^{-\frac{\sigma_0 t}{\epsilon^2}}\|\hat{f}_0\|_\xi d\xi + C\int_{|\xi|\geqslant\frac{r_0}{\epsilon}}e^{-\frac{\sigma_0 t}{\epsilon^2}}\|\hat{f}_0\|_\xi d\xi\\ &\leqslant C\epsilon e^{-\frac{\sigma_0 t}{\epsilon^2}}\left(\|f_0\|_{H^3}+\|f_0\|_{L^{2,1}}\right).\end{aligned}$$

因此我们得到 (4.3.26). □

备注 4.20 在引理 4.19 的证明中, 我们发现

$$\|e^{\frac{t}{\epsilon^2}B_\epsilon}P_0 f_0 - V(t)P_0 f_0 - u_\epsilon^{\rm osc}(t)\|_{L^\infty_P} \leqslant C\epsilon(1+t)^{-\frac{3}{4}}\left(\|f_0\|_{H^3}+\|f_0\|_{L^{2,1}}\right),$$

其中 $u_\epsilon^{\rm osc}(t) = u_\epsilon^{\rm osc}(t,x,v)$ 定义为

$$u_\epsilon^{\rm osc}(t,x,v) - \sum_{j=-1,1}\mathcal{F}^{-1}(e^{\frac{\eta_j(|\xi|)}{\epsilon}t-\vartheta_j(|\xi|)t}(P_0\hat{f}_0, h_j(\xi))_\xi h_j(\xi)).$$

引理 4.21 对任意 $\epsilon\in(0,1)$ 以及任意 $f_0\in L^2(\mathbb{R}^3_x\times\mathbb{R}^3_v)$ 满足 $P_0 f_0 = 0$, 有

$$\begin{aligned}&\left\|\frac{1}{\epsilon}e^{\frac{t}{\epsilon^2}B_\epsilon}f_0 + V(t)P_0(v\cdot\nabla_x L^{-1}f_0)\right\|_{L^\infty_P}\\ &\leqslant C\left(\epsilon(1+t)^{-\frac{5}{2}} + \left(1+\frac{t}{\epsilon}\right)^{-p} + \frac{1}{\epsilon}e^{-\frac{\sigma_0 t}{\epsilon^2}}\right)\left(\|f_0\|_{H^5}+\|f_0\|_{W^{5,1}}\right),\end{aligned}\tag{4.3.44}$$

其中 $0<p<3/2$, $V(t)$ 由 (4.3.6) 定义.

证明 由定理 4.14, 可得

$$\begin{aligned}&\left\|\frac{1}{\epsilon}e^{\frac{t}{\epsilon^2}B_\epsilon}f_0 + V(t)P_0(v\cdot\nabla_x L^{-1}f_0)\right\|\\ &\leqslant\left\|\int_{|\xi|\leqslant\frac{r_0}{\epsilon}}e^{{\rm i}x\cdot\xi}\left(\frac{1}{\epsilon}S_1(t,\xi,\epsilon)\hat{f}_0 + V(t,\xi)P_0({\rm i}v\cdot\xi L^{-1}\hat{f}_0)\right)d\xi\right\|\\ &\quad+\int_{|\xi|\geqslant\frac{r_0}{\epsilon}}\|V(t,\xi)P_0(v\cdot\xi L^{-1}\hat{f}_0)\|d\xi + \int_{\mathbb{R}^3}\left\|\frac{1}{\epsilon}S_2(t,\xi,\epsilon)\hat{f}_0\right\|d\xi\\ &=: I_1+I_2+I_3.\end{aligned}\tag{4.3.45}$$

下面我们对 $I_j, j=1,2,3$ 进行估计. 根据 (4.2.75) 以及定理 4.13, 对于满足 $P_0 f_0 = 0$ 的任意 $f_0\in L^2$, 有

$$S_1(t,\xi,\epsilon)\hat{f}_0 = {\rm i}\epsilon\sum_{j=-1}^{3}e^{\frac{\eta_j(|\xi|)}{\epsilon}t-\vartheta_j(|\xi|)t+O(\epsilon|\xi|^3)t}[(v\cdot\xi L^{-1}\hat{f}_0, h_j(\xi))h_j(\xi)+O(\epsilon|\xi|^2)],$$

于是

$$
\begin{aligned}
I_1 \leqslant & \sum_{j=-1}^{3} \int_{|\xi|\leqslant \frac{r_0}{\epsilon}} \Big\| e^{\frac{\eta_j(|\xi|)}{\epsilon}t-\vartheta_j(|\xi|)t+O(\epsilon|\xi|^3)t}[(v\cdot\xi L^{-1}\hat{f}_0, h_j(\xi))h_j(\xi)+O(\epsilon|\xi|^2)] \\
& - e^{\frac{\eta_j(|\xi|)}{\epsilon}t-\vartheta_j(|\xi|)t}(v\cdot\xi L^{-1}\hat{f}_0, h_j(\xi))h_j(\xi)\Big\| d\xi \\
& + \sum_{j=-1,1} \Big\| \int_{|\xi|\leqslant \frac{r_0}{\epsilon}} e^{\mathrm{i}x\cdot\xi} e^{\frac{\eta_j(|\xi|)}{\epsilon}t-\vartheta_j(|\xi|)t}(v\cdot\xi L^{-1}\hat{f}_0, h_j(\xi))h_j(\xi)d\xi \Big\| \\
=: & \, I_{11}+I_{12}.
\end{aligned} \tag{4.3.46}
$$

对于 I_{11}, 有

$$
\begin{aligned}
I_{11} & \leqslant C\epsilon \int_{|\xi|\leqslant \frac{r_0}{\epsilon}} e^{-c|\xi|^2 t}(|\xi|^3 t\|P_0(v\cdot\xi L^{-1}\hat{f}_0)\|+|\xi|^2\|\hat{f}_0\|)d\xi \\
& \leqslant C\epsilon(1+t)^{-\frac{5}{2}}\left(\|f_0\|_{H^4}+\|f_0\|_{L^{2,1}}\right).
\end{aligned} \tag{4.3.47}
$$

为了估计 I_{12}, 我们将其分解为

$$
\begin{aligned}
I_{12} & \leqslant \sum_{j=-1,1} \Big\| \int_{\mathbb{R}^3} e^{\mathrm{i}x\cdot\xi}\hat{J}_j(t,\xi)d\xi \Big\| + \sum_{j=-1,1} \int_{|\xi|\geqslant \frac{r_0}{\epsilon}} \|\hat{J}_j(t,\xi)\|d\xi \\
& =: I_{13}+I_{14},
\end{aligned} \tag{4.3.48}
$$

其中

$$
\hat{J}_j(t,\xi) = e^{\frac{\eta_j(|\xi|)}{\epsilon}t-\vartheta_j(|\xi|)t}(v\cdot\xi L^{-1}\hat{f}_0, h_j(\xi))h_j(\xi), \quad j=-1,1.
$$

对于 I_{14}, 有

$$
I_{14} \leqslant C\int_{|\xi|\geqslant \frac{r_0}{\epsilon}} e^{-\frac{r_0^2}{2\epsilon^2}t}|\xi|\|P_0\hat{f}_0\|_\xi d\xi \leqslant Ce^{-\frac{r_0^2}{2\epsilon^2}t}\left(\|f_0\|_{H^3}+\|f_0\|_{L^{2,1}}\right). \tag{4.3.49}
$$

令

$$
(\hat{\mathcal{U}}_1, \hat{\mathcal{U}}_2)(\xi) = \left(1+\frac{5}{3}|\xi|^2\right)^2 ((v\cdot\xi L^{-1}\hat{f}_0, v\chi_0), (v\cdot\xi L^{-1}\hat{f}_0, \chi_4)).
$$

根据 (4.3.33), (4.3.34) 以及 $(v\cdot\xi L^{-1}\hat{f}_0, \chi_0)=0$, 可得

$$
\begin{cases}
\left(\hat{J}_j, \sqrt{\dfrac{3}{2}}\chi_0+\chi_4\right) = C\hat{\mathcal{D}}_j[\sqrt{2}\hat{\mathcal{C}}_{j2}\hat{\mathcal{U}}_2+j\hat{\mathcal{C}}_{j1}\cdot\hat{\mathcal{U}}_1], \\
(\hat{J}_j, v\chi_0) = C\hat{\mathcal{D}}_j\left[j\sqrt{2}\hat{\mathcal{C}}_{j1}\hat{\mathcal{U}}_2+\dfrac{\xi}{|\xi|^2}(\xi\cdot\hat{\mathcal{U}}_1)\right],
\end{cases} \tag{4.3.50}
$$

其中 $\hat{\mathcal{D}}_j(t,\xi)$ 和 $\hat{\mathcal{C}}_{jk}(t,\xi)$ 由 (4.3.34) 定义. 从 (4.3.50), (4.3.36)—(4.3.38) 中可得

$$\begin{aligned} I_{13} &\leqslant C\left\|\left(J_j(t),\sqrt{\frac{3}{2}}\chi_0+\chi_4\right)\right\|_{L_x^\infty}+C\|(J_j(t),v\chi_0)\|_{L_x^\infty} \\ &\leqslant C\|\mathcal{D}_j(t)\|_{L_x^r}\|\mathcal{C}_{jk}(t)\|_{L_x^1}\|(\mathcal{U}_1,\mathcal{U}_2)\|_{L_x^q}+C\|\mathcal{D}_j(t)\|_{L_x^r}\|D_x^2\Delta_x^{-1}\mathcal{U}_1\|_{L_x^q} \\ &\leqslant C\left(\frac{t}{\epsilon}\right)^{-\frac{3}{2}+\frac{3}{r}}\|f_0\|_{W^{5,q}}, \end{aligned} \tag{4.3.51}$$

其中 r,q 满足 $1/r+1/q=1$, $1<q<2$. 于是, 我们结合 (4.3.46)—(4.3.49) 和 (4.3.51) 可知

$$I_1\leqslant C\left(\epsilon(1+t)^{-\frac{5}{2}}+\left(1+\frac{t}{\epsilon}\right)^{-p}\right)(\|f_0\|_{H^5}+\|f_0\|_{W^{5,1}}) \tag{4.3.52}$$

对于任意 $0<p<3/2$ 成立.

根据 (4.2.76) 和 (4.3.5), 得到

$$\begin{aligned} I_2 &\leqslant C\left(\int_{|\xi|\geqslant\frac{r_0}{\epsilon}}\frac{1}{|\xi|^4}d\xi\right)^{1/2}\left(\int_{|\xi|\geqslant\frac{r_0}{\epsilon}}e^{-2c|\xi|^2t}|\xi|^6\|P_1\hat{f}_0\|^2d\xi\right)^{1/2} \\ &\leqslant Ce^{-\frac{cr_0^2t}{\epsilon^2}}\|f_0\|_{H^3}, \end{aligned} \tag{4.3.53}$$

$$\begin{aligned} I_3 &\leqslant C\left(\int_{\mathbb{R}^3}\frac{1}{(1+|\xi|^2)^2}d\xi\right)^{1/2}\left(\int_{\mathbb{R}^3}\frac{1}{\epsilon^2}e^{-2\frac{dt}{\epsilon^2}}(1+|\xi|^2)^2\|\hat{f}_0\|_\xi^2d\xi\right)^{1/2} \\ &\leqslant C\frac{1}{\epsilon}e^{-\frac{\sigma_0t}{\epsilon^2}}(\|f_0\|_{H^2}+\|f_0\|_{L^{2,1}}). \end{aligned} \tag{4.3.54}$$

因而, 由 (4.3.45) 和 (4.3.52)—(4.3.54) 可知

$$\begin{aligned} &\left\|\frac{1}{\epsilon}e^{\frac{t}{\epsilon^2}B_\epsilon}f_0+V(t)P_0(v\cdot\nabla_xL^{-1}f_0)\right\|_{L^\infty} \\ \leqslant& C\left(\epsilon(1+t)^{-\frac{5}{2}}+\left(1+\frac{t}{\epsilon}\right)^{-p}+\frac{1}{\epsilon}e^{-\frac{\sigma_0t}{\epsilon^2}}\right)(\|f_0\|_{H^5}+\|f_0\|_{W^{5,1}}) \end{aligned}$$

对于任意 $0<p<3/2$ 成立.

类似地, 我们可以证明

$$\left\|\nabla_x\Delta_x^{-1}\left(\frac{1}{\epsilon}e^{\frac{t}{\epsilon^2}B_\epsilon}f_0+V(t)P_0(v\cdot\nabla_xL^{-1}f_0),\chi_0\right)\right\|_{L_x^\infty}$$

$$\leqslant C\left(\epsilon(1+t)^{-\frac{5}{2}}+\left(1+\frac{t}{\epsilon}\right)^{-p}+\frac{1}{\epsilon}e^{-\frac{\sigma_0 t}{\epsilon^2}}\right)(\|f_0\|_{H^5}+\|f_0\|_{W^{5,1}}).$$

引理得证. □

下面我们给出半群 $e^{\frac{t}{\epsilon^2}B_\epsilon}$ 和 $V(t)$ 的时间衰减速率.

引理 4.22 对任意 $\epsilon\in(0,1)$, $\alpha\in\mathbb{N}^3$ 以及任意 $f_0\in L^2(\mathbb{R}^3_x\times\mathbb{R}^3_v)$, 有

$$\|P_0\partial_x^\alpha e^{\frac{t}{\epsilon^2}B_\epsilon}f_0\|_{L^2_P}\leqslant C(1+t)^{-\frac{1}{4}-\frac{m}{2}}U_0(f_0,\alpha,\alpha'), \tag{4.3.55}$$

$$\|P_1\partial_x^\alpha e^{\frac{t}{\epsilon^2}B_\epsilon}f_0\|_{L^2}\leqslant C(\epsilon(1+t)^{-\frac{3}{4}-\frac{m}{2}}+e^{-\frac{\sigma_0 t}{\epsilon^2}})U_1(f_0,\alpha,\alpha'), \tag{4.3.56}$$

其中 $\alpha'\leqslant\alpha, m=|\alpha-\alpha'|, \sigma_0>0$ 和 $C>0$ 是不依赖于 ϵ 的常数, 且 $U_k(f_0,\alpha,\alpha')=:\|\partial_x^\alpha f_0\|_{H^k}+\|\partial_x^{\alpha'}f_0\|_{L^{2,1}}$.

另外, 如果 $P_d f_0=0$, 那么

$$\|P_0\partial_x^\alpha e^{\frac{t}{\epsilon^2}B_\epsilon}f_0\|_{L^2_P}\leqslant C(1+t)^{-\frac{3}{4}-\frac{m}{2}}U_0(f_0,\alpha,\alpha'), \tag{4.3.57}$$

$$\|P_1\partial_x^\alpha e^{\frac{t}{\epsilon^2}B_\epsilon}f_0\|_{L^2}\leqslant C(\epsilon(1+t)^{-\frac{5}{4}-\frac{m}{2}}+e^{-\frac{\sigma_0 t}{\epsilon^2}})U_1(f_0,\alpha,\alpha'), \tag{4.3.58}$$

如果 $P_0f_0=0$, 那么

$$\|P_0\partial_x^\alpha e^{\frac{t}{\epsilon^2}B_\epsilon}f_0\|_{L^2_P}\leqslant C(\epsilon(1+t)^{-\frac{5}{4}-\frac{m}{2}}+e^{-\frac{\sigma_0 t}{\epsilon^2}})U_1(f_0,\alpha,\alpha'), \tag{4.3.59}$$

$$\|P_1\partial_x^\alpha e^{\frac{t}{\epsilon^2}B_\epsilon}f_0\|_{L^2}\leqslant C(\epsilon^2(1+t)^{-\frac{7}{4}-\frac{m}{2}}+e^{-\frac{\sigma_0 t}{\epsilon^2}})U_2(f_0,\alpha,\alpha'). \tag{4.3.60}$$

这里范数 $\|\cdot\|_{L^2_P}$ 由 (2.3.34) 定义.

证明 根据定理 4.14, 有

$$\begin{aligned}\|P_0\partial_x^\alpha e^{\frac{t}{\epsilon^2}B_\epsilon}f_0\|_{L^2_P}^2&=\int_{\mathbb{R}^3}\|P_0\xi^\alpha e^{\frac{t}{\epsilon^2}B_\epsilon(\xi)}\hat{f}_0\|_\xi^2d\xi\\&\leqslant\int_{|\xi|\leqslant\frac{r_0}{\epsilon}}\|\xi^\alpha P_0S_1(t,\xi,\epsilon)\hat{f}_0\|_\xi^2d\xi+\int_{\mathbb{R}^3}\|\xi^\alpha S_2(t,\xi,\epsilon)\hat{f}_0\|_\xi^2d\xi,\end{aligned} \tag{4.3.61}$$

$$\begin{aligned}\|P_1\partial_x^\alpha e^{\frac{t}{\epsilon^2}B_\epsilon}f_0\|_{L^2}^2&=\int_{\mathbb{R}^3}\|P_1\xi^\alpha e^{\frac{t}{\epsilon^2}B_\epsilon(\xi)}\hat{f}_0\|^2d\xi\\&\leqslant\int_{|\xi|\leqslant\frac{r_0}{\epsilon}}\|\xi^\alpha P_1S_1(t,\xi,\epsilon)\hat{f}_0\|^2d\xi+\int_{\mathbb{R}^3}\|\xi^\alpha S_2(t,\xi,\epsilon)\hat{f}_0\|^2d\xi.\end{aligned} \tag{4.3.62}$$

利用 (4.2.76) 以及

$$\int_{\mathbb{R}^3}\frac{(\xi^\alpha)^2}{|\xi|^2}|(\hat{f}_0,\chi_0)|^2d\xi\leqslant\sup_{|\xi|\leqslant1}|\xi^{\alpha'}(\hat{f}_0,\chi_0)|^2\int_{|\xi|\leqslant1}\frac{1}{|\xi|^2}d\xi+\int_{|\xi|>1}(\xi^\alpha)^2|(\hat{f}_0,\chi_0)|^2d\xi$$

$$\leqslant C(\|\partial_x^{\alpha'}f_0\|_{L^{2,1}}^2+\|\partial_x^\alpha f_0\|_{L^2}^2),\quad \alpha'\leqslant\alpha,$$

我们得到 (4.3.61)–(4.3.62) 右端第二项的估计如下:

$$\begin{aligned}\int_{\mathbb{R}^3}(\xi^\alpha)^2\|S_2(t,\xi,\epsilon)\hat{f}_0\|_\xi^2d\xi&\leqslant Ce^{-2\frac{\sigma_0 t}{\epsilon^2}}\int_{\mathbb{R}^3}(\xi^\alpha)^2\|\hat{f}_0\|_\xi^2d\xi\\&\leqslant Ce^{-2\frac{\sigma_0 t}{\epsilon^2}}(\|\partial_x^\alpha f_0\|_{L^2}^2+\|\partial_x^{\alpha'}f_0\|_{L^{2,1}}^2).\end{aligned}\tag{4.3.63}$$

根据 (4.2.75) 与定理 4.13, 有

$$\begin{aligned}\int_{|\xi|\leqslant\frac{r_0}{\epsilon}}\|\xi^\alpha P_0S_1(t,\xi,\epsilon)\hat{f}_0\|_\xi^2d\xi&\leqslant C\int_{|\xi|\leqslant\frac{r_0}{\epsilon}}e^{-c|\xi|^2t}(\xi^\alpha)^2\|\hat{f}_0\|_\xi^2d\xi\\&\leqslant C(1+t)^{-\frac12-m}U_0(f_0,\alpha,\alpha'),\end{aligned}\tag{4.3.64}$$

$$\begin{aligned}\int_{|\xi|\leqslant\frac{r_0}{\epsilon}}\|\xi^\alpha P_1S_1(t,\xi,\epsilon)\hat{f}_0\|^2d\xi&\leqslant C\int_{|\xi|\leqslant\frac{r_0}{\epsilon}}e^{-c|\xi|^2t}\epsilon^2(\xi^\alpha)^2|\xi|^2\|\hat{f}_0\|_\xi^2d\xi\\&\leqslant C\epsilon^2(1+t)^{-\frac32-m}U_1(f_0,\alpha,\alpha'),\end{aligned}\tag{4.3.65}$$

其中 $\alpha'\leqslant\alpha$, $m=|\alpha-\alpha'|$, 以及 $c>0$ 为常数. 在上式中, 我们使用了下面的不等式:

$$\begin{aligned}&\int_{|\xi|\leqslant\frac{r_0}{\epsilon}}e^{-c|\xi|^2t}(\xi^\alpha)^2\|\hat{f}_0\|_\xi^2d\xi\\&\leqslant C\int_{|\xi|\leqslant1}e^{-c|\xi|^2t}(\xi^\alpha)^2|\xi|^{-2}\|\hat{f}_0\|^2d\xi+C\int_{|\xi|\geqslant1}e^{-c|\xi|^2t}(\xi^\alpha)^2\|\hat{f}_0\|^2d\xi\\&\leqslant C(1+t)^{-\frac12-m}\|\partial_x^{\alpha'}f_0\|_{L^{2,1}}^2+e^{-ct}\|\partial_x^\alpha f_0\|_{L^2}^2.\end{aligned}$$

于是, 结合 (4.3.61)—(4.3.65), 我们得到 (4.3.55) 和 (4.3.56).

其次, 根据 (4.2.75) 可知, 当 $P_df_0=0$ 时,

$$\begin{aligned}\int_{|\xi|\leqslant\frac{r_0}{\epsilon}}\|\xi^\alpha P_0S_1(t,\xi,\epsilon)\hat{f}_0\|_\xi^2d\xi&\leqslant C\int_{|\xi|\leqslant\frac{r_0}{\epsilon}}e^{-c|\xi|^2t}(\xi^\alpha)^2\|\hat{f}_0\|^2d\xi\\&\leqslant C(1+t)^{-\frac32-m}U_0(f_0,\alpha,\alpha'),\end{aligned}\tag{4.3.66}$$

$$\begin{aligned}\int_{|\xi|\leqslant\frac{r_0}{\epsilon}}\|\xi^\alpha P_1S_1(t,\xi,\epsilon)\hat{f}_0\|^2d\xi&\leqslant C\int_{|\xi|\leqslant\frac{r_0}{\epsilon}}e^{-c|\xi|^2t}\epsilon^2(\xi^\alpha)^2|\xi|^2\|\hat{f}_0\|^2d\xi\\&\leqslant C\epsilon^2(1+t)^{-\frac52-m}U_1(f_0,\alpha,\alpha'),\end{aligned}\tag{4.3.67}$$

并且, 当 $P_0f_0=0$ 时,

$$\int_{|\xi|\leqslant\frac{r_0}{\epsilon}}\|\xi^\alpha P_0S_1(t,\xi,\epsilon)\hat{f}_0\|_\xi^2d\xi\leqslant C\int_{|\xi|\leqslant\frac{r_0}{\epsilon}}e^{-c|\xi|^2t}\epsilon^2(\xi^\alpha)^2|\xi|^2\|\hat{f}_0\|^2d\xi$$
$$\leqslant C\epsilon^2(1+t)^{-\frac{5}{2}-m}U_1(f_0,\alpha,\alpha'),\tag{4.3.68}$$

$$\int_{|\xi|\leqslant\frac{r_0}{\epsilon}}\|\xi^\alpha P_1S_1(t,\xi,\epsilon)\hat{f}_0\|^2d\xi\leqslant C\int_{|\xi|\leqslant\frac{r_0}{\epsilon}}e^{-c|\xi|^2t}\epsilon^4(\xi^\alpha)^2|\xi|^4\|\hat{f}_0\|^2d\xi$$
$$\leqslant C\epsilon^4(1+t)^{-\frac{7}{2}-m}U_2(f_0,\alpha,\alpha').\tag{4.3.69}$$

于是, 结合 (4.3.61), (4.3.62) 以及 (4.3.66)—(4.3.69), 可证 (4.3.57)—(4.3.60). □

引理 4.23 令 $V(t)$ 为由 (4.3.6) 定义的半群. 对于任意 $\alpha\in\mathbb{N}^3$ 以及任意 $u_0\in N_0$, 有

$$\|\partial_x^\alpha V(t)u_0\|_{L_P^2}\leqslant C(1+t)^{-\frac{3}{4}-\frac{m}{2}}(\|\partial_x^\alpha u_0\|_{L^2}+\|\partial_x^{\alpha'}u_0\|_{L^{2,1}}),\tag{4.3.70}$$

$$\|\partial_x^\alpha V(t)u_0\|_{L_P^\infty}\leqslant C(1+t)^{-\frac{3}{4}}\rho_m(t)(\|\partial_x^{\alpha'}u_0\|_{L^\infty}+\|\partial_x^{\alpha'}u_0\|_{L^2}),\tag{4.3.71}$$

其中 $\alpha'\leqslant\alpha$, $m=|\alpha-\alpha'|$, 且 $\rho_0(t)=\ln(2+t^{-1})$, $\rho_m(t)=t^{-m/2}$, $m\geqslant 1$. 特别地, 如果 $\mathrm{div}_x(u_0,v\chi_0)=0$, 则对任意 $m\geqslant 0$, (4.3.71) 对 $\rho_m(t)=t^{-m/2}$ 成立.

证明 根据 (4.3.5), 有

$$V(t,\xi)\hat{u}_0=e^{-\vartheta_0(|\xi|)t}R_0(\xi)\left(\hat{U}_0-\sqrt{\frac{2}{3}}\hat{U}_4\right)+e^{-\vartheta_2(|\xi|)t}\sum_{j=1}^3R_j(\xi)\hat{U}_j,\tag{4.3.72}$$

$$\frac{\xi}{|\xi|^2}(V(t,\xi)\hat{u}_0,\chi_0)=e^{-\vartheta_0(|\xi|)t}R_4(\xi)\left(\hat{U}_0-\sqrt{\frac{2}{3}}\hat{U}_4\right),\tag{4.3.73}$$

其中 $U_j=(u_0,\chi_j)$, $j=0,1,2,3,4$, 以及

$$R_0(\xi)=\frac{2|\xi|^2}{3+5|\xi|^2}\chi_0-\frac{\sqrt{6}(1+|\xi|^2)}{3+5|\xi|^2}\chi_4,$$

$$R_j(\xi)=v_j\chi_0-\frac{(v\cdot\xi)}{|\xi|^2}\xi_j\chi_0,\quad j=1,2,3,$$

$$R_4(\xi)=\frac{2\xi}{3+5|\xi|^2}.$$

因此, 根据 (4.3.72) 和 (4.3.73) 以及 Plancherel 恒等式, 可得

$$\|\partial_x^\alpha V(t)u_0\|_{L_P^2}^2\leqslant C\int_{\mathbb{R}^3}(\xi^\alpha)^2e^{-2c|\xi|^2t}\|\hat{u}_0\|^2d\xi$$

$$
\begin{aligned}
&\leqslant \sup_{|\xi|\leqslant 1}(\xi^{\alpha'})^2\|\hat{u}_0\|^2\int_{|\xi|\leqslant 1}(\xi^{\alpha-\alpha'})^2e^{-2c|\xi|^2t}d\xi\\
&\quad+\int_{|\xi|\geqslant 1}e^{-2ct}(\xi^{\alpha})^2\|\hat{u}_0\|^2d\xi\\
&\leqslant C(1+t)^{-3/2-m}(\|\partial_x^\alpha u_0\|_{L^2}^2+\|\partial_x^{\alpha'}u_0\|_{L^{2,1}}^2),
\end{aligned}\tag{4.3.74}
$$

其中 $\alpha'\leqslant\alpha$, $m=|\alpha-\alpha'|$, 以及 $c>0$ 为常数. 于是, (4.3.70) 得证.

其次, 我们证明 (4.3.71). 当 $t>1$ 时, 有

$$
\begin{aligned}
\|\partial_x^\alpha V(t)u_0\|_{L_P^\infty}&\leqslant C\int_{\mathbb{R}^3}|\xi^\alpha|e^{-c|\xi|^2t}\|\hat{u}_0\|d\xi\\
&\leqslant C\left(\int_{\mathbb{R}^3}(\xi^{\alpha-\alpha'})^2e^{-2c|\xi|^2t}d\xi\right)^{1/2}\left(\int_{\mathbb{R}^3}(\xi^{\alpha'})^2\|\hat{u}_0\|^2d\xi\right)^{1/2}\\
&\leqslant C(1+t)^{-\frac{3}{4}-\frac{m}{2}}\|\partial_x^{\alpha'}u_0\|_{L^2}.
\end{aligned}\tag{4.3.75}
$$

当 $t\leqslant 1$ 时, 我们只估计 $\|V(t)u_0\|_{L^\infty}$. 定义光滑截断函数 $\varphi_1(\xi)$ 为

$$
\varphi_1(\xi)=1,\quad |\xi|\leqslant 1;\quad \varphi_1(\xi)=0,\quad |\xi|\geqslant 2,
$$

并将 $V(t)u_0$ 分解为

$$
\partial_x^\alpha V(t)u_0=\mathcal{F}^{-1}(\xi^\alpha V(t,\xi)\hat{u}_0\varphi_1(\xi))+\mathcal{F}^{-1}(\xi^\alpha V(t,\xi)\hat{u}_0\varphi_2(\xi))=:I_1+I_2,\tag{4.3.76}
$$

其中 $\varphi_2(\xi)=1-\varphi_1(\xi)$. 对于 I_1, 由柯西不等式得到

$$
\begin{aligned}
\|I_1\|_{L^\infty}&\leqslant C\int_{|\xi|\leqslant 2}|\xi^\alpha|e^{-c|\xi|^2t}\|\hat{u}_0\|d\xi\\
&\leqslant C\left(\int_{|\xi|\leqslant 2}(\xi^{\alpha-\alpha'})^2e^{-2c|\xi|^2t}d\xi\right)^{1/2}\left(\int_{|\xi|\leqslant 2}(\xi^{\alpha'})^2\|\hat{u}_0\|^2d\xi\right)^{1/2}\\
&\leqslant C(1+t)^{-\frac{3}{4}-\frac{m}{2}}\|\partial_x^{\alpha'}u_0\|_{L^2}.
\end{aligned}\tag{4.3.77}
$$

通过傅里叶变换定义 G_j, $j=0,1,2,3$ 为

$$
\hat{G}_0(t,\xi)=e^{-\vartheta_0(|\xi|)t}R_0(\xi)\varphi_2(\xi),\quad \hat{G}_j(t,\xi)=e^{-\vartheta_2(|\xi|)t}R_j(\xi)\varphi_2(\xi),\quad j=1,2,3.
$$

将 I_2 表示为

$$
I_2=\partial_x^\alpha G_0(t)*\left(U_0-\sqrt{\frac{2}{3}}U_4\right)+\sum_{j=1}^3\partial_x^\alpha G_j(t)*U_j.\tag{4.3.78}
$$

下面我们对 $G_j(t)$ 进行估计. 经直接计算可得

$$
\begin{aligned}
|\partial_\xi^\alpha(\xi^\beta e^{-\vartheta_j(|\xi|)t})| &\leqslant C \sum_{|\alpha'|\leqslant \min\{|\alpha|,|\beta|\}} |\xi|^{|\beta|-|\alpha'|} t^{|\alpha-\alpha'|/2}(1+|\xi|^2 t)^{|\alpha-\alpha'|/2} e^{-c|\xi|^2 t} \\
&\leqslant C|\xi|^{|\beta|} t^{|\alpha|/2}(1+|\xi|^2 t)^{|\alpha|/2} e^{-c|\xi|^2 t}, \quad j=0,1,2,3,
\end{aligned}
$$

于是

$$
|x^\alpha \mathcal{F}^{-1}(\xi^\beta e^{-\vartheta_j(|\xi|)t})| \leqslant C\int_{\mathbb{R}^3} |\partial_\xi^\alpha(\xi^\beta e^{-\vartheta_j(|\xi|)t})| d\xi \leqslant Ct^{-\frac{3}{2}-\frac{|\beta|}{2}+\frac{|\alpha|}{2}}. \tag{4.3.79}
$$

对于任意 $n\in\mathbb{N}$, 当 $|x|^2\leqslant t$ 时取 $|\alpha|=0$, 当 $|x|^2\geqslant t$ 时取 $|\alpha|=2n$, 并由 (4.3.79) 可得

$$
|\mathcal{F}^{-1}(\xi^\beta e^{-\vartheta_j(|\xi|)t})| \leqslant Ct^{-\frac{3}{2}-\frac{|\beta|}{2}}\left(1+\frac{|x|^2}{t}\right)^{-n}. \tag{4.3.80}
$$

容易验证

$$
\left|\mathcal{F}^{-1}\left(\frac{1}{3+5|\xi|^2}\varphi_2(\xi)\right)\right| \leqslant C|x|^{-1}(1+|x|^2)^{-n}.
$$

于是, 根据上式与 (4.3.80) 可得

$$
\begin{aligned}
\|\partial_x^\beta G_0(t)\|_{L_x^1(L_v^2)} &\leqslant \|\mathcal{F}^{-1}(R_0(\xi)\varphi_2(\xi))\|_{L_x^1(L_v^2)} \|\mathcal{F}^{-1}(\xi^\beta e^{-\vartheta_0(|\xi|)t})\|_{L_x^1} \\
&\leqslant Ct^{-|\beta|/2}, \quad t>0.
\end{aligned} \tag{4.3.81}
$$

由于

$$
\left|\mathcal{F}^{-1}\left(\xi^\beta \frac{\xi_j}{|\xi|^2}\varphi_2(\xi)\right)\right| \leqslant C|x|^{-2-|\beta|}(1+|x|^2)^{-n},
$$

通过类似于 (3.3.31) 的讨论, 我们得到

$$
\begin{aligned}
\|\partial_x^\alpha G_j(t,x)\| \leqslant & \left|\partial_x^\alpha \nabla_x \left[\mathcal{F}^{-1}\left(\frac{\xi_j}{|\xi|^2}\varphi_2(\xi)\right) * \mathcal{F}^{-1}(e^{-\vartheta_2(|\xi|)t})\right]\right| \\
& + |\mathcal{F}^{-1}(\varphi_2(\xi)) * \mathcal{F}^{-1}(\xi^\beta e^{-\vartheta_2(|\xi|)t})| \\
\leqslant & Ct^{-\frac{3}{2}-\frac{|\alpha|}{2}}\left(1+\frac{|x|^2}{t}\right)^{-\frac{3}{2}-\frac{|\alpha|}{2}}(1+|x|^2)^{-n} \\
& + Ct^{-\frac{3}{2}-\frac{|\alpha|}{2}}\left(1+\frac{|x|^2}{t}\right)^{-n} + Ct^{-\frac{|\alpha|}{2}}(1+|x|^2)^{-n}.
\end{aligned} \tag{4.3.82}
$$

因此, 由 (4.3.78), (4.3.81) 和 (4.3.82) 可得

$$
\begin{aligned}
\|I_2\|_{L^\infty} &\leqslant C\|\partial_x^{\alpha-\alpha'}G_0(t)\|_{L^1_x(L^2_v)}(\|\partial_x^{\alpha'}U_0\|_{L^\infty_x}+\|\partial_x^{\alpha'}U_4\|_{L^\infty_x})\\
&\quad+\sum_{j=1}^{3}\|\partial_x^{\alpha-\alpha'}G_j(t)\|_{L^1_x(L^2_v)}\|\partial_x^{\alpha'}U_j\|_{L^\infty_x}\\
&\leqslant C\rho_m(t)\|\partial_x^{\alpha'}u_0\|_{L^\infty},\quad t\leqslant 1,
\end{aligned}
\tag{4.3.83}
$$

其中 $\rho_0(t)=\ln(2+t^{-1})$ 以及 $\rho_m(t)=t^{-m/2}$, 其中 $m\geqslant 1$, $m=|\alpha-\alpha'|$. 在上式中我们用到了, 对于 $t\leqslant 1$,

$$
\begin{aligned}
&\int_{\mathbb{R}^3}t^{-\frac{3}{2}}\left(1+\frac{|x|^2}{t}\right)^{-\frac{3}{2}}(1+|x|^2)^{-n}dx\\
=&\int_0^\infty(1+r^2)^{-\frac{3}{2}}(1+tr^2)^{\ n}r^2dr\\
\leqslant&\int_0^{1/\sqrt{t}}(1+r^2)^{-\frac{3}{2}}r^2dr+\int_{1/\sqrt{t}}^\infty\sqrt{t}(1+tr^2)^{-n}dr\\
\leqslant&\, C\ln(1+r^2)\Big|_0^{t^{-\frac{1}{2}}}+\int_1^\infty(1+z^2)^{-n}dz\leqslant C\ln\left(2+\frac{1}{t}\right).
\end{aligned}
$$

此外, 如果 $\sum\limits_{j=1}^{3}\hat{U}_j\xi_j=0$, 那么 $R_j(\xi)=v_j\chi_0$, $j=1,2,3$, 从而

$$
\|\partial_x^\alpha G_j(t)\|_{L^1_x(L^2_v)}\leqslant\left\|\mathcal{F}^{-1}(\varphi_2(\xi))\right\|_{L^1_x}\|\mathcal{F}^{-1}(\xi^\alpha e^{-\vartheta_2(|\xi|)t})\|_{L^1_x}\leqslant Ct^{-|\beta|/2},
$$

因此对于任意 $m\geqslant 0$, (4.3.83) 对 $\rho_m(t)=t^{-m/2}$ 成立.

于是, 由 (4.3.76), (4.3.77) 和 (4.3.83), 可得

$$
\|\partial_x^\alpha V(t)u_0\|_{L^\infty}\leqslant C\rho_m(t)(\|\partial_x^{\alpha'}u_0\|_{L^\infty}+\|\partial_x^{\alpha'}u_0\|_{L^2}),\quad t\leqslant 1. \tag{4.3.84}
$$

结合 (4.3.75)—(4.3.77) 和 (4.3.84), 我们可证 (4.3.71). □

4.4 扩散极限和收敛速度

在本节中, 我们基于 4.3 节中得到的关于半群 $e^{\frac{t}{\epsilon^2}B_\epsilon}$ 的流体极限, 研究非线性 VPB 方程 (4.1.3)—(4.1.5) 整体解的扩散极限和最优收敛速度.

设 $f_\epsilon(t)=f_\epsilon(t,x,v)$ 为 VPB 方程 (4.1.3)—(4.1.5) 的整体解, 则 $f_\epsilon(t)$ 可表示为

$$
f_\epsilon(t)=e^{\frac{t}{\epsilon^2}B_\epsilon}f_0+\int_0^t e^{\frac{t-s}{\epsilon^2}B_\epsilon}\left[\Lambda_1(f_\epsilon)+\frac{1}{\epsilon}\Lambda_2(f_\epsilon)\right](s)ds, \tag{4.4.1}
$$

其中非线性项 $\Lambda_1(f_\epsilon)$ 和 $\Lambda_2(f_\epsilon)$ 由 (4.1.6) 给出.

设 $(n,m,q)(t,x)$ 为 NSPF 方程 (4.1.7)—(4.1.12) 的整体解, 则由引理 4.15 可知, $u(t)=u(t,x,v)=n(t,x)\chi_0+m(t,x)\cdot v\chi_0+q(t,x)\chi_4$ 可表示为

$$u(t)=V(t)P_0f_0+\int_0^t V(t-s)\left[Z_1(u)+\mathrm{div}_xZ_2(u)\right](s)ds, \tag{4.4.2}$$

其中

$$Z_1(u)=(n\nabla_x\phi)\cdot v\chi_0+\sqrt{\frac{2}{3}}(m\cdot\nabla_x\phi)\chi_4, \tag{4.4.3}$$

$$Z_2(u)=-(m\otimes m)\cdot v\chi_0-\frac{5}{3}(qm)\chi_4. \tag{4.4.4}$$

4.4.1 能量估计

首先, 我们建立 VPB 方程 (4.1.3)—(4.1.5) 整体解 $f_\epsilon(t)$ 的存在性及其能量估计. 令 $N\geqslant 2$. 对于任意 $k\geqslant 0$ 以及任意 $f_\epsilon\in L^2(\mathbb{R}^3_x\times\mathbb{R}^3_v)$, 定义

$$E_{N,k}(f_\epsilon)=\sum_{|\alpha|+|\beta|\leqslant N}\|\nu^k\partial_x^\alpha\partial_v^\beta f_\epsilon\|_{L^2}^2+\sum_{|\alpha|\leqslant N}\|\partial_x^\alpha\nabla_x\phi_\epsilon\|_{L^2_x}^2, \tag{4.4.5}$$

$$H_{N,k}(f_\epsilon)=\sum_{|\alpha|+|\beta|\leqslant N}\|\nu^k\partial_x^\alpha\partial_v^\beta P_1f_\epsilon\|_{L^2}^2+\sum_{|\alpha|\leqslant N-1}\left(\|\partial_x^\alpha\nabla_xP_0f_\epsilon\|_{L^2}^2+\|P_df_\epsilon\|_{L^2}^2\right), \tag{4.4.6}$$

$$\begin{aligned}D_{N,k}(f_\epsilon)=&\sum_{|\alpha|+|\beta|\leqslant N}\frac{1}{\epsilon^2}\|\nu^{k+1/2}\partial_x^\alpha\partial_v^\beta P_1f_\epsilon\|_{L^2}^2\\&+\sum_{|\alpha|\leqslant N-1}\left(\|\partial_x^\alpha\nabla_xP_0f_\epsilon\|_{L^2}^2+\|P_df_\epsilon\|_{L^2}^2\right).\end{aligned} \tag{4.4.7}$$

简单起见, 记 $E_N(f_\epsilon)=E_{N,0}(f_\epsilon)$, $H_N(f_\epsilon)=H_{N,0}(f_\epsilon)$ 及 $D_N(f_\epsilon)=D_{N,0}(f_\epsilon)$.

将 χ_j $(j=0,1,2,3,4)$ 和 (4.1.3) 作内积, 可得

$$\partial_tn_\epsilon+\frac{1}{\epsilon}\mathrm{div}_xm_\epsilon=0, \tag{4.4.8}$$

$$\partial_tm_\epsilon+\frac{1}{\epsilon}\nabla_xn_\epsilon+\frac{1}{\epsilon}\sqrt{\frac{2}{3}}\nabla_xq_\epsilon-\frac{1}{\epsilon}\nabla_x\phi_\epsilon=n_\epsilon\nabla_x\phi_\epsilon-\frac{1}{\epsilon}(v\cdot\nabla_xP_1f_\epsilon,v\chi_0), \tag{4.4.9}$$

$$\partial_tq_\epsilon+\frac{1}{\epsilon}\sqrt{\frac{2}{3}}\mathrm{div}_xm_\epsilon=\sqrt{\frac{2}{3}}m_\epsilon\cdot\nabla_x\phi_\epsilon-\frac{1}{\epsilon}(v\cdot\nabla_xP_1f_\epsilon,\chi_4), \tag{4.4.10}$$

其中

$$n_\epsilon=(f_\epsilon,\chi_0),\quad m_\epsilon=(f_\epsilon,v\chi_0),\quad q_\epsilon=(f_\epsilon,\chi_4).$$

将微观投影 P_1 作用在 (4.1.3), 可得

$$\begin{aligned}&\partial_t(P_1f_\epsilon)+\frac{1}{\epsilon}P_1(v\cdot\nabla_xP_1f_\epsilon)-\frac{1}{\epsilon^2}L(P_1f_\epsilon)\\&=-\frac{1}{\epsilon}P_1(v\cdot\nabla_xP_0f_\epsilon)+P_1\Lambda_1(f_\epsilon)+\frac{1}{\epsilon}P_1\Lambda_2(f_\epsilon).\end{aligned}\tag{4.4.11}$$

根据 (4.4.11), 微观部分 P_1f_ϵ 可表示为

$$\begin{aligned}P_1f_\epsilon=&\epsilon L^{-1}[\epsilon\partial_t(P_1f_\epsilon)+P_1(v\cdot\nabla_xP_1f_\epsilon)-\epsilon P_1\Lambda_1-P_1\Lambda_2]\\&-\epsilon L^{-1}P_1(v\cdot\nabla_xP_0f_\epsilon).\end{aligned}\tag{4.4.12}$$

将 (4.4.12) 代入 (4.4.8)—(4.4.10), 我们得到

$$\partial_tn_\epsilon+\frac{1}{\epsilon}\mathrm{div}_xm_\epsilon=0,\tag{4.4.13}$$

$$\begin{aligned}&\partial_tm_\epsilon+\epsilon\partial_tR_1+\frac{1}{\epsilon}\nabla_xn_\epsilon+\frac{1}{\epsilon}\sqrt{\frac{2}{3}}\nabla_xq_\epsilon-\frac{1}{\epsilon}\nabla_x\phi_\epsilon\\&=\kappa_0\left(\Delta_xm_\epsilon+\frac{1}{3}\nabla_x\mathrm{div}_xm_\epsilon\right)+n_\epsilon\nabla_x\phi_\epsilon+R_3,\end{aligned}\tag{4.4.14}$$

$$\partial_tq_\epsilon+\epsilon\partial_tR_2+\frac{1}{\epsilon}\sqrt{\frac{2}{3}}\mathrm{div}_xm_\epsilon=\kappa_1\Delta_xq_\epsilon+m_\epsilon\cdot\nabla_x\phi_\epsilon-R_4,\tag{4.4.15}$$

其中, 系数 $\kappa_0,\kappa_1>0$ 由 (4.1.14) 定义, 且剩余项 $R_i,\ i=1,2,3,4$ 定义为

$$\begin{aligned}&R_1=\left(v\cdot\nabla_xL^{-1}(P_1f_\epsilon),v\chi_0\right),\quad R_2=\left(v\cdot\nabla_xL^{-1}(P_1f_\epsilon),\chi_4\right),\\&R_3=\left(v\cdot\nabla_xL^{-1}[P_1(v\cdot\nabla_xP_1f_\epsilon)-\epsilon P_1\Lambda_1-P_1\Lambda_2],v\chi_0\right),\\&R_4=\left(v\cdot\nabla_xL^{-1}[P_1(v\cdot\nabla_xP_1f_\epsilon)-\epsilon P_1\Lambda_1-P_1\Lambda_2],\chi_4\right).\end{aligned}$$

首先, 我们给出 VPB 方程柯西问题 (4.1.3)—(4.1.5) 整体强解的存在唯一性及其能量估计.

引理 4.24 令 $N\geqslant 2$. 对于任意 $\epsilon\in(0,1)$, 存在小常数 $\delta_0>0$ 使得如果初始能量 $E_N(f_0)\leqslant\delta_0^2$, 那么方程 (4.1.3)—(4.1.5) 存在唯一的整体解 $f_\epsilon(t)=f_\epsilon(t,x,v)$ 且满足下面的能量估计:

$$E_N(f_\epsilon(t))+\mu_1\int_0^tD_N(f_\epsilon(s))ds\leqslant C\delta_0^2,\tag{4.4.16}$$

其中 $\mu_1, C > 0$ 为两个不依赖于 ϵ 的常数, $E_N(f_\epsilon)$ 和 $D_N(f_\epsilon)$ 分别由 (4.4.5) 和 (4.4.7) 定义.

证明 首先, 我们建立解 f_ϵ 的宏观能量估计. 令 $|\alpha| \leqslant N-1$, 将 $\partial_x^\alpha m_\epsilon$ 和 ∂_x^α (4.4.14) 作内积, 有

$$\begin{aligned}
&\frac{1}{2}\frac{d}{dt}(\|\partial_x^\alpha m_\epsilon\|_{L_x^2}^2 + \|\partial_x^\alpha n_\epsilon\|_{L_x^2}^2 + \|\partial_x^\alpha \nabla_x \phi_\epsilon\|_{L_x^2}^2) + \epsilon\frac{d}{dt}\int_{\mathbb{R}^3} \partial_x^\alpha R_1 \partial_x^\alpha m_\epsilon dx \\
&+ \frac{1}{\epsilon}\sqrt{\frac{2}{3}}\int_{\mathbb{R}^3} \partial_x^\alpha \nabla_x q_\epsilon \partial_x^\alpha m_\epsilon dx + \kappa_0\left(\|\partial_x^\alpha \nabla_x m_\epsilon\|_{L_x^2}^2 + \frac{1}{3}\|\partial_x^\alpha \mathrm{div}_x m_\epsilon\|_{L_x^2}^2\right) \\
&= \int_{\mathbb{R}^3} \partial_x^\alpha (n_\epsilon \nabla_x \phi_\epsilon) \partial_x^\alpha m_\epsilon dx + \int_{\mathbb{R}^3} \partial_x^\alpha R_3 \partial_x^\alpha m_\epsilon dx + \epsilon \int_{\mathbb{R}^3} \partial_x^\alpha R_1 \partial_t \partial_x^\alpha m_\epsilon dx \\
&=: I_1 + I_2 + I_3. \qquad (4.4.17)
\end{aligned}$$

由柯西不等式以及引理 2.20, 有

$$I_1 \leqslant C\sqrt{E_N(f_\epsilon)} D_N(f_\epsilon), \qquad (4.4.18)$$

$$I_2 \leqslant \frac{C}{\delta}\|\partial_x^\alpha \nabla_x P_1 f_\epsilon\|_{L^2}^2 + \delta\|\partial_x^\alpha \nabla_x m_\epsilon\|_{L_x^2}^2 + C\sqrt{E_N(f_\epsilon)} D_N(f_\epsilon), \qquad (4.4.19)$$

其中 $\delta > 0$ 为待定的小常数. 根据 (4.4.9), I_3 满足

$$\begin{aligned}
I_3 \leqslant& \frac{C}{\delta}\left(\|\partial_x^\alpha \nabla_x P_1 f_\epsilon\|_{L^2}^2 + \|\partial_x^\alpha P_1 f_\epsilon\|_{L^2}^2\right) + C\epsilon\sqrt{E_N(f_\epsilon)} D_N(f_\epsilon) \\
&+ \delta(\|\partial_x^\alpha \nabla_x n_\epsilon\|_{L_x^2}^2 + \|\partial_x^\alpha n_\epsilon\|_{L_x^2}^2 + \|\partial_x^\alpha \nabla_x q_\epsilon\|_{L_x^2}^2). \qquad (4.4.20)
\end{aligned}$$

因此, 由 (4.4.17)—(4.4.20) 可得

$$\begin{aligned}
&\frac{1}{2}\frac{d}{dt}(\|(n_\epsilon, m_\epsilon)\|_{H_x^{N-1}}^2 + \|\nabla_x \phi_\epsilon\|_{H_x^{N-1}}^2) + \epsilon\frac{d}{dt}\sum_{|\alpha| \leqslant N-1}\int_{\mathbb{R}^3} \partial_x^\alpha R_1 \partial_x^\alpha m_\epsilon dx \\
&+ \sqrt{\frac{2}{3}}\sum_{|\alpha| \leqslant N-1}\int_{\mathbb{R}^3} \partial_x^\alpha \nabla_x q_\epsilon \partial_x^\alpha m_\epsilon dx + \frac{\kappa_0}{2}\left(\|\nabla_x m_\epsilon\|_{H_x^{N-1}}^2 + \frac{1}{3}\|\mathrm{div}_x m_\epsilon\|_{H_x^{N-1}}^2\right) \\
\leqslant& C\sqrt{E_N(f_\epsilon)} D_N(f_\epsilon) + \frac{C}{\delta}\|\nabla_x P_1 f_\epsilon\|_{H^N}^2 + \delta(\|n_\epsilon\|_{H_x^N}^2 + \|\nabla_x q_\epsilon\|_{H_x^{N-1}}^2). \qquad (4.4.21)
\end{aligned}$$

同样地, 将 $\partial_x^\alpha q_\epsilon$ 和 ∂_x^α(4.4.15) 作内积, 其中 $|\alpha| \leqslant N-1$, 得到

$$\frac{1}{2}\frac{d}{dt}\|\partial_x^\alpha q_\epsilon\|_{L_x^2}^2 + \epsilon\frac{d}{dt}\int_{\mathbb{R}^3} \partial_x^\alpha R_2 \partial_x^\alpha q_\epsilon dx + \frac{\kappa_1}{2}\|\partial_x^\alpha \nabla_x q\|_{L_x^2}^2$$

$$+\sqrt{\frac{2}{3}}\int_{\mathbb{R}^3}\partial_x^\alpha \mathrm{div}_x m_\epsilon \partial_x^\alpha q_\epsilon dx$$
$$=\sqrt{\frac{2}{3}}\int_{\mathbb{R}^3}\partial_x^\alpha(m_\epsilon\cdot\nabla_x\phi_\epsilon)\partial_x^\alpha q_\epsilon dx+\int_{\mathbb{R}^3}\partial_x^\alpha R_4\partial_x^\alpha q_\epsilon dx+\epsilon\int_{\mathbb{R}^3}\partial_x^\alpha R_2\partial_t\partial_x^\alpha q_\epsilon dx$$
$$=: I_4+I_5+I_6. \tag{4.4.22}$$

下面我们对 I_j, $j=4,5,6$ 进行估计. 当 $|\alpha|\geqslant 1$ 时, 有

$$I_4\leqslant C\sqrt{E_N(f_\epsilon)}D_N(f_\epsilon), \tag{4.4.23}$$

当 $|\alpha|=0$, 从 (4.4.9) 和 (4.4.10) 中可知

$$I_4=\sqrt{\frac{2}{3}}\int_{\mathbb{R}^3}\left[m_\epsilon\cdot\left(\epsilon\partial_t m_\epsilon+\nabla_x n_\epsilon+\sqrt{\frac{2}{3}}\nabla_x q_\epsilon-\epsilon n_\epsilon\nabla_x\phi_\epsilon\right.\right.$$
$$\left.\left.-(v\cdot\nabla_x P_1 f_\epsilon, v\chi_0)\right)\right]q_\epsilon dx$$
$$\leqslant\epsilon\sqrt{\frac{1}{6}}\frac{d}{dt}\int_{\mathbb{R}^3}(m_\epsilon)^2 q_\epsilon dx+C\left(\sqrt{E_N(f_\epsilon)}+E_N(f_\epsilon)\right)D_N(f_\epsilon). \tag{4.4.24}$$

根据柯西不等式以及引理 2.20, 有

$$I_5\leqslant\frac{C}{\delta}\|\partial_x^\alpha\nabla_x P_1 f_\epsilon\|_{L^2}^2+\delta\|\partial_x^\alpha\nabla_x q_\epsilon\|_{L_x^2}^2+C\sqrt{E_N(f_\epsilon)}D_N(f_\epsilon). \tag{4.4.25}$$

根据 (4.4.10), 得到 I_6 的估计为

$$I_6\leqslant\frac{C}{\delta}\|\partial_x^\alpha\nabla_x P_1 f_\epsilon\|_{L^2}^2+\delta\|\partial_x^\alpha\nabla_x m_\epsilon\|_{L_x^2}^2+C\epsilon\sqrt{E_N(f_\epsilon)}D_N(f_\epsilon). \tag{4.4.26}$$

于是, 结合 (4.4.22), (4.4.23)—(4.4.26) 可得

$$\frac{1}{2}\frac{d}{dt}\|q_\epsilon\|_{H_x^{N-1}}^2+\epsilon\frac{d}{dt}\sum_{|\alpha|\leqslant N-1}\int_{\mathbb{R}^3}\partial_x^\alpha R_2\partial_x^\alpha q_\epsilon dx-\epsilon\sqrt{\frac{1}{6}}\frac{d}{dt}\int_{\mathbb{R}^3}(m_\epsilon)^2 q_\epsilon dx$$
$$+\sqrt{\frac{2}{3}}\sum_{|\alpha|\leqslant N-1}\int_{\mathbb{R}^3}\partial_x^\alpha\mathrm{div}_x m_\epsilon\partial_x^\alpha q_\epsilon dx+\frac{1}{2}\kappa_1\|\nabla_x q_\epsilon\|_{H_x^{N-1}}^2$$
$$\leqslant C\left(\sqrt{E_N(f_\epsilon)}+E_N(f_\epsilon)\right)D_N(f_\epsilon)+\frac{C}{\delta}\|\nabla_x P_1 f_\epsilon\|_{H^{N-1}}^2+\delta\|\nabla_x m_\epsilon\|_{H_x^{N-1}}^2. \tag{4.4.27}$$

将 $\partial_x^\alpha \nabla_x n_\epsilon$ 和 $\partial_x^\alpha(4.4.9)$ 作内积, 其中 $|\alpha| \leqslant N-1$, 得到

$$
\begin{aligned}
&\epsilon \frac{d}{dt}\int_{\mathbb{R}^3} \partial_x^\alpha m_\epsilon \partial_x^\alpha \nabla_x n_\epsilon dx + \frac{1}{2}\|\partial_x^\alpha \nabla_x n_\epsilon\|_{L_x^2}^2 + \|\partial_x^\alpha n_\epsilon\|_{L_x^2}^2 \\
&\leqslant C\sqrt{E_N(f_\epsilon)}D_N(f_\epsilon) + \|\partial_x^\alpha \mathrm{div}_x m_\epsilon\|_{L_x^2}^2 + \|\partial_x^\alpha \nabla_x q_\epsilon\|_{L_x^2}^2 + C\|\partial_x^\alpha \nabla_x(P_1 f_\epsilon)\|_{L^2}^2.
\end{aligned} \tag{4.4.28}
$$

于是, 当 $C_0 > 0$ 充分小且 $C_0 = 2\delta$ 时, 取 $(4.4.21) + (4.4.27) + 2C_0(4.4.28)$, 可得宏观能量估计:

$$
\begin{aligned}
&\frac{1}{2}\frac{d}{dt}(\|P_0 f_\epsilon\|_{H^{N-1}}^2 + \|\nabla_x \phi_\epsilon\|_{H_x^{N-1}}^2) + \epsilon\sqrt{\frac{1}{6}}\frac{d}{dt}\int_{\mathbb{R}^3}(m_\epsilon)^2 q_\epsilon dx \\
&+ \epsilon\frac{d}{dt}\sum_{|\alpha|\leqslant N-1}\left(\int_{\mathbb{R}^3}\partial_x^\alpha R_1 \partial_x^\alpha m_\epsilon dx + \int_{\mathbb{R}^3}\partial_x^\alpha R_2 \partial_x^\alpha q_\epsilon dx + 2C_0\int_{\mathbb{R}^3}\partial_x^\alpha m_\epsilon \partial_x^\alpha \nabla_x n_\epsilon dx\right) \\
&+ \frac{C_0}{2}(\|\nabla_x P_0 f_\epsilon\|_{H^{N-1}}^2 + \|n_\epsilon\|_{H_x^{N-1}}^2) \\
&\leqslant C(\sqrt{E_N(f_\epsilon)} + E_N(f_\epsilon))D_N(f_\epsilon) + C\|P_1 f_\epsilon\|_{H^N}^2.
\end{aligned} \tag{4.4.29}
$$

其次, 我们建立解的微观能量估计. 令 $|\alpha| \leqslant 4$, 将 $\partial_x^\alpha f_\epsilon$ 和 $\partial_x^\alpha(4.1.3)$ 作内积, 得到

$$
\begin{aligned}
&\frac{1}{2}\frac{d}{dt}(\|\partial_x^\alpha f_\epsilon\|_{L^2}^2 + \|\partial_x^\alpha \nabla_x \phi_\epsilon\|_{L_x^2}^2) - \frac{1}{\epsilon^2}\int_{\mathbb{R}^3}(L\partial_x^\alpha f_\epsilon)\partial_x^\alpha f_\epsilon dxdv \\
&= \frac{1}{2}\int_{\mathbb{R}^3}\int_{\mathbb{R}^3}\partial_x^\alpha(v\cdot\nabla_x\phi_\epsilon f_\epsilon)\partial_x^\alpha f_\epsilon dxdv - \int_{\mathbb{R}^3}\int_{\mathbb{R}^3}\partial_x^\alpha(\nabla_x\phi_\epsilon\cdot\nabla_v f_\epsilon)\partial_x^\alpha f_\epsilon dxdv \\
&\quad + \frac{1}{\epsilon}\int_{\mathbb{R}^3}\int_{\mathbb{R}^3}\partial_x^\alpha\Gamma(f_\epsilon, f_\epsilon)\partial_x^\alpha P_1 f_\epsilon dxdv \\
&=: I_7 + I_8 + I_9.
\end{aligned} \tag{4.4.30}
$$

下面, 我们估计 I_j, $j = 7, 8, 9$. 当 $|\alpha| = 0$ 时, 有

$$
I_8 = 0, \quad I_9 \leqslant C\sqrt{E_N(f_\epsilon)}D_N(f_\epsilon). \tag{4.4.31}
$$

当 $|\alpha| = 0$ 时, 将 I_7 做如下分解

$$
\begin{aligned}
I_7 = &\frac{1}{2}\int_{\mathbb{R}^3}\int_{\mathbb{R}^3}(v\cdot\nabla_x\phi_\epsilon P_0 f_\epsilon)P_0 f_\epsilon dxdv + \frac{1}{2}\int_{\mathbb{R}^3}\int_{\mathbb{R}^3}(v\cdot\nabla_x\phi_\epsilon P_1 f_\epsilon)P_0 f_\epsilon dxdv \\
&+ \frac{1}{2}\int_{\mathbb{R}^3}\int_{\mathbb{R}^3}(v\cdot\nabla_x\phi_\epsilon P_1 f_\epsilon)P_1 f_\epsilon dxdv
\end{aligned}
$$

$$=: I_{71} + I_{72} + I_{73}.$$

显然 I_{72}, $I_{73} \leqslant C\sqrt{E_N(f_\epsilon)}D_N(f_\epsilon)$, 并且, 根据 (4.4.24), 有

$$\begin{aligned} I_{71} &= \int_{\mathbb{R}^3}(n_\epsilon \cdot \nabla_x\phi_\epsilon)m_\epsilon dx + \sqrt{\frac{2}{3}}\int_{\mathbb{R}^3}(m_\epsilon \cdot \nabla_x\phi_\epsilon)q_\epsilon dx \\ &\leqslant \epsilon\sqrt{\frac{1}{6}}\frac{d}{dt}\int_{\mathbb{R}^3}(m_\epsilon)^2 q_\epsilon dx + C(\sqrt{E_N(f_\epsilon)} + E_N(f_\epsilon))D_N(f_\epsilon). \end{aligned} \tag{4.4.32}$$

当 $|\alpha| \geqslant 1$, 有

$$I_7, I_8, I_9 \leqslant C\sqrt{E_N(f_\epsilon)}D_N(f_\epsilon). \tag{4.4.33}$$

因此, 从 (4.4.30)—(4.4.33) 中可得

$$\begin{aligned} &\frac{d}{dt}(\|f_\epsilon\|^2_{H^N} + \|\nabla_x\phi_\epsilon\|^2_{H^N_x}) + \epsilon\sqrt{\frac{2}{3}}\frac{d}{dt}\int_{\mathbb{R}^3}(m_\epsilon)^2 q_\epsilon dx + \frac{\mu_0}{\epsilon^2}\|\nu^{1/2}P_1 f_\epsilon\|^2_{H^N} \\ &\leqslant C(\sqrt{E_N(f_\epsilon)} + E_N(f_\epsilon))D_N(f_\epsilon). \end{aligned} \tag{4.4.34}$$

最后, 我们估计混合导数项 $\partial_x^\alpha\partial_v^\beta P_1 f_\epsilon$, 其中 $|\alpha| + |\beta| \leqslant N$. 当 $|\beta| = 0$, 将 $P_1 f_\epsilon$ 和 (4.1.3) 作内积并利用柯西不等式得到

$$\frac{d}{dt}\|P_1 f_\epsilon\|^2_{L^2} + \frac{\mu_0}{\epsilon^2}\|\nu^{1/2}P_1 f_\epsilon\|^2_{L^2} \leqslant C\|\nabla_x P_0 f_\epsilon\|^2_{L^2} + C\sqrt{E_N(f_\epsilon)}D_N(f_\epsilon). \tag{4.4.35}$$

当 $|\beta| \geqslant 1$ 时, 为了估计 $\partial_x^\alpha\partial_v^\beta P_1 f_\epsilon$, 我们将 (4.1.3) 改写为

$$\begin{aligned} &\partial_t(P_1 f_\epsilon) + \frac{1}{\epsilon}v \cdot \nabla_x P_1 f_\epsilon - \frac{1}{\epsilon^2}\nu(v)P_1 f_\epsilon \\ =& -\frac{1}{\epsilon^2}K(P_1 f_\epsilon) - \frac{1}{\epsilon}P_0(v \cdot \nabla_x P_1 f_\epsilon) - \frac{1}{\epsilon}P_1(v \cdot \nabla_x P_0 f_\epsilon) \\ &+ \frac{1}{\epsilon}\Gamma(f_\epsilon, f_\epsilon) + P_1\left(\frac{1}{2}v \cdot \nabla_x\phi_\epsilon f_\epsilon - \nabla_x\phi_\epsilon \cdot \nabla_v f_\epsilon\right). \end{aligned} \tag{4.4.36}$$

令 $1 \leqslant k \leqslant N$, 并取 α, β 满足 $|\beta| = k$ 和 $|\alpha| + |\beta| \leqslant N$. 将 $\partial_x^\alpha\partial_v^\beta P_1 f_\epsilon$ 和 $\partial_x^\alpha\partial_v^\beta$ (4.4.36) 作内积, 并通过直接计算可得

$$\begin{aligned} &\sum_{\substack{|\beta|=k \\ |\alpha|+|\beta|\leqslant N}}\frac{d}{dt}\|\partial_x^\alpha\partial_v^\beta P_1 f_\epsilon\|^2_{L^2} + \frac{1}{\epsilon^2}\sum_{\substack{|\beta|=k \\ |\alpha|+|\beta|\leqslant N}}\|\nu^{1/2}\partial_x^\alpha\partial_v^\beta P_1 f_\epsilon\|^2_{L^2} \\ \leqslant& C\sum_{|\alpha|\leqslant 4-k}\left(\|\partial_x^\alpha\nabla_x P_0 f_\epsilon\|^2_{L^2} + \|\partial_x^\alpha\nabla_x P_1 f_\epsilon\|^2_{L^2}\right) + \frac{C_k}{\epsilon^2}\sum_{\substack{|\beta|\leqslant k-1 \\ |\alpha|+|\beta|\leqslant N}}\|\partial_x^\alpha\partial_v^\beta P_1 f_\epsilon\|^2_{L^2} \end{aligned}$$

$$+ C\sqrt{E_N(f_\epsilon)}D_N(f_\epsilon). \tag{4.4.37}$$

通过求和 $\sum\limits_{1\leqslant k\leqslant N} p_k(4.4.37)$, 其中常数 $p_k>0$ 定义为

$$\nu_0 p_k \geqslant 2\sum_{1\leqslant j\leqslant N-k} p_{k+j}C_{k+j}, \quad 1\leqslant k\leqslant N-1, \quad p_N=1,$$

我们得到

$$\begin{aligned}&\frac{d}{dt}\sum_{1\leqslant k\leqslant N}p_k\sum_{\substack{|\beta|=k\\|\alpha|+|\beta|\leqslant N}}\|\partial_x^\alpha\partial_v^\beta P_1 f_\epsilon\|_{L^2}^2+\frac{1}{\epsilon^2}\sum_{1\leqslant k\leqslant N}p_k\sum_{\substack{|\beta|=k\\|\alpha|+|\beta|\leqslant N}}\|\nu^{1/2}\partial_x^\alpha\partial_v^\beta P_1 f_\epsilon\|_{L^2}^2\\ \leqslant\ & C\sum_{|\alpha|\leqslant N-1}\|\partial_x^\alpha\nabla_x P_0 f_\epsilon\|_{L^2}^2+C\sum_{|\alpha|\leqslant N}\|\partial_x^\alpha P_1 f_\epsilon\|_{L^2}^2+C\sqrt{E_N(f_\epsilon)}D_N(f_\epsilon).\end{aligned} \tag{4.4.38}$$

假设 $E_N(f_\epsilon(t))\leqslant C\delta_0^2$. 通过求和 $A_1(4.4.29)+A_2(4.4.34)+(4.4.38)$ 并关于时间 t 作积分, 其中 $A_2>C_0A_1>0$ 充分大, 我们可以证明 (4.4.16). 根据局部解的存在性和一致的能量估计 (4.4.16), 我们可以证明整体解的存在性, 证明细节从略. □

下面我们给出整体解的加权能量估计. 证明过程与引理 4.24 类似, 在此省略.

引理 4.25 令 $N\geqslant 2$. 对于任意 $\epsilon\in(0,1)$, 存在两个能量泛函 $\mathcal{E}_{N,1}(\cdot)\sim E_{N,1}(\cdot)$, $\mathcal{H}_{N,1}(\cdot)\sim H_{N,1}(\cdot)$ 和一个小常数 $\delta_0>0$ 使得如果 $E_{N,1}(f_0)\leqslant\delta_0^2$, 那么

$$\frac{d}{dt}\mathcal{E}_{N,1}(f_\epsilon(t))+D_{N,1}(f_\epsilon(t))\leqslant 0, \tag{4.4.39}$$

$$\frac{d}{dt}\mathcal{H}_{N,1}(f_\epsilon(t))+D_{N,1}(f_\epsilon(t))\leqslant C\|\nabla_x P_0 f_\epsilon(t)\|_{L^2}^2, \tag{4.4.40}$$

其中 $C>0$ 是不依赖于 ϵ 的常数, $E_{N,1}(f_\epsilon)$, $H_{N,1}(f_\epsilon)$ 和 $D_{N,1}(f_\epsilon)$ 分别由 (4.4.5), (4.4.6) 和 (4.4.7) 定义.

借助于引理 4.22, 引理 4.24 和引理 4.25, 我们得到以下关于 f_ϵ 的时间衰减速率.

引理 4.26 令 $N\geqslant 3$. 对于任意 $\epsilon\in(0,1)$, 存在小常数 $\delta_0>0$ 使得如果初值 f_0 满足 $E_{N,1}(f_0)+\|f_0\|_{L^{2,1}}^2\leqslant\delta_0^2$, 那么 VPB 方程 (4.1.3)—(4.1.5) 的整体解 $f_\epsilon(t)=f_\epsilon(t,x,v)$ 满足以下时间衰减估计:

$$E_{N,1}(f_\epsilon(t))\leqslant C\delta_0^2(1+t)^{-\frac{1}{2}}, \tag{4.4.41}$$

$$H_{N,1}(f_\epsilon(t))\leqslant C\delta_0^2(1+t)^{-\frac{3}{2}}, \tag{4.4.42}$$

其中 $C>0$ 是不依赖于 ϵ 的常数. 特别地,

$$\|P_1 f_\epsilon(t)\|_{H^{N-3}} \leqslant C\delta_0(\epsilon(1+t)^{-\frac{3}{4}} + e^{-\frac{\sigma_0 t}{4\epsilon^2}}), \tag{4.4.43}$$

其中 $\sigma_0, C>0$ 是两个不依赖于 ϵ 的常数.

另外, 如果初值 f_0 满足 (4.1.15) 以及 $E_N(f_0)+\|f_0\|_{L^{2,1}}^2 \leqslant \delta_0^2$, 那么

$$E_{N,1}(f_\epsilon(t)) \leqslant C\delta_0^2(1+t)^{-\frac{3}{2}}, \tag{4.4.44}$$

$$H_{N,1}(f_\epsilon(t)) \leqslant C\delta_0^2(1+t)^{-2}. \tag{4.4.45}$$

证明 首先, 我们证明 (4.4.41) 和 (4.4.42) 成立. 定义关于 $f_\epsilon(t)$ 的泛函为

$$Q_\epsilon(t) = \sup_{0\leqslant s\leqslant t}\{(1+s)^{1/4}E_{N,1}(f_\epsilon(s))^{1/2} + (1+s)^{3/4}H_{N,1}(f_\epsilon(s))^{1/2}\}.$$

我们断言

$$Q_\epsilon(t) \leqslant C\delta_0. \tag{4.4.46}$$

显然, 由 (4.4.46) 可直接推出 (4.4.41) 和 (4.4.42).

根据 (4.1.6) 和引理 2.20, 对于 $j=1,2$ 以及 $0\leqslant s\leqslant t$, 有

$$\|\Lambda_j(f_\epsilon(s))\|_{L^2} \leqslant CE_{N,1}(f_\epsilon)^{1/2}H_{N,1}(f_\epsilon)^{1/2} \leqslant CQ_\epsilon(t)^2(1+s)^{-1}, \tag{4.4.47}$$

$$\|\Lambda_j(f_\epsilon(s))\|_{L^{2,1}} \leqslant CE_{N,1}(f_\epsilon)^{1/2}E_{N,1}(f_\epsilon)^{1/2} \leqslant CQ_\epsilon(t)^2(1+s)^{-\frac{1}{2}}, \tag{4.4.48}$$

以及

$$\|\partial_x^\alpha\Lambda_j(f_\epsilon(s))\|_{L^2} \leqslant CH_{N,1}(f_\epsilon)^{1/2}H_{N,1}(f_\epsilon)^{1/2} \leqslant CQ_\epsilon(t)^2(1+s)^{-\frac{3}{2}}, \tag{4.4.49}$$

$$\|\partial_x^\alpha\Lambda_j(f_\epsilon(s))\|_{L^{2,1}} \leqslant CE_{N,1}(f_\epsilon)^{1/2}H_{N,1}(f_\epsilon)^{1/2} \leqslant CQ_\epsilon(t)^2(1+s)^{-1}, \tag{4.4.50}$$

其中 $1\leqslant|\alpha|\leqslant N-1$, 且 $C>0$ 为常数.

因为 $P_dG_1(f_\epsilon)=0$ 以及 $P_0G_2(f_\epsilon)=0$, 于是, 从引理 4.22, (4.4.1) 和 (4.4.47)—(4.4.50) 中可知

$$\begin{aligned}
\|\partial_x^\alpha P_0 f_\epsilon(t)\|_{L_P^2} \leqslant{}& C(1+t)^{-\frac{1}{4}-\frac{|\alpha|}{2}}(\|\partial_x^\alpha f_0\|_{L^2}+\|f_0\|_{L^{2,1}}) \\
&+C\sum_{j=1}^{2}\int_0^{t/2}\left((1+t-s)^{-\frac{3}{4}-\frac{|\alpha|}{2}}+\frac{1}{\epsilon}e^{-\frac{\sigma_0(t-s)}{\epsilon^2}}\right) \\
&\times(\|\partial_x^\alpha\Lambda_j(s)\|_{H^1}+\|\Lambda_j(s)\|_{L^{2,1}})\,ds \\
&+C\sum_{j=1}^{2}\int_{t/2}^{t}\left((1+t-s)^{-\frac{3}{4}}+\frac{1}{\epsilon}e^{-\frac{\sigma_0(t-s)}{\epsilon^2}}\right)
\end{aligned}$$

$$
\begin{aligned}
&\times (\|\partial_x^\alpha \Lambda_j(s)\|_{H^1} + \|\partial_x^\alpha \Lambda_j(s)\|_{L^{2,1}})\, ds \\
&\leqslant C\delta_0(1+t)^{-\frac{1}{4}-\frac{|\alpha|}{2}} + CQ_\epsilon(t)^2(1+t)^{-\frac{1}{4}-\frac{|\alpha|}{2}},
\end{aligned} \tag{4.4.51}
$$

其中 $|\alpha| = 0, 1$. 根据 (4.4.40), (4.4.51) 并注意到存在常数 $d > 0$ 使得 $D_{N,1}(f_\epsilon) \geqslant c_1\mathcal{H}_{N,1}(f_\epsilon)$, 我们得到

$$
\begin{aligned}
H_{N,1}(f_\epsilon(t)) &\leqslant Ce^{-c_1 t} H_{N,1}(f_0) + \int_0^t e^{-c_1(t-s)} \|\nabla_x P_0 f_\epsilon(s)\|_{L^2}^2 ds \\
&\leqslant C\delta_0^2 e^{-c_1 t} + C(\delta_0 + Q_\epsilon(t)^2)^2 \int_0^t e^{-c_1(t-s)}(1+s)^{-\frac{3}{2}} ds \\
&\leqslant C(\delta_0 + Q_\epsilon(t)^2)^2(1+t)^{-\frac{3}{2}}.
\end{aligned} \tag{4.4.52}
$$

于是, 结合 (4.4.51)–(4.4.52), 可得

$$
Q_\epsilon(t) \leqslant C\delta_0 + CQ_\epsilon(t)^2.
$$

从而, 当 $\delta_0 > 0$ 充分小时, (4.4.46) 成立, 这就证明了 (4.4.41) 和 (4.4.42).

其次, 我们证明 (4.4.43). 根据 (4.3.62), (4.3.67) 以及 (4.3.69), 对于任意 f_0, $g_0 \in L^2$ 满足 $P_d f_0 = 0$ 和 $P_0 g_0 = 0$, 有

$$
\|P_1 e^{\frac{t}{\epsilon^2}B_\epsilon} f_0\|_{L^2} \leqslant C(\epsilon(1+t)^{-\frac{3}{4}} + e^{-\frac{\sigma_0 t}{\epsilon^2}})(\|f_0\|_{H^1} + \|\nabla_x f_0\|_{L^{2,1}}), \tag{4.4.53}
$$

$$
\|P_1 e^{\frac{t}{\epsilon^2}B_\epsilon} g_0\|_{L^2} \leqslant C(\epsilon^2(1+t)^{-\frac{5}{4}} + e^{-\frac{\sigma_0 t}{\epsilon^2}})(\|g_0\|_{H^2} + \|\nabla_x g_0\|_{L^{2,1}}). \tag{4.4.54}
$$

于是, 由引理 4.22, (4.4.53) 和 (4.4.54) 可得

$$
\begin{aligned}
\|\partial_x^\alpha P_1 f_\epsilon(t)\|_{L^2} &\leqslant C(\epsilon(1+t)^{-\frac{3}{4}-\frac{|\alpha|}{2}} + e^{-\frac{\sigma_0 t}{\epsilon^2}})(\|\partial_x^\alpha f_0\|_{H^1} + \|f_0\|_{L^{2,1}}) \\
&\quad + C\sum_{j=1}^2 \int_0^{t/2} \left(\epsilon(1+t-s)^{-\frac{5}{4}-\frac{|\alpha|}{2}} + \frac{1}{\epsilon} e^{-\frac{\sigma_0(t-s)}{\epsilon^2}}\right) \\
&\quad \times (\|\partial_x^\alpha \Lambda_j(s)\|_{H^2} + \|\Lambda_j(s)\|_{L^{2,1}})\, ds \\
&\quad + C\sum_{j=1}^2 \int_{t/2}^t \left(\epsilon(1+t-s)^{-\frac{3}{4}} + \frac{1}{\epsilon} e^{-\frac{\sigma_0(t-s)}{\epsilon^2}}\right) \\
&\quad \times (\|\partial_x^\alpha \Lambda_j(s)\|_{H^2} + \|\nabla_x^k \Lambda_j(s)\|_{L^{2,1}})\, ds \\
&\leqslant (C\delta_0 + CQ_\epsilon(t)^2)(\epsilon(1+t)^{-\frac{3}{4}} + e^{-\frac{\sigma_0 t}{\epsilon^2}}),
\end{aligned} \tag{4.4.55}
$$

其中 $k = \max\{1, |\alpha|\}$ 且 $|\alpha| \leqslant N-3$. 这就证明了 (4.4.43).

最后, 我们证明 (4.4.44)–(4.4.45). 如果初值 f_0 满足 (4.1.15), 那么有

$$(P_0\hat{f}_0, h_j(\xi))_\xi = 0, \quad j = -1, 1.$$

由上式与定理 4.14 可以推出

$$\|S_1(t,\xi,\epsilon)\hat{f}_0\|_\xi \leqslant Ce^{-c|\xi|^2t}\|\hat{f}_0\|_\xi.$$

因此, 当 f_0 满足 (4.1.15) 时,

$$\|\partial_x^\alpha e^{\frac{t}{\epsilon^2}B_\epsilon} f_0\|_{L_P^2} \leqslant C(1+t)^{-\frac{3}{4}-\frac{m}{2}}(\|\partial_x^\alpha f_0\|_{L^2} + \|\partial_x^{\alpha'} f_0\|_{L^{2,1}}), \tag{4.4.56}$$

其中 $\alpha' \leqslant \alpha$, $m = |\alpha - \alpha'|$. 根据 (4.4.56), 引理 4.22 以及类似上面的讨论, 可以证明 (4.4.44)–(4.4.45). □

根据 (4.4.2) 以及引理 4.23, 我们有

引理 4.27 令 $N \geqslant 2$. 存在小常数 $\delta_0 > 0$ 使得如果 $\|f_0\|_{H^N} + \|f_0\|_{L^{2,1}} \leqslant \delta_0$, 那么 NSPF 方程 (4.1.7)—(4.1.12) 存在唯一的整体解 $(n,m,q)(t,x) \in L_t^\infty(H_x^N)$. 而且, $u(t,x,v) = n(t,x)\chi_0 + m(t,x)\cdot v\chi_0 + q(t,x)\chi_4$ 满足以下时间衰减速率:

$$\|u(t)\|_{H^N} + \|\nabla_x\phi(t)\|_{H_x^N} \leqslant C\delta_0(1+t)^{-\frac{3}{4}}, \tag{4.4.57}$$

其中 $\phi(t,x) = \Delta_x^{-1}n(t,x)$.

证明 定义关于 $u(t)$ 的泛函

$$Q(t) = \sup_{0\leqslant s\leqslant t}\{(1+s)^{3/4}\left(\|u(s)\|_{H^N} + \|\nabla_x\phi(s)\|_{H_x^N}\right)\}.$$

容易验证

$$\|Z_j(u(s))\|_{H^N} + \|Z_j(u(s))\|_{L^{2,1}} \leqslant CQ(t)^2(1+s)^{-\frac{3}{2}}, \tag{4.4.58}$$

其中 $j = 1, 2$, $0 \leqslant s \leqslant t$, 且 $C > 0$ 为常数. 根据 (4.3.74), 对于任意向量函数 $U_0 \in \mathbb{R}^3$, 有

$$\begin{aligned}
\|\partial_x^\alpha V(t)\mathrm{div}_x U_0\|_{L_P^2}^2 &\leqslant C\int_{\mathbb{R}^3}(\xi^\alpha)^2 e^{-2c|\xi|^2t}|\xi|^2\|\hat{U}_0\|^2 d\xi \\
&\leqslant \sup_{|\xi|\leqslant 1}(\xi^{\alpha'})^2\|\hat{U}_0\|^2\int_{|\xi|\leqslant 1}(\xi^{\alpha-\alpha'})^2|\xi|^2 e^{-2c|\xi|^2t}d\xi \\
&\quad + \sup_{|\xi|\geqslant 1}(e^{-2c|\xi|^2t}|\xi|^2)\int_{|\xi|\geqslant 1}(\xi^\alpha)^2\|\hat{U}_0\|^2 d\xi \\
&\leqslant C((1+t)^{-\frac{5}{2}-m} + t^{-1}e^{-2ct})(\|\partial_x^\alpha U_0\|_{L^2}^2 + \|\partial_x^{\alpha'} U_0\|_{L^{2,1}}^2),
\end{aligned} \tag{4.4.59}$$

其中 $\alpha' \leqslant \alpha$, $m = |\alpha - \alpha'|$, 且 $c, C > 0$ 为常数.

于是, 从引理 4.23, (4.4.2), (4.4.58) 以及 (4.4.59) 中可知

$$\begin{aligned}\|\partial_x^\alpha u(t)\|_{L^2_P} \leqslant & C(1+t)^{-\frac{3}{4}-\frac{|\alpha|}{2}}(\|\partial_x^\alpha P_0 f_0\|_{L^2} + \|P_0 f_0\|_{L^{2,1}}) \\ & + C\int_0^t (1+t-s)^{-\frac{3}{4}-\frac{|\alpha|}{2}}(\|\partial_x^\alpha Z_1(s)\|_{L^2} + \|Z_1(s)\|_{L^{2,1}})\,ds \\ & + C\int_0^t ((1+t-s)^{-\frac{5}{4}-\frac{|\alpha|}{2}} + (t-s)^{-\frac{1}{2}} e^{-c(t-s)}) \\ & \times (\|\partial_x^\alpha Z_2(s)\|_{L^2} + \|Z_2(s)\|_{L^{2,1}})\,ds \\ \leqslant & C\delta_0(1+t)^{-\frac{3}{4}} + CQ(t)^2(1+t)^{-\frac{3}{4}},\end{aligned} \tag{4.4.60}$$

其中 $|\alpha| \leqslant N$. 因此, 当 $\delta_0 > 0$ 充分小时, 有

$$Q(t) \leqslant C\delta_0.$$

这就证明了 (4.4.57). 根据压缩映射原理可证明整体解的存在性, 细节从略. □

4.4.2 最优收敛速度

在本小节中, 我们证明定理 4.2 中的最优收敛速度估计.

引理 4.28 对于任意 $i, j = 1, 2, 3$, 有

$$\Gamma^*(v_i\chi_0, v_j\chi_0) = -\frac{1}{2}LP_1(v_iv_j\chi_0),$$

$$\Gamma^*(v_i\chi_0, |v|^2\chi_0) = -\frac{1}{2}LP_1(v_i|v|^2\chi_0),$$

$$\Gamma^*(|v|^2\chi_0, |v|^2\chi_0) = -\frac{1}{2}LP_1(|v|^4\chi_0),$$

其中

$$\Gamma^*(f,g) = \frac{1}{2}[\Gamma(f,g) + \Gamma(g,f)].$$

证明 令 $u = v_*$, $u' = v'_*$. 由于

$$v_i + u_i = v'_i + u'_i, \quad i = 1, 2, 3, \quad |v|^2 + |u|^2 = |v'|^2 + |u'|^2,$$

从而

$$\begin{cases}(v_i + u_i)(v_j + u_j) = (v'_i + u'_i)(v'_j + u'_j), \quad i, j = 1, 2, 3, \\ (v_i + u_i)(|v|^2 + |u|^2) = (v'_i + u'_i)(|v'|^2 + |u'|^2), \quad i = 1, 2, 3, \\ (|v|^2 + |u|^2)(|v|^2 + |u|^2) = (|v'|^2 + |u'|^2)(|v'|^2 + |u'|^2).\end{cases} \tag{4.4.61}$$

根据 (1.3.7), (1.3.6) 以及 (4.4.61), 我们有

$$
\begin{aligned}
\Gamma^*(v_i\chi_0, v_j\chi_0) &= \frac{1}{2}\sqrt{M}\int_{\mathbb{R}^3}\int_{\mathbb{S}^2} B(u_i'v_j' + v_i'u_j' - u_iv_j - v_iu_j)M(u)d\omega du \\
&= -\frac{1}{2}\sqrt{M}\int_{\mathbb{R}^3}\int_{\mathbb{S}^2} B(u_i'u_j' + v_i'v_j' - v_iv_j - u_iu_j)M(u)d\omega du \\
&= -\frac{1}{2}LP_1(v_iv_j\chi_0), \\
\Gamma^*(v_i\chi_0, |v|^2\chi_0) &= \frac{1}{2}\sqrt{M}\int_{\mathbb{R}^3}\int_{\mathbb{S}^2} B(u_i'|v'|^2 + u_i'|v'|^2 - u_i|v|^2 - v_i|u|^2)M(u)d\omega du \\
&= -\frac{1}{2}\sqrt{M}\int_{\mathbb{R}^3}\int_{\mathbb{S}^2} B(u_i'|u'|^2 + v_i'|v'|^2 - v_i|v|^2 - u_i|u|^2)M(u)d\omega du \\
&= -\frac{1}{2}LP_1(v_i|v|^2\chi_0),
\end{aligned}
$$

以及

$$
\begin{aligned}
\Gamma^*(|v|^2\chi_0, |v|^2\chi_0) &= \sqrt{M}\int_{\mathbb{R}^3}\int_{\mathbb{S}^2} B(|u'|^2|v'|^2 - |v|^2|u|^2)M(u)d\omega du \\
&= -\frac{1}{2}\sqrt{M}\int_{\mathbb{R}^3}\int_{\mathbb{S}^2} B(|u'|^4 + |v'|^4 - |v|^4 - |u|^4)M(u)d\omega du \\
&= -\frac{1}{2}LP_1(|v|^4\chi_0),
\end{aligned}
$$

其中 $B = B(|v-u|, \omega)$. 引理得证. □

根据引理 4.24, 引理 4.26 和引理 4.27, 可直接证明定理 4.1.

利用线性方程解的流体极限的性质 (见引理 4.19 和引理 4.21) 以及非线性方程解的能量估计 (见定理 4.1), 我们可以证明定理 4.2 如下.

定理 4.2 的证明 首先, 我们证明 (4.1.25). 定义

$$
\Pi_\epsilon(t) = \sup_{0\leqslant s\leqslant t}\left(\epsilon^a(1+s)^{-\frac{1}{2}} + \left(1+\frac{s}{\epsilon}\right)^{-b}\right)^{-1}\|f_\epsilon(s) - u(s)\|_{L_P^\infty},
$$

其中, 范数 $\|\cdot\|_{L_P^\infty}$ 由 (4.3.1) 定义.

我们断言

$$
\Pi_\epsilon(t) \leqslant C\delta_0, \quad \forall t > 0. \tag{4.4.62}
$$

容易验证, (4.4.62) 可直接推出 (4.1.25).

根据 (4.4.1) 和 (4.4.2), 有

$$
\|f_\epsilon(t) - u(t)\|_{L_P^\infty}
$$

$$
\begin{aligned}
&\leqslant \|e^{\frac{t}{\epsilon^2}B_\epsilon}f_0 - V(t)P_0f_0\|_{L_P^\infty} + \int_0^t \|e^{\frac{t-s}{\epsilon^2}B_\epsilon}\Lambda_1(f_\epsilon) - V(t-s)Z_1(u)\|_{L_P^\infty}ds \\
&\quad + \int_0^t \left\|\frac{1}{\epsilon}e^{\frac{t-s}{\epsilon^2}B_\epsilon}\Lambda_2(f_\epsilon) - V(t-s)\mathrm{div}_x Z_2(u)\right\|_{L_P^\infty} ds \\
&=: I_1 + I_2 + I_3. \qquad (4.4.63)
\end{aligned}
$$

对于 I_1, 由 (4.3.25) 得到

$$
\begin{aligned}
I_1 &\leqslant C\left(\epsilon(1+t)^{-\frac{3}{2}} + \left(1+\frac{t}{\epsilon}\right)^{-q}\right)(\|f_0\|_{H^4} + \|f_0\|_{W^{4,1}} + \|\nabla_x\phi_0\|_{L_x^p}) \\
&\leqslant C\delta_0\left(\epsilon(1+t)^{-\frac{3}{2}} + \left(1+\frac{t}{\epsilon}\right)^{-q}\right),
\end{aligned}
$$

其中 $p \in (1,2)$ 且 $q = 3/p - 3/2 \in (0,3/2)$.

为了估计 I_2, 将其分解为

$$
\begin{aligned}
I_2 &\leqslant \int_0^t \|e^{\frac{t-s}{\epsilon^2}B_\epsilon}\Lambda_1(f_\epsilon) - V(t-s)P_0\Lambda_1(f_\epsilon)\|_{L_P^\infty}ds \\
&\quad + \int_0^t \|V(t-s)P_0\Lambda_1(f_\epsilon) - V(t-s)Z_1(u)\|_{L_P^\infty} ds \\
&=: I_{21} + I_{22}.
\end{aligned}
$$

根据 (4.3.25) 和 (4.4.47)—(4.4.50), 并注意到 $(\Lambda_1(f_\epsilon), \chi_0) = 0$, 我们有

$$
\begin{aligned}
I_{21} &\leqslant C\int_0^t \left(\epsilon(1+t-s)^{-\frac{3}{2}} + \left(1+\frac{t-s}{\epsilon}\right)^{-q}\right) \\
&\quad \times (\|\Lambda_1(f_\epsilon)\|_{H^4} + \|\Lambda_1(f_\epsilon)\|_{W^{4,1}})\, ds \\
&\leqslant C\delta_0^2\int_0^t \left(\epsilon(1+t-s)^{-\frac{3}{2}} + \left(1+\frac{t-s}{\epsilon}\right)^{-q}\right)(1+s)^{-\frac{1}{2}}ds,
\end{aligned}
$$

其中 $q \in (1,3/2)$, 并且我们用到了, 对于 $0 \leqslant s \leqslant t$,

$$
\begin{aligned}
\|\Lambda_1(f_\epsilon(s))\|_{H^4} + \|\Lambda_1(f_\epsilon(s))\|_{W^{4,1}} &\leqslant CE_{5,1}(f_\epsilon)^{\frac{1}{2}}[E_{5,1}(f_\epsilon)^{\frac{1}{2}} + H_{5,1}(f_\epsilon)^{\frac{1}{2}}] \\
&\leqslant C\delta_0^2(1+s)^{-\frac{1}{2}}.
\end{aligned}
$$

因为对于 $t \leqslant 1$, 有

$$
\int_0^t \left(1+\frac{t-s}{\epsilon}\right)^{-q}(1+s)^{-\frac{1}{2}}ds \leqslant \int_0^t \left(1+\frac{t-s}{\epsilon}\right)^{-q}ds \leqslant C\epsilon,
$$

并且对于 $t>1$, 有

$$\int_0^t\left(1+\frac{t-s}{\epsilon}\right)^{-q}(1+s)^{-\frac{1}{2}}ds=\left(\int_0^{t/2}+\int_{t/2}^t\right)\left(1+\frac{t-s}{\epsilon}\right)^{-q}(1+s)^{-\frac{1}{2}}ds$$

$$\leqslant C\left(1+\frac{t}{\epsilon}\right)^{-q}\int_0^{t/2}(1+s)^{-\frac{1}{2}}ds+C(1+t)^{-\frac{1}{2}}\int_{t/2}^t\left(1+\frac{t-s}{\epsilon}\right)^{-q}ds$$

$$\leqslant C\epsilon^q t^{-q}(1+t)^{\frac{1}{2}}+C\epsilon(1+t)^{-\frac{1}{2}}\leqslant C\epsilon(1+t)^{-\frac{1}{2}},$$

所以

$$I_{21}\leqslant C\delta_0^2\epsilon(1+t)^{-\frac{1}{2}}. \tag{4.4.64}$$

因为

$$P_0\Lambda_1(f_\epsilon)=(n_\epsilon\nabla_x\phi_\epsilon)\cdot v\chi_0+\sqrt{\frac{2}{3}}\,(m_\epsilon\cdot\nabla_x\phi_\epsilon)\,\chi_4,$$

于是从 (4.3.71) 中可得

$$\begin{aligned}I_{22}\leqslant{}&C\int_0^t(1+t-s)^{-\frac{3}{4}}\ln\left(2+\frac{1}{t-s}\right)\\&\times(\|f_\epsilon-u\|_{L^\infty}\|\nabla_x\phi_\epsilon\|_{H_x^2}+\|u\|_{H^2}\|\nabla_x\phi_\epsilon-\nabla_x\phi\|_{L_x^\infty})ds\\\leqslant{}&C\delta_0\Pi_\epsilon(t)\int_0^t(1+t-s)^{-\frac{3}{4}}\ln\left(2+\frac{1}{t-s}\right)\\&\times\left(\epsilon^a(1+s)^{-\frac{1}{2}}+\left(1+\frac{s}{\epsilon}\right)^{-b}\right)(1+s)^{-\frac{1}{4}}ds.\end{aligned} \tag{4.4.65}$$

记

$$J_0=\int_0^t(1+t-s)^{-\frac{3}{4}}\ln\left(2+\frac{1}{t-s}\right)\left(1+\frac{s}{\epsilon}\right)^{-b}(1+s)^{-\frac{1}{4}}ds,\quad b\in(0,1]. \tag{4.4.66}$$

对于 $t<\epsilon$, 有

$$J_0\leqslant\int_0^t\ln\left(2+\frac{1}{t-s}\right)ds\leqslant C\leqslant C\left(1+\frac{t}{\epsilon}\right)^{-b},\quad b\in(0,1]. \tag{4.4.67}$$

对于 $t\geqslant\epsilon$, 有

$$J_0=\left(\int_0^{t/2}+\int_{t/2}^t\right)(1+t-s)^{-\frac{3}{4}}\ln\left(2+\frac{1}{t-s}\right)\left(1+\frac{s}{\epsilon}\right)^{-1}(1+s)^{-\frac{1}{4}}ds$$

$$
\begin{aligned}
&\leqslant C(1+t)^{-\frac{3}{4}}\ln\left(2+\frac{1}{t}\right)\int_0^{t/2}\left(1+\frac{s}{\epsilon}\right)^{-1}ds\\
&\quad+C\left(1+\frac{t}{\epsilon}\right)^{-1}(1+t)^{-\frac{1}{4}}\int_{t/2}^{t}(1+t-s)^{-\frac{3}{4}}\ln\left(2+\frac{1}{t-s}\right)ds\\
&\leqslant C\epsilon(1+t)^{-\frac{3}{4}}\ln\left(2+\frac{1}{t}\right)\ln\left(1+\frac{t}{\epsilon}\right)\\
&\quad+C\left(1+\frac{t}{\epsilon}\right)^{-1}(1+t)^{-\frac{1}{4}}\int_{t/2}^{t}(t-s)^{-\frac{3}{4}}ds\\
&\leqslant C\epsilon|\ln\epsilon|^2(1+t)^{-\frac{1}{2}}+C\left(1+\frac{t}{\epsilon}\right)^{-1},
\end{aligned}
$$

以及

$$
\begin{aligned}
J_0&=\left(\int_0^{t/2}+\int_{t/2}^{t}\right)(1+t-s)^{-\frac{3}{4}}\ln\left(2+\frac{1}{t-s}\right)\left(1+\frac{s}{\epsilon}\right)^{-b}(1+s)^{-\frac{1}{4}}ds\\
&\leqslant C\epsilon^b(1+t)^{-\frac{3}{4}}\ln\left(2+\frac{1}{t}\right)\int_0^{t/2}s^{-b}(1+s)^{-\frac{1}{4}}ds\\
&\quad+C\left(1+\frac{t}{\epsilon}\right)^{-b}(1+t)^{-\frac{1}{4}}\int_{t/2}^{t}(t-s)^{-\frac{3}{4}}ds\\
&\leqslant C\epsilon^b(1+t)^{-\frac{3}{4}}+C\left(1+\frac{t}{\epsilon}\right)^{-b},\quad 0<b<1.
\end{aligned}
\tag{4.4.68}
$$

在 (4.4.68) 中, 我们用到了, 对于 $t<1$,

$$
\int_0^{t/2}s^{-b}(1+s)^{-\frac{1}{4}}ds\leqslant\int_0^{t/2}s^{-b}ds\leqslant Ct^{1-b},
$$

并且对于 $t\geqslant 1$,

$$
\begin{aligned}
\int_0^{t/2}s^{-b}(1+s)^{-\frac{1}{4}}ds&\leqslant\int_0^{1/2}s^{-b}ds+C\int_{1/2}^{t/2}(1+s)^{-\frac{1}{4}-b}ds\\
&\leqslant C+C(1+t)^{\max\{\frac{3}{4}-b,0\}}.
\end{aligned}
$$

于是, 由 (4.4.65)—(4.4.68) 可得

$$
I_{22}\leqslant C\delta_0\Pi_\epsilon(t)\left(\epsilon^a(1+t)^{-\frac{1}{2}}+\left(1+\frac{t}{\epsilon}\right)^{-b}\right).
\tag{4.4.69}
$$

为了估计 I_3, 将其分解为

$$I_3 \leqslant \int_0^t \left\| \frac{1}{\epsilon} e^{\frac{t-s}{\epsilon^2} B_\epsilon} \Lambda_2(f_\epsilon) - V(t-s) P_0 \left(v \cdot \nabla_x L^{-1} \Lambda_2(f_\epsilon) \right) \right\|_{L^\infty_P} ds$$
$$+ \int_0^t \left\| V(t-s) P_0 \left(v \cdot \nabla_x L^{-1} \Lambda_2(f_\epsilon) \right) - V(t-s) \mathrm{div}_x Z_2 \right\|_{L^\infty_P} ds$$
$$=: I_{31} + I_{32}. \tag{4.4.70}$$

根据 (4.3.44) 和 (4.4.47)—(4.4.50), 并注意到 $P_0 \Lambda_2(f_\epsilon) = 0$, 我们有

$$I_{31} \leqslant C \int_0^t \left(\epsilon (1+t-s)^{-\frac{5}{2}} + \left(1 + \frac{t-s}{\epsilon}\right)^{-q} + \frac{1}{\epsilon} e^{-\frac{\sigma_0(t-s)}{\epsilon^2}} \right)$$
$$\times \left(\|\Lambda_2(f_\epsilon)\|_{H^5} + \|\Lambda_2(f_\epsilon)\|_{W^{5,1}} \right) ds$$
$$\leqslant C\delta_0^2 \int_0^t \left(\epsilon (1+t-s)^{-\frac{5}{2}} + \left(1 + \frac{t-s}{\epsilon}\right)^{-q} + \frac{1}{\epsilon} e^{-\frac{\sigma_0(t-s)}{\epsilon^2}} \right) (1+s)^{-\frac{1}{2}} ds$$
$$\leqslant C\delta_0^2 \epsilon (1+t)^{-\frac{1}{2}}, \tag{4.4.71}$$

其中 $q \in (1, 3/2)$, 并且我们用到了, 对于 $0 \leqslant s \leqslant t$,

$$\|\Lambda_2(f_\epsilon(s))\|_{H^5} + \|\Lambda_2(f_\epsilon(s))\|_{W^{5,1}} \leqslant C E_{5,1}(f_\epsilon)^{\frac{1}{2}} [E_{5,1}(f_\epsilon)^{\frac{1}{2}} + H_{5,1}(f_\epsilon)^{\frac{1}{2}}]$$
$$\leqslant C\delta_0^2 (1+s)^{-\frac{1}{2}}.$$

为了估计 I_{32}, 做分解

$$P_0 \left(v \cdot \nabla_x L^{-1} \Lambda_2(f_\epsilon) \right)$$
$$= P_0 (v \cdot \nabla_x L^{-1} \Gamma^* (P_0 f_\epsilon, P_0 f_\epsilon)) + 2 P_0 (v \cdot \nabla_x L^{-1} \Gamma^* (P_0 f_\epsilon, P_1 f_\epsilon))$$
$$+ P_0 (v \cdot \nabla_x L^{-1} \Gamma^* (P_1 f_\epsilon, P_1 f_\epsilon)) =: J_1 + J_2 + J_3.$$

根据引理 4.28, 有

$$J_1 = -\frac{1}{2} \sum_{i,j,k,l=1}^3 \left(\partial_k (m_\epsilon^i m_\epsilon^j P_1 (v_i v_j \chi_0)), v_k v_l \chi_0 \right) v_l \chi_0$$
$$- \frac{1}{12} \sum_{j=1}^3 \left(\partial_j (q_\epsilon^2 P_1 (|v|^4 \chi_0)), v_j^2 \chi_0 \right) v_j \chi_0 - \sum_{j=1}^3 \left(\partial_j (m_\epsilon^j q_\epsilon P_1 (v_j \chi_4)), v_j \chi_4 \right) \chi_4.$$

由于

$$\begin{cases}(P_1(v_iv_j\chi_0),v_kv_l\chi_0)=0, \quad (k,l)\neq(i,j) \text{ 或 } (j,i),\\ (P_1(v_iv_j\chi_0),v_iv_j\chi_0)=1, \quad i\neq j,\\ (P_1(v_i^2\chi_0),v_i^2\chi_0)=4/3, \quad (P_1(v_i^2\chi_0),v_j^2\chi_0)=-2/3, \quad j\neq i,\\ (P_1(v_j\chi_4),v_j\chi_4)=5/3, \quad (P_1(|v|^4\chi_0),v_j^2\chi_0)=0, \quad j=1,2,3,\end{cases}$$

因此 J_1 可简化为

$$J_1=-\sum_{i,j=1}^3\partial_i(m_\epsilon^i m_\epsilon^j)v_j\chi_0+\frac{1}{3}\sum_{i,j=1}^3\partial_j(m_\epsilon^i)^2v_j\chi_0-\frac{5}{3}\sum_{j=1}^3\partial_j(m_\epsilon^j q_\epsilon)\chi_4.$$

根据 (4.3.5) 可知

$$V(t)(v\chi_0\cdot\nabla_x u)=0, \quad \forall\, u(x)\in L^2(\mathbb{R}_x^3).$$

因此

$$V(t-s)J_1(s)=-V(t-s)\mathrm{div}_x\left[(m_\epsilon\otimes m_\epsilon)\cdot v\chi_0+\frac{5}{3}(q_\epsilon m_\epsilon)\chi_4\right]=:V(t-s)\mathrm{div}_x J_4(s). \tag{4.4.72}$$

根据 (4.3.71), (4.4.41), (4.4.43), (4.4.59) 以及 (4.4.72), 我们得到

$$\begin{aligned}I_{32}\leqslant&\int_0^t\|V(t-s)\mathrm{div}_x(J_4-Z_2)\|_{L_P^\infty}ds+\sum_{k=2}^3\int_0^t\|V(t-s)J_k\|_{L_P^\infty}ds\\ \leqslant&C\int_0^t(1+t-s)^{-\frac{3}{4}}(t-s)^{-\frac{1}{2}}\|f_\epsilon-u\|_{L^\infty}(\|f_\epsilon\|_{H^2}+\|u\|_{H^2})ds\\ &+C\int_0^t(1+t-s)^{-\frac{3}{4}}(t-s)^{-\frac{1}{2}}\|P_1f_\epsilon\|_{H^2}(\|P_0f_\epsilon\|_{H^2}+\|P_1f_\epsilon\|_{H^2})ds\\ \leqslant&C\delta_0\Pi_\epsilon(t)\int_0^t(1+t-s)^{-\frac{3}{4}}(t-s)^{-\frac{1}{2}}\left(\epsilon^a(1+s)^{-\frac{1}{2}}+\left(1+\frac{s}{\epsilon}\right)^{-b}\right)(1+s)^{-\frac{1}{4}}ds\\ &+C\delta_0^2\int_0^t(1+t-s)^{-\frac{3}{4}}(t-s)^{-\frac{1}{2}}(\epsilon(1+s)^{-\frac{3}{4}}+e^{-\frac{\sigma_0 s}{\epsilon^2}})(1+s)^{-\frac{1}{4}}ds.\end{aligned} \tag{4.4.73}$$

记

$$J_5=\int_0^t(1+t-s)^{-\frac{3}{4}}(t-s)^{-\frac{1}{2}}\left(1+\frac{s}{\epsilon}\right)^{-b}(1+s)^{-\frac{1}{4}}ds, \quad b\in(0,1].$$

对于 $t \leqslant \epsilon$, 有

$$J_5 \leqslant \int_0^t (t-s)^{-\frac{1}{2}} ds \leqslant C \leqslant C\left(1+\frac{t}{\epsilon}\right)^{-b}, \quad b \in (0,1]. \tag{4.4.74}$$

对于 $t \geqslant \epsilon$,

$$\begin{aligned}
J_5 &= \left(\int_0^{t/2} + \int_{t/2}^t\right)(1+t-s)^{-\frac{3}{4}}(t-s)^{-\frac{1}{2}}\left(1+\frac{s}{\epsilon}\right)^{-1}(1+s)^{-\frac{1}{4}} ds \\
&\leqslant C\epsilon|\ln\epsilon| t^{-\frac{1}{2}}(1+t)^{-\frac{1}{2}} + C\left(1+\frac{t}{\epsilon}\right)^{-1} \\
&\leqslant C\epsilon|\ln\epsilon|^2(1+t)^{-1} + C\left(1+\frac{t}{\epsilon}\right)^{-1},
\end{aligned}$$

以及

$$\begin{aligned}
J_5 &= \left(\int_0^{t/2} + \int_{t/2}^t\right)(1+t-s)^{-\frac{3}{4}}(t-s)^{-\frac{1}{2}}\left(1+\frac{s}{\epsilon}\right)^{-b}(1+s)^{-\frac{1}{4}} ds \\
&\leqslant C\epsilon^b t^{-\frac{1}{2}}(1+t)^{-\frac{3}{4}} \int_0^{t/2} s^{-b} ds + C\left(1+\frac{t}{\epsilon}\right)^{-b} \\
&\leqslant C\left(1+\frac{t}{\epsilon}\right)^{-b}, \quad 0 < b < 1.
\end{aligned} \tag{4.4.75}$$

因此, 由 (4.4.73)—(4.4.75) 可得

$$I_{32} \leqslant C(\delta_0^2 + \delta_0 \Pi_\epsilon(t))\left(\epsilon^a(1+t)^{-\frac{1}{2}} + \left(1+\frac{t}{\epsilon}\right)^{-b}\right). \tag{4.4.76}$$

结合 (4.4.63)–(4.4.64), (4.4.69)—(4.4.71) 以及 (4.4.76), 我们得到

$$\Pi_\epsilon(t) \leqslant C\delta_0 + C\delta_0^2 + C\delta_0 \Pi_\epsilon(t),$$

其中 $C > 0$ 为不依赖于 ϵ 的常数. 因此, 当 $\delta_0 > 0$ 充分小时, (4.4.62) 成立, 这就证明了 (4.1.25).

其次, 我们证明 (4.1.26). 定义

$$\Omega_\epsilon(t) = \sup_{0 \leqslant s \leqslant t} \epsilon^{-1}(1+s)^{\frac{3}{4}} \|f_\epsilon(s) - u(s)\|_{L_P^\infty}.$$

根据 (4.3.26), 当 f_0 满足 (4.1.15) 时, I_1 满足

$$I_1 \leqslant C\delta_0\epsilon(1+t)^{-\frac{3}{2}}. \tag{4.4.77}$$

根据 (4.3.25), (4.3.44), (4.4.44) 以及 (4.4.45), 有

$$\begin{aligned} I_{21} &\leqslant C\delta_0^2\int_0^t \left(\epsilon(1+t-s)^{-\frac{3}{2}} + \left(1+\frac{t-s}{\epsilon}\right)^{-q}\right)(1+s)^{-\frac{3}{2}}ds \\ &\leqslant C\delta_0^2\epsilon(1+t)^{-q}, \end{aligned} \tag{4.4.78}$$

$$\begin{aligned} I_{31} &\leqslant C\delta_0^2\int_0^t \left(\epsilon(1+t-s)^{-\frac{5}{2}} + \left(1+\frac{t-s}{\epsilon}\right)^{-q} + \frac{1}{\epsilon}e^{-\frac{\sigma_0(t-s)}{\epsilon^2}}\right)(1+s)^{-\frac{3}{2}}ds \\ &\leqslant C\delta_0^2\epsilon(1+t)^{-q}, \end{aligned} \tag{4.4.79}$$

其中 $q \in (1, 3/2)$.

根据 (4.3.71), (4.4.44) 和 (4.4.45), 有

$$\begin{aligned} I_{22} &\leqslant C\delta_0\Omega_\epsilon(t)\int_0^t \epsilon(1+t-s)^{-\frac{3}{4}}\ln\left(2+\frac{1}{t-s}\right)(1+s)^{-\frac{3}{2}}ds \\ &\leqslant C\delta_0\Omega_\epsilon(t)\epsilon(1+t)^{-\frac{3}{4}}, \end{aligned} \tag{4.4.80}$$

$$\begin{aligned} I_{32} &\leqslant C\delta_0\Omega_\epsilon(t)\int_0^t \epsilon(1+t-s)^{-\frac{3}{4}}(t-s)^{-\frac{1}{2}}(1+s)^{-\frac{3}{2}}ds \\ &\quad + C\delta_0^2\int_0^t (1+t-s)^{-\frac{3}{4}}(t-s)^{-\frac{1}{2}}\left(\epsilon(1+s)^{-\frac{3}{4}} + e^{-\frac{\sigma_0 s}{\epsilon^2}}\right)(1+s)^{-\frac{3}{4}}ds \\ &\leqslant C(\delta_0^2 + \delta_0\Omega_\epsilon(t))\epsilon(1+t)^{-\frac{3}{4}}. \end{aligned} \tag{4.4.81}$$

结合 (4.4.63), (4.4.77)—(4.4.81), 得到

$$\Omega_\epsilon(t) \leqslant C\delta_0 + C\delta_0^2 + C\delta_0\Omega_\epsilon(t),$$

其中 $C>0$ 是不依赖于 ϵ 的常数. 因此, 当 $\delta_0>0$ 充分小时, $\Omega_\epsilon(t) \leqslant C\delta_0$, 这就证明了 (4.1.26) 成立. □

第 5 章　Vlasov-Maxwell-Boltzmann 方程：谱分析和最优衰减率

在本章中, 我们介绍单极和双极 Vlasov-Maxwell-Boltzmann 方程的模型, 并且建立这两个方程的谱分析和近平衡态强解的能量估计、存在唯一性和最优衰减速度.

5.1　Vlasov-Maxwell-Boltzmann 方程：模型

双极 Vlasov-Maxwell-Boltzmann (VMB) 方程是等离子体物理学中的一个基本方程, 它描述稀薄带电粒子 (比如电子和离子) 在满足麦克斯韦方程的自洽洛伦兹力作用下的运动过程 [11,66]. 方程的形式为

$$\begin{cases}\partial_t F_+ + v\cdot\nabla_x F_+ + (E+v\times B)\cdot\nabla_v F_+ = Q(F_+,F_+)+Q(F_+,F_-),\\ \partial_t F_- + v\cdot\nabla_x F_- - (E+v\times B)\cdot\nabla_v F_- = Q(F_-,F_+)+Q(F_-,F_-),\\ \partial_t E = \nabla_x\times B - \displaystyle\int_{\mathbb{R}^3}(F_+-F_-)v dv,\\ \partial_t B = -\nabla_x\times E,\\ \nabla_x\cdot E = \displaystyle\int_{\mathbb{R}^3}(F_+-F_-)dv,\quad \nabla_x\cdot B=0,\end{cases} \tag{5.1.1}$$

其中 $F_\pm = F_\pm(t,x,v)$, $(t,x,v)\in\mathbb{R}_+\times\mathbb{R}^3\times\mathbb{R}^3$ 分别为电子和离子的密度分布函数, $E(t,x), B(t,x)$ 分别表示电场和磁场. 碰撞算子 $Q(F,G)$ 由 (1.1.2) 定义. 在本章中, 我们考虑**硬球模型** (1.1.7).

假设离子比电子重得多, 电子比离子移动速度快得多, 这时电子的运动过程可以用具有固定的离子背景的单极 VMB 方程来刻画：

$$\begin{cases}\partial_t F + v\cdot\nabla_x F + (E+v\times B)\cdot\nabla_v F = Q(F,F),\\ \partial_t E = \nabla_x\times B - \displaystyle\int_{\mathbb{R}^3} Fv dv,\\ \partial_t B = -\nabla_x\times E,\\ \nabla_x\cdot E = \displaystyle\int_{\mathbb{R}^3} F dv - n_b,\quad \nabla_x\cdot B=0,\end{cases} \tag{5.1.2}$$

其中, $n_b(x) = 1$ 为固定的离子背景, $F = F(t,x,v)$ 为电子的密度分布函数, $E(t,x), B(t,x)$ 为电场和磁场.

关于 Vlasov-Maxwell-Boltzmann 方程的研究已经取得了许多重要进展. 例如, 当初值在全局麦克斯韦附近时, 周期区域上经典解的全局存在性见 [36], 以及 $\mathbb{R}^3$ 上经典解的全局存在性见 [24,25,51,73]. 近平衡态整体强解的时间衰减率见 [22,23], 具体地说, 双极 VMB 方程的整体解在 L^2 范数下的衰减速度为 $(1+t)^{-\frac{3}{4}}$, 以及线性单极 VMB 方程的整体解在 L^2 范数下的衰减速度为 $(1+t)^{-\frac{3}{8}}$. 此外, 文献 [2,45,46] 研究了 VMB 方程的扩散极限.

然而, 对比 Boltzmann 方程 [27,78–80] 和 VPB 方程 [52,53] 的研究, 尽管 VMB 方程的谱很重要, 但至今尚无结果. 此外, 由于线性单极 VMB 方程的整体解的时间衰减率太慢, 文献 [23] 没有得到非线性单极 VMB 方程的整体解的衰减速度. 本章的主要目的就是填补这一空白.

利用第 2 章中研究 VPB 方程谱分析的方法, 我们在本章中研究以上两类 VMB 方程的谱分析和近平衡态问题整体解的最优衰减率. 首先, 我们考虑双极 VMB 方程 (5.1.1). 令 $F_1 = F_+ + F_-$ 和 $F_2 = F_+ - F_-$, 方程 (5.1.1) 变换为

$$\begin{cases} \partial_t F_1 + v\cdot\nabla_x F_1 + (E + v\times B)\cdot\nabla_v F_2 = Q(F_1, F_1), \\ \partial_t F_2 + v\cdot\nabla_x F_2 + (E + v\times B)\cdot\nabla_v F_1 = Q(F_2, F_1), \\ \partial_t E = \nabla_x \times B - \displaystyle\int_{\mathbb{R}^3} F_2 v dv, \\ \partial_t B = -\nabla_x \times E, \\ \nabla_x \cdot E = \displaystyle\int_{\mathbb{R}^3} F_2 dv, \quad \nabla_x\cdot B = 0. \end{cases} \tag{5.1.3}$$

设方程 (5.1.3) 的初值为

$$F_i(0,x,v) = F_{i,0}(x,v), \quad i=1,2, \quad E(0,x) = E_0(x), \quad B(0,x) = B_0(x),$$

满足下面的兼容性条件 (compatibility conditions)

$$\nabla_x \cdot E_0 = \int_{\mathbb{R}^3} F_{2,0} dv, \quad \nabla_x \cdot B_0 = 0.$$

注意到方程 (5.1.3) 有一个稳态解 $(F_1^*, F_2^*, E^*, B^*) = (M(v), 0, 0, 0)$, 其中 $M(v)$ 为归一化的全局麦克斯韦分布 (1.3.1). 定义扰动 f_1, f_2 为

$$F_1 = M + \sqrt{M} f_1, \quad F_2 = \sqrt{M} f_2.$$

则关于 (F_1, F_2, E, B) 方程 (5.1.3) 可以写成以下关于 (f_1, f_2, E, B) 的方程:

$$\partial_t f_1 + v \cdot \nabla_x f_1 - L f_1 = \frac{1}{2}(v \cdot E) f_2 - (E + v \times B) \cdot \nabla_v f_2 + \Gamma(f_1, f_1), \quad (5.1.4)$$

$$\partial_t f_2 + v \cdot \nabla_x f_2 - L_1 f_2 - v\sqrt{M} \cdot E = \frac{1}{2}(v \cdot E) f_1 - (E + v \times B) \cdot \nabla_v f_1 + \Gamma(f_2, f_1), \quad (5.1.5)$$

$$\partial_t E = \nabla_x \times B - \int_{\mathbb{R}^3} f_2 v \sqrt{M} dv, \quad (5.1.6)$$

$$\partial_t B = -\nabla_x \times E, \quad (5.1.7)$$

$$\nabla_x \cdot E = \int_{\mathbb{R}^3} f_2 \sqrt{M} dv, \quad \nabla_x \cdot B = 0, \quad (5.1.8)$$

其初值满足

$$f_i(0, x, v) = f_{i,0}(x, v), \quad i = 1, 2, \quad E(0, x) = E_0(x), \quad B(0, x) = B_0(x), \quad (5.1.9)$$

$$\nabla_x \cdot E_0 = \int_{\mathbb{R}^3} f_{2,0} \sqrt{M} dv, \quad \nabla_x \cdot B_0 = 0. \quad (5.1.10)$$

这里线性算子 $Lf, L_1 f$ 和非线性项 $\Gamma(f, g)$ 分别由 (2.1.11), (2.1.20) 和 (2.1.12) 给出.

其次, 我们考虑单极 VMB 方程 (5.1.2). 注意到, 单极 VMB 方程 (5.1.2) 有一个稳态解 $(F^*, E^*, B^*) = (M(v), 0, 0)$. 设

$$F = M + \sqrt{M} f.$$

则关于 (F, E, B) 的单极 VMB 方程 (5.1.2) 可以改写为关于 (f, E, B) 的方程：

$$\partial_t f + v \cdot \nabla_x f - L f - v\sqrt{M} \cdot E = \frac{1}{2}(v \cdot E) f - (E + v \times B) \cdot \nabla_v f + \Gamma(f, f), \quad (5.1.11)$$

$$\partial_t E = \nabla_x \times B - \int_{\mathbb{R}^3} f v \sqrt{M} dv, \quad (5.1.12)$$

$$\partial_t B = -\nabla_x \times E, \quad (5.1.13)$$

$$\nabla_x \cdot E = \int_{\mathbb{R}^3} f \sqrt{M} dv, \quad \nabla_x \cdot B = 0, \quad (5.1.14)$$

其初值满足

$$f(0, x, v) = f_0(x, v), \quad E_0(0, x) = E_0(x), \quad B_0(0, x) = B_0(x), \quad (5.1.15)$$

$$\nabla_x \cdot E_0 = \int_{\mathbb{R}^3} f_0 \sqrt{M} dv, \quad \nabla_x \cdot B_0 = 0. \tag{5.1.16}$$

5.2　线性双极 VMB 方程的谱分析

在本节中, 我们先研究线性双极 VMB 算子的性质, 并由此得到它的谱集和预解集的分布, 以及它在低频和高频的特征值和特征函数的渐近展开.

根据方程 (5.1.4)—(5.1.8), 我们得到关于 f_1 和 (f_2, E, B) 的解耦的线性方程:

$$\partial_t f_1 + v \cdot \nabla_x f_1 - L f_1 = 0, \tag{5.2.1}$$

$$\partial_t f_2 + v \cdot \nabla_x f_2 - L_1 f_2 - v\sqrt{M} \cdot E = 0, \tag{5.2.2}$$

$$\partial_t E = \nabla_x \times B - (f_2, v\sqrt{M}), \tag{5.2.3}$$

$$\partial_t B = -\nabla_x \times E, \tag{5.2.4}$$

$$\nabla_x \cdot E = (f_2, \sqrt{M}), \quad \nabla_x \cdot B = 0. \tag{5.2.5}$$

方程 (5.2.1) 是线性 Boltzmann 方程, 它的谱结构和解的最优衰减速度在第 1 章中给出. 因此, 我们只需要研究关于 (f_2, E, B) 的线性方程 (5.2.2)—(5.2.5) 的谱结构和解的最优衰减速度.

为了方便标记, 将关于 $f_1 \in L^2$ 和 $U = (f_2, E, B)^{\mathrm{T}} \in L^2 \times L^2_x \times L^2_x$ 的线性方程改写成

$$\begin{cases} \partial_t f_1 = \mathbb{B}_0 f_1, \quad t > 0, \\ f_1(0, x, v) = f_{1,0}(x, v) \end{cases} \tag{5.2.6}$$

和

$$\begin{cases} \partial_t U = \mathbb{A}_0 U, \quad t > 0, \\ \nabla_x \cdot E = (f_2, \sqrt{M}), \quad \nabla_x \cdot B = 0, \\ U(0, x, v) = U_0(x, v) = (f_{2,0}, E_0, B_0), \end{cases} \tag{5.2.7}$$

其中算子 $\mathbb{B}_0$ 和 $\mathbb{A}_0$ 分别为 L^2 和 $L^2 \times L^2_x \times L^2_x$ 上的算子, 定义为

$$\mathbb{B}_0 = L - v \cdot \nabla_x,$$

$$\mathbb{A}_0 = \begin{pmatrix} L_1 - v \cdot \nabla_x & v\sqrt{M} & 0 \\ -P_m & 0 & \nabla_x \times \\ 0 & -\nabla_x \times & 0 \end{pmatrix}, \tag{5.2.8}$$

且算子 $P_m : L^2_v \to \mathbb{R}^3$ 定义为

$$P_m f = (f, v\sqrt{M}). \tag{5.2.9}$$

对 (5.2.7) 关于 x 做傅里叶变换, 得到

$$\begin{cases} \partial_t \hat{U} = \mathbb{A}_0(\xi)\hat{U}, \quad t > 0, \\ \mathrm{i}(\xi \cdot \hat{E}) = (\hat{f}_2, \sqrt{M}), \quad \mathrm{i}(\xi \cdot \hat{B}) = 0, \\ \hat{U}(0,\xi,v) = \hat{U}_0(\xi,v) = (\hat{f}_{2,0}, \hat{E}_0, \hat{B}_0), \end{cases} \tag{5.2.10}$$

其中

$$\mathbb{A}_0(\xi) = \begin{pmatrix} L_1 - \mathrm{i}(v\cdot\xi) & v\sqrt{M} & 0 \\ -P_m & 0 & \mathrm{i}\xi\times \\ 0 & -\mathrm{i}\xi\times & 0 \end{pmatrix}.$$

注意到, 由于关于 $\hat{E}$ 和 $\hat{B}$ 的约束方程 $(5.2.10)_2$ 的出现, 直接研究方程 (5.2.10) 的谱结构和半群比较困难. 本章中的一个关键技巧是, 我们利用等式 $F = (F\cdot y)y - y\times y\times F$ 对任意 $F\in\mathbb{R}^3$ 和 $y\in\mathbb{S}^2$ 成立, 可以去掉 $\hat{E}$ 和 $\hat{B}$ 的约束方程. 具体地说, 将等式 $\hat{E} = (\hat{E}\cdot\omega)\omega - \omega\times\omega\times\hat{E}$ $(\omega = \xi/|\xi|)$ 代入到 $\partial_t\hat{U} = \mathbb{A}_0(\xi)\hat{U}$ 中的第一个方程, 并将算子 $\omega\times$ 作用到 $\partial_t\hat{U} = \mathbb{A}_0(\xi)\hat{U}$ 中的第二和第三个方程, 我们把关于 $\hat{U}$ 的方程 (5.2.10) 转化为关于 $\hat{V} = (\hat{f}_2, \omega\times\hat{E}, \omega\times\hat{B})$ 的方程, 然后通过求解 $\hat{V}$ 并利用约束条件 $(5.2.10)_2$ 可以得到 $\hat{U}$ 的完整信息. 因此, 我们考虑以下关于 $\hat{V}$ 的线性双极 VMB 方程:

$$\begin{cases} \partial_t \hat{V} = \mathbb{A}_1(\xi)\hat{V}, \quad t > 0, \\ \hat{V}(0,\xi,v) = \hat{V}_0(\xi,v) = (\hat{f}_{2,0}, \omega\times\hat{E}_0, \omega\times\hat{B}_0), \end{cases} \tag{5.2.11}$$

其中

$$\mathbb{A}_1(\xi) = \begin{pmatrix} \mathbb{B}_2(\xi) & -v\sqrt{M}\cdot\omega\times & 0 \\ -\omega\times P_m & 0 & \mathrm{i}\xi\times \\ 0 & -\mathrm{i}\xi\times & 0 \end{pmatrix}. \tag{5.2.12}$$

这里 $\mathbb{B}_2(\xi)$ 为线性 bVPB 算子, 即

$$\mathbb{B}_2(\xi) = L_1 - \mathrm{i}(v\cdot\xi) - \mathrm{i}\frac{v\cdot\xi}{|\xi|^2}P_d, \quad \xi \neq 0. \tag{5.2.13}$$

5.2.1 算子 $\mathbb{A}_1(\xi)$ 的谱结构

令 $\xi \neq 0$, 定义加权 Hilbert 空间 $L^2_\xi(\mathbb{R}^3_v)$ 为

$$L^2_\xi(\mathbb{R}^3) = \{f \in L^2(\mathbb{R}^3_v) \,|\, \|f\|_\xi = \sqrt{(f,f)_\xi} < \infty\},$$

其对应的内积为

$$(f,g)_\xi = (f,g) + \frac{1}{|\xi|^2}(P_d f, P_d g).$$

此外, 定义 $\mathbb{C}^3$ 中的子空间：

$$\mathbb{C}^3_\xi = \{y \in \mathbb{C}^3 \,|\, y \cdot \xi = 0\}.$$

对于任意向量 $U = (f, E_1, B_1), V = (g, E_2, B_2) \in L^2_\xi(\mathbb{R}^3_v) \times \mathbb{C}^3 \times \mathbb{C}^3$, 定义加权内积和范数

$$(U,V)_\xi = (f,g)_\xi + (E_1,E_2) + (B_1,B_2), \quad \|U\|_\xi = \sqrt{(U,U)_\xi},$$

以及 L^2 内积和范数

$$(U,V) = (f,g) + (E_1,E_2) + (B_1,B_2), \quad \|U\| = \sqrt{(U,U)}.$$

根据 (2.5.5), 对任意 $f, g \in L^2_\xi(\mathbb{R}^3_v) \cap D(\mathbb{B}_2(\xi))$, 有

$$(\mathbb{B}_2(\xi)f, g)_\xi = (f, B_2(-\xi)g)_\xi. \tag{5.2.14}$$

另外, 注意到 $\mathbb{B}_2(\xi)$ 是空间 $L^2_\xi(\mathbb{R}^3)$ 到 $L^2_\xi(\mathbb{R}^3)$ 的线性算子, 并且对于任意 $y \in \mathbb{C}^3_\xi$ 有

$$\frac{\xi}{|\xi|} \times \frac{\xi}{|\xi|} \times y = -y. \tag{5.2.15}$$

容易验证, $L^2_\xi(\mathbb{R}^3_v) \times \mathbb{C}^3_\xi \times \mathbb{C}^3_\xi$ 是算子 $\mathbb{A}_1(\xi)$ 的一个不变子空间, 因此 $\mathbb{A}_1(\xi)$ 可视为空间 $L^2_\xi(\mathbb{R}^3_v) \times \mathbb{C}^3_\xi \times \mathbb{C}^3_\xi$ 上的线性算子.

引理 5.1 对任意固定的 $\xi \neq 0$, 算子 $\mathbb{A}_1(\xi)$ 在 $L^2_\xi(\mathbb{R}^3_v) \times \mathbb{C}^3_\xi \times \mathbb{C}^3_\xi$ 上生成一个强连续压缩半群, 满足

$$\|e^{t\mathbb{A}_1(\xi)}U\|_\xi \leqslant \|U\|_\xi, \quad \forall t > 0, \quad U \in L^2_\xi(\mathbb{R}^3_v) \times \mathbb{C}^3_\xi \times \mathbb{C}^3_\xi.$$

此外, $\rho(\mathbb{A}_1(\xi)) \supset \{\lambda \in \mathbb{C} \,|\, \mathrm{Re}\lambda > 0\}$.

证明 首先, 我们证明 $\mathbb{A}_1(\xi)$ 及其共轭算子 $\mathbb{A}_1(\xi)^*$ 都是 $L^2_\xi(\mathbb{R}^3_v)\times\mathbb{C}^3_\xi\times\mathbb{C}^3_\xi$ 上的耗散算子. 由 (5.2.14) 得到, 对任意的 $U,V\in L^2_\xi(\mathbb{R}^3_v)\cap D(\mathbb{B}_2(\xi))\times\mathbb{C}^3_\xi\times\mathbb{C}^3_\xi$, 有

$$(\mathbb{A}_1(\xi)U,V)_\xi=(U,\mathbb{A}_1^*(\xi)V)_\xi,$$

其中

$$\mathbb{A}_1(\xi)^*=\begin{pmatrix} B_1(-\xi) & v\sqrt{M}\cdot\omega\times & 0\\ \omega\times P_m & 0 & -\mathrm{i}\xi\times\\ 0 & \mathrm{i}\xi\times & 0\end{pmatrix}.$$

于是

$$\mathrm{Re}(\mathbb{A}_1(\xi)U,U)_\xi=\mathrm{Re}(\mathbb{A}_1(\xi)^*U,U)_\xi=(L_1f,f)\leqslant 0,\quad \forall U=(f,E,B),$$

因此 $\mathbb{A}_1(\xi)$ 和 $\mathbb{A}_1(\xi)^*$ 都是耗散算子.

容易验证 $\mathbb{A}_1(\xi)$ 是一个稠定闭算子, 因此, 根据引理 1.16, 算子 $\mathbb{A}_1(\xi)$ 在 $L^2_\xi(\mathbb{R}^3_v)\times\mathbb{C}^3_\xi\times\mathbb{C}^3_\xi$ 上生成一个 C_0-压缩半群, 并且满足 $\rho(\mathbb{A}_1(\xi))\supset\{\lambda\in\mathbb{C}\,|\,\mathrm{Re}\lambda>0\}$. □

定义一个 6×6 矩阵

$$\mathbb{B}_3(\xi)=\begin{pmatrix} 0 & \mathrm{i}\xi\times\\ -\mathrm{i}\xi\times & 0\end{pmatrix}_{6\times 6}. \tag{5.2.16}$$

由于 $\mathbb{C}^3_\xi\times\mathbb{C}^3_\xi$ 是算子 $\mathbb{B}_3(\xi)$ 的一个不变子空间, 因此可将 $\mathbb{B}_3(\xi)$ 看作 $\mathbb{C}^3_\xi\times\mathbb{C}^3_\xi$ 上的算子.

引理 5.2 对任意的 $\lambda\neq\pm\mathrm{i}|\xi|$, 算子 $\lambda-\mathbb{B}_3(\xi)$ 在 $\mathbb{C}^3_\xi\times\mathbb{C}^3_\xi$ 上是可逆的, 并且满足

$$\|(\lambda-\mathbb{B}_3(\xi))^{-1}\|=\max_{j=\pm1}|\lambda-j\mathrm{i}|\xi||^{-1}. \tag{5.2.17}$$

证明 首先, 我们计算 $\mathbb{B}_3(\xi)$ 的特征值. 为此, 考虑以下特征值问题

$$(\lambda-\mathbb{B}_3(\xi))X=0,\quad X=(X_1,X_2)\in\mathbb{C}^3_\xi\times\mathbb{C}^3_\xi,$$

即

$$\lambda X_1-\mathrm{i}\xi\times X_2=0, \tag{5.2.18}$$

$$\lambda X_2+\mathrm{i}\xi\times X_1=0. \tag{5.2.19}$$

将 (5.2.18) 乘以 λ 并利用 (5.2.19) 和 (5.2.15), 得到

$$\lambda^2X_1+|\xi|^2X_1=0,$$

由此推出 $\lambda_j = j\mathrm{i}|\xi|$, $j=\pm1$ 是 $\mathbb{B}_3(\xi)$ 的特征值. 因此, 当 $\lambda\neq\pm\mathrm{i}|\xi|$ 时, $\lambda-\mathbb{B}_3(\xi)$ 在 $\mathbb{C}^3_\xi\times\mathbb{C}^3_\xi$ 上是可逆的. 由于

$$(\mathrm{i}\mathbb{B}_3(\xi)X,Y)=(X,\mathrm{i}\mathbb{B}_3(\xi)Y),\quad \forall X,Y\in\mathbb{C}^3_\xi\times\mathbb{C}^3_\xi, \tag{5.2.20}$$

所以 $\mathrm{i}\mathbb{B}_3(\xi)$ 是 $\mathbb{C}^3_\xi\times\mathbb{C}^3_\xi$ 上的自伴算子, 并且满足 (5.2.17). □

引理 5.3 对任意的 $\xi\neq0$, 以下结论成立.

(1) $\sigma_{\mathrm{ess}}(\mathbb{A}_1(\xi))\subset\{\lambda\in\mathbb{C}\,|\,\mathrm{Re}\lambda\leqslant-\nu_0\}$ 以及 $\sigma(\mathbb{A}_1(\xi))\cap\{\lambda\in\mathbb{C}\,|\,-\nu_0<\mathrm{Re}\lambda\leqslant0\}\subset\sigma_d(\mathbb{A}_1(\xi))$.

(2) 如果 $\lambda(\xi)$ 是 $\mathbb{A}_1(\xi)$ 的特征值, 那么, 对任意 $\xi\neq0$ 都有 $\mathrm{Re}\lambda(\xi)<0$.

证明 定义

$$\mathbb{G}_1(\xi)=\begin{pmatrix} \mathrm{c}(\xi) & 0 & 0\\ 0 & 0 & \mathrm{i}\xi\times\\ 0 & -\mathrm{i}\xi\times & 0\end{pmatrix},\quad \mathbb{G}_2(\xi)=\begin{pmatrix} K_b-\mathrm{i}\dfrac{v\cdot\xi}{|\xi|^2}P_d & -v\chi_0\cdot\omega\times & 0\\ -\omega\times P_m & 0 & 0\\ 0 & 0 & 0\end{pmatrix}, \tag{5.2.21}$$

其中 $\mathrm{c}(\xi)$ 和 K_b 分别由 (2.2.8) 和 (2.1.24) 给出. 显然, 当 $\lambda\in R(\mathrm{c}(\xi))^c$ 且 $\lambda\neq\pm\mathrm{i}|\xi|$ 时, 算子 $\lambda-\mathbb{G}_1(\xi)$ 是可逆, 并且 $\sigma_{\mathrm{ess}}(\mathbb{G}_1(\xi))=R(\mathrm{c}(\xi))$ 以及 $\sigma_d(\mathbb{G}_1(\xi))=\pm\mathrm{i}|\xi|$. 由于对任意固定的 $\xi\neq0$, $\mathbb{G}_2(\xi)$ 是 $L^2_\xi(\mathbb{R}^3_v)\times\mathbb{C}^3_\xi\times\mathbb{C}^3_\xi$ 上的紧算子, 因此 $\mathbb{A}_1(\xi)=\mathbb{G}_1(\xi)+\mathbb{G}_2(\xi)$ 是 $\mathbb{G}_1(\xi)$ 的紧扰动. 根据引理 1.23, $\mathbb{A}_1(\xi)$ 和 $\mathbb{G}_1(\xi)$ 具有相同的本质谱, 即

$$\sigma_{\mathrm{ess}}(\mathbb{A}_1(\xi))=\sigma_{\mathrm{ess}}(\mathbb{G}_1(\xi))=R(\mathrm{c}(\xi))\subset\{\lambda\in\mathbb{C}\,|\,\mathrm{Re}\lambda\leqslant-\nu_0\}.$$

因此算子 $\mathbb{A}_1(\xi)$ 在区域 $\mathrm{Re}\lambda>-\nu_0$ 中的谱由离散的特征值组成. 这就证明了 (1).

接下来, 我们证明 (2). 设 $\xi=s\omega$, $\omega=\xi/|\xi|$, 并设 $U=(f,E,B)\in L^2_\xi(\mathbb{R}^3_v)\times\mathbb{C}^3_\xi\times\mathbb{C}^3_\xi$ 是算子 $\mathbb{A}_1(\xi)$ 对应特征值 λ 的特征向量, 满足 $\lambda U=\mathbb{A}_1(\xi)U$, 即

$$\begin{cases}\lambda f=L_1f-\mathrm{i}s(v\cdot\omega)\left(f+\dfrac{1}{s^2}P_df\right)-v\chi_0\cdot(\omega\times E),\\ \lambda E=-\omega\times(f,v\chi_0)+\mathrm{i}\xi\times B,\\ \lambda B=-\mathrm{i}\xi\times E.\end{cases} \tag{5.2.22}$$

取 (5.2.22) 和 U 的内积 $(\cdot,\cdot)_\xi$, 得到

$$(L_1f,f)=\mathrm{Re}\lambda\left(\|f\|^2+\frac{1}{s^2}\|P_df\|^2+|E|^2+|B|^2\right)\leqslant0,$$

因此, 对于任意的 $\xi \neq 0$ 都有 $\mathrm{Re}\lambda \leqslant 0$.

此外, 若存在一个特征值 λ 满足 $\mathrm{Re}\lambda = 0$, 则由上式可知 $(L_1 f, f) = 0$, 即 $f = C_0\sqrt{M} \in N_1$. 将其代入 $(5.2.22)_1$, 得到

$$\lambda C_0\sqrt{M} = -\mathrm{i}(v\cdot\omega)\left(s+\frac{1}{s}\right)C_0\sqrt{M} - v\chi_0\cdot(\omega\times E).$$

由上式可得 $C_0 = 0$ 和 $\omega\times E = 0$, 因此 $f \equiv 0$ 和 $E \equiv 0$. 将其代入 (5.2.22), 可以推出 $B \equiv 0$. 这与 $U \neq 0$ 产生了矛盾, 因此对于任意 $\xi \neq 0$, $\mathbb{A}_1(\xi)$ 的特征值 λ 必须满足 $\mathrm{Re}\lambda < 0$. □

首先, 我们考虑算子 $\mathbb{A}_1(\xi)$ 在高频的谱集和预解集. 对于 $\mathrm{Re}\lambda > -\nu_0$ 且 $\lambda \neq \pm\mathrm{i}|\xi|$, 将算子 $\lambda - \mathbb{A}_1(\xi)$ 分解为

$$\lambda - \mathbb{A}_1(\xi) = \lambda - \mathbb{G}_1(\xi) - \mathbb{G}_2(\xi) = (I - \mathbb{G}_2(\xi)(\lambda - \mathbb{G}_1(\xi))^{-1})(\lambda - \mathbb{G}_1(\xi)), \quad (5.2.23)$$

其中 $\mathbb{G}_1(\xi)$ 和 $\mathbb{G}_2(\xi)$ 由 (5.2.21) 给出. 容易验证

$$(\lambda - \mathbb{G}_1(\xi))^{-1} = \begin{pmatrix} (\lambda - \mathrm{c}(\xi))^{-1} & 0 \\ 0 & (\lambda - \mathbb{B}_3(\xi))^{-1} \end{pmatrix}_{7\times 7}, \quad (5.2.24)$$

$$\mathbb{G}_2(\xi)(\lambda - \mathbb{G}_1(\xi))^{-1} = \begin{pmatrix} X_1(\lambda,\xi) & X_2(\lambda,\xi) \\ X_3(\lambda,\xi) & 0 \end{pmatrix}_{7\times 7}, \quad (5.2.25)$$

其中 $\mathbb{B}_3(\xi)$ 由 (5.2.16) 给出, 且

$$\begin{cases} X_1(\lambda,\xi) = \left(K_b - \mathrm{i}\dfrac{v\cdot\xi}{|\xi|^2}P_d\right)(\lambda - \mathrm{c}(\xi))^{-1}, \\ X_2(\lambda,\xi) = (v\chi_0\cdot\omega\times, 0_{1\times 3})_{1\times 6}(\lambda - \mathbb{B}_3(\xi))^{-1}, \\ X_3(\lambda,\xi) = \begin{pmatrix} -\omega\times P_m(\lambda - \mathrm{c}(\xi))^{-1} \\ 0_{3\times 1} \end{pmatrix}_{6\times 1}. \end{cases} \quad (5.2.26)$$

设 T_1, T_4 分别是 Banach 空间 X 和 Y 上的线性算子, T_2, T_3 分别是 $Y \to X$ 和 $X \to Y$ 上的线性算子. 设 T 是 $X\times Y$ 上的矩阵算子, 定义为

$$T = \begin{pmatrix} T_1 & T_2 \\ T_3 & T_4 \end{pmatrix}.$$

那么, 我们有

引理 5.4 如果 T_1, T_2, T_3 和 T_4 的范数满足

$$\|T_1\| < 1, \quad \|T_4\| < 1, \quad \|T_2\|\|T_3\| < (1 - \|T_1\|)(1 - \|T_4\|),$$

那么算子 $I + T$ 在 $X \times Y$ 上是可逆的.

证明 把 $I + T$ 分解如下

$$I + T = \begin{pmatrix} I + T_1 & T_2 \\ 0 & I + T_4 \end{pmatrix} + \begin{pmatrix} 0 & 0 \\ T_3 & 0 \end{pmatrix}.$$

由于

$$\begin{pmatrix} I + T_1 & T_2 \\ 0 & I + T_4 \end{pmatrix}^{-1} = \begin{pmatrix} (I + T_1)^{-1} & -(I + T_1)^{-1} T_2 (I + T_4)^{-1} \\ 0 & (I + T_4)^{-1} \end{pmatrix},$$

因此

$$I + T = \begin{pmatrix} I + T_1 & T_2 \\ 0 & I + T_4 \end{pmatrix} \begin{pmatrix} I - (I + T_1)^{-1} T_2 (I + T_4)^{-1} T_3 & 0 \\ (I + T_4)^{-1} T_3 & I \end{pmatrix}.$$

根据上式以及 $\|(I + T_1)^{-1} T_2 (I + T_4)^{-1} T_3\| < 1$, 算子 $I + T$ 在 $X \times Y$ 上是可逆的. □

引理 5.5 存在常数 $C > 0$, 使得

(1) 对任意的 $\delta > 0$, 有

$$\sup_{x \geqslant -\nu_0 + \delta, y \in \mathbb{R}} \|K_b(x + \mathrm{i}y - \mathrm{c}(\xi))^{-1}\| \leqslant C\delta^{-\frac{1}{2}}(1 + |\xi|)^{-\frac{1}{2}}. \tag{5.2.27}$$

(2) 对任意的 $\delta > 0$, $\tau_0 > 0$, 有

$$\sup_{x \geqslant -\nu_0 + \delta, |\xi| \leqslant \tau_0} \|K_b(x + \mathrm{i}y - \mathrm{c}(\xi))^{-1}\| \leqslant C\delta^{-1}(1 + \tau_0)^{\frac{1}{2}}(1 + |y|)^{-\frac{1}{2}}. \tag{5.2.28}$$

(3) 对于任意的 $\delta > 0$, $r_0 > 0$, 有

$$\sup_{x \geqslant -\nu_0 + \delta, y \in \mathbb{R}} \|(v \cdot \xi)|\xi|^{-2} P_d (x + \mathrm{i}y - \mathrm{c}(\xi))^{-1}\| \leqslant C\delta^{-1}|\xi|^{-1}, \tag{5.2.29}$$

$$\sup_{x \geqslant -\nu_0 + \delta, |\xi| \geqslant r_0} \|(v \cdot \xi)|\xi|^{-2} P_d (x + \mathrm{i}y - \mathrm{c}(\xi))^{-1}\| \leqslant C(r_0^{-1} + 1)(\delta^{-1} + 1)|y|^{-1}. \tag{5.2.30}$$

(4) 对于任意的 $\delta > 0$, $r_1 > 0$, 有

$$\sup_{x \geqslant -\nu_0+\delta, y \in \mathbb{R}} \|P_m(x+\mathrm{i}y-\mathrm{c}(\xi))^{-1}\|_{L^2_v \to \mathbb{C}^3} \leqslant C\delta^{-\frac{1}{2}}(1+|\xi|)^{-\frac{1}{2}}, \tag{5.2.31}$$

$$\sup_{x \geqslant -\nu_0+\delta, |\xi| \leqslant r_1} \|P_m(x+\mathrm{i}y-\mathrm{c}(\xi))^{-1}\|_{L^2_v \to \mathbb{C}^3} \leqslant C(1+\delta^{-1})(r_1+1)|y|^{-1}. \tag{5.2.32}$$

证明 (5.2.27)—(5.2.30) 的证明可以在引理 2.32 中找到. 因此, 我们只需要证明 (5.2.31) 和 (5.2.32). 设 $\lambda = x + \mathrm{i}y$. 直接计算可得

$$\begin{aligned}\|(\lambda-\mathrm{c}(\xi))^{-1}v\chi_0\|^2 &\leqslant C\int_{\mathbb{R}^3} \frac{1}{(x+\nu_0)^2+(y+(v\cdot\xi))^2} e^{-\frac{|v|^2}{4}}dv \\ &= C\int_{\mathbb{R}^3} \frac{1}{(x+\nu_0)^2+(y+v_1|\xi|)^2} e^{-\frac{|v|^2}{4}}dv \\ &= C\frac{1}{|\xi|}\int_{\mathbb{R}^3} \frac{1}{(x+\nu_0)^2+v_1^2} e^{-\frac{(v_1-y)^2}{4|\xi|^2}}dv_1 \leqslant C\delta^{-1}|\xi|^{-1},\end{aligned}$$

因此, 对于任意 $f \in L^2(\mathbb{R}^3_v)$,

$$\begin{aligned}|P_m(\lambda-\mathrm{c}(\xi))^{-1}f| &\leqslant \|(x-\mathrm{i}y+\nu(v)-\mathrm{i}(v\cdot\xi))^{-1}v\chi_0\|\|f\| \\ &\leqslant C\delta^{-1/2}|\xi|^{-1/2}\|f\|.\end{aligned}$$

这就证明了(5.2.31). 由于

$$P_m(\lambda-\mathrm{c}(\xi))^{-1} = \frac{1}{\lambda}P_m + \frac{1}{\lambda}P_m(\lambda-\mathrm{c}(\xi))^{-1}\mathrm{c}(\xi),$$

因此

$$\|P_m(\lambda-\mathrm{c}(\xi))^{-1}\| \leqslant |\lambda|^{-1} + C\delta^{-1}(1+|\xi|)|\lambda|^{-1},$$

这就证明了 (5.2.32). □

根据引理 5.5, 我们得到算子 $\mathbb{A}_1(\xi)$ 在中频和高频区域的谱集分布.

引理 5.6 在高频和中频区域, 谱集 $\sigma(\mathbb{A}_1(\xi))$ 有以下分布.

(1) 对于任意 $\delta_1, \delta_2 \in (0, \nu_0)$, 存在 $R_1 = R_1(\delta_1, \delta_2) > 0$, 使得当 $|\xi| > R_1$ 时,

$$\sigma(\mathbb{A}_1(\xi)) \cap \{\lambda \in \mathbb{C} \,|\, \mathrm{Re}\lambda \geqslant -\nu_0 + \delta_1\} \subset \sum_{j=\pm 1} \{\lambda \in \mathbb{C} \,|\, |\lambda - j\mathrm{i}|\xi|| \leqslant \delta_2\}. \tag{5.2.33}$$

(2) 对于任意 $r_1 > r_0 > 0$, 存在 $\eta = \eta(r_0, r_1) > 0$, 使得当 $r_0 \leqslant |\xi| \leqslant r_1$ 时,

$$\sigma(\mathbb{A}_1(\xi)) \subset \{\lambda \in \mathbb{C} \,|\, \mathrm{Re}\lambda < -\eta\}. \tag{5.2.34}$$

证明 首先, 我们证明 (5.2.33). 根据引理 5.5, (5.2.17) 和 (2.2.13), 存在充分大的 $R_1 = R_1(\delta_1, \delta_2) > 0$ 使得对于 $\mathrm{Re}\lambda \geqslant -\nu_0 + \delta_1$, $\min\limits_{j=\pm 1} |\lambda - j\mathrm{i}|\xi|| > \delta_2$ 以及 $|\xi| > R_1$, 有

$$\left\| \left(K_b - \mathrm{i}\frac{v \cdot \xi}{|\xi|^2} P_d \right) (\lambda - \mathrm{c}(\xi))^{-1} \right\|_\xi \leqslant 1/2, \quad \|P_m(\lambda - \mathrm{c}(\xi))^{-1}\|_{L^2_\xi(\mathbb{R}^3) \to \mathbb{C}^3} \leqslant \delta_2/4,$$

$$\|(\lambda - \mathbb{B}_3(\xi))^{-1}\| \leqslant \delta_2^{-1},$$

从而

$$\|X_1(\lambda, \xi)\|_\xi \leqslant 1/2, \quad \|X_2(\lambda, \xi)\|_{\mathbb{C}^6 \to L^2_\xi(\mathbb{R}^3)} \|X_3(\lambda, \xi)\|_{L^2_\xi(\mathbb{R}^3) \to \mathbb{C}^6} \leqslant 1/4.$$

于是, 由引理 5.4 可以推出算子 $I - \mathbb{G}_2(\xi)(\lambda - \mathbb{G}_1(\xi))^{-1}$ 在 $L^2_\xi(\mathbb{R}^3_v) \times \mathbb{C}^3_\xi \times \mathbb{C}^3_\xi$ 上是可逆的, 从而 $\lambda - \mathbb{A}_1(\xi)$ 在 $L^2_\xi(\mathbb{R}^3_v) \times \mathbb{C}^3_\xi \times \mathbb{C}^3_\xi$ 上也是可逆的, 并且满足

$$(\lambda - \mathbb{A}_1(\xi))^{-1} = (\lambda - \mathbb{G}_1(\xi))^{-1}(I - \mathbb{G}_2(\xi)(\lambda - \mathbb{G}_1(\xi))^{-1})^{-1}. \tag{5.2.35}$$

因此, 对于 $|\xi| > R_1$,

$$\rho(\mathbb{A}_1(\xi)) \supset \{\lambda \in \mathbb{C} \,|\, \min_{j=\pm 1} |\lambda - j\mathrm{i}|\xi|| > \delta_2, \mathrm{Re}\lambda \geqslant -\nu_0 + \delta_1\} \cup \{\lambda \in \mathbb{C} \,|\, \mathrm{Re}\lambda > 0\}. \tag{5.2.36}$$

这就证明了 (5.2.33).

设 $\lambda(\xi) \in \sigma(\mathbb{A}_1(\xi)) \cap \{\lambda \in \mathbb{C} \,|\, \mathrm{Re}\lambda \geqslant -\nu_0 + \delta_1\}$. 我们断言 $\sup\limits_{r_0 \leqslant |\xi| \leqslant r_1} |\mathrm{Im}\lambda(\xi)| < +\infty$. 事实上, 根据引理 5.5, (5.2.17) 和 (2.2.13), 存在充分大的 $y_1 = y_1(r_0, r_1, \delta_1) > 0$ 使得对于 $\mathrm{Re}\lambda \geqslant -\nu_0 + \delta_1$, $|\mathrm{Im}\lambda| > y_1$ 以及 $r_0 \leqslant |\xi| \leqslant r_1$, 有

$$\left\| \left(K_b - \mathrm{i}\frac{v \cdot \xi}{|\xi|^2} P_d \right) (\lambda - \mathrm{c}(\xi))^{-1} \right\|_\xi \leqslant 1/6, \quad \|P_m(\lambda - \mathrm{c}(\xi))^{-1}\|_{L^2_\xi(\mathbb{R}^3) \to \mathbb{C}^3} \leqslant 1/6,$$

$$\|(\lambda - \mathbb{B}_3(\xi))^{-1}\| \leqslant 1/6,$$

从而

$$\|X_1(\lambda, \xi)\|_\xi + \|X_2(\lambda, \xi)\|_{\mathbb{C}^6 \to L^2_\xi(\mathbb{R}^3)} + \|X_3(\lambda, \xi)\|_{L^2_\xi(\mathbb{R}^3) \to \mathbb{C}^6} \leqslant 1/2.$$

因此算子 $I - \mathbb{G}_2(\xi)(\lambda - \mathbb{G}_1(\xi))^{-1}$ 在 $L^2_\xi(\mathbb{R}^3_v) \times \mathbb{C}^3_\xi \times \mathbb{C}^3_\xi$ 上是可逆的, 从而 $\lambda - \mathbb{A}_1(\xi)$ 在 $L^2_\xi(\mathbb{R}^3_v) \times \mathbb{C}^3_\xi \times \mathbb{C}^3_\xi$ 上也是可逆的. 因此, 对于 $r_0 \leqslant |\xi| \leqslant r_1$,

$$\rho(\mathbb{A}_1(\xi)) \supset \{\lambda \in \mathbb{C} \,|\, \mathrm{Re}\lambda \geqslant -\nu_0 + \delta_1, |\mathrm{Im}\lambda| \geqslant y_1\} \cup \{\lambda \in \mathbb{C} \,|\, \mathrm{Re}\lambda > 0\}. \tag{5.2.37}$$

最后, 我们证明 $\sup_{r_0\leqslant|\xi|\leqslant r_1} \mathrm{Re}\lambda(\xi) < 0$. 我们用反证法, 若其不成立, 则存在一个序列 $\{(\xi_n, \lambda_n, U_n)\}$ 满足 $|\xi_n| \in [r_0, r_1]$, $U_n = (f_n, E_n, B_n) \in L^2(\mathbb{R}^3) \times \mathbb{C}^3_{\xi_n} \times \mathbb{C}^3_{\xi_n}$, $\|f_n\| + |E_n| + |B_n| = 1$, 以及 $|\mathrm{Im}\lambda_n| \leqslant y_1$, $\mathrm{Re}\lambda_n \to 0$ $(n \to \infty)$, 使得

$$\begin{cases}\lambda_n f_n = \left(L_1 - \mathrm{i}(v\cdot\xi_n) - \mathrm{i}\dfrac{v\cdot\xi_n}{|\xi_n|^2}P_d\right) f_n - v\chi_0 \cdot (\omega_n \times E_n),\\ \lambda_n E_n = -\omega_n \times (f_n, v\chi_0) + \mathrm{i}\xi_n \times B_n,\\ \lambda_n B_n = -\mathrm{i}\xi_n \times E_n.\end{cases}$$

将第一个等式改写为

$$(\lambda_n + \nu + \mathrm{i}(v\cdot\xi_n))f_n = K_b f_n - \mathrm{i}\frac{v\cdot\xi_n}{|\xi_n|^2}P_d f_n - v\chi_0\cdot(\omega_n \times E_n).$$

由于 K_b 在 $L^2(\mathbb{R}^3)$ 上是一个紧算子, 则存在 $\{f_n\}$ 的一个子序列 $\{f_{n_j}\}$ 和 $g_1 \in L^2(\mathbb{R}^3)$ 使得

$$K_b f_{n_j} \to g_1, \quad j \to \infty.$$

由于 $|\xi_n| \in [r_0, r_1]$, $P_d f_n = C_0^n\sqrt{M}$, $|C_0^n| \leqslant 1$ 和 $|E_n| + |B_n| \leqslant 1$, 存在一个子序列 (仍记为) $\{(\xi_{n_j}, C_0^{n_j}, E_{n_j}, B_{n_j})\}$, 以及 (ξ_0, C_0, E_0, B_0) 满足 $|\xi_0| \in [r_0, r_1]$ 和 $|C_0| \leqslant 1$, 使得 $(\xi_{n_j}, C_0^{n_j}, E_{n_j}, B_{n_j}) \to (\xi_0, C_0, E_0, B_0)$, $j \to \infty$. 特别地,

$$\mathrm{i}\frac{v\cdot\xi_{n_j}}{|\xi_{n_j}|^2}P_d f_{n_j} \to g_2 =: \mathrm{i}\frac{v\cdot\xi_0}{|\xi_0|^2}C_0\sqrt{M}, \quad \omega_{n_j} \times E_{n_j} \to \omega_0 \times E_0 =: Y_0, \quad j \to \infty.$$

由于 $|\mathrm{Im}\lambda_n| \leqslant y_1$ 和 $\mathrm{Re}\lambda_n \to 0$, 可取一个子序列 (仍记为) $\{\lambda_{n_j}\}$ 以及 λ_0 使得 $\lambda_{n_j} \to \lambda_0$ 且 $\mathrm{Re}\lambda_0 = 0$. 从而

$$\lim_{j\to\infty} f_{n_j} = \lim_{j\to\infty}\frac{g_1 - g_2 - (v\cdot Y_0)\sqrt{M}}{\lambda_{n_j} + \nu + \mathrm{i}(v\cdot\xi_{n_j})} = \frac{g_1 - g_2 - (v\cdot Y_0)\sqrt{M}}{\lambda_0 + \nu + \mathrm{i}(v\cdot\xi_0)} := f_0,$$

由此可知 $K_b f_0 = g_1$ 以及 $\mathrm{i}(v\cdot\xi_0)|\xi_0|^{-2}P_d f_0 = g_2$, 从而

$$(\lambda_0 + \nu + \mathrm{i}(v\cdot\xi_0))f_0 = K_b f_0 - \mathrm{i}\frac{v\cdot\xi_0}{|\xi_0|^2}P_d f_0 - v\chi_0\cdot(\omega_0 \times E_0).$$

这说明了 $\mathbb{A}_1(\xi_0)U_0 = \lambda_0 U_0$, 其中 $U_0 = (f_0, E_0, B_0) \in L^2(\mathbb{R}^3) \times \mathbb{C}^3_{\xi_0} \times \mathbb{C}^3_{\xi_0}$, 从而 λ_0 是 $\mathbb{A}_1(\xi_0)$ 的特征值, 且 $\mathrm{Re}\lambda_0 = 0$. 这与引理 5.3 中的结论: 对于任意的 $\xi \neq 0$, $\mathrm{Re}\lambda(\xi) < 0$ 相矛盾. 引理得证. □

接下来, 我们考虑 $\mathbb{A}_1(\xi)$ 的低频谱集和预解集. 为此, 将 $\lambda-\mathbb{A}_1(\xi)$ 分解为

$$\lambda-\mathbb{A}_1(\xi)=\lambda-\mathbb{G}_3(\xi)-\mathbb{G}_4(\xi), \tag{5.2.38}$$

其中

$$\mathbb{G}_3(\xi)=\begin{pmatrix} Q_1(\xi) & 0 & 0 \\ 0 & 0 & \mathrm{i}\xi\times \\ 0 & -\mathrm{i}\xi\times & 0 \end{pmatrix},\quad \mathbb{G}_4(\xi)=\begin{pmatrix} Q_2(\xi) & -v\chi_0\cdot\omega\times & 0 \\ -\omega\times P_m & 0 & 0 \\ 0 & 0 & 0 \end{pmatrix}, \tag{5.2.39}$$

$$Q_1(\xi)=L_1-\mathrm{i}P_r(v\cdot\xi)P_r,\quad Q_2(\xi)=\mathrm{i}P_d(v\cdot\xi)P_r+\mathrm{i}(v\cdot\xi)\left(1+\frac{1}{|\xi|^2}\right)P_d. \tag{5.2.40}$$

引理 5.7　设 $\xi\neq 0$, $Q_1(\xi)$ 由 (5.2.40) 给出. 则有

(1) 如果 $\lambda\neq 0$, 那么

$$\left\|\lambda^{-1}(v\cdot\xi)\left(1+\frac{1}{|\xi|^2}\right)P_d\right\|_\xi\leqslant C(|\xi|+1)|\lambda|^{-1}. \tag{5.2.41}$$

(2) 如果 $\mathrm{Re}\lambda>-\mu$, 那么算子 $\lambda-Q_1(\xi)$ 在 $N_1^\perp$ 上是可逆的, 并满足

$$\|(\lambda-Q_1(\xi))^{-1}\|\leqslant(\mathrm{Re}\lambda+\mu)^{-1}, \tag{5.2.42}$$

$$\|P_d(v\cdot\xi)(\lambda-Q_1(\xi))^{-1}P_r\|_\xi\leqslant C(1+|\lambda|)^{-1}[(\mathrm{Re}\lambda+\mu)^{-1}+1](1+|\xi|)^2, \tag{5.2.43}$$

$$\|P_m(\lambda-Q_1(\xi))^{-1}P_r\|_{L^2_\xi(\mathbb{R}^3)\to\mathbb{C}^3}\leqslant C(1+|\lambda|)^{-1}[(\mathrm{Re}\lambda+\mu)^{-1}+1](1+|\xi|). \tag{5.2.44}$$

证明　(5.2.41)—(5.2.43) 的证明可以在引理 2.34 中找到. 通过与 (5.2.32) 类似的讨论, 我们可以得到 (5.2.44). □

根据引理 5.3—引理 5.7, 我们得到算子 $\mathbb{A}_1(\xi)$ 的预解集的分布如下.

引理 5.8　对于任意 $\delta_1,\delta_2\in(0,\mu)$, 存在两个常数 $r_1=r_1(\delta_1,\delta_2)$, $y_1=y_1(\delta_1,\delta_2)>0$ 使得对所有 $|\xi|\neq 0$, $\mathbb{A}_1(\xi)$ 的预解集有如下的分布

$$\rho(\mathbb{A}_1(\xi))\supset\begin{cases}\{\lambda\in\mathbb{C}\,|\,\mathrm{Re}\lambda\geqslant-\mu+\delta_1,\ |\mathrm{Im}\lambda|\geqslant y_1\}\cup\mathbb{C}_+, & |\xi|\leqslant r_1,\\ \{\lambda\in\mathbb{C}\,|\,\mathrm{Re}\lambda\geqslant-\mu+\delta_1,\ |\lambda\pm\mathrm{i}|\xi||\geqslant\delta_2\}\cup\mathbb{C}_+, & |\xi|>r_1,\end{cases} \tag{5.2.45}$$

其中 $\mathbb{C}_+=\{\lambda\in\mathbb{C}\,|\,\mathrm{Re}\lambda>0\}$.

证明 根据 (5.2.36), 存在 $r_1 = r_1(\delta_1, \delta_2) > 0$ 使得 (5.2.45) 的第二部分成立. 因此, 我们只需要证明 (5.2.45) 的第一部分. 根据引理 5.7, 对于 $\mathrm{Re}\lambda > -\mu$ 且 $\lambda \neq 0$, 算子 $\lambda - Q_1(\xi) = \lambda P_d + \lambda P_r - Q_1(\xi)$ 在 $L^2_\xi(\mathbb{R}^3_v)$ 上是可逆的, 并且满足

$$(\lambda P_d + \lambda P_r - Q_1(\xi))^{-1} = \lambda^{-1} P_d + (\lambda - Q_1(\xi))^{-1} P_r,$$

这是因为算子 λP_d 与 $\lambda P_r - Q_1(\xi)$ 是正交的. 所以, 当 $\mathrm{Re}\lambda > -\mu$ 且 $\lambda \neq 0, \pm \mathrm{i}|\xi|$ 时, 算子 $\lambda - \mathbb{G}_3(\xi)$ 在 $L^2_\xi(\mathbb{R}^3_v) \times \mathbb{C}^3_\xi \times \mathbb{C}^3_\xi$ 上是可逆的, 满足

$$(\lambda - \mathbb{G}_3(\xi))^{-1} = \begin{pmatrix} \lambda^{-1} P_d + (\lambda - Q_1(\xi))^{-1} P_r & 0 \\ 0 & (\lambda - \mathbb{B}_3(\xi))^{-1} \end{pmatrix}_{7\times 7}.$$

因此, (5.2.38) 可改写为

$$\lambda - \mathbb{A}_1(\xi) = (I - \mathbb{G}_4(\xi)(\lambda - \mathbb{G}_3(\xi))^{-1})(\lambda - \mathbb{G}_3(\xi)),$$

其中

$$\mathbb{G}_4(\xi)(\lambda - \mathbb{G}_4(\xi))^{-1} = \begin{pmatrix} X_4(\lambda,\xi) & X_2(\lambda,\xi) \\ X_5(\lambda,\xi) & 0 \end{pmatrix}_{7\times 7}, \tag{5.2.46}$$

$$X_4(\lambda,\xi) = \mathrm{i} P_d (v\cdot\xi)(\lambda - Q_1(\xi))^{-1} P_r + \mathrm{i}\lambda^{-1}(v\cdot\xi)\left(1 + \frac{1}{|\xi|^2}\right) P_d, \tag{5.2.47}$$

$$X_5(\lambda,\xi) = \begin{pmatrix} -\omega \times P_m(\lambda - Q_1(\xi))^{-1} P_r \\ 0_{3\times 1} \end{pmatrix}_{6\times 1}. \tag{5.2.48}$$

当 $|\xi| \leqslant r_1$ 时, 根据 (5.2.17) 和 (5.2.41)—(5.2.43), 存在 $y_1 = y_1(\delta_1, r_1) > 0$ 使得对于 $\mathrm{Re}\lambda \geqslant -\mu + \delta_1$ 和 $|\mathrm{Im}\lambda| \geqslant y_1$, 有

$$\left\| \lambda^{-1}(v\cdot\xi)\left(1 + \frac{1}{|\xi|^2}\right) P_d \right\|_\xi \leqslant \frac{1}{8}, \quad \|P_d(v\cdot\xi)(\lambda - Q_1(\xi))^{-1} P_r\|_\xi \leqslant \frac{1}{8},$$

$$\|P_m(\lambda - Q_1(\xi))^{-1} P_r\|_{L^2_\xi(\mathbb{R}^3)\to\mathbb{C}^3} \leqslant \frac{1}{8}, \quad \|(\lambda - \mathbb{B}_3(\xi))^{-1}\| \leqslant \frac{1}{8},$$

从而

$$\|X_4(\lambda,\xi)\|_\xi + \|X_2(\lambda,\xi)\|_{\mathbb{C}^6\to L^2_\xi(\mathbb{R}^3)} + \|X_5(\lambda,\xi)\|_{L^2_\xi(\mathbb{R}^3)\to\mathbb{C}^6} \leqslant \frac{1}{2}. \tag{5.2.49}$$

这意味着算子 $I - \mathbb{G}_4(\xi)(\lambda - \mathbb{G}_3(\xi))^{-1}$ 在 $L^2_\xi(\mathbb{R}^3_v) \times \mathbb{C}^3_\xi \times \mathbb{C}^3_\xi$ 上是可逆的, 因此 $\lambda - \mathbb{A}_1(\xi)$ 在 $L^2_\xi(\mathbb{R}^3_v) \times \mathbb{C}^3_\xi \times \mathbb{C}^3_\xi$ 上也是可逆的, 并满足

$$(\lambda - \mathbb{A}_1(\xi))^{-1} = (\lambda - \mathbb{G}_3(\xi))^{-1}(I - \mathbb{G}_4(\xi)(\lambda - \mathbb{G}_3(\xi))^{-1})^{-1}. \tag{5.2.50}$$

因此, 对于 $|\xi| \leqslant r_1$,

$$\rho(\mathbb{A}_1(\xi)) \supset \{\lambda \in \mathbb{C} \,|\, \mathrm{Re}\lambda \geqslant -\mu + \delta_1, |\mathrm{Im}\lambda| \geqslant y_1\} \cup \mathbb{C}_+,$$

这就证明了 (5.2.45) 的第一部分. □

5.2.2 低频特征值的渐近展开

在本小节中, 我们研究当 $|\xi|$ 充分小时 $\mathbb{A}_1(\xi)$ 的特征值和特征向量的渐近展开. 根据 (5.2.12), 特征值问题 $\mathbb{A}_1(\xi)U = \lambda U, U = (f, X, Y) \in L^2_\xi(\mathbb{R}^3_v) \times \mathbb{C}^3_\xi \times \mathbb{C}^3_\xi$ 可以表示为

$$\lambda f = \left(L_1 - \mathrm{i}(v \cdot \xi) - \mathrm{i}\frac{v \cdot \xi}{|\xi|^2} P_d \right) f - v\chi_0 \cdot (\omega \times X), \tag{5.2.51}$$

$$\lambda X = -\omega \times (f, v\chi_0) + \mathrm{i}\xi \times Y, \tag{5.2.52}$$

$$\lambda Y = -\mathrm{i}\xi \times X, \quad |\xi| \neq 0.$$

设 $\xi = s\omega$, 其中 $s \in \mathbb{R}$, $\omega \in \mathbb{S}^2$. 我们将特征函数 f 分解为

$$f = P_d f + P_r f = f_0 + f_1, \quad 其中 \quad f_0 = C_0\sqrt{M}.$$

因此, 将投影算子 P_d 和 P_r 分别作用到 (5.2.51) 得到

$$\lambda f_0 = -P_d[\mathrm{i}(v \cdot \xi)(f_0 + f_1)], \tag{5.2.53}$$

$$\lambda f_1 = L_1 f_1 - P_r[\mathrm{i}(v \cdot \xi)(f_0 + f_1)] - \mathrm{i}\frac{v \cdot \xi}{|\xi|^2} f_0 - v\chi_0 \cdot (\omega \times X). \tag{5.2.54}$$

根据引理 5.7, (5.2.40) 和 (5.2.54), 对于 $\mathrm{Re}\lambda > -\mu$, 微观部分 f_1 可以表示为

$$f_1 = -(\lambda - Q_1(\xi))^{-1} \left[\mathrm{i}(v \cdot \xi) \left(1 + \frac{1}{|\xi|^2} \right) f_0 + v\chi_0 \cdot (\omega \times X) \right]. \tag{5.2.55}$$

将 (5.2.55) 代入 (5.2.53) 和 (5.2.52), 我们得到关于 (λ, C_0, X, Y) 的特征值问题为

$$\begin{aligned} \lambda C_0 = &(1 + |\xi|^{-2})(R_1(\lambda, \xi)(v \cdot \xi)\chi_0, (v \cdot \xi)\chi_0)C_0 \\ &+ (R_1(\lambda, \xi)[v\chi_0 \cdot (\omega \times X)], (v \cdot \xi)\chi_0), \end{aligned} \tag{5.2.56}$$

$$\begin{aligned} \lambda X = &-\omega \times \mathrm{i}(1 + |\xi|^{-2})(R_1(\lambda, \xi)(v \cdot \xi)\chi_0, v\chi_0)C_0 \\ &-\omega \times (R_1(\lambda, \xi)[v\chi_0 \cdot (\omega \times X)], v\chi_0) + \mathrm{i}\xi \times Y, \end{aligned} \tag{5.2.57}$$

$$\lambda Y = -\mathrm{i}\xi \times X, \tag{5.2.58}$$

其中

$$R_1(\lambda,\xi)=-(\lambda-Q_1(\xi))^{-1}=[L_1-\lambda-\mathrm{i}P_r(v\cdot\xi)P_r]^{-1}.$$

通过变量替换 $(v\cdot\xi)\to|\xi|v_1$, 并利用算子 L_1 的旋转不变性, 我们得到以下变换.

引理 5.9 设 $e_1=(1,0,0)$, $\xi=s\omega$, 其中 $s\in\mathbb{R}$, $\omega\in\mathbb{S}^2$. 那么

$$(R_1(\lambda,\xi)\chi_i,\chi_j)=\omega_i\omega_j(R_1(\lambda,se_1)\chi_1,\chi_1)+(\delta_{ij}-\omega_i\omega_j)(R_1(\lambda,se_1)\chi_2,\chi_2). \tag{5.2.59}$$

利用 (5.2.59), 方程 (5.2.56)—(5.2.58) 可以简化为

$$\lambda C_0=(1+s^2)(R_1(\lambda,se_1)\chi_1,\chi_1)C_0, \tag{5.2.60}$$

$$\lambda X=(R_1(\lambda,se_1)\chi_2,\chi_2)X+\mathrm{i}\xi\times Y, \tag{5.2.61}$$

$$\lambda Y=-\mathrm{i}\xi\times X. \tag{5.2.62}$$

将 (5.2.61) 乘以 λ 并使用 (5.2.62) 和 (5.2.15), 得到

$$(\lambda^2-(R_1(\lambda,se_1)\chi_2,\chi_2)\lambda+s^2)X=0.$$

对于 $\mathrm{Re}\lambda>-\mu$, 定义

$$D_0(\lambda,s)=\lambda-(1+s^2)(R_1(\lambda,se_1)\chi_1,\chi_1),$$

$$D_1(\lambda,s)=\lambda^2-(R_1(\lambda,se_1)\chi_2,\chi_2)\lambda+s^2.$$

关于方程 $D_0(\lambda,s)=0$ 的解的结果如下, 证明过程在引理 2.36 中给出.

引理 5.10 存在常数 $b_0>0$ 和 $r_0>0$, 使得当 $\mathrm{Re}\lambda\geqslant-b_0$ 且 $|s|\leqslant r_0$ 时, 方程 $D_0(\lambda,s)=0$ 没有解.

下面我们给出方程 $D_1(\lambda,s)=0$ 的解的存在性和渐近展开.

引理 5.11 存在常数 $b_1,r_0,r_1>0$, 使得当 $\mathrm{Re}\lambda\geqslant-b_1$ 和 $|s|\leqslant r_0$ 时, 方程 $D_1(\lambda,s)=0$ 存在唯一的 C^∞ 解 $\lambda=\lambda(s)$, 满足 $(s,\lambda)\in[-r_0,r_0]\times B_{r_1}(0)$, 且

$$\lambda(0)=0,\quad \lambda'(0)=0,\quad \lambda''(0)=\frac{2}{(L_1^{-1}\chi_2,\chi_2)}.$$

此外, $\lambda(s)$ 是一个实的偶函数.

证明 通过直接计算, 可得

$$D_1(0,0)=0,\quad \partial_sD_1(0,0)=0,\quad \partial_\lambda D_1(0,0)=-(L_1^{-1}\chi_2,\chi_2).$$

根据隐函数定理, 存在两个小的常数 $r_0, r_1 > 0$ 和唯一的 C^∞ 函数 $\lambda_0(s) : [-r_0, r_0] \to B_{r_1}(0)$, 使得当 $s \in [-r_0, r_0]$ 时, 有 $D_1(\lambda_0(s), s) = 0$. 特别地,

$$\lambda_0(0) = 0, \quad \lambda_0'(0) = -\frac{\partial_s D(0,0)}{\partial_\lambda D(0,0)} = 0.$$

直接计算可得 $\partial_s^2 D(0,0) = 2$, 因此

$$\lambda_0''(0) = -\frac{\partial_s^2 D(0,0)}{\partial_\lambda D(0,0)} = \frac{2}{(L_1^{-1}\chi_2, \chi_2)}.$$

设

$$D(\lambda, s) = \frac{D_1(\lambda, s)}{\lambda - \lambda_0(s)}.$$

通过与引理 2.36 相似的讨论, 可以证明存在常数 $b_1 > 0$, 使得

$$D(\lambda, 0) = \lambda - (R_1(\lambda, 0)\chi_2, \chi_2) \neq 0, \quad \mathrm{Re}\lambda \geqslant -b_1.$$

此外, 容易验证 $\lim\limits_{|\lambda|\to\infty} |D(\lambda, 0)| = \infty$. 于是, 存在常数 $\delta > 0$, 使得对于所有 $\mathrm{Re}\lambda \geqslant -b_1$, 有 $|D(\lambda, 0)| \geqslant \delta$. 由于

$$\begin{aligned} D(\lambda, s) &= \frac{D_1(\lambda, s) - D_1(\lambda_0(s), s)}{\lambda - \lambda_0(s)} \\ &= \lambda - (R_1(\lambda, se_1)\chi_2, \chi_2) + \lambda_0(s) \\ &\quad + \lambda_0(s)(R_1(\lambda, se_1)R_1(\lambda_0(s), se_1)\chi_2, \chi_2), \end{aligned}$$

我们可以推出

$$\begin{aligned} |D(\lambda, s) - D(\lambda, 0)| \leqslant& |s(R_1(\lambda, 0)P_r v_1 R_1(\lambda, se_1)\chi_2, \chi_2)| + |\lambda_0(s)| \\ &+ |\lambda_0(s)||(R_1(\lambda, se_1)R_1(\lambda_0(s), se_1)\chi_2, \chi_2)| \\ \leqslant& C(|s| + |\lambda_0(s)|) \to 0, \quad s \to 0. \end{aligned}$$

因此, 存在充分小的 $r_0 > 0$, 使得当 $\mathrm{Re}\lambda > -b_1$ 和 $|s| \leqslant r_0$ 时,

$$|D(\lambda, s)| \geqslant |D(\lambda, 0)| - |D(\lambda, s) - D(\lambda, 0)| > 0,$$

即 $D(\lambda, s) = 0$ 无解. 综上所述, 当 $\mathrm{Re}\lambda > -b_1$ 和 $s \in [-r_0, r_0]$ 时, 方程 $D(\lambda, s) = 0$ 只有一个解 $\lambda_0(s)$.

最后, 由于 $\overline{D(\lambda,s)}=D(\overline{\lambda},-s)$ 和 $D(\lambda,s)=D(\lambda,-s)$, 这结合 $\lambda_0(s)=-a_1s^2+O(s^3)$, $s\to 0$ 可以推出 $\lambda_0(s)=\lambda_0(-s)=\overline{\lambda_0(s)}$. □

根据引理 5.10 和引理 5.11, 我们得到 $\mathbb{A}_1(\xi)$ 的低频特征值 $\lambda_j(|\xi|)$ 和特征向量 $\Psi_j(\xi)$ 的存在性和渐近展开.

定理 5.12 存在常数 $r_0>0$ 和 $b_2>0$, 使得当 $s=|\xi|\leqslant r_0$ 时,

$$\sigma(\mathbb{A}_1(\xi))\cap\{\lambda\in\mathbb{C}\,|\,\mathrm{Re}\lambda\geqslant -b_2\}=\{\lambda_j(s),\ j=1,2\}.$$

当 $|s|\leqslant r_0$ 时, 特征值 $\lambda_j(s)$ 和对应的特征向量 $\Psi_j(\xi)=\Psi_j(s,\omega)$ $(\omega=\xi/|\xi|)$ 是关于 s 的 C^∞ 函数, 并且特征值 $\lambda_j(s)$ 满足下面的渐近展开:

$$\lambda_1(s)=\lambda_2(s)=-a_1s^2+O(s^4), \tag{5.2.63}$$

其中

$$a_1=-\frac{1}{(L_1^{-1}\chi_2,\chi_2)}>0.$$

特征向量 $\Psi_j(\xi)=\Psi_j(s,\omega)=(\psi_j,X_j,Y_j)(s,\omega)$ 相互正交, 并且满足

$$\begin{cases}(\Psi_i(s,\omega),\Psi_j^*(s,\omega))=(\psi_i,\overline{\psi_j})-(X_i,\overline{X_j})-(Y_i,\overline{Y_j})=\delta_{ij}, \quad i,j=1,2,\\ \Psi_j(s,\omega)=\Psi_{j,0}(\omega)+\Psi_{j,1}(\omega)s+O(s^2),\end{cases} \tag{5.2.64}$$

其中 $\Psi_j^*=(\overline{\psi_j},-\overline{X_j},-\overline{Y_j})$, 系数 $\Psi_{j,n}=(\psi_{j,n},X_{j,n},Y_{j,n})$ 为

$$\begin{cases}\psi_{j,0}=0, \quad P_d\psi_{j,n}=0 \quad (n\geqslant 0), \quad X_{j,0}=0, \quad Y_{j,0}=\mathrm{i}W^j,\\ \psi_{j,1}=-a_1L_1^{-1}P_r(v\cdot W^j)\sqrt{M}, \quad X_{j,1}=a_1\omega\times W^j, \quad Y_{j,1}=0.\end{cases} \tag{5.2.65}$$

这里 W^j $(j=1,2)$ 是相互正交的单位向量并满足 $W^j\cdot\omega=0$.

证明 我们构造 $\mathbb{A}_1(\xi)$ 的特征值 $\lambda_j(s)$ 和特征向量 $\Psi_j(s,\omega)=(\psi_j,X_j,Y_j)(s,\omega)$, $j=1,2$ 如下. 令 $b_2=\min\{b_0,b_1\}>0$, 其中 $b_0,b_1>0$ 分别由引理 5.10 和引理 5.11 给出. 对于 $j=1,2$, 取 $\lambda_j=\lambda(s)$, 其中 $\lambda(s)$ 为引理 5.11 中方程 $D_1(\lambda,s)=0$ 的解, 并在方程 (5.2.60) 中取 $C_0=0$. 于是, 对应的特征向量 $\Psi_j(s,\omega)=(\psi_j,X_j,Y_j)(s,\omega)$, $j=1,2$ 可表示为

$$\begin{cases}\psi_j(s,\omega)=-b_1(s)[L_1-\lambda_j-\mathrm{i}sP_r(v\cdot\omega)]^{-1}P_r(v\cdot W^j)\sqrt{M},\\ X_j(s,\omega)=b_1(s)(\omega\times W^j), \quad Y_j(s,\omega)=\dfrac{\mathrm{i}sb_1(s)}{\lambda_j}W^j,\end{cases} \tag{5.2.66}$$

其中 W^j $(j=1,2)$ 是相互正交的单位向量, 并且满足 $W^j\cdot\omega=0$. 容易验证 $(\Psi_1(s,\omega),\Psi_2^*(s,\omega))=0$. 对特征向量做归一化

$$(\Psi_j(s,\omega),\Psi_j^*(s,\omega))=1,\quad j=1,2.$$

由归一化条件, 在 (5.2.66) 中的系数 $b_1(s)$ 满足

$$b_1(s)^2\left(D_1(s)-1+\frac{s^2}{\lambda_1(s)^2}\right)=1, \tag{5.2.67}$$

其中 $D_1(s)=(R_1(\lambda_1(s),se_1)\chi_2,R_1(\overline{\lambda_1(s)},-se_1)\chi_2)$.

将 (5.2.63) 代入 (5.2.67), 并利用 $D_1(-s)=D_1(s)$ 及 $\lambda_1(-s)=\lambda_1(s)$, 得到 $b_1(-s)=-b_1(s)$, 且

$$b_1(s)=a_1s+O(s^3),\quad |s|\leqslant r_0.$$

将上式和 (5.2.63) 代入到 (5.2.66), 我们得到 (5.2.65) 中的 $\Psi_j(s,\omega)$, $j=1,2$ 的展开. □

5.2.3 高频特征值的渐近展开

在本小节中, 我们研究当 $|\xi|$ 充分大时算子 $\mathbb{A}_1(\xi)$ 的特征值和特征向量的渐近展开. 首先, 回顾特征值问题

$$\lambda f=\mathbb{B}_2(\xi)f-v\chi_0\cdot(\omega\times X), \tag{5.2.68}$$

$$\lambda X=-\omega\times(f,v\chi_0)+\mathrm{i}\xi\times Y, \tag{5.2.69}$$

$$\lambda Y=-\mathrm{i}\xi\times X,\quad |\xi|\neq 0.$$

根据引理 5.5, 存在充分大的常数 $R_0>0$, 使得当 $\mathrm{Re}\lambda>-\nu_0$ 且 $|\xi|>R_0$ 时, 算子 $\lambda-\mathbb{B}_2(\xi)$ 在 $L^2_\xi(\mathbb{R}^3)$ 上是可逆的. 于是, 由 (5.2.68) 得到

$$f=(\mathbb{B}_2(\xi)-\lambda)^{-1}v\chi_0\cdot(\omega\times X),\quad |\xi|>R_0. \tag{5.2.70}$$

将 (5.2.70) 代入 (5.2.69), 并使用以下的变换

$$\begin{aligned}((\mathbb{B}_2(\xi)-\lambda)^{-1}\chi_i,\chi_j)=&\,\omega_i\omega_j((\mathbb{B}_2(|\xi|e_1)-\lambda)^{-1}\chi_1,\chi_1)\\&+(\delta_{ij}-\omega_i\omega_j)((\mathbb{B}_2(|\xi|e_1)-\lambda)^{-1}\chi_2,\chi_2),\end{aligned}$$

我们得到

$$\lambda X=((\mathbb{B}_2(|\xi|e_1)-\lambda)^{-1}\chi_2,\chi_2)X+\mathrm{i}\xi\times Y, \tag{5.2.71}$$

$$\lambda Y = -\mathrm{i}\xi \times X, \quad |\xi| > R_0. \tag{5.2.72}$$

将 (5.2.71) 乘以 λ 并利用 (5.2.72) 和 (5.2.15), 得到

$$(\lambda^2 - ((\mathbb{B}_2(|\xi|e_1) - \lambda)^{-1}\chi_2, \chi_2)\lambda + |\xi|^2)X = 0, \quad |\xi| > R_0.$$

对于 $\mathrm{Re}\lambda > -\nu_0$, 定义

$$D_2(\lambda, s) = \lambda^2 - ((\mathbb{B}_2(se_1) - \lambda)^{-1}\chi_2, \chi_2)\lambda + s^2, \quad s > R_0.$$

通过与引理 5.5 相似的证明, 我们得到

引理 5.13 对于任意 $\delta > 0$, 如果 $x + \nu_0 \geqslant \delta$, 那么

$$\|(x + \mathrm{i}y - \mathrm{c}(\xi))^{-1}K_b\| \leqslant C\delta^{-\frac{1}{2}}(1 + |\xi|)^{-\frac{1}{2}}, \tag{5.2.73}$$

$$\|(x + \mathrm{i}y - \mathrm{c}(\xi))^{-1}v\chi_0\| \leqslant C\delta^{-\frac{1}{2}}(1 + |\xi|)^{-\frac{1}{2}}, \tag{5.2.74}$$

并且当 $|\xi| > R_0$ 时, 有

$$\|(x + \mathrm{i}y - \mathbb{B}_2(\xi))^{-1}v\chi_0\| \leqslant C\delta^{-\frac{1}{2}}(1 + |\xi|)^{-\frac{1}{2}}. \tag{5.2.75}$$

下面给出关于方程 $D_2(\lambda, s) = 0$ 的解的结果.

引理 5.14 存在充分大的常数 $r_1 > 0$, 使得当 $s > r_1$ 时, 方程 $D_2(\lambda, s) = 0$ 有两个解 $\lambda_j(s) = j\mathrm{i}s + \zeta_j(s) + z_j(s)$, $j = \pm 1$, 其中 $\zeta_j(s)$ 和 $z_j(s)$ 是关于 s 的 C^∞ 函数, 并且满足

$$\frac{C_1}{s} \leqslant -\mathrm{Re}\zeta_j(s) \leqslant \frac{C_2}{s}, \quad |\mathrm{Im}\zeta_j(s)| \leqslant C_3\frac{\ln s}{s}, \quad |z_j(s)| \leqslant C_4\frac{\ln^2 s}{s^2}, \tag{5.2.76}$$

其中 $C_1, C_2, C_3, C_4 > 0$ 是常数.

证明 对于任意固定的 $s > R_0$, 定义关于 λ 的函数为

$$\mathcal{V}_j(\lambda, s) = \frac{1}{2}\Big(\mathcal{R}_{22}(\lambda, s) + j\sqrt{\mathcal{R}_{22}(\lambda, s)^2 - 4s^2}\Big), \quad j = \pm 1, \tag{5.2.77}$$

其中 $\mathcal{R}_{22}(\lambda, s) = ((\mathbb{B}_2(se_1) - \lambda)^{-1}\chi_2, \chi_2)$. 容易验证, 对于任意固定的 $s > R_0$, 方程 $D_2(\lambda, s) = 0$ 的解等价于函数 $\mathcal{V}_j(\lambda, s)$ 的不动点.

由 (5.2.75) 可知, 存在充分大的 $r_1 > 0$ 和充分小的 $\delta > 0$, 使得对于 $s > r_1$ 和 $\lambda, \lambda_1, \lambda_2 \in B_\delta(j\mathrm{i}s)$, 有

$$|\mathcal{V}_j(\lambda, s) - j\mathrm{i}s| \leqslant \frac{1}{2}|\mathcal{R}_{22}(\lambda, s)| + \frac{|\mathcal{R}_{22}(\lambda, s)|^2}{2|\sqrt{\mathcal{R}_{22}(\lambda, s)^2 - 4s^2} + 2\mathrm{i}s|}$$

$$\leqslant \|(\mathbb{B}_2(se_1)-\lambda)^{-1}\chi_2\| \leqslant \delta, \tag{5.2.78}$$

$$\begin{aligned}|\mathcal{V}_j(\lambda_1,s)-\mathcal{V}_j(\lambda_2,s)| &\leqslant \frac{1}{2}|\mathcal{R}_{22}(\lambda_1,s)-\mathcal{R}_{22}(\lambda_2,s)| \\ &\quad+\frac{|\mathcal{R}_{22}(\lambda_1,s)^2-\mathcal{R}_{22}(\lambda_2,s)^2|}{2|\sqrt{\mathcal{R}_{22}(\lambda_1,s)^2-4s^2}|+2|\sqrt{\mathcal{R}_{22}(\lambda_2,s)^2-4s^2}|} \\ &\leqslant |\lambda_1-\lambda_2|\|(\mathbb{B}_2(se_1)-\lambda_1)^{-1}\chi_2\|\|(\mathbb{B}_2(se_1)-\lambda_2)^{-1}\chi_2\| \\ &\leqslant \frac{1}{2}|\lambda_1-\lambda_2|.\end{aligned}$$

因此 $\mathcal{V}_j(\lambda,s)$ 是 $B_\delta(j\mathrm{i}s)$ 上的压缩映射, 从而 $\mathcal{V}_j(\lambda,s)$ 在 $B_\delta(j\mathrm{i}s)$ 中存在唯一的不动点 $\lambda_j(s)$, 即 $\lambda_j(s)$ 是方程 $D_2(\lambda,s)=0$ 的解. 由于 $D_2(\lambda,s)=0$ 是关于 (λ,s) 的 C^∞ 函数, 则 $\lambda_j(s)$ 是关于 s 的 C^∞ 函数. 令

$$\eta_j(s)=\lambda_j(s)-j\mathrm{i}s, \quad j=\pm1.$$

根据 (5.2.75) 和 (5.2.78), 可得

$$|\eta_j(s)| \leqslant \|(\mathbb{B}_2(se_1)-\lambda_j)^{-1}\chi_2\| \leqslant C(1+s)^{-\frac{1}{2}} \to 0, \quad s\to\infty. \tag{5.2.79}$$

下面我们证明 (5.2.76). 根据 (5.2.77), 我们将 $\eta_j(s)$, $j=\pm1$ 表示为

$$\eta_j(s)=\frac{1}{2}\mathcal{R}_j(\eta_j,s)+\frac{1}{2}\frac{j\mathcal{R}_j(\eta_j,s)^2}{\sqrt{\mathcal{R}_j(\eta_j,s)^2-4s^2}+2\mathrm{i}s}=:\frac{1}{2}I_1+\frac{1}{2}I_2, \tag{5.2.80}$$

其中

$$\mathcal{R}_j(\eta_j,s)=((\mathbb{B}_2(se_1)-j\mathrm{i}s-\eta_j)^{-1}\chi_2,\chi_2).$$

首先, 我们对 I_1 进行估计. 做分解

$$-\left(L_1-\mathrm{i}(v_1+j)s-\mathrm{i}\frac{v_1}{s}P_d-\eta_j\right)^{-1}=X_j(s)+Z_j(s), \quad j=\pm1, \tag{5.2.81}$$

其中

$$\begin{cases}X_j(s)=(\nu(v)+\mathrm{i}(v_1+j)s)^{-1}, \\ Z_j(s)=(I-Y_j(s))^{-1}Y_j(s)X_j(s), \\ Y_j(s)=X_j(s)\left(K_b-\mathrm{i}\frac{v_1}{s}P_d-\eta_j\right).\end{cases} \tag{5.2.82}$$

根据 (5.2.81), 我们将 I_1 分解为

$$I_1=-(X_j(s)\chi_2,\chi_2)-(Z_j(s)\chi_2,\chi_2)=:I_3+I_4. \tag{5.2.83}$$

对于 I_3, 有

$$\begin{aligned}I_3 = & -\int_{\mathbb{R}^3} \frac{\nu(v)}{\nu(v)^2+(v_1\pm 1)^2 s^2} v_2^2 M(v) dv \\ & -\mathrm{i}\int_{\mathbb{R}^3} \frac{(v_1\pm 1)s}{\nu(v)^2+(v_1\pm 1)^2 s^2} v_2^2 M(v) dv \\ = & -\mathrm{Re} I_3 - \mathrm{i}\mathrm{Im} I_3.\end{aligned} \tag{5.2.84}$$

通过变量替换 $(v_1\pm 1)s \to u_1$, 对于 $s\geqslant 2$, 有

$$\begin{aligned}\mathrm{Re} I_3 \leqslant & C\int_{\mathbb{R}^3} \frac{1}{\nu_0^2+(v_1\pm 1)^2 s^2} e^{-\frac{|v|^2}{4}} dv \\ & -\frac{C}{s}\int_{\mathbb{R}^3} \frac{1}{\nu_0^2+u_1^2} e^{-\frac14(\frac{u_1}{s}\mp 1)^2} e^{-\frac{v_2^2+v_3^2}{4}} du_1 dv_2 dv_3 \\ \leqslant & \frac{C}{s}\int_0^\infty \frac{1}{\nu_0^2+u_1^2} du_1 \leqslant \frac{C_1}{s},\end{aligned} \tag{5.2.85}$$

以及

$$\begin{aligned}\mathrm{Re} I_3 \geqslant & C\int_{\mathbb{R}^3} \frac{1}{\nu_1^2(1+|v|^2)+(v_1\pm 1)^2 s^2} v_2^2 e^{-\frac{|v|^2}{2}} dv \\ = & \frac{C}{s}\int_{\mathbb{R}^3} \frac{1}{\nu_1^2\left(1+\left(\frac{u_1}{s}\mp 1\right)^2+v_2^2+v_3^2\right)+u_1^2} v_2^2 e^{-\frac12(\frac{u_1}{s}\mp 1)^2} e^{-\frac{v_2^2+v_3^2}{2}} du_1 dv_2 dv_3 \\ \geqslant & \frac{C}{s}\int_{\mathbb{R}^3} \frac{1}{\nu_1^2(3+2u_1^2+v_2^2+v_3^2)+u_1^2} v_2^2 e^{-\frac{u_1^2+v_2^2+v_3^2}{2}} du_1 dv_2 dv_3 \geqslant \frac{C_2}{s}.\end{aligned} \tag{5.2.86}$$

同样地, 通过变量替换 $(v_1\pm 1)s \to u_1$, 对于 $s\geqslant 2$, 有

$$\begin{aligned}|\mathrm{Im} I_3| \leqslant & \frac{C}{s}\int_{\mathbb{R}^3} \frac{|u_1|}{\nu_0^2+u_1^2} e^{-\frac12(\frac{u_1}{s}\mp 1)^2} e^{-\frac{v_2^2+v_3^2}{2}} du_1 dv_2 dv_3 \\ \leqslant & \frac{C}{s}\int_0^s \frac{u_1}{\nu_0^2+u_1^2} du_1 + \frac{C}{s^2}\int_s^\infty e^{-\frac12(\frac{u_1}{s})^2} du_1 \\ \leqslant & C_3 \frac{\ln s}{s}.\end{aligned} \tag{5.2.87}$$

接下来, 我们估计 I_4. 为此, 我们假设

$$|\eta_j(s)| \leqslant (C_1+C_3)s^{-1}\ln s, \quad s > r_1. \tag{5.2.88}$$

通过变量替换 $v_2 \to -v_2$, 可以推出

$$P_d X_j(s)^n \chi_2 = P_d (X_j(s) K_b)^n X_j(s) \chi_2 = 0, \quad \forall n \geqslant 1.$$

根据上式, (5.2.82) 以及

$$(I - Y_j(s))^{-1} = I + (I - Y_j(s))^{-1} Y_j(s),$$

函数 $Z_j(s)\chi_2$ 可以改写为

$$Z_j(s)\chi_2 = X_j(K_b - \eta_j) X_j \chi_2 + (I - Y_j)^{-1} [X_j(K_b - \eta_j)]^2 X_j \chi_2.$$

根据 (1.6.20) 和 (5.2.87), 有

$$\begin{aligned} |K_b X_j(s) \chi_2| &\leqslant C \int_{\mathbb{R}} e^{-\frac{|v_1 - u_1|^2}{8}} \frac{1}{\nu_0 + |(u_1 \pm 1)s|} e^{-\frac{u_1^2}{4}} du_1 \int_{\mathbb{R}^2} \frac{1}{|\bar{v} - \bar{u}|} e^{-\frac{|\bar{v} - \bar{u}|^2}{8}} e^{-\frac{|\bar{u}|^2}{4}} d\bar{u} \\ &\leqslant C e^{-\frac{|v|^2}{8}} \int_{\mathbb{R}} \frac{1}{\nu_0 + |u_1 \pm 1| s} e^{-\frac{u_1^2}{8}} du_1 \leqslant C \frac{\ln s}{s} e^{-\frac{|v|^2}{8}}, \end{aligned} \tag{5.2.89}$$

于是, 通过与 (5.2.85) 和 (5.2.87) 相同的计算, 可以推出

$$\|X_j K_b X_j \chi_2\|_{L_v^2}^2 \leqslant C \frac{\ln^2 s}{s^2} \int_{\mathbb{R}^3} \frac{1}{\nu_0^2 + (v_1 \pm 1)^2 s^2} e^{-\frac{|v|^2}{4}} dv \leqslant C \frac{\ln^2 s}{s^3}, \tag{5.2.90}$$

$$\|X_j K_b X_j \chi_2\|_{L_v^1} \leqslant C \frac{\ln s}{s} \int_{\mathbb{R}^3} \frac{1}{\nu_0 + |(v_1 \pm 1)s|} e^{-\frac{|v|^2}{8}} dv \leqslant C \frac{\ln^2 s}{s^2}. \tag{5.2.91}$$

根据 (5.2.79) 和引理 5.13, 对于 $s \geqslant r_1$ 有

$$\|(I - Y_j(s))^{-1}\| \leqslant 2, \quad j = \pm 1. \tag{5.2.92}$$

因此, 由 (5.2.88), (5.2.90)—(5.2.92) 得到

$$\begin{aligned} |I_4| &\leqslant |(X_j(K_b - \eta_j) X_j \chi_2, \chi_2)| + |([X_j(K_b - \eta_j)]^2 X_j \chi_2, (I - \overline{Y_j})^{-1} \chi_2)| \\ &\leqslant C(\|X_j K_b X_j \chi_2\|_{L_v^1} + |\eta_j| \|X_j^2 \chi_2\|_{L_v^1}) \\ &\quad + C(\|X_j K_b\| + |\eta_j|)(\|X_j K_b X_j \chi_2\|_{L_v^2} + |\eta_j| \|X_j^2 \chi_2\|_{L_v^2}) \\ &\leqslant C \frac{\ln^2 s}{s^2} + C \frac{\ln s}{s^2}. \end{aligned} \tag{5.2.93}$$

最后, 我们估计 I_2 如下:

$$|I_2| \leqslant \frac{C}{s} |\mathcal{R}_j(\eta_j, s)|^2 \leqslant \frac{C}{s} |I_1|^2 \leqslant C \frac{\ln^2 s}{s^3}. \tag{5.2.94}$$

于是, 结合 (5.2.80), (5.2.83)—(5.2.87), (5.2.93) 和 (5.2.94), 我们可以推出当 $s \geqslant r_1$ 时, (5.2.88) 和 (5.2.76) 成立, 其中

$$\zeta_j(s) = \frac{1}{2}I_3 = -\frac{1}{2}\left(X_j(s)\chi_2, \chi_2\right), \quad z_j(s) = \frac{1}{2}I_2 + \frac{1}{2}I_4.$$

引理得证. □

下面我们给出 $\mathbb{A}_1(\xi)$ 的高频特征值和特征向量的存在性和渐近展开.

定理 5.15 存在常数 $r_1 > 0$, 使得当 $s = |\xi| > r_1$ 时,

$$\sigma(\mathbb{A}_1(\xi)) \cap \{\lambda \in \mathbb{C} \,|\, \mathrm{Re}\lambda > -\mu/2\} = \{\gamma_j(s),\ j = 1, 2, 3, 4\}.$$

当 $s > r_1$ 时, 特征值 $\gamma_j(s)$ 和对应的特征向量 $\Phi_j(\xi) = \Phi_j(s, \omega)$, $\omega = \xi/|\xi|$ 是关于 s 的 C^∞ 函数, 并且特征值 $\gamma_j(s)$ 满足以下的渐近展开:

$$\begin{cases} \gamma_1(s) = \gamma_2(s) = -\mathrm{i}s + \zeta_{-1}(s) + O\left(\dfrac{\ln^2 s}{s^2}\right), \\ \gamma_3(s) = \gamma_4(s) = \mathrm{i}s + \zeta_1(s) + O\left(\dfrac{\ln^2 s}{s^2}\right), \\ \zeta_{\pm 1}(s) = -\dfrac{1}{2}\displaystyle\int_{\mathbb{R}^3} \frac{1}{\nu(v) + \mathrm{i}v_1 s \pm \mathrm{i}s} v_2^2 M(v) dv, \end{cases} \tag{5.2.95}$$

这里 $\zeta_{\pm 1}(s)$ 是关于 s 的 C^∞ 函数, 并且满足

$$\frac{C_1}{s} \leqslant -\mathrm{Re}\zeta_{\pm 1}(s) \leqslant \frac{C_2}{s}, \quad |\mathrm{Im}\zeta_{\pm 1}(s)| \leqslant C_3 \frac{\ln s}{s}, \tag{5.2.96}$$

其中 C_1, C_2 和 C_3 为正常数.

特征向量 $\Phi_j(\xi) = \Phi_j(s, \omega) = (\phi_j, X_j, Y_j)(s, \omega)$ 相互正交, 并且满足

$$(\Phi_i(s, \omega), \Phi_j^*(s, \omega)) = (\phi_i, \overline{\phi_j}) - (X_i, \overline{X_j}) - (Y_i, \overline{Y_j}) = \delta_{ij}, \quad 1 \leqslant i, j \leqslant 4, \tag{5.2.97}$$

其中 $\Phi_j^* = (\overline{\phi_j}, -\overline{X_j}, -\overline{Y_j})$, 系数 $\phi_j(s, \omega), X_j(s, \omega), Y_j(s, \omega)$ 满足

$$\begin{cases} \|\phi_j(s, \omega)\|^2 = O\left(\dfrac{1}{s}\right), \quad P_d \phi_j(s, \omega) = 0, \\ X_j(s, \omega) = \mathrm{i}\sqrt{\dfrac{1}{2}}(\omega \times W^j) + O\left(\dfrac{1}{s}\right), \\ Y_j(s, \omega) = \mathrm{i}\sqrt{\dfrac{1}{2}} W^j + O\left(\dfrac{1}{s}\right), \end{cases} \tag{5.2.98}$$

并且 W^j $(j = 1, 2, 3, 4)$ 是单位向量, 满足 $W^j \cdot \omega = 0$, $W^1 \cdot W^2 = 0$, $W^1 = W^3$, $W^2 = W^4$.

证明 构造$\mathbb{A}_1(\xi)$的高频特征值$\gamma_j(s)$和特征向量$\Phi_j(s,\omega)=(\phi_j,X_j,Y_j)(s,\omega)$, $j=1,2,3,4$ 如下. 对于 $j=1,2,3,4$, 取 $\gamma_1=\gamma_2=\lambda_{-1}(s)$ 和 $\gamma_3=\gamma_4=\lambda_1(s)$, 其中 $\lambda_{\pm 1}(s)$ 是引理 5.14 中方程 $D_2(\lambda,s)=0$ 的解. 于是, 对应的特征向量 $\Phi_j(s,\omega)=(\phi_j,X_j,Y_j)(s,\omega)$, $1\leqslant j\leqslant 4$ 可表示为

$$\begin{cases}\phi_j(s,\omega)=-b_j(s)\left(L_1-\gamma_j-\mathrm{i}s(v\cdot\omega)-\mathrm{i}\dfrac{v\cdot\omega}{s}P_d\right)^{-1}(v\cdot W^j)\sqrt{M},\\ X_j(s,\omega)=b_j(s)(\omega\times W^j),\quad Y_j(s,\omega)=\dfrac{\mathrm{i}sb_j(s)}{\gamma_j}W^j,\end{cases}\tag{5.2.99}$$

其中 W^j $(j=1,2,3,4)$ 是单位向量, 满足 $W^j\cdot\omega=0$, $W^1\cdot W^2=0$, $W^1=W^3$ 以及 $W^2=W^4$. 容易验证 $(\Phi_1(s,\omega),\Phi_2^*(s,\omega))=(\Phi_3(s,\omega),\Phi_4^*(s,\omega))=0$, 其中 $\Phi_j^*=(\overline{\phi_j},-\overline{X_j},-\overline{Y_j})$ 为 $\mathbb{A}_1(\xi)^*$ 对应特征值 $\overline{\gamma_j(s)}$ 的特征向量.

注意到

$$\mathbb{A}_1(\xi)\Phi_j(s,\omega)=\gamma_j(s)\Phi_j(s,\omega),\quad 1\leqslant j\leqslant 4.$$

取上式和 $\Phi_j^*(s,\omega)$ 关于 $(\cdot,\cdot)_\xi$ 的内积, 并利用以下的事实

$$(\mathbb{A}_1(\xi)U,V)_\xi=(U,\mathbb{A}_1(\xi)^*V)_\xi,\quad U,V\in D(\mathbb{B}_2(\xi))\times\mathbb{C}_\xi^3\times\mathbb{C}_\xi^3,$$

$$\mathbb{A}_1(\xi)^*\Phi_j^*(s,\omega)=\overline{\gamma_j(s)}\Phi_j^*(s,\omega),$$

我们得到

$$(\gamma_j(s)-\gamma_k(s))(\Phi_j(s,\omega),\Phi_j^*(s,\omega))_\xi=0,\quad 1\leqslant j,k\leqslant 4.$$

由于对于 $s>r_1$, 有 $\gamma_j(s)\neq\gamma_k(s)$, $j=1,2$, $k=3,4$ 以及 $P_d\phi_j(s,\omega)=0$, 因此

$$(\Phi_j(s,\omega),\Phi_k^*(s,\omega))_\xi=(\Phi_j(s,\omega),\Phi_k^*(s,\omega))=0,\quad 1\leqslant j\neq k\leqslant 4.$$

将特征向量做归一化

$$(\Phi_j(s,\omega),\Phi_j^*(s,\omega))=1,\quad j=1,2,3,4.$$

由归一化条件, 系数 $b_j(s)$, $j=1,2,3,4$ 满足

$$b_j(s)^2\left(D_j(s)-1+\frac{s^2}{\gamma_j(s)^2}\right)=1,\tag{5.2.100}$$

其中 $D_j(s)=((\mathbb{B}_2(se_1)-\gamma_j(s))^{-1}\chi_1,(\mathbb{B}_2(-se_1)-\overline{\gamma_j(s)})^{-1}\chi_1)$. 将 (5.2.75) 和 (5.2.95) 代入 (5.2.100), 得到

$$b_j(s)=\mathrm{i}\sqrt{\frac{1}{2}}+O\left(\frac{1}{s}\right).$$

上式结合 (5.2.99) 可以得到 (5.2.98). □

5.3 线性单极 VMB 方程的谱分析

在本节中, 我们给出线性单极 VMB 算子的谱集和预解集的分布, 以及它在低频和高频的特征值和特征向量的渐近展开. 我们发现线性单极 VMB 算子在低频的谱结构与线性双极 VMB 算子有很大的不同, 这种区别主要因为单极 VMB 方程缺少双极 VMB 方程中两种粒子之间的抵消作用.

由方程 (5.1.11)—(5.1.14), 我们得到线性的单极 VMB 方程:

$$\partial_t f+v\cdot\nabla_x f-Lf-v\sqrt{M}\cdot E=0, \tag{5.3.1}$$

$$\partial_t E=\nabla_x\times B-\int_{\mathbb{R}^3}fv\sqrt{M}dv, \tag{5.3.2}$$

$$\partial_t B=-\nabla_x\times E, \tag{5.3.3}$$

$$\nabla_x\cdot E=\int_{\mathbb{R}^3}f\sqrt{M}dv,\quad \nabla_x\cdot B=0. \tag{5.3.4}$$

方便起见, 将关于 $U=(f,E,B)^{\mathrm{T}}\in L^2\times L^2_x\times L^2_x$ 的线性方程改写为

$$\begin{cases}\partial_t U=\mathbb{A}_2U,\quad t>0,\\ \nabla_x\cdot E=(f,\sqrt{M}),\quad \nabla_x\cdot B=0,\\ U(0,x,v)=U_0(x,v)=(f_0,E_0,B_0),\end{cases} \tag{5.3.5}$$

其中算子 $\mathbb{A}_2$ 定义为

$$\mathbb{A}_2=\begin{pmatrix} L-v\cdot\nabla_x & v\sqrt{M} & 0\\ -P_m & 0 & \nabla_x\times\\ 0 & -\nabla_x\times & 0\end{pmatrix}. \tag{5.3.6}$$

对 (5.3.5) 关于 x 做傅里叶变换, 得到

$$\begin{cases}\partial_t\hat{U}=\mathbb{A}_2(\xi)\hat{U},\quad t>0,\\ \mathrm{i}(\xi\cdot\hat{E})=(\hat{f},\sqrt{M}),\quad \mathrm{i}(\xi\cdot\hat{B})=0,\\ \hat{U}(0,\xi,v)=\hat{U}_0(\xi,v)=(\hat{f}_0,\hat{E}_0,\hat{B}_0),\end{cases} \tag{5.3.7}$$

其中

$$\mathbb{A}_2(\xi)=\begin{pmatrix} L-\mathrm{i}(v\cdot\xi) & v\sqrt{M} & 0\\ -P_m & 0 & \mathrm{i}\xi\times\\ 0 & -\mathrm{i}\xi\times & 0\end{pmatrix}.$$

类似于双极模型 (5.2.11), 我们得到关于 $\hat{V}=(\hat{f},\omega\times\hat{E},\omega\times\hat{B})$ $(\omega=\xi/|\xi|)$ 的线性单极 VMB 方程:

$$\begin{cases}\partial_t\hat{V}=\mathbb{A}_3(\xi)\hat{V}, \quad t>0,\\ \hat{V}(0,\xi,v)=\hat{V}_0(\xi,v)=(\hat{f}_0,\omega\times\hat{E}_0,\omega\times\hat{B}_0),\end{cases}\tag{5.3.8}$$

其中

$$\mathbb{A}_3(\xi)=\begin{pmatrix}\mathbb{B}_1(\xi) & -v\sqrt{M}\cdot\omega\times & 0\\ -\omega\times P_m & 0 & \mathrm{i}\xi\times\\ 0 & -\mathrm{i}\xi\times & 0\end{pmatrix}.$$

这里 $\mathbb{B}_1(\xi)$ 为线性 VPB 算子, 即

$$\mathbb{B}_1(\xi)=L-\mathrm{i}(v\cdot\xi)-\mathrm{i}\frac{v\cdot\xi}{|\xi|^2}P_d, \quad \xi\neq 0.\tag{5.3.9}$$

5.3.1 算子 $\mathbb{A}_3(\xi)$ 的谱结构

根据 (2.2.7), 对于任意 $f,g\in L^2_\xi(\mathbb{R}^3_v)\cap D(\mathbb{B}_1(\xi))$ 有

$$(\mathbb{B}_1(\xi)f,g)_\xi=(f,\mathbb{B}_1(-\xi)g)_\xi.$$

因此, 对于任意 $U,V\in D(\mathbb{B}_1(\xi))\times\mathbb{C}^3_\xi\times\mathbb{C}^3_\xi$ 有

$$(\mathbb{A}_3(\xi)U,V)_\xi=(U,\mathbb{A}_3(\xi)^*V)_\xi,$$

其中

$$\mathbb{A}_3(\xi)^*=\begin{pmatrix}\mathbb{B}_1(-\xi) & v\sqrt{M}\cdot\omega\times & 0\\ \omega\times P_m & 0 & -\mathrm{i}\xi\times\\ 0 & \mathrm{i}\xi\times & 0\end{pmatrix}.$$

此外, $\mathbb{A}_3(\xi)$ 和 $\mathbb{A}_3(\xi)^*$ 都是耗散算子, 即

$$\mathrm{Re}(\mathbb{A}_3(\xi)U,U)_\xi=\mathrm{Re}(\mathbb{A}_3(\xi)^*U,U)_\xi=(Lf,f)\leqslant 0, \quad \forall U=(f,E,B).$$

通过与引理 5.1—引理 5.3 相似的讨论, 我们得到以下两个结论.

引理 5.16 对于任意固定的 $\xi\neq 0$, 算子 $\mathbb{A}_3(\xi)$ 在 $L^2_\xi(\mathbb{R}^3_v)\times\mathbb{C}^3_\xi\times\mathbb{C}^3_\xi$ 上生成一个强连续压缩半群并满足

$$\|e^{t\mathbb{A}_3(\xi)}U\|_\xi\leqslant\|U\|_\xi, \quad \forall t>0,\ U\in L^2_\xi(\mathbb{R}^3_v)\times\mathbb{C}^3_\xi\times\mathbb{C}^3_\xi.$$

引理 5.17 对于任意 $\xi \neq 0$, 以下结论成立.

(1) $\sigma_{\rm ess}(\mathbb{A}_3(\xi)) \subset \{\lambda \in \mathbb{C} \,|\, {\rm Re}\lambda \leqslant -\nu_0\}$ 和 $\sigma(\mathbb{A}_3(\xi)) \cap \{\lambda \in \mathbb{C} \,|\, -\nu_0 < {\rm Re}\lambda \leqslant 0\} \subset \sigma_d(\mathbb{A}_3(\xi))$.

(2) 如果 $\lambda(\xi)$ 是 $\mathbb{A}_3(\xi)$ 的特征值, 那么对于任意 $\xi \neq 0$, 都有 ${\rm Re}\lambda(\xi) < 0$.

首先, 我们考虑算子 $\mathbb{A}_3(\xi)$ 在高频的谱集和预解集. 对于 ${\rm Re}\lambda > -\nu_0$ 且 $\lambda \neq \pm {\rm i}|\xi|$, 将算子 $\lambda - \mathbb{A}_3(\xi)$ 分解为

$$\lambda - \mathbb{A}_3(\xi) = \lambda - \mathbb{G}_1(\xi) - \mathbb{G}_5(\xi) = (I - \mathbb{G}_5(\xi)(\lambda - \mathbb{G}_1(\xi))^{-1})(\lambda - \mathbb{G}_1(\xi)), \tag{5.3.10}$$

其中 $\mathbb{G}_1(\xi)$ 由 (5.2.21) 给出, 且

$$\mathbb{G}_5(\xi) = \begin{pmatrix} K - {\rm i}\dfrac{v \cdot \xi}{|\xi|^2} P_d & -v\chi_0 \cdot \omega \times & 0 \\ -\omega \times P_m & 0 & 0 \\ 0 & 0 & 0 \end{pmatrix}. \tag{5.3.11}$$

容易验证

$$\mathbb{G}_5(\xi)(\lambda - \mathbb{G}_1(\xi))^{-1} = \begin{pmatrix} X_1^1(\lambda,\xi) & X_2(\lambda,\xi) \\ X_3(\lambda,\xi) & 0 \end{pmatrix}_{7\times 7},$$

其中 $X_2(\lambda,\xi)$ 和 $X_3(\lambda,\xi)$ 由 (5.2.26) 给出, 且

$$X_1^1(\lambda,\xi) = \left(K - {\rm i}\frac{v \cdot \xi}{|\xi|^2} P_d\right)(\lambda - {\rm c}(\xi))^{-1}.$$

通过与引理 5.6 相似的讨论, 我们得到算子 $\mathbb{A}_3(\xi)$ 在中频和高频区域的谱集的分布.

引理 5.18 在高频和中频区域, 谱集 $\sigma(\mathbb{A}_3(\xi))$ 有如下的分布.

(1) 对于任意 $\delta_1, \delta_2 \in (0, \nu_0)$, 存在 $R_1 = R_1(\delta_1, \delta_2) > 0$ 使得, 当 $|\xi| > R_1$ 时,

$$\sigma(\mathbb{A}_3(\xi)) \cap \{\lambda \in \mathbb{C} \,|\, {\rm Re}\lambda \geqslant -\nu_0 + \delta_1\} \subset \sum_{j=\pm 1} \{\lambda \in \mathbb{C} \,|\, |\lambda - j{\rm i}|\xi|| \leqslant \delta_2\}. \tag{5.3.12}$$

(2) 对于任意 $r_1 > r_0 > 0$, 存在 $\eta = \eta(r_0, r_1) > 0$ 使得, 当 $r_0 \leqslant |\xi| \leqslant r_1$ 时,

$$\sigma(\mathbb{A}_3(\xi)) \subset \{\lambda \in \mathbb{C} \,|\, {\rm Re}\lambda < -\eta\}. \tag{5.3.13}$$

接下来, 我们研究 $\mathbb{A}_3(\xi)$ 在低频的谱集和预解集. 为此, 将 $\lambda - \mathbb{A}_3(\xi)$ 分解为

$$\lambda - \mathbb{A}_3(\xi) = \lambda P_A - \mathbb{G}_6(\xi) + \lambda P_B - \mathbb{G}_7(\xi) + {\rm i}P_B(v \cdot \xi)P_A + {\rm i}P_A(v \cdot \xi)P_B, \tag{5.3.14}$$

其中

$$\mathbb{G}_6(\xi)=\begin{pmatrix} A(\xi) & -v\chi_0\cdot\omega\times & 0 \\ -\omega\times P_m & 0 & \mathrm{i}\xi\times \\ 0 & -\mathrm{i}\xi\times & 0 \end{pmatrix},\quad \mathbb{G}_7(\xi)=\begin{pmatrix} Q(\xi) & 0 & 0 \\ 0 & 0 & 0 \\ 0 & 0 & 0 \end{pmatrix}, \tag{5.3.15}$$

$$A(\xi)=\mathrm{i}P_0(v\cdot\xi)P_0-\mathrm{i}\frac{v\cdot\xi}{|\xi|^2}P_d,\quad Q(\xi)=L-\mathrm{i}P_1(v\cdot\xi)P_1, \tag{5.3.16}$$

且 P_A, P_B 是相互正交投影算子, 定义如下

$$P_A=\begin{pmatrix} P_0 & 0 & 0 \\ 0 & I_{3\times3} & 0 \\ 0 & 0 & I_{3\times3} \end{pmatrix},\quad P_B=\begin{pmatrix} P_1 & 0 & 0 \\ 0 & 0 & 0 \\ 0 & 0 & 0 \end{pmatrix}.$$

下面我们证明 $\mathbb{G}_6(\xi)$ 是从 $N_0\times\mathbb{C}^3_\xi\times\mathbb{C}^3_\xi$ 空间到 $N_0\times\mathbb{C}^3_\xi\times\mathbb{C}^3_\xi$ 的线性算子, 它有九个特征值 $\alpha_j(\xi)$ 满足

$$\begin{cases} \alpha_j(\xi)=0,\quad j=0,2,3,\quad \alpha_{\pm1}(\xi)=\pm\mathrm{i}\sqrt{1+\dfrac{5}{3}|\xi|^2}, \\ \alpha_4(\xi)=\alpha_5(\xi)=-\mathrm{i}\sqrt{1+|\xi|^2},\quad \alpha_6(\xi)=\alpha_7(\xi)=\mathrm{i}\sqrt{1+|\xi|^2}. \end{cases} \tag{5.3.17}$$

事实上, 考虑特征值问题

$$\mathbb{G}_6(\xi)U=\lambda U,\quad U=(f_0,X,Y)\in N_0\times\mathbb{C}^3_\xi\times\mathbb{C}^3_\xi. \tag{5.3.18}$$

由于 $f_0\in N_0$, 可将 f_0 表示为

$$f_0=\sum_{j=0}^{4}W_j\chi_j,\quad W_j=(f_0,\chi_j).$$

于是, 我们得到关于 $(\lambda,W_0,W=:(W_1,W_2,W_3),W_4)\in\mathbb{C}^6$, $(X,Y)\in\mathbb{C}^3_\xi\times\mathbb{C}^3_\xi$ 的特征值问题:

$$\lambda W_0=\mathrm{i}\xi\cdot W, \tag{5.3.19}$$

$$\lambda W=\mathrm{i}\left(\xi+\frac{\xi}{|\xi|^2}\right)W_0+\mathrm{i}\sqrt{\frac{2}{3}}\xi W_4-\omega\times X, \tag{5.3.20}$$

$$\lambda W_4=\mathrm{i}\sqrt{\frac{2}{3}}\xi\cdot W, \tag{5.3.21}$$

$$\lambda X = \mathrm{i}\xi \times Y - \omega \times W, \tag{5.3.22}$$

$$\lambda Y = -\mathrm{i}\xi \times X. \tag{5.3.23}$$

将 $\omega\cdot$ 和 $\omega\times$ 分别作用到 (5.3.20) 上, 方程 (5.3.19)—(5.3.23) 可简化为以下两个方程:

$$\begin{cases} \lambda W_0 = \mathrm{i}s(W\cdot\omega), \\ \lambda(W\cdot\omega) = \mathrm{i}\left(s+\dfrac{1}{s}\right)W_0 + \mathrm{i}\sqrt{\dfrac{2}{3}}sW_4, \\ \lambda W_4 = \mathrm{i}\sqrt{\dfrac{2}{3}}s(W\cdot\omega) \end{cases} \tag{5.3.24}$$

和

$$\begin{cases} \lambda\omega\times W = X, \\ \lambda X = \mathrm{i}\xi\times Y - \omega\times W, \\ \lambda Y = -\mathrm{i}\xi\times X. \end{cases} \tag{5.3.25}$$

将 $(5.3.25)_1$ 乘以 λ^2 并使用 $(5.3.25)_2$ 和 $(5.3.25)_3$, 得到

$$(\lambda^3 + (1+s^2)\lambda)\omega\times W = 0.$$

设 $U = (C_0, C_1, C_2) \in \mathbb{C}^3$. 则 (5.3.24) 可改写成

$$\lambda U = D_1(\xi)U,$$

其中

$$D_1(\xi) = \begin{pmatrix} 0 & \mathrm{i}s & 0 \\ \mathrm{i}\left(s+\dfrac{1}{s}\right) & 0 & \mathrm{i}\sqrt{\dfrac{2}{3}}s \\ 0 & \mathrm{i}\sqrt{\dfrac{2}{3}}s & 0 \end{pmatrix}_{3\times 3}.$$

U 有非零解当且仅当 λ 为 $D_1(\xi)$ 的特征值. 直接计算可得

$$\det(\lambda I - D_1(\xi)) = \lambda^3 + \left(1+\frac{5}{3}s^2\right)\lambda.$$

因此, 方程 (5.3.24) 有非零解当且仅当 $\lambda = \alpha_j(s) = j\mathrm{i}\sqrt{1+\dfrac{5}{3}s^2}$, $j=-1,0,1$, 方程 (5.3.25) 有非零解当且仅当 $\lambda = \gamma_j(s) = j\mathrm{i}\sqrt{1+s^2}$, $j=-1,0,1$. 这就证明了 (5.3.17).

引理 5.19 设 $\xi\neq 0$, $\mathbb{G}_6(\xi)$ 和 $\mathbb{G}_7(\xi)$ 由 (5.3.15) 给出. 则有

(1) 如果 $\lambda\neq\alpha_j(\xi)$, 那么算子 $\lambda-\mathbb{G}_6(\xi)$ 在 $N_0\times\mathbb{C}^3_\xi\times\mathbb{C}^3_\xi$ 上是可逆的, 并且满足

$$\|(\lambda-\mathbb{G}_6(\xi))^{-1}\|_\xi=\max_{-1\leqslant j\leqslant 7}\left(|\lambda-\alpha_j(\xi)|^{-1}\right), \tag{5.3.26}$$

$$\|P_B(v\cdot\xi)(\lambda-\mathbb{G}_6(\xi))^{-1}P_A\|_\xi\leqslant C|\xi|\max_{-1\leqslant j\leqslant 7}\left(|\lambda-\alpha_j(\xi)|^{-1}\right), \tag{5.3.27}$$

其中 $\alpha_j(\xi)$, $-1\leqslant j\leqslant 7$ 是算子 $\mathbb{G}_6(\xi)$ 的特征值, 由 (5.3.17) 给出.

(2) 如果 $\mathrm{Re}\lambda>-\mu$, 那么算子 $\lambda-\mathbb{G}_7(\xi)$ 在 $N_0^\perp\times\{0\}\times\{0\}$ 上是可逆的, 并且满足

$$\|(\lambda-\mathbb{G}_7(\xi))^{-1}\|\leqslant(\mathrm{Re}\lambda+\mu)^{-1}, \tag{5.3.28}$$

$$\|P_A(v\cdot\xi)(\lambda-\mathbb{G}_7(\xi))^{-1}P_B\|_\xi\leqslant C(1+|\lambda|)^{-1}[(\mathrm{Re}\lambda+\mu)^{-1}+1](|\xi|+|\xi|^2). \tag{5.3.29}$$

证明 因为算子 $\mathrm{i}\mathbb{G}_6(\xi)$ 在 $N_0\times\mathbb{C}^3_\xi\times\mathbb{C}^3_\xi$ 上是自伴的, 即

$$(\mathrm{i}\mathbb{G}_6(\xi)U,V)_\xi=(U,\mathrm{i}\mathbb{G}_6(\xi)V)_\xi,\quad\forall U,V\in N_0\times\mathbb{C}^3_\xi\times\mathbb{C}^3_\xi, \tag{5.3.30}$$

通过与引理 2.6 相似的讨论, 可以证明 (5.3.26)—(5.3.27). 由于算子 $\mathbb{G}_7(\xi)$ 在 $N_0^\perp\times\{0\}\times\{0\}$ 上是耗散的, 并且满足

$$\mathrm{Re}([\lambda-\mathbb{G}_7(\xi)]U,U)_\xi\geqslant(\mathrm{Re}\lambda+\mu)\|U\|^2,\quad\forall U\in N_0^\perp\times\{0\}\times\{0\}, \tag{5.3.31}$$

通过与引理 2.6 相似的讨论, 可以证明 (5.3.28)–(5.3.29). □

根据引理 5.17—引理 5.19, 我们可以得到算子 $\mathbb{A}_3(\xi)$ 的谱集和预解集的分布. 证明过程与引理 5.8 相似, 在此省略.

引理 5.20 对于任意 $\delta_1,\delta_2\in(0,\mu)$, 存在 $r_1=r_1(\delta_1,\delta_2), r_2=r_2(\delta_1,\delta_2), y_1=y_1(\delta_1,\delta_2)>0$ 使得

(1) 对于所有的 $|\xi|\neq 0$, $\mathbb{A}_3(\xi)$ 的预解集有如下的分布:

$$\rho(\mathbb{A}_3(\xi))\supset\begin{cases}\{\lambda\in\mathbb{C}\,|\,\mathrm{Re}\lambda\geqslant-\mu+\delta_1,|\mathrm{Im}\lambda|\geqslant y_1\}\cup\mathbb{C}_+, & |\xi|\leqslant r_1,\\ \{\lambda\in\mathbb{C}\,|\,\mathrm{Re}\lambda\geqslant-\mu+\delta_1,|\lambda\pm\mathrm{i}|\xi||\geqslant\delta_2\}\cup\mathbb{C}_+, & |\xi|>r_1,\end{cases} \tag{5.3.32}$$

其中 $\mathbb{C}_+=\{\lambda\in\mathbb{C}\,|\,\mathrm{Re}\lambda>0\}$.

(2) 对于 $0<|\xi|\leqslant r_2$, $\mathbb{A}_3(\xi)$ 的谱集满足以下性质:

$$\sigma(\mathbb{A}_3(\xi))\cap\{\lambda\in\mathbb{C}\,|\,\mathrm{Re}\lambda\geqslant-\mu+\delta_1\}\subset\sum_{j=-1}^{7}\{\lambda\in\mathbb{C}\,|\,|\lambda-\alpha_j(\xi)|\leqslant\delta_2\}, \tag{5.3.33}$$

其中 $\alpha_j(\xi), -1 \leqslant j \leqslant 7$ 是 $\mathbb{G}_6(\xi)$ 的特征值, 由 (5.3.17) 给出.

5.3.2 低频特征值的渐近展开

在本小节中, 我们研究当 $|\xi|$ 充分小时算子 $\mathbb{A}_3(\xi)$ 的特征值和特征向量的渐近展开. 根据 (5.3.9), 特征值问题 $\mathbb{A}_3(\xi)U = \lambda U$, $U = (f, X, Y) \in L^2_\xi(\mathbb{R}^3_v) \times \mathbb{C}^3_\xi \times \mathbb{C}^3_\xi$ 可以写成

$$\begin{cases} \lambda f = \left(L - \mathrm{i}(v\cdot\xi) - \mathrm{i}\dfrac{v\cdot\xi}{|\xi|^2}P_d\right) f - v\chi_0 \cdot (\omega \times X), \\ \lambda X = -\omega \times (f, v\chi_0) + \mathrm{i}\xi \times Y, \\ \lambda Y = -\mathrm{i}\xi \times X, \quad |\xi| \neq 0. \end{cases} \tag{5.3.34}$$

通过宏观-微观分解, 可以将 (5.3.34) 的特征函数 f 分解为

$$f = P_0 f + P_1 f =: f_0 + f_1.$$

那么由 (5.3.34) 的第一个方程, 得到

$$\lambda f_0 = -P_0[\mathrm{i}(v\cdot\xi)(f_0 + f_1)] - \mathrm{i}\frac{v\cdot\xi}{|\xi|^2}P_d f_0 - v\chi_0 \cdot (\omega \times X), \tag{5.3.35}$$

$$\lambda f_1 = L f_1 - P_1[\mathrm{i}(v\cdot\xi)(f_0 + f_1)]. \tag{5.3.36}$$

根据 (5.3.36), 微观部分 f_1 可由宏观部分 f_0 表示为

$$f_1 = [L - \lambda - \mathrm{i}P_1(v\cdot\xi)P_1]^{-1} P_1(v\cdot\xi) f_0, \quad \mathrm{Re}\lambda > -\mu. \tag{5.3.37}$$

将 (5.3.36) 代入 (5.3.35), 我们得到关于 (f_0, X, Y) 的特征值问题:

$$\begin{cases} \lambda f_0 = -\mathrm{i}P_0(v\cdot\xi) f_0 - \mathrm{i}\dfrac{v\cdot\xi}{|\xi|^2}P_d f_0 - v\chi_0 \cdot (\omega \times X) \\ \qquad\quad + P_0[(v\cdot\xi)R(\lambda,\xi)P_1(v\cdot\xi)f_0], \\ \lambda X = -\omega \times (f_0, v\chi_0) + \mathrm{i}\xi \times Y, \\ \lambda Y = -\mathrm{i}\xi \times X, \end{cases} \tag{5.3.38}$$

其中

$$R(\lambda, \xi) = [L - \lambda - \mathrm{i}P_1(v\cdot\xi)]^{-1}.$$

为了求解特征值问题 (5.3.38), 将 $f_0 \in N_0$ 表示为

$$f_0 = \sum_{j=0}^{4} W_j \chi_j, \quad W_j = (f_0, \chi_j).$$

将 (5.3.38) 中第一个方程和 $\chi_j, j = 0, 1, 2, 3, 4$ 作内积, 我们得到了关于 λ 和 (W_0, W, W_4, X, Y) 的方程, 其中 $W = (W_1, W_2, W_3)$ 和 $X = (X_1, X_2, X_3)$, $Y = (Y_1, Y_2, Y_3) \in \mathbb{C}^3_\xi$:

$$\lambda W_0 = -\mathrm{i}(W \cdot \xi), \tag{5.3.39}$$

$$\begin{aligned}\lambda W_k = & -\mathrm{i} W_0 \left(\xi_k + \frac{\xi_k}{|\xi|^2}\right) - \mathrm{i}\sqrt{\frac{2}{3}} W_4 \xi_k - (\omega \times X)_k \\ & + \sum_{j=1}^{4} W_j (R(\lambda, \xi) P_1 (v \cdot \xi) \chi_j, (v \cdot \xi) \chi_k), \quad k = 1, 2, 3,\end{aligned} \tag{5.3.40}$$

$$\lambda W_4 = -\mathrm{i}\sqrt{\frac{2}{3}}(W \cdot \xi) + \sum_{j=1}^{4} W_j (R(\lambda, \xi) P_1 (v \cdot \xi) \chi_j, (v \cdot \xi) \chi_4), \tag{5.3.41}$$

$$\lambda X = -\omega \times W + \mathrm{i}\xi \times Y, \tag{5.3.42}$$

$$\lambda Y = -\mathrm{i}\xi \times X. \tag{5.3.43}$$

利用引理 2.8, 方程 (5.3.39)—(5.3.41) 可简化为

$$\lambda W_0 = -\mathrm{i}s(W \cdot \omega), \tag{5.3.44}$$

$$\begin{aligned}\lambda W_k = & -\mathrm{i} W_0 \left(s + \frac{1}{s}\right) \omega_k - \mathrm{i}s\sqrt{\frac{2}{3}} W_4 \omega_k + s^2 (W \cdot \omega) \omega_k R_{11} - (\omega \times X)_k \\ & + s^2 (W_k - (W \cdot \omega) \omega_k) R_{22} + s^2 W_4 \omega_k R_{41}, \quad k = 1, 2, 3,\end{aligned} \tag{5.3.45}$$

$$\lambda W_4 = -\mathrm{i}s\sqrt{\frac{2}{3}}(W \cdot \omega) + s^2 (W \cdot \omega) R_{14} + s^2 W_4 R_{44}, \tag{5.3.46}$$

其中

$$R_{ij} = R_{ij}(\lambda, s) =: (R(\lambda, s e_1) P_1 (v_1 \chi_i), v_1 \chi_j). \tag{5.3.47}$$

将 (5.3.45) 乘以 ω_k, 并关于 $k = 1, 2, 3$ 求和, 得到

$$\lambda (W \cdot \omega) = -\mathrm{i} W_0 \left(s + \frac{1}{s}\right) - \mathrm{i}s\sqrt{\frac{2}{3}} W_4 + s^2 (W \cdot \omega) R_{11} + s^2 W_4 R_{41}. \tag{5.3.48}$$

令 $U=(W_0, W\cdot\omega, W_4)$ 为一个 $\mathbb{C}^3$ 中的向量. 方程 (5.3.44), (5.3.46) 和 (5.3.48) 可以写成 $\mathbb{M}U=0$, 其中矩阵 $\mathbb{M}$ 定义为

$$\mathbb{M}=\begin{pmatrix} \lambda & \mathrm{i}s & 0 \\ \mathrm{i}\left(s+\dfrac{1}{s}\right) & \lambda-s^2R_{11} & \mathrm{i}s\sqrt{\dfrac{2}{3}}-s^2R_{41} \\ 0 & \mathrm{i}s\sqrt{\dfrac{2}{3}}-s^2R_{14} & \lambda-s^2R_{44} \end{pmatrix}. \tag{5.3.49}$$

此外, 将 $\omega\times$ 作用到 (5.3.45) 并利用 (5.2.15), 得到

$$(\lambda-s^2R_{22})(\omega\times W)=X. \tag{5.3.50}$$

然后将 (5.3.42) 乘以 $\lambda(\lambda-s^2R_{22})$ 并使用 (5.3.50), (5.3.43) 和 (5.2.15), 得到

$$(\lambda^3-s^2R_{22}\lambda^2+(1+s^2)\lambda-s^4R_{22})X=0. \tag{5.3.51}$$

因此, 我们把 11 维方程组 (5.3.39)—(5.3.43) 分解成 3 维方程组 $\mathbb{M}U=0$ 和 1 维方程 (5.3.51). 对于 $\mathrm{Re}\lambda>-\mu$, 定义

$$D_3(\lambda,s)=\det(\mathbb{M}),\quad D_4(\lambda,s)=\lambda^3-s^2R_{22}\lambda^2+(1+s^2)\lambda-s^4R_{22}. \tag{5.3.52}$$

关于方程 $D_3(\lambda,s)=0$ 的解的结果如下, 证明过程在引理 2.10 中给出.

引理 5.21 存在两个小常数 $r_0>0$ 和 $r_1>0$, 使得当 $s\in[-r_0,r_0]$ 时, 方程 $D_3(\lambda,s)=0$ 存在三个 C^∞ 的解 $\lambda_j(s)$, $j=-1,0,1$, 满足 $(s,\lambda_j)\in[-r_0,r_0]\times B_{r_1}(j\mathrm{i})$, 并且

$$\lambda_j(0)=j\mathrm{i},\quad \lambda_j'(0)=0, \tag{5.3.53}$$

$$\begin{aligned}\lambda_{\pm1}''(0)=&\,2(L(L+\mathrm{i})^{-1}P_1(v_1\chi_1),(L+\mathrm{i})^{-1}P_1(v_1\chi_1))\\ &\pm 2\mathrm{i}\left(\|(L+\mathrm{i})^{-1}P_1(v_1\chi_1)\|^2+\frac{5}{3}\right),\end{aligned} \tag{5.3.54}$$

$$\lambda_0''(0)=2(L^{-1}P_1(v_1\chi_4),v_1\chi_4). \tag{5.3.55}$$

此外, $\lambda_j(s)$ 是偶函数, 满足

$$\overline{\lambda_j(s)}=\lambda_{-j}(-s)=\lambda_{-j}(s),\quad j=-1,0,1, \tag{5.3.56}$$

并且 $\lambda_0(s)$ 是一个实的偶函数.

下面我们给出方程 $D_4(\lambda,s)=0$ 的解的存在性和渐近展开.

引理 5.22 存在两个小常数 $r_0>0$ 和 $r_1>0$, 使得当 $s\in[-r_0,r_0]$ 时, 方程 $D_4(\lambda,s)=0$ 存在三个 C^∞ 的解 $\lambda_j(s)$, $j=-1,0,1$, 满足 $(s,\lambda_j)\in[-r_0,r_0]\times B_{r_1}(j\mathrm{i})$, 并且

$$\lambda_j(0)=j\mathrm{i},\quad \lambda_j'(0)=0,\quad \lambda_0''(0)=\lambda_0'''(0)=0, \tag{5.3.57}$$

$$\begin{aligned}\lambda_{\pm1}''(0)=&2(L(L+\mathrm{i})^{-1}P_1(v_1\chi_2),(L+\mathrm{i})^{-1}P_1(v_1\chi_2))\\&\pm2\mathrm{i}(\|(L+\mathrm{i})^{-1}P_1(v_1\chi_2)\|^2+1),\end{aligned} \tag{5.3.58}$$

$$\lambda_0^{(4)}(0)=24(L^{-1}P_1(v_1\chi_2),v_1\chi_2). \tag{5.3.59}$$

此外, $\lambda_j(s)$ 是偶函数, 满足

$$\overline{\lambda_j(s)}=\lambda_{-j}(-s)=\lambda_{-j}(s),\quad j=1,0,1, \tag{5.3.60}$$

并且 $\lambda_0(s)$ 是一个实的偶函数.

证明 由于

$$D_4(j\mathrm{i},0)=0,\ \ \partial_sD_4(j\mathrm{i},0)=0,\ \ \partial_\lambda D_4(j\mathrm{i},0)=1-3j^2\neq0,\ \ j=-1,0,1, \tag{5.3.61}$$

根据隐函数定理, 存在小常数 $r_0,r_1>0$ 和唯一的 C^∞ 函数 $\lambda_j(s)$: $[-r_0,r_0]\to B_{r_1}(j\mathrm{i})$ 使得当 $s\in[-r_0,r_0]$ 时, $D_4(\lambda_j(s),s)=0$, 特别地,

$$\lambda_j(0)=j\mathrm{i},\quad \lambda_j'(0)=-\frac{\partial_sD_4(j\mathrm{i},0)}{\partial_\lambda D_4(j\mathrm{i},0)}=0,\quad j=0,\pm1.$$

经直接计算, 可得

$$\begin{aligned}&\partial_s^2D_4(\pm\mathrm{i},0)=2((L\mp\mathrm{i})^{-1}P_1(v_1\chi_2),v_1\chi_2)\pm2\mathrm{i},\\&\partial_s^2D_4(0,0)=\partial_s^3D_4(0,0)=0,\quad \partial_s^4D_4(0,0)=24(L^{-1}P_1(v_1\chi_2),v_1\chi_2).\end{aligned}$$

于是, 我们结合上式与 (5.3.61) 可以推出

$$\begin{cases}\lambda_0''(0)=\lambda_0'''(0)=0,\quad \lambda_0^{(4)}(0)=-\dfrac{\partial_s^4D_4(0,0)}{\partial_\lambda D_4(0,0)}=24(L^{-1}P_1(v_1\chi_2),v_1\chi_2),\\ \lambda_{\pm1}''(0)=-\dfrac{\partial_s^2D_4(\pm\mathrm{i},0)}{\partial_\lambda D_4(\pm\mathrm{i},0)}=2((L\mp\mathrm{i})^{-1}P_1(v_1\chi_2),v_1\chi_2)\pm2\mathrm{i}.\end{cases} \tag{5.3.62}$$

最后, 由于 $D_4(\lambda,s)=D_4(\lambda,-s)$, $\overline{D_4(\lambda,s)}=D_4(\overline{\lambda},-s)$, 并利用 $\lambda_{\pm1}(s)=\pm\mathrm{i}+O(s^2)$ 和 $\lambda_0(s)=O(s^4)$, $s\to0$, 可以推出 (5.3.60). □

根据引理 5.21 和引理 5.22, 我们得到 $\mathbb{A}_3(\xi)$ 的低频特征值 $\lambda_j(|\xi|)$ 和特征向量 $\Psi_j(\xi)$ 的存在性和渐近展开.

定理 5.23 存在常数 $r_0>0$, 使得当 $s=|\xi|\leqslant r_0$ 时,

$$\sigma(\mathbb{A}_3(\xi))\cap\{\lambda\in\mathbb{C}\,|\,\mathrm{Re}\lambda>-\mu/2\}=\{\lambda_j(s),\ -1\leqslant j\leqslant 7\}.$$

当 $|s|\leqslant r_0$ 时, 特征值 $\lambda_j(s)$ 和对应的特征向量 $\Psi_j(\xi)=\Psi_j(s,\omega)$, $\omega=\xi/|\xi|$ 是关于 s 的 C^∞ 函数, 并且特征值 $\lambda_j(s)$ 满足以下渐近展开:

$$\begin{cases}\lambda_{\pm1}(s)=\pm\mathrm{i}+(-a_1\pm\mathrm{i}b_1)s^2+O(s^3), \quad \overline{\lambda_1}=\lambda_{-1},\\ \lambda_0(s)=-a_0s^2+O(s^3),\\ \lambda_2(s)=\lambda_3(s)=-\mathrm{i}+(-a_2-\mathrm{i}b_2)s^2+O(s^3), \quad \overline{\lambda_2}=\lambda_4,\\ \lambda_4(s)=\lambda_5(s)=\mathrm{i}+(-a_2+\mathrm{i}b_2)s^2+O(s^3),\\ \lambda_6(s)=\lambda_7(s)=-a_3s^4+o(s^4),\end{cases} \tag{5.3.63}$$

其中常数 $a_j>0$ $(0\leqslant j\leqslant 3)$ 和 $b_j>0$ $(1\leqslant j\leqslant 2)$ 定义为

$$\begin{cases}a_0=-(L^{-1}P_1(v_1\chi_4),v_1\chi_4),\\ a_1=-(L(L+\mathrm{i})^{-1}P_1(v_1\chi_1),(L+\mathrm{i})^{-1}P_1(v_1\chi_1)),\\ a_2=-(L(L+\mathrm{i})^{-1}P_1(v_1\chi_2),(L+\mathrm{i})^{-1}P_1(v_1\chi_2)),\\ a_3=-(L^{-1}P_1(v_1\chi_2),v_1\chi_2),\\ b_1=\|(L+\mathrm{i})^{-1}P_1(v_1\chi_1)\|^2+\dfrac{5}{3},\\ b_2=\|(L+\mathrm{i})^{-1}P_1(v_1\chi_2)\|^2+1.\end{cases}$$

特征向量 $\Psi_j(\xi)=\Psi_j(s,\omega)=(\psi_j,X_j,Y_j)(s,\omega)$ 相互正交并满足

$$\begin{cases}(\Psi_i(s,\omega),\Psi_j^*(s,\omega))_\xi=(\psi_i,\overline{\psi_j})_\xi-(X_i,\overline{X_j})-(Y_i,\overline{Y_j})=\delta_{ij}, \quad -1\leqslant i,j\leqslant 7,\\ \Psi_j(s,\omega)=\Psi_{j,0}(\omega)+\Psi_{j,1}(\omega)s+O(s^2),\end{cases} \tag{5.3.64}$$

其中 $\Psi_j^*=(\overline{\psi_j},-\overline{X_j},-\overline{Y_j})$, 系数 $\Psi_{j,n}=(\psi_{j,n},X_{j,n},Y_{j,n})$ 由下式给出

$$
\begin{cases}
\psi_{0,0} = \chi_4, \quad \psi_{0,1} = \mathrm{i}L^{-1}P_1(v\cdot\omega)\chi_4, \quad (\psi_{0,2},\chi_0) = -\sqrt{\dfrac{2}{3}}, \quad X_0 = Y_0 \equiv 0,\\
\psi_{\pm1,0} = \dfrac{\sqrt{2}}{2}(v\cdot\omega)\sqrt{M}, \quad (\psi_{\pm1,2},\chi_0) = 0, \quad X_{\pm1} = Y_{\pm1} \equiv 0,\\
\psi_{\pm1,1} = \mp\dfrac{\sqrt{2}}{2}\chi_0 \mp \dfrac{\sqrt{3}}{3}\chi_4 + \dfrac{\sqrt{2}}{2}\mathrm{i}(L\mp \mathrm{i})^{-1}P_1(v\cdot\omega)^2\sqrt{M},\\
\psi_{j,0} = \dfrac{\sqrt{2}}{2}(v\cdot W^j)\sqrt{M}, \quad (\psi_j,\chi_0) = (\psi_j,\chi_4) \equiv 0,\\
\psi_{j,1} = \mathrm{i}\dfrac{\sqrt{2}}{2}L^{-1}P_1[(v\cdot\omega)(v\cdot W^j)\sqrt{M}],\\
X_{j,0} = (-1)^{[\frac{j}{2}]}\mathrm{i}\dfrac{\sqrt{2}}{2}\omega\times W^j, \quad Y_{j,0} = 0, \quad j = 2,3,4,5,\\
\psi_{k,0} = 0, \quad (\psi_k,\chi_0) = (\psi_k,\chi_4) \equiv 0, \quad \psi_{k,1} = (v\cdot W^k)\sqrt{M},\\
X_{k,0} = X_{k,1} = X_{k,2} = 0, \quad Y_{k,0} = \mathrm{i}W^j, \quad k = 6,7.
\end{cases}
\tag{5.3.65}
$$

这里 W^j $(j=2,3,4,5,6,7)$ 是单位向量并满足 $W^j\cdot\omega=0$, $W^2\cdot W^3=0$, $W^2=W^4=W^6, W^3=W^5=W^7$.

证明 我们构造 $\mathbb{A}_3(\xi)$ 的低频特征值 $\lambda_j(s)$ 和特征向量 $\Psi_j(s,\omega)=(\psi_j,X_j,Y_j)(s,\omega)$, $-1\leqslant j\leqslant 7$ 如下. 对于 $2\leqslant j\leqslant 7$, 取 $\lambda_2=\lambda_3=\lambda_{-1}(s)$, $\lambda_4=\lambda_5=\lambda_1(s)$, $\lambda_6=\lambda_7=\lambda_0(s)$, 其中 $\lambda_i(s)$, $i=-1,0,1$ 为引理 5.22 中方程 $D_4(\lambda,s)=0$ 的解, 并且在方程 (5.3.39)—(5.3.43) 中取 $W_0=W\cdot\omega=W_4=0$. 因此, 对应的特征向量 $\Psi_j(s,\omega)=(\psi_j,X_j,Y_j)(s,\omega)$, $2\leqslant j\leqslant 7$ 可表示为

$$
\begin{cases}
\psi_j(s,\omega) = b_j(s)(v\cdot W^j)\chi_0 + \mathrm{i}sb_j(s)(L-\lambda_j-\mathrm{i}sP_1(v\cdot\omega))^{-1}P_1[(v\cdot\omega)(v\cdot W^j)\chi_0],\\
X_j(s,\omega) = b_j(s)\left(\lambda_j - s^2R_{22}(\lambda_j,s)\right)(\omega\times W^j),\\
Y_j(s,\omega) = \dfrac{\mathrm{i}sb_j(s)}{\lambda_j}\left(\lambda_j - s^2R_{22}(\lambda_j,s)\right)W^j,
\end{cases}
\tag{5.3.66}
$$

其中 $R_{ik}(\lambda_j,s)$, $i,k=1,2,4$ 由 (5.3.47) 定义, 并且 W^j 是单位向量, 满足

$$
W^j\cdot\omega=0, \quad W^2\cdot W^3=0, \quad W^2=W^4=W^6, \quad W^3=W^5=W^7.
$$

容易验证 $(\Psi_2,\Psi_3^*)_\xi=(\Psi_4,\Psi_5^*)_\xi=(\Psi_6,\Psi_7^*)_\xi=0$.

对于 $j=-1,0,1$, 取 $\lambda_j=\lambda_j(s)$, 其中 $\lambda_j(s)$ 为引理 5.21 中方程 $D_3(\lambda,s)=0$ 的解, 并且在方程 (5.3.39)—(5.3.43) 中取 $X=Y=0$. 记 $(sa_j,b_j,d_j)=:$

$(W_0^j, (W\cdot\omega)^j, W_4^j)$ 为方程 (5.3.44), (5.3.46) 和 (5.3.48) 对应 $\lambda=\lambda_j(s)$ 的解. 然后, 对应的特征向量 $\Psi_j(s,\omega)=(\psi_j(s,\omega),0,0)$ $(j=-1,0,1)$ 可表示为

$$\begin{cases}\psi_j(s,\omega)=P_0\psi_j(s,\omega)+P_1\psi_j(s,\omega),\\ P_0\psi_j(s,\omega)=sa_j(s)\chi_0+b_j(s)(v\cdot\omega)\chi_0+d_j(s)\chi_4,\\ P_1\psi_j(s,\omega)=\mathrm{i}s(L-\lambda_j-\mathrm{i}sP_1(v\cdot\omega))^{-1}P_1[(v\cdot\omega)P_0\psi_j(s,\omega)].\end{cases} \tag{5.3.67}$$

注意到

$$\mathbb{A}_3(\xi)\Psi_j(s,\omega)=\lambda_j(s)\Psi_j(s,\omega),\quad -1\leqslant j\leqslant 7.$$

取上式与 $\Psi_j^*(s,\omega)$ 关于 $(\cdot,\cdot)_\xi$ 的内积, 并利用以下事实

$$(\mathbb{A}_3(\xi)U,V)_\xi=(U,\mathbb{A}_3(\xi)^*V)_\xi,\quad U,V\in D(\mathbb{B}_1(\xi))\times\mathbb{C}_\xi^3\times\mathbb{C}_\xi^3,$$
$$\mathbb{A}_3(\xi)^*\Psi_j^*(s,\omega)=\overline{\lambda_j(s)}\Psi_j^*(s,\omega),$$

可以得到

$$\big(\lambda_j(s)-\lambda_k(s)\big)\big(\Psi_j(s,\omega),\Psi_j^*(s,\omega)\big)_\xi=0,\quad -1\leqslant j,k\leqslant 7.$$

由于当 $s\neq 0$ 充分小时, 有 $\lambda_j(s)\neq\lambda_k(s)$, $j\neq k\in\{-1,0,1\}$ 或 $\{2,4,6\}$, 因此

$$(\Psi_j(s,\omega),\Psi_k^*(s,\omega))_\xi=0,\quad -1\leqslant j\neq k\leqslant 7.$$

将特征向量做归一化

$$\big(\Psi_j(s,\omega),\Psi_j^*(s,\omega)\big)_\xi=1,\quad -1\leqslant j\neq k\leqslant 7.$$

由归一化条件, 系数 $b_j(s)$, $2\leqslant j\leqslant 7$ 满足

$$b_j(s)^2\left(1-s^2D_j(s)-(\lambda_j-s^2R_{22})^2+\frac{s^2}{\lambda_j^2}(\lambda_j-s^2R_{22})^2\right)=1, \tag{5.3.68}$$

其中 $D_j(s)=(R(\lambda_j,se_1)P_1v_1\chi_2,R(\overline{\lambda_j},-se_1)P_1v_1\chi_2)$. 将 (5.3.63) 代入 (5.3.68), 得到

$$\begin{cases}b_2(s)=b_3(s)=\sqrt{\dfrac{1}{2}}+O(s^2),\\ b_4(s)=b_5(s)=\sqrt{\dfrac{1}{2}}+O(s^2),\\ b_6(s)=b_7(s)=s+O(s^3).\end{cases}$$

将上式与 (5.3.63) 代入到 (5.3.66), 我们得到 (5.3.65) 中的 $\Psi_j(s,\omega)$ $(j=2,3,4,5,6,7)$ 的展开.

最后, 我们计算 (5.3.67) 中的 $\psi_j(s,\omega)$ $(j=-1,0,1)$ 的展开. 根据 (5.3.44), (5.3.46) 和 (5.3.48), 宏观部分 $P_0\psi_j(s,\omega)$ 中的系数 $\{sa_j(s),b_j(s),d_j(s)\}$ 满足下面的方程

$$\begin{cases}\lambda_j(s)a_j(s)+\mathrm{i}b_j(s)=0,\\ \mathrm{i}(s^2+1)a_j(s)+\left(\lambda_j(s)-s^2R_{11}(\lambda_j,s)\right)b_j(s)\\ \quad+\left(\mathrm{i}s\sqrt{\dfrac{2}{3}}-s^2R_{11}(\lambda_j,s)\right)d_j(s)=0,\\ \left(\mathrm{i}s\sqrt{\dfrac{2}{3}}-s^2R_{14}(\lambda_j,s)\right)b_j(s)+\left(\lambda_j(s)-s^2R_{44}(\lambda_j,s)\right)d_j(s)=0.\end{cases}$$

此外, 由归一化条件得到

$$1=a_j(s)^2(1+s^2)+b_j(s)^2+d_j(s)^2+O(s^2).$$

根据定理 2.11, 可得

$$a_{\pm1}(s)=\mp\sqrt{\frac{1}{2}}+O(s^2),\quad b_{\pm1}(s)=\pm\sqrt{\frac{1}{2}}+O(s^2),\quad d_{\pm1}(s)=\mp\sqrt{\frac{1}{3}}s+O(s^3),$$

以及

$$a_0(s)=-\sqrt{\frac{2}{3}}s+O(s^3),\quad b_0(s)=O(s^3),\quad d_0(s)=1+O(s^2).$$

因此, 我们得到 (5.3.65) 中的 $\Psi_j(s,\omega)$ $(j=-1,0,1)$ 的展开. □

5.3.3 高频特征值的渐近展开

在本小节中, 我们给出单极 VMB 算子 $\mathbb{A}_3(\xi)$ 的高频谱结构. 单极 VMB 算子的高频谱结构类似于双极的情形, 因此我们仅给出相关的结论, 证明细节省略. 回顾特征值问题

$$\lambda f=\mathbb{B}_1(\xi)f-v\chi_0\cdot(\omega\times X),$$

$$\lambda X=-\omega\times(f,v\chi_0)+\mathrm{i}\xi\times Y,$$

$$\lambda Y=-\mathrm{i}\xi\times X,\quad |\xi|\neq0.$$

与双极的情况相似, 上面的特征值问题可转化为

$$(\lambda^2 - ((\mathbb{B}_1(|\xi|e_1) - \lambda)^{-1}\chi_2, \chi_2)\lambda + |\xi|^2)X = 0, \quad |\xi| > R_0.$$

记

$$D_5(\lambda, s) = \lambda^2 - ((\mathbb{B}_1(se_1) - \lambda)^{-1}\chi_2, \chi_2)\lambda + s^2, \quad s > R_0. \tag{5.3.69}$$

通过与 5.2.3 节相似的讨论, 我们得到

引理 5.24 存在充分大的常数 $r_1 > 0$, 使得当 $s > r_1$ 时, 方程 $D_5(\lambda, s) = 0$ 有两个解 $\lambda_j(s) = j\mathrm{i}s + \zeta_j(s) + z_j(s)$, $j = \pm 1$, 其中 $\zeta_j(s)$ 和 $z_j(s)$ 是关于 s 的 C^∞ 函数, 并且满足

$$\frac{C_1}{s} \leqslant -\mathrm{Re}\zeta_j(s) \leqslant \frac{C_2}{s}, \quad |\mathrm{Im}\zeta_j(s)| \leqslant C_3\frac{\ln s}{s}, \quad |z_j(s)| \leqslant C_4\frac{\ln^2 s}{s^2}, \tag{5.3.70}$$

其中 $C_1, C_2, C_3, C_4 > 0$ 是常数.

定理 5.25 存在常数 $r_1 > 0$, 使得当 $s = |\xi| > r_1$ 时,

$$\sigma(\mathbb{A}_3(\xi)) \cap \{\lambda \,|\, \mathrm{Re}\lambda > -\mu/2\} = \{\gamma_j(s),\ j = 1, 2, 3, 4\}.$$

当 $s > r_1$ 时, 特征值 $\gamma_j(s)$ 和对应的特征向量 $\Phi_j(\xi) = \Phi_j(s, \omega)$, $\omega = \xi/|\xi|$ 是关于 s 的 C^∞ 函数, 并且特征值 $\gamma_j(s)$ 满足以下的渐近展开:

$$\begin{cases} \gamma_1(s) = \gamma_2(s) = -\mathrm{i}s + \zeta_{-1}(s) + O\left(\dfrac{\ln^2 s}{s^2}\right), \\ \gamma_3(s) = \gamma_4(s) = \mathrm{i}s + \zeta_1(s) + O\left(\dfrac{\ln^2 s}{s^2}\right), \\ \zeta_{\pm 1}(s) = -\dfrac{1}{2}\displaystyle\int_{\mathbb{R}^3} \frac{1}{\nu(v) + \mathrm{i}v_1 s \pm \mathrm{i}s} v_2^2 M(v)dv, \end{cases} \tag{5.3.71}$$

这里 $\zeta_{\pm 1}(s)$ 是关于 s 的 C^∞ 函数并且满足

$$\frac{C_1}{s} \leqslant -\mathrm{Re}\zeta_{\pm 1}(s) \leqslant \frac{C_2}{s}, \quad |\mathrm{Im}\zeta_{\pm 1}(s)| \leqslant C_3\frac{\ln s}{s}, \tag{5.3.72}$$

其中 C_1, C_2 和 C_3 为正常数.

特征向量 $\Phi_j(\xi) = \Phi_j(s, \omega) = (\phi_j, X_j, Y_j)(s, \omega)$ 相互正交并满足

$$(\Phi_i(s, \omega), \Phi_j^*(s, \omega)) = (\phi_i, \overline{\phi_j}) - (X_i, \overline{X_j}) - (Y_i, \overline{Y_j}) = \delta_{ij}, \quad 1 \leqslant i, j \leqslant 4, \tag{5.3.73}$$

其中 $\Phi_j^* = (\overline{\phi_j}, -\overline{X_j}, -\overline{Y_j})$. 此外,

$$\begin{cases} \|\phi_j(s,\omega)\|^2 = O\left(\dfrac{1}{s}\right), \quad P_d\phi_j(s,\omega) = 0, \\ X_j(s,\omega) = \mathrm{i}\sqrt{\dfrac{1}{2}}(\omega \times W^j) + O\left(\dfrac{1}{s}\right), \\ Y_j(s,\omega) = \mathrm{i}\sqrt{\dfrac{1}{2}}W^j + O\left(\dfrac{1}{s}\right), \end{cases} \tag{5.3.74}$$

其中 $W^j\ (j=1,2,3,4)$ 是单位向量, 并且满足 $W^j\cdot\omega = 0, W^1\cdot W^2 = 0, W^1 = W^3$, $W^2 = W^4$.

5.4 线性 VMB 方程的最优衰减率

在本节中, 我们基于 5.2 节和 5.3 节中双极和单极的线性 VMB 算子的谱分析, 研究双极和单极的线性 VMB 方程 (5.2.7) 和 (5.3.5) 的解的最优时间衰减率.

5.4.1 线性双极 VMB 方程的最优衰减率

首先, 我们研究线性双极 VMB 算子 $\mathbb{A}_1(\xi)$ 生成的半群 $e^{t\mathbb{A}_1(\xi)}$ 的性质.

引理 5.26 算子 $Q_1(\xi) = L_1 - \mathrm{i}P_r(v\cdot\xi)P_r$ 在 $N_1^\perp$ 上生成一个强连续压缩半群, 并且满足对于任意的 $t>0$ 和 $f \in N_1^\perp \cap L^2(\mathbb{R}_v^3)$,

$$\|e^{tQ_1(\xi)}f\| \leqslant e^{-\mu t}\|f\|. \tag{5.4.1}$$

此外, 对于任意的 $x > -\mu$ 和 $f \in N_1^\perp \cap L^2(\mathbb{R}_v^3)$, 有

$$\int_{-\infty}^{+\infty} \|[x+\mathrm{i}y - Q_1(\xi)]^{-1}f\|^2 dy \leqslant \pi(x+\mu)^{-1}\|f\|^2. \tag{5.4.2}$$

证明 因为 $Q_1(\xi)$ 及其共轭算子 $Q_1(\xi)^* = Q_1(-\xi)$ 都是 $N_1^\perp$ 上的耗散算子, 并且满足

$$\mathrm{Re}(Q_1(\xi)f,f) = \mathrm{Re}(Q_1(\xi)^*f,f) \leqslant -\mu(f,f), \quad \forall f \in N_1^\perp,$$

通过与引理 2.13 相似的讨论, 可以证明 (5.4.1) 和 (5.4.2). □

引理 5.27 算子 $\mathbb{B}_3(\xi)$ 在 $\mathbb{C}^6$ 上生成一个强连续酉群, 并且满足对于任意的 $t\in(-\infty,\infty)$ 和 $U \in \mathbb{C}^6$,

$$|e^{t\mathbb{B}_3(\xi)}U| = |U|. \tag{5.4.3}$$

此外, 对于任意的 $x \neq 0$ 和 $U \in \mathbb{C}^6$,

$$\int_{-\infty}^{+\infty} |[(x+\mathrm{i}y) - \mathbb{B}_3(\xi)]^{-1}U|^2 dy \leqslant \pi|x|^{-1}|U|^2. \tag{5.4.4}$$

证明 因为 $\mathrm{i}\mathbb{B}_3(\xi)$ 在 $\mathbb{C}^6$ 上是自伴算子, 满足

$$(\mathrm{i}\mathbb{B}_3(\xi)X,Y)=(X,\mathrm{i}\mathbb{B}_3(\xi)Y),\quad \forall X,Y\in\mathbb{C}^3_\xi\times\mathbb{C}^3_\xi,$$

通过与引理 2.14 相似的讨论, 可以证明 (5.4.3) 和 (5.4.4). □

设 T 是 $L^2(\mathbb{R}^3_v)\times\mathbb{C}^3_\xi\times\mathbb{C}^3_\xi$ 或 $L^2_\xi(\mathbb{R}^3_v)\times\mathbb{C}^3_\xi\times\mathbb{C}^3_\xi$ 上的线性算子, 定义 T 的范数为

$$\|T\|=\sup_{\|U\|=1}\|TU\|,\quad \|T\|_\xi=\sup_{\|U\|_\xi=1}\|TU\|_\xi.$$

引理 5.28 设 $r_0>0$ 和 $b_2>0$ 是由定理 5.12 给出的常数, 并设 $r_1>r_0$ 以及 $\eta=\eta(r_0,r_1)>0$ 是由引理 5.6 给出的常数. 那么

$$\sup_{0<|\xi|<r_0,y\in\mathbb{R}}\|(I-\mathbb{G}_4(\xi)(-b_2+\mathrm{i}y-\mathbb{G}_3(\xi))^{-1})^{-1}\|_\xi\leqslant C, \tag{5.4.5}$$

$$\sup_{r_0<|\xi|<r_1,y\in\mathbb{R}}\|(I-\mathbb{G}_2(\xi)(-\eta+\mathrm{i}y-\mathbb{G}_1(\xi))^{-1})^{-1}\|\leqslant C, \tag{5.4.6}$$

其中 $\mathbb{G}_i(\xi)$, $i=1,2,3,4$ 由 (5.2.21) 和 (5.2.39) 给出.

证明 设 $\lambda=x+\mathrm{i}y$, $(x,y)\in\mathbb{R}\times\mathbb{R}$ 满足

$$x=-b_2,\quad |\xi|<r_0;\quad x=-\eta,\quad r_0\leqslant|\xi|\leqslant r_1.$$

根据引理 5.6 和定理 5.12 可知 $\lambda\in\rho(\mathbb{A}_1(\xi))$, 即 $\lambda-\mathbb{A}_1(\xi)$ 可逆, 并且 $\lambda-\mathbb{G}_3(\xi)$ 也可逆, 因此算子

$$I-\mathbb{G}_4(\xi)(\lambda-\mathbb{G}_3(\xi))^{-1}=(\lambda-\mathbb{A}_1(\xi))(\lambda-\mathbb{G}_3(\xi))^{-1}$$

也是可逆的. 首先, 我们证明 (5.4.5). 事实上, 根据引理 5.7, 存在充分大的 $R>0$ 使得, 对于 $|\xi|\leqslant r_0$, $\lambda=-b_2+\mathrm{i}y$ 且 $|y|\geqslant R$, 有

$$\|\mathbb{G}_4(\xi)(\lambda-\mathbb{G}_3(\xi))^{-1}\|_\xi\leqslant\frac{1}{2},$$

从而

$$\|(I-\mathbb{G}_4(\xi)(\lambda-\mathbb{G}_3(\xi))^{-1})^{-1}\|_\xi\leqslant 2.$$

因此, 我们只需要证明 (5.4.5) 对于 $|y|\leqslant R$ 成立. 用反证法, 如果 (5.4.5)对于 $|y|\leqslant R$ 不成立, 则存在序列 $\{\xi_n,\lambda_n=-b_2+\mathrm{i}y_n,U_n,V_n\}$ 满足 $|\xi_n|\leqslant r_0$, $|y_n|\leqslant R$, 以及 $U_n=(f_n,E^1_n,B^1_n)$, $V_n=(g_n,E^2_n,B^2_n)$ 满足 $\|U_n\|_{\xi_n}\to 0\ (n\to\infty)$, $\|V_n\|_{\xi_n}=1$ 使得

$$(I-\mathbb{G}_4(\xi)(\lambda-\mathbb{G}_3(\xi))^{-1})^{-1}U_n=V_n.$$

由此推出

$$U_n = V_n - \mathbb{G}_4(\xi)(\lambda - \mathbb{G}_3(\xi))^{-1}V_n.$$

令

$$(h_n, a_n, b_n)^{\mathrm{T}} = (\lambda - \mathbb{G}_3(\xi))^{-1}(g_n, E_n^2, B_n^2)^{\mathrm{T}}.$$

则有

$$P_d f_n = \lambda_n P_d h_n + \mathrm{i} P_d(v\cdot\xi_n)P_r h_n, \tag{5.4.7}$$

$$P_r f_n = (\lambda_n - Q_1(\xi_n))P_r h_n + \mathrm{i}(v\cdot\xi_n)\left(1+\frac{1}{|\xi_n|^2}\right)P_d h_n - v\chi_0\cdot(\omega_n\times a_n), \tag{5.4.8}$$

$$E_n^1 = \lambda_n a_n - \mathrm{i}\xi_n\times b_n - \omega_n\times(P_r h_n, v\chi_0), \tag{5.4.9}$$

$$B_n^1 = \lambda_n b_n + \mathrm{i}\xi_n\times a_n. \tag{5.4.10}$$

将 (5.4.8) 代入 (5.4.7) 和 (5.4.9), 并利用 (5.2.59), 得到

$$\begin{aligned} P_d f_n = {} & \lambda_n P_d h_n + \mathrm{i} P_d(v\cdot\xi_n)(\lambda_n - Q_1(\xi_n))^{-1}P_r f_n \\ & + P_d(v\cdot\xi_n)(\lambda_n - Q_1(\xi_n))^{-1}P_r(v\cdot\xi_n)\left(1+\frac{1}{|\xi_n|^2}\right)P_d h_n, \end{aligned} \tag{5.4.11}$$

$$\begin{aligned} E_n^1 = {} & \lambda_n a_n - \mathrm{i}\xi_n\times b_n - \omega_n\times((\lambda_n - Q_1(\xi_n))^{-1}P_r f_n, v\chi_0) \\ & - \omega_n\times((\lambda_n - Q_1(\xi_n))^{-1}v\chi_0\cdot(\omega_n\times a_n), v\chi_0). \end{aligned} \tag{5.4.12}$$

因为 $\|f_n\|_{\xi_n} + |E_n^1| + |B_n^1| \to 0\ (n\to\infty)$, 由 (5.4.11), (5.4.12) 和 (5.4.10) 可得

$$\begin{cases} \lim\limits_{n\to\infty}\sqrt{1+\dfrac{1}{|\xi_n|^2}}|C_n||\lambda_n + (|\xi_n|^2+1)((\lambda_n - Q_1(|\xi_n|e_1))^{-1}\chi_1, \chi_1)| = 0, \\ \lim\limits_{n\to\infty}|\lambda_n a_n - \mathrm{i}\xi_n\times b_n - ((\lambda_n - Q_1(|\xi_n|e_1))^{-1}\chi_2, \chi_2)a_n| = 0, \\ \lim\limits_{n\to\infty}|\lambda_n b_n + \mathrm{i}\xi_n\times a_n| = 0, \end{cases}$$

其中 $C_n = (h_n, \chi_0)$. 因为 $|\xi_n| \leqslant r_0$, $|y_n| \leqslant R$ 和 $\left|\left(\sqrt{1+|\xi_n|^{-2}}C_n, a_n, b_n\right)\right| \leqslant \|(h_n, a_n, b_n)\|_{\xi_n} \leqslant C\|(f_n, E_n^2, B_n^2)\|_{\xi_n} \leqslant C$, 则存在一个子序列 $\{(\xi_{n_j}, \lambda_{n_j}, C_{n_j}, a_{n_j}, b_{n_j})\}$ 以及 $(\xi_0, \lambda_0, A_0, a_0, b_0)$, 使得

$$\left(\sqrt{1+\frac{1}{|\xi_{n_j}|^2}}C_{n_j}, a_{n_j}, b_{n_j}\right) \to (A_0, a_0, b_0), \quad \xi_{n_j}\to\xi_0, \quad \lambda_{n_j}\to\lambda_0 = -b_2 + \mathrm{i}y_0 \neq 0.$$

因此

$$\begin{cases}|A_0||\lambda_0+(|\xi_0|^2+1)((\lambda_0-Q_1(|\xi_0|e_1))^{-1}\chi_1,\chi_1)|=0,\\ \lambda_0a_0-\mathrm{i}\xi_0\times b_0+((\lambda_0-Q_1(|\xi_0|e_1))^{-1}\chi_2,\chi_2)a_0=0,\\ \lambda_0b_0+\mathrm{i}\xi_0\times a_0=0.\end{cases}\tag{5.4.13}$$

我们断言 $(A_0,a_0,b_0)\neq 0$. 否则, 有 $\lim\limits_{j\to\infty}\left(\sqrt{1+|\xi_{n_j}|^{-2}}C_{n_j},a_{n_j},b_{n_j}\right)=0$, 将其代入到 (5.4.8)—(5.4.10) 可以推出 $\lim\limits_{j\to\infty}\|g_{n_j}\|_{\xi_n}=0$ 和 $\lim\limits_{j\to\infty}(E^2_{n_j},B^2_{n_j})=0$. 因此 $\lim\limits_{j\to\infty}\|V_{n_j}\|_{\xi_{n_j}}=0$, 这与 $\|V_n\|_{\xi_n}=1$ 相矛盾. 于是, 根据 (5.4.13) 可知 (λ_0,A_0,a_0,b_0) 为特征值问题 (5.2.60)—(5.2.62) 的解, 从而 λ_0 是 $\mathbb{A}_1(\xi_0)$ 的特征值, 且 $\mathrm{Re}\lambda_0=-b_2$ 和 $|\xi_0|\leqslant r_0$, 这与定理 5.12 中的结论：对于任意 $|\xi|\leqslant r_0$, $\lambda\in\sigma(\mathbb{A}_1(\xi))$ 满足 $\mathrm{Re}\lambda\neq -b_2$ 相矛盾. 因此 (5.4.5) 成立.

其次, 我们证明 (5.4.6). 事实上, 根据引理 5.7, 存在充分大的 $R>0$ 使得, 对于 $r_0\leqslant|\xi|\leqslant r_1$, $\lambda=-\eta+\mathrm{i}y$ 且 $|y|\geqslant R$, 有

$$\|\mathbb{G}_2(\xi)(\lambda-\mathbb{G}_1(\xi))^{-1}\|_\xi\leqslant\frac{1}{2},$$

从而

$$\|(I-\mathbb{G}_2(\xi)(\lambda-\mathbb{G}_1(\xi))^{-1})^{-1}\|_\xi\leqslant 2.$$

因此, 我们只需要证明 (5.4.6) 对于 $|y|\leqslant R$ 成立. 用反证法, 如果 (5.4.6) 对于 $|y|\leqslant R$ 不成立, 则存在序列 $\{\xi_n,\lambda_n=-\eta+\mathrm{i}y_n,U_n,V_n\}$ 满足 $|\xi_n|\leqslant r_0$, $|y_n|\leqslant R$, 以及 $U_n=(f_n,E^1_n,B^1_n)$, $V_n=(g_n,E^2_n,B^2_n)$ 满足 $\|U_n\|\to 0$ $(n\to\infty)$, $\|V_n\|=1$ 使得

$$(I-\mathbb{G}_2(\xi)(\lambda-\mathbb{G}_1(\xi))^{-1})^{-1}U_n=V_n.$$

由此推出

$$U_n=V_n-\mathbb{G}_2(\xi_n)(\lambda_n-\mathbb{G}_1(\xi_n))^{-1}V_n.$$

令

$$Z_n=(\lambda_n-\mathbb{G}_1(\xi_n))^{-1}V_n.$$

则有

$$U_n=(\lambda_n-\mathbb{G}_1(\xi_n))Z_n-\mathbb{G}_2(\xi_n)Z_n.$$

由于

$$\|Z_n\|\leqslant\|(\lambda_n-\mathbb{G}_1(\xi_n))^{-1}\|\|V_n\|\leqslant C,$$

并且 $|\xi_n| \leqslant r_0, |y_n| \leqslant R$ 以及 $\mathbb{G}_2(\xi)$ 在 $|\xi| \in [r_0, r_1]$ 中是 $L^2(\mathbb{R}^3) \times \mathbb{C}^3 \times \mathbb{C}^3$ 上的紧算子, 因此存在 $\{(\lambda_n, \xi_n, Z_n)\}$ 的子序列 $\{(\lambda_{n_j}, \xi_{n_j}, Z_{n_j})\}$ 以及 $(\tilde{\lambda}_0, \tilde{\xi}_0, H_0)$, 使得

$$\lambda_{n_j} \to \tilde{\lambda}_0, \quad \xi_{n_j} \to \tilde{\xi}_0, \quad \mathbb{G}_2(\xi_{n_j}) Z_{n_j} \to H_0, \quad j \to \infty. \tag{5.4.14}$$

注意到 $\lim\limits_{n\to\infty} \|U_{n_j}\| = 0$, 由 (5.4.14) 得到

$$\lim_{j\to\infty} Z_{n_j} = \lim_{j\to\infty} (\lambda_{n_j} - \mathbb{G}_1(\xi_{n_j}))^{-1} (\mathbb{G}_2(\xi_{n_j}) Z_{n_j} + U_{n_j}) = (\tilde{\lambda}_0 - \mathbb{G}_1(\tilde{\xi}_0))^{-1} H_0 = Z_0.$$

由此可知 $\mathbb{G}_2(\tilde{\xi}_0) Z_0 = H_0$, 并且

$$\mathbb{G}_2(\tilde{\xi}_0) Z_0 = (\tilde{\lambda}_0 - \mathbb{G}_1(\tilde{\xi}_0)) Z_0.$$

从而 $\tilde{\lambda}_0$ 是 $\mathbb{A}_1(\tilde{\xi}_0)$ 的特征值, 且 $\mathrm{Re}\tilde{\lambda}_0 = -\eta$ 和 $r_0 \leqslant |\xi_0| \leqslant r_1$, 这与引理 5.6 中的结论: 对于任意 $r_0 \leqslant |\xi| \leqslant r_1$, $\lambda \in \sigma(\mathbb{A}_1(\xi))$ 满足 $\mathrm{Re}\lambda < -\eta$ 相矛盾. 因此 (5.4.6) 成立. □

利用引理 5.5—引理 5.8 和引理 5.26—引理 5.28, 我们可以得到半群 $S(t,\xi) = e^{t\mathbb{A}_1(\xi)}$ 的分解.

定理 5.29 对任意的 $|\xi| \neq 0$, 半群 $S(t,\xi) = e^{t\mathbb{A}_1(\xi)}$ 具有以下分解:

$$S(t,\xi)U = S_1(t,\xi)U + S_2(t,\xi)U + S_3(t,\xi)U, \quad U \in L^2_\xi(\mathbb{R}^3_v) \times \mathbb{C}^3_\xi \times \mathbb{C}^3_\xi, \tag{5.4.15}$$

这里

$$S_1(t,\xi)U = \sum_{j=1}^{2} e^{\lambda_j(|\xi|)t} \left(U, \Psi_j^*(\xi)\right) \Psi_j(\xi) 1_{\{|\xi| \leqslant r_0\}}, \tag{5.4.16}$$

$$S_2(t,\xi)U = \sum_{j=1}^{4} e^{t\gamma_j(|\xi|)} \left(U, \Phi_j^*(\xi)\right) \Phi_j(\xi) 1_{\{|\xi| \geqslant r_1\}}, \tag{5.4.17}$$

其中 $(\lambda_j(|\xi|), \Psi_j(\xi))$ 和 $(\gamma_j(|\xi|), \Phi_j(\xi))$ 分别是算子 $\mathbb{A}_1(\xi)$ 在 $|\xi| \leqslant r_0$ 处和在 $|\xi| > r_1$ 处的特征值和特征向量, 并且 $S_3(t,\xi) =: S(t,\xi) - S_1(t,\xi) - S_2(t,\xi)$ 满足

$$\|S_3(t,\xi)U\|_\xi \leqslant Ce^{-\eta_0 t} \|U\|_\xi, \tag{5.4.18}$$

其中 $\eta_0 > 0$ 和 $C > 0$ 是不依赖于 ξ 的常数.

证明 设 $U = (f, E, B)$. 根据引理 1.20, $D(\mathbb{B}_2(\xi)^2)$ 在 $L^2_\xi(\mathbb{R}^3_v)$ 中稠密, 因此只需要证明 (5.4.15) 对于 $U = (f, E, B) \in D(\mathbb{B}_2(\xi)^2) \times \mathbb{C}^3_\xi \times \mathbb{C}^3_\xi$ 成立. 根据引理 1.18, 半群 $e^{t\mathbb{A}_1(\xi)}$ 可以表示为

$$e^{t\mathbb{A}_1(\xi)}U=\frac{1}{2\pi\mathrm{i}}\int_{\kappa-\mathrm{i}\infty}^{\kappa+\mathrm{i}\infty}e^{\lambda t}(\lambda-\mathbb{A}_1(\xi))^{-1}Ud\lambda,\quad U\in D(\mathbb{B}_2(\xi)^2)\times\mathbb{C}_\xi^3\times\mathbb{C}_\xi^3,\ \kappa>0. \tag{5.4.19}$$

当 $|\xi|\leqslant r_0$ 时, 根据 (5.2.50), $(\lambda-\mathbb{A}_1(\xi))^{-1}$ 可分解为

$$(\lambda-\mathbb{A}_1(\xi))^{-1}=(\lambda-\mathbb{G}_3(\xi))^{-1}+Z_1(\lambda,\xi), \tag{5.4.20}$$

其中

$$Z_1(\lambda,\xi)=(\lambda-\mathbb{G}_3(\xi))^{-1}[I-Y_1(\lambda,\xi)]^{-1}Y_1(\lambda,\xi),$$
$$Y_1(\lambda,\xi)=:\mathbb{G}_4(\xi)(\lambda-\mathbb{G}_3(\xi))^{-1}.$$

将 (5.4.20) 代入 (5.4.19), 半群 $e^{t\mathbb{A}_1(\xi)}$ 可表示为

$$e^{t\mathbb{A}_1(\xi)}U=(e^{tQ_1(\xi)}P_rf,0,0)+\frac{1}{2\pi\mathrm{i}}\int_{\kappa-\mathrm{i}\infty}^{\kappa+\mathrm{i}\infty}e^{\lambda t}Z_2(\lambda,\xi)Ud\lambda,\quad |\xi|\leqslant r_0, \tag{5.4.21}$$

其中

$$Z_2(\lambda,\xi)=Z_1(\lambda,\xi)+Y_2(\lambda,\xi),\quad Y_2(\lambda,\xi)=\begin{pmatrix}\lambda^{-1}P_d & 0\\ 0 & (\lambda-\mathbb{B}_3(\xi))^{-1}\end{pmatrix}. \tag{5.4.22}$$

为了估计 (5.4.21) 等号右侧的最后一项, 记

$$X_{\kappa,N}U=\frac{1}{2\pi\mathrm{i}}\int_{-N}^{N}e^{(\kappa+\mathrm{i}y)t}Z_2(\kappa+\mathrm{i}y,\xi)U1_{\{|\xi|\leqslant r_0\}}dy, \tag{5.4.23}$$

这里取常数 $N>y_1$, 其中 $y_1>0$ 由引理 5.8 给出. 由于

$$Z_2(\lambda,\xi)=(\lambda-\mathbb{A}_1(\xi))^{-1}-\begin{pmatrix}(\lambda-Q_1(\xi))^{-1}P_r & 0\\ 0 & 0\end{pmatrix}, \tag{5.4.24}$$

因此对于任意固定的 $|\xi|\leqslant r_0$, $Z_2(\lambda,\xi)$ 在区域 $\mathrm{Re}\lambda>-b_2$ 中除了奇异点 $\lambda=\lambda_j(|\xi|)\in\sigma(\mathbb{A}_1(\xi))$, $j=1,2$ 外是解析的. 于是, 我们将 (5.4.23) 的积分路径从 $\mathrm{Re}\lambda=\kappa>0$ 转移到 $\mathrm{Re}\lambda=-b_2$ 上, 得到

$$X_{\kappa,N}U=X_{-b_2,N}U+H_NU+2\pi\mathrm{i}\sum_{j=1}^{2}\mathrm{Res}\left\{e^{\lambda t}Z_2(\lambda,\xi)U;\lambda_j(|\xi|)\right\}1_{\{|\xi|\leqslant r_0\}}, \tag{5.4.25}$$

其中 $\mathrm{Res}\{f(\lambda);\lambda_j\}$ 是 f 在 $\lambda=\lambda_j$ 的留数, 以及

$$H_NU=\frac{1}{2\pi\mathrm{i}}\left(\int_{-b_2+\mathrm{i}N}^{\kappa+\mathrm{i}N}-\int_{-b_2-\mathrm{i}N}^{\kappa-\mathrm{i}N}\right)e^{\lambda t}Z_2(\lambda,\xi)U1_{\{|\xi|\leqslant r_0\}}d\lambda.$$

下面我们对 (5.4.25) 等号右侧各项进行估计. 根据 (5.2.46), (5.4.22) 和引理 5.7, 有

$$\|H_NU\|_\xi\to 0,\quad N\to\infty. \tag{5.4.26}$$

根据柯西积分定理, 得到

$$\lim_{N\to\infty}\left|\int_{-b_2-\mathrm{i}N}^{-b_2+\mathrm{i}N}e^{\lambda t}\lambda^{-1}d\lambda\right|=\lim_{N\to\infty}\left\|\int_{-b_2-\mathrm{i}N}^{-b_2+\mathrm{i}N}e^{\lambda t}(\lambda-\mathbb{B}_3(\xi))^{-1}d\lambda\right\|=0, \tag{5.4.27}$$

因此

$$\lim_{N\to\infty}X_{-b_2,N}(t)=:X_{-b_2,\infty}(t)=\int_{-b_2-\mathrm{i}\infty}^{-b_2+\mathrm{i}\infty}e^{\lambda t}Z_1(\lambda,\xi)Ud\lambda. \tag{5.4.28}$$

根据 (5.4.2) 和 (5.4.4), 对任意 $\lambda=x+\mathrm{i}y$ 满足 $x>-\mu$, $x\neq 0$ 以及 $U=(f,E,B)\in L^2_\xi(\mathbb{R}^3_v)\times\mathbb{C}^3_\xi\times\mathbb{C}^3_\xi$ 有

$$\begin{aligned}&\int_{-\infty}^{+\infty}\|[\lambda-\mathbb{G}_3(\xi)]^{-1}U\|_\xi^2dy\\&=\int_{-\infty}^{+\infty}(\|\lambda^{-1}P_df\|^2+\|(\lambda-Q_1(\xi))^{-1}P_rf\|^2+|(\lambda-\mathbb{B}_3(\xi))^{-1}(E,B)^{\mathrm{T}}|^2)dy\\&\leqslant\pi(x+\mu)^{-1}\|P_rf\|^2+\pi|x|^{-1}(\|P_df\|_\xi^2+|E|^2+|B|^2).\end{aligned} \tag{5.4.29}$$

于是, 根据 (5.4.5) 和 (5.4.29), 对任意 $U,V\in L^2_\xi(\mathbb{R}^3_v)\times\mathbb{C}^3_\xi\times\mathbb{C}^3_\xi$ 有

$$\begin{aligned}|(X_{-b_2,\infty}(t)U,V)_\xi|&\leqslant e^{-b_2t}\int_{-\infty}^{\infty}|(Z_1(-b_2+\mathrm{i}y,\xi)U,V)_\xi|dy\\&\leqslant Ce^{-b_2t}\int_{-\infty}^{+\infty}\|[-b_2+\mathrm{i}y-\mathbb{G}_3(\xi)]^{-1}U\|_\xi\|[-b_2-\mathrm{i}y-\mathbb{G}_3(-\xi)]^{-1}V\|_\xi dy\\&\leqslant C[(\mu-b_2)^{-1}+b_2^{-1}]e^{-b_2t}\|U\|_\xi\|V\|_\xi,\end{aligned}$$

由此得到 $|(X_{-b_2,\infty}(t)U,V)_\xi|\leqslant Ce^{-b_2t}\|U\|_\xi\|V\|_\xi$, 从而

$$\|X_{-b_2,\infty}(t)\|_\xi\leqslant Ce^{-b_2t}. \tag{5.4.30}$$

根据 (5.4.24) 以及 $\lambda_j(|\xi|) \in \rho(Q_1(\xi))$, 通过与定理 2.16 相似的论证, 可以证明

$$\begin{aligned}\operatorname{Res}\{e^{\lambda t} Z_2(\lambda,\xi)U;\lambda_j(|\xi|)\} &= \operatorname{Res}\{e^{\lambda t}(\lambda-\mathbb{A}_1(\xi))^{-1}U;\lambda_j(|\xi|)\}\\ &= e^{\lambda_j(|\xi|)t}\left(U,\Psi_j^*(\xi)\right)\Psi_j(\xi).\end{aligned} \tag{5.4.31}$$

因此, 结合 (5.4.21), (5.4.23), (5.4.25), (5.4.26) 和 (5.4.31) 可得, 对于 $|\xi|\leqslant r_0$,

$$e^{t\mathbb{A}_1(\xi)}U = (e^{tQ_1(\xi)}P_r f,0,0) + X_{-b_2,\infty}(t) + \sum_{j=1}^{2} e^{t\lambda_j(s)}\left(U,\Psi_j^*(\xi)\right)\Psi_j(\xi). \tag{5.4.32}$$

当 $|\xi|>r_0$ 时, 根据 (5.2.35), $(\lambda-\mathbb{A}_1(\xi))^{-1}$ 可分解为

$$(\lambda-\mathbb{A}_1(\xi))^{-1} = (\lambda-\mathbb{G}_1(\xi))^{-1} + Z_3(\lambda,\xi), \tag{5.4.33}$$

其中算子 $Z_3(\lambda,\xi)$ 定义为

$$\begin{aligned}&Z_3(\lambda,\xi) = (\lambda-\mathbb{G}_1(\xi))^{-1}[I-Y_3(\lambda,\xi)]^{-1}Y_3(\lambda,\xi),\\ &Y_3(\lambda,\xi) =: \mathbb{G}_2(\xi)(\lambda-\mathbb{G}_1(\xi))^{-1}.\end{aligned}$$

将 (5.4.33) 代入 (5.4.19), 得到

$$e^{t\mathbb{A}_1(\xi)}U = (e^{tc(\xi)}f,0,0) + \frac{1}{2\pi\mathrm{i}}\int_{\kappa-\mathrm{i}\infty}^{\kappa+\mathrm{i}\infty} e^{\lambda t}Z_4(\lambda,\xi)U d\lambda, \quad |\xi|>r_1, \tag{5.4.34}$$

这里

$$Z_4(\lambda,\xi) = Z_3(\lambda,\xi) + Y_4(\lambda,\xi), \quad Y_4(\lambda,\xi) = \begin{pmatrix} 0 & 0 \\ 0 & (\lambda-\mathbb{B}_3(\xi))^{-1}\end{pmatrix}. \tag{5.4.35}$$

为了估计 (5.4.34) 等号右侧的最后一项, 设

$$Y_{\kappa,N}U = \frac{1}{2\pi\mathrm{i}}\int_{-N}^{N} e^{(\kappa+\mathrm{i}y)t}Z_4(\kappa+\mathrm{i}y,\xi)U1_{\{|\xi|>r_0\}}dy, \tag{5.4.36}$$

这里, 当 $r_0\leqslant|\xi|\leqslant r_1$ 时 $N>y_1$; 当 $|\xi|\geqslant r_1$ 时 $N>2|\xi|$, 其中 $y_1,r_1>0$ 由引理 5.8 给出. 由于

$$Z_4(\lambda,\xi) = (\lambda-\mathbb{A}_1(\xi))^{-1} - \begin{pmatrix} (\lambda-\mathrm{c}(\xi))^{-1} & 0 \\ 0 & 0\end{pmatrix}, \tag{5.4.37}$$

因此当 $r_0<|\xi|<r_1$ 时, $Z_4(\lambda,\xi)$ 在区域 $\mathrm{Re}\lambda\geqslant-\eta_0=:-\eta(r_0,r_1)>0$ 上是解析的, 其中 $\eta(r_0,r_1)>0$ 是由引理 5.6 给出的常数; 当 $|\xi|\geqslant r_1$ 时, $Z_4(\lambda,\xi)$ 在区域 $\mathrm{Re}\lambda\geqslant-\mu/2$ 上除了奇异点 $\lambda=\gamma_j(|\xi|)\in\sigma(\mathbb{A}_1(\xi))$, $j=1,2,3,4$ 外也是解析的. 于是, 当 $r_0<|\xi|<r_1$ 时, 将 (5.4.36) 的积分路径从 $\mathrm{Re}\lambda=\kappa>0$ 转移到 $\mathrm{Re}\lambda=-\eta_0$; 当 $|\xi|\geqslant r_1$ 时, 将 (5.4.36) 的积分路径从 $\mathrm{Re}\lambda=\kappa>0$ 转移到 $\mathrm{Re}\lambda=-\mu/2$, 得到

$$Y_{\kappa,N}U1_{\{r_0<|\xi|<r_1\}}=Y_{-\eta_0,N}U1_{\{r_0<|\xi|<r_1\}}+I_NU1_{\{r_0<|\xi|<r_1\}}, \tag{5.4.38}$$

$$\begin{aligned}Y_{\kappa,N}U1_{\{|\xi|\geqslant r_1\}}=&Y_{-\frac{\mu}{2},N}U1_{\{|\xi|\geqslant r_1\}}+I_NU1_{\{|\xi|\geqslant r_1\}}\\&+2\pi\mathrm{i}\sum_{j=1}^{4}\mathrm{Res}\left\{e^{\lambda t}Z_4(\lambda,\xi)U;\gamma_j(|\xi|)\right\}1_{\{|\xi|\geqslant r_1\}},\end{aligned} \tag{5.4.39}$$

其中

$$I_NU=\frac{1}{2\pi\mathrm{i}}\left(\int_{-\eta_0+\mathrm{i}N}^{\kappa+\mathrm{i}N}-\int_{-\eta_0-\mathrm{i}N}^{\kappa-\mathrm{i}N}\right)e^{\lambda t}Z_4(\lambda,\xi)U1_{\{|\xi|\geqslant r_0\}}d\lambda.$$

下面我们对 (5.4.38)–(5.4.39) 等号右侧各项进行估计. 根据 (5.2.25), (5.4.35) 和引理 5.5, 容易验证

$$\|I_NU\|\to0,\quad N\to\infty, \tag{5.4.40}$$

根据引理 5.6 和引理 5.28, 有

$$\sup_{r_0<|\xi|<r_1,y\in\mathbb{R}}\|[I-Y_3(-\eta_0+\mathrm{i}y,\xi)]^{-1}\|\leqslant C,$$

$$\sup_{|\xi|>r_1,y\in\mathbb{R}}\left\|\left[I-Y_3\left(-\frac{\mu}{2}+\mathrm{i}y,\xi\right)\right]^{-1}\right\|\leqslant C.$$

根据 (1.7.2) 和 (5.4.4), 对任意 $\lambda=x+\mathrm{i}y$ 满足 $x>-\nu_0$, $x\neq0$ 以及 $U=(f,E,B)\in L^2_\xi(\mathbb{R}^3_v)\times\mathbb{C}^3_\xi\times\mathbb{C}^3_\xi$ 有

$$\begin{aligned}&\int_{-\infty}^{+\infty}\|[\lambda-\mathbb{G}_1(\xi)]^{-1}U\|_\xi^2dy\\&=\int_{-\infty}^{+\infty}(\|(\lambda-\mathrm{c}(\xi))^{-1}f\|^2+|(\lambda-\mathbb{B}_3(\xi))^{-1}(E,B)^{\mathrm{T}}|^2)dy\\&\leqslant\pi(x+\nu_0)^{-1}\|f\|^2+\pi|x|^{-1}(|E|^2+|B|^2).\end{aligned} \tag{5.4.41}$$

然后, 根据 (5.4.41), (5.4.35), (5.4.36) 和 (5.4.27), 对任意 $U,V\in L^2(\mathbb{R}_v^3)\times\mathbb{C}_\xi^3\times\mathbb{C}_\xi^3$ 有

$$
\begin{aligned}
&|(Y_{-\eta_0,\infty}(t)U1_{\{r_0<|\xi|<r_1\}},V)|\leqslant e^{-\eta_0 t}\int_{-\infty}^{\infty}|(Z_3(-\eta_0+\mathrm{i}y,\xi)U,V)|dy\\
\leqslant\ & Ce^{-\eta_0 t}\int_{-\infty}^{+\infty}\|(-\eta_0+\mathrm{i}y-\mathbb{G}_1(\xi))^{-1}U\|\|(-\eta_0-\mathrm{i}y-\mathbb{G}_1(-\xi))^{-1}V\|dy\\
\leqslant\ & C[(\nu_0-\eta_0)^{-1}+\eta_0^{-1}]e^{-\eta_0 t}\|U\|\|V\|,
\end{aligned}\tag{5.4.42}
$$

以及

$$
\begin{aligned}
&|(Y_{-\frac{\mu}{2},\infty}(t)U1_{\{|\xi|\geqslant r_1\}},V)|\leqslant e^{-\frac{\mu}{2}t}\int_{-\infty}^{\infty}\left|\left(Z_3\left(-\frac{\mu}{2}+\mathrm{i}y,\xi\right)U,V\right)\right|dy\\
\leqslant\ & Ce^{-\frac{\mu}{2}t}\int_{-\infty}^{+\infty}\left\|\left(-\frac{\mu}{2}+\mathrm{i}y-\mathbb{G}_1(\xi)\right)^{-1}U\right\|\left\|\left(-\frac{\mu}{2}-\mathrm{i}y-\mathbb{G}_1(-\xi)\right)^{-1}V\right\|dy\\
\leqslant\ & C\left[\left(\nu_0-\frac{\mu}{2}\right)^{-1}+\eta_0^{-1}\right]e^{-\frac{\mu}{2}t}\|U\|\|V\|.
\end{aligned}\tag{5.4.43}
$$

根据 (5.4.42), (5.4.43) 以及 $\|f\|^2\leqslant\|f\|_\xi^2\leqslant(1+r_0^{-2})\|f\|^2$ $(|\xi|>r_0)$, 有

$$
\|Y_{-\eta_0,\infty}(t)1_{\{r_0<|\xi|<r_1\}}\|_\xi\leqslant Ce^{-\eta_0 t},\quad \|Y_{-\frac{\mu}{2},\infty}(t)1_{\{|\xi|\geqslant r_1\}}\|_\xi\leqslant Ce^{-\frac{\mu}{2}t}.\tag{5.4.44}
$$

根据 (5.4.35) 以及 $\gamma_j(s)\in\rho(\mathrm{c}(\xi))$, 可以证明

$$
\begin{aligned}
\mathrm{Res}\{e^{\lambda t}Z_4(\lambda,\xi)U;\gamma_j(|\xi|)\}&=\mathrm{Res}\{e^{\lambda t}(\lambda-\mathbb{A}_1(\xi))^{-1}U;\gamma_j(|\xi|)\}\\
&=e^{\gamma_j(|\xi|)t}\left(U,\Phi_j^*(\xi)\right)\Phi_j(\xi).
\end{aligned}\tag{5.4.45}
$$

因此, 从 (5.4.34)—(5.4.45) 可得, 对于 $|\xi|>r_0$,

$$
\begin{aligned}
e^{t\mathbb{A}_1(\xi)}U=&(e^{t\mathrm{c}(\xi)}f,0,0)+Y_{-\eta_0,\infty}(t)1_{\{r_0<|\xi|<r_1\}}+Y_{-\frac{\mu}{2},\infty}(t)1_{\{|\xi|\geqslant r_1\}}\\
&+\sum_{j=1}^4 e^{t\gamma_j(|\xi|)}\left(U,\Phi_j^*(\xi)\right)\Phi_j(\xi)1_{\{|\xi|>r_1\}}.
\end{aligned}\tag{5.4.46}
$$

最后, 我们结合 (5.4.32) 和 (5.4.46) 可以得到 (5.4.15), 其中 $S_1(t,\xi)f$, $S_2(t,\xi)f$ 分别由 (5.4.16) 和 (5.4.17) 给出, $S_3(t,\xi)f$ 是剩余项, 定义如下

$$
\begin{aligned}
S_3(t,\xi)U=&(e^{tQ_1(\xi)}P_rf,0,0)1_{\{|\xi|\leqslant r_0\}}+X_{-b_2,\infty}(t)1_{\{|\xi|\leqslant r_0\}}\\
&+(e^{t\mathrm{c}(\xi)}f,0,0)1_{\{|\xi|\geqslant r_1\}}+Y_{-\eta_0,\infty}(t)1_{\{r_0<|\xi|<r_1\}}+Y_{-\frac{\mu}{2},\infty}(t)1_{\{|\xi|\geqslant r_1\}}.
\end{aligned}
$$

特别地, 根据 (5.4.1), (5.4.30), (5.4.44) 和 (1.7.1), 可以推出 $S_3(t,\xi)U$ 满足 (5.4.18).

□

接下来, 我们研究线性双极 VMB 方程 (5.2.6)–(5.2.7) 整体解的最优衰减率. 设 $U=(f,E,B)$, 其中 $f=f(x,v)$, $E=E(x)$ 和 $B=B(x)$. 对于 $q\geqslant 1$, 定义关于 $U=(f,E,B)$ 的 Banach 空间 $Z^q=L^{2,q}\times L^q_x\times L^q_x$, 其范数为

$$\|U\|^2_{Z^q}=\|f\|^2_{L^{2,q}}+\|E\|^2_{L^q_x}+\|B\|^2_{L^q_x}.$$

定义 Sobolev 空间 $H^l=\{U\in L^2\times L^2_x\times L^2_x\,|\,\|U\|_{H^l}<\infty\}\,(Z^2=H^0)$, 其范数定义为

$$\begin{aligned}\|U\|_{H^l}&=\left(\int_{\mathbb{R}^3}(1+|\xi|^2)^l\|\hat{U}\|^2d\xi\right)^{1/2}\\&=\left(\int_{\mathbb{R}^3}(1+|\xi|^2)^l\left(\int_{\mathbb{R}^3}|\hat{f}|^2dv+|\hat{E}|^2+|\hat{B}|^2\right)d\xi\right)^{1/2},\end{aligned}$$

这里 $\hat{f}=\hat{f}(\xi,v)$, $\hat{E}=\hat{E}(\xi)$ 和 $\hat{B}=\hat{B}(\xi)$ 分别为 $f=f(x,v)$, $E=E(x)$ 和 $B=B(x)$ 的傅里叶变换.

对于任意 $U_0=(f_0,E_0,B_0)\in H^l\times H^l_x\times H^l_x$, 令

$$e^{t\mathbb{A}_0(\xi)}\hat{U}_0=\left(f,-\frac{\mathrm{i}\xi}{|\xi|^2}(f,\chi_0)-\frac{\xi}{|\xi|}\times X,-\frac{\xi}{|\xi|}\times Y\right),\tag{5.4.47}$$

其中 $\mathbb{A}_0(\xi)$ 由 (5.2.8) 给出, 且 (f,X,Y) 定义为

$$\begin{aligned}e^{t\mathbb{A}_1(\xi)}\hat{V}_0&=(f,X,Y)\in L^2_\xi(\mathbb{R}^3_v)\times\mathbb{C}^3_\xi\times\mathbb{C}^3_\xi,\\\hat{V}_0&=\left(\hat{f}_0,\frac{\xi}{|\xi|}\times\hat{E}_0,\frac{\xi}{|\xi|}\times\hat{B}_0\right).\end{aligned}$$

于是 $e^{t\mathbb{A}_0}U_0$ 是线性双极 VMB 方程 (5.2.7) 的解. 根据引理 5.1, 有

$$\|e^{t\mathbb{A}_0}U_0\|^2_{H^l}=\int_{\mathbb{R}^3}(1+|\xi|^2)^l\|e^{t\mathbb{A}_1(\xi)}\hat{V}_0\|^2_\xi d\xi\leqslant\int_{\mathbb{R}^3}(1+|\xi|^2)^l\|\hat{V}_0\|^2_\xi d\xi=\|U_0\|^2_{H^l}.$$

这意味着算子 $\mathbb{A}_0$ 在 H^l 上生成一个强连续压缩半群 $e^{t\mathbb{A}_0}$, 因此, 对于任意的初值 $U_0\in H^l$, $U(t)=e^{t\mathbb{A}_0}U_0$ 是线性双极 VMB 方程 (5.2.7) 的整体解.

首先, 我们给出线性双极 VMB 方程 (5.2.7) 整体解的时间衰减率的上界估计.

定理 5.30 对任意的 $\alpha,\alpha'\in\mathbb{N}^3$ 且 $\alpha'\leqslant\alpha$, 线性 VMB 方程柯西问题 (5.2.7) 的整体解 $U=(f_2,E,B)=e^{t\mathbb{A}_0}U_0$ 满足

$$
\begin{cases}
\|\partial_x^\alpha P_d f_2(t)\|_{L^2}\leqslant Ce^{-\eta_0 t}\|\partial_x^\alpha U_0\|_{Z^2},\\
\|\partial_x^\alpha P_r f_2(t)\|_{L^2}\leqslant C(1+t)^{-(\frac54+\frac k2)}V(\alpha,\alpha')+C(1+t)^{-(m+\frac12)}\|\nabla_x^m\partial_x^\alpha U_0\|_{Z^2},\\
\|\partial_x^\alpha E(t)\|_{L_x^2}\leqslant C(1+t)^{-(\frac54+\frac k2)}V(\alpha,\alpha')+C(1+t)^{-m}\|\nabla_x^m\partial_x^\alpha U_0\|_{Z^2},\\
\|\partial_x^\alpha B(t)\|_{L_x^2}\leqslant C(1+t)^{-(\frac34+\frac k2)}V(\alpha,\alpha')+C(1+t)^{-m}\|\nabla_x^m\partial_x^\alpha U_0\|_{Z^2},
\end{cases}
\tag{5.4.48}
$$

其中 $V(\alpha,\alpha')=:\|\partial_x^\alpha U_0\|_{Z^2}+\|\partial_x^{\alpha'}U_0\|_{Z^1}$, $k=|\alpha-\alpha'|$ 以及 $m\geqslant0$.

证明 根据 (5.4.47) 和定理 5.29, 对于 $\omega=\xi/|\xi|$ 有

$$
\begin{aligned}
(\hat f_2(t),\omega\times\hat E(t),\omega\times\hat B(t))=e^{t\mathbb{A}_1(\xi)}\hat V_0&=S_1(t,\xi)\hat V_0+S_2(t,\xi)\hat V_0+S_3(t,\xi)\hat V_0\\
&=\sum_{k=1}^3(h_k(t),H_k(t),J_k(t)),
\end{aligned}
$$

其中 $S_k(t,\xi)\hat V_0=(h_k(t),H_k(t),J_k(t))\in L_\xi^2(\mathbb{R}_v^3)\times\mathbb{C}_\xi^3\times\mathbb{C}_\xi^3$, $k=1,2,3$, 以及 $\hat V_0=(\hat f_0,\omega\times\hat E_0,\omega\times\hat B_0)$. 根据 Plancherel 恒等式, 得到

$$
\begin{aligned}
\|\partial_x^\alpha P_r f_2(t)\|_{L^2}&=\|\xi^\alpha P_r\hat f_2(t)\|_{L^2}\\
&\leqslant\|\xi^\alpha P_r h_1(t)\|_{L^2}+\|\xi^\alpha P_r h_2(t)\|_{L^2}+\|\xi^\alpha P_r h_3(t)\|_{L^2},
\end{aligned}
\tag{5.4.49}
$$

$$
\begin{aligned}
\|\partial_x^\alpha E(t)\|_{L_x^2}&=\|\xi^\alpha\hat E(t)\|_{L_\xi^2}\leqslant\|\xi^\alpha(\hat E\cdot\omega)(t)\|_{L_\xi^2}+\|\xi^\alpha(\omega\times\hat E)(t)\|_{L_\xi^2}\\
&\leqslant\left\|\frac{\xi^\alpha}{|\xi|}(h_1(t),\chi_0)\right\|_{L_\xi^2}+\left\|\frac{\xi^\alpha}{|\xi|}(h_2(t),\chi_0)\right\|_{L_\xi^2}+\left\|\frac{\xi^\alpha}{|\xi|}(h_3(t),\chi_0)\right\|_{L_\xi^2}\\
&\quad+\|\xi^\alpha H_1(t)\|_{L_\xi^2}+\|\xi^\alpha H_2(t)\|_{L_\xi^2}+\|\xi^\alpha H_3(t)\|_{L_\xi^2},
\end{aligned}
\tag{5.4.50}
$$

$$
\begin{aligned}
\|\partial_x^\alpha B(t)\|_{L_x^2}&=\|\xi^\alpha\hat B(t)\|_{L_\xi^2}=\|\xi^\alpha(\omega\times\hat B)(t)\|_{L_\xi^2}\\
&\leqslant\|\xi^\alpha J_1(t)\|_{L_\xi^2}+\|\xi^\alpha J_2(t)\|_{L_\xi^2}+\|\xi^\alpha J_3(t)\|_{L_\xi^2}.
\end{aligned}
\tag{5.4.51}
$$

根据 (5.4.18), 可知 (5.4.49)—(5.4.51) 等号右边最后一项满足

$$
\begin{aligned}
&\int_{\mathbb{R}^3}(\xi^\alpha)^2\left(\|h_3(t)\|_{L_v^2}^2+\frac{1}{|\xi|^2}|(h_3(t),\chi_0)|^2+|H_3(t)|^2+|J_3(t)|^2\right)d\xi\\
\leqslant&\,C\int_{\mathbb{R}^3}e^{-2\eta_0 t}(\xi^\alpha)^2(\|\hat f_0\|_{L_v^2}^2+|\hat E_0\cdot\omega|^2+|\omega\times\hat E_0|^2+|\omega\times\hat B_0|^2)d\xi
\end{aligned}
$$

$$\leqslant Ce^{-2\eta_0 t}(\|\partial_x^\alpha f_0\|_{L^2}^2 + \|\partial_x^\alpha E_0\|_{L_x^2}^2 + \|\partial_x^\alpha B_0\|_{L_x^2}^2). \tag{5.4.52}$$

根据 (5.4.16), 对于 $|\xi| \leqslant r_0$,

$$\begin{aligned} S_1(t,\xi)\hat{V}_0 = &\sum_{j=1}^2 e^{\lambda_j(|\xi|)t}\{[(\hat{f}_0, \overline{\psi_{j,0}}) - (\omega \times \hat{E}_0, \overline{X_{j,0}}) - (\omega \times \hat{B}_0, \overline{Y_{j,0}})](\psi_{j,0}, X_{j,0}, Y_{j,0}) \\ &+ |\xi|((T_j(\xi)\hat{V}_0)_1, (T_j(\xi)\hat{V}_0)_2, (T_j(\xi)\hat{V}_0)_3)\}, \end{aligned} \tag{5.4.53}$$

其中 $T_j(\xi)$, $j = 1, 2$ 是 $L^2(\mathbb{R}_v^3) \times \mathbb{C}_\xi^3 \times \mathbb{C}_\xi^3$ 中的线性算子, 并且范数 $\|T_j(\xi)\|$ 在 $|\xi| \leqslant r_0$ 上一致有界.

根据 (5.4.53) 和 (5.2.65), 有

$$(h_1(t), \chi_0) = 0, \quad P_r h_1(t) = |\xi| \sum_{j=1}^2 e^{\lambda_j(|\xi|)t}(T_j(\xi)\hat{V}_0)_1, \tag{5.4.54}$$

$$H_1(t) = |\xi| \sum_{j=1}^2 e^{\lambda_j(|\xi|)t}(T_j(\xi)\hat{V}_0)_2, \tag{5.4.55}$$

$$J_1(t) = \sum_{j=1}^2 e^{\lambda_j(|\xi|)t}(\omega \times \hat{B}_0, W^j)W^j + |\xi| \sum_{j=1}^2 e^{\lambda_j(|\xi|)t}(T_j(\xi)\hat{V}_0)_3, \tag{5.4.56}$$

其中 W^j, $j = 1, 2$ 由 (5.2.65) 给出. 由于

$$\mathrm{Re}\lambda_j(|\xi|) = -a_1|\xi|^2(1 + O(|\xi|)) \leqslant -\eta_2|\xi|^2, \quad |\xi| \leqslant r_0, \tag{5.4.57}$$

其中 $\eta_2 > 0$ 为常数, 于是, 根据 (5.4.54)—(5.4.56) 可以推出

$$\begin{aligned} &\|\xi^\alpha P_r h_1(t)\|_{L^2}^2 \leqslant C(1+t)^{-(5/2+k)}(\|\partial_x^{\alpha'} f_0\|_{L^{2,1}}^2 + \|\partial_x^{\alpha'} E_0\|_{L_x^1}^2 + \|\partial_x^{\alpha'} B_0\|_{L_x^1}^2), \\ &\|\xi^\alpha H_1(t)\|_{L_\xi^2}^2 \leqslant C(1+t)^{-(5/2+k)}(\|\partial_x^{\alpha'} f_0\|_{L^{2,1}}^2 + \|\partial_x^{\alpha'} E_0\|_{L_x^1}^2 + \|\partial_x^{\alpha'} B_0\|_{L_x^1}^2), \end{aligned} \tag{5.4.58}$$

$$\|\xi^\alpha J_1(t)\|_{L_\xi^2}^2 \leqslant C(1+t)^{-(3/2+k)}(\|\partial_x^{\alpha'} f_0\|_{L^{2,1}}^2 + \|\partial_x^{\alpha'} E_0\|_{L_x^1}^2 + \|\partial_x^{\alpha'} B_0\|_{L_x^1}^2),$$

其中 $\alpha' \leqslant \alpha$, $k = |\alpha - \alpha'|$.

根据 (5.4.17), 对于 $|\xi| \geqslant r_1$,

$$S_2(t,\xi)\hat{V}_0 = \sum_{j=1}^4 e^{t\gamma_j(|\xi|)}[(\hat{f}_0, \overline{\phi_j}) - (\omega \times \hat{E}_0, \overline{X_j}) - (\omega \times \hat{B}_0, \overline{Y_j})](\phi_j, X_j, Y_j)(\xi), \tag{5.4.59}$$

特别地

$$(\phi_j,\chi_0)=0,\ j=1,2,3,4\Longrightarrow(h_2(t),\chi_0)=0.$$

由于

$$\mathrm{Re}\gamma_j(|\xi|)\leqslant -c_1|\xi|^{-1},\quad |\xi|\geqslant r_1, \tag{5.4.60}$$

于是, 根据 (5.4.59) 和 (5.2.98) 可得

$$\begin{aligned}
\|\xi^\alpha P_r h_2(t)\|_{L^2}^2 &\leqslant C\sup_{|\xi|\geqslant r_1}\frac{1}{|\xi|^{2m+1}}e^{-\frac{2c_1t}{|\xi|}}\int_{|\xi|\geqslant r_1}(\xi^\alpha)^2|\xi|^{2m}(\|\hat f_0\|_{L_v^2}^2+|\hat E_0|^2+|\hat B_0|^2)d\xi,\\
\|\xi^\alpha H_2(t)\|_{L_\xi^2}^2 &\leqslant C\sup_{|\xi|\geqslant r_1}\frac{1}{|\xi|^{2m}}e^{-\frac{2c_1t}{|\xi|}}\int_{|\xi|\geqslant r_1}(\xi^\alpha)^2|\xi|^{2m}(\|\hat f_0\|_{L_v^2}^2+|\hat E_0|^2+|\hat B_0|^2)d\xi,
\end{aligned} \tag{5.4.61}$$

$$\|\xi^\alpha J_2(t)\|_{L_\xi^2}^2 \leqslant C\sup_{|\xi|\geqslant r_1}\frac{1}{|\xi|^{2m}}e^{-\frac{2c_1t}{|\xi|}}\int_{|\xi|\geqslant r_1}(\xi^\alpha)^2|\xi|^{2m}(\|\hat f_0\|_{L_v^2}^2+|\hat E_0|^2+|\hat B_0|^2)d\xi.$$

将下面的不等式

$$\sup_{|\xi|\geqslant r_1}\frac{1}{|\xi|^{2m}}e^{-\frac{2c_1t}{|\xi|}}\leqslant C(1+t)^{-2m}$$

代入到 (5.4.61), 可以推出

$$\begin{aligned}
\|\xi^\alpha P_r h_2(t)\|_{L^2}^2 &\leqslant C(1+t)^{-(2m+1)}(\|\nabla_x^m\partial_x^\alpha f_0\|_{L^2}^2+\|\nabla_x^m\partial_x^\alpha E_0\|_{L_x^2}^2+\|\nabla_x^m\partial_x^\alpha B_0\|_{L_x^2}^2),\\
\|\xi^\alpha H_2(t)\|_{L_\xi^2}^2 &\leqslant C(1+t)^{-2m}(\|\nabla_x^m\partial_x^\alpha f_0\|_{L^2}^2+\|\nabla_x^m\partial_x^\alpha E_0\|_{L_x^2}^2+\|\nabla_x^m\partial_x^\alpha B_0\|_{L_x^2}^2),
\end{aligned} \tag{5.4.62}$$

$$\|\xi^\alpha J_2(t)\|_{L_\xi^2}^2 \leqslant C(1+t)^{-2m}(\|\nabla_x^m\partial_x^\alpha f_0\|_{L^2}^2+\|\nabla_x^m\partial_x^\alpha E_0\|_{L_x^2}^2+\|\nabla_x^m\partial_x^\alpha B_0\|_{L_x^2}^2).$$

最后, 结合 (5.4.49)—(5.4.52), (5.4.58) 和 (5.4.62), 可以得到 (5.4.48). □

下面我们证明上述的时间衰减率是最优的.

定理 5.31 设 $U(t)=(f_2(t),E(t),B(t))$ 是线性 VMB 方程柯西问题 (5.2.7) 的整体解. 对于 $l\geqslant 2$, 如果初值 $U_0=(f_{2,0},E_0,B_0)\in H^l\cap L^{2,1}\times H_x^l\cap L_x^1\times H_x^l\cap L_x^1$, 并且存在常数 $d_0>0$ 使得 U_0 的傅里叶变换 $\hat U_0=(\hat f_{2,0},\hat E_0,\hat B_0)$ 满足

$$\inf_{|\xi|\leqslant r_0}\left|\frac{\xi}{|\xi|}\times\hat B_0\right|\geqslant d_0,$$

那么当 $t>0$ 充分大时, 有

$$C_1(1+t)^{-\frac54}\leqslant\|P_rf_2(t)\|_{L^2}\leqslant C_2(1+t)^{-\frac54}, \tag{5.4.63}$$

$$C_1(1+t)^{-\frac{5}{4}} \leqslant \|E(t)\|_{L^2_x} \leqslant C_2(1+t)^{-\frac{5}{4}}, \tag{5.4.64}$$

$$C_1(1+t)^{-\frac{3}{4}} \leqslant \|B(t)\|_{L^2_x} \leqslant C_2(1+t)^{-\frac{3}{4}}, \tag{5.4.65}$$

其中 $C_2 \geqslant C_1 > 0$ 是两个常数.

证明 根据定理 5.30, 我们只需要证明在定理 5.31 的条件下整体解 $(f_2(t), E(t), B(t))$ 的时间衰减率的下界估计. 事实上, 由定理 5.30 得到

$$\begin{aligned}\|P_r f_2(t)\|_{L^2} &\geqslant \|P_r h_1(t)\|_{L^2} - \|P_r h_2(t)\|_{L^2} - \|P_r h_3(t)\|_{L^2} \\ &\geqslant \|P_r h_1(t)\|_{L^2_\xi} - C(1+t)^{-2} - Ce^{-\eta_0 t},\end{aligned} \tag{5.4.66}$$

$$\begin{aligned}\|E(t)\|_{L^2_x} &\geqslant \frac{\sqrt{2}}{2}\left(\left\|\frac{1}{|\xi|}(h_1(t),\chi_0)\right\|_{L^2_\xi} - \left\|\frac{1}{|\xi|}(h_2(t),\chi_0)\right\|_{L^2_\xi} - \left\|\frac{1}{|\xi|}(h_3(t),\chi_0)\right\|_{L^2_\xi}\right) \\ &\quad + \frac{\sqrt{2}}{2}(\|H_1(t)\|_{L^2_\xi} - \|H_2(t)\|_{L^2_\xi} - \|H_3(t)\|_{L^2_\xi}) \\ &\geqslant \frac{\sqrt{2}}{2}\left(\left\|\frac{1}{|\xi|}(h_1(t),\chi_0)\right\|_{L^2_\xi} + \|H_1(t)\|_{L^2_\xi}\right) - C(1+t)^{-2} - Ce^{-\eta_0 t},\end{aligned} \tag{5.4.67}$$

$$\begin{aligned}\|B(t)\|_{L^2_x} &\geqslant \|J_1(t)\|_{L^2_\xi} - \|J_2(t)\|_{L^2_\xi} - \|J_3(t)\|_{L^2_\xi} \\ &\geqslant \|J_1(t)\|_{L^2_\xi} - C(1+t)^{-2} - Ce^{-\eta_0 t},\end{aligned} \tag{5.4.68}$$

这里我们使用了 (5.4.52) 和 (5.4.62), 即

$$\int_{\mathbb{R}^3} \|(h_2(t), H_2(t), J_2(t))\|_\xi^2 d\xi \leqslant C(1+t)^{-4}\|\nabla_x^2 U_0\|_{Z^2}^2,$$

$$\int_{\mathbb{R}^3} \|(h_3(t), H_3(t), J_3(t))\|_\xi^2 d\xi \leqslant Ce^{-2\eta_0 t}\|U_0\|_{Z^2}^2.$$

根据 (5.4.53), (5.2.65) 和 $\lambda_1(|\xi|) = \lambda_2(|\xi|)$, 得到

$$P_r h_1(t) = \mathrm{i}a_1|\xi|e^{\lambda_1(|\xi|)t}\sum_{j=1,2}(\omega\times\hat{B}_0, W^j)L_1^{-1}(v\cdot W^j)\chi_0 + |\xi|^2 T_3(t,\xi)\hat{V}_0,$$

其中 $T_3(t,\xi)$ 是一个线性算子, 并且满足 $\|T_3(t,\xi)\hat{V}_0\|^2 \leqslant Ce^{-2\eta_2|\xi|^2 t}\|\hat{V}_0\|^2$. 注意到函数 $L_1^{-1}(v\cdot W^1)\sqrt{M}$ 和 $L_1^{-1}(v\cdot W^2)\sqrt{M}$ 是相互正交的, 于是

$$\|P_r h_1(t)\|_{L^2_v}^2 \geqslant \frac{1}{2}|\xi|^2 a_1^2\|L_1^{-1}\chi_1\|_{L^2_v}^2 e^{2\mathrm{Re}\lambda_1(|\xi|)t}|\omega\times\hat{B}_0|^2 - C|\xi|^4 e^{-2\eta_2|\xi|^2 t}\|\hat{U}_0\|^2.$$

由于

$$\mathrm{Re}\lambda_j(|\xi|) = -a_1|\xi|^2(1+O(|\xi|)) \geqslant -\eta_2|\xi|^2, \quad |\xi| \leqslant r_0,$$

其中 $\eta_2 > 0$ 为常数, 于是

$$\begin{aligned}\|P_r h_1(t)\|_{L^2}^2 \geqslant & \frac{1}{2}d_0^2 a_1^2 \|L_1^{-1}\chi_1\|_{L_v^2}^2 \int_{|\xi|\leqslant r_0} |\xi|^2 e^{-2\eta_2|\xi|^2 t} d\xi \\ & - C\int_{|\xi|\leqslant r_0} e^{-2\eta_2|\xi|^2 t}|\xi|^4\|\hat{U}_0\|^2 d\xi \\ =: & \frac{1}{2}d_0^2 a_1^2\|L_1^{-1}\chi_1\|_{L_v^2}^2 I_1 - C\|U_0\|_{Z^1}^2(1+t)^{-7/2}.\end{aligned} \tag{5.4.69}$$

对于 I_1, 当 $t \geqslant t_0 = \dfrac{1}{r_0^2}$ 时, 有

$$I_1 = \int_{|\xi|\leqslant r_0} |\xi|^2 e^{-2\eta_2|\xi|^2 t} d\xi = 4\pi t^{-5/2}\int_0^{r_0\sqrt{t}} e^{-2\eta_2 r^2} r^4 dr \geqslant C_0(1+t)^{-5/2}, \tag{5.4.70}$$

其中 $C_0 > 0$ 为常数. 将 (5.4.69) 和 (5.4.70) 代入 (5.4.66), 可以推出当 $t > 0$ 充分大时, (5.4.63) 成立.

根据 (5.4.53) 和 (5.2.65), 得到

$$H_1(t) = \mathrm{i}a_1|\xi|e^{\lambda_1(|\xi|)t}\sum_{j=1,2}(\omega\times\hat{B}_0, W^j)(\omega\times W^j) + |\xi|^2 T_4(t,\xi)\hat{V}_0, \tag{5.4.71}$$

$$(h_1(t), \chi_0) = 0, \tag{5.4.72}$$

其中 $T_4(t,\xi)$ 是一个线性算子, 并且满足 $\|T_3(t,\xi)\hat{V}_0\|^2 \leqslant Ce^{-2\eta_1|\xi|^2 t}\|\hat{V}_0\|^2$. 于是

$$|H_1(t)|^2 \geqslant \frac{1}{2}|\xi|^2 a_1^2 e^{2\mathrm{Re}\lambda_1(|\xi|)t}|\omega\times\hat{B}_0|^2 - C|\xi|^4 e^{-2\eta_1|\xi|^2 t}|\hat{U}_0|^2.$$

通过与 (5.4.70) 相似的讨论, 得到

$$\begin{aligned}\|H_1(t)\|_{L_\xi^2}^2 \geqslant & \frac{1}{2}d_0^2 a_1^2\int_{|\xi|\leqslant r_0}|\xi|^2 e^{-2\eta_2|\xi|^2 t}d\xi - C\int_{|\xi|\leqslant r_0}|\xi|^4 e^{-2\eta_1|\xi|^2 t}\|\hat{U}_0\|^2 d\xi \\ \geqslant & C_3(1+t)^{-5/2} - C(1+t)^{-7/2},\end{aligned}$$

上式结合 (5.4.72), (5.4.67) 可以推出当 $t > 0$ 充分大时, (5.4.64) 成立.

根据 (5.4.56), 得到

$$|J_1(t)|^2 \geqslant \frac{1}{2}e^{2\mathrm{Re}\lambda_1(|\xi|)t}|\omega\times\hat{B}_0|^2 - C|\xi|^2 e^{-2\eta_1|\xi|^2 t}|\hat{U}_0|^2,$$

因此

$$\begin{aligned}\|J_1(t)\|_{L^2_\xi}^2 &\geqslant \frac{1}{2}d_0^2\int_{|\xi|\leqslant r_0} e^{-2\eta_2|\xi|^2 t}d\xi - C\int_{|\xi|\leqslant r_0}|\xi|^2 e^{-2\eta_1|\xi|^2 t}\|\hat{U}_0\|^2 d\xi \\ &\geqslant C_3(1+t)^{-3/2} - C(1+t)^{-5/2}.\end{aligned}$$

上式结合 (5.4.68) 可以推出当 $t>0$ 充分大时, (5.4.65) 成立. □

关于线性双极 VMB 方程 (5.2.6) 的整体解 $f(t)=e^{t\mathbb{B}_0}f_0$ 的最优时间衰减率, 见定理 1.34 与定理 1.35.

5.4.2 线性单极 VMB 方程的最优衰减率

在本小节中, 我们研究线性单极 VMB 算子 $\mathbb{A}_3(\xi)$ 生成的半群 $e^{t\mathbb{A}_3(\xi)}$ 的性质, 并且建立线性单极 VMB 方程 (5.3.5) 整体解的最优衰减速度.

引理 5.32 算子 $\mathbb{G}_7(\xi)$ 在 $N_0^\perp\times\{0\}\times\{0\}$ 上生成一个强连续的压缩半群, 并且对任意的 $t>0$, $U=(f,0,0)$ 且 $f\in N_0^\perp\cap L^2(\mathbb{R}_v^3)$ 有

$$\|e^{t\mathbb{G}_7(\xi)}U\|\leqslant e^{-\mu t}\|U\|. \tag{5.4.73}$$

此外, 对任意的 $x>-\mu$, $U=(f,0,0)$ 且 $f\in N_0^\perp\cap L^2(\mathbb{R}_v^3)$, 有

$$\int_{-\infty}^{+\infty}\|[x+\mathrm{i}y-\mathbb{G}_7(\xi)]^{-1}U\|^2dy\leqslant\pi(x+\mu)^{-1}\|U\|^2. \tag{5.4.74}$$

证明 由于算子 $\mathbb{G}_7(\xi)$ 是 $N_0^\perp\times\{0\}\times\{0\}$ 上闭稠定算子, 并且算子 $\mathbb{G}_7(\xi)$ 与 $\mathbb{G}_7(\xi)^*=G_7(-\xi)$ 在 $N_0^\perp\times\{0\}\times\{0\}$ 上是耗散的, 满足估计 (5.3.31), 我们通过与引理 2.13 相似的论证, 可以证明 $\mathbb{G}_7(\xi)$ 在 $N_0^\perp\times\{0\}\times\{0\}$ 上生成一个强连续压缩半群, 并且满足 (5.4.73) 和 (5.4.74). □

引理 5.33 对任意固定的 $|\xi|\neq 0$, 算子 $\mathbb{G}_6(\xi)$ 在 $N_0\times\mathbb{C}_\xi^3\times\mathbb{C}_\xi^3$ 上生成一个强连续酉群, 并且对任意的 $t\in(-\infty,\infty)$ 和 $U\in N_0\cap L_\xi^2(\mathbb{R}_v^3)\times\mathbb{C}_\xi^3\times\mathbb{C}_\xi^3$ 有

$$\|e^{t\mathbb{G}_6(\xi)}U\|_\xi=\|U\|_\xi. \tag{5.4.75}$$

此外, 对任意的 $x\neq 0$ 和 $U\in N_0\cap L_\xi^2(\mathbb{R}_v^3)\times\mathbb{C}_\xi^3\times\mathbb{C}_\xi^3$, 有

$$\int_{-\infty}^{+\infty}\|[x+\mathrm{i}y-\mathbb{G}_6(\xi)]^{-1}U\|_\xi^2dy=\pi|x|^{-1}\|U\|_\xi^2. \tag{5.4.76}$$

证明 根据 (5.3.30), 算子 $\mathrm{i}\mathbb{G}_6(\xi)$ 在 $N_0\times\mathbb{C}_\xi^3\times\mathbb{C}_\xi^3$ 上关于内积 $(\cdot,\cdot)_\xi$ 是自伴的, 我们通过与引理 2.14 相似的论证, 可以证明 $\mathbb{G}_6(\xi)$ 在 $N_0\times\mathbb{C}_\xi^3\times\mathbb{C}_\xi^3$ 上生成一个强连续酉群, 并且满足 (5.4.75) 和 (5.4.76). □

通过与引理 5.28 相似的讨论, 我们有

引理 5.34 对任意固定的常数 $r_1 > r_0 > 0$, 令 $\eta = \eta(r_0, r_1) > 0$ 为由引理 5.18 给出的常数, 那么

$$\sup_{r_0<|\xi|<r_1, y\in\mathbb{R}} \|[I - \mathbb{G}_5(\xi)(-\eta + \mathrm{i}y - \mathbb{G}_1(\xi))^{-1}]^{-1}\| \leqslant C,$$

其中 $\mathbb{G}_1(\xi)$, $\mathbb{G}_5(\xi)$ 分别由 (5.2.21) 和 (5.3.11) 给出.

根据引理 5.18—引理 5.20 和引理 5.32—引理 5.34, 我们得到半群 $S(t,\xi) = e^{t\mathbb{A}_3(\xi)}$ 的分解, 证明过程与定理 2.16 相似, 在此省略.

定理 5.35 对任意的 $|\xi| \neq 0$, 半群 $S(t,\xi) = e^{t\mathbb{A}_3(\xi)}$ 具有以下分解:

$$S(t,\xi)U = S_1(t,\xi)U + S_2(t,\xi)U + S_3(t,\xi)U, \quad U \in L^2_\xi(\mathbb{R}^3_v) \times \mathbb{C}^3_\xi \times \mathbb{C}^3_\xi, \tag{5.4.77}$$

这里

$$S_1(t,\xi)U = \sum_{j=-1}^{7} e^{\lambda_j(|\xi|)t} \left(U, \Psi_j^*(\xi)\right)_\xi \Psi_j(\xi) 1_{\{|\xi|\leqslant r_0\}}, \tag{5.4.78}$$

$$S_2(t,\xi)U = \sum_{j=1}^{4} e^{t\gamma_j(|\xi|)} \left(U, \Phi_j^*(\xi)\right) \Phi_j(\xi) 1_{\{|\xi|\geqslant r_1\}}, \tag{5.4.79}$$

其中 $(\lambda_j(|\xi|), \Psi_j(\xi))$ 和 $(\gamma_j(|\xi|), \Phi_j(\xi))$ 分别是算子 $\mathbb{A}_3(\xi)$ 在 $|\xi| \leqslant r_0$ 处和在 $|\xi| > r_1$ 处的特征值和特征向量, 并且 $S_3(t,\xi) =: S(t,\xi) - S_1(t,\xi) - S_2(t,\xi)$ 满足

$$\|S_3(t,\xi)U\|_\xi \leqslant Ce^{-\eta_0 t}\|U\|_\xi, \tag{5.4.80}$$

其中 $\eta_0 > 0$ 和 $C > 0$ 是不依赖于 ξ 的常数.

对于任意的 $U_0 = (f_0, E_0, B_0) \in H^l \times H^l_x \times H^l_x$, 令

$$e^{t\mathbb{A}_2(\xi)}\hat{U}_0 = \left(f, -\frac{\mathrm{i}\xi}{|\xi|^2}(f,\chi_0) - \frac{\xi}{|\xi|} \times X, -\frac{\xi}{|\xi|} \times Y\right), \tag{5.4.81}$$

其中 $\mathbb{A}_2(\xi)$ 由 (5.3.6) 给出, 且 (f, X, Y) 定义为

$$e^{t\mathbb{A}_3(\xi)}\hat{V}_0 = (f, X, Y) \in L^2_\xi(\mathbb{R}^3_v) \times \mathbb{C}^3_\xi \times \mathbb{C}^3_\xi,$$

$$\hat{V}_0 = \left(\hat{f}_0, \frac{\xi}{|\xi|} \times \hat{E}_0, \frac{\xi}{|\xi|} \times \hat{B}_0\right).$$

于是 $e^{t\mathbb{A}_2}U_0$ 是线性单极 VMB 方程 (5.3.5) 的解. 根据引理 5.16, 有

$$\|e^{t\mathbb{A}_2}U_0\|^2_{H^l} = \int_{\mathbb{R}^3} (1 + |\xi|^2)^l \|e^{t\mathbb{A}_3(\xi)}\hat{V}_0\|^2_\xi d\xi \leqslant \int_{\mathbb{R}^3} (1 + |\xi|^2)^l \|\hat{V}_0\|^2_\xi d\xi = \|U_0\|^2_{H^l}.$$

这表明算子 $\mathbb{A}_2$ 在 H^l 上生成一个强连续压缩半群 $e^{t\mathbb{A}_2}$, 因此, 对于任意的初值 $U_0 \in H^l$, $U(t) = e^{t\mathbb{A}_2}U_0$ 是线性单极 VMB 方程的 (5.3.5) 的整体解.

于是, 我们得到线性单极 VMB 方程柯西问题 (5.3.5) 整体解的最优衰减速度.

定理 5.36 对任意的 $\alpha, \alpha' \in \mathbb{N}^3$ 且 $\alpha' \leqslant \alpha$, 线性单极 VMB 方程柯西问题 (5.3.5) 的整体解 $U = (f, E, B) = e^{t\mathbb{A}_2}U_0$ 满足

$$\begin{cases} \|\partial_x^\alpha f(t)\|_{L^2} \leqslant C(1+t)^{-\frac{5}{8}-\frac{k}{4}}V(\alpha,\alpha') + C(1+t)^{-m-\frac{1}{2}}\|\nabla_x^m\partial_x^\alpha U_0\|_{Z^2}, \\ \|\partial_x^\alpha E(t)\|_{L_x^2} \leqslant C[(1+t)^{-\frac{3}{4}-\frac{k}{2}} + (1+t)^{-\frac{9}{8}-\frac{k}{4}}]V(\alpha,\alpha') \\ \qquad + C(1+t)^{-m}\|\nabla_x^m\partial_x^\alpha U_0\|_{Z^2}, \\ \|\partial_x^\alpha B(t)\|_{L_x^2} \leqslant C(1+t)^{-\frac{3}{8}-\frac{k}{4}}V(\alpha,\alpha') + C(1+t)^{-m}\|\nabla_x^m\partial_x^\alpha U_0\|_{Z^2}, \end{cases} \tag{5.4.82}$$

特别地,

$$\begin{cases} \|\partial_x^\alpha (f(t),\chi_0)\|_{L_x^2} \leqslant C(1+t)^{-\frac{5}{4}-\frac{k}{2}}V(\alpha,\alpha'), \\ \|\partial_x^\alpha (f(t),v\chi_0)\|_{L_x^2} \leqslant C(1+t)^{-\frac{5}{8}-\frac{k}{4}}V(\alpha,\alpha') + C(1+t)^{-m-\frac{1}{2}}\|\nabla_x^m\partial_x^\alpha U_0\|_{Z^2}, \\ \|\partial_x^\alpha (f(t),\chi_4)\|_{L_x^2} \leqslant C(1+t)^{-\frac{3}{4}-\frac{k}{2}}V(\alpha,\alpha'), \\ \|\partial_x^\alpha P_1 f(t)\|_{L^2} \leqslant C(1+t)^{-\frac{7}{8}-\frac{k}{4}}V(\alpha,\alpha') + C(1+t)^{-m-\frac{1}{2}}\|\nabla_x^m\partial_x^\alpha U_0\|_{Z^2}, \end{cases} \tag{5.4.83}$$

其中 $V(\alpha,\alpha') =: \|\partial_x^\alpha U_0\|_{Z^2} + \|\partial_x^{\alpha'} U_0\|_{Z^1}$, $k = |\alpha - \alpha'|$ 且 $m \geqslant 0$.

此外, 对于 $l \geqslant 2$, 如果初值 $U_0 = (f_0, E_0, B_0) \in H^l \cap L^{2,1} \times H_x^l \cap L_x^1 \times H_x^l \cap L_x^1$, 并且存在常数 $d_0 > 0$ 使得初值 U_0 的傅里叶变换 $\hat{U}_0 = (\hat{f}_0, \hat{E}_0, \hat{B}_0)$ 满足

$$\inf_{|\xi|\leqslant r_0}\left|\hat{E}_0(\xi)\cdot\frac{\xi}{|\xi|}\right| \geqslant d_0, \quad \inf_{|\xi|\leqslant r_0}\left|\frac{\xi}{|\xi|}\times\hat{B}_0(\xi)\right| \geqslant d_0,$$
$$\inf_{|\xi|\leqslant r_0}|(\hat{f}_0(\xi),\chi_4)| \geqslant d_0, \quad \sup_{|\xi|\leqslant r_0}|(\hat{f}_0(\xi),v\chi_0)| = 0,$$

那么, 当 $t > 0$ 充分大时, 整体解 $(f(t), E(t), B(t))$ 满足以下的最优时间衰减率:

$$\begin{cases} C_1(1+t)^{-\frac{5}{8}} \leqslant \|f(t)\|_{L^2} \leqslant C_2(1+t)^{-\frac{5}{8}}, \\ C_1(1+t)^{-\frac{3}{4}} \leqslant \|E(t)\|_{L_x^2} \leqslant C_2(1+t)^{-\frac{3}{4}}, \\ C_1(1+t)^{-\frac{3}{8}} \leqslant \|B(t)\|_{L_x^2} \leqslant C_2(1+t)^{-\frac{3}{8}}, \end{cases} \tag{5.4.84}$$

特别地,

$$
\begin{cases}
C_1(1+t)^{-\frac{5}{4}} \leqslant \|(f(t),\chi_0)\|_{L^2_x} \leqslant C_2(1+t)^{-\frac{5}{4}}, \\
C_1(1+t)^{-\frac{5}{8}} \leqslant \|(f(t),v\chi_0)\|_{L^2_x} \leqslant C_2(1+t)^{-\frac{5}{8}}, \\
C_1(1+t)^{-\frac{3}{4}} \leqslant \|(f(t),\chi_4)\|_{L^2_x} \leqslant C_2(1+t)^{-\frac{3}{4}}, \\
C_1(1+t)^{-\frac{7}{8}} \leqslant \|P_1 f(t)\|_{L^2} \leqslant C_2(1+t)^{-\frac{7}{8}},
\end{cases}
\tag{5.4.85}
$$

其中 $C_2 \geqslant C_1 > 0$ 是两个正常数.

证明 根据 (5.4.81) 和定理 5.35, 对于 $\omega = \xi/|\xi|$ 有

$$
\begin{aligned}
(\hat{f}(t),\omega\times\hat{E}(t),\omega\times\hat{B}(t)) &= e^{t\mathbb{A}_3(\xi)}\hat{V}_0 = S_1(t,\xi)\hat{V}_0 + S_2(t,\xi)\hat{V}_0 + S_3(t,\xi)\hat{V}_0 \\
&= \sum_{k=1}^{3}(h_k(t),H_k(t),J_k(t)),
\end{aligned}
$$

其中 $S_k(t,\xi)\hat{V}_0 = (h_k(t),H_k(t),J_k(t)) \in L^2_\xi(\mathbb{R}^3_v)\times\mathbb{C}^3_\xi\times\mathbb{C}^3_\xi$, $k=1,2,3$, 以及 $\hat{V}_0 = (\hat{f}_0,\omega\times\hat{E}_0,\omega\times\hat{B}_0)$. 根据 Plancherel 恒等式, 得到

$$
\|\partial_x^\alpha(f(t),\chi_j)\|_{L^2_x} \leqslant \|\xi^\alpha(h_1(t),\chi_j)\|_{L^2_\xi} + \|\xi^\alpha(h_2(t),\chi_j)\|_{L^2_\xi} + \|\xi^\alpha(h_3(t),\chi_j)\|_{L^2_\xi},
\tag{5.4.86}
$$

$$
\|\partial_x^\alpha P_1 f(t)\|_{L^2} \leqslant \|\xi^\alpha P_1 h_1(t)\|_{L^2} + \|\xi^\alpha P_1 h_2(t)\|_{L^2} + \|\xi^\alpha P_1 h_3(t)\|_{L^2},
\tag{5.4.87}
$$

$$
\begin{aligned}
\|\partial_x^\alpha E(t)\|_{L^2_x} \leqslant{}& \left\|\frac{\xi^\alpha}{|\xi|}(h_1(t),\chi_0)\right\|_{L^2_\xi} + \left\|\frac{\xi^\alpha}{|\xi|}(h_2(t),\chi_0)\right\|_{L^2_\xi} + \left\|\frac{\xi^\alpha}{|\xi|}(h_3(t),\chi_0)\right\|_{L^2_\xi} \\
&+ \|\xi^\alpha H_1(t)\|_{L^2_\xi} + \|\xi^\alpha H_2(t)\|_{L^2_\xi} + \|\xi^\alpha H_3(t)\|_{L^2_\xi},
\end{aligned}
\tag{5.4.88}
$$

$$
\|\partial_x^\alpha B(t)\|_{L^2_x} \leqslant \|\xi^\alpha J_1(t)\|_{L^2_\xi} + \|\xi^\alpha J_2(t)\|_{L^2_\xi} + \|\xi^\alpha J_3(t)\|_{L^2_\xi}.
\tag{5.4.89}
$$

根据 (5.4.80), 可知 (5.4.86)—(5.4.89) 等号右侧最后一项满足

$$
\begin{aligned}
&\int_{\mathbb{R}^3}(\xi^\alpha)^2\left(\|h_3(t)\|^2_{L^2_v} + \frac{1}{|\xi|^2}|(h_3(t),\chi_0)|^2 + |H_3(t)|^2 + |J_3(t)|^2\right)d\xi \\
\leqslant{}& C\int_{\mathbb{R}^3}(\xi^\alpha)^2 e^{-2\eta_0 t}(\|\hat{f}_0\|^2_{L^2_v} + |\hat{E}_0\cdot\omega|^2 + |\omega\times\hat{E}_0|^2 + |\omega\times\hat{B}_0|^2)d\xi \\
\leqslant{}& Ce^{-2\eta_0 t}(\|\partial_x^\alpha f_0\|^2_{L^2} + \|\partial_x^\alpha E_0\|^2_{L^2_x} + \|\partial_x^\alpha B_0\|^2_{L^2_x}).
\end{aligned}
\tag{5.4.90}
$$

根据 (5.4.78), 对于 $|\xi| \leqslant r_0$,

$$S_1(t,\xi)\hat{V}_0 = \sum_{j=-1}^{7} e^{\lambda_j(|\xi|)t}\bigg[(\hat{f}_0, \overline{\psi_j}) + \frac{1}{|\xi|^2}\mathrm{i}(\hat{E}_0\cdot\xi)(\psi_j,\chi_0) - (\omega\times\hat{E}_0,\overline{X_j}) - (\omega\times\hat{B}_0,\overline{Y_j})\bigg]\times(\psi_j,X_j,Y_j)(\xi), \tag{5.4.91}$$

这里, 我们用 $\mathrm{i}(\hat{E}_0\cdot\xi)$ 来代替 $(\hat{f}_0,\chi_0)$. 根据 (5.4.91), (5.3.64) 和 (5.3.65), 并注意到 $(\psi_j,\chi_0)=(\psi_j,\chi_4)=0$, $j=6,7$, 可知 $h_1(t)$ 的宏观部分和微观部分以及 $H_1(t), J_1(t)$ 满足

$$(h_1(t),\chi_0) = -\frac{1}{2}|\xi|\sum_{j=\pm1} e^{\lambda_j(|\xi|)t}[j(\hat{m}_0\cdot\omega) - \mathrm{i}(\hat{E}_0\cdot\omega)] + |\xi|^2 T_1(t,\xi)\hat{V}_0, \tag{5.4.92}$$

$$\begin{aligned}(h_1(t),v\chi_0) =& \frac{1}{2}\sum_{j=\pm1} e^{\lambda_j(|\xi|)t}[(\hat{m}_0\cdot\omega) - j\mathrm{i}(\hat{E}_0\cdot\omega)]\omega \\ &+ \frac{1}{2}(e^{\lambda_2(|\xi|)t} + e^{\lambda_4(|\xi|)t})(\hat{m}_0 - (\hat{m}_0\cdot\omega)\omega) \\ &+ \frac{1}{2}(e^{\lambda_2(|\xi|)t} - e^{\lambda_4(|\xi|)t})(\hat{E}_0 - (\hat{E}_0\cdot\omega)\omega) + \mathrm{i}|\xi|e^{\lambda_6(|\xi|)t}(\omega\times\hat{B}_0) \\ &+ |\xi|T_2(t,\xi)\hat{V}_0 + |\xi|^2 R_1(t,\xi)\hat{V}_0,\end{aligned} \tag{5.4.93}$$

$$(h_1(t),\chi_4) = e^{\lambda_0(|\xi|)t}\hat{q}_0 + |\xi|T_3(t,\xi)\hat{V}_0, \tag{5.4.94}$$

$$\begin{aligned}P_1 h_1(t) =& |\xi|^2 e^{\lambda_6(|\xi|)t}\sum_{j=6,7}(\omega\times\hat{B}_0\cdot W^j)L^{-1}P_1(v\cdot\omega)(v\cdot W^j)\sqrt{M} \\ &+ |\xi|T_4(t,\xi)\hat{V}_0 + |\xi|^3 R_2(t,\xi)\hat{V}_0,\end{aligned} \tag{5.4.95}$$

$$\begin{aligned}H_1(t) =& -\frac{1}{2}\mathrm{i}(e^{\lambda_2(|\xi|)t} - e^{\lambda_4(|\xi|)t})(\omega\times\hat{m}_0) - \frac{1}{2}(e^{\lambda_2(|\xi|)t} + e^{\lambda_4(|\xi|)t})(\omega\times\hat{E}_0) \\ &+ |\xi|T_5(t,\xi)\hat{V}_0 + |\xi|^3 R_3(t,\xi)\hat{V}_0,\end{aligned} \tag{5.4.96}$$

$$\begin{aligned}J_1(t) =& e^{\lambda_6(|\xi|)t}(\omega\times\hat{B}_0) + \mathrm{i}|\xi|e^{\lambda_6(|\xi|)t}(\hat{m}_0 - (\hat{m}_0\cdot\omega)\omega) + |\xi|T_6(t,\xi)\hat{V}_0 \\ &+ |\xi|^2 R_4(t,\xi)\hat{V}_0,\end{aligned} \tag{5.4.97}$$

其中 $(\hat{m}_0,\hat{q}_0) =: ((\hat{f}_0,v\chi_0),(\hat{f}_0,\chi_4))$, 并且 $T_j(t,\xi)$, $1\leqslant j\leqslant 6$ 和 $R_k(t,\xi)$, $1\leqslant k\leqslant 4$ 是 $L^2_\xi(\mathbb{R}^3_v)\times\mathbb{C}^3_\xi\times\mathbb{C}^3_\xi$ 到 $L^2_\xi(\mathbb{R}^3_v)$ 或者 $\mathbb{C}^3_\xi$ 的线性算子. 由于

$$\mathrm{Re}\lambda_j(|\xi|) = -a_j|\xi|^2(1+O(|\xi|)) \leqslant -\eta_1|\xi|^2, \quad |\xi|\leqslant r_0,\ j=-1,0,1,2,3,4,5,$$

$$\mathrm{Re}\lambda_k(|\xi|) = -a_k|\xi|^4(1+O(|\xi|)) \leqslant -\eta_1|\xi|^4, \quad |\xi| \leqslant r_0,\ k=6,7,$$

其中 $\eta_1 > 0$ 是一个常数, 于是算子 $T_j(t,\xi), 1 \leqslant j \leqslant 6$ 和 $R_k(t,\xi), 1 \leqslant k \leqslant 4$ 的范数满足以下的估计:

$$\|T_j(t,\xi)\| \leqslant Ce^{-\eta_1|\xi|^2 t}, \quad \|R_k(t,\xi)\| \leqslant Ce^{-\eta_1|\xi|^4 t}, \quad |\xi| \leqslant r_0. \tag{5.4.98}$$

根据 (5.4.98) 与 (5.4.92)—(5.4.95), 得到

$$\begin{cases} \|\xi^\alpha(h_1(t),\chi_0)\|_{L^2_\xi}^2 \leqslant C(1+t)^{-(\frac{5}{2}+k)}\|\partial_x^{\alpha'}U_0\|_{Z^1}^2, \\ \|\xi^\alpha(h_1(t),v\chi_0)\|_{L^2_\xi}^2 \leqslant C(1+t)^{-(\frac{3}{2}+k)}\|\partial_x^{\alpha'}U_0\|_{Z^1}^2 + C(1+t)^{-(\frac{5}{4}+\frac{k}{2})}\|\partial_x^{\alpha'}U_0\|_{Z^1}^2, \\ \|\xi^\alpha(h_1(t),\chi_4)\|_{L^2_\xi}^2 \leqslant C(1+t)^{-(\frac{3}{2}+k)}\|\partial_x^{\alpha'}U_0\|_{Z^1}^2, \\ \|\xi^\alpha P_1 h_1(t)\|_{L^2}^2 \leqslant C(1+t)^{-(\frac{5}{2}+k)}\|\partial_x^{\alpha'}U_0\|_{Z^1}^2 + C(1+t)^{-(\frac{7}{4}+\frac{k}{2})}\|\partial_x^{\alpha'}U_0\|_{Z^1}^2, \\ \|\xi^\alpha H_1(t)\|_{L^2_\xi}^2 \leqslant C(1+t)^{-(\frac{3}{2}+k)}\|\partial_x^{\alpha'}U_0\|_{Z^1}^2 + C(1+t)^{-(\frac{9}{4}+\frac{k}{2})}\|\partial_x^{\alpha'}U_0\|_{Z^1}^2, \\ \|\xi^\alpha J_1(t)\|_{L^2_\xi}^2 \leqslant C(1+t)^{-(\frac{3}{4}+\frac{k}{2})}\|\partial_x^{\alpha'}U_0\|_{Z^1}^2 + C(1+t)^{-(\frac{5}{2}+k)}\|\partial_x^{\alpha'}U_0\|_{Z^1}^2, \end{cases} \tag{5.4.99}$$

其中 $\alpha' \leqslant \alpha$, $k = |\alpha - \alpha'|$.

根据 (5.4.79), 对于 $|\xi| \geqslant r_1$,

$$S_2(t,\xi)\hat{V}_0 = \sum_{j=1}^{4} e^{t\gamma_j(|\xi|)}[(\hat{f}_0,\overline{\phi_j}) - (\omega\times\hat{E}_0,\overline{X_j}) - (\omega\times\hat{B}_0,\overline{Y_j})](\phi_j,X_j,Y_j)(\xi), \tag{5.4.100}$$

特别地

$$(\phi_j,\chi_0) = (\phi_j,\chi_4) = 0,\ j=1,2,3,4 \Longrightarrow (h_2(t),\chi_0) = (h_2(t),\chi_4) = 0. \tag{5.4.101}$$

由于

$$\mathrm{Re}\gamma_j(|\xi|) \leqslant -c_1|\xi|^{-1}, \quad |\xi| \geqslant r_1,$$

于是, 根据 (5.4.100), (5.3.71) 和 (5.2.98) 可得

$$\begin{cases} \|\xi^\alpha(h_2(t),v\chi_0)\|_{L^2_\xi}^2 + \|\xi^\alpha P_1 h_2(t)\|_{L^2}^2 \leqslant C(1+t)^{-(2m+1)}\|\nabla_x^m\partial_x^\alpha U_0\|_{Z^2}^2, \\ \|\xi^\alpha H_2(t)\|_{L^2_\xi}^2 + \|\xi^\alpha J_2(t)\|_{L^2_\xi}^2 \leqslant C(1+t)^{-2m}\|\nabla_x^m\partial_x^\alpha U_0\|_{Z^2}^2. \end{cases} \tag{5.4.102}$$

结合 (5.4.86)—(5.4.90), (5.4.99) 和 (5.4.101)—(5.4.102), 可以证明 (5.4.82)-(5.4.83).

接下来, 我们估计整体解的时间衰减率的下界. 根据 (5.4.90) 和 (5.4.102), 有

$$\|(f(t),\chi_j)\|_{L^2_x} \geqslant \|(h_1(t),\chi_j)\|_{L^2_\xi} - C(1+t)^{-\frac{3}{2}} - Ce^{-\eta_0 t}, \tag{5.4.103}$$

$$\|P_1 f(t)\|_{L^2} \geqslant \|P_1 h_1(t)\|_{L^2} - C(1+t)^{-\frac{3}{2}} - Ce^{-\eta_0 t}, \tag{5.4.104}$$

$$\|E(t)\|_{L^2_x} \geqslant \frac{\sqrt{2}}{2}\left(\left\|\frac{1}{|\xi|}(h_1(t),\chi_0)\right\|_{L^2_\xi} + \|H_1(t)\|_{L^2_\xi}\right) - C(1+t)^{-1} - Ce^{-\eta_0 t}, \tag{5.4.105}$$

$$\|B(t)\|_{L^2_x} \geqslant \|J_1(t)\|_{L^2_\xi} - C(1+t)^{-1} - Ce^{-\eta_0 t}. \tag{5.4.106}$$

通过 (5.4.92) 以及 $\lambda_{-1}(|\xi|) = \overline{\lambda_1(|\xi|)}$, 有

$$|(h_1(t),\chi_0)|^2 \geqslant \frac{1}{2}|\xi|^2 e^{2\mathrm{Re}\lambda_1(|\xi|)t}\sin^2(\mathrm{Im}\lambda_1(|\xi|)t)|\hat{E}_0\cdot\omega|^2 - C|\xi|^4 e^{-2\eta_1|\xi|^2 t}\|\hat{V}_0\|^2. \tag{5.4.107}$$

由于

$$\sin^2(\mathrm{Im}\lambda_1(|\xi|)t) \geqslant \frac{1}{2}\sin^2[(1+b_1|\xi|^2)t] - O([|\xi|^3 t]^2),$$

以及

$$\mathrm{Re}\lambda_j(|\xi|) = -a_j|\xi|^2(1+O(|\xi|)) \geqslant -\eta_2|\xi|^2, \quad |\xi|\leqslant r_0,\ j=-1,0,1,2,3,4,5,$$

其中 $\eta_2>0$ 是一个常数, 于是

$$\begin{aligned}\|(h_1(t),\chi_0)\|^2_{L^2_\xi} &\geqslant \frac{d_0^2}{4}\int_{|\xi|\leqslant r_0}|\xi|^2 e^{-2\eta_2|\xi|^2 t}\sin^2(t+b_1|\xi|^2 t)d\xi - C(1+t)^{-7/2}\\ &=: I_1 - C(1+t)^{-7/2}.\end{aligned} \tag{5.4.108}$$

令 $N \geqslant \sqrt{\dfrac{4\pi}{b_1}}$, 对于 $t \geqslant t_0 =: \dfrac{N^2}{r_0^2}$, 有

$$\begin{aligned}I_1 &= \frac{d_0^2}{4}t^{-5/2}\int_{|\zeta|\leqslant r_0\sqrt{t}} e^{-2\eta|\zeta|^2}\sin^2(t+b_1|\zeta|^2)d\zeta\\ &\geqslant t^{-5/2}\frac{\pi d_0^2 N}{2}e^{-2\eta N^2}\int_{N/2}^{N} r\sin^2(t+b_1 r^2)dr\end{aligned}$$

$$\geqslant (1+t)^{-5/2}\frac{\pi d_0^2 N}{4b_1}e^{-2\eta N^2}\int_0^\pi \sin^2 y dy \geqslant C_3(1+t)^{-5/2}, \tag{5.4.109}$$

这里 $C_3 > 0$ 为常数. 将 (5.4.108) 和 (5.4.109) 代入 (5.4.103), 可以推出当 $t > 0$ 充分大时, $(5.4.85)_1$ 成立.

根据 (5.4.93) 以及 $\lambda_0(|\xi|)$ 为实函数, 得到

$$|(h_1(t), v\chi_0)|^2 \geqslant \frac{1}{2}|\xi|^2 e^{2\lambda_6(|\xi|)t}|\omega\times\hat{B}_0|^2 - Ce^{-2\eta_1|\xi|^2 t}(|\hat{E}_0|^2 + |\xi|^2\|\hat{V}_0\|^2)$$
$$- C|\xi|^4 e^{-2\eta_1|\xi|^4 t}\|\hat{V}_0\|^2.$$

由于

$$\mathrm{Re}\lambda_j(|\xi|) = a_j|\xi|^4(1+O(|\xi|)) \geqslant -\eta_2|\xi|^4, \quad |\xi| \leqslant r_0,\ j = 6, 7,$$

于是

$$\|(h_1(t), v\chi_0)\|_{L^2_\xi}^2 \geqslant \frac{d_0^2}{2}\int_{|\xi|\leqslant r_0}|\xi|^2 e^{-2\eta_2|\xi|^4 t}d\xi - C\int_{|\xi|\leqslant r_0}e^{-2\eta_1|\xi|^2 t}\|\hat{V}_0\|^2 d\xi$$
$$- C\int_{|\xi|\leqslant r_0}|\xi|^4 e^{-2\eta_1|\xi|^4 t}\|\hat{V}_0\|^2 d\xi$$
$$\geqslant C_3(1+t)^{-5/4} - C(1+t)^{-3/2} - C(1+t)^{-7/4}.$$

根据上式与 (5.4.103) 可以推出当 $t > 0$ 充分大时, $(5.4.85)_2$ 成立.

根据 (5.4.94) 以及 $\lambda_0(|\xi|)$ 为实函数, 有

$$|(h_1(t), \chi_4)|^2 \geqslant \frac{1}{2}e^{2\lambda_0(|\xi|)t}|\hat{q}_0|^2 - C|\xi|^2 e^{-2\eta_1|\xi|^2 t}\|\hat{V}_0\|^2,$$

由此推出

$$\|(h_1(t), \chi_4)\|_{L^2_\xi}^2 \geqslant \frac{d_0^2}{2}\int_{|\xi|\leqslant r_0}e^{-2\eta_2|\xi|^2 t}d\xi - C\int_{|\xi|\leqslant r_0}e^{-2\eta_1|\xi|^2 t}|\xi|^2\|\hat{V}_0\|^2 d\xi$$
$$\geqslant C_3(1+t)^{-3/2} - C(1+t)^{-5/2}.$$

根据上式与 (5.4.103) 可以推出当 $t > 0$ 充分大时, $(5.4.85)_3$ 成立.

由 (5.4.95) 得到

$$\|P_1 h_1(t)\|_{L^2_v}^2 \geqslant \frac{1}{2}\|L^{-1}P_1(v_1\chi_2)\|_{L^2_v}^2|\xi|^4 e^{2\lambda_6(|\xi|)t}|\omega\times\hat{B}_0|^2 - C|\xi|^6 e^{-2\eta_1|\xi|^4 t}\|\hat{V}_0\|^2$$
$$- C|\xi|^2 e^{-2\eta_1|\xi|^2 t}\|\hat{V}_0\|^2.$$

于是

$$\|P_1h_1(t)\|_{L^2}^2 \geqslant C_3(1+t)^{-7/4} - C(1+t)^{-9/4} - C(1+t)^{-5/2},$$

根据上式与 (5.4.104) 可以推出当 $t>0$ 充分大时, $(5.4.85)_4$ 成立.

最后, 通过 (5.4.96) 和 (5.4.97), 得到

$$\begin{aligned}\frac{1}{|\xi|^2}|(h_1(t),\chi_0)|^2 + |H_1(t)|^2 \geqslant{}& \frac{1}{2}e^{2\mathrm{Re}\lambda_1(|\xi|)t}\sin^2(\mathrm{Im}\lambda_1(|\xi|)t)|\hat{E}_0\cdot\omega|^2 \\ &- C|\xi|^2e^{-2\eta_1|\xi|^2t}\|\hat{V}_0\|^2 - C|\xi|^6e^{-2\eta_1|\xi|^4t}\|\hat{V}_0\|^2,\end{aligned}$$

以及

$$|J_1(t)|^2 \geqslant \frac{1}{2}e^{2\lambda_6(|\xi|)t}|\omega\times\hat{B}_0|^2 - C|\xi|^4e^{-2\eta_1|\xi|^4t}\|\hat{V}_0\|^2 - C|\xi|^2e^{-2\eta_1|\xi|^2t}\|\hat{V}_0\|^2,$$

因此

$$\left\|\frac{1}{|\xi|}(h_1(t),\chi_0)\right\|_{L_\xi^2}^2 + \|H_1(t)\|_{L_\xi^2}^2 \geqslant C(1+t)^{-3/2} - C(1+t)^{-5/2} - C(1+t)^{-9/4},$$

$$\|J_1(t)\|_{L_\xi^2}^2 \geqslant C(1+t)^{-3/4} - C(1+t)^{-7/4} - C(1+t)^{-5/2}.$$

我们结合上式, (5.4.105) 和 (5.4.106) 可以得到 (5.4.84). □

5.5 非线性 VMB 方程的最优衰减率

在本节中, 我们先建立非线性 VMB 方程整体强解的能量估计, 然后结合线性 VMB 方程解的估计和非线性能量估计, 建立非线性 VMB 方程柯西问题整体强解的最优衰减速度.

5.5.1 非线性双极 VMB 方程的能量估计

在本小节中, 我们建立非线性双极 VMB 方程强解的能量估计. 设 $N\geqslant 2$ 为正整数以及 $k\geqslant 0$, 对于 $U=(f_1,f_2,E,B)$, 定义

$$E_{N,k}(U) = \sum_{|\alpha|+|\beta|\leqslant N}\|\nu^k\partial_x^\alpha\partial_v^\beta f\|_{L^2}^2 + \sum_{|\alpha|\leqslant N}\|\partial_x^\alpha(E,B)\|_{L_x^2}^2, \tag{5.5.1}$$

$$\begin{aligned}H_{N,k}(U) ={}& \sum_{|\alpha|+|\beta|\leqslant N}\|\nu^k\partial_x^\alpha\partial_v^\beta(P_1f_1,P_rf_2)\|_{L^2}^2 + \sum_{1\leqslant|\alpha|\leqslant N}\|\partial_x^\alpha(E,B)\|_{L_x^2}^2 \\ &+ \sum_{|\alpha|\leqslant N-1}\|\partial_x^\alpha\nabla_x(P_0f_1,P_df_2)\|_{L^2}^2 + \|E\|_{L_x^2}^2,\end{aligned} \tag{5.5.2}$$

$$D_{N,k}(U) = \sum_{|\alpha|+|\beta|\leqslant N} \|\nu^{\frac{1}{2}+k}\partial_x^\alpha\partial_v^\beta(P_1f_1, P_rf_2)\|_{L^2}^2 + \sum_{1\leqslant|\alpha|\leqslant N-1} \|\partial_x^\alpha(E,B)\|_{L_x^2}^2$$
$$+ \sum_{|\alpha|\leqslant N-1} \|\partial_x^\alpha\nabla_x(P_0f_1, P_df_2)\|_{L^2}^2 + \|E\|_{L_x^2}^2. \tag{5.5.3}$$

简便起见, 记 $E_N(U) = E_{N,0}(U)$, $H_N(U) = H_{N,0}(U)$ 和 $D_N(U) = D_{N,0}(U)$.

首先, 取 χ_j $(j = 0,1,2,3,4)$ 和 (5.1.4) 的内积, 我们得到可压缩 Euler-Maxwell (EM) 型方程如下

$$\partial_t n_1 + \mathrm{div}_x m_1 = 0, \tag{5.5.4}$$

$$\partial_t m_1 + \nabla_x n_1 + \sqrt{\frac{2}{3}}\nabla_x q_1 = n_2E + m_2\times B - \int_{\mathbb{R}^3} v\cdot\nabla_x(P_1f_1)v\chi_0 dv, \tag{5.5.5}$$

$$\partial_t q_1 + \sqrt{\frac{2}{3}}\mathrm{div}_x m_1 = \sqrt{\frac{2}{3}}E\cdot m_2 - \int_{\mathbb{R}^3} v\cdot\nabla_x(P_1f_1)\chi_4 dv, \tag{5.5.6}$$

其中

$$(n_1, m_1, q_1) = ((f_1,\chi_0),(f_1,v\chi_0),(f_1,\chi_4)), \quad (n_2,m_2) = ((f_2,\chi_0),(f_2,v\chi_0)).$$

将微观投影 P_1 作用到 (5.1.4), 得到

$$\partial_t(P_1f_1) + P_1(v\cdot\nabla_x P_1f_1) - L(P_1f_1) = -P_1(v\cdot\nabla_x P_0f_1) + P_1\Lambda_1, \tag{5.5.7}$$

其中非线性项 Λ_1 为

$$\Lambda_1 = \frac{1}{2}(v\cdot E)f_2 - (E+v\times B)\cdot\nabla_v f_2 + \Gamma(f_1,f_1). \tag{5.5.8}$$

根据 (5.5.7), 微观部分 P_1f_1 可表示为

$$P_1f_1 = L^{-1}[\partial_t P_1f_1 + P_1(v\cdot\nabla_x P_1f_1) - P_1\Lambda_1] + L^{-1}P_1(v\cdot\nabla_x P_0f_1). \tag{5.5.9}$$

将 (5.5.9) 代入 (5.5.4)—(5.5.6), 我们得到可压缩 Navier-Stokes-Maxwell (NSM) 型方程如下

$$\partial_t n_1 + \mathrm{div}_x m_1 = 0, \tag{5.5.10}$$

$$\partial_t m_1 + \partial_t R_1 + \nabla_x n_1 + \sqrt{\frac{2}{3}}\nabla_x q_1$$
$$= \kappa_1\left(\Delta_x m_1 + \frac{1}{3}\nabla_x\mathrm{div}_x m_1\right) + n_2E + m_2\times B + R_2, \tag{5.5.11}$$

$$\partial_t q_1 + \partial_t R_3 + \sqrt{\frac{2}{3}}\mathrm{div}_x m_1 = \kappa_2 \Delta_x q_1 + \sqrt{\frac{2}{3}} E \cdot m_2 + R_4, \tag{5.5.12}$$

其中粘性系数 $\kappa_1 > 0$, 导热系数 $\kappa_2 > 0$, 以及剩余项 R_1, R_2, R_3, R_4 定义为

$$\begin{aligned}
&\kappa_1 = -(L^{-1}P_1(v_1\chi_2), v_1\chi_2), \quad \kappa_2 = -(L^{-1}P_1(v_1\chi_4), v_1\chi_4),\\
&R_1 = (v\cdot\nabla_x L^{-1}P_1 f_1, v\chi_0), \quad R_2 = -(v\cdot\nabla_x L^{-1}(P_1(v\cdot\nabla_x P_1 f_1) - P_1\Lambda_1), v\chi_0),\\
&R_3 = (v\cdot\nabla_x L^{-1}P_1 f_1, \chi_4), \quad R_4 = -(v\cdot\nabla_x L^{-1}(P_1(v\cdot\nabla_x P_1 f_1) - P_1\Lambda_1), \chi_4).
\end{aligned}$$

其次, 取 $\sqrt{M}$ 和 (5.1.5) 的内积, 得到

$$\partial_t n_2 + \mathrm{div}_x m_2 = 0, \tag{5.5.13}$$

并将微观投影 P_r 作用到 (5.1.5), 得到

$$\partial_t(P_r f_2) + P_r(v\cdot\nabla_x P_r f_2) - v\chi_0\cdot E - L_1(P_r f_2) = -v\chi_0\cdot\nabla_x n_2 + P_r\Lambda_2, \tag{5.5.14}$$

其中非线性项 Λ_2 为

$$\Lambda_2 = \frac{1}{2}(v\cdot E)f_1 - (E + v\times B)\cdot\nabla_v f_1 + \Gamma(f_2, f_1). \tag{5.5.15}$$

通过 (5.5.14), 微观部分 $P_r f_2$ 可表示为

$$P_r f_2 = L_1^{-1}[\partial_t(P_r f_2) + P_r(v\cdot\nabla_x P_r f_2) - P_r\Lambda_2] + L_1^{-1}(v\chi_0\cdot\nabla_x n_2) - L_1^{-1}(v\chi_0\cdot E). \tag{5.5.16}$$

将 (5.5.16) 代入 (5.5.13) 和 (5.1.6), 可以推出

$$\partial_t n_2 + \partial_t \mathrm{div}_x R_5 = -\kappa_3 n_2 + \kappa_3\Delta_x n_2 - \mathrm{div}_x R_6, \tag{5.5.17}$$

$$\partial_t E + \partial_t R_5 = \nabla_x\times B + \kappa_3\nabla_x n_2 - \kappa_3 E + R_6, \tag{5.5.18}$$

$$\partial_t B = -\nabla_x\times E, \tag{5.5.19}$$

其中粘性系数 $\kappa_3 > 0$ 和剩余项 R_5, R_6 定义为

$$\begin{aligned}
&\kappa_3 = -(L_1^{-1}\chi_1, \chi_1), \quad R_5 = (L_1^{-1}P_r f_2, v\chi_0),\\
&R_6 = (L_1^{-1}(P_r(v\cdot\nabla_x P_r f_2) - P_r\Lambda_2), v\chi_0).
\end{aligned}$$

首先, 我们给出双极 VMB 方程 (5.1.4)—(5.1.8) 强解 $U = (f_1, f_2, E, B)$ 的宏观部分的能量估计.

引理 5.37 (宏观耗散) 令 $N \geqslant 2$. 设 (n_1, m_1, q_1) 和 (n_2, E, B) 分别是方程 (5.5.10)—(5.5.12) 和 (5.5.17)—(5.5.19) 的强解. 那么, 存在常数 $s_0, s_1 > 0$ 和 $C > 0$, 使得

$$
\begin{aligned}
&\frac{d}{dt}\sum_{|\alpha|\leqslant N-1} s_0\left(\|\partial_x^\alpha(n_1,m_1,q_1)\|_{L_x^2}^2+2\int_{\mathbb{R}^3}\partial_x^\alpha R_1\partial_x^\alpha m_1dx+2\int_{\mathbb{R}^3}\partial_x^\alpha R_3\partial_x^\alpha q_1dx\right)\\
&\quad+\frac{d}{dt}\sum_{|\alpha|\leqslant N-1}4\int_{\mathbb{R}^3}\partial_x^\alpha m_1\partial_x^\alpha\nabla_x n_1dx+\sum_{|\alpha|\leqslant N-1}\|\partial_x^\alpha\nabla_x(n_1,m_1,q_1)\|_{L_x^2}^2\\
&\leqslant C\sqrt{E_N(U)}D_N(U)+C\sum_{|\alpha|\leqslant N-1}\|\partial_x^\alpha\nabla_x P_1 f_1\|_{L^2}^2,
\end{aligned}\tag{5.5.20}
$$

$$
\begin{aligned}
&\frac{d}{dt}\sum_{|\alpha|\leqslant N-1} s_1\left(\|\partial_x^\alpha(n_2,E,B)\|_{L_x^2}^2+2\int_{\mathbb{R}^3}\partial_x^\alpha \mathrm{div}_x R_5\partial_x^\alpha n_2dx+2\int_{\mathbb{R}^3}\partial_x^\alpha R_5\partial_x^\alpha Edx\right)\\
&\quad-\frac{d}{dt}\sum_{|\alpha|\leqslant N-2}4\int_{\mathbb{R}^3}\partial_x^\alpha E\partial_x^\alpha(\nabla_x\times B)dx\\
&\quad+\sum_{|\alpha|\leqslant N-1}(\|\partial_x^\alpha n_2\|_{L_x^2}^2+\|\partial_x^\alpha\nabla_x n_2\|_{L_x^2}^2+\|\partial_x^\alpha E\|_{L_x^2}^2)+\sum_{|\alpha|\leqslant N-2}\|\partial_x^\alpha\nabla_x B\|_{L_x^2}^2\\
&\leqslant C\sqrt{E_N(U)}D_N(U)+C\sum_{|\alpha|\leqslant N}\|\partial_x^\alpha P_r f_2\|_{L^2}^2,
\end{aligned}\tag{5.5.21}
$$

其中 $E_N(U)$ 和 $D_N(U)$ 分别由 (5.5.1) 和 (5.5.3) 定义.

证明 首先, 我们证明 (5.5.20). 取 $\partial_x^\alpha m_1$ 和 ∂_x^α(5.5.11) 的内积, 其中 $|\alpha| \leqslant N-1$, 可得

$$
\begin{aligned}
&\frac{1}{2}\frac{d}{dt}\|\partial_x^\alpha(n_1,m_1)\|_{L_x^2}^2+\frac{d}{dt}\int_{\mathbb{R}^3}\partial_x^\alpha R_1\partial_x^\alpha m_1dx+\sqrt{\frac{2}{3}}\int_{\mathbb{R}^3}\partial_x^\alpha\nabla_x q_1\partial_x^\alpha m_1dx\\
&\quad+\kappa_1\left(\|\partial_x^\alpha\nabla_x m_1\|_{L_x^2}^2+\frac{1}{3}\|\partial_x^\alpha\mathrm{div}_x m_1\|_{L_x^2}^2\right)\\
&=\int_{\mathbb{R}^3}\partial_x^\alpha(n_2E)\partial_x^\alpha m_1dx+\int_{\mathbb{R}^3}\partial_x^\alpha(m_2\times B)\partial_x^\alpha m_1dx+\int_{\mathbb{R}^3}\partial_x^\alpha R_2\partial_x^\alpha m_1dx\\
&\quad+\int_{\mathbb{R}^3}\partial_x^\alpha R_1\partial_x^\alpha\partial_t m_1dx=:I_1+I_2+I_3+I_4.
\end{aligned}\tag{5.5.22}
$$

容易验证

$$
I_1, I_2 \leqslant C\sqrt{E_N(U)}D_N(U).\tag{5.5.23}
$$

根据引理 2.20, I_3 满足

$$
\begin{aligned}
I_3 \leqslant\ & C\|\partial_x^\alpha \nabla_x P_1 f_1\|_{L^2}\|\partial_x^\alpha \nabla_x m_1\|_{L^2_x} + C(\|\partial_x^\alpha (Ef_2)\|_{L^2} \\
& + \|\partial_x^\alpha (Bf_2)\|_{L^2} + \|\nu^{-\frac{1}{2}}\partial_x^\alpha \Gamma(f_1, f_1)\|_{L^2})\|\partial_x^\alpha \nabla_x m_1\|_{L^2_x} \\
\leqslant\ & \frac{\kappa_1}{2}\|\partial_x^\alpha \nabla_x m_1\|_{L^2_x}^2 + C\|\partial_x^\alpha \nabla_x P_1 f_1\|_{L^2}^2 + C\sqrt{E_N(U)}D_N(U).
\end{aligned} \tag{5.5.24}
$$

根据 (5.5.5), 得到

$$
\begin{aligned}
I_4 =& \int_{\mathbb{R}^3} \partial_x^\alpha R_1 \partial_x^\alpha \left[-\nabla_x n_1 - \sqrt{\frac{2}{3}}\nabla_x q_1 + n_2 E + m_2 \times B - (v\cdot \nabla_x P_1 f_1, v\chi_0)\right] dx \\
\leqslant\ & \epsilon(\|\partial_x^\alpha \nabla_x n_1\|_{L^2_x}^2 + \|\partial_x^\alpha \nabla_x q_1\|_{L^2_x}^2) + \frac{C}{\epsilon}\|\partial_x^\alpha \nabla_x P_1 f_1\|_{L^2_x}^2 + C\sqrt{E_N(U)}D_N(U).
\end{aligned} \tag{5.5.25}
$$

因此, 由 (5.5.22)—(5.5.24) 得到

$$
\begin{aligned}
& \frac{1}{2}\frac{d}{dt}\|\partial_x^\alpha (n_1, m_1)\|_{L^2_x}^2 + \frac{d}{dt}\int_{\mathbb{R}^3} \partial_x^\alpha R_1 \partial_x^\alpha m_1 dx + \sqrt{\frac{2}{3}}\int_{\mathbb{R}^3} \partial_x^\alpha \nabla_x q_1 \partial_x^\alpha m_1 dx \\
& + \frac{\kappa_1}{2}\left(\|\partial_x^\alpha \nabla_x m_1\|_{L^2_x}^2 + \frac{1}{3}\|\partial_x^\alpha \mathrm{div}_x m_1\|_{L^2_x}^2\right) \\
\leqslant\ & C\sqrt{E_N(U)}D_N(U) + \frac{C}{\epsilon}\|\partial_x^\alpha \nabla_x P_1 f_1\|_{L^2}^2 + \epsilon(\|\partial_x^\alpha \nabla_x n_1\|_{L^2_x}^2 + \|\partial_x^\alpha \nabla_x q_1\|_{L^2_x}^2).
\end{aligned} \tag{5.5.26}
$$

类似地, 对于 $|\alpha| \leqslant N-1$, 取 $\partial_x^\alpha q_1$ 和 ∂_x^α(5.5.12) 的内积, 得到

$$
\begin{aligned}
& \frac{1}{2}\frac{d}{dt}\|\partial_x^\alpha q_1\|_{L^2_x}^2 + \frac{d}{dt}\int_{\mathbb{R}^3} \partial_x^\alpha R_3 \partial_x^\alpha q_1 dx + \sqrt{\frac{2}{3}}\int_{\mathbb{R}^3} \partial_x^\alpha \mathrm{div}_x m_1 \partial_x^\alpha q_1 dx + \frac{\kappa_2}{2}\|\partial_x^\alpha \nabla_x q_1\|_{L^2_x}^2 \\
\leqslant\ & C\sqrt{E_N(U)}D_N(U) + \frac{C}{\epsilon}\|\partial_x^\alpha \nabla_x P_1 f_1\|_{L^2}^2 + \epsilon\|\partial_x^\alpha \nabla_x m_1\|_{L^2_x}^2,
\end{aligned} \tag{5.5.27}
$$

并且取 $\partial_x^\alpha \nabla_x n_1$ 和 ∂_x^α(5.5.5) 的内积, 得到

$$
\begin{aligned}
& \frac{d}{dt}\int_{\mathbb{R}^3} \partial_x^\alpha m_1 \partial_x^\alpha \nabla_x n_1 dx + \frac{1}{2}\|\partial_x^\alpha \nabla_x n_1\|_{L^2_x}^2 \\
\leqslant\ & C\sqrt{E_N(U)}D_N(U) + \|\partial_x^\alpha \mathrm{div}_x m_1\|_{L^2_x}^2 + \|\partial_x^\alpha \nabla_x q_1\|_{L^2_x}^2 + C\|\partial_x^\alpha \nabla_x P_1 f_1\|_{L^2}^2.
\end{aligned} \tag{5.5.28}
$$

通过求和 $2s_0 \sum_{|\alpha|\leqslant N-1}[(5.5.26)+(5.5.27)]+4\sum_{|\alpha|\leqslant N-1}(5.5.28)$, 其中取 $s_0>0$ 充分大, $\epsilon>0$ 充分小, 可以得到 (5.5.20).

其次, 我们证明 (5.5.21). 对于 $|\alpha|\leqslant N-1$, 取 $\partial_x^\alpha n_2$ 和 $\partial_x^\alpha(5.5.17)$ 的内积, 有

$$
\begin{aligned}
&\frac{d}{dt}\|\partial_x^\alpha n_2\|_{L_x^2}^2+2\frac{d}{dt}\int_{\mathbb{R}^3}\partial_x^\alpha \mathrm{div}_x R_5\partial_x^\alpha n_2dx+\kappa_3\|\partial_x^\alpha n_2\|_{L_x^2}^2+\kappa_3\|\partial_x^\alpha\nabla_x n_2\|_{L_x^2}^2\\
\leqslant{}& C\|\partial_x^\alpha\nabla_x P_r f_2\|_{L^2}^2+C\sqrt{E_N(U)}D_N(U),
\end{aligned}\tag{5.5.29}
$$

并且取 $\partial_x^\alpha E$ 和 $\partial_x^\alpha(5.5.18)$ 的内积, 有

$$
\begin{aligned}
&\frac{d}{dt}\|\partial_x^\alpha(E,B)\|_{L_x^2}^2+2\frac{d}{dt}\int_{\mathbb{R}^3}\partial_x^\alpha R_5\partial_x^\alpha Edx+\kappa_3\|\partial_x^\alpha E\|_{L_x^2}^2+\kappa_3\|\partial_x^\alpha n_2\|_{L_x^2}^2\\
\leqslant{}&\frac{C}{\epsilon}(\|\partial_x^\alpha P_r f_2\|_{L^2}^2+\|\partial_x^\alpha\nabla_x P_r f_2\|_{L^2}^2)+\epsilon\|\partial_x^\alpha(\nabla_x\times B)\|_{L_x^2}^2+C\sqrt{E_N(U)}D_N(U).
\end{aligned}\tag{5.5.30}
$$

为了得到磁场 B 的耗散, 取 $\partial_x^\alpha\nabla_x\times B$ 和 $\partial_x^\alpha(5.1.6)$ 的内积, 可得

$$
\begin{aligned}
&-\frac{d}{dt}\int_{\mathbb{R}^3}\partial_x^\alpha E\partial_x^\alpha(\nabla_x\times B)dx-\|\partial_x^\alpha(\nabla_x\times E)\|_{L_x^2}^2+\|\partial_x^\alpha(\nabla_x\times B)\|_{L_x^2}^2\\
={}&\int_{\mathbb{R}^3}\partial_x^\alpha m_2\partial_x^\alpha(\nabla_x\times B)dx.
\end{aligned}
$$

由上式与事实 $\|\nabla_x\times B\|_{L_x^2}^2=\|\nabla_x B\|_{L_x^2}^2$ 可以得到

$$
-2\frac{d}{dt}\int_{\mathbb{R}^3}\partial_x^\alpha E\partial_x^\alpha(\nabla_x\times B)dx+\|\partial_x^\alpha\nabla_x B\|_{L_x^2}^2\leqslant\|\partial_x^\alpha P_r f_2\|_{L^2}^2+2\|\partial_x^\alpha(\nabla_x\times E)\|_{L_x^2}^2.\tag{5.5.31}
$$

通过求和 $s_1\sum_{|\alpha|\leqslant N-1}[(5.5.29)+(5.5.30)]+2\sum_{|\alpha|\leqslant N-2}(5.5.31)$, 其中取 $s_1>0$ 充分大, $\epsilon>0$ 充分小, 可以得到 (5.5.21). □

下面我们给出双极 VMB 方程 (5.1.4)—(5.1.8) 强解 $U=(f_1,f_2,E,B)$ 的微观部分的能量估计.

引理 5.38 (微观耗散) 设 $N\geqslant 2$, $U=(f_1,f_2,E,B)$ 是双极 VMB 方程 (5.1.4)—(5.1.8) 的强解. 那么, 存在常数 $p_k>0$, $1\leqslant k\leqslant N$ 和 $C>0$ 使得

$$
\frac{1}{2}\frac{d}{dt}\sum_{|\alpha|\leqslant N}(\|\partial_x^\alpha(f_1,f_2)\|_{L^2}^2+\|\partial_x^\alpha(E,B)\|_{L_x^2}^2)+\mu_0\sum_{|\alpha|\leqslant N}\|\nu^{\frac{1}{2}}\partial_x^\alpha(P_1 f_1,P_r f_2)\|_{L^2}^2
$$

$$\leqslant C\sqrt{E_N(U)}D_N(U), \tag{5.5.32}$$

$$\frac{d}{dt}\sum_{1\leqslant k\leqslant N} p_k \sum_{\substack{|\beta|=k\\|\alpha|+|\beta|\leqslant N}} \|\partial_x^\alpha\partial_v^\beta(P_1f_1,P_rf_2)\|_{L^2}^2 + \sum_{\substack{|\beta|\geqslant 1\\|\alpha|+|\beta|\leqslant N}} \|\nu^{\frac12}\partial_x^\alpha\partial_v^\beta(P_1f_1,P_rf_2)\|_{L^2}^2$$

$$\leqslant C\sum_{|\alpha|\leqslant N-1}(\|\partial_x^\alpha\nabla_x(f_1,f_2)\|_{L^2}^2+\|\partial_x^\alpha E\|_{L_x^2}^2)+C\sqrt{E_N(U)}D_N(U), \tag{5.5.33}$$

其中 $E_N(U)$ 和 $D_N(U)$ 分别由 (5.5.1) 和 (5.5.3) 定义, 且 $\mu_0>0$ 是由 (1.8.58) 定义的常数.

证明 取 $\partial_x^\alpha f_1$ 和 ∂_x^α(5.1.4) 的内积, 其中 $|\alpha|\leqslant N$, 有

$$\frac12\frac{d}{dt}\|\partial_x^\alpha f_1\|_{L^2}^2-\int_{\mathbb{R}^3}\int_{\mathbb{R}^3}(L\partial_x^\alpha f_1)\partial_x^\alpha f_1dxdv$$

$$=\frac12\int_{\mathbb{R}^3}\int_{\mathbb{R}^3}\partial_x^\alpha(v\cdot Ef_2)\partial_x^\alpha f_1dxdv-\int_{\mathbb{R}^3}\int_{\mathbb{R}^3}\partial_x^\alpha((E+v\times B)\cdot\nabla_vf_2)\partial_x^\alpha f_1dxdv$$

$$+\int_{\mathbb{R}^3}\int_{\mathbb{R}^3}\partial_x^\alpha\Gamma(f_1,f_1)\partial_x^\alpha f_1dxdv=:I_1+I_2+I_3. \tag{5.5.34}$$

容易验证 I_1 和 I_3 以 $C\sqrt{E_N(U)}D_N(U)$ 为界. 对于 I_2, 有

$$I_2\leqslant C\sqrt{E_N(U)}D_N(U)-\int_{\mathbb{R}^3}\int_{\mathbb{R}^3}(E+v\times B)\partial_x^\alpha\nabla_vf_2\partial_x^\alpha f_1dxdv. \tag{5.5.35}$$

因此, 由 (5.5.34)–(5.5.35) 可知

$$\frac12\frac{d}{dt}\|\partial_x^\alpha f_1\|_{L^2}^2+\mu_0\|\nu^{\frac12}\partial_x^\alpha P_1f_1\|_{L^2}^2$$

$$\leqslant C\sqrt{E_N(U)}D_N(U)-\int_{\mathbb{R}^3}\int_{\mathbb{R}^3}(E+v\times B)\partial_x^\alpha\nabla_vf_2\partial_x^\alpha f_1dxdv. \tag{5.5.36}$$

类似地, 取 $\partial_x^\alpha f_2$ 和 ∂_x^α(5.1.5) 的内积, 其中 $|\alpha|\leqslant N$, 有

$$\frac12\frac{d}{dt}(\|\partial_x^\alpha f_2\|_{L^2}^2+\|\partial_x^\alpha(E,B)\|_{L_x^2}^2)+\mu_0\|\nu^{\frac12}\partial_x^\alpha P_rf_2\|_{L^2}^2$$

$$\leqslant C\sqrt{E_N(U)}D_N(U)-\int_{\mathbb{R}^3}\int_{\mathbb{R}^3}(E+v\times B)\partial_x^\alpha\nabla_vf_1\partial_x^\alpha f_2dxdv. \tag{5.5.37}$$

通过求和 $\sum_{|\alpha|\leqslant N}$ [(5.5.36) + (5.5.37)], 我们可以得到 (5.5.32).

为了封闭能量估计, 我们还需要估计 $\partial_x^\alpha\nabla_vf_i$, $i=1,2$, $|\alpha|\leqslant N-1$. 为此, 将 (5.1.4) 和 (5.1.5) 改写为

$$\partial_t(P_1f_1)+v\cdot\nabla_xP_1f_1+(E+v\times B)\cdot\nabla_vP_rf_2-L(P_1f_1)$$

$$
\begin{aligned}
&= \Gamma(f_1, f_1) + \frac{1}{2} v \cdot E P_r f_2 - P_1(v \cdot \nabla_x P_0 f_1) \\
&\quad + P_0 \left(v \cdot \nabla_x P_1 f_1 - \frac{1}{2} v \cdot E P_r f_2 + (E + v \times B) \cdot \nabla_v P_r f_2 \right),
\end{aligned} \tag{5.5.38}
$$

以及

$$
\begin{aligned}
&\partial_t(P_r f_2) + v \cdot \nabla_x P_r f_2 - v\chi_0 \cdot E + (E + v \times B) \cdot \nabla_v P_1 f_1 + L_1(P_r f_2) \\
&= \Gamma(f_2, f_1) + \frac{1}{2} v \cdot E P_1 f_1 + P_d(v \cdot \nabla_x P_r f_2) \\
&\quad - \left(v \cdot \nabla_x P_d f_2 - \frac{1}{2} v \cdot E P_0 f_1 + (E + v \times B) \cdot \nabla_v P_0 f_1 \right).
\end{aligned} \tag{5.5.39}
$$

设 $1 \leqslant k \leqslant N$, 取 $\alpha, \beta \in \mathbb{N}^3$ 满足 $|\beta| = k$, $|\alpha| + |\beta| \leqslant N$. 分别取 $\partial_x^\alpha \partial_v^\beta P_1 f_1$ 和 (5.5.38), $\partial_x^\alpha \partial_v^\beta P_r f_2$ 和 (5.5.39) 的内积, 并对得到的方程求和, 有

$$
\begin{aligned}
&\frac{d}{dt} \sum_{\substack{|\beta|=k \\ |\alpha|+|\beta| \leqslant N}} \|\partial_x^\alpha \partial_v^\beta (P_1 f_1, P_r f_2)\|_{L^2}^2 + \sum_{\substack{|\beta|=k \\ |\alpha|+|\beta| \leqslant N}} \|\nu^{\frac{1}{2}} \partial_x^\alpha \partial_v^\beta (P_1 f_1, P_r f_2)\|_{L^2}^2 \\
&\leqslant C \sum_{|\alpha| \leqslant N-k} (\|\partial_x^\alpha \nabla_x (P_0 f_1, P_d f_2)\|_{L^2}^2 + \|\partial_x^\alpha \nabla_x (P_1 f_1, P_r f_2)\|_{L^2}^2 + \|\partial_x^\alpha E\|_{L_x^2}^2) \\
&\quad + C_k \sum_{\substack{|\beta| \leqslant k-1 \\ |\alpha|+|\beta| \leqslant N}} \|\partial_x^\alpha \partial_v^\beta (P_1 f_1, P_r f_2)\|_{L^2}^2 + C\sqrt{E_N(U)} D_N(U).
\end{aligned} \tag{5.5.40}
$$

于是, 通过求和 $\sum_{1 \leqslant k \leqslant N} p_k(5.5.40)$, 其中常数 $p_k > 0$ 满足

$$
\nu_0 p_k \geqslant 2 \sum_{1 \leqslant j \leqslant N-k} p_{k+j} C_{k+j}, \quad 1 \leqslant k \leqslant N-1, \quad p_N = 1,
$$

我们可以得到 (5.5.33). □

根据引理 5.37 和引理 5.38, 我们得到双极 VMB 方程整体解的存在性和能量估计.

引理 5.39 设 $N \geqslant 2$. 存在两个等价的能量泛函 $\mathcal{E}_N(\cdot) \sim E_N(\cdot)$, $\mathcal{H}_N(\cdot) \sim H_N(\cdot)$, 以及充分小的常数 $\delta_0 > 0$ 使得, 如果初始能量 $E_N(U_0) \leqslant \delta_0$, 那么双极 VMB 方程的柯西问题 (5.1.4)—(5.1.9) 存在唯一的整体解 $U = (f_1, f_2, E, B)$ 满足

$$
\frac{d}{dt} \mathcal{E}_N(U(t)) + D_N(U(t)) \leqslant 0, \tag{5.5.41}
$$

$$\frac{d}{dt}\mathcal{H}_N(U(t))+D_N(U(t))\leqslant C\|\nabla_x P_0 f_1\|_{L^2}^2+C\|\nabla_x B\|_{L_x^2}^2. \tag{5.5.42}$$

证明 令

$$T=\{t\,|\,E_N(U(t))\leqslant\delta_0\}.$$

由解的局部存在性可知, $T>0$. 通过求和 $A_1[(5.5.20)+(5.5.21)]+A_2(5.5.32)+(5.5.33)$, 其中取 $A_2>C_0A_1>0$ 充分大, 可得

$$\begin{aligned}
&\frac{d}{dt}\sum_{|\alpha|\leqslant N-1}A_1s_0\left(\|\partial_x^\alpha(n_1,m_1,q_1)\|_{L_x^2}^2+2\int_{\mathbb{R}^3}\partial_x^\alpha R_1\partial_x^\alpha m_1dx+2\int_{\mathbb{R}^3}\partial_x^\alpha R_3\partial_x^\alpha q_1dx\right)\\
&\frac{d}{dt}\sum_{|\alpha|\leqslant N-1}A_1s_1\left(\|\partial_x^\alpha(n_2,E,B)\|_{L_x^2}^2+2\int_{\mathbb{R}^3}\partial_x^\alpha \mathrm{div}_xR_5\partial_x^\alpha n_2dx+2\int_{\mathbb{R}^3}\partial_x^\alpha R_5\partial_x^\alpha Edx\right)\\
&+\frac{d}{dt}\sum_{|\alpha|\leqslant N-1}4A_1\int_{\mathbb{R}^3}\partial_x^\alpha m_1\partial_x^\alpha\nabla_x n_1dx-\frac{d}{dt}\sum_{|\alpha|\leqslant N-2}4A_1\int_{\mathbb{R}^3}\partial_x^\alpha E\partial_x^\alpha(\nabla_x\times B)dx\\
&+\frac12\frac{d}{dt}\sum_{|\alpha|\leqslant N}A_2\|\partial_x^\alpha U\|_{Z^2}^2+\frac{d}{dt}\sum_{1\leqslant k\leqslant N}p_k\sum_{\substack{|\beta|=k\\|\alpha|+|\beta|\leqslant N}}\|\partial_x^\alpha\partial_v^\beta(P_1f_1,P_rf_2)\|_{L^2}^2\\
&+\sum_{|\alpha|\leqslant N-1}A_1(\|\partial_x^\alpha\nabla_x(n_1,m_1,q_1)\|_{L_x^2}^2+\|\partial_x^\alpha(n_2,\nabla_xn_2,E)\|_{L_x^2}^2)\\
&+\sum_{1\leqslant|\alpha|\leqslant N-1}A_1\|\partial_x^\alpha B\|_{L_x^2}^2+\mu_0\sum_{|\alpha|\leqslant N}A_2\|\nu^{\frac12}\partial_x^\alpha(P_1f_1,P_rf_2)\|_{L^2}^2\\
&+\sum_{\substack{|\beta|\geqslant1\\|\alpha|+|\beta|\leqslant N}}\|\nu^{\frac12}\partial_x^\alpha\partial_v^\beta(P_1f_1,P_rf_2)\|_{L^2}^2\leqslant C\sqrt{E_N(U)}D_N(U).
\end{aligned}$$

根据上面的能量不等式, 并利用与引理 2.24 相似的证明, 我们可以推出, 局部解 U 能够延拓到 $T=\infty$, 并且满足能量不等式 (5.5.41).

为了证明 (5.5.42), 分别取 $v\chi_0\cdot E$ 和 (5.5.14), f_2 和 (5.1.5) 的内积, 得到

$$\begin{aligned}
&\frac12\frac{d}{dt}\|E\|_{L_x^2}^2+\frac{d}{dt}\int_{\mathbb{R}^3}R_5Edx+\kappa_3\|E\|_{L_x^2}^2+\kappa_3\|n_2\|_{L_x^2}^2\\
\leqslant{}&\epsilon\|E\|_{L_x^2}^2+\frac{C}{\epsilon}\|\nabla_xB\|_{L_x^2}^2+C(\|P_rf_2\|_{L^2}^2+\|\nabla_xP_rf_2\|_{L^2}^2)+C\sqrt{E_N(U)}D_N(U),
\end{aligned} \tag{5.5.43}$$

$$\frac12\frac{d}{dt}(\|f_2\|_{L^2}^2+\|E\|_{L_x^2}^2)-\int_{\mathbb{R}^3}\int_{\mathbb{R}^3}(L_1f_2)f_2dxdv$$

$$\leqslant \epsilon\|E\|_{L_x^2}^2+\frac{C}{\epsilon}\|\nabla_x B\|_{L_x^2}^2+C\sqrt{E_N(U)}D_N(U). \tag{5.5.44}$$

通过求和 $2(5.5.43)+2s_2(5.5.44)$, 其中 $s_2>0$ 充分大, $\epsilon>0$ 充分小, 得到

$$\begin{aligned}&\frac{d}{dt}[s_2\|f_2\|_{L^2}^2+(s_2+1)\|E\|_{L_x^2}^2]\\&+2\frac{d}{dt}\int_{\mathbb{R}^3}R_5Edx+\kappa_3\|(n_2,E)\|_{L_x^2}^2+s_2\mu_0\|\nu^{\frac12}P_rf_2\|_{L^2}^2\\ \leqslant\ & C\|\nabla_xB\|_{L_x^2}^2+C\|\nabla_xP_rf_2\|_{L^2}^2+C\sqrt{E_N(U)}D_N(U).\end{aligned} \tag{5.5.45}$$

取 (5.5.38) 和 P_1f_1 的内积, 有

$$\frac{d}{dt}\|P_1f_1\|_{L^2}^2+\mu_0\|\nu^{\frac12}P_1f_1\|_{L^2}^2\leqslant C\|\nabla_xP_0f_1\|_{L^2}^2+C\sqrt{E_N(U)}D_N(U). \tag{5.5.46}$$

最后, 通过求和 $A_4[(5.5.20)+(5.5.21)+(5.5.31)]+A_3[(5.5.45)+(5.5.46)]+A_5(5.5.32)+(5.5.33)$, 其中取 $A_5>C_0A_4$, $A_4>C_1A_3$ 充分大, 并且在 (5.5.20), (5.5.21) 和 (5.5.32) 中的和式取 $|\alpha|\geqslant 1$, 可得

$$\begin{aligned}&\frac{d}{dt}\sum_{1\leqslant|\alpha|\leqslant N-1}A_4s_0\left(\|\partial_x^\alpha(n_1,m_1,q_1)\|_{L_x^2}^2+2\int_{\mathbb{R}^3}\partial_x^\alpha R_1\partial_x^\alpha m_1dx+2\int_{\mathbb{R}^3}\partial_x^\alpha R_3\partial_x^\alpha q_1dx\right)\\&\frac{d}{dt}\sum_{1\leqslant|\alpha|\leqslant N-1}A_4s_1\left(\|\partial_x^\alpha(n_2,E,B)\|_{L_x^2}^2+2\int_{\mathbb{R}^3}\partial_x^\alpha\mathrm{div}_xR_5\partial_x^\alpha n_2dx+2\int_{\mathbb{R}^3}\partial_x^\alpha R_5\partial_x^\alpha Edx\right)\\&+\frac{d}{dt}\sum_{1\leqslant|\alpha|\leqslant N-1}4A_4\int_{\mathbb{R}^3}\partial_x^\alpha m_1\partial_x^\alpha\nabla_xn_1dx-\frac{d}{dt}\sum_{1\leqslant|\alpha|\leqslant N-2}4A_4\int_{\mathbb{R}^3}\partial_x^\alpha E\partial_x^\alpha(\nabla_x\times B)dx\\&+\frac12\frac{d}{dt}\sum_{1\leqslant|\alpha|\leqslant N}A_5\|\partial_x^\alpha U\|_{Z^2}^2+\frac{d}{dt}\sum_{1\leqslant k\leqslant N}p_k\sum_{\substack{|\beta|=k\\|\alpha|+|\beta|\leqslant N}}\|\partial_x^\alpha\partial_v^\beta(P_1f_1,P_rf_2)\|_{L^2}^2\\&+\frac{d}{dt}A_3s_2(\|f_2\|_{L^2}^2+\|E\|_{L_x^2}^2)+2A_3\frac{d}{dt}\int_{\mathbb{R}^3}R_5Edx+\frac{d}{dt}A_3\|P_1f_1\|_{L^2}^2\\&+\sum_{|\alpha|\leqslant N-1}A_4(\|\partial_x^\alpha\nabla_x(n_1,m_1,q_1)\|_{L_x^2}^2+\|\partial_x^\alpha(n_2,\nabla_xn_2,E)\|_{L_x^2}^2)+\sum_{1\leqslant|\alpha|\leqslant N-1}A_4\|\partial_x^\alpha B\|_{L_x^2}^2\\&+\mu_0\sum_{|\alpha|\leqslant N}A_5\|\nu^{\frac12}\partial_x^\alpha(P_1f_1,P_rf_2)\|_{L^2}^2+\sum_{\substack{|\beta|\geqslant1\\|\alpha|+|\beta|\leqslant N}}\|\nu^{\frac12}\partial_x^\alpha\partial_v^\beta(P_1f_1,P_rf_2)\|_{L^2}^2\\ \leqslant\ & C\|\partial_x^\alpha\nabla_x(n_1,m_1,q_1)\|_{L_x^2}^2+C\|\nabla_xB\|_{L_x^2}^2.\end{aligned}$$

这就证明了 (5.5.42). □

根据引理 5.39, 并利用与引理 1.49 相似的证明, 我们可以得到下面的加权能量估计, 证明过程在此省略.

引理 5.40 设 $N\geqslant 2$. 存在两个等价的能量泛函 $\mathcal{E}_{N,1}(\cdot)\sim E_{N,1}(\cdot)$, $\mathcal{H}_{N,1}(\cdot)\sim H_{N,1}(\cdot)$ 使得, 如果初始能量 $E_{N,1}(U_0)$ 充分小, 则双极 VMB 方程柯西问题 (5.1.4)—(5.1.9) 的整体解 $U=(f_1,f_2,E,B)(t,x,v)$ 满足

$$\frac{d}{dt}\mathcal{E}_{N,1}(U(t))+D_{N,1}(U(t))\leqslant 0, \tag{5.5.47}$$

$$\frac{d}{dt}\mathcal{H}_{N,1}(U(t))+D_{N,1}(U(t))\leqslant C\|\nabla_xP_0f_1\|_{L^2}^2+C\|\nabla_xB\|_{L^2_x}^2. \tag{5.5.48}$$

5.5.2 非线性双极 VMB 方程的最优衰减率

利用上一小节中的能量估计以及 5.4 节中得到的线性方程解的衰减速度, 我们在本小节中建立非线性双极 VMB 方程整体解的最优衰减速度.

定理 5.41 假设初值 $(f_{1,0},f_{2,0})\in X_1^7\cap L^{2,1}$ 和 $(E_0,B_0)\in H_x^7\cap L_x^1$, 并且存在充分小的常数 $\delta_0>0$ 使得

$$\|(f_{1,0},f_{2,0})\|_{X_1^7\cap L^{2,1}}+\|(E_0,B_0)\|_{H_x^7\cap L_x^1}\leqslant\delta_0,$$

则双极 VMB 方程的柯西问题 (5.1.4)—(5.1.9) 存在唯一的整体解 $U=(f_1,f_2,E,B)$ 满足

$$\begin{cases}\|\partial_x^\alpha(f_1(t),\chi_j)\|_{L_x^2}+\|\partial_x^\alpha B(t)\|_{L^2}\leqslant C\delta_0(1+t)^{-\frac34-\frac{|\alpha|}{2}},\\ \|\partial_x^\alpha P_1f_1(t)\|_{L^2}\leqslant C\delta_0(1+t)^{-\frac54-\frac{|\alpha|}{2}},\\ \|\partial_x^\alpha(f_2(t),\chi_0)\|_{L_x^2}\leqslant C\delta_0(1+t)^{-2-\frac{|\alpha|}{2}},\\ \|\partial_x^\alpha P_rf_2(t)\|_{L^2}+\|\partial_x^\alpha E(t)\|_{L_x^2}\leqslant C\delta_0(1+t)^{-\frac54-\frac{|\alpha|}{2}},\\ E_{5,1}(U(t))^{\frac12}+(1+t)^{\frac12}H_{2,1}(U(t))^{\frac12}\leqslant C\delta_0(1+t)^{-\frac34},\end{cases} \tag{5.5.49}$$

其中 $|\alpha|=0,1$, $j=0,1,2,3,4$, 且 $E_{5,1}(U)$ 和 $H_{2,1}(U)$ 分别由 (5.5.1) 和 (5.5.2) 给出.

证明 设 $U=(f_1,f_2,E,B)$ 是柯西问题 (5.1.4)—(5.1.9) 的解. 则解 U 可由半群 $e^{t\mathbb{B}_0}$ 和 $e^{t\mathbb{A}_0}$ 表示为

$$f_1(t)=e^{t\mathbb{B}_0}f_{1,0}+\int_0^te^{(t-s)\mathbb{B}_0}\Lambda_1(s)ds, \tag{5.5.50}$$

$$(f_2,E,B)(t)=e^{t\mathbb{A}_0}(f_{2,0},E_0,B_0)+\int_0^te^{(t-s)\mathbb{A}_0}(\Lambda_2(s),0,0)ds, \tag{5.5.51}$$

其中非线性项 Λ_1 和 Λ_2 分别由 (5.5.8) 和 (5.5.15) 给出. 对于任意 $t>0$, 定义关于解 U 的泛函 $Q_1(t)$ 为

$$
\begin{aligned}
Q_1(t)=\sup_{0\leqslant s\leqslant t}\sum_{|\alpha|=0}^{1}\Bigg\{&\sum_{j=0}^{4}\|\partial_x^\alpha(f_1(s),\chi_j)\|_{L^2_x}(1+s)^{\frac34+\frac{|\alpha|}{2}}+\|\partial_x^\alpha P_1f_1(s)\|_{L^2}(1+s)^{\frac54+\frac{|\alpha|}{2}}\\
&+\|\partial_x^\alpha P_df_2(s)\|_{L^2}(1+s)^{2+\frac{|\alpha|}{2}}+\|\partial_x^\alpha P_rf_2(s)\|_{L^2}(1+s)^{\frac54+\frac{|\alpha|}{2}}\\
&+\|\partial_x^\alpha E(s)\|_{L^2_x}(1+s)^{\frac54+\frac{|\alpha|}{2}}+\|\partial_x^\alpha B(s)\|_{L^2_x}(1+s)^{\frac34+\frac{|\alpha|}{2}}\\
&+E_{5,1}(U(s))^{\frac12}(1+s)^{\frac34}+H_{2,1}(U(s))^{\frac12}(1+s)^{\frac54}\Bigg\}.
\end{aligned}
$$

我们断言在定理 5.41 的假设下, 有

$$
Q_1(t)\leqslant C\delta_0. \tag{5.5.52}
$$

显然, 估计 (5.5.49) 是 (5.5.52) 的直接推论.

根据引理 2.20, 对于 $0\leqslant s\leqslant t$, 非线性项 $\Lambda_1(s)$, $\Lambda_2(s)$ 可以由 $Q_1(t)$ 估计如下

$$
\begin{aligned}
\|\Lambda_1(s)\|_{L^2}&\leqslant C(\|\nu f_1\|_{L^{2,3}}\|f_1\|_{L^{2,6}}+\|B\|_{L^3_x}\|\nu\nabla_vf_2\|_{L^{2,6}})\\
&\quad+C\|E\|_{L^3_x}(\|\nu f_2\|_{L^{2,6}}+\|\nabla_vf_2\|_{L^{2,6}})\\
&\leqslant C(1+s)^{-2}Q_1(t)^2, &(5.5.53)\\
\|\Lambda_1(s)\|_{L^{2,1}}&\leqslant C(\|f_1\|_{L^2}\|\nu f_1\|_{L^2}+\|B\|_{L^2_x}\|\nu\nabla_vf_2\|_{L^2})\\
&\quad+C\|E\|_{L^2_x}(\|\nu f_2\|_{L^2}+\|\nabla_vf_2\|_{L^2})\\
&\leqslant C(1+s)^{-\frac32}Q_1(t)^2, &(5.5.54)
\end{aligned}
$$

类似地

$$
\begin{cases}
\|\Lambda_2(s)\|_{L^2}\leqslant CE_{5,1}(U(s))^{\frac12}H_{2,1}(U(s))^{\frac12}\leqslant C(1+s)^{-2}Q_1(t)^2,\\
\|\Lambda_2(s)\|_{L^{2,1}}\leqslant CE_{5,1}(U(s))\leqslant C(1+s)^{-\frac32}Q_1(t)^2,\\
\|\nabla_x\Lambda_2(s)\|_{L^2}\leqslant CH_{2,1}(U(s))\leqslant C(1+s)^{-\frac52}Q_1(t)^2,\\
\|\nabla_x^k\Lambda_2(s)\|_{L^2}\leqslant CE_{5,1}(U(s))^{\frac12}H_{2,1}(U(s))^{\frac12}\leqslant C(1+s)^{-2}Q_1(t)^2,
\end{cases}
\tag{5.5.55}
$$

其中 $k=2,3$. 首先, 我们计算 f_1 的宏观部分和微观部分的时间衰减率. 事实上, 由定理 1.34, (5.5.53) 和 (5.5.54) 可得

$$\begin{aligned}\|(\partial_x^\alpha f_1(t),\chi_j)\|_{L_x^2} &\leqslant C(1+t)^{-\frac{3}{4}-\frac{|\alpha|}{2}}(\|\partial_x^\alpha f_{1,0}\|_{L^2}+\|f_{1,0}\|_{L^{2,1}})\\ &\quad+C\int_0^t(1+t-s)^{-\frac{3}{4}-\frac{|\alpha|}{2}}(\|\partial_x^\alpha \Lambda_1(s)\|_{L^2}+\|\Lambda_1(s)\|_{L^{2,1}})ds\\ &\leqslant C\delta_0(1+t)^{-\frac{3}{4}-\frac{|\alpha|}{2}}+C\int_0^t(1+t-s)^{-\frac{3}{4}-\frac{|\alpha|}{2}}(1+s)^{-\frac{3}{2}}Q_1(t)^2ds\\ &\leqslant C\delta_0(1+t)^{-\frac{3}{4}-\frac{|\alpha|}{2}}+C(1+t)^{-\frac{3}{4}-\frac{|\alpha|}{2}}Q_1(t)^2,\quad |\alpha|=0,1.\end{aligned}\tag{5.5.56}$$

根据定理 1.34, (5.5.53) 和 (5.5.54), 有

$$\begin{aligned}\|P_1f_1(t)\|_{L^2} &\leqslant C(1+t)^{-\frac{5}{4}}(\|f_{1,0}\|_{L^2}+\|f_{1,0}\|_{L^{2,1}})\\ &\quad+C\int_0^t(1+t-s)^{-\frac{5}{4}}(\|\Lambda_1(s)\|_{L^2}+\|\Lambda_1(s)\|_{L^{2,1}})ds\\ &\leqslant C\delta_0(1+t)^{-\frac{5}{4}}+C(1+t)^{-\frac{5}{4}}Q_1(t)^2\end{aligned}\tag{5.5.57}$$

和

$$\begin{aligned}\|\nabla_xP_1f_1(t)\|_{L^2} &\leqslant C(1+t)^{-\frac{7}{4}}(\|\nabla_xf_{1,0}\|_{L^2}+\|f_{1,0}\|_{L^{2,1}})\\ &\quad+C\int_0^{t/2}(1+t-s)^{-\frac{7}{4}}(\|\nabla_x\Lambda_1(s)\|_{L^2}+\|\Lambda_1(s)\|_{L^{2,1}})ds\\ &\quad+C\int_{t/2}^t(1+t-s)^{-\frac{5}{4}}(\|\nabla_x\Lambda_1(s)\|_{L^2}+\|\nabla_x\Lambda_1(s)\|_{L^{2,1}})ds\\ &\leqslant C\delta_0(1+t)^{-\frac{7}{4}}+C(1+t)^{-\frac{7}{4}}Q_1(t)^2,\end{aligned}\tag{5.5.58}$$

这里使用了

$$\|\nabla_x\Lambda_1(s)\|_{L^2}+\|\nabla_x\Lambda_1(s)\|_{L^{2,1}}\leqslant C(1+s)^{-2}Q_1(t)^2.$$

其次, 我们计算 f_2,E,B 的时间衰减率. 令 $U_{2,0}=(f_{2,0},E_0,B_0)$. 根据 (5.4.48) 和 (5.5.55), 有

$$\begin{aligned}\|\partial_x^\alpha(f_2(t),\chi_0)\|_{L_x^2} &\leqslant Ce^{-\eta_0t}\|\partial_x^\alpha U_{2,0}\|_{Z^2}+C\int_0^te^{-\eta_0(t-s)}\|\partial_x^\alpha\Lambda_2(s)\|_{L^2}ds\\ &\leqslant C\delta_0e^{-\eta_0t}+C(1+t)^{-2-\frac{|\alpha|}{2}}Q_1(t)^2,\end{aligned}$$

以及

$$
\begin{aligned}
&\|\partial_x^\alpha P_r f_2(t)\|_{L^2}+\|\partial_x^\alpha E(t)\|_{L_x^2}\\
\leqslant & C(1+t)^{-\frac{5}{4}-\frac{|\alpha|}{2}}(\|\partial_x^\alpha U_{2,0}\|_{Z^2}+\|U_{2,0}\|_{Z^1}+\|\nabla_x^{2+|\alpha|}U_{2,0}\|_{Z^2})\\
&+C\int_0^{t/2}(1+t-s)^{-\frac{5}{4}-\frac{|\alpha|}{2}}(\|\partial_x^\alpha\Lambda_2(s)\|_{L^2}+\|\Lambda_2(s)\|_{L^{2,1}})ds\\
&+C\int_{t/2}^{t}(1+t-s)^{-\frac{5}{4}}(\|\partial_x^\alpha\Lambda_2(s)\|_{L^2}+\|\partial_x^\alpha\Lambda_2(s)\|_{L^{2,1}})ds\\
&+C\int_0^{t}(1+t-s)^{-2}\|\nabla_x^{2+|\alpha|}\Lambda_2(s)\|_{L^2}ds\\
\leqslant & C\delta_0(1+t)^{-\frac{5}{4}-\frac{|\alpha|}{2}}+C(1+t)^{-\frac{5}{4}-\frac{|\alpha|}{2}}Q_1(t)^2,\quad |\alpha|=0,1.
\end{aligned}
$$

根据 (5.4.48) 和 (5.5.55), 有

$$
\begin{aligned}
\|\partial_x^\alpha B(t)\|_{L_x^2}\leqslant & C(1+t)^{-\frac{3}{4}-\frac{|\alpha|}{2}}(\|\partial_x^\alpha U_{2,0}\|_{Z^2}+\|U_{2,0}\|_{Z^1}+\|\nabla_x^{|\alpha|+2}U_{2,0}\|_{Z^2})\\
&+C\int_0^{t}(1+t-s)^{-\frac{3}{4}-\frac{|\alpha|}{2}}(\|\partial_x^\alpha\Lambda_2(s)\|_{L^2}+\|\Lambda_2(s)\|_{L^{2,1}})ds\\
&+C\int_0^{t}(1+t-s)^{-2}\|\nabla_x^{|\alpha|+2}\Lambda_2(s)\|_{L^2}ds\\
\leqslant & C\delta_0(1+t)^{-\frac{3}{4}-\frac{|\alpha|}{2}}+C(1+t)^{-\frac{3}{4}-\frac{|\alpha|}{2}}Q_1(t)^2,\quad |\alpha|=0,1.
\end{aligned}\tag{5.5.59}
$$

最后, 我们估计高阶能量 $H_{N,1}(U)$ 的时间衰减率. 由于

$$
c_1\mathcal{H}_{N,1}(U)\leqslant D_{N,1}(U)+C\sum_{|\alpha|=N}\|\partial_x^\alpha(E,B)\|_{L_x^2}^2,\tag{5.5.60}
$$

其中 $c_1>0$ 为常数, 我们还需要估计 $\|\partial_x^\alpha(E,B)\|_{L_x^2}^2$, $|\alpha|=N$ 的衰减速率. 令 $1<l<2$ 和 $k\geqslant 2$, 将 (5.5.47) 乘 $(1+t)^l$ 并关于 t 积分, 可得

$$
\begin{aligned}
&(1+t)^l E_{k,1}(U(t))+\int_0^t(1+s)^l D_{k,1}(U(s))ds\\
\leqslant & CE_{k,1}(U_0)+Cl\int_0^t(1+s)^{l-1}E_{k,1}(U(s))ds.
\end{aligned}
$$

根据 (5.5.1) 和 (5.5.3), 有

$$
E_{k,1}(U)\leqslant(\|P_0 f_1\|_{L^2}^2+\|B\|_{L_x^2}^2)+D_{k+1,1}(U).
$$

于是

$$
\begin{aligned}
&(1+t)^l E_{k,1}(U(t))+\int_0^t(1+s)^l D_{k,1}(U(s))ds\\
\leqslant\ & CE_{k,1}(U_0)+Cl\int_0^t(1+s)^{l-1}(\|P_0f_1(s)\|_{L^2}^2+\|B(s)\|_{L_x^2}^2)ds\\
&+Cl\int_0^t(1+s)^{l-1}D_{k+1,k}(U)ds.
\end{aligned}
\tag{5.5.61}
$$

通过与上面类似的讨论, 我们通过 (5.5.47) 可以推出

$$
\begin{aligned}
&(1+t)^{l-1} E_{k+1,1}(U(t))+\int_0^t(1+s)^{l-1} D_{k+1,1}(U(s))ds\\
\leqslant\ & CE_{k+1,1}(U_0)+C(l-1)\int_0^t(1+s)^{l-1}(\|P_0f_1(s)\|_{L^2}^2+\|B(s)\|_{L_x^2}^2)ds\\
&+C(l-1)\int_0^t(1+s)^{l-2}D_{k+2,1}(U)ds,
\end{aligned}
\tag{5.5.62}
$$

以及

$$
E_{k+2,1}(U(t))+\int_0^t D_{k+2,1}(U(s))ds\leqslant CE_{k+2,1}(U_0).
\tag{5.5.63}
$$

于是, 由 (5.5.61)—(5.5.63) 可以推出, 对于 $1<l<2$ 和 $k\geqslant 2$ 有

$$
\begin{aligned}
&(1+t)^l E_{k,1}(U(t))+\int_0^t(1+s)^l D_{k,1}(U(s))ds\\
\leqslant\ & CE_{k+2,1}(U_0)+Cl\int_0^t(1+s)^{l-1}(\|P_0f_1(s)\|_{L^2}^2+\|B(s)\|_{L_x^2}^2)ds.
\end{aligned}
\tag{5.5.64}
$$

因此, 对任意固定的 $0<\epsilon<1/2$, 取 $l=3/2+\epsilon$ 可得

$$
\begin{aligned}
&(1+t)^{3/2+\epsilon} E_{k,1}(U(t))+\int_0^t(1+s)^{3/2+\epsilon} D_{k,1}(U(s))ds\\
\leqslant\ & CE_{k+2,1}(U_0)+C\int_0^t(1+s)^{1/2+\epsilon}(1+s)^{-3/2}(\delta_0+Q_1(t)^2)^2ds\\
\leqslant\ & CE_{k+2,1}(U_0)+C(1+t)^{\epsilon}(\delta_0+Q_1(t)^2)^2.
\end{aligned}
$$

由此推出对于任意整数 $k\geqslant 2$,

$$
E_{k,1}(U(t))\leqslant C(1+t)^{-3/2}(E_{k+2,1}(U_0)+(\delta_0+Q_1(t)^2)^2).
\tag{5.5.65}
$$

于是

$$
\begin{aligned}
\|\nabla_x^2(E,B)(t)\|_{L_x^2} \leqslant & C(1+t)^{-\frac{5}{4}}(\|\nabla_x^2 U_{2,0}\|_{Z^2}+\|U_{2,0}\|_{Z^1}+\|\nabla_x^4 U_{2,0}\|_{Z^2}) \\
& +C\int_0^t(1+t-s)^{-\frac{5}{4}}(\|\nabla_x^2\Lambda_2(s)\|_{L^2}+\|\Lambda_2(s)\|_{L^{2,1}})ds \\
& +C\int_0^t(1+t-s)^{-2}\|\nabla_x^4\Lambda_2(s)\|_{L^2}ds \\
\leqslant & C\delta_0(1+t)^{-\frac{5}{4}}+C(1+t)^{-\frac{5}{4}}(\delta_0+Q_1(t)^2)^2,
\end{aligned} \tag{5.5.66}
$$

这里我们用到了

$$
\|\nabla_x^4\Lambda_2(s)\|_{L^2}\leqslant CE_{5,1}(U(s))\leqslant C(E_{7,1}(U_0)+(\delta_0+Q_1(t)^2)^2)(1+s)^{-\frac{3}{2}}.
$$

然后, 根据 (5.5.48) 和 (5.5.60), 有

$$
\begin{aligned}
& \frac{d}{dt}\mathcal{H}_{2,1}(U(t))+c_1\mathcal{H}_{2,1}(U(t)) \\
\leqslant & C\|\nabla_x P_0 f_1(t)\|_{L^2}^2+C\|\nabla_x B(t)\|_{L_x^2}^2+C\|\nabla_x^2(E,B)(t)\|_{L_x^2}^2.
\end{aligned}
$$

上式结合 (5.5.66) 可得

$$
\begin{aligned}
\mathcal{H}_{2,1}(U(t))\leqslant & e^{-c_1 t}\mathcal{H}_{2,1}(U_0)+C\int_0^t e^{-c_1(t-s)}(\|\nabla_x P_0 f_1(s)\|_{L^2}^2+\|\nabla_x B(s)\|_{L_x^2}^2)ds \\
& +C\int_0^t e^{-c_1(t-s)}\|\nabla_x^2(E,B)(s)\|_{L_x^2}^2 ds \\
\leqslant & C(1+t)^{-\frac{5}{2}}[\delta_0+Q_1(t)^2+(\delta_0+Q_1(t)^2)^2].
\end{aligned} \tag{5.5.67}
$$

通过对 (5.5.56)—(5.5.59) 和 (5.5.67) 求和, 得到

$$
Q_1(t)\leqslant C(\delta_0+Q_1(t)^2)+C(\delta_0+Q_1(t)^2)^2,
$$

因此, 当 $\delta_0>0$ 充分小时, (5.5.52) 成立. □

接下来, 我们证明定理 5.41 中的时间衰减速度是最优的.

定理 5.42 假设初值 $U_0=(f_{1,0},f_{2,0},E_0,B_0)$ 满足定理 5.41 的条件, 且存在常数 $d_0,d_1>0$ 使得 U_0 的傅里叶变换 $\hat{U}_0=(\hat{f}_{1,0},\hat{f}_{2,0},\hat{E}_0,\hat{B}_0)$ 满足

$$
\inf_{|\xi|\leqslant r_0}|(\hat{f}_{1,0},\chi_0)|\geqslant d_0,\quad \inf_{|\xi|\leqslant r_0}|(\hat{f}_{1,0},\chi_4)|\geqslant d_1\sup_{|\xi|\leqslant r_0}|(\hat{f}_{1,0},\chi_0)|,
$$

$$
\sup_{|\xi|\leqslant r_0}|(\hat{f}_{1,0},v\chi_0)|=0,\quad \inf_{|\xi|\leqslant r_0}\left|\frac{\xi}{|\xi|}\times\hat{B}_0\right|\geqslant d_0>0,
$$

那么, 当 $t>0$ 充分大时, 双极 VMB 方程柯西问题 (5.1.4)—(5.1.9) 的整体解 $U=(f_1,f_2,E,B)$ 满足

$$\begin{cases} C_1d_0(1+t)^{-\frac34}\leqslant\|f_1(t)\|_{L^2}\leqslant C_2\delta_0(1+t)^{-\frac34},\\ C_1d_0(1+t)^{-\frac54}\leqslant\|f_2(t)\|_{L^2}\leqslant C_2\delta_0(1+t)^{-\frac54},\\ C_1d_0(1+t)^{-\frac54}\leqslant\|E(t)\|_{L^2_x}\leqslant C_2\delta_0(1+t)^{-\frac54},\\ C_1d_0(1+t)^{-\frac34}\leqslant\|B(t)\|_{L^2_x}\leqslant C_2\delta_0(1+t)^{-\frac34}, \end{cases} \tag{5.5.68}$$

特别地

$$\begin{cases} C_1d_0(1+t)^{-\frac34}\leqslant\|(f_1(t),\chi_j)\|_{L^2_x}\leqslant C_2\delta_0(1+t)^{-\frac34},\quad j=0,4,\\ C_1d_0(1+t)^{-\frac34}\leqslant\|(f_1(t),v\chi_0)\|_{L^2_x}\leqslant C_2\delta_0(1+t)^{-\frac34},\\ C_1d_0(1+t)^{-\frac54}\leqslant\|P_1f_1(t)\|_{L^2}\leqslant C_2\delta_0(1+t)^{-\frac54},\\ C_1d_0(1+t)^{-\frac54}\leqslant\|P_rf_2(t)\|_{L^2}\leqslant C_2\delta_0(1+t)^{-\frac54}, \end{cases} \tag{5.5.69}$$

其中 $C_2>C_1>0$ 为两个正常数.

证明 根据 (5.5.50), (5.5.51), 定理 1.34 和定理 5.41, 可以得到当 $t>0$ 充分大时, 方程 (5.1.4)—(5.1.9) 的整体解 $U=(f_1,f_2,E,B)$ 的时间衰减率的下界. 例如

$$\begin{aligned} \|(f_1(t),\chi_j)\|_{L^2_x}&\geqslant\|(e^{t\mathbb{B}_0}f_{1,0},\chi_j)\|_{L^2_x}-\int_0^t\|(e^{(t-s)\mathbb{B}_0}\Lambda_1(s),\chi_j)\|_{L^2_x}ds\\ &\geqslant C_1d_0(1+t)^{-\frac34}-C_2\delta_0^2(1+t)^{-\frac34},\\ \|E(t)\|_{L^2_x}&\geqslant\|(e^{t\mathbb{A}_0}(f_{2,0},E_0,B_0))_2\|_{L^2_x}-\int_0^t\|(e^{(t-s)\mathbb{A}_0}(\Lambda_2(s),0,0))_2\|_{L^2_x}ds\\ &\geqslant C_1d_0(1+t)^{-\frac54}-C_2\delta_0^2(1+t)^{-\frac54}. \end{aligned}$$

因此, 当 $\delta_0>0$ 充分小和 $t>0$ 充分大时, (5.5.68)—(5.5.69) 成立. □

5.5.3 非线性单极 VMB 方程的最优衰减率

在本小节中, 我们给出非线性单极 VMB 方程的能量估计和整体解的最优衰减率. 设 $N\geqslant3$ 为正整数和 $k\geqslant0$, 对于 $V=(f,E,B)$, 定义

$$E_{N,k}(V)=\sum_{|\alpha|+|\beta|\leqslant N}\|\nu^k\partial_x^\alpha\partial_v^\beta f\|_{L^2}^2+\sum_{|\alpha|\leqslant N}\|\partial_x^\alpha(E,B)\|_{L^2_x}^2, \tag{5.5.70}$$

$$H_{N,k}(V) = \sum_{|\alpha|+|\beta|\leqslant N} \|\nu^k \partial_x^\alpha \partial_v^\beta P_1 f\|_{L^2}^2 + \sum_{1\leqslant|\alpha|\leqslant N} \|\partial_x^\alpha (E,B)\|_{L_x^2}^2$$
$$+ \sum_{|\alpha|\leqslant N-1} \|\partial_x^\alpha \nabla_x P_0 f\|_{L^2}^2 + \|P_d f\|_{L^2}^2, \tag{5.5.71}$$

$$D_{N,k}(V) = \sum_{|\alpha|+|\beta|\leqslant N} \|\nu^{\frac{1}{2}+k} \partial_x^\alpha \partial_v^\beta P_1 f\|_{L^2}^2 + \sum_{|\alpha|\leqslant N-1} \|\partial_x^\alpha \nabla_x P_0 f\|_{L^2}^2 + \|P_d f\|_{L^2}^2$$
$$+ \sum_{1\leqslant|\alpha|\leqslant N-1} \|\partial_x^\alpha E\|_{L_x^2}^2 + \sum_{2\leqslant|\alpha|\leqslant N-1} \|\partial_x^\alpha B\|_{L_x^2}^2. \tag{5.5.72}$$

为了简便起见, 记 $E_N(V) = E_{N,0}(V)$, $H_N(V) = H_{N,0}(V)$ 和 $D_N(V) = D_{N,0}(V)$.

利用类似方程 (5.5.10)—(5.5.12) 的推导过程, 由方程 (5.1.11)—(5.1.14) 可以推导出关于宏观密度、动量和能量 $(n,m,q) =: ((f,\chi_0),(f,v\chi_0),(f,\chi_4))$ 和 E,B 的可压缩 Euler-Maxwell 型方程

$$\begin{cases} \partial_t n + \mathrm{div}_x m = 0, \\ \partial_t m + \nabla_x n + \sqrt{\dfrac{2}{3}}\nabla_x q - E = nE + m\times B - (v\cdot\nabla_x(P_1 f), v\chi_0), \\ \partial_t q + \sqrt{\dfrac{2}{3}}\mathrm{div}_x m = \sqrt{\dfrac{2}{3}}E\cdot m - (v\cdot\nabla_x(P_1 f),\chi_4), \\ \partial_t E = \nabla_x\times B - m, \\ \partial_t B = -\nabla_x\times E, \end{cases} \tag{5.5.73}$$

以及可压缩 Navier-Stokes-Maxwell 型方程

$$\begin{cases} \partial_t n + \mathrm{div}_x m = 0, \\ \quad \partial_t m + \partial_t R_1 + \nabla_x n + \sqrt{\dfrac{2}{3}}\nabla_x q - E \\ = \kappa_1\left(\Delta_x m + \dfrac{1}{3}\nabla_x \mathrm{div}_x m\right) + nE + m\times B + R_2, \\ \partial_t q + \partial_t R_3 + \sqrt{\dfrac{2}{3}}\mathrm{div}_x m = \kappa_2\Delta_x q + \sqrt{\dfrac{2}{3}}E\cdot m + R_4, \\ \partial_t E = \nabla_x\times B - m, \\ \partial_t B = -\nabla_x\times E, \end{cases} \tag{5.5.74}$$

其中粘度系数 $\kappa_1 > 0$, 导热系数 $\kappa_2 > 0$, 以及剩余项 R_1, R_2, R_3, R_4 定义如下

$$\kappa_1 = -(L^{-1}P_1(v_1\chi_2), v_1\chi_2), \quad \kappa_2 = -(L^{-1}P_1(v_1\chi_4), v_1\chi_4),$$

$$R_1 = (v\cdot\nabla_x L^{-1}P_1 f, v\chi_0), \quad R_2 = -(v\cdot\nabla_x L^{-1}(P_1(v\cdot\nabla_x P_1 f) - P_1\Lambda_3), v\chi_0),$$

$$R_3 = (v\cdot\nabla_x L^{-1}P_1 f, \chi_4), \quad R_4 = -(v\cdot\nabla_x L^{-1}(P_1(v\cdot\nabla_x P_1 f) - P_1\Lambda_3), \chi_4).$$

这里

$$\Lambda_3 = \frac{1}{2}(v\cdot E)f - (E + v\times B)\cdot\nabla_v f + \Gamma(f,f). \tag{5.5.75}$$

通过与 5.5.1 节类似的推导, 我们得到单极 VMB 方程 (5.1.11)—(5.1.15) 强解的能量估计.

引理 5.43 (宏观耗散) *设 $N \geqslant 3$, (n,m,q,E,B) 是方程 (5.5.74) 的强解. 那么, 存在两个常数 $s_0 > 0$ 和 $C > 0$ 使得*

$$\begin{aligned}
&\frac{d}{dt}\sum_{|\alpha|\leqslant N-1} s_0\left(\|\partial_x^\alpha(n,m,q,E,B)\|_{L_x^2}^2 + 2\int_{\mathbb{R}^3}\partial_x^\alpha R_1\partial_x^\alpha m dx + 2\int_{\mathbb{R}^3}\partial_x^\alpha R_3\partial_x^\alpha q dx\right)\\
&-\frac{d}{dt}\sum_{|\alpha|\leqslant N-1} 8\int_{\mathbb{R}^3}\partial_x^\alpha \mathrm{div}_x m\partial_x^\alpha n dx - \frac{d}{dt}\sum_{1\leqslant|\alpha|\leqslant N-1} 8\int_{\mathbb{R}^3}\partial_x^\alpha m\partial_x^\alpha E dx\\
&-\frac{d}{dt}\sum_{1\leqslant|\alpha|\leqslant N-2} 3\int_{\mathbb{R}^3}\partial_x^\alpha E\partial_x^\alpha(\nabla_x\times B)dx - \frac{d}{dt}s_0\sqrt{\frac{2}{3}}\int_{\mathbb{R}^3} m^2 q dx\\
&+\sum_{|\alpha|\leqslant N-1}(\|\partial_x^\alpha\nabla_x(n,m,q)\|_{L_x^2}^2 + \|\partial_x^\alpha n\|_{L_x^2}^2)\\
&+\sum_{1\leqslant|\alpha|\leqslant N-1}\|\partial_x^\alpha E\|_{L_x^2}^2 + \sum_{2\leqslant|\alpha|\leqslant N-1}\|\partial_x^\alpha B\|_{L_x^2}^2\\
\leqslant{}& C\sqrt{E_N(V)}D_N(V) + C\sum_{|\alpha|\leqslant N}\|\partial_x^\alpha P_1 f\|_{L^2}^2.
\end{aligned} \tag{5.5.76}$$

证明 取 $\partial_x^\alpha m$ 和 $\partial_x^\alpha(5.5.74)_2$ 的内积, 其中 $|\alpha| \leqslant N-1$, 可得

$$\begin{aligned}
&\frac{1}{2}\frac{d}{dt}(\|\partial_x^\alpha(n,m)\|_{L_x^2}^2 + \|\partial_x^\alpha(E,B)\|_{L_x^2}^2) + \frac{d}{dt}\int_{\mathbb{R}^3}\partial_x^\alpha R_1\partial_x^\alpha m dx\\
&+\sqrt{\frac{2}{3}}\int_{\mathbb{R}^3}\partial_x^\alpha\nabla_x q\partial_x^\alpha m dx + \kappa_1\left(\|\partial_x^\alpha\nabla_x m\|_{L_x^2}^2 + \frac{1}{3}\|\partial_x^\alpha \mathrm{div}_x m\|_{L_x^2}^2\right)\\
&=\int_{\mathbb{R}^3}\partial_x^\alpha(nE)\partial_x^\alpha m dx + \int_{\mathbb{R}^3}\partial_x^\alpha(m\times B)\partial_x^\alpha m dx + \int_{\mathbb{R}^3}\partial_x^\alpha R_2\partial_x^\alpha m dx
\end{aligned}$$

$$+\int_{\mathbb{R}^3}\partial_x^\alpha R_1\partial_x^\alpha\partial_t m dx =: I_1+I_2+I_3+I_4.$$

容易验证

$$I_1, I_2 \leqslant C\sqrt{E_N(V)}D_N(V).$$

根据引理 2.20, I_3 满足

$$\begin{aligned}
I_3 &\leqslant C\|\partial_x^\alpha\nabla_x P_1 f\|_{L^2}\|\partial_x^\alpha\nabla_x m\|_{L_x^2}+C(\|\partial_x^\alpha(Ef)\|_{L^2}\\
&\quad+\|\partial_x^\alpha(Bf)\|_{L^2}+\|\nu^{-\frac{1}{2}}\partial_x^\alpha\Gamma(f,f)\|_{L^2})\|\partial_x^\alpha\nabla_x m\|_{L_x^2}\\
&\leqslant \frac{\kappa_1}{2}\|\partial_x^\alpha\nabla_x m\|_{L_x^2}^2+C\|\partial_x^\alpha\nabla_x P_1 f\|_{L^2}^2+C\sqrt{E_N(V)}D_N(V),
\end{aligned}$$

根据 $(5.5.73)_2$, 可得

$$\begin{aligned}
I_4 &= \int_{\mathbb{R}^3}\partial_x^\alpha R_1\partial_x^\alpha\left[-\nabla_x n-\sqrt{\frac{2}{3}}\nabla_x q-E+nE+m\times B-(v\cdot\nabla_x P_1 f, v\chi_0)\right]dx\\
&\leqslant \epsilon(\|\partial_x^\alpha\nabla_x n\|_{L_x^2}^2+\|\partial_x^\alpha\nabla_x q\|_{L_x^2}^2+\|\partial_x^\alpha\nabla_x E\|_{L_x^2}^2)\\
&\quad+C\sqrt{E_N(V)}D_N(V)+\frac{C}{\epsilon}(\|\partial_x^\alpha P_1 f\|_{L_x^2}^2+\|\partial_x^\alpha\nabla_x P_1 f\|_{L_x^2}^2),
\end{aligned}$$

于是

$$\begin{aligned}
&\frac{1}{2}\frac{d}{dt}(\|\partial_x^\alpha(n,m)\|_{L_x^2}^2+\|\partial_x^\alpha(E,B)\|_{L_x^2}^2)+\frac{d}{dt}\int_{\mathbb{R}^3}\partial_x^\alpha R_1\partial_x^\alpha m dx\\
&\quad+\sqrt{\frac{2}{3}}\int_{\mathbb{R}^3}\partial_x^\alpha\nabla_x q\partial_x^\alpha m dx+\frac{\kappa_1}{2}\left(\|\partial_x^\alpha\nabla_x m\|_{L_x^2}^2+\frac{1}{3}\|\partial_x^\alpha \mathrm{div}_x m\|_{L_x^2}^2\right)\\
&\leqslant C\sqrt{E_N(V)}D_N(V)+\frac{C}{\epsilon}(\|\partial_x^\alpha P_1 f\|_{L^2}^2+\|\partial_x^\alpha\nabla_x P_1 f\|_{L^2}^2)\\
&\quad+\epsilon(\|\partial_x^\alpha\nabla_x n\|_{L_x^2}^2+\|\partial_x^\alpha\nabla_x q\|_{L_x^2}^2+\|\partial_x^\alpha\nabla_x E\|_{L_x^2}^2),
\end{aligned}\tag{5.5.77}$$

类似地, 取 $\partial_x^\alpha q$ 和 $\partial_x^\alpha(5.5.12)$ 的内积, 其中 $|\alpha|\leqslant N-1$, 可得

$$\begin{aligned}
&\frac{1}{2}\frac{d}{dt}\left(\|\partial_x^\alpha q\|_{L_x^2}^2-1_{|\alpha|=0}\sqrt{\frac{2}{3}}\int_{\mathbb{R}^3}m^2 q dx\right)+2\frac{d}{dt}\int_{\mathbb{R}^3}\partial_x^\alpha R_3\partial_x^\alpha q dx\\
&\quad+\sqrt{\frac{2}{3}}\int_{\mathbb{R}^3}\partial_x^\alpha \mathrm{div}_x m\partial_x^\alpha q dx+\frac{\kappa_2}{2}\|\partial_x^\alpha\nabla_x q\|_{L_x^2}^2\\
&\leqslant C\sqrt{E_N(V)}D_N(V)+\frac{C}{\epsilon}\|\partial_x^\alpha\nabla_x P_1 f\|_{L^2}^2+\epsilon\|\partial_x^\alpha\nabla_x m\|_{L_x^2}^2.
\end{aligned}\tag{5.5.78}$$

然后, 取 $\partial_x^\alpha \nabla_x n$ 和 $\partial_x^\alpha (5.5.74)_2$ 的内积可得

$$\begin{aligned}&\frac{d}{dt}\int_{\mathbb{R}^3}\partial_x^\alpha m\partial_x^\alpha \nabla_x n dx+\frac{1}{2}\|\partial_x^\alpha \nabla_x n\|_{L_x^2}^2+\|\partial_x^\alpha n\|_{L_x^2}^2\\&\leqslant C\sqrt{E_N(V)}D_N(V)+\|\partial_x^\alpha \mathrm{div}_x m\|_{L_x^2}^2+\|\partial_x^\alpha \nabla_x q\|_{L_x^2}^2+C\|\partial_x^\alpha \nabla_x P_1 f\|_{L^2}^2,\end{aligned}\tag{5.5.79}$$

并且取 $-\partial_x^\alpha E$ 和 $\partial_x^\alpha (5.5.74)_2$ 的内积可得

$$\begin{aligned}&-\frac{d}{dt}\int_{\mathbb{R}^3}\partial_x^\alpha m\partial_x^\alpha E dx+\|\partial_x^\alpha n\|_{L_x^2}^2+\frac{1}{2}\|\partial_x^\alpha E\|_{L_x^2}^2\\&\leqslant C\sqrt{E_N(V)}D_N(V)+C(\|\partial_x^\alpha \nabla_x P_1 f\|_{L^2}^2+\|\partial_x^\alpha \nabla_x q\|_{L_x^2}^2)\\&\quad+\left(\frac{1}{4\delta}+1\right)\|\partial_x^\alpha m\|_{L_x^2}^2+\delta\|\partial_x^\alpha (\nabla_x\times B)\|_{L_x^2}^2.\end{aligned}\tag{5.5.80}$$

为了得到磁场 B 的耗散, 取 $\partial_x^\alpha \nabla_x\times B$ 和 $\partial_x^\alpha (5.5.74)_4$ 的内积, 可得

$$\begin{aligned}&-\frac{d}{dt}\int_{\mathbb{R}^3}\partial_x^\alpha E\partial_x^\alpha (\nabla_x\times B)dx-\|\partial_x^\alpha (\nabla_x\times E)\|_{L_x^2}^2+\|\partial_x^\alpha (\nabla_x\times B)\|_{L_x^2}^2\\&=\int_{\mathbb{R}^3}\partial_x^\alpha m\partial_x^\alpha (\nabla_x\times B)dx,\end{aligned}$$

由上式与事实 $\|\nabla_x\times B\|_{L_x^2}^2=\|\nabla_x B\|_{L_x^2}^2$ 可以推出

$$-\frac{d}{dt}\int_{\mathbb{R}^3}\partial_x^\alpha E\partial_x^\alpha (\nabla_x\times B)dx+\frac{1}{2}\|\partial_x^\alpha \nabla_x B\|_{L_x^2}^2\leqslant\frac{1}{2}\|\partial_x^\alpha m\|_{L_x^2}^2+\|\partial_x^\alpha (\nabla_x\times E)\|_{L_x^2}^2.\tag{5.5.81}$$

通过求和 $\sum_{|\alpha|\leqslant N-1}[2s_0((5.5.77)+(5.5.78))+8(5.5.79)]+8\sum_{1\leqslant|\alpha|\leqslant N-1}(5.5.80)+3\sum_{1\leqslant|\alpha|\leqslant N-2}(5.5.81)$, 其中 $s_0>0$ 充分大, $\epsilon,\delta>0$ 充分小, 我们可以证明 (5.5.76).

□

引理 5.44(微观耗散) 设 $N\geqslant 3$, $V=(f,E,B)$ 是单极 VMB 方程 (5.1.11)—(5.1.15) 的强解. 那么, 存在常数 $p_k>0$, $1\leqslant k\leqslant N$ 和 $C>0$ 使得

$$\begin{aligned}&\frac{d}{dt}\sum_{|\alpha|\leqslant N}(\|\partial_x^\alpha f\|_{L^2}^2+\|\partial_x^\alpha (E,B)\|_{L_x^2}^2)-\sqrt{\frac{2}{3}}\int_{\mathbb{R}^3}m^2 q dx+\mu_0\sum_{|\alpha|\leqslant N}\|\nu^{\frac{1}{2}}\partial_x^\alpha P_1 f\|_{L^2}^2\\&\leqslant C\sqrt{E_N(V)}D_N(V),\end{aligned}\tag{5.5.82}$$

$$\frac{d}{dt}\sum_{1\leqslant k\leqslant N}p_k\sum_{\substack{|\beta|=k\\|\alpha|+|\beta|\leqslant N}}\|\partial_x^\alpha\partial_v^\beta P_1f\|_{L^2}^2+\sum_{1\leqslant k\leqslant N}p_k\sum_{\substack{|\beta|=k\\|\alpha|+|\beta|\leqslant N}}\|\nu^{\frac{1}{2}}\partial_x^\alpha\partial_v^\beta P_1f\|_{L^2}^2$$
$$\leqslant C\sum_{|\alpha|\leqslant N-1}\|\partial_x^\alpha\nabla_x f\|_{L^2}^2+C\sqrt{E_N(V)}D_N(V). \tag{5.5.83}$$

证明 取 f 和 (5.1.4) 的内积, 可得

$$\begin{aligned}&\frac{1}{2}\frac{d}{dt}(\|f\|_{L^2}^2+\|(E,B)\|_{L_x^2}^2)-\int_{\mathbb{R}^3}\int_{\mathbb{R}^3}(Lf)fdxdv\\&=\frac{1}{2}\int_{\mathbb{R}^3}\int_{\mathbb{R}^3}(v\cdot Ef)fdxdv+\int_{\mathbb{R}^3}\int_{\mathbb{R}^3}\Gamma(f,f)fdxdv.\end{aligned} \tag{5.5.84}$$

等式 (5.5.84) 右端第二项满足

$$\int_{\mathbb{R}^3}\int_{\mathbb{R}^3}\Gamma(f,f)fdxdv\leqslant C\|f\|_{L^{2,3}}\|\nu^{\frac{1}{2}}f\|_{L^{2,6}}\|\nu^{\frac{1}{2}}P_1f\|_{L^2}\leqslant C\sqrt{E_N(V)}D_N(V).$$

为了估计等式 (5.5.84) 右端第一项, 将其分解为

$$\begin{aligned}\frac{1}{2}\int_{\mathbb{R}^3}\int_{\mathbb{R}^3}(v\cdot Ef)fdxdv=&\frac{1}{2}\int_{\mathbb{R}^3}\int_{\mathbb{R}^3}(v\cdot EP_0f)P_0fdxdv\\&+\int_{\mathbb{R}^3}\int_{\mathbb{R}^3}(v\cdot EP_0f)P_1fdxdv\\&+\frac{1}{2}\int_{\mathbb{R}^3}\int_{\mathbb{R}^3}(v\cdot EP_1f)P_1fdxdv.\end{aligned}$$

容易验证

$$\int_{\mathbb{R}^3}\int_{\mathbb{R}^3}(v\cdot EP_0f)P_1fdxdv+\frac{1}{2}\int_{\mathbb{R}^3}\int_{\mathbb{R}^3}(v\cdot EP_1f)P_1fdxdv\leqslant C\sqrt{E_N(V)}D_N(V),$$

以及

$$\begin{aligned}\frac{1}{2}\int_{\mathbb{R}^3}\int_{\mathbb{R}^3}(v\cdot EP_0f)P_0fdxdv&=\int_{\mathbb{R}^3}(m\cdot E)ndx+\sqrt{\frac{2}{3}}\int_{\mathbb{R}^3}(m\cdot E)qdx\\&\leqslant\sqrt{\frac{1}{6}}\frac{d}{dt}\int_{\mathbb{R}^3}m^2qdx+C\sqrt{E_N(V)}D_N(V).\end{aligned}$$

因此

$$\frac{1}{2}\frac{d}{dt}\left(\|f\|_{L^2}^2+\|(E,B)\|_{L_x^2}^2-\sqrt{\frac{2}{3}}\int_{\mathbb{R}^3}m^2qdx\right)+\mu_0\|\nu^{\frac{1}{2}}P_1f\|_{L^2}^2$$

$$\leqslant C\sqrt{E_N(V)}D_N(V). \tag{5.5.85}$$

令 $1 \leqslant |\alpha| \leqslant N$, 取 $\partial_x^\alpha f$ 和 $\partial_x^\alpha(5.1.4)$ 的内积, 可得

$$\frac{1}{2}\frac{d}{dt}\left(\|\partial_x^\alpha f\|_{L^2}^2 + \|\partial_x^\alpha(E,B)\|_{L_x^2}^2\right) + \mu_0\|\nu^{\frac{1}{2}}\partial_x^\alpha P_1 f\|_{L^2}^2 \leqslant C\sqrt{E_N(V)}D_N(V). \tag{5.5.86}$$

于是, 通过求和 $(5.5.85) + \sum\limits_{1\leqslant|\alpha|\leqslant N}(5.5.86)$, 我们可以证明 (5.5.82).

为了封闭能量估计, 我们还需要估计 $\partial_x^\alpha\nabla_v f$ $(|\alpha| \leqslant N-1)$. 为此, 将 (5.1.4) 改写为

$$\begin{aligned}
&\partial_t(P_1 f) + v\cdot\nabla_x P_1 f + (E + v\times B)\cdot\nabla_v P_1 f - L(P_1 f)\\
={}&\Gamma(f,f) + \frac{1}{2}v\cdot EP_1 f + P_0(v\cdot\nabla_x P_1 f - \frac{1}{2}v\cdot EP_1 f + (E+v\times B)\cdot\nabla_v P_1 f)\\
&+ P_1\left(\frac{1}{2}v\cdot EP_0 f - (E+v\times B)\cdot\nabla_v P_0 f - v\cdot\nabla_x P_0 f\right).
\end{aligned} \tag{5.5.87}$$

取 (5.5.87) 和 $P_1 f$ 的内积, 可得

$$\frac{1}{2}\frac{d}{dt}\|P_1 f\|_{L^2}^2 + \frac{1}{2}\mu_0\|\nu^{\frac{1}{2}}\partial_x^\alpha P_1 f\|_{L^2}^2 \leqslant C\|\nabla_x P_0 f\|_{L^2}^2 + C\sqrt{E_N(V)}D_N(V).$$

令 $1 \leqslant k \leqslant N$, 取 α, β 满足 $|\beta| = k$ 和 $|\alpha| + |\beta| \leqslant N$. 将 $\partial_x^\alpha\partial_v^\beta P_1 f$ 和 $\partial_x^\alpha\partial_v^\beta$ (5.5.87) 作内积, 并关于 $\{|\beta| = k, |\alpha|+|\beta| \leqslant N\}$ 作求和, 得到

$$\begin{aligned}
&\frac{d}{dt}\sum_{\substack{|\beta|=k\\|\alpha|+|\beta|\leqslant N}}\|\partial_x^\alpha\partial_v^\beta P_1 f\|_{L^2}^2 + \sum_{\substack{|\beta|=k\\|\alpha|+|\beta|\leqslant N}}\|\nu^{\frac{1}{2}}\partial_x^\alpha\partial_v^\beta P_1 f\|_{L^2}^2\\
\leqslant{}& C\sum_{|\alpha|\leqslant N-k}(\|\partial_x^\alpha\nabla_x P_0 f\|_{L^2}^2 + \|\partial_x^\alpha\nabla_x P_1 f\|_{L^2}^2)\\
&+ C_k\sum_{\substack{|\beta|\leqslant k-1\\|\alpha|+|\beta|\leqslant N}}\|\partial_x^\alpha\partial_v^\beta P_1 f\|_{L^2}^2 + C\sqrt{E_N(V)}D_N(V).
\end{aligned} \tag{5.5.88}$$

于是, 通过求和 $\sum\limits_{1\leqslant k\leqslant N} p_k(5.5.88)$, 其中常数 $p_k > 0$ 满足

$$\nu_0 p_k \geqslant 2\sum_{1\leqslant j\leqslant N-k} p_{k+j}C_{k+j}, \quad 1 \leqslant k \leqslant N-1, \quad p_N = 1,$$

我们证明了 (5.5.83). □

引理 5.45 设 $N \geqslant 3$. 那么, 存在两个等价的能量泛函 $\mathcal{E}_N(V) \sim E_N(V)$, $\mathcal{H}_N(V) \sim H_N(V)$ 使得, 如果初始能量 $E_N(V_0)$ 充分小, 则单极 VMB 方程的柯西问题 (5.1.11)—(5.1.15) 存在唯一的整体解 $V=(f,E,B)$ 满足

$$\frac{d}{dt}\mathcal{E}_N(V(t)) + D_N(V(t)) \leqslant 0,$$

$$\frac{d}{dt}\mathcal{H}_N(V(t)) + D_N(V(t)) \leqslant C\|\nabla_x P_0 f\|_{L^2}^2.$$

引理 5.46 设 $N \geqslant 3$. 那么, 存在两个等价的能量泛函 $\mathcal{E}_{N,1}(V) \sim E_{N,1}(V)$, $\mathcal{H}_{N,1}(V) \sim H_{N,1}(V)$ 使得, 如果初始能量 $E_{N,1}(V_0)$ 充分小, 则单极 VMB 方程 (5.1.11)—(5.1.15) 的整体解 $V=(f,E,B)$ 满足

$$\frac{d}{dt}\mathcal{E}_{N,1}(V(t)) + D_{N,1}(V(t)) \leqslant 0, \tag{5.5.89}$$

$$\frac{d}{dt}\mathcal{H}_{N,1}(V(t)) + D_{N,1}(V(t)) \leqslant C\|\nabla_x P_0 f\|_{L^2}^2. \tag{5.5.90}$$

利用这些能量估计, 我们得到非线性单极 VMB 方程柯西问题(5.1.11)—(5.1.15)整体解的衰减速率.

定理 5.47 假设初值 $f_0 \in X_1^6 \cap L^{2,1}$ 和 $(E_0,B_0) \in H_x^6 \cap L_x^1$, 并且存在充分小的常数 $\delta_0 > 0$ 使得

$$\|f_0\|_{X_1^6 \cap L^{2,1}} + \|(E_0,B_0)\|_{H_x^6 \cap L_x^1} \leqslant \delta_0,$$

则单极 VMB 方程的柯西问题 (5.1.11)—(5.1.15) 存在唯一的整体解 $V=(f,E,B)$ 满足

$$\begin{cases} \|\partial_x^\alpha f(t)\|_{L^2} \leqslant C\delta_0(1+t)^{-\frac{5}{8}-\frac{|\alpha|}{4}}, \\ \|\partial_x^\alpha E(t)\|_{L_x^2} \leqslant C\delta_0(1+t)^{-\frac{3}{4}-\frac{|\alpha|}{4}}\ln(1+t), \\ \|\partial_x^\alpha B(t)\|_{L_x^2} \leqslant C\delta_0(1+t)^{-\frac{3}{8}-\frac{|\alpha|}{4}}, \end{cases} \tag{5.5.91}$$

特别地,

$$\begin{cases} \|\partial_x^\alpha (f(t),\chi_0)\|_{L_x^2} \leqslant C\delta_0(1+t)^{-1-\frac{|\alpha|}{4}}, \\ \|\partial_x^\alpha (f(t),v\chi_0)\|_{L_x^2} \leqslant C\delta_0(1+t)^{-\frac{5}{8}-\frac{|\alpha|}{4}}, \\ \|\partial_x^\alpha (f(t),\chi_4)\|_{L_x^2} \leqslant C\delta_0(1+t)^{-\frac{3}{4}-\frac{|\alpha|}{4}}, \\ \|\partial_x^\alpha P_1 f(t)\|_{L^2} \leqslant C\delta_0(1+t)^{-\frac{7}{8}-\frac{|\alpha|}{4}}, \\ E_{5,1}(V(t))^{\frac{1}{2}} + (1+t)^{\frac{1}{4}} H_{3,1}(V(t))^{\frac{1}{2}} \leqslant C\delta_0(1+t)^{-\frac{3}{8}}, \end{cases} \tag{5.5.92}$$

其中 $|\alpha| = 0, 1$, 且 $E_{5,1}(V)$ 和 $H_{3,1}(V)$ 分别由 (5.5.70) 和 (5.5.71) 给出.

此外, 若存在两个小常数 $d_0 > 0$ 和 $r_0 > 0$ 使得初值 $U_0 = (f_0, E_0, B_0)$ 的傅里叶变换 $\hat{U}_0 = (\hat{f}_0, \hat{E}_0, \hat{B}_0)$ 满足

$$\inf_{|\xi|\leqslant r_0} \left|\hat{E}_0(\xi) \cdot \frac{\xi}{|\xi|}\right| \geqslant d_0, \quad \inf_{|\xi|\leqslant r_0} \left|\frac{\xi}{|\xi|} \times \hat{B}_0(\xi)\right| \geqslant d_0,$$

$$\inf_{|\xi|\leqslant r_0} |(\hat{f}_0(\xi), \chi_4)| \geqslant d_0, \quad \sup_{|\xi|\leqslant r_0} |(\hat{f}_0(\xi), v\chi_0)| = 0,$$

则当 $t > 0$ 充分大时, 整体解 $V = (f, E, B)$ 满足

$$\begin{cases} C_1 d_0 (1+t)^{-\frac{5}{8}} \leqslant \|f(t)\|_{L^2} \leqslant C_2 \delta_0 (1+t)^{-\frac{5}{8}}, \\ C_1 d_0 (1+t)^{-\frac{3}{8}} \leqslant \|B(t)\|_{L^2_x} \leqslant C_2 \delta_0 (1+t)^{-\frac{3}{8}}, \end{cases} \tag{5.5.93}$$

特别地,

$$\begin{cases} C_1 d_0 (1+t)^{-\frac{5}{8}} \leqslant \|(f(t), v\chi_0)\|_{L^2_x} \leqslant C_2 \delta_0 (1+t)^{-\frac{5}{8}}, \\ C_1 d_0 (1+t)^{-\frac{3}{4}} \leqslant \|(f(t), \chi_4)\|_{L^2_x} \leqslant C_2 \delta_0 (1+t)^{-\frac{3}{4}}, \\ C_1 d_0 (1+t)^{-\frac{7}{8}} \leqslant \|P_1 f(t)\|_{L^2} \leqslant C_2 \delta_0 (1+t)^{-\frac{7}{8}}. \end{cases} \tag{5.5.94}$$

其中 $C_2 > C_1 > 0$ 为两个正常数.

证明　设 $V = (f, E, B)$ 是单极 VMB 方程柯西问题 (5.1.11)—(5.1.15) 的整体解. 则解可由半群 $e^{t\mathbb{A}_2}$ 表示为

$$(f, E, B)(t) = e^{t\mathbb{A}_2}(f_0, E_0, B_0) + \int_0^t e^{(t-s)\mathbb{A}_2}(\Lambda_3, 0, 0)(s) ds, \tag{5.5.95}$$

其中非线性项 Λ_3 由 (5.5.75) 给出. 对于任意 $t > 0$, 定义关于解 V 的泛函 $Q_2(t)$ 为

$$\begin{aligned} Q_2(t) = \sup_{0\leqslant s\leqslant t} \sum_{|\alpha|=0}^{1} \{ & (1+s)^{1+\frac{|\alpha|}{4}} \|\partial_x^\alpha (f(s), \chi_0)\|_{L^2_x} + (1+s)^{\frac{5}{8}+\frac{|\alpha|}{4}} \|\partial_x^\alpha (f(s), v\chi_0)\|_{L^2_x} \\ & + (1+s)^{\frac{3}{4}+\frac{|\alpha|}{2}} \|\partial_x^\alpha (f(s), \chi_4)\|_{L^2_x} + (1+s)^{\frac{7}{8}+\frac{|\alpha|}{4}} \|\partial_x^\alpha P_1 f(s)\|_{L^2} \\ & + (1+s)^{\frac{3}{4}+\frac{|\alpha|}{4}} \ln(1+t) \|\partial_x^\alpha E(s)\|_{L^2_x} + (1+s)^{\frac{3}{8}+\frac{|\alpha|}{4}} \|\partial_x^\alpha B(s)\|_{L^2_x} \\ & + (1+s)^{\frac{3}{8}} E_{5,1}(V(s))^{\frac{1}{2}} + (1+s)^{\frac{5}{8}} H_{3,1}(V(s))^{\frac{1}{2}} \}. \end{aligned}$$

根据引理 2.20, 对于 $0 \leqslant s \leqslant t$, 非线性项 $\Lambda_3(s)$ 可由 $Q_2(t)$ 估计如下

$$\|\Lambda_3(s)\|_{L^2} \leqslant C(\|\nu f\|_{L^{2,3}} \|f\|_{L^{2,6}} + \|B\|_{L^6_x} \|\nu \nabla_v f\|_{L^{2,3}})$$

$$
\begin{aligned}
&+C\|E\|_{L^3_x}(\|\nu f\|_{L^{2,6}}+\|\nabla_v f\|_{L^{2,6}})\\
&\leqslant C(1+s)^{-\frac{5}{4}}Q_2(t)^2, \qquad (5.5.96)\\
\|\Lambda_3(s)\|_{L^{2,1}} &\leqslant C(\|f\|_{L^2}\|\nu f\|_{L^2}+\|B\|_{L^2_x}\|\nu\nabla_v f\|_{L^2})\\
&\quad+\|E\|_{L^2_x}(\|\nu f\|_{L^2}+\|\nabla_v f\|_{L^2})\\
&\leqslant C(1+s)^{-1}Q_2(t)^2, \qquad (5.5.97)
\end{aligned}
$$

类似地

$$
\|\nabla_x^k\Lambda_3(s)\|_{L^2}\leqslant CH_{3,1}(V)\leqslant C(1+s)^{-\frac{5}{4}}Q_2(t)^2,\quad k=1,2, \tag{5.5.98}
$$

$$
\|\nabla_x^l\Lambda_3(s)\|_{L^2}\leqslant CE_{5,1}(V)^{\frac{1}{2}}H_{3,1}(V)^{\frac{1}{2}}\leqslant C(1+s)^{-1}Q_2(t)^2,\quad l=3,4. \tag{5.5.99}
$$

此外, 设 $V_0=(f_0,0,0)$ 满足 $P_d f_0=0$, 并设 $(f,E,B)=e^{t\mathbb{A}_2}V_0$. 于是, 根据 (5.4.92)—(5.4.97) 以及不等式

$$
\sup_{|\xi|\leqslant r_0}|\xi|^n e^{-|\xi|^2 t}\leqslant C(1+t)^{-\frac{n}{2}},\qquad \sup_{|\xi|\leqslant r_0}|\xi|^n e^{-|\xi|^4 t}\leqslant C(1+t)^{-\frac{n}{4}},
$$

得到

$$
\begin{aligned}
\|\partial_x^\alpha(f(t),\chi_0)\|_{L^2_x}&\leqslant C(1+t)^{-\frac{5}{4}-\frac{k}{2}}(\|\partial_x^\alpha f_0\|_{L^2}+\|\partial_x^{\alpha'}(f_0,v\chi_0)\|_{L^1_x})\\
&\quad+C(1+t)^{-1-\frac{l}{2}}\|\partial_x^{\alpha''}f_0\|_{L^2}, \qquad (5.5.100)\\
\|\partial_x^\alpha(f(t),v\chi_0)\|_{L^2_x}&\leqslant C[(1+t)^{-\frac{3}{4}-\frac{k}{2}}+(1+t)^{-\frac{7}{8}-\frac{k}{4}}](\|\partial_x^\alpha f_0\|_{L^2}+\|\partial_x^{\alpha'}f_0\|_{L^{2,1}})\\
&\quad+C(1+t)^{-m-\frac{1}{2}}\|\nabla_x^m\partial_x^\alpha f_0\|_{L^2}, \qquad (5.5.101)\\
\|\partial_x^\alpha(f(t),\chi_4)\|_{L^2_x}&\leqslant C(1+t)^{-\frac{3}{4}-\frac{k}{2}}(\|\partial_x^\alpha f_0\|_{L^2}+\|\partial_x^{\alpha'}(f_0,\chi_4)\|_{L^1_x})\\
&\quad+C(1+t)^{-\frac{5}{4}-\frac{k}{2}}\|\partial_x^{\alpha'}f_0\|_{L^{2,1}}, \qquad (5.5.102)\\
\|\partial_x^\alpha P_1 f(t)\|_{L^2}&\leqslant C(1+t)^{-\frac{9}{8}-\frac{k}{4}}(\|\partial_x^\alpha f_0\|_{L^2}+\|\partial_x^{\alpha'}P_0 f_0\|_{L^{2,1}})\\
&\quad+C(1+t)^{-1-\frac{l}{4}}\|\partial_x^{\alpha''}f_0\|_{L^2}+C(1+t)^{-m-\frac{1}{2}}\|\nabla_x^m\partial_x^\alpha f_0\|_{L^2}, \qquad (5.5.103)\\
\|\partial_x^\alpha B(t)\|_{L^2_x}&\leqslant C(1+t)^{-\frac{5}{8}-\frac{k}{4}}(\|\partial_x^\alpha f_0\|_{L^2}+\|\partial_x^{\alpha'}f_0\|_{L^{2,1}})\\
&\quad+C(1+t)^{-m}\|\nabla_x^m\partial_x^\alpha f_0\|_{L^2}, \qquad (5.5.104)
\end{aligned}
$$

其中 $\alpha',\alpha''\leqslant\alpha$, $k=|\alpha-\alpha'|$, $l=|\alpha-\alpha''|$ 以及 $m\geqslant 0$.

于是, 由 (5.5.100), (5.5.96) 和 (5.5.97) 可知, 宏观密度 $(f(t),\chi_0)$ 满足

$$
\begin{aligned}
\|\partial_x^\alpha(f(t),\chi_0)\|_{L_x^2} \leqslant\ & C(1+t)^{-\frac{5}{4}-\frac{|\alpha|}{2}}(\|\partial_x^\alpha V_0\|_{Z^2}+\|V_0\|_{Z^1}) \\
& + C\int_0^t (1+t-s)^{-\frac{5}{4}}(\|\partial_x^\alpha \Lambda_3(s)\|_{L^2}+\|\partial_x^\alpha(\Lambda_3(s),v\chi_0)\|_{L_x^1})ds \\
& + C\int_0^t (1+t-s)^{-1-\frac{|\alpha|}{2}}\|\Lambda_3(s)\|_{L^2}ds \\
\leqslant\ & C\delta_0(1+t)^{-\frac{5}{4}-\frac{|\alpha|}{2}}+C(1+t)^{-1-\frac{|\alpha|}{4}}Q_2(t)^2, \quad |\alpha|=0,1,
\end{aligned}
\tag{5.5.105}
$$

这里我们使用了

$$
\|\partial_x^\alpha(\Lambda_3(s),v\chi_0)\|_{L_x^1}=\|\partial_x^\alpha(nE+m\times B)(s)\|_{L_x^1}\leqslant C(1+s)^{-1-\frac{|\alpha|}{4}}Q_2(t)^2.
$$

根据 (5.4.83) 和 (5.5.101), 宏观能量 $(f(t),v\chi_0)$ 满足

$$
\begin{aligned}
\|\partial_x^\alpha(f(t),v\chi_0)\|_{L_x^2} \leqslant\ & C(1+t)^{-\frac{5}{8}-\frac{|\alpha|}{4}}(\|\partial_x^\alpha V_0\|_{Z^2}+\|V_0\|_{Z^1}+\|\nabla_x^{1+k}V_0\|_{Z^2}) \\
& + C\int_0^t (1+t-s)^{-\frac{3}{4}-\frac{3|\alpha|}{8}}(\|\partial_x^\alpha \Lambda_3(s)\|_{L^2}+\|\Lambda_3(s)\|_{L^{2,1}})ds \\
& + C\int_0^t (1+t-s)^{-1}\|\nabla_x^{1+|\alpha|}\Lambda_3(s)\|_{L^2}ds \\
\leqslant\ & C\delta_0(1+t)^{-\frac{5}{8}-\frac{|\alpha|}{4}}+C(1+t)^{-\frac{5}{8}-\frac{|\alpha|}{4}}Q_2(t)^2, \quad |\alpha|=0,1.
\end{aligned}
\tag{5.5.106}
$$

根据 (5.4.83) 和 (5.5.102), 宏观能量 $(f(t),\chi_4)$ 满足

$$
\begin{aligned}
\|\partial_x^\alpha(f(t),\chi_4)\|_{L_x^2} \leqslant\ & C(1+t)^{-\frac{3}{4}-\frac{|\alpha|}{2}}(\|\partial_x^\alpha V_0\|_{Z^2}+\|V_0\|_{Z^1}) \\
& + C\int_0^t (1+t-s)^{-\frac{3}{4}-\frac{|\alpha|}{2}}(\|\partial_x^\alpha \Lambda_3(s)\|_{L^2}+\|(\Lambda_3(s),\chi_4)\|_{L_x^1})dx \\
& + C\int_0^t (1+t-s)^{-\frac{5}{4}-\frac{|\alpha|}{2}}\|\Lambda_3(s)\|_{L^{2,1}}ds \\
\leqslant\ & C\delta_0(1+t)^{-\frac{3}{4}-\frac{|\alpha|}{2}}+C(1+t)^{-\frac{3}{4}-\frac{|\alpha|}{4}}Q_2(t)^2, \quad |\alpha|=0,1,
\end{aligned}
\tag{5.5.107}
$$

这里我们使用了

$$
\|(\Lambda_3(s),\chi_4)\|_{L_x^1}=\sqrt{\frac{2}{3}}\|E\cdot m(s)\|_{L_x^1}\leqslant C(1+s)^{-\frac{5}{4}}Q_2(t)^2.
$$

此外, 根据 (5.4.83) 和 (5.5.103), 微观部分 $P_1f(t)$ 满足

$$
\begin{aligned}
\|\partial_x^\alpha P_1 f(t)\|_{L^2} \leqslant & C(1+t)^{-\frac{7}{8}-\frac{|\alpha|}{4}}(\|\partial_x^\alpha V_0\|_{Z^2}+\|V_0\|_{Z^1}+\|\nabla_x^{1+|\alpha|}V_0\|_{Z^2}) \\
& + C\int_0^t (1+t-s)^{-\frac{9}{8}}(\|\partial_x^\alpha \Lambda_3(s)\|_{L^2}+\|\partial_x^\alpha P_0\Lambda_3(s)\|_{L^{2,1}})ds \\
& + C\int_0^t (1+t-s)^{-1-\frac{|\alpha|}{4}}\|\Lambda_3(s)\|_{L^2}ds \\
& + C\int_0^t (1+t-s)^{-\frac{3}{2}}\|\nabla_x^{1+|\alpha|}\Lambda_3(s)\|_{L^2}ds \\
\leqslant & C\delta_0(1+t)^{-\frac{7}{8}-\frac{|\alpha|}{4}}+C(1+t)^{-\frac{7}{8}-\frac{k}{4}}Q_2(t)^2, \quad |\alpha|=0,1.
\end{aligned}
\tag{5.5.108}
$$

电场 $E(t)$ 满足如下的衰减速度

$$
\begin{aligned}
\|\partial_x^\alpha E(t)\|_{L_x^2} \leqslant & C(1+t)^{-\frac{3}{4}-\frac{|\alpha|}{2}}(\|\partial_x^\alpha V_0\|_{Z^2}+\|V_0\|_{Z^1}+\|\nabla_x^{2+|\alpha|}V_0\|_{Z^2}) \\
& + C\int_0^t (1+t-s)^{-\frac{3}{4}-\frac{|\alpha|}{2}}(\|\partial_x^\alpha \Lambda_3(s)\|_{L^2}+\|\Lambda_3(s)\|_{L^{2,1}})ds \\
& + C\int_0^t (1+t-s)^{-2}\|\nabla_x^{2+|\alpha|}\Lambda_3(s)\|_{L^2}ds \\
\leqslant & C\delta_0(1+t)^{-\frac{3}{4}-\frac{|\alpha|}{2}}+C(1+t)^{-\frac{3}{4}-\frac{|\alpha|}{4}}\ln(1+t)Q_2(t)^2,
\end{aligned}
\tag{5.5.109}
$$

并且磁场 $B(t)$ 满足

$$
\begin{aligned}
\|\partial_x^\alpha B(t)\|_{L_x^2} \leqslant & C(1+t)^{-\frac{3}{8}-\frac{|\alpha|}{4}}(\|\partial_x^\alpha V_0\|_{Z^2}+\|V_0\|_{Z^1}+\|\nabla_x^{1+|\alpha|}V_0\|_{Z^2}) \\
& + C\int_0^t (1+t-s)^{-\frac{5}{8}-\frac{|\alpha|}{4}}(\|\Lambda_3(s)\|_{L^2}+\|\Lambda_3(s)\|_{L^{2,1}})ds \\
& + C\int_0^t (1+t-s)^{-1}\|\nabla_x^{1+|\alpha|}\Lambda_3(s)\|_{L^2}ds \\
\leqslant & C\delta_0(1+t)^{-\frac{3}{8}-\frac{|\alpha|}{4}}+C(1+t)^{-\frac{3}{8}-\frac{|\alpha|}{4}}Q_2(t)^2,
\end{aligned}
\tag{5.5.110}
$$

其中 $|\alpha|=0,1$.

接下来, 我们估计高阶能量 $H_{N,1}(V)$ 的时间衰减率. 由于

$$
c_1\mathcal{H}_{N,1}(V) \leqslant D_{N,1}(V)+C\|\nabla_x B\|_{L_x^2}^2+C\sum_{|\alpha|=N}\|\partial_x^\alpha(E,B)\|_{L_x^2}^2, \tag{5.5.111}
$$

其中 $c_1 > 0$ 为常数, 我们还需要估计 $\|\partial_x^\alpha(E,B)\|_{L_x^2}^2$, $|\alpha| = N$ 的衰减速率. 通过类似于定理 5.41 的论证, 对于任意的整数 $k \geqslant 2$, 得到

$$E_{k,1}(V(t)) \leqslant C(1+t)^{-3/4}(E_{k+1,1}(V_0) + (\delta_0 + Q_2(t)^2)^2). \tag{5.5.112}$$

于是

$$\begin{aligned}
\|\nabla_x^3(E,B)(t)\|_{L_x^2} \leqslant & C(1+t)^{-\frac{5}{8}}(\|\nabla_x^3 V_0\|_{Z^2} + \|V_0\|_{Z^1} + \|\nabla_x^4 V_0\|_{Z^2}) \\
& + C\int_0^t (1+t-s)^{-\frac{7}{8}}(\|\nabla_x^3\Lambda_3(s)\|_{L^2} + \|\Lambda_3(s)\|_{L^{2,1}})ds \\
& + C\int_0^t (1+t-s)^{-1}\|\nabla_x^4\Lambda_3(s)\|_{L^2}ds \\
\leqslant & C\delta_0(1+t)^{-\frac{5}{8}} + C(1+t)^{-\frac{5}{8}}(\delta_0 + Q_2(t)^2)^2,
\end{aligned} \tag{5.5.113}$$

这里我们用到了

$$\|\nabla_x^4\Lambda_3(s)\|_{L^2} \leqslant E_{5,1}(V)(s) \leqslant C(E_{6,1}(V_0) + (\delta_0 + Q_2(t)^2)^2)(1+s)^{-\frac{3}{4}}.$$

根据 (5.5.90) 和 (5.5.111) 可得

$$\begin{aligned}
& \frac{d}{dt}\mathcal{H}_{3,1}(V(t)) + c_1\mathcal{H}_{3,1}(V(t)) \\
\leqslant & C(\|\nabla_x(n,m,q)(t)\|_{L_x^2}^2 + \|\nabla_x B(t)\|_{L_x^2}^2) + C\|\nabla_x^3(E,B)(t)\|_{L_x^2}^2,
\end{aligned}$$

因此

$$\begin{aligned}
\mathcal{H}_{3,1}(V(t)) \leqslant & e^{-c_1 t}\mathcal{H}_{3,1}(V_0) + C\int_0^t e^{-c_1(t-s)}\|\nabla_x^3(E,B)(s)\|_{L_x^2}^2 ds \\
& + C\int_0^t e^{-c_1(t-s)}(\|\nabla_x(n,m,q)(s)\|_{L_x^2}^2 + \|\nabla_x B(s)\|_{L_x^2}^2)ds \\
\leqslant & C(1+t)^{-\frac{5}{4}}[\delta_0 + Q_2(t)^2 + (\delta_0 + Q_2(t)^2)^2].
\end{aligned} \tag{5.5.114}$$

对 (5.5.105)—(5.5.110) 和 (5.5.114) 求和, 得到

$$Q_2(t) \leqslant C(\delta_0 + Q_2(t)^2) + C(\delta_0 + Q_2(t)^2)^2,$$

因此, 当 $\delta_0 > 0$ 充分小时, (5.5.91) 和 (5.5.92) 成立. 通过与定理 5.42 类似的讨论, 我们可以证明 (5.5.93) 和 (5.5.94). □

备注 5.48 对于充分小的常数 $d_0 > 0$, 定义初值函数 (f_0, E_0, B_0) 为

$$f_0(x,v) = \frac{1}{(2\pi)^{3/2}} d_0 e^{r_0^2/2} \int_{\mathbb{R}^3} |\xi| e^{-|\xi|^2/2} e^{\mathrm{i}x\cdot\xi} d\xi \chi_0(v) + d_0 e^{r_0^2/2} e^{-|x|^2/2} \chi_4(v),$$

$$E_0(x) = \frac{1}{(2\pi)^{3/2}} d_0 e^{r_0^2/2} \int_{\mathbb{R}^3} \left(\frac{\xi}{|\xi|} + \frac{(-\xi_2, \xi_1, 0)}{(\xi_1^2 + \xi_2^2)^{1/2}} \right) e^{-|\xi|^2/2} e^{\mathrm{i}x\cdot\xi} d\xi,$$

$$B_0(x) = \frac{1}{(2\pi)^{3/2}} d_0 e^{r_0^2/2} \int_{\mathbb{R}^3} \frac{(-\xi_2, \xi_1, 0)}{(\xi_1^2 + \xi_2^2)^{1/2}} e^{-|\xi|^2/2} e^{\mathrm{i}x\cdot\xi} d\xi.$$

容易验证, 函数 (f_0, E_0, B_0) 满足定理 5.47 的条件.

附录 A

A.1 通用记号

(i) $\mathbb{N}^n$ 表示 n 维正整数空间. $\mathbb{N}=\mathbb{N}^1$.

(ii) $\mathbb{R}^n$ 表示 n 维实的 Euclid 空间. $\mathbb{R}=\mathbb{R}^1$.

(iii) $\mathbb{R}_+$ 表示 $\{x\in\mathbb{R}\,|\,x>0\}$.

(iv) $\mathbb{S}^n$ 表示 $\{x\in\mathbb{R}^{n+1}\,|\,|x|=1\}$ 为 $\mathbb{R}^{n+1}$ 中的单位球面.

(v) $\mathbb{C}^n$ 表示 n 维复空间. $\mathbb{C}=\mathbb{C}^1$.

(vi) 设 $r>0$, $z\in\mathbb{C}^n$. 定义 $B_r(z)=\{y\in\mathbb{C}^n\,|\,|z-y|<r\}$.

(vii) 设 $a=(a_1,a_2,\cdots,a_n)$, $b=(b_1,b_2,\cdots,b_n)\in\mathbb{C}^n$, 定义

$$a\cdot b=\sum_{i=1}^n a_ib_i,\quad (a,b)=\sum_{i=1}^n a_i\bar{b}_i.$$

(viii) 设 $z\in\mathbb{R}^n$ 且 $z\neq 0$. 定义 $\mathbb{C}_z^n=\{y\in\mathbb{C}^n\,|\,z\cdot y=0\}$.

(ix) 记 $\{a_n\}$ 为下面的数列

$$a_1,a_2,\cdots,a_n,\cdots,\quad n\in\mathbb{N}.$$

(x) 记 C 为通用的正常数.

A.2 函数记号

(i) $f\equiv g$ 表示 f 恒等于 g.

(ii) $f=:g$ 表示定义 f 等于 g.

(iii) 设 E 为 $\mathbb{R}^n$ 中的子集. $1_E(x)=\begin{cases}1, & |x|\in E,\\ 0, & |x|\notin E.\end{cases}$ $1_E(x)$ 是集合 E 上的截断函数.

(iv) $\delta_{ij}=\begin{cases}1, & i=j,\\ 0, & i\neq j.\end{cases}$ δ_{ij} 为克罗内克函数.

(v) $f*g$ 表示函数 f 和 g 的卷积, 即

$$(f*g)(x)=\int_{\mathbb{R}^n}f(y)g(x-y)dy.$$

常用函数空间 设 $u=u(x):\mathbb{R}^n\to\mathbb{R}$, $x\in\mathbb{R}^n$,

(i) 令 $\alpha=(\alpha_1,\alpha_2,\cdots,\alpha_n)\in\mathbb{N}^n$, $|\alpha|=\alpha_1+\alpha_2+\cdots+\alpha_n$, 定义 $\partial_x^\alpha u$ 为

$$\partial_x^\alpha u(x)=\partial_{x_1}^{\alpha_1}\partial_{x_2}^{\alpha_2}\cdots\partial_{x_n}^{\alpha_n}u(x).$$

设 $k\geqslant 1$ 为整数, 定义

$$D^k u=\{\partial_x^\alpha u\,|\,|\alpha|=k\}$$

为 u 的所有 k 阶导数的集合. $D^k u$ 的模定义为

$$|D^k u|=\left(\sum_{|\alpha|=k}|\partial_x^\alpha u|^2\right)^{1/2}.$$

(ii) $\nabla u=(\partial_{x_1}u,\partial_{x_2}u,\cdots,\partial_{x_n}u)$. $\Delta u=\sum\limits_{i=1}^{n}\partial_{x_i}^2 u$.

(iii) $L^p(\mathbb{R}^n)=\{u:\mathbb{R}^n\to\mathbb{R}\,|\,\|u\|_{L^p(\mathbb{R}^n)}<\infty\}$ $(1\leqslant p<\infty)$, 其范数定义为

$$\|u\|_{L^p(\mathbb{R}^n)}=\left(\int_{\mathbb{R}^n}|u(x)|^p dx\right)^{1/p}.$$

$L^\infty(\mathbb{R}^n)=\{u:\mathbb{R}^n\to\mathbb{R}\,|\,\|u\|_{L^\infty(\mathbb{R}^n)}<\infty\}$, 其范数定义为

$$\|u\|_{L^\infty(\mathbb{R}^n)}=\sup_{x\in\mathbb{R}^n}|u(x)|.$$

(iv) $H^k=H^k(\mathbb{R}^n)=\{u:\mathbb{R}^n\to\mathbb{R}\,|\,\|u\|_{H^k(\mathbb{R}^n)}<\infty\}$, 其范数定义为

$$\|u\|_{H^k(\mathbb{R}^n)}=\left(\int_{\mathbb{R}^n}(1+|\xi|^2)^k|\hat{u}(\xi)|^2 d\xi\right)^{1/2}.$$

$W^{k,p}=W^{k,p}(\mathbb{R}^n)=\{u:\mathbb{R}^n\to\mathbb{R}\,|\,\|u\|_{W^{k,p}(\mathbb{R}^n)}<\infty\}$, 其范数定义为

$$\|u\|_{W^{k,p}(\mathbb{R}^n)}=\left(\sum_{|\alpha|=0}^{k}\|\partial_x^\alpha u\|_{L^p(\mathbb{R}^n)}^p\right)^{1/p}.$$

(v) 设 $f,g\in L^2(\mathbb{R}^n)$, 定义 $L^2(\mathbb{R}^n)$ 中的内积为

$$(f,g)=\int_{\mathbb{R}^n}fg\,dx.$$

解的函数空间　设 $u=u(x,v):\mathbb{R}^3\times\mathbb{R}^3\to\mathbb{R},\ x\in\mathbb{R}^3,\ v\in\mathbb{R}^3$,

(i) 对于任意的 $\alpha=(\alpha_1,\alpha_2,\alpha_3)\in\mathbb{N}^3$ 和 $\beta=(\beta_1,\beta_2,\beta_3)\in\mathbb{N}^3$, 记

$$\partial_x^\alpha=\partial_{x_1}^{\alpha_1}\partial_{x_2}^{\alpha_2}\partial_{x_3}^{\alpha_3},\quad \partial_v^\beta=\partial_{v_1}^{\beta_1}\partial_{v_2}^{\beta_2}\partial_{v_3}^{\beta_3}.$$

(ii) 设 $q\geqslant 1$, 定义 Banach 空间 $L^{2,q}$ $(L^2=L^{2,2})$ 为

$$L^{2,q}=L^2(\mathbb{R}_v^3,L^q(\mathbb{R}_x^3)),\quad \|u\|_{L^{2,q}}=\left(\int_{\mathbb{R}^3}\left(\int_{\mathbb{R}^3}|u(x,v)|^q dx\right)^{2/q}dv\right)^{1/2}.$$

特别地, 定义范数 $\|\cdot\|_{L_v^q}$, $\|\cdot\|_{L_x^q}$ 为

$$\|u\|_{L_v^q}=\left(\int_{\mathbb{R}^3}|u(x,v)|^q dv\right)^{1/q},\quad \|u\|_{L_x^q}=\left(\int_{\mathbb{R}^3}|u(x,v)|^q dx\right)^{1/q}.$$

(iii) 记 $\langle v\rangle=\sqrt{1+|v|^2}$. 设 $\beta\geqslant 0$, 定义关于函数 u 的 Banach 空间:

$$L_{v,\beta}^\infty(\mathbb{R}_v^3)=\left\{u\in L^\infty(\mathbb{R}_v^3)\,|\,\|u\|_{L_{v,\beta}^\infty}=\sup_{v\in\mathbb{R}^3}\langle v\rangle^\beta|u(v)|<\infty\right\},$$

以及

$$L_{v,\beta}^\infty(L_x^q)=L_{v,\beta}^\infty(\mathbb{R}_v^3,L^q(\mathbb{R}_x^3)),\quad \|u\|_{L_{v,\beta}^\infty(L_x^q)}=\sup_{v\in\mathbb{R}^3}\langle v\rangle^\beta\|u(\cdot,v)\|_{L_x^q},$$

$$L_{v,\beta}^\infty(H_x^l)=L_{v,\beta}^\infty(\mathbb{R}_v^3,H^l(\mathbb{R}_x^3)),\quad \|u\|_{L_{v,\beta}^\infty(H_x^l)}=\sup_{v\in\mathbb{R}^3}\langle v\rangle^\beta\|u(\cdot,v)\|_{H_x^l}.$$

(iv) 定义 Sobolev 空间 $H^k=L^2(\mathbb{R}_v^3,H^k(\mathbb{R}_x^3))$ $(k\geqslant 0)$, 其范数为

$$\|u\|_{H^k}=\left(\int_{\mathbb{R}^3}\int_{\mathbb{R}^3}(1+|\xi|^2)^k|\hat{u}(\xi,v)|^2 d\xi dv\right)^{1/2}.$$

以及 $W^{k,p}=L^2(\mathbb{R}_v^3,W^{k,p}(\mathbb{R}_x^3))$, 其范数为

$$\|u\|_{W^{k,p}}=\left(\sum_{|\alpha|=0}^k\|\partial_x^\alpha u\|_{L^{2,p}}^2\right)^{1/2}.$$

特别地, 定义范数 $\|\cdot\|_{H_v^k}$, $\|\cdot\|_{H_x^k}$ 为

$$\|u\|_{H_v^k}=\left(\sum_{|\beta|=0}^k\|\partial_v^\beta u(x,\cdot)\|_{L_v^2}^2\right)^{1/2},\quad \|u\|_{H_x^k}=\left(\sum_{|\alpha|=0}^k\|\partial_x^\alpha u(\cdot,v)\|_{L_x^2}^2\right)^{1/2}.$$

(v) 设 $l \geqslant 0$ 为整数以及 $k \geqslant 0$. 定义 Sobolev 空间 H_k^l ($H^l = H_0^l$) 为

$$H_k^l = \{ u \in L^2(\mathbb{R}_x^3 \times \mathbb{R}_v^3) \,|\, \|u\|_{H_k^l} < \infty \},$$

它的范数为

$$\|u\|_{H_k^l} = \left(\sum_{|\alpha|=0}^{l} \|\nu^k \partial_x^\alpha u\|_{L^2}^2 \right)^{1/2}.$$

定义 Sobolev 空间 X_k^l ($X^l = X_0^l$) 为

$$X_k^l = \{ u \in L^2(\mathbb{R}_x^3 \times \mathbb{R}_v^3) \,|\, \|u\|_{X_k^l} < \infty \},$$

它的范数为

$$\|u\|_{X_k^l} = \left(\sum_{|\alpha|+|\beta| \leqslant l} \|\nu^k \partial_x^\alpha \partial_v^\beta u\|_{L^2}^2 \right)^{1/2}.$$

(vi) 设 $U = (f, E, B)$, 其中 $f = f(x, v)$, $E = E(x)$ 和 $B = B(x)$. 对于 $q \geqslant 1$, 定义关于 $U = (f, E, B)$ 的 Banach 空间 $Z^q = L^{2,q} \times L_x^q \times L_x^q$, 其范数为

$$\|U\|_{Z^q} = \|f\|_{L^{2,q}} + \|E\|_{L_x^q} + \|B\|_{L_x^q}.$$

定义 Sobolev 空间 $H^k = \{U = (f, E, B) \,|\, \|U\|_{H^k} < \infty \}$ ($Z^2 = H^0$), 其范数定义为

$$\|U\|_{H^k} = \left(\int_{\mathbb{R}^3} (1+|\xi|^2)^k \left(\int_{\mathbb{R}^3} |\hat{f}|^2 dv + |\hat{E}|^2 + |\hat{B}|^2 \right) d\xi \right)^{1/2}.$$

(vii) **带电场的加权函数空间** 令 $\xi \neq 0$, 定义加权内积空间 $L_\xi^2(\mathbb{R}^3) = \{f \in L^2(\mathbb{R}_v^3) \,|\, \|f\|_\xi = \sqrt{(f,f)_\xi} < \infty\}$, 其内积定义为

$$(f, g)_\xi = (f, g) + \frac{1}{|\xi|^2}(P_d f, P_d g).$$

定义 Sobolev 空间 $H_P^k = \{f \in L^2(\mathbb{R}_x^3 \times \mathbb{R}_v^3) \,|\, \|f\|_{H_P^k} < \infty \}$ ($L_P^2 = H_P^0$), 其范数定义为

$$\|f\|_{H_P^k} = \left(\int_{\mathbb{R}^3} (1+|\xi|^2)^k \|\hat{f}\|_\xi^2 d\xi \right)^{1/2},$$

其中 $\hat{f} = \hat{f}(\xi, v)$ 为 f 关于 x 的傅里叶变换.

A.3 常用不等式

(i) **Hölder 不等式** 设 $1 \leqslant p,q \leqslant \infty$ 满足 $1/p+1/q=1$. 则对于 $f \in L^p(\mathbb{R}^n)$, $g \in L^q(\mathbb{R}^n)$, 有

$$\int_{\mathbb{R}^n} |fg|dx \leqslant \|f\|_{L^p(\mathbb{R}^n)}\|g\|_{L^q(\mathbb{R}^n)}.$$

特别地, 对于 $f \in L^r(\mathbb{R}^n)$, $g \in L^s(\mathbb{R}^n)$ 以及 $1/r+1/s=1/p$, 有

$$\|fg\|_{L^p(\mathbb{R}^n)} \leqslant \|f\|_{L^r(\mathbb{R}^n)}\|g\|_{L^s(\mathbb{R}^n)}.$$

(ii) **Minkowski 不等式**[56] (1) 设 Ω, Γ 分别为 $\mathbb{R}^n$ 和 $\mathbb{R}^m$ 中的子集, 或者 $\Omega=\mathbb{R}^n, \Gamma=\mathbb{R}^m$. 设 $f(x,y) \geqslant 0$, $(x,y) \in \Omega \times \Gamma$. 则对于 $1 \leqslant p < \infty$, 有

$$\left(\int_\Omega \left(\int_\Gamma f(x,y)dy\right)^p dx\right)^{1/p} \leqslant \int_\Gamma \left(\int_\Omega f(x,y)^p dx\right)^{1/p} dx.$$

(2) 设 $1 \leqslant p \leqslant \infty$ 且 $f, g \in L^p(\mathbb{R}^n)$. 则有

$$\|f+g\|_{L^p(\mathbb{R}^n)} \leqslant \|f\|_{L^p(\mathbb{R}^n)} + \|g\|_{L^p(\mathbb{R}^n)}.$$

(iii) **Gagliardo-Nirenberg-Sobolev 不等式**[56] 设 $1 \leqslant p < n$. 则有

$$\|f\|_{L^{p*}(\mathbb{R}^n)} \leqslant C\|Df\|_{L^p(\mathbb{R}^n)},$$

其中

$$\frac{1}{p^*} = \frac{1}{p} - \frac{1}{n}.$$

于是, 对于任意的 $q \in [p, p^*]$,

$$\|f\|_{L^q(\mathbb{R}^n)} \leqslant C\|f\|_{W^{1,p}(\mathbb{R}^n)}.$$

(iv) **Gagliardo-Nirenberg 插值不等式**[70] 设 j, m 为正整数满足 $j < m$, $1 \leqslant p,q,r \leqslant \infty$ 及 $\theta \in [0,1]$ 满足以下关系:

$$\frac{1}{p} = \frac{j}{n} + \theta\left(\frac{1}{r} - \frac{m}{n}\right) + \frac{1-\theta}{q}, \quad \frac{j}{m} \leqslant \theta \leqslant 1,$$

则对于 $f \in L^q(\mathbb{R}^n)$ 且 $D^m f \in L^r(\mathbb{R}^n)$, 有

$$\|D^j f\|_{L^p(\mathbb{R}^n)} \leqslant C\|D^m f\|_{L^r(\mathbb{R}^n)}^{\theta}\|f\|_{L^q(\mathbb{R}^n)}^{1-\theta}.$$

(v) 设 $f = f(x) : \mathbb{R}^3 \to \mathbb{R}$. 则由 (iii), (iv) 可以直接推出

(1) $\|f\|_{L^6(\mathbb{R}^3)} \leqslant C\|Df\|_{L^2(\mathbb{R}^3)}$;

(2) $\|f\|_{L^q(\mathbb{R}^3)} \leqslant C\|f\|_{H^1(\mathbb{R}^3)}$, $q \in [2,6]$;

(3) $\|f\|_{L^\infty(\mathbb{R}^3)} \leqslant C\|D^2 f\|_{L^2(\mathbb{R}^3)}^{\frac{1}{2}}\|Df\|_{L^2(\mathbb{R}^3)}^{\frac{1}{2}}$.

A.4 傅里叶变换

(i) 定义函数 f 的傅里叶变换为

$$\hat{f}(\xi) = \mathcal{F}f(x) = \frac{1}{(2\pi)^{n/2}}\int_{\mathbb{R}^n} e^{-\mathrm{i}x\cdot\xi} f(x)dx, \quad \mathrm{i} = \sqrt{-1}.$$

(ii) 设 $f \in L^2(\mathbb{R}^n)$, 定义函数 f 的傅里叶逆变换为

$$f^\vee(\xi) = \mathcal{F}^{-1}f(x) = \frac{1}{(2\pi)^{n/2}}\int_{\mathbb{R}^n} e^{\mathrm{i}x\cdot\xi} f(x)dx.$$

则

$$f = (\hat{f})^\vee.$$

(iii) 设 $f \in L^p(\mathbb{R}^n)$, $g \in L^q(\mathbb{R}^n)$, 且 $1 + 1/r = 1/p + 1/q$. 则 $f * g \in L^r(\mathbb{R}^n)$, 满足

$$\widehat{f * g}(\xi) = (2\pi)^{n/2}\hat{f}(\xi)\hat{g}(\xi).$$

(iv) **Plancherel 等式**[56] 设 $f \in L^2(\mathbb{R}^n)$, 则 $\hat{f} \in L^2(\mathbb{R}^n)$, 且满足如下的等式:

$$\int_{\mathbb{R}^n} |f(x)|^2 dx = \int_{\mathbb{R}^n} |\hat{f}(\xi)|^2 dx.$$

设 $f, g \in L^2(\mathbb{R}^n)$, 则有

$$\int_{\mathbb{R}^n} f(x)\bar{g}(x)dx = \int_{\mathbb{R}^n} \hat{f}(\xi)\bar{\hat{g}}(\xi)d\xi.$$

(v) **Hausdorff-Young 不等式**[56] 设 $1 < p < 2$ 且 $f \in L^p(\mathbb{R}^n)$. 则对于 $1/p + 1/q = 1$, 有

$$\|\hat{f}\|_{L^q(\mathbb{R}^n)} \leqslant C\|f\|_{L^p(\mathbb{R}^n)}.$$

特别地,

$$\|\hat{f}\|_{L^\infty(\mathbb{R}^n)} \leqslant \frac{1}{(2\pi)^{n/2}}\|f\|_{L^1(\mathbb{R}^n)}.$$

(vi) **Riesz 位势**[56] 设 $1 < \alpha < n$, $I_\alpha = \Delta^{-\alpha/2}$ 为 Riesz 位势.

$$I_\alpha = (|\xi|^{-\alpha})^\vee = C_\alpha |x|^{\alpha-n},$$

其中

$$C_\alpha = \pi^{-n/2} 2^{-\alpha} \frac{\Gamma((n-\alpha)/2)}{\Gamma(\alpha/2)}.$$

特别地,

$$\Delta^{-1} = \begin{cases} -\dfrac{1}{2\pi} \ln |x|, & n = 2, \\ \dfrac{\Gamma(n/2-1)}{4\pi^{n/2}} |x|^{2-n}, & n \geqslant 3. \end{cases}$$

(vii) **Hardy-Littlewood-Sobolev 不等式**[77] 设 $1 < \alpha < n$, $1 < p, q < \infty$ 满足

$$\frac{1}{q} = \frac{1}{p} - \frac{\alpha}{n}.$$

则

$$\|I_\alpha f\|_{L^q(\mathbb{R}^n)} \leqslant C \|f\|_{L^p(\mathbb{R}^n)}.$$

于是, 对于 $k = 0, 1, 2$, $1 < p, q < \infty$ 满足 $1/q = 1/p + (k-2)/n$, 有

$$\|D^k \Delta^{-1} f\|_{L^q(\mathbb{R}^n)} \leqslant C \|f\|_{L^p(\mathbb{R}^n)}.$$

(viii) 定义拟微分算子 (pseudo-differential operator) $P(D)$ 为

$$P(D) f(x) = \frac{1}{(2\pi)^{n/2}} \int_{\mathbb{R}^n} e^{ix\cdot\xi} P(\xi) \hat{f}(\xi) d\xi.$$

A.5 线性算子的谱理论

(i) ([90]) 设 X 为复 Banach 空间, $A : D(A) \to X$ 为闭线性算子. $\lambda \in \mathbb{C}$ 称为 A 的特征值, 是指存在 $x \in D(A) \setminus \{0\}$ 满足

$$Ax = \lambda x.$$

称集合

$$\rho(A) = \{\lambda \in \mathbb{C} \,|\, \text{零空间 } N(\lambda - A) = 0, \text{ 且值域 } R(\lambda - A) = X\}$$

为 A 的预解集, $\rho(A)$ 中的 λ 称为正则值. 称所有不属于 $\rho(A)$ 的 λ 为 A 的谱点, A 的谱点全体称为 A 的谱集, 记为 $\sigma(A)$.

(ii) ([90]) 设 X 为复 Banach 空间, $A: D(A) \to X$ 为闭线性算子. 令

$$\sigma_p(A) = \{\lambda \in \mathbb{C} \,|\, N(\lambda - A) \neq 0, \text{ 即 } \lambda \text{ 为 } A \text{ 的特征值}\},$$

$$\sigma_c(A) = \{\lambda \in \mathbb{C} \,|\, N(\lambda - A) = 0, \; R(\lambda - A) \neq X, \text{ 但 } \overline{R(\lambda - A)} = X\},$$

$$\sigma_r(A) = \{\lambda \in \mathbb{C} \,|\, N(\lambda - A) = 0, \text{ 且 } \overline{R(\lambda - A)} \neq X\}.$$

我们称 $\sigma_p(A)$ 为 A 的点谱, $\sigma_c(A)$ 为 A 的连续谱, $\sigma_r(A)$ 为 A 的剩余谱. 因此,

$$\sigma(A) = \sigma_p(A) \cup \sigma_c(A) \cup \sigma_r(A).$$

(iii) ([91]) 设 H 为 Hilbert 空间, $A: D(A) \to H$ 为稠定算子. 令

$$D(A^*) = \{y^* \in H \,|\, \exists y^* \in H, \text{ 使得 } \forall x \in D(A), \; (Ax, y) = (x, y^*)\},$$

以及

$$A^*: y \to y^*, \quad \forall y \in D(A^*),$$

则称算子 A^* 为 A 的共轭算子, $D(A^*)$ 为 A^* 的定义域.

(iv) ([91]) 设 H 为 Hilbert 空间, $A: D(A) \to H$ 为稠定算子. A 是对称的, 当且仅当

$$(Ax, y) = (x, Ay), \quad x, y \in D(A).$$

A 是自伴的, 当且仅当 A 是对称的且 $D(A) = D(A^*)$.

(v) ([91]) 设 A 是 Hilbert 空间 H 上的自伴算子, 则 $\sigma_r(A) = \varnothing$. 令

$$\sigma_{\text{ess}}(A) = \{\lambda \in \sigma(A) \,|\, \lambda \in \sigma_c(A) \text{ 或者 } \lambda \in \sigma_p(A), \text{ 但是 } \dim N(\lambda - A) = \infty\},$$

$$\sigma_d(A) = \{\lambda \in \sigma_p(A) \,|\, 0 < \dim N(\lambda - A) < \infty\}.$$

它们分别为 A 的本质谱和离散谱. 这里 $\dim X$ 为空间 X 的维数, $N(T) = \{x \in H \,|\, Tx = 0\}$ 为 T 的零空间.

显然, $\sigma_{\text{ess}}(A) =$ 谱的聚点 + 全体无穷重数的特征值, $\sigma(A) = \sigma_{\text{ess}}(A) \cup \sigma_d(A)$.

(vi) ([91]) 设 A 和 B 是 Hilbert 空间 H 上的稠定算子, 在 $D(A)$ 上赋予图模 $|||x||| = \|x\| + \|Ax\|$, 如果

(a) $D(B) \subset D(A)$;

(b) $B: (D(A), |||\cdot|||) \to (H, \|\cdot\|)$ 是紧的,

则称 B 关于 A 是紧的, 或者说 B 是 A 紧的算子.

(vii) **Weyl 定理**[91] 设 A 是 Hilbert 空间 H 上的自伴算子, B 是 H 上的对称算子, 若 B 是 A 紧的算子, 则

$$\sigma_{\text{ess}}(A + B) = \sigma_{\text{ess}}(A).$$

(viii) ([47]) 设 X 为 Banach 空间, $Y \subset X$ 是一个闭线性子空间, 称

$$\text{codim}Y = \dim(X/Y)$$

为 Y 的余维数. 设 A 是 X 上的闭算子, 如果 $R(A)$ 是闭的, $\dim N(A) < \infty$ 且 $\text{codim}R(A) < \infty$, 则称 A 为 Fredholm 算子. A 的 Fredholm 集定义为

$$\Delta(A) = \{\lambda \in \mathbb{C} \mid \lambda - A \text{ 是 Fredholm 算子}\}.$$

则 A 的本质谱 $\sigma_{\text{ess}}(A)$ 为 Fredholm 集 $\Delta(A)$ 的余集, A 的离散谱 $\sigma_d(A) = \sigma(A) \setminus \sigma_{\text{ess}}(A)$.

(ix) **Kato 定理**[47] 设 A 是 Banach 空间 X 上的闭算子, B 是 A 紧算子, 则 A 和 $A + B$ 有相同的本质谱 (等价于 A 和 $A + B$ 有相同的 Fredholm 集).

参考文献

[1] Arkeryd L, Maslova N. On diffuse reflection at the boundary for the Boltzmann equation and related equations. J. Stat. Phys., 1994, 77(5-6): 1051-1077.

[2] Arsenio D, Saint-Raymond L. From the Vlasov-Maxwell-Boltzmann System to Incompressible Viscous Electro-magneto-Hydrodynamics. Zurich: European Mathematical Society Press, 2016.

[3] Bardos C, Golse F, Levermore D. Fluid dynamic limits of kinetic equations I: Formal derivations. J. Stat. Phys., 1991, 63: 323-344.

[4] Bardos C, Golse F, Levermore D. Fluid dynamic limits of kinetic equations II: Convergence proofs for the Boltzmann equation. Comm. Pure Appl. Math., 1993, 46: 667-753.

[5] Bardos C, Ukai S. The classical incompressible Navier-Stokes limit of the Boltzmann equation. Math. Models Methods Appl. Sci., 1991, 1: 235-257.

[6] Bellomo N, Toscani G. On the Cauchy problem for the nonlinear Boltzmann equation: Global existence, uniqueness and asymptotic behaviour. J. Math. Phys. 1985, 26: 334-338.

[7] Boltzmann L. Weitere Studien über das Wärmegleichgewicht unter Gasmolekülen. Sitzungsberichte der Akademie der Wissensechaften Wien, 1872, 66: 275-370.

[8] Caflisch R E. The fluid dynamic limit of the nonlinear Boltzmann equation. Comm. Pure Appl. Math., 1980, 33(5): 651-666.

[9] Cao Y, Kim C, Lee D. Global strong solutions of the Vlasov-Poisson-Boltzmann system in bounded domains. Arch. Ration. Mech. Anal., 2019, 233: 1027-1130.

[10] Cercignani C, Illner R, Pulvirenti M. The Mathematical Theory of Dilute Gases. Applied Mathematical Sciences, 106. New York: Springer-Verlag, 1994.

[11] Chapman S, Cowling T G. The Mathematical Theory of Non-uniform Gases. 3rd ed. Cambridges: Cambridge University Press, 1970.

[12] Codier S, Grenier E. Quasineutral limit of an Euler-Poisson system arising from plasma physics. Commun. Part. Diff. Eq., 2000, 25: 1099-1113.

[13] De Masi A, Esposito R, Lebowitz J L. Incompressible Navier-Stokes and Euler limits of the Boltzmann equation. Comm. Pure Appl. Math., 1989, 42: 1189-1214.

[14] Desvillettes L, Villani C. On the trend to global equilibrium for spatially inhomogeneous kinetic systems: The Boltzmann equation. Invent. Math., 2005, 159: 243-316.

[15] DiPerna R J, Lions P L. On the Cauchy problem for Boltzmann equation: Global existence and weak stability. Ann. Math., 1989, 130: 321-366.

[16] Duan R J, Strain R M. Optimal time decay of the Vlasov-Poisson-Boltzmann system in $\mathbb{R}^3$. Arch. Ration. Mech. Anal., 2011, 199(1): 291-328.

[17] Duan R J, Yang T. Stability of the one-species Vlasov-Poisson-Boltzmann system. SIAM J. Math. Anal., 2010, 41: 2353-2387.

[18] Duan R J, Yang T, Zhu C J. Boltzmann equation with external force and Vlasov-Poisson-Boltzmann system in infinite vacuum. Discrete Contin. Dyn. Syst., 2006, 16: 253-277.

[19] Duan R J, Yang T, Zhao H J. The Vlasov-Poisson-Boltzmann system in the whole space: The hard potential case. J. Differ. Equ., 2012, 252: 6356-6386.

[20] Duan R J, Yang T, Zhao H J. The Vlasov-Poisson-Boltzmann system for soft potentials. Math. Models Methods Appl. Sci., 2013, 23(6): 979-1028.

[21] Duan R J, Liu S. Stability of the rarefaction wave of the Vlasov-Poisson-Boltzmann system. SIAM J. Math. Anal., 2015, 47(5): 3585-3647.

[22] Duan R J. Dissipative property of the Vlasov-Maxwell-Boltzmann System with a uniform ionic background. SIAM J. Math. Anal., 2011, 43(6): 2732-2757.

[23] Duan R J, Strain R M. Optimal large-time behavior of the Vlasov-Maxwell-Boltzmann system in the whole space. Comm. Pure Appl. Math. 2011, 64: 1497-1546.

[24] Duan R J, Liu S, Yang T, Zhao H. Stability of the nonrelativistic Vlasov-Maxwell-Boltzmann system for angular non-cutoff potentials. Kinet. Relat. Models, 2013, 6(1): 159-204.

[25] Duan R J, Lei Y, Yang T, Zhao H. The Vlasov-Maxwell-Boltzmann system near Maxwellians in the whole space with very soft potentials. Comm. Math. Phys., 2017, 351: 95-153.

[26] Duan R J, Wang Y. The Boltzmann equation with large-amplitude initial data in bounded domains. Adv. Math., 2019, 343: 36-109.

[27] Ellis R S, Pinsky M A. The first and second fluid approximations to the linearized Boltzmann equation. J. Math. pure et appl., 1975, 54: 125-156.

[28] Ellis R S, Pinsky M A. The projection of the Navier-Stokes equations upon the Euler equations. J. Math. pure et appl., 1975, 54: 157-182.

[29] Glassey R T. The Cauchy Problem in Kinetic Theory. Philadephia, PA: SIAM, 1996.

[30] Golse F, Saint-Raymond L. The Navier-Stokes limit of the Boltzmann equation for bounded collision kernels. Invent. Math., 2004, 155(1): 81-161.

[31] Gualdani M P, Mischler S, Mouhot C. Factorization of non-symmetric operators and exponential H-theorem. Mém. Soc. Math. Fr. (N.S.) 153 (2017).

[32] Guo Y. The Boltzmann equation in the whole space. Indiana Univ. Math. J., 2004, 53: 1081-1094.

[33] Guo Y. The Vlasov-Poisson-Boltzmann system near Maxwellians. Comm. Pure Appl. Math., 2002, 55(9): 1104-1135.

[34] Guo Y. The Vlasov-Poisson-Boltzmann system near vacuum. Comm. Math. Phys., 2001, 218(2): 293-313.

[35] Guo Y, Jang J. Global Hilbert Expansion for the Vlasov-Poisson-Boltzmann System. Comm. Math. Phys., 2010, 299: 469-501.

[36] Guo Y. The Vlasov-Maxwell-Boltzmann system near Maxwellians. Invent. Math., 2003, 153: 593-630.

[37] Guo Y. Boltzmann diffusive limit beyond the Navier-Stokes approximation. Comm. Pure Appl. Math., 2006, 59: 626-687.

[38] Guo Y. Decay and continuity of the Boltzmann equation in bounded domains. Arch. Ration. Mech. Anal., 2010, 197(3): 713-809.

[39] Guo Y, Huang F M, Wang Y. Hilbert expansion of the Boltzmann equation with specular boundary condition in half-space. Arch. Ration. Mech. Anal., 2021, 241(1): 231-309.

[40] Guo Y, Jang J, Jiang N. Acoustic limit for the Boltzmann equation in optimal scaling. Comm. Pure Appl. Math., 2010, 63(3): 337-361.

[41] Hamdache K. Initial-boundary value problems for the Boltzmann equation: Global existence of weak solutions. Arch. Ration. Mech. Anal., 1992, 119(4): 309-353.

[42] Huang F M, Xin Z P, Yang T. Contact discontinuities with general perturbation for gas motion. Adv. Math., 2008, 219: 1246-1297.

[43] Huang F M, Yang T. Stability of contact discontinuity for the Boltzmann equation. J. Differ. Equ., 2006, 229: 698-742.

[44] Illner R, Shinbrot M. Global existence for a rare gas in an infinite vacuum. Comm. Math. Phys., 1984, 95: 217-226.

[45] Jang J. Vlasov-Maxwell-Boltzmann diffusive limit. Arch. Ration. Mech. Anal., 2009, 194: 531-584.

[46] Jiang N, Luo Y L. From Vlasov-Maxwell-Boltzmann system to two-fluid incompressible Navier-Stokes-Fourier-Maxwell system with Ohm's law: Convergence for classical solutions. Ann. PDE, 2022, 8(1), Paper No. 4, 126 pp.

[47] Kato T. Perturbation Theory of Linear Operator. New York: Springer, 1996.

[48] Kaup L, Kaup B. Holomorphic Functions of Several Variables: An Introduction to the Fundamental Theory. Berlin, New York: Walter de Gruyter, 1983.

[49] Kawashima S. The Boltzmann equation and thirteen moments. Japan J. Appl. Math., 1990, 7(2): 301-320.

[50] Kawashima S, Matsumura A, Nishida T. On the fluid-dynamical approximation to the Boltzmann equation at the level of the Navier-Stokes equation. Comm. Math. Phys., 1979, 70(2): 97-124.

[51] Lei Y, Zhao H. The Vlasov-Maxwell-Boltzmann system near Maxwellians with strong background magnetic field. Kinet. Relat. Models, 2020, 13(3): 599-621.

[52] Li H L, Yang T, Zhong M. Spectrum analysis for the Vlasov-Poisson-Boltzmann system. Arch. Ration. Mech. Anal., 2021, 241: 311-355.

[53] Li H L, Yang T, Zhong M. Spectrum analysis and optimal Decay rates of the bipolar Vlasov-Poisson-Boltzmann equations. Indiana Univ. Math. J., 2016, 65: 665-725.

[54] Li H L, Wang Y, Yang T, Zhong M. Stability of nonlinear wave patterns to the bipolar Vlasov-Poisson-Boltzmann system. Arch. Ration. Mech. Anal., 2018, 228: 39-127.

[55] Li H L, Wang T, Wang Y. Stability of the superposition of a viscous contact wave with two rarefaction waves to the bipolar Vlasov-Poisson-Boltzmann system. SIAM J. Math. Anal., 2018, 50(2): 1829-1876.

[56] Lieb E H, Loss M. Analysis. 2nd ed. Graduate Studies in Mathematics 14. Providence: American Math. Society, 2001.

[57] Lin Y C, Wang H, Wu K C. Quantitative pointwise estimate of the solution of the linearized Boltzmann equation. J. Stat. Phys., 2018, 171(5): 927-964.

[58] Lin Y C, Wang H, Wu K C. Spatial behavior of the solution to the linearized Boltzmann equation with hard potentials. J. Math. Phys., 2020, 61(2): 021504, 19 pp.

[59] Lions P L. Compactness in Boltzmann's equation via Fourier integral operators and applications. I, II. J. Math. Kyoto Univ., 1994, 34(2): 391-427, 429-461.

[60] Lions P L. Compactness in Boltzmann's equation via Fourier integral operators and applications. III. J. Math. Kyoto Univ., 1994, 34(3): 539-584.

[61] Liu T P, Yang T, Yu S H. Energy method for the Boltzmann equation. Physica D, 2004, 188(3-4): 178-192.

[62] Liu T P, Yu S H. The Green's function and large-time behavior of solutions for the one-dimensional Boltzmann equation. Comm. Pure Appl. Math., 2004, 57: 1543-1608.

[63] Liu T P, Yu S H. The Green's function of Boltzmann equation, 3D waves. Bull. Inst. Math. Acad. Sin. (N. S.), 2006, 1(1): 1-78.

[64] Liu T P, Yu S H. Boltzmann equation: Micro-macro decompositions and positivity of shock profiles. Comm. Math. Phys., 2004, 246: 133-179.

[65] Liu T P, Yang T, Yu S H, Zhao H J. Nonlinear stability of rarefaction waves for the Boltzmann equation. Arch. Ration. Mech. Anal., 2006, 181: 333-371.

[66] Markowich P A, Ringhofer C A, Schmeiser C. Semiconductor Equations. Vienna: Springer-Verlag, 1990.

[67] Mischler S. On the initial boundary value problem for the Vlasov-Poisson-Boltzmann system. Comm. Math. Phys., 2000, 210: 447-466.

[68] Nelson S. On some solutions to the Klein-Gordon equations related to an integral of Sonine. Trans. A. M. S., 1971, 154: 227-237.

[69] Nishida K. Fluid dynamical limit of the nonlinear Boltzmann equation to the level of the compressible Euler equation. Comm. Math. Phys., 1978, 61: 119-148.

[70] Nirenberg L. On elliptic partial differential equations. Annali della Scuola Normale Superiore di Pisa., 1959, 3(13): 115-162.

[71] Pazy A. Semigroups of Linear Operators and Applications to Partial Differential Equations. Applied Mathematical Sciences, 44. New York: Springer-Verlag, 1983.

[72] Xiao Q, Xiong L, Zhao H. The Vlasov-Poisson-Boltzmann system for the whole range of cutoff soft potentials. J. Funct. Anal., 2017, 272(1): 166-226.

[73] Strain R M. The Vlasov-Maxwell-Boltzmann system in the whole space. Comm. Math. Phys., 2006, 268(2): 543-567.

[74] Sone Y. Kinetic Theory and Fluid Dynamics. Boston: Birkhäuser, 2002.

[75] Sone Y. Molecular Gas Dynamics, Theory, Techniques, and Applications. Boston: Birkhäuser, 2006.

[76] Sotirov A, Yu S H. On the Solution of a Boltzmann System for Gas Mixtures. Arch. Ration. Mech. Anal., 2010, 195: 675-700.

[77] Stein E. Singular Integrals and Differentiability. Properties of Functions. Princeton: Princeton University Press, 1970.

[78] Ukai S. On the existence of global solutions of mixed problem for non-linear Boltzmann equation. Proc. Japan Acad., 1974, 50: 179-184.

[79] Ukai S, Yang T. The Boltzmann equation in the space $L^2 \cap L^\infty_\beta$: Global and time-periodic solutions. Anal. Appl., 2006, 4: 263-310.

[80] Ukai S, Yang T. Mathematical Theory of Boltzmann Equation. Lecture Notes Series No. 8. Hong Kong: Liu Bie Ju Center for Mathematical Sciences, City University of Hong Kong, March 2006.

[81] Wang T, Wang Y. Stability of superposition of two viscous shock waves for the Boltzmann equation. SIAM J. Math. Anal., 2015, 47: 1070-1120.

[82] Wang W, Wu Z. Pointwise estimates of solution for the Navier-Stokes-Poisson equations in multi-dimensions. J. Differ. Equ., 2010, 248: 1617-1636.

[83] Wang Y. Decay of the two-species Vlasov-Poisson-Boltzmann system. J. Differ. Equ., 2013, 254(5): 2304-2340.

[84] Wang Y. The Diffusive Limit of the Vlasov-Boltzmann System for Binary Fluids. SIAM J. Math. Anal., 2011, 43(1): 253-301.

[85] Yang T, Yu H J, Zhao H J. Cauchy problem for the Vlasov-Poisson-Boltzmann system. Arch. Ration. Mech. Anal., 2006, 182: 415-470.

[86] Yang T, Zhao H J. Global existence of classical solutions to the Vlasov-Poisson-Boltzmann system. Comm. Math. Phys., 2006, 268: 569-605.

[87] Yang T, Yu H J. Optimal convergence rates of classical solutions for Vlasov-Poisson-Boltzmann system. Comm. Math. Phys., 2011, 301: 319-355.

[88] Yu S H. Nonlinear wave propagations over a Boltzmann shock profile. J. Am. Math. Soc., 2010, 23: 1041-1118.

[89] Zhong M. Optimal time-decay rate of the Boltzmann equation. Sci. China Math., 2014, 57: 807-822.

[90] 张恭庆, 林源渠. 泛函分析讲义. 上册. 北京: 北京大学出版社, 1987.

[91] 张恭庆, 郭懋正. 泛函分析讲义. 下册. 北京: 北京大学出版社, 1990.

“现代数学基础丛书”已出版书目

(按出版时间排序)

1 数理逻辑基础(上册) 1981.1 胡世华 陆钟万 著
2 紧黎曼曲面引论 1981.3 伍鸿熙 吕以辇 陈志华 著
3 组合论(上册) 1981.10 柯 召 魏万迪 著
4 数理统计引论 1981.11 陈希孺 著
5 多元统计分析引论 1982.6 张尧庭 方开泰 著
6 概率论基础 1982.8 严士健 王隽骧 刘秀芳 著
7 数理逻辑基础(下册) 1982.8 胡世华 陆钟万 著
8 有限群构造(上册) 1982.11 张远达 著
9 有限群构造(下册) 1982.12 张远达 著
10 环与代数 1983.3 刘绍学 著
11 测度论基础 1983.9 朱成熹 著
12 分析概率论 1984.4 胡迪鹤 著
13 巴拿赫空间引论 1984.8 定光桂 著
14 微分方程定性理论 1985.5 张芷芬 丁同仁 黄文灶 董镇喜 著
15 傅里叶积分算子理论及其应用 1985.9 仇庆久等 编
16 辛几何引论 1986.3 J. 柯歇尔 邹异明 著
17 概率论基础和随机过程 1986.6 王寿仁 著
18 算子代数 1986.6 李炳仁 著
19 线性偏微分算子引论(上册) 1986.8 齐民友 著
20 实用微分几何引论 1986.11 苏步青等 著
21 微分动力系统原理 1987.2 张筑生 著
22 线性代数群表示导论(上册) 1987.2 曹锡华等 著
23 模型论基础 1987.8 王世强 著
24 递归论 1987.11 莫绍揆 著
25 有限群导引(上册) 1987.12 徐明曜 著
26 组合论(下册) 1987.12 柯 召 魏万迪 著
27 拟共形映射及其在黎曼曲面论中的应用 1988.1 李 忠 著
28 代数体函数与常微分方程 1988.2 何育赞 著

29　同调代数　1988.2　周伯壎　著
30　近代调和分析方法及其应用　1988.6　韩永生　著
31　带有时滞的动力系统的稳定性　1989.10　秦元勋等　编著
32　代数拓扑与示性类　1989.11　马德森著　吴英青　段海豹译
33　非线性发展方程　1989.12　李大潜　陈韵梅　著
34　反应扩散方程引论　1990.2　叶其孝等　著
35　仿微分算子引论　1990.2　陈恕行等　编
36　公理集合论导引　1991.1　张锦文　著
37　解析数论基础　1991.2　潘承洞等　著
38　拓扑群引论　1991.3　黎景辉　冯绪宁　著
39　二阶椭圆型方程与椭圆型方程组　1991.4　陈亚浙　吴兰成　著
40　黎曼曲面　1991.4　吕以辇　张学莲　著
41　线性偏微分算子引论(下册)　1992.1　齐民友　徐超江　编著
42　复变函数逼近论　1992.3　沈燮昌　著
43　Banach 代数　1992.11　李炳仁　著
44　随机点过程及其应用　1992.12　邓永录等　著
45　丢番图逼近引论　1993.4　朱尧辰等　著
46　线性微分方程的非线性扰动　1994.2　徐登洲　马如云　著
47　广义哈密顿系统理论及其应用　1994.12　李继彬　赵晓华　刘正荣　著
48　线性整数规划的数学基础　1995.2　马仲蕃　著
49　单复变函数论中的几个论题　1995.8　庄圻泰　著
50　复解析动力系统　1995.10　吕以辇　著
51　组合矩阵论　1996.3　柳柏濂　著
52　Banach 空间中的非线性逼近理论　1997.5　徐士英　李　冲　杨文善　著
53　有限典型群子空间轨道生成的格　1997.6　万哲先　霍元极　著
54　实分析导论　1998.2　丁传松等　著
55　对称性分岔理论基础　1998.3　唐　云　著
56　Gel fond-Baker 方法在丢番图方程中的应用　1998.10　乐茂华　著
57　半群的 S-系理论　1999.2　刘仲奎　著
58　有限群导引(下册)　1999.5　徐明曜等　著
59　随机模型的密度演化方法　1999.6　史定华　著
60　非线性偏微分复方程　1999.6　闻国椿　著
61　复合算子理论　1999.8　徐宪民　著
62　离散鞅及其应用　1999.9　史及民　编著

63　调和分析及其在偏微分方程中的应用　1999.10　苗长兴　著
64　惯性流形与近似惯性流形　2000.1　戴正德　郭柏灵　著
65　数学规划导论　2000.6　徐增堃　著
66　拓扑空间中的反例　2000.6　汪　林　杨富春　编著
67　拓扑空间论　2000.7　高国士　著
68　非经典数理逻辑与近似推理　2000.9　王国俊　著
69　序半群引论　2001.1　谢祥云　著
70　动力系统的定性与分支理论　2001.2　罗定军　张　祥　董梅芳　编著
71　随机分析学基础(第二版)　2001.3　黄志远　著
72　非线性动力系统分析引论　2001.9　盛昭瀚　马军海　著
73　高斯过程的样本轨道性质　2001.11　林正炎　陆传荣　张立新　著
74　数组合地图论　2001.11　刘彦佩　著
75　光滑映射的奇点理论　2002.1　李养成　著
76　动力系统的周期解与分支理论　2002.4　韩茂安　著
77　神经动力学模型方法和应用　2002.4　阮炯　顾凡及　蔡志杰　编著
78　同调论——代数拓扑之一　2002.7　沈信耀　著
79　金兹堡-朗道方程　2002.8　郭柏灵等　著
80　排队论基础　2002.10　孙荣恒　李建平　著
81　算子代数上线性映射引论　2002.12　侯晋川　崔建莲　著
82　微分方法中的变分方法　2003.2　陆文端　著
83　周期小波及其应用　2003.3　彭思龙　李登峰　谌秋辉　著
84　集值分析　2003.8　李　雷　吴从炘　著
85　数理逻辑引论与归结原理　2003.8　王国俊　著
86　强偏差定理与分析方法　2003.8　刘　文　著
87　椭圆与抛物型方程引论　2003.9　伍卓群　尹景学　王春朋　著
88　有限典型群子空间轨道生成的格(第二版)　2003.10　万哲先　霍元极　著
89　调和分析及其在偏微分方程中的应用(第二版)　2004.3　苗长兴　著
90　稳定性和单纯性理论　2004.6　史念东　著
91　发展方程数值计算方法　2004.6　黄明游　编著
92　传染病动力学的数学建模与研究　2004.8　马知恩　周义仓　王稳地　靳　祯　著
93　模李超代数　2004.9　张永正　刘文德　著
94　巴拿赫空间中算子广义逆理论及其应用　2005.1　王玉文　著
95　巴拿赫空间结构和算子理想　2005.3　钟怀杰　著
96　脉冲微分系统引论　2005.3　傅希林　闫宝强　刘衍胜　著

97　代数学中的 Frobenius 结构　2005.7　汪明义　著

98　生存数据统计分析　2005.12　王启华　著

99　数理逻辑引论与归结原理(第二版)　2006.3　王国俊　著

100　数据包络分析　2006.3　魏权龄　著

101　代数群引论　2006.9　黎景辉　陈志杰　赵春来　著

102　矩阵结合方案　2006.9　王仰贤　霍元极　麻常利　著

103　椭圆曲线公钥密码导引　2006.10　祝跃飞　张亚娟　著

104　椭圆与超椭圆曲线公钥密码的理论与实现　2006.12　王学理　裴定一　著

105　散乱数据拟合的模型方法和理论　2007.1　吴宗敏　著

106　非线性演化方程的稳定性与分歧　2007.4　马　天　汪守宏　著

107　正规族理论及其应用　2007.4　顾永兴　庞学诚　方明亮　著

108　组合网络理论　2007.5　徐俊明　著

109　矩阵的半张量积:理论与应用　2007.5　程代展　齐洪胜　著

110　鞅与 Banach 空间几何学　2007.5　刘培德　著

111　戴维-斯特瓦尔松方程　2007.5　戴正德　蒋慕蓉　李栋龙　著

112　非线性常微分方程边值问题　2007.6　葛渭高　著

113　广义哈密顿系统理论及其应用　2007.7　李继彬　赵晓华　刘正荣　著

114　Adams 谱序列和球面稳定同伦群　2007.7　林金坤　著

115　矩阵理论及其应用　2007.8　陈公宁　著

116　集值随机过程引论　2007.8　张文修　李寿梅　汪振鹏　高　勇　著

117　偏微分方程的调和分析方法　2008.1　苗长兴　张　波　著

118　拓扑动力系统概论　2008.1　叶向东　黄　文　邵　松　著

119　线性微分方程的非线性扰动(第二版)　2008.3　徐登洲　马如云　著

120　数组合地图论(第二版)　2008.3　刘彦佩　著

121　半群的 S-系理论(第二版)　2008.3　刘仲奎　乔虎生　著

122　巴拿赫空间引论(第二版)　2008.4　定光桂　著

123　拓扑空间论(第二版)　2008.4　高国士　著

124　非经典数理逻辑与近似推理(第二版)　2008.5　王国俊　著

125　非参数蒙特卡罗检验及其应用　2008.8　朱力行　许王莉　著

126　Camassa-Holm 方程　2008.8　郭柏灵　田立新　杨灵娥　殷朝阳　著

127　环与代数(第二版)　2009.1　刘绍学　郭晋云　朱　彬　韩　阳　著

128　泛函微分方程的相空间理论及应用　2009.4　王　克　范　猛　著

129　概率论基础(第二版)　2009.8　严士健　王隽骧　刘秀芳　著

130　自相似集的结构　2010.1　周作领　瞿成勤　朱智伟　著

131 现代统计研究基础 2010.3 王启华 史宁中 耿 直 主编
132 图的可嵌入性理论(第二版) 2010.3 刘彦佩 著
133 非线性波动方程的现代方法(第二版) 2010.4 苗长兴 著
134 算子代数与非交换 L^p 空间引论 2010.5 许全华 吐尔德别克 陈泽乾 著
135 非线性椭圆型方程 2010.7 王明新 著
136 流形拓扑学 2010.8 马 天 著
137 局部域上的调和分析与分形分析及其应用 2011.6 苏维宜 著
138 Zakharov 方程及其孤立波解 2011.6 郭柏灵 甘在会 张景军 著
139 反应扩散方程引论(第二版) 2011.9 叶其孝 李正元 王明新 吴雅萍 著
140 代数模型论引论 2011.10 史念东 著
141 拓扑动力系统——从拓扑方法到遍历理论方法 2011.12 周作领 尹建东 许绍元 著
142 Littlewood-Paley 理论及其在流体动力学方程中的应用 2012.3 苗长兴 吴家宏 章志飞 著
143 有约束条件的统计推断及其应用 2012.3 王金德 著
144 混沌、Mel'nikov 方法及新发展 2012.6 李继彬 陈凤娟 著
145 现代统计模型 2012.6 薛留根 著
146 金融数学引论 2012.7 严加安 著
147 零过多数据的统计分析及其应用 2013.1 解锋昌 韦博成 林金官 编著
148 分形分析引论 2013.6 胡家信 著
149 索伯列夫空间导论 2013.8 陈国旺 编著
150 广义估计方程估计方法 2013.8 周 勇 著
151 统计质量控制图理论与方法 2013.8 王兆军 邹长亮 李忠华 著
152 有限群初步 2014.1 徐明曜 著
153 拓扑群引论(第二版) 2014.3 黎景辉 冯绪宁 著
154 现代非参数统计 2015.1 薛留根 著
155 三角范畴与导出范畴 2015.5 章 璞 著
156 线性算子的谱分析(第二版) 2015.6 孙 炯 王 忠 王万义 编著
157 双周期弹性断裂理论 2015.6 李 星 路见可 著
158 电磁流体动力学方程与奇异摄动理论 2015.8 王 术 冯跃红 著
159 算法数论(第二版) 2015.9 裴定一 祝跃飞 编著
160 有限集上的映射与动态过程——矩阵半张量积方法 2015.11 程代展 齐洪胜 贺风华 著
161 偏微分方程现代理论引论 2016.1 崔尚斌 著
162 现代测量误差模型 2016.3 李高荣 张 君 冯三营 著

163　偏微分方程引论　2016.3　韩丕功　刘朝霞　著
164　半导体偏微分方程引论　2016.4　张凯军　胡海丰　著
165　散乱数据拟合的模型、方法和理论(第二版)　2016.6　吴宗敏　著
166　交换代数与同调代数(第二版)　2016.12　李克正　著
167　Lipschitz 边界上的奇异积分与 Fourier 理论　2017.3　钱　涛　李澎涛　著
168　有限 p 群构造(上册)　2017.5　张勤海　安立坚　著
169　有限 p 群构造(下册)　2017.5　张勤海　安立坚　著
170　自然边界积分方法及其应用　2017.6　余德浩　著
171　非线性高阶发展方程　2017.6　陈国旺　陈翔英　著
172　数理逻辑导引　2017.9　冯　琦　编著
173　简明李群　2017.12　孟道骥　史毅茜　著
174　代数 K 理论　2018.6　黎景辉　著
175　线性代数导引　2018.9　冯　琦　编著
176　基于框架理论的图像融合　2019.6　杨小远　石　岩　王敬凯　著
177　均匀试验设计的理论和应用　2019.10　方开泰　刘民千　覃　红　周永道　著
178　集合论导引(第一卷：基本理论)　2019.12　冯　琦　著
179　集合论导引(第二卷：集论模型)　2019.12　冯　琦　著
180　集合论导引(第三卷：高阶无穷)　2019.12　冯　琦　著
181　半单李代数与 BGG 范畴 $\mathcal{O}$　2020.2　胡　峻　周　凯　著
182　无穷维线性系统控制理论(第二版)　2020.5　郭宝珠　柴树根　著
183　模形式初步　2020.6　李文威　著
184　微分方程的李群方法　2021.3　蒋耀林　陈　诚　著
185　拓扑与变分方法及应用　2021.4　李树杰　张志涛　编著
186　完美数与斐波那契序列　2021.10　蔡天新　著
187　李群与李代数基础　2021.10　李克正　著
188　混沌、Melnikov 方法及新发展(第二版)　2021.10　李继彬　陈凤娟　著
189　一个大跳准则——重尾分布的理论和应用　2022.1　王岳宝　著
190　Cauchy-Riemann 方程的 L^2 理论　2022.3　陈伯勇　著
191　变分法与常微分方程边值问题　2022.4　葛渭高　王宏洲　庞慧慧　著
192　可积系统、正交多项式和随机矩阵——Riemann-Hilbert 方法　2022.5　范恩贵　著
193　三维流形组合拓扑基础　2022.6　雷逢春　李风玲　编著
194　随机过程教程　2022.9　任佳刚　著
195　现代保险风险理论　2022.10　郭军义　王过京　吴　荣　尹传存　著
196　代数数论及其通信应用　2023.3　冯克勤　刘凤梅　杨　晶　著

197 临界非线性色散方程 2023.3 苗长兴 徐桂香 郑继强 著

198 金融数学引论(第二版) 2023.3 严加安 著

199 丛代数理论导引 2023.3 李 方 黄 敏 著

200 $\mathcal{PT}$ 对称非线性波方程的理论与应用 2023.12 闫振亚 陈 勇 沈雨佳 温子超 李昕 著

201 随机分析与控制简明教程 2024.3 熊 捷 张帅琪 著

202 动力系统中的小除数理论及应用 2024.3 司建国 司 文 著

203 凸分析 2024.3 刘 歆 刘亚锋 著

204 周期系统和随机系统的分支理论 2024.3 任景莉 唐点点 著

205 多变量基本超几何级数理论 2024.9 张之正 著

206 广义函数与函数空间导论 2025.1 张 平 邵瑞杰 编著

207 凸分析基础 2025.3 杨新民 孟志青 编著

208 不可压缩 Navier-Stokes 方程的吸引子问题 2025.3 韩丕功 刘朝霞 著

209 Vlasov-Boltzmann 型方程的数学理论 2025.3 李海梁 钟明溇 著